中国电子学会物联网专家委员会推荐

普通高等教育物联网工程专业“十三五”规划教材

无线传感器网络技术概论

主编　施云波

参编　冯侨华　赵文杰　罗　毅

于潇禹　于明岩　刘丛宁

西安电子科技大学出版社

内 容 简 介

本书重点介绍无线传感器网络的技术基础和应用，具体包括：无线传感器网络的基本概况、体系结构、传感技术、感知节点技术、通信技术、控制技术、管理技术、安全技术、其他关键技术及应用等。本书内容深入浅出、概念清晰、理论与实际应用相结合，是一本比较全面、系统、深入的无线传感器网络技术专著。

本书既可作为高等院校物联网工程专业的本科生教材，也可作为计算机类、通信类、信息类、电子类等专业的本科生及研究生教材，还可作为相关领域的科研人员及工程师的参考书。

图书在版编目(CIP)数据

无线传感器网络技术概论/施云波主编. —西安：西安电子科技大学出版社，2017.9

ISBN 978-7-5606-4607-7

Ⅰ. ① 无…　Ⅱ. ① 施…　Ⅲ. ① 无线电通信—传感器—概论　Ⅳ. ① TP212

中国版本图书馆 CIP 数据核字(2017)第 193163 号

策　　划　刘玉芳
责任编辑　张　倩　阎　彬
出版发行　西安电子科技大学出版社(西安市太白南路 2 号)
电　　话　(029)88242885　88201467　　邮　　编　710071
网　　址　www.xduph.com　　电子邮箱　xdupfxb001@163.com
经　　销　新华书店
印刷单位　陕西利达印务有限责任公司
版　　次　2017 年 9 月第 1 版　2017 年 9 月第 1 次印刷
开　　本　787 毫米×1092 毫米　1/16　印 张 26.75
字　　数　636 千字
印　　数　1～3000 册
定　　价　52.00 元

ISBN 978－7－5606－4607－7/TP

XDUP 4899001-1

普通高等教育物联网工程专业“十三五”规划教材
编审专家委员会名单

项目策划：毛红兵

策　　划：邵汉平　刘玉芳

前　言

近几年，物联网技术的快速发展，带来了一场信息技术的变革。其中，作为物联网中感知层的核心技术——无线传感器网络(WSN)，是物联网建设成败的关键，也是国内外学术界和产业界共同关注的热点话题。自20世纪70年代末以来，WSN已经引起了那些和物理世界紧密关联的、范围广泛的学科领域的专家的兴趣。分布式的环境感知能力及基于无线通信技术的简单灵活的部署方式，使得WSN成为影响我们日常生活的重要因素。通过提供分布式的实时的环境感知信息，WSN将现代通信技术拓展到了物理世界中，并且相关研究工作已经在世界各主要发达国家轰轰烈烈地开展起来。

无线传感器网络是通过信息传感设备，按约定的协议实现人与人、人与物、物与物全面互联的网络，其主要特征是通过射频识别、传感器等方式获取物理世界的各种信息，结合互联网、移动通信网等网络进行信息的传送与交互，采用智能计算技术对信息进行分析处理。WSN能够提高对物理世界的感知能力，实现智能化的决策和控制。

传感器技术、微机电系统、现代网络和无线通信等技术的进步推动了具有现代意义的无线传感器网络的产生和发展。无线传感器网络涉及众多学科，已成为目前IT领域中的研究热点之一。现在，互联网为公众提供了快捷的通信平台，极大地方便了人们的信息交流。无线传感器网络扩展了人们获取信息的能力，将客观世界的物理信息与传输网络连接在一起，在下一代互联网中将为人们提供最直接、最有效、最真实的信息。

基于以上对无线传感器网络的认识，在梳理相关知识的基础上，我们编写了本书，以满足我国高等学校物联网工程专业或相关专业的需要。本书可作为物联网工程技术或原理的专业教材，以帮助读者全面了解无线传感器网络的基本理论知识，初步掌握无线传感器网络的关键技术及应用方法，为运用这些技术和方法构建无线传感器网络应用系统打下基础。

本书从物联网的感知层角度出发，将涉及无线传感器网络的关键内容及应用分为10章进行介绍，具体如下:

第1章为无线传感器网络基本概况，主要介绍了无线传感器网络的产生与发展、含义与作用、技术特点以及相关技术基础，分析了无线传感器网络与物联网、互联网的关系;

第2章为无线传感器网络体系结构，介绍了无线传感器网络的系统结构、节点结构、传感器网络工作模式、网络整体结构，分析了网络服务质量与体系结构的关系、体系结构的设计原则与优化设计方法；

第 3 章为无线传感器网络传感技术，介绍了传感技术的基本情况、传感器的含义与分类、典型传感器以及射频识别、模式识别、图像识别等广义传感技术，分析了纳米技术与小型化技术等的发展趋势；

第 4 章为无线传感器网络感知节点技术，论述了感知节点设计的基本原则，介绍了感知节点的硬件、软件、微处理器及操作系统；

第 5 章为无线传感器网络通信技术，分析了信息通信构建基础和 IEEE 802 标准，介绍了通信模块硬件架构和无线通信协议；

第 6 章为无线传感器网络控制技术，分析了无线传感器网络控制系统的构成、网络远程控制技术、无线传感器网络的控制策略及数据融合与优化决策，介绍了无线传感器网络的控制终端和现场控制网络通信；

第 7 章为无线传感器网络管理技术，介绍了管理系统的分类、拓扑结构，分析了管理系统设计要求和能量管理；

第 8 章为无线传感器网络安全技术，介绍了安全防护技术的分类、安全机制、信息隐私权与保护、业务认证与加密技术，分析了安全设计策略、数据计算安全性、物理设备安全问题及移动互联网安全漏洞与防范技术；

第 9 章为无线传感器网络其他关键技术，分析了时间同步机制、传感器网络定位技术、数据融合技术和传感器网络目标跟踪技术；

第 10 章为无线传感器网络的应用，综述了传感器网络在军事、气象生态环保、工业、智能电网、农林、智能交通、数字家居等领域的应用。

本书由施云波主编，并负责统稿工作。各章编写分工如下：第 1 章由哈尔滨理工大学的施云波、刘丛宁编写，第 2 章由哈尔滨理工大学的于明岩编写，第 3 章和第 10 章由哈尔滨理工大学的冯侨华编写，第 4 章和第 6 章由云南师范大学的罗毅编写，第 5 章和第 7 章由哈尔滨理工大学的赵文杰编写，第 8 章和第 9 章由哈尔滨理工大学的于潇禹编写。哈尔滨理工大学的任喆、刘合欢等做了大量的资料整理和图片编辑工作，还有许多老师、同学以不同形式对本书做出了贡献，在此一并致谢！

无线传感器网络技术是一个不断发展的技术，有一些技术内容在本书中没有涉及；同时，由于编者水平有限，书中难免有对一些技术理解不准确的地方，可能存在疏漏之处，恳请读者批评指正。

编　者

2017 年 5 月

目　　录

第 1 章　Chapter 1

无线传感器网络基本概况

1.1　无线传感器网络概述

微机电系统(Micro-Electro-Mechanism System，MEMS)、片上系统(System on Chip，SOC)、无线通信技术和低功耗嵌入式技术的飞速发展，孕育出了无线传感器网络(Wireless Sensor Network，WSN)。WSN 具有低功耗、低成本、分布式和自组织等特点。

1.1.1　无线传感器网络的产生与发展

无线传感器网络(简称无线传感网)的研究起源于 20 世纪 70 年代，起初的无线传感网只能捕获单一信号，且传感器节点之间只能进行简单的点对点通信。无线传感器网络最早应用于军事领域，比如战场监测。当年美越双方在密林覆盖的“胡志明小道”进行了一场血腥较量。“胡志明小道”是胡志明部队向南方游击队输送物资的秘密通道，美军对其进行狂轰滥炸，但效果不大。后来，美军投放了数万个“热带树”传感器。“热带树”实际上是由振动传感器和声响传感器组成的系统，它由飞机投放，落地后插入泥土中，只露出伪装成树枝的无线电天线，因而被称为“热带树”。只要对方车队经过，传感器就能探测出目标产生的振动和声响信息并自动发送到指挥中心，美机便立即展开追杀。在此期间，美军总共炸毁或炸坏越军 4.6 万辆卡车。

20 世纪 80 年代至 90 年代期间，美国国防部启动了分布式传感器网络系统、海军协同交战能力系统、远程战场传感器系统等，这些系统主要由卡内基梅隆大学、匹兹堡大学和麻省理工学院等承担，从而建立一个由空间分布的低功耗传感器节点构成的网络，节点之间能相互协助并自主运行，传递待处理的信息。这种现代微型化的传感器具备感知能力、计算能力和通信能力。因此，1999 年，《商业周刊》将传感器网络列为 21 世纪最具影响的 21 项技术之一和改变世界的十大技术之一。

进入 21 世纪，尤其是“9 • 11 事件”之后，无线传感器网络的发展开始引起全世界范围的广泛关注，这个阶段的传感器网络技术特点是网络传输自组织、节点设计低功耗。2001—2005 年期间，美军执行了“灵巧传感器网络通信计划”，其设计思想是：在战场上布设大量的无线传感器节点以收集和传输信息，并对原始数据进行筛选，再将关键的信息传送至各个信息融合中心，从而将大量的信息集成为一幅战场信息图，使参战人员能够实时了解战场态势。2002年，英特尔公司开始涉足无线传感器网络技术研究领域，制定了“基于微型传感器网络的新型计算的发展规划”，致力于微型传感器网络在医学、环境监测等领域的应用。2003年，美国国家自然科学基金委员会制定设立无线传感器网络专项研究计划，并在加州大学洛杉矶分校设立“无线传感器网络研发中心”，与康奈尔大学伯克利分校、南加州大学等联合开展了“嵌入式智能传感器”的研究项目。由于无线传感器网络在国际上被认为是继互联网之后的第二大网络，2003年美国《技术评论》杂志评出对人类未来生活产生深远影响的十大新兴技术，无线传感器网络被列为第一。目前，欧盟国家以及加拿大、澳大利亚、日本等国家已加入无线传感器网络的研究，这表明无线传感器网络已成为信息学科领域的热点课题。无线传感器网络除了应用于军事领域、反恐活动以外，在航空、防爆、救灾、环境、医疗、保健、家居、工业、商业等领域也应用广泛。

我国的无线传感器网络及其应用研究几乎与发达国家同步启动，1999年首次正式出现于中国科学院《知识创新工程试点领域方向研究专题报告》之一的《信息与自动化领域研究报告》中，是该领域提出的五个重大项目之一。随着知识创新工程试点工作的深入，2001年中科院依托上海微系统所成立微系统研究与发展中心，引领院内的相关工作，并通过该中心在无线传感器网络的方向上陆续部署了若干重大研究项目和方向性项目，参加项目研究的单位包括上海微系统所、声学所、微电子所、半导体所、电子所、软件所等十余个研究所，初步建立无线传感器网络系统研究平台，在无线智能传感器网络通信技术、微型传感器、传感器节点、簇点和应用系统等方面取得很大的进展。相关成果于2004年进行了大规模外场演示，部分成果已在实际工程系统中得到应用。

2006年我国发布的《国家中长期科学与技术发展规划纲要》为信息技术确定了三个前沿方向，其中两个就与无线传感器网络的研究直接相关，即智能感知技术和自组网技术。当然，无线传感器网络的发展符合计算设备的演化规律。国内的许多高校也掀起了无线传感器网络的研究热潮，如清华大学、中国科技大学、浙江大学、华中科技大学、天津大学、南开大学、北京邮电大学、东北大学、西北工业大学、西南交通大学、沈阳理工大学和哈尔滨理工大学等单位纷纷开展了有关无线传感器网络方面的基础研究工作；一些企业如中国移动公司、中国联通公司、中兴通讯公司、华为技术有限公司等也加入无线传感器网络研究的行列，并已在许多领域开展了示范和实际应用。

1.1.2 无线传感器网络的含义与作用

无线传感器网络综合了无线传感器技术、嵌入式计算技术、现代网络及无线通信技术、分布式信息处理技术等，能够通过各类集成化的微型传感器协作地实时监测、感知和采集各种环境或监测对象的信息，然后通过嵌入式系统对信息进行处理，最后通过随机自组织无线通信网络以多跳中继方式将所感知信息传送到用户终端，从而真正实现“无处不在的计算”理念。

无线传感器网络是由大量部署在监测区域内的、具有无线通信与计算能力的微小、廉价传感器节点，通过自组织方式构成的，能根据环境自主完成指定任务的分布式智能化网络系统。无线传感器网络节点间距离很短，一般采用多跳(Multi-hop)的无线通信方式进行通信。

无线传感器网络可以在独立的环境下运行，也可以通过网关连接到互联网，使用户可以远程访问。无线传感器网络的作用是协作地感知、采集和处理网络覆盖区域中被感知对象的信息并发送给监测者。无线传感器、感知对象和监测者构成了无线传感器网络的三个要素。无线传感器能够获取监控不同位置的物理或环境状况(比如温度、声音、振动、压力、运动或污染物)；感知对象是指在监测区域内的需要感知的具体信息载体；监测者不仅包括观测者，还包括监测信息处理中心的软硬件等系统。

无线传感器网络的作用主要包括三个方面：信息感应、信息通信和信息计算(包括硬件、软件、算法)。信息感应是通过传感器将感知对象的非电量信息转化为可以无线发送的电量信息；信息通信是通过无线通信协议将感应的信息发送至目的地；信息计算是依据系统的硬件、软件和算法对传送来的信息进行数据处理、整理和应用。

1.2　物联网与 WSN 的关系

近几年出现了与无线传感器网络密切相关的新概念——物联网(Internet of Things, IoT)，它已成为各国构建经济社会发展新模式和重塑国家综合竞争力的新兴信息产业。

1.2.1　物联网的产生与发展

物联网的实践最早可以追溯到 1990 年施乐公司研制的网络可乐贩售机(Networked Coke Machine)。1991 年美国麻省理工学院(MIT)的 Kevin Ashton 教授首次提出物联网的概念，1995 年比尔•盖茨在《未来之路》一书中也曾提及物联网，但未引起广泛重视。1999 年美国麻省理工学院建立了“自动识别中心(Auto-ID)”，提出“万物皆可通过网络互联”，阐明了物联网的基本含义。早期的物联网是依托射频识别(RFID)技术的物流网络，随着技术和应用的发展，物联网的内涵已经发生了较大变化。

2004 年，日本总务省(MIC)提出“u-Japan”战略，该战略的理念是以人为本，实现人与人、物与物、人与物之间的连接，希望将日本建设成一个“随时、随地、任何物体、任何人均可连接的泛在网络社会”。

2005 年，在突尼斯举行的信息社会世界峰会(WSIS)上，国际电信联盟(ITU)发布《ITU 互联网报告 2005：物联网》，引用了“物联网”的概念。物联网的定义和范围已经发生了变化，覆盖范围有了较大的拓展，不再局限于 RFID 技术。

2006 年，韩国确立了“u-Korea”计划，该计划旨在建立无所不在的社会(Ubiquitous Society)，在民众的生活环境里建设智能型网络(如 IPv6、BcN、USN)和各种新型应用(如 DMB、Telematics、RFID)，让民众可以随时随地享有科技智慧服务。2009 年，韩国通信委员会出台了《物联网基础设施构建基本规划》，将物联网市场确定为新增长动力，提出到 2012 年实现“通过构建世界最先进的物联网基础实施，打造未来广播通信融合领域超一流信息通信技术强国”的目标。

2008 年，为了促进科技发展，寻找经济新的增长点，各国政府开始重视下一代的技术规划，将目光放在了物联网上。在中国，同年11月在北京大学举行的第二届中国移动政务研讨会“知识社会与创新2.0”上提出了移动技术、物联网技术的发展代表着新一代信息技术的形成，并带动了经济社会形态、创新形态的变革，推动了面向知识社会的以用户体验为核心的下一代创新(创新2.0)形态的形成，创新与发展更加关注用户、注重以人为本。而“创新2.0”形态的形成又进一步推动了新一代信息技术的健康发展。

2009年，欧盟委员会发布了《欧盟物联网行动计划》，描绘了物联网技术的应用前景，提出欧盟政府要加强对物联网的管理，促进物联网的发展。

2009年，奥巴马就任美国总统后，与美国工商业领袖举行了一次“圆桌会议”。作为仅有的两名代表之一，IBM首席执行官彭明盛首次提出“智慧地球”这一概念，建议新政府投资新一代的智慧型基础设施。当年，美国将新能源和物联网列为振兴经济的两大重点。

2009年，IBM大中华区首席执行官钱大群在IBM论坛上公布了名为“智慧地球”的最新策略。此概念一经提出，即得到美国各界的高度关注，甚至有分析认为IBM公司的这一构想极有可能上升至美国的国家战略，并在世界范围内引起轰动。“智慧地球”战略被不少美国人认为与当年的“信息高速公路”有许多相似之处，同样被他们认为是振兴经济、确立竞争优势的关键战略。该战略能否掀起如当年互联网革命一样的科技和经济浪潮，不仅为美国关注，更为其他国家所关注。

2009年8月，温家宝总理“感知中国”的讲话把我国物联网领域的研究和应用开发推向了高潮。无锡市率先建立了“感知中国”研究中心，中国科学院、部分运营商、多所大学在无锡建立了物联网研究院，无锡市江南大学还建立了全国首家实体物联网工程学院。自温总理提出“感知中国”以来，物联网被正式列为国家五大新兴战略性产业之一，并写入“政府工作报告”，物联网在中国受到了极大的关注，其受关注程度是美国、欧盟以及其他各国无可比拟的。物联网的概念已经是一个“中国制造”的概念，它的覆盖范围与时俱进，已经超越了1999年Ashton教授和2005年ITU报告所指的范围，物联网已被贴上“中国式”标签。

我国对新一代信息技术十分重视，已形成支持新一代信息技术的一些新政策措施，从而推动我国经济的发展。物联网作为一个新经济增长点的战略新兴产业，具有良好的市场效益。《2014—2018年中国物联网行业应用领域市场需求与投资预测分析报告》数据表明，2010年物联网在安防、交通、电力和物流领域的市场规模分别为600亿元、300亿元、280亿元和150亿元，2011年中国物联网产业市场规模达到2600多亿元。

1.2.2 物联网的含义

物联网概念最早于1999年由美国麻省理工学院提出，国际电信联盟(ITU)发布的《ITU互联网报告2005：物联网》对物联网做了如下定义：物联网即通过射频识别(RFID或RFID+互联网)、红外感应器、全球定位系统、激光扫描器、智能感应器等信息传感设备，按约定的协议，把任何物品与互联网连接起来，进行信息交换和通信，以实现智能化识别、定位、跟踪、监控和管理的一种网络。随着科技的不断发展，物联网的内涵不断扩展，现代意义的物联网可以实现对物的感知识别控制、网络化互联和智能信息处理的有机统一，从而形成高智能决策。

根据国际电信联盟(ITU)的定义，物联网主要解决物品与物品(Thing to Thing, T2T)、人与物品(Human to Thing, H2T)、人与人(Human to Human, H2H)之间的互联。但是，与传统互联网不同的是，H2T是指人利用通用装置与物品之间的连接，从而使得物品连接更加简化；而H2H是指人与人之间不依赖于PC而进行的互联。因为互联网并没有考虑到对于任何物品连接的问题，故我们使用物联网来解决这个传统意义上的问题。物联网，顾名思义就是连接物品的网络，许多学者在讨论物联网时，经常会引入一个M2M的概念，它可以解释为人到人(Man to Man)、人到机器(Man to Machine)、机器到机器(Machine to Machine)。从本质上而言，人与机器、机器与机器的交互，大部分是为了实现人与人之间的信息交互。

2011年，我国工信部发表的《物联网白皮书》中将物联网定义为：物联网是通信网和互联网的拓展应用及网络延伸，它利用感知技术与智能装置对物理世界进行感知识别，通过网络传输互联，进行计算、处理和知识挖掘，实现人与物、物与物的信息交互和无缝连接，达到对物理世界实时控制、精确管理和科学决策的目的。

从其定义可知，物联网涵盖了当今所有的信息技术，它与计算机、互联网技术相结合，实现物体与物体之间的环境、状态信息实时地共享，以及智能化地收集、传递、处理、执行。广义上说，当下涉及信息技术的应用都可以纳入物联网的范畴。而在其著名的科技融合体模型中，提出了物联网是当下最接近该模型顶端的科技概念和应用。物联网是一个基于互联网、传统电信网等信息承载体，让所有能够被独立寻址的普通物理对象实现互联互通的网络，它具有智能、先进、互联三个重要特征。

1.2.3 物联网体系结构

物联网网络架构由感知层、网络层和应用层组成，如图1-1所示。感知层实现对物理

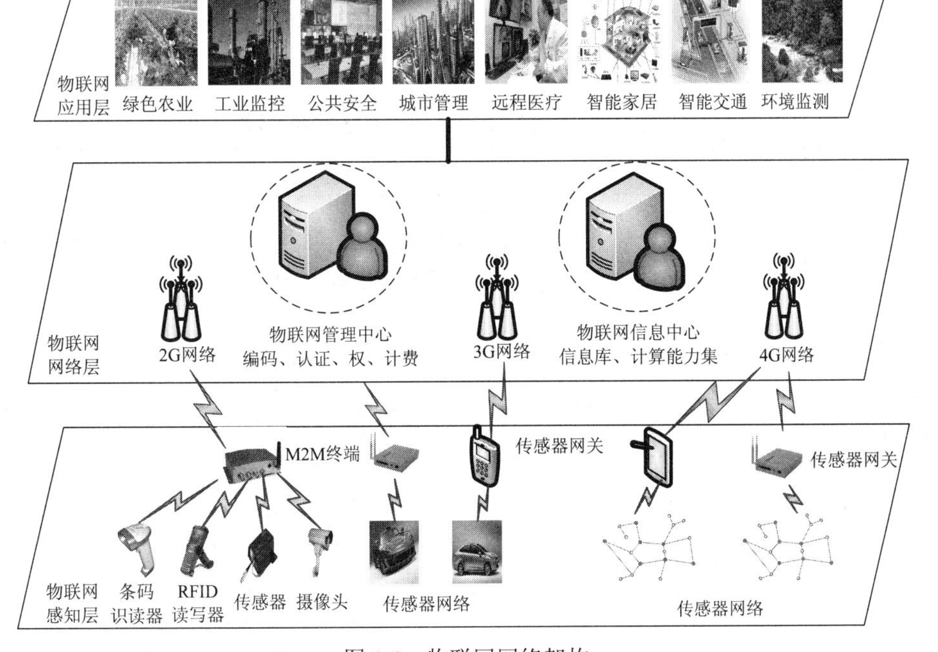

图1-1　物联网网络架构

世界的智能感知识别、信息采集处理和自动控制，并通过通信模块将物理实体连接到网络层和应用层。网络层主要实现信息传递、路由和控制，包括延伸网、接入网和核心网，网络层可依托公众电信网和互联网，也可以依托行业专用通信网络。应用层包括应用基础设施/中间件和各种物联网应用。应用基础设施/中间件为物联网应用提供信息处理、计算等通用基础服务设施、能力及资源调用接口，以此为基础实现物联网在众多领域的各种应用。

物联网涉及感知、测控、网络通信、微电子、计算机、软件、嵌入式系统、微机电系统等许多技术领域，因此物联网体系的关键技术可划分为感知关键技术、网络通信关键技术、应用关键技术、共性技术和支撑技术。

1.2.4 WSN与物联网的关系

目前，有人把无线传感器网络和物联网的概念混为一谈，认为无线传感器网络就是物联网，也有人认为二者有一点区别，那么，应如何理解二者的关系呢？

从1.2.2节可知，物联网是通信网和互联网的拓展应用及网络延伸，它利用感知技术与智能装置对物理世界进行感知识别，通过网络传输互联，进行计算、处理和知识挖掘，实现人与物、物与物的信息交互和无缝连接。简而言之，物联网就是“物物相连的互联网”。

而无线传感器网络所使用的硬件首先是传感器，用于感知震动、温度、压力、声音等，然后结合无线通信技术与通信或组网模块构成独立网络。相对而言，无线传感器网络的概念和涵盖的范围要小一些，仅限于小范围的物与物之间的信息传递。

WSN不可能做得太大，只能在局部的地方使用，例如战场、地震监测、建筑工程、保安、智能家居等。但是，物联网就大得多，它可以把世界上任何物品通过电子标签和网络联系起来，是一种“无处不在”的概念，与当前蓬勃发展的电子商务、网络交易有关，将贡献于全球经济并造福于全人类。

无线传感器网络与物联网的对比如表1-1所示，表中所说的基础网络是指已经铺设的、广泛应用的移动网、电信网和互联网等。

表1-1 无线传感器网络与物联网的对比

	无线传感器网络	物 联 网
定义	大量的静止或移动的传感器以自组织和多跳的方式构成的无线网络	物联网是通信网和互联网的拓展应用及网络延伸，它利用感知技术与智能装置对物理世界进行感知识别
感知终端	传感器节点	传感器、RFID、条形码、GPS等任何信息采集模块
基础网络	无	互联网、电信网、移动网、传感网等
感知对象	物对物	物对物、物对人

由表1-1可知，物联网的概念内涵比无线传感器网络的要大一些，无线传感器网络是构成物联网感知层和网络层的内容之一，是物联网的重要组成部分。

虽然目前无线传感器网络组网仍以非IP技术为主，还没形成通用网，但将IP技术特别是IPv6技术延伸应用到感知层已经成为重要的趋势，它将逐步发展成标准化的通信模式，彻底与物联网融为一体。

1.3　WSN 与互联网的关系

WSN 与互联网也有着密切的关系，如果把互联网(物联网完全依托在互联网上)比作人体，那么 RFID 可以视为“眼睛”，WSN 可以视为“皮肤”。RFID 解决“WHO”，利用应答器实现对物品的标志与识别；而 WSN 解决“HOW”，利用传感器实现对物体状态的把握；眼睛可以识别，皮肤可以感觉，眼睛的功能不在于感觉温度的变化，而皮肤的功能也不是用来辨别哪个人或哪件东西。WSN 利用无线技术可以自成体系地单独使用，也可以作为互联网的“神经末梢”。

1.3.1　互联网内涵的理解

互联网(Internet)始于 1969 年美国的阿帕网，又称网际网路，或音译因特网、英特网，是网络与网络之间所串连成的庞大网络，这些网络以一组通用的协议相连，形成逻辑上的单一巨大国际网络。这种将计算机网络互相连接在一起的方法称作“网络互联”，在这基础上发展出覆盖全世界的全球性互联网络称为互联网，即互相连接在一起的网络。互联网并不等同万维网，万维网只是一个基于超文本相互连接而成的全球性系统，是互联网所能提供的服务之一。

互联网是美军在 ARPA(美国国防部高级研究计划署)制定的协定下将美国西南部的大学 UCLA(加利福尼亚大学洛杉矶分校)、Stanford Research Institute(斯坦福大学研究学院)、UCSB(加利福尼亚大学)和 University of Utah(犹他州大学)的四台主要的计算机连接起来。这个协定由剑桥大学的 BBN 和 MA 执行，在 1969 年 12 月开始联机。互联网是全球性的，这就意味着这个网络不管是谁发明了它，都是属于全人类的。这种“全球性”并不是一个空洞的政治口号，而是有其技术保证的。互联网的结构是按照“包交换”的方式连接的分布式网络。因此，在技术的层面上，互联网绝对不存在中央控制的问题。也就是说，不可能存在某一个国家或者某一个利益集团通过某种技术手段来控制互联网的问题。反过来，也无法把互联网封闭在一个国家之内，除非建立的不是互联网。

然而，与此同时，这样一个全球性的网络必须要有某种方式来确定连入其中的每一台主机，在互联网上绝对不能出现类似两个人同名的现象。这样就需要有一个固定的机构来为每一台主机确定名字，由此确定这台主机在互联网上的“地址”。然而，这仅仅是“命名权”，这种确定地址的权力并不意味着控制的权力。负责命名的机构除了命名之外，并不能做更多的事情。同样，这个全球性的网络也需要有一个机构来制定所有主机都必须遵守的交往规则(即协议)，否则就不可能建立起全球所有不同的电脑、不同的操作系统都能够通用的互联网。下一代 TCP/IP 协议将对网络上的信息等级进行分类，以加快传输速度(比如，优先传送浏览信息，而不是电子邮件信息)，就是这种机构提供的服务的例证。同样，这种制定共同遵守的“协议”的权力，也不意味着控制的权力。毫无疑问，互联网的所有这些技术特征都说明对于互联网的管理完全与“服务”有关，而与“控制”无关。

事实上，互联网还远远不是我们经常说到的“信息高速公路”。这不仅因互联网的传输速度不够，更重要的是互联网还没有定型，还一直在发展、变化。因此，任何对互联网的技术定义也只能是当下的、现时的。与此同时，在越来越多的人加入到互联网中，越来越多地使用互联网的过程中，也会不断地从社会、文化的角度对互联网的意义、价值和本质提出新的理解。

正如我们前面看到的那样，互联网的出现固然是人类通信技术的一次革命，然而，如果仅仅从技术的角度来理解互联网的意义显然远远不够。互联网的发展早已超越了当初ARPANET的军事和技术目的，几乎从一开始就是为人类的交流服务的。

1.3.2 互联网的特点

互联网受欢迎的根本原因在于它的使用成本低，使用的信息价值超高。互联网的优点主要体现在以下几个方面：互联网能够不受空间限制来进行信息交换，信息交换具有时域性(更新速度快)，交换信息具有互动性(人与人、人与信息之间可以互动交流)，信息交换的使用成本低(通过信息交换代替实物交换)，信息交换趋向于个性化发展(容易满足每个人的个性化需求)，使用者众多，有价值的信息被资源整合，信息储存量大、高效、快，信息交换能以多种形式存在(视频、图片、文章等)。

但在实际应用中，互联网也存在着以下两个问题：① 网络差异性：各种不同的接入技术和接入网络使得互联网呈现出异构性；② 设备差异性：不同的终端接入设备，如PAD、PC等，在视频解码的处理性能以及显示设备能够支持的图像分辨率上都有较大的差异。

1.3.3 WSN与互联网的关系

在许多应用中，无线传感器网络不以孤立网络的形式存在，而是通过一定的方式与其他外部网络互联，使其他外部网络能够访问和控制无线传感器网络，这样才有实际价值。互联网是目前世界上最大的一种网络，因此实现无线传感器网络与Internet的网络互联具有重大意义。在Internet以及其他一些网络中，TCP/IP已经成为事实上的协议标准。由于无线传感器网络终端数量庞大，IPv4远远不能满足无线传感器网络的地址需求，因此许多研究把重点放在了IPv6上，旨在将无线传感器网络IPv6化。

互联网工程任务组(Internet Engineering Task Force，IETF)正在进行针对基于IPv6的低功率无线个域网(IPv6 over Low-Power Wireless Personal Area Network，6LoWPAN)的相关标准化活动，包括将IPv6协议适配到IEEE 802.15.4标准的6LoWPAN、低功耗网络路由协议(Routing Protocol for Low-Power and Lossy Network，RPL)、受限应用层协议(Constrained Application Protocol，CoAP)等。IP智能物体产业联盟(IP Smart Object Alliance，IPSO)也开始了嵌入式设备IPv6产品化的推广。无线传感器网络IP化的优点之一是可以采用REST (Representational State Transfer)风格架构构建物联网应用。REST是表述性状态转换架构，是一种轻量级的Web服务实现，是互联网资源访问协议的一般性设计风格。

REST 有 3 个基本概念：表示(Representation)、状态(State)和转换(Transfer)。表示是指数据和资源都以一定的形式表示；状态是指一次资源请求中需要使用的状态都随请求提供，服务端和客户端都是无状态的；转换是指资源的表示和状态可以在服务端和客户端之间转移。REST 提出了一些设计概念和准则：网络上的所有资源都被抽象为资源；每个资源对应唯一的资源标识；通过通用的连接器接口对资源进行操作；对资源的各种操作不会改变资源标识；对资源的所有操作都是无状态的。

REST 风格使应用程序可以依赖于一些可共享和重用的并松散耦合的服务。HTTP (Hypertext Transfer Protocol)就是一个典型的符合 REST 风格的协议。但是，HTTP 协议较为复杂，开销较大，不适用于资源受限的传感器网络。IETF CoRE(Constrained Restful Environment)工作组正在制定 CoAP 协议，将 REST 风格引入智能传感器网络。

1. 受限应用层协议 CoAP

2010 年，IETF CoRE 工作组开始标准化受限应用层协议(Constrained Application Protocol，CoAP)。CoAP 是一种网络传输协议，专门为资源受限设备(如传感器节点)和网络(如 6LoWPAN 网络)优化设计。CoAP 采用 REST 风格架构，将网络上的所有对象抽象为资源，每个资源对应一个唯一的统一资源标识符(Universal Resource Identifier，URI)，通过 URI 可以对资源进行无状态操作，包括 GET、PUT、POST 和 DELETE 等。

CoAP 并不是 HTTP 的压缩协议，一方面它实现了 HTTP 的一部分功能子集，并为资源受限环境进行了重新设计；另一方面它提供了内置资源发现、多播支持、异步消息交换等功能。图 1-2 所示为 CoAP 协议栈。与 HTTP 不同，CoAP 使用的是面向数据包的传输层协议，如用户数据包协议(User Datagram Protocol，UDP)，因此可以支持多播。CoAP 分为两层：消息层(Message)负责使用 UDP 进行异步交互，请求/回复层(Request/Response)负责传输资源操作请求和回复数据。CoAP 消息包含的类型有 Confirmable(CON)表示需要收到确认的消息；Non-confirmable(NON)，表示不需要收到确认的消息；Acknowledgment(ACK)，表示确认一个 Confirmable 类型的消息已收到；Reset(RST)，表示一个 Confirmable 类型的消息已收到，但是不能处理。

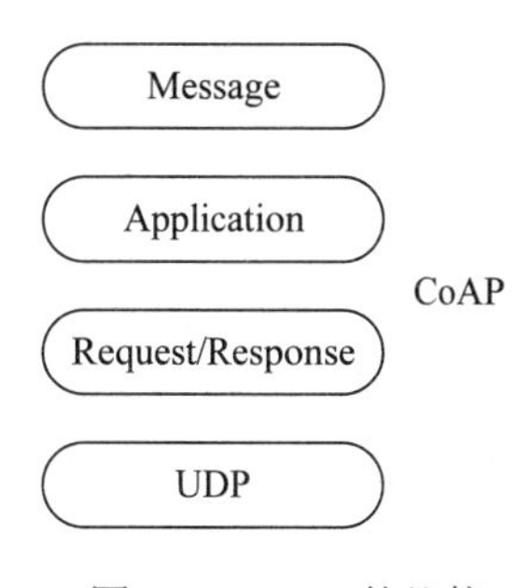

图 1-2　CoAP 协议栈

通过这种双层结构，CoAP 能够在 UDP 上实现可靠传输机制。进行可靠传输时使用 CON 消息，如果在规定时间内未收到 ACK 消息，则重新传输该消息(超时重传)，直到收到 ACK/RST 消息或者超过最大重试次数。接收方收到 CON 消息时，返回 ACK 消息，如果接收方不能处理该消息，则返回 RST 消息。此外，CoAP 还支持异步通信，当 CoAP 服务端收到不能立即处理的请求时，首先返回 ACK 消息，处理请求之后再发送返回消息。

CoAP 主要具有以下特点：满足资源受限的网络需求；无状态 HTTP 映射，可以通过 HTTP 代理实现访问 CoAP 资源，或者在 CoAP 之上构建 HTTP 接口；使用 UDP 实现可靠单播和最大努力多播；异步消息交换；很小的消息头载荷及解析复杂度；支持 URI 和内容类型(Content-type)；支持代理和缓存；内建资源发现。虽然 CoAP 还在制定中，但是已经出现了许多开源的 CoAP 实现，包括 C 语言实现的 Libcoap、Python 语言实现的 CoAPy、C#语言实现的 CoAP.NET 等。Contiki 和 Tiny OS 两大无线传感器网络操作系统也提供了 CoAP 支持。

2. 互联方式

在无线传感器网络中采用基于 IP 的 REST 风格网络架构能够促进无线传感器网络与互联网之间的网络互联。应用 CoAP 之后，互联网中的服务能够直接通过 CoAP 或者通过 HTTP 与 CoAP 之间的映射转换来访问无线传感器网络资源。因此，基于 CoAP 的无线传感器网络与互联网的互联方式有直接接入和网关代理两种。

1) 直接接入

直接接入方式是指无线传感器网络通过网关接入互联网，网关只对 IPv6 和 6LoWPAN 网络层进行转换，而对上层协议不做处理。图 1-3 所示为直接接入方式原理框图。

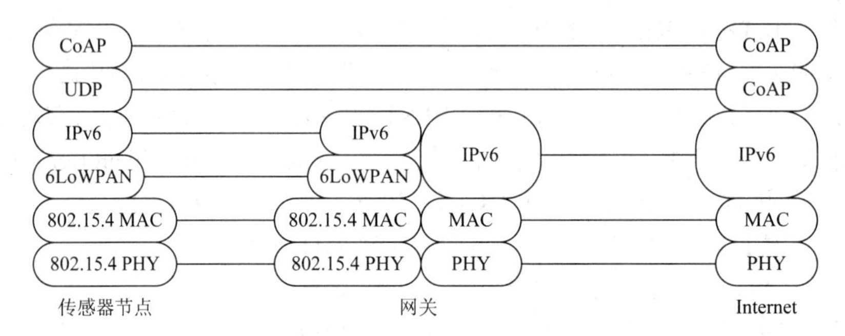

图 1-3　直接接入方式原理框图

直接接入时，传感器节点直接与支持 CoAP 的互联网应用程序进行数据通信。这种方式可以实现无线传感器网络与互联网的完全互联，无线传感器网络中的节点都可以通过 IPv6 地址直接访问，同时网关只需要对 IPv6 与 6LoWPAN 进行转换，减少了不必要的开销。

但是，一方面，由于目前 IPv6 在互联网中还没有完全普及，这种方式的应用范围受到了一定的限制。在小型自控网络中可以采用这种方式，但是在公用网络中目前还无法实现。另一方面，已有的互联网应用程序(如浏览器)等大多使用 HTTP，不能直接访问无线传感器网络资源，需要应用 CoAP 重新实现。

2) 网关代理

网关代理方式是指无线传感器网络通过网关接入互联网，网关对全部协议进行相应转换，将 HTTP 或其他协议请求转换为 CoAP 请求，并将 CoAP 返回的数据转换为 HTTP 或其他协议形式传递给互联网应用程序。网关代理时，互联网应用程序不是直接访问无线传感器网络资源，而是通过网关对 CoAP 和 HTTP 或其他协议进行了转换。

这种方式的优势在于，由于使用网关作为代理，互联网端可以使用 IPv4 或 IPv6，使得这种方式的应用范围更广。同时，因为可以使用 HTTP 或其他协议，上层应用程序可以不需要改动。但是，CoAP 和 HTTP 或其他协议的转换增加了网关的复杂度，也会对通信效率产生一定影响。图 1-4 所示为网关代理方式原理框图。

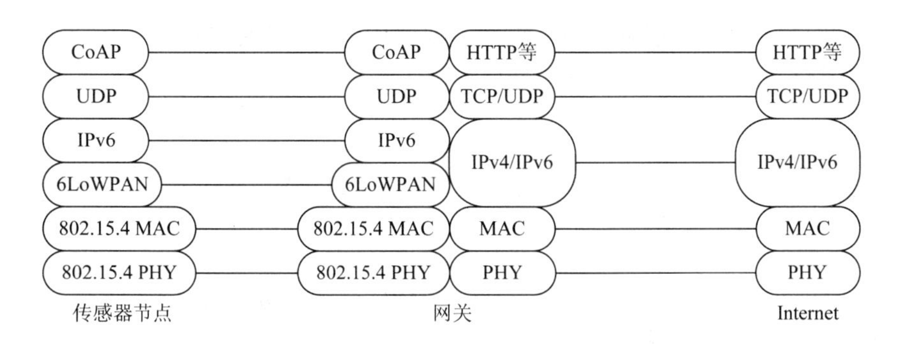

图 1-4　网关代理方式原理框图

网关代理的实现方式有以下三种：委托调用、HTTP 代理、透明代理。委托调用是指在网关上实现一个 HTTP 接口，通过传入参数对 CoAP 资源进行调用。传入参数可以包括 CoAP 资源 URI、访问方法、负载参数等。这种方式不对 CoAP 和 HTTP 进行直接转换。

网关代理是一种间接接入方式，可以通过软件将传感器节点与因特网连接起来，图 1-5 所示为基于 Libcoap 实现的委托调用网关框图。Libcoap 是一个用 C 语言实现的 CoAP 库，当前版本支持 draft-ietf-core-coap-03。Libcoap 封装了 Message 层，并提供了 Request/Response 层示例。可以通过如下格式访问 CoAP 资源："http://网关 IP 地址/coap-proxy?uri=coap://[节点 IPv6 地址]: <节点端口>/[资源名称]"。

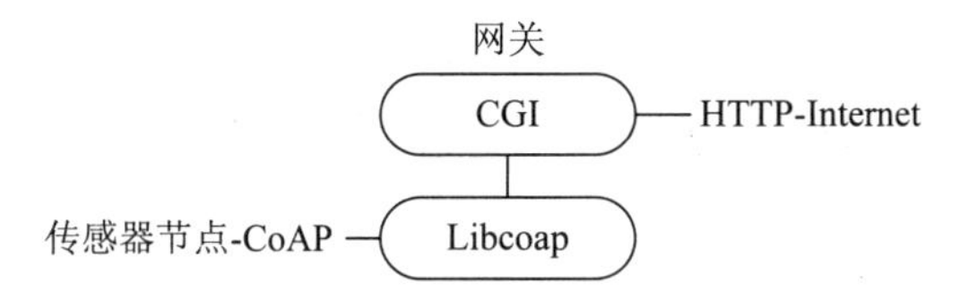

图 1-5　基于 Libcoap 实现的委托调用网关框图

HTTP 代理和透明代理都是指网关对 HTTP 和 CoAP 进行映射转换。HTTP 代理是采用 HTTP 正向代理的方式访问 CoAP 资源，代理服务器进行协议代理，将请求转发至无线传感器网络，底层同样使用 Libcoap 实现。

透明代理是直接以 HTTP 访问 CoAP 资源，例如"http://[节点 IPv6 地址]/[资源名称]"。网关需要监听网卡，截获所有对无线传感器网络节点的访问请求，将请求映射转换为 CoAP 格式："coap://[节点 IPv6 地址]:<节点端口>/[资源名称]"，发送至无线传感器网络；再将收到的 CoAP 回复翻译为 HTTP 格式返回。在整个过程中，网关对上层应用程序是透明的。IETF CoRE 工作组正在讨论 HTTP-CoAP 映射的相关问题。总而言之，委托调用和 HTTP 代理方式实现较为简单，但需要应用程序了解作为代理的网关；透明代理方式可以对应用程序隐藏网关信息，实现也更复杂。

3. 应用情况

2013 年开始出现了无线传感器网络与互联网技术结合的产品。比如，Nike+FuelBand 和 Jawbone 等传感器式腕带走进人们的生活，用来衡量人们每天走了多少路、睡眠质量如何等；配备了传感器的手表 Basis 可以测量心率。所有这些设备都与移动应用或 Web 应用相整合，从而跟踪用户状况并提供建议。

随着物联网的发展，互联网将发挥更加重要的作用——既保持自身的相对独立性，又将成为物联网架构的重要组成部分——网络层的主体技术。

1.4 WSN的技术特点

随着科技的进步，无线技术与网络技术的结合越来越密切，出现了许多无线网络。无线传感器网络的出现具备自身的技术特点。

1.4.1 WSN与现有无线网络的区别

目前，无线网络主要分成两类：一类是具有基础设施的无线蜂窝网，此类网络需要有固定的基站；另一类是没用基础设施的无线网络，又称无线自组织网络(Ad Hoc Network)。

前一类网络比较常见，如移动网、通信网和电信网。这类网络需要高大天线和大功率基站的支持，常见的有基础网络，称之为无线宽带网，包括GSM、CDMA、3G、BeyondG、4G、WLAN(WiFi)、WMAN(WiMax)等，都有固定的基站。一般地，该类网络的规划、部署、配置、管理、维护和运营都需要专门的管理机构来完成。

而后一类的无线自组织网络又分成无线传感器网络和移动Ad Hoc网络两类，它们都具备分布式特点，没有专门的固定基站，但能够快速、灵活和便利地组网，基本不用人为干预，就以自组织方式完成组网。这类网络可以借助成熟的无线蜂窝网或有线网，将信息传递到更远的地方。

虽然无线传感器网络和移动Ad Hoc网络有许多相似之处，但也存在很大的差异，主要集中在以下三个方面：节点规模、节点部署和工作模式。

1. 节点规模

移动Ad Hoc网络一般由几十个到上百个节点组成，节点数量比较少，采用的通信方式是无线的、动态组网的、多跳的移动性对等网络，大多数节点是移动的。

无线传感器网络是集成了监测、控制和无线通信的网络系统，节点数目更为庞大，可以达到成千上万，而且节点分布更为密集。但是由于环境影响和能量耗尽，节点更容易出现故障，而环境干扰和节点故障易造成网络拓扑结构的变化。通常情况下，大多数传感器的节点是固定不动的。另外，传感器节点具有的能量、处理能力、存储能力和通信能力等都十分有限。传统的无线网络的首要设计目标是提供高质量服务和高效带宽利用，其次才考虑节约能源；而无线传感器网络的首要设计目标是能源的高效使用。

2. 节点部署

移动Ad Hoc网络的节点部署采用较成熟的自组织路由协议，早期的无线传感器网络就是借用这种路由协议发展起来的。但随着无线传感器网络技术深度发展，二者的节点部署又有不同。这主要体现为：移动Ad Hoc网络中的节点具有强烈的移动性，网络拓扑结构是动态变化的，给路由协议的设计带来了很大的局限性；而无线传感器网络的节点在部署完成后，大部分的节点不会再移动，网络拓扑是不变的，虽然部分节点会因为拓扑控制等调度机制，或者能量消耗等原因造成节点失效而改变网络拓扑结构，但总的来说，无线传感器网络的网络拓扑是不变的。

3. 工作模式

从工作模式比较，移动 Ad Hoc 网络的路由协议比无线传感器网络的路由协议要复杂得多，二者的差异主要体现为：移动 Ad Hoc 网络中任意两个节点之间都是可以相互通信的，即一对一的通信模式，网络的路由协议是以信息传输为主要目的的；无线传感器网络中的终端节点是将数据传输到上一层路由节点或者汇聚节点，即多对一的通信模式，而终端节点之间是不通信的，路由协议是以数据为中心设计的。

1.4.2　WSN 与现场总线网络的区别

近几年出现的并被企业广泛采用的现场总线开始与无线传感器网络技术结合起来，在企业提高信息化水平方面发挥着重要作用。现场总线是应用在生产现场和微机化测量控制设备之间，实现双向单行多节点数字通信的系统，也被称为开放化、数字化、多点通信的底层控制网络。

现场总线是通过报告传感器数据从而控制物理环境的，所以从某种程度上来看它与传感器网络非常相似。可以将无线传感器网络看做是无线现场总线的实例。但是两者的区别是明显的，无线传感器网络关注的焦点不是数十毫秒范围内的实时性，而是具体的业务应用，这些应用能够容许较长时间的延迟和抖动。另外，基于传感器网络的一些自适应协议在现场总线中并不需要，如多跳、自组织的特点，而且现场总线及其协议也不考虑节约能源问题。

1.4.3　WSN 的特点

1. 大规模

为了获取精确的信息，在监测区域通常部署大量传感器节点，传感器节点数量可能达到成千上万，甚至更多。传感器网络的大规模性包括两方面的含义：一方面，传感器节点分布在很大的地理区域内，也可以将多个独立无线传感器网络联系在一起，构成更大的无线网络，如在原始大森林中采用传感器网络进行森林防火和环境监测；另一方面，传感器节点部署密集，在面积不大的区域空间内，密集部署了大量的传感器节点。

传感器网络的大规模性具有如下优点：通过不同空间视角获得的信息具有更大的信噪比；通过分布式处理大量的采集信息能够提高监测的精确度，从而降低对单个节点传感器的精度要求；大量冗余节点的存在，使得系统具有很强的容错性能；大量节点能够增大覆盖的监测区域，减少洞穴或者盲区。

2. 自组织

在无线传感器网络应用中，通常情况下传感器节点被放置在没有基础结构的地方，传感器节点的位置不能预先精确设定，节点之间的相互邻居关系预先也不知道。比如，通过飞机撒播大量传感器节点到面积广阔的原始森林中，或随意放置到人不可到达或危险的区域。这样就要求传感器节点具有自组织的能力，能够自动进行配置和管理，通过拓扑控制机制和网络协议自动形成转发监测数据的多跳无线网络系统。

在传感器网络使用过程中，部分传感器节点由于能量耗尽或环境因素造成失效，也有一些节点为了弥补失效节点、增加监测精度而补充到网络中，这样在传感器网络中的节点个数就会动态地增加或减少，从而使网络的拓扑结构动态变化，这要求传感器网络的自组织性要能够适应这种网络拓扑结构的动态变化。

3．动态性

传感器网络的拓扑结构具备动态性，可能会因下列因素而进行适应性改变：

① 环境因素或电能耗尽造成的传感器节点出现故障或失效。

② 环境条件变化可能造成无线通信链路带宽变化，甚至时断时通。

③ 传感器网络的传感器、感知对象和观察者这三要素都可能具有移动性。

④ 新节点的加入。

因此，这要求传感器网络系统要能够适应这种变化，具有动态的系统可重构性。

4．可靠性

传感器网络特别适合部署在恶劣环境或人类不宜到达的区域，传感器节点可能工作在露天环境中，遭受太阳的暴晒或风吹雨淋，甚至遭到无关人员或动物的破坏。传感器节点往往采用随机部署，如通过飞机撒播或发射炮弹到指定区域进行部署。这些都要求传感器节点非常坚固、不易损坏、能适应各种恶劣环境条件。

由于监测区域环境的限制以及传感器节点数目巨大，不可能人工照顾每个传感器节点，网络的维护十分困难甚至不可维护。传感器网络的通信保密性和安全性也十分重要，要防止监测数据被盗取和获取伪造的监测信息。因此，传感器网络的软硬件必须具有鲁棒性和容错性。

5．应用性

传感器网络是用来感知客观物理世界，获取物理世界的信息量的。客观世界的物理量多种多样，不可穷尽。不同的传感器网络应用关心不同的物理量，因此对传感器的应用系统也有多种多样的要求。不同的应用背景对传感器网络的要求不同，其硬件平台、软件系统和网络协议必然会有很大差别。所以，传感器网络不能像 Internet 一样，有统一的通信协议平台。

对于不同的传感器网络应用虽然存在一些共性问题，但在开发传感器网络应用中，更关心传感器网络的差异。只有让系统更贴近应用，才能做出最高效的目标系统。针对每一个具体应用来研究传感器网络技术，这是传感器网络设计不同于传统网络的显著特征。

6．以数据为中心

目前的互联网是先有计算机终端系统，然后再互联成为网络，终端系统可以脱离网络独立存在。在互联网中，网络设备用网络中唯一的 IP 地址标识，资源定位和信息传输依赖于终端、路由器、服务器等网络设备的 IP 地址。如果想访问互联网中的资源，那么首先要知道存放资源的服务器 IP 地址。因此，可以说目前的互联网是一个以地址为中心的网络。

而无线传感器网络是任务型的网络，脱离传感器网络谈论传感器节点没有任何意义。传感器网络中的节点采用节点编号标识，节点编号是否需要全网唯一取决于网络通信协议的设计。由于传感器节点随机部署，构成的传感器网络与节点编号之间的关系是完全动态的，表现为节点编号与节点位置没有必然联系。用户使用传感器网络查询事件时，直接将所关心的事件通告给网络，而不是通告给某个确定编号的节点。网络在获得指定事件的信息后汇报给用户。这种以数据本身作为查询或传输线索的思想更接近于自然语言交流的习惯。

所以，通常说无线传感器网络是一个以数据为中心的网络。例如，在应用于目标跟踪的传感器网络中，跟踪目标可能出现在任何地方，对目标感兴趣的用户只关心目标出现的位置和时间，并不关心哪个节点监测到目标。事实上，在目标移动的过程中，必然是由不同的节点提供目标的位置消息。

1.5 WSN的相关技术基础

无线传感器网络是一种全新的信息获取和处理技术，涉及传感器技术、无线电技术、无线通信技术及软件等知识，这些技术构建了WSN网络的技术基础和支撑。

1.5.1 传感器技术

传感器(Transducer/Sensor)是一种检测装置，能感受到被测量的信息，并能将感受到的信息按一定规律变换成为电信号或其他所需形式的信息输出，以满足信息的传输、处理、存储、显示、记录和控制等要求。在无线传感器网络中，通过传感器来感知识别、采集数据，它是实现无线传感器网络的自动检测和控制的首要环节。

国家标准GB7665—87对传感器下的定义是："传感器是能感受规定的被测量并按照一定的规律(数学函数法则)转换成可用信号的器件或装置，通常由敏感元件和转换元件组成"。中国物联网校企联盟认为，传感器的存在和发展，让物体有了触觉、味觉和嗅觉等感官，让被感知的物体慢慢变得活了起来。

传感器的作用主要是将来自外界物理世界的各种信息按照一定的函数关系转换成电信号，即非电量转化为电量，从而将携带外界的信息输出。传感器的组成原理框图如图1-6所示。

图1-6 传感器的组成原理框图

敏感元件的作用是能敏锐地感受某种物理、化学、生物的信息并将其转变为电信息的特种电子元件，通常是利用材料的某种敏感效应制成的。敏感元件可以按输入的物理量来命名，如热敏、光敏、(电)压敏、(压)力敏、磁敏、气敏、湿敏等元件。敏感元件感知外界的信息可以达到或超过人类感觉器官的功能。敏感元件是传感器的核心元件，随着电子计算机和信息技术的迅速发展，敏感元件的重要性日益提高。

转换元件的作用是将感受到的非电量变换为电量，是传感器的关键元件。在实际情况下，由于一些敏感元件可以直接输出变换后的电信号，很多时候无法严格地区分敏感元件和转换元件。

传感器在无线传感器网络中至关重要，负责采集和感知监测区域的各种信息，处于无线传感器网络的感知层，与处理电路、无线通信模块结合在一起构成传感器节点，是获知物体和采集信息的感知设备。二者的关系可以理解如下：

① 传感器是无线传感器网络中必备的感知部件。在无线传感器网络工作的监测区域内，部署了各种类型的传感器(传感器节点)，每个传感器都是一个信息源，不同类别的传感器感知的信息内容和格式不同。传感器输出的信息具有实时性，并按照一定的采集时间、频率周期性地更新数据。

② 无线传感器网络为传感器的信息传递提供网络连接通道，使传感器具备了智能处理能力，并能够接收控制指令实现智能控制。

③ 在无线传感器网络应用中，传感器是联系人、物和系统的接口，通过与具体应用领域或行业的有机结合，实现无线传感器网络的智能应用。

1.5.2 无线电技术

无线电技术是实现无线通信技术的技术基础，无线通信技术是无线传感器网络中的支撑技术之一，主要涉及电磁波、信道、调制和解调。

1．电磁波

电磁波(Electromagnetic Wave，又称电磁辐射、电子烟雾)是由同相振荡且互相垂直的电场与磁场在空间中以波的形式移动，其传播方向垂直于电场与磁场构成的平面，可有效地传递能量和动量。电磁波是电磁场的一种运动形态。电与磁可说是一体两面，变化的电场会产生磁场(即电流会产生磁场)，变化的磁场则会产生电场。变化的电场和变化的磁场构成了一个不可分离的统一的场，这就是电磁场。而变化的电磁场在空间的传播形成了电磁波，电磁的变动就如同微风轻拂水面产生水波一般，因此被称为电磁波，也常称为电波。

图 1-7 为电磁波谱图。电磁辐射可以按照频率分类，从低频率到高频率，包括无线电

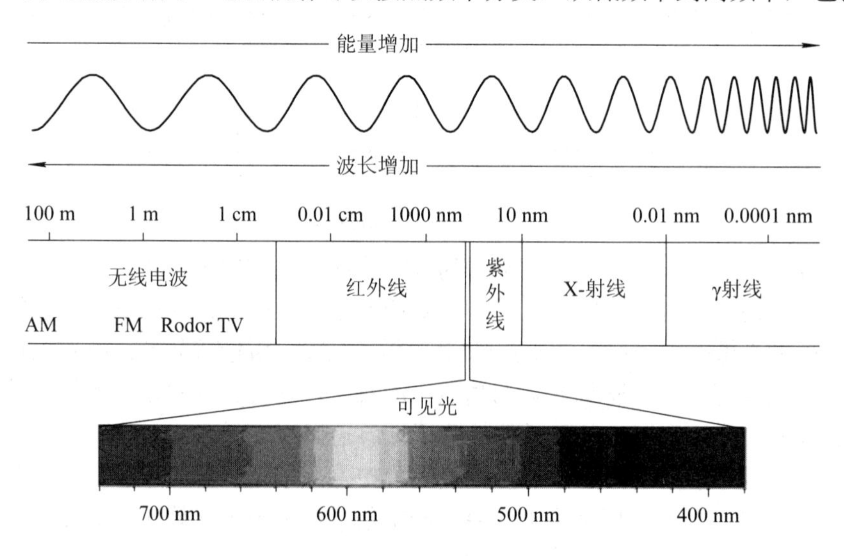

图 1-7　电磁波谱图

波、微波、红外线、可见光、紫外线、X 射线和伽马射线等。人眼可接收到的电磁辐射，其波长大约在 400～780 nm 之间，称为可见光。只要是本身温度大于绝对零度的物体，都可以发射电磁辐射，且温度越高，放出的电磁波波长就越短。而世界上目前并未发现低于或等于绝对零度的物体。因此，人们周边所有的物体时刻都在进行电磁辐射。尽管如此，只有处于可见光频域以内的电磁波，才是可以被人们看到的。电磁波不需要依靠介质传播，各种电磁波在真空中速率恒定，速度为光速。

1864 年，英国科学家麦克斯韦在总结前人研究电磁现象的基础上，建立了完整的电磁波理论。他断定电磁波的存在，并推导出电磁波与光具有同样的传播速度。1887 年，德国物理学家赫兹通过实验证实了电磁波的存在。之后，俄国的波波夫和意大利的马可尼同时独立地发明了天地线制，将发射电磁波的天线、接收机的天线与地线互相连接，将电磁波转化为脉冲电流，开始了无线电波通信的实用化。

无线电波的传播方式因波长不同而具有不同的传播特性。无线电波按照波段分类，如表 1-2 所示，可以分成以下三种形式：

① 地波。地波是沿着地球表面传播的无线电波，适用于中波、长波。

② 天波。天波是利用大气层中电离层的反射作用传播的无线电波，适用于短波。

③ 空间波。空间波是沿着直线传播的无线电波，包括由发射点直接到达接收点的直射波、经地面反射到达接收点的反射波，适用于微波。

表 1-2 无线电波按照波段分类

波段		波 长	频 率	传播方式	主要用途
超长波		10^4～10^5 km	3～30 kHz	空间波	对等通信
长波		10^3～10^4 km	30～300 kHz	地波	
中波		10^2～10^3 m	300～3000 kHz	地波或天波	调幅无线电广播
短波		10～10^2 m	3～30 MHz	天波	
微波	米波	1～10 m	30～300 MHz	空间波	调频无线电广播
	分米波	10～10^2 cm	300～3000 MHz		电视、雷达、导航
	厘米波	1～10 cm	3～30 GHz		
	毫米波	1～10 mm	30～300 GHz		

电磁波的波长越长，衰减越少，也越容易绕过障碍物继续传播。电磁波与其他波一样都具有衍射、折射、反射、干涉等波动性。电磁波传递的是能量，能量大小由坡印廷矢量决定，即

$$\boldsymbol{S}=\boldsymbol{E}\times\boldsymbol{H}=\frac{1}{\mu}\boldsymbol{E}\times\boldsymbol{B} \tag{1-1}$$

其中，$\boldsymbol{S}$ 为坡印廷矢量，$\boldsymbol{E}$ 为电场强度，$\boldsymbol{H}$ 为磁场强度，$\boldsymbol{B}$ 为磁通密度，μ 为磁导率。$\boldsymbol{E}$、$\boldsymbol{H}$、$\boldsymbol{S}$ 彼此垂直构成右手螺旋关系；即由 $\boldsymbol{S}$ 代表单位时间流过与之垂直的单位面积的电磁能，单位是 W/m^2。

2. 信道

在无线电波传输和接收的过程中，信息是沿着一条路径移动的，这条路径是指通信的

通道，是信号传输的媒介，称为信道。一般地，信息是抽象的，但传送信息必须通过具体的媒介。例如二人对话，靠声波通过二人间的空气来传送，因而二人间的空气部分就是信道。邮政通信的信道是指运载工具及其经过的设施。无线电话的信道就是电波传播所通过的空间，有线电话的信道是电缆。每条信道都有特定的信源和信宿。在多路通信，例如载波电话中，一个电话机作为发出信息的信源，另一个是接收信息的信宿，它们之间的设施就是一条信道，这时传输用的电缆可以为许多条信道所共用。

一条信道往往被分成信道编码器、信道本身和信道译码器。调制解调器和纠错编译码设备一般被认为是属于信道编码器、信道译码器的，有时把含有调制解调器的信道称为调制信道(模拟信道)；含有纠错编码器、译码器的信道称为编码信道(数据信道)。图 1-8 为信道的功能模型。

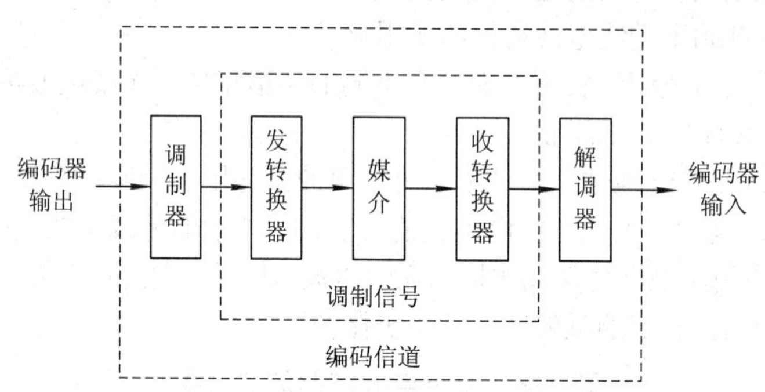

图 1-8　信道的功能模型

调制信道(模拟信道)传输的信号是模拟信号，信号电平随时间连续变化，语音信号就是典型的模拟信号。编码信道(数据信道)传输的信号是离散信号，只能传送数字信息。但当通过调制信道传送数字信号时，必须通过调制器与解调器实现数字信号和模拟信号之间的 D/A 或 A/D 转换。

3．调制和解调

调制和解调即常说的 Modem，其实是 Modulator(调制器)与 Demodulator(解调器)的简称，中文称为调制解调器。也有人根据 Modem 的谐音，称之为“猫”。调制和解调是通过调制器和解调器实现数字信号和模拟信号相互转换的过程。调制将各种数字基带信号转换成适于信道传输的数字调制信号(已调信号或频带信号)，解调则在接收端将收到的数字频带信号还原成数字基带信号。

但调制解调在时域和频域中又有着不同的内涵。时域中，调制就是用基带信号去控制载波信号的某个或几个参量的变化，将信息荷载在其上形成已调信号传输；而解调是调制的反过程，通过具体的方法从已调信号的参量变化中恢复原始的基带信号。频域中，调制就是将基带信号的频谱搬移到信道通带中或者其中的某个频段上的过程，而解调是将频带信号恢复为基带信号的反过程。

调制解调的分类方法很多，在无线传感器网络应用中，主要涉及调制方式和解调方式。

按照调制方式，调制解调可分为以下两类：

(1) 模拟调制。如果 $m(t)$是连续信号，经过调制器使某个参数值连续地与 $m(t)$相对应，则称为模拟调制。模拟调制存在传统模拟调制、脉冲调制和复合调制等三种方式。传统模拟调制有调幅(AM)、调频(FM)和调相(PM)等内容；脉冲调制有脉冲幅度调制(PAM)、脉冲相位调制(PWM)、脉冲编码调制(PCM)等内容；复合调制有正交幅度调制(QAM)等内容。

(2) 数字调制。数字调制包含通断键控(ASK)、频移键控(FSK)、相移键控(PSK)等内容。

按照解调方式，调制解调可分为适用于调幅的检波法和适用于大部分调制的同步解调法两类。

1.5.3 短距离无线通信技术

作为有线通信的补充，无线通信系统自 20 世纪，特别是 21 世纪初以来得到了迅猛发展。其中，蜂窝移动通信从模拟无线通信到数字无线通信，从早期的大区制蜂窝系统，支持很少的用户、很低的数据速率，但是有较远的传输距离，到目前的宏蜂窝、微蜂窝，通信半径越来越小，支持用户越来越多，数据传输速率越来越高。从 2G、2.5G、3G 到目前在国内广泛应用的 4G，毫无疑问，通信对于国民经济和国家安全具有越来越重要的意义。

近年来，随着微电子、计算机等相关技术的快速发展，且在高性能、高集成度的 CMOS 和 GaAs 半导体技术和超大规模集成电路技术的发展及低功耗、低成本消费类电子产品对数据通信的强烈需求的推动下，与人们生活紧密相关的短距离无线通信技术也得到了迅速发展和快速提高，无线局域网(WLAN)、蓝牙技术、ZigBee 技术、无线网络(WMN)技术取得了巨大进展，各种无线网络技术的相互融合也进入了研究者的视野。

什么是短距离无线通信网络呢？到目前为止，学术界和工程界对此并没有一个严格的定义。一般来讲，短距离无线通信的主要特点为通信距离短，覆盖距离一般在 10～200 m，目前已经达到千米数量级；另外，无线发射器的发射功率低，一般小于 100 mW，工作频率多为免付费、免申请的全球通用的工业、科学、医学频段。

低成本、低功耗和对等通信是短距离无线通信技术的三个重要特征和优势。按数据传输速率，短距离无线通信技术可分为高速短距离无线通信和低速短距离无线通信两类。高速短距离无线通信的最高数据速率高于 100 Mb/s，通信距离小于 10 m，典型技术有高速超宽带技术 UWB；低速短距离无线通信的最低数据速率低于 1 Mb/s，通信距离一般小于 100 m，典型技术有 ZigBee、低速超宽带技术 UWB、蓝牙等。

1. 蓝牙技术

早在 1994 年，爱立信公司便已经着手蓝牙技术的研究开发工作，设想通过一种短程无线连接替代已经广泛使用的有线连接。1998 年 2 月，爱立信、诺基亚、英特尔、东芝和 IBM 公司共同组建了特别兴趣小组，Intel 公司负责半导体芯片和传输软件的开发，爱立信负责无线射频和移动电话软件的开发，IBM 和东芝负责笔记本电脑接口规格的开发。1999 年下半年，著名的业界巨头微软、摩托罗拉、三星、朗讯与蓝牙特别兴趣小组的五家公司共同发起成立了蓝牙技术推广组织，共同的目标是开发一种全球通用的小范围无线通信技术，称为蓝牙技术。

“蓝牙”这个名称来自于 10 世纪的一位丹麦国王哈拉尔。因为哈拉尔国王喜欢吃蓝莓，牙龈每天都是蓝色的，所以叫蓝牙(Bluetooth)。哈拉尔国王口齿伶俐，善于协调，将挪威、瑞典和丹麦统一起来。而该技术在不同工业领域之间进行协调工作，保持着各个系统领域之间的良好交流，例如计算机、手机和汽车行业之间的工作，因此将该技术取名为“蓝牙”。

蓝牙的工作频率为2.4 GHz，有效范围大约在10 m半径内，在此范围内，采用蓝牙技术的多台设备，如手机、电脑、打印机等能够实现无线互联，并以约1 Mb/s的速率相互传递数据，还能方便地接入互联网。随着蓝牙芯片价格和耗电量的不断降低，蓝牙已经成为手机和平板电脑的必备功能。作为一种电缆替代技术，蓝牙具有低成本、高速率的特点，它可把内嵌有蓝牙芯片的计算机、手机和其他便携通信终端互联起来，为其提供语音和数字接入服务，实现信息的自动交换和处理，并且蓝牙的使用和维护成本低于其他任何一种无线技术。

蓝牙技术的应用主要有以下三个方面：

① 语音/数据接入，即将一台计算机通过安全的无线链路连接到通信设备上，与广域网连接；

② 外围设备互联，即将各种设备通过蓝牙链路连接到主机上；

③ 个人局域网(PAN)，主要用于个人网络与信息的共享与交换。

蓝牙技术的特点主要包括以下八个方面：

① 蓝牙工作在全球开放的2.4～2.485 GHz的ISM频段；

② 使用跳频频谱扩展技术，把频带分成若干个跳频信道(Hop Channel)，在一次连接中，无线电收发器按一定的码序列不断地从一个信道“跳”到另一个信道；

③ 一台蓝牙设备可同时与其他7台蓝牙设备建立连接；

④ 数据传输速率可达24 Mb/s；

⑤ 低功耗、通信安全性好；

⑥ 在有效范围内可越过障碍物进行连接，没有特别的通信视角和方向要求；

⑦ 组网简单方便，采用“即插即用”的概念，嵌入蓝牙技术的设备一旦搜索到另一蓝牙设备，马上就可以建立连接并传输数据；

⑧ 支持语音传输。

2. WiFi技术

WiFi(Wireless Fidelity，无线高保真)是一个无线网络通信技术的品牌，由WiFi联盟所持有，是一种能够将个人电脑、手持设备(如PDA、手机)等终端以无线方式互相连接的技术。其目的是改善基于IEEE 802.11标准的无线网络产品之间的互通性。

无线网络是IEEE定义的无线网技术，在1999年IEEE官方定义802.11标准的时候，IEEE官方选择并认定了CSIRO发明的无线网技术是世界上最好的无线网技术，因此CSIRO的无线网技术标准就成为了2010年无线保真的核心技术标准。

CSIRO是澳洲政府的研究机构，其设立的无线网技术课题组是悉尼大学工程系毕业生John O’Sullivan领导的一群由悉尼大学工程系毕业生组成的研究小组。CSIRO将发明于1996年的无线网技术在美国成功申请了无线网技术专利 (US Patent Number 5487069)。

IEEE曾请求澳洲政府放弃其无线网络专利，让世界免费使用无线保真技术，但遭到拒绝。澳洲政府随后在美国通过官司胜诉或庭外和解，收取了世界上几乎所有电器电信公司

(包括苹果、英特尔、联想、戴尔、AT&T、索尼、东芝、微软、宏碁、华硕等)的专利使用费。2010年人们每购买一台含有无线保真技术的电子设备的时候，所付的价钱就包含了交给澳洲政府的无线保真专利使用费。无线网络被澳洲媒体誉为澳洲有史以来最重要的科技发明，其发明人 John O'Sullivan 被澳洲媒体称为“WiFi之父”并获得了澳洲的国家最高科学奖和全世界的众多赞誉，其中包括欧洲专利局(European Patent Office，EPO)颁发的 European Inventor Award 2012，即2012年欧洲发明者大奖。

WiFi 已成为符合 IEEE 802.11 标准的网络产品，工作在2.4 GHz频段，带宽比较大，传输速率最大达到11 Mb/s，IEEE 802.n 标准已经将传输速率提高到300 Mb/s。其主要特点是传输速率高、可靠性高、建网快速便捷、可移动性好、网络结构弹性化、组网灵活、组网价格较低等。虽然在数据安全性方面 WiFi 技术比蓝牙技术要差一些，但在电波的覆盖范围方面却略胜一筹，可达100 m左右，家庭、办公室或整栋大楼都可使用。

3. IrDA红外技术

1800年英国人F·W·赫谢尔使用水银温度计发现了红外辐射，这是最原始的热敏型红外探测仪，从此掀起了红外热潮。1993年国际成立了红外数据协会(IrDA)，是致力于建立红外无线连接的非营利组织。起初，采用 IrDA 标准的无线设备仅能在1 m范围内以115.2 kb/s的速率传输数据，很快发展到4 Mb/s的速率，后来又达到16 Mb/s。

IrDA红外技术是一种利用红外线进行点对点通信的技术，目前它的软硬件技术都很成熟，在小型移动设备上广泛使用。IrDA的主要优点是无需申请频率的使用权，因而红外通信成本低。它还具有移动通信所需的体积小、功耗低、连接方便、简单易用的特点。由于数据传输率较高，因而适于传输大容量的文件和多媒体数据。此外，红外线发射角度较小，传输安全性高。IrDA的缺点在于它是一种视距传输，相互通信的两个设备必须对准，中间不能被其他物体阻隔，因而该技术只能用于两台设备之间的连接，例如家电的遥控器等。IrDA目前的研究方向是如何解决视距传输问题及提高数据传输率。

4. UWB超宽带技术

超宽带技术(Ultra Wide Band，UWB)是一种不用载波，而采用时间间隔极短(小于1 ns)的脉冲进行通信的无线通信技术，也称为脉冲无线电、时域或无载波通信。UWB通过基带脉冲作用于天线的方式发送数据。窄脉冲(小于1 ns)产生极大带宽的信号。脉冲采用脉位调制或二进制移相键控调制。UWB 被允许在3.1～10.6 GHz的波段内工作，信号相对带宽(即信号带宽与中心频率之比)大于0.2或绝对带宽大于500 MHz，并在这一频率范围内，带宽为1 MHz的辐射体在三米距离处产生的场强不得超过500 V/m，相当于功率谱密度为75 nW/MHz，即41.3 dBm/MHz。

UWB主要应用在小范围、高分辨率，能够穿透墙壁、地面和身体的雷达和图像系统中。比如穿墙雷达就是使用UWB技术研究制造的，可用于检查道路、桥梁及其他混凝土和沥青结构建筑中的缺陷，也可用于地下管线、电缆和建筑结构的定位。另外，它在消防、救援、治安防范及医疗、医学图像处理中都大有用武之地。UWB的一个非常有前途的应用是汽车防撞系统，用于自动刹车系统的雷达制造。UWB最具特色的应用将是视频消费娱乐方面的无线个人局域网(PAN)。现有的无线通信方式中，只有UWB有可能在10 m范围内，支持高达 110 Mb/s 的数据传输率，不需要压缩数据，可以快速、简单、经济地完成视频数据处理。

从信号形式来看，UWB 大体可分为两大类：一类是基带窄脉冲形式，窄脉冲序列携带信息，直接通过天线传输，不需要对正弦载波进行调制，采用时域信号处理方式，是超宽带技术早期发展首先采用的方式，在很多领域具有广泛的应用前景；另一类是带通载波调制方式，可以采用不同的无线传输技术，如 OFDM、DS-CDMA 等，有利于实现高数据速率低功率传输，适用于短距离室内高速率传输的应用，是目前高速多媒体智能家庭/办公室网络应用中的优选技术。

超宽带技术(UWB)的概念是在 1960 年提出的，到 90 年代中期才出现产品。与传统通信系统相比，UWB 的主要特点表现在以下八个方面：

(1) 系统实现比较容易。当前的无线通信技术所使用的通信载波是连续的电波，载波的频率和功率在一定范围内变化，从而利用载波的状态变化来传输信息。而 UWB 则不使用载波，通过发送纳秒级脉冲来传输数据信号。UWB 发射器直接用脉冲小型激励天线，不需要传统收发器所需要的上变频，从而不需要功用放大器与混频器，因此 UWB 允许采用非常低廉的宽带发射器。同时，在接收端，UWB 接收机也有别于传统的接收机，不需要中频处理。

(2) 高速的数据传输。UWB 信号的数据传输速率可以达到 500 Mb/s，是实现个人通信和无线局域网的一种理想调制技术。UWB 以非常宽的频率带宽来换取高速的数据传输，并且不单独占用现在已经拥挤不堪的频率资源，而是共享其他无线技术使用的频带。在实际应用中，可以利用巨大的扩频增益来实现远距离、低截获率、低检测率、高安全性和高速的数据传输。

(3) 带宽极宽。UWB 使用的带宽可达几个 GHz，系统容量大，可以与目前的窄带通信系统兼容工作而互不干扰。

(4) 极低的功耗。UWB 系统使用间歇的脉冲来发送数据，脉冲持续时间很短，一般在 0.20～1.5 ns 之间，有很低的占空因数，系统耗电可以做到很低，在高速通信时系统的耗电量仅为几百微瓦到几十毫瓦。其功耗是传统移动电话所需功率的 1/100，是蓝牙设备所需功率的 1/20。

(5) 安全性高。UWB 信号采用跳时扩频，把信号能量弥散在极宽的频带范围内，作为通信系统的物理层技术具有天然的安全性能，接收机只有已知发送端扩频码才能解码、获取数据。另外，UWB 信号的功率谱密度极低，传统的接收机无法接收到信号。

(6) 多路径分辨能力强。由于常规无线通信的射频信号大多为连续信号或其持续时间远大于多径传播时间，多径传播效应限制了通信质量和数据传输速率。由于超宽带无线电发射的是持续时间极短的单周期脉冲且占空比极低，多径信号在时间上是可分离的，分离出多径分量以充分利用发射信号的能量，从而使得信号的衰落极小，如对常规无线电信号多径衰落深达 10～30 dB 的多径环境，对超宽带无线电信号的衰落最多不到 5 dB。

(7) 定位精确。冲激脉冲具有很高的定位精度，采用超宽带无线电通信，很容易将定位与通信合一，而常规无线电难以做到这一点。超宽带无线电具有极强的穿透能力，可在室内和地下进行精确定位，而 GPS 定位系统只能工作在 GPS 定位卫星的可视范围之内。

与 GPS 提供绝对地理位置不同，超宽带无线电定位器可以给出相对位置，其定位精度可达厘米级。此外，超宽带无线电定位器的价格更低。

(8) 工程简单，造价便宜。在工程实现上，UWB 比其他无线技术要简单得多，可全数字化实现。它只需要以一种数学方式产生脉冲，并对脉冲进行调制，而这些电路都可以被集成到一个芯片上，设备的成本很低。

5．无线射频识别技术

无线射频识别(Radio Frequency Identification，RFID)技术，也称为电子标签。RFID 起源于 20 世纪 40 年代的雷达技术改进和应用，经过多年的理论丰富和应用，到 70 年代射频识别技术标准化问题日趋得到重视，射频识别产品也得到广泛应用，射频识别产品逐渐成为人们生活中的一部分。一套完整的 RFID 系统由阅读器与电子标签(也就是所谓的应答器)及应用软件系统三部分所组成，其工作原理是标签进入磁场后，接收阅读器发出的射频信号，凭借感应电流所获得的能量发送出存储在芯片中的产品信息(无源标签或被动标签)，或者由标签主动发送某一频率的信号(Active Tag，有源标签或主动标签)，阅读器读取信息并解码后，送至中央信息系统进行有关数据处理。

以 RFID 卡片阅读器及电子标签之间的通信和能量感应方式来看，RFID 大致上可以分为感应耦合和后向散射耦合两种。一般低频的 RFID 大都采用第一种方式，而较高频的 RFID 大多采用第二种方式。阅读器根据使用的结构和技术不同可以是读或读/写装置，是 RFID 系统信息控制和处理中心。阅读器通常由耦合模块、收发模块、控制模块和接口单元组成。阅读器和应答器之间一般采用半双工通信方式进行信息交换，同时阅读器通过耦合给无源应答器提供能量和时序。在实际应用中，可进一步通过 Ethernet 或 WLAN 等实现对物体识别信息的采集、处理及远程传送等管理功能。应答器是 RFID 系统的信息载体，多由耦合元件(线圈、微带天线等)和微芯片组成无源单元。

进入 21 世纪后，射频识别产品种类更加丰富，有源电子标签、无源电子标签及半无源电子标签均得到发展，电子标签成本不断降低，应用不断扩大，RFID 已成为物联网工程中关键技术之一。RFID 产品主要有无源 RFID 产品、有源 RFID 产品、半有源 RFID 产品等三大类。

无源 RFID 产品发展最早，也是发展最成熟、市场应用最广泛的产品。比如，公交卡、食堂餐卡、银行卡、宾馆门禁卡、二代身份证等，这在我们的日常生活中随处可见，属于近距离接触式识别类。其产品的主要工作频率有低频 125 kHz、高频 13.56 MHz、超高频 433 MHz 和 915 MHz。

有源 RFID 产品是最近几年慢慢发展起来的，其远距离自动识别的特性决定了其巨大的应用空间和市场潜质。在远距离自动识别领域，如智能监狱、智能医院、智能停车场、智能交通、智慧城市、智慧地球及物联网等领域有重大应用。有源 RFID 产品在这个领域异军突起，属于远距离自动识别类。这类产品的主要工作频率有超高频 433 MHz、微波 2.45 GHz 和 5.8 GHz。

半有源 RFID 产品结合了有源 RFID 产品及无源 RFID 产品的优势，在低频 125 kHz 的触发下，让微波 2.45 GHz 发挥优势。半有源 RFID 技术，也可以叫做低频激活触发技术，利用低频近距离精确定位，微波远距离识别和上传数据，来解决单纯的有源 RFID 产品和无源 RFID 产品没有办法实现的功能。简单地说，半有源 RFID 技术就是近距离激活定位，远距离识别及上传数据。

RFID 因其所具备的远距离读取、高储存量等特性而备受瞩目。它不仅可以帮助一个企业大幅提高货物、信息管理的效率，还可以让销售企业和制造企业互联，从而更加准确地接收反馈信息，控制需求信息，优化整个供应链。RFID 技术的主要特点如下：

(1) 快速扫描。RFID 辨识器可同时辨识读取数个 RFID 标签。

(2) 体积小型化、形状多样化。RFID 在读取上并不受尺寸大小与形状限制，不需为了读取精确度而配合纸张的固定尺寸和印刷品质。此外，RFID 标签还可以往小型化与多样形态发展，以应用于不同产品。

(3) 抗污染能力和耐久性强。传统条形码的载体是纸张，因此容易受到污染，但 RFID 对水、油和化学药品等物质具有很强抵抗性。此外，由于条形码附于塑料袋或外包装纸箱上，容易受到折损，而 RFID 卷标是将数据存在芯片中，因此可以免受污损。

(4) 可重复使用。现今的条形码印刷上去之后就无法更改，RFID 标签则可以重复地新增、修改、删除 RFID 卷标内储存的数据，方便信息更新。

(5) 穿透性和无屏障阅读。在被覆盖的情况下，RFID 能够穿透纸张、木材和塑料等非金属或非透明的材质，并且能够进行穿透性通信。而条形码扫描机必须在近距离而且没有物体阻挡的情况下，才可以辨读条形码。

(6) 数据的记忆容量大。一维条形码的容量是 50 B，二维条形码最大的容量可储存 2 至 3000 字符，RFID 最大的容量则有数兆字节。随着记忆载体的发展，数据容量也有不断扩大的趋势。未来物品所需携带的资料量会越来越大，对卷标所能扩充容量的需求也相应增加。

(7) 安全性。由于 RFID 承载的是电子式信息，其数据内容可经由密码保护，使其内容不易被伪造及变更。

近几年，飞利浦、诺基亚和索尼公司主推一种类似于 RFID 的短距离无线通信技术标准，称为 NFC 技术。NFC 与 RFID 不同，NFC 采用了双向的识别和连接，在 10 cm 距离内工作于 13.46 MHz 频率范围。NFC 能快速自动地建立无线网络，为蜂窝设备、蓝牙设备、WiFi 设备提供一个“虚拟连接”，使电子设备可以在短距离范围内进行通信。

NFC 的短距离交互大大简化了整个认证识别过程，使电子设备间互相访问更直接、更安全和更清楚，不会再听到各种电子杂音。NFC 通过在单一设备上组合所有的身份识别应用和服务，帮助解决记忆多个密码的麻烦，同时也保证了数据的安全。NFC 还可以将其他类型无线通信“加速”，实现更快和更远距离的数据传输。与其他短距离无线通信标准不同的是，NFC 的作用距离进一步缩短且不像蓝牙那样需要有对应的加密设备。

6．ZigBee 技术

2001 年 8 月，在 IEEE 组织牵头下成立了 ZigBee 国际联盟，计划开发一种近距离、低复杂度、低功耗、低速率、低成本的双向无线通信技术，主要用于距离短、功耗低且传输速率要求不高的各种电子设备之间进行数据传输以及典型的有周期性数据、间歇性数据和低反应时间数据传输的应用。在 2002 年就开始制定 IEEE 802.15.4 标准并发布，制定：IEEE 802.15.4 的物理层、MAC 层及数据链路层，2004 年联盟推出 ZigBee 第一个规范 ZigBee V1.0，但由于推出仓促，存在一些错误。2006 年进行标准更新，最新针对智能电网应用制定了 IEEE 802.15.4g 标准，针对工业控制应用制定了 IEEE 802.15.4e 标准。IEEE 802.15.4 系列标准属于物理层和 MAC 层标准，由于 IEEE 组织在无线领域的影响力，以及 TI、ST、Ember、Freescale、NXP 等著名芯片厂商的推动，该标准已经成为无线传感器网络领域的事实标准，符合标准的芯片已经在各个行业得到广泛应用。

2007 年底，ZigBee PRO 推出。2009 年 3 月，ZigBee RF4CE 推出，具备更强的灵活性和远程控制能力。从此开始，ZigBee 采用了 IETF 的 IPv6 6LoWPAN 标准作为新一代智能电网 Smart Energy(SEP2.0)的标准，致力于形成全球统一的易于与互联网集成的网络，实现端到端的网络通信。随着美国及全球智能电网的大规模建设和应用，物联网感知层技术标准将逐渐由 ZigBee 技术向 IPv6 6LoWPAN 标准过渡。

ZigBee 可以说是蓝牙的同族兄弟，也采用跳频技术。与蓝牙相比，ZigBee 更简单、速率更慢、功率及费用也更低。它的基本速率是 250 kb/s，当降低到 28 kb/s 时，传输范围可扩大到 134 m，并获得更高的可靠性。ZigBee 可与多个节点联网，比蓝牙能更好地支持游戏、消费电子、仪器和家庭自动化应用。

ZigBee 是一种无线连接，可工作在 2.4 GHz(全球流行)、868 MHz(欧洲流行)和 915 MHz (美国流行)三个频段上，分别具有最高 250 kb/s、20 kb/s 和 40 kb/s 的传输速率，它的传输距离在 10～75 m 的范围内，可以继续增加。作为一种无线通信技术，ZigBee 具有如下特点：

(1) 功耗低。由于 ZigBee 的传输速率低，发射功率仅为 1 mW，而且采用了休眠模式，功耗低，因此 ZigBee 设备非常省电。据估算，ZigBee 设备仅靠两节 5 号电池就可以维持长达 6 个月到 2 年的使用时间，这是其他无线设备望尘莫及的。

(2) 成本低。ZigBee 模块的初始成本为几美元，并且 ZigBee 协议是免专利费的，低成本对于 ZigBee 也是一个关键的因素。

(3) 时延短。通信时延和从休眠状态激活的时延都非常短，典型的搜索设备时延为 30 ms，休眠激活的时延是 15 ms，活动设备信道接入的时延为 15 ms。因此，ZigBee 技术适用于对时延要求苛刻的无线控制应用，如工业控制场合等。

(4) 网络容量大。一个星型结构的 ZigBee 网络最多可以容纳 254 个从设备和一个主设备，一个区域内可以同时存在最多 254 个 ZigBee 网络，而且网络组成灵活。

(5) 可靠性高。ZigBee 采取了碰撞避免策略，同时为需要固定带宽的通信业务预留了专用时隙，避开了发送数据的竞争和冲突。MAC 层采用了完全确认的数据传输模式，每个发送的数据包都必须等待接收方的确认信息，如果传输过程中出现问题可以进行重发。

(6) 安全保密性好。ZigBee 提供了基于循环冗余校验(CRC)的数据包完整性检查功能，支持鉴权和认证，采用的加密算法使各个应用可以灵活确定其安全属性。

随着我国物联网的发展，ZigBee 正逐步被国内越来越多的用户接受，ZigBee 技术已在部分智能传感器场景中得到应用。比如，北京地铁隧道施工过程中的考勤定位系统便采用了 ZigBee，ZigBee 取代传统的 RFID 考勤系统实现了无漏读、方向判断准确、定位轨迹准确和可查询，提高了隧道安全施工的管理水平。在某些高档的老年公寓中，基于 ZigBee 网络的无线定位技术可在疗养院或老年社区内实现全区实时定位及求助功能，由于每个老人都随身携带一个移动报警器，遇到险情时可以及时按下求助按钮，使老人在户外活动时的安全监控及救援问题得到解决，而且使用简单方便、可靠性高。

据中国电信预计，到 2020 年国内物联网市场规模将达到上万亿元，年增长率超过 30%，智慧城市建设成为运营商推进物联网的重要落脚点。此外，国家已设专项资金用以支持物联网发展，业内人士预计未来十几年内物联网会大规模普及，其产业规模将远超互联网。

思考题

1. 简述无线传感器网络的含义。
2. 简述无线传感器网络的作用。
3. 简述物联网的含义。
4. 简述物联网网络架构的组成及各层的含义。
5. 简述无线传感器网络和物联网、互联网的关系。
6. 简述无线传感器网络的技术特点。
7. 简述传感器的定义与作用。
8. 简述电磁波的含义。
9. 简述短距离无线通信技术的含义。
10. 分析典型的 ZigBee、RFID、低速超宽带 UWB、蓝牙等技术的特点。

第 2 章　Chapter 2

无线传感器网络体系结构

2.1 系 统 结 构

2.1.1 基本结构

无线传感器网络具有覆盖区域广泛、测量精度高、可远程监控、可快速部署、可自组织和高容错性能的优点。无线传感器网络中传感器节点数量庞大，节点分布比较密集，使得无线传感器网络结构和协议栈的设计与其他无线网络不同。一个典型的无线传感器网络系统结构由分布在监测区域的大量无线传感器节点、具有接收和发送功能的汇聚节点、执行通信和任务的管理节点等构成，其系统结构如图 2-1 所示。

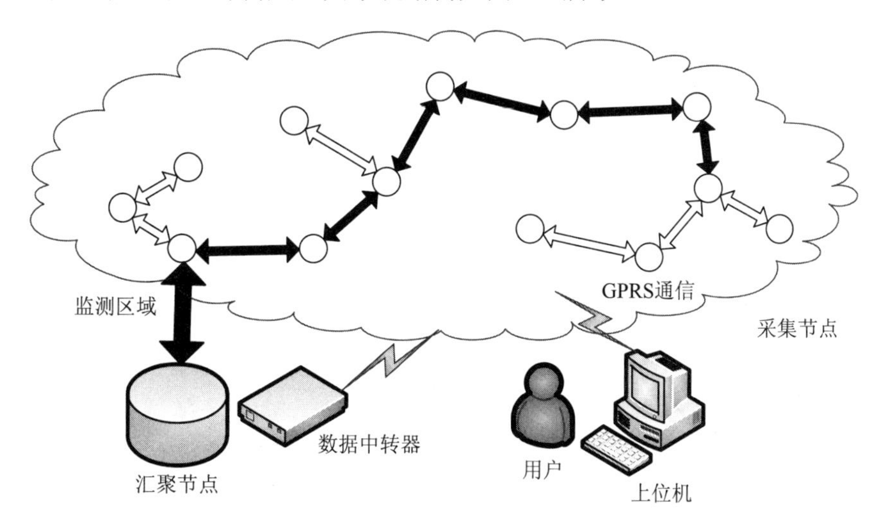

图 2-1　无线传感器网络系统结构

(1) 传感器节点：用于监测数据，可沿着节点逐跳地传输数据，并能通过自组织方式构成网络。从网络功能上看，每个传感器节点除了进行本地信息收集和数据处理外，还要对其他节点转发来的数据进行存储、管理和融合，并与其他节点协作完成一些特定任务。在传输过程中监测数据可能被多个节点处理，经过多跳后路由到汇聚节点，最后通过互联网或卫星到达管理节点。传感器节点处理能力、存储能力和通信能力相对较弱，需要通过小容量电池供电。

(2) 汇聚节点：用于连接传感器节点与 Internet 等外部网络的网关，可实现两种协议间的转换；同时能向传感器节点发布来自管理节点的监测任务，并把 WSN 收集到的数据转发到外部网络上。汇聚节点是一个具有增强功能的传感器节点，有足够的能量供给使得 Flash 和 SRAM 中的所有信息传输能够到计算机中，能够通过汇编软件方便地将获取的信息转换成汇编文件格式，从而分析出传感器节点所存储的程序代码、路由协议及密钥等机密信息，同时还可以修改程序代码并加载到传感节点中。与传感器节点相比，汇聚节点的处理能力、存储能力和通信能力相对较强。

(3) 管理节点：用于动态地管理整个无线传感器网络，直接面向用户。所有者通过管理节点访问无线传感器网络的资源，配置和管理网络，发布监测任务以及收集监测数据。

2.1.2 多网络融合系统结构

无线传感器网络数据若仅局限于网络内部传输，则不利于无线传感器网络的普及应用，必须让终端用户能够通过外部网络(如 Internet)便捷地访问无线传感器网络采集的环境数据。通常，以移动通信网、以太网、无线局域网等为外部接入网络，将采集的数据传回管理中心。

多网融合的无线传感器网络在传统无线传感器网络的基础上，利用网关接入技术实现无线传感器网络与以太网、无线局域网、移动通信网等多种网络的融合。在多网融合的无线传感器网络中，网关的地位异常特殊，作用异常关键。网关扮演网络间的协议转换器、不同网络类型网络路由器、全网数据聚集、存储处理等重要角色，是网络间连接不可缺少的纽带。基于无线传感器网络的多网融合体系结构如图 2-2 所示。

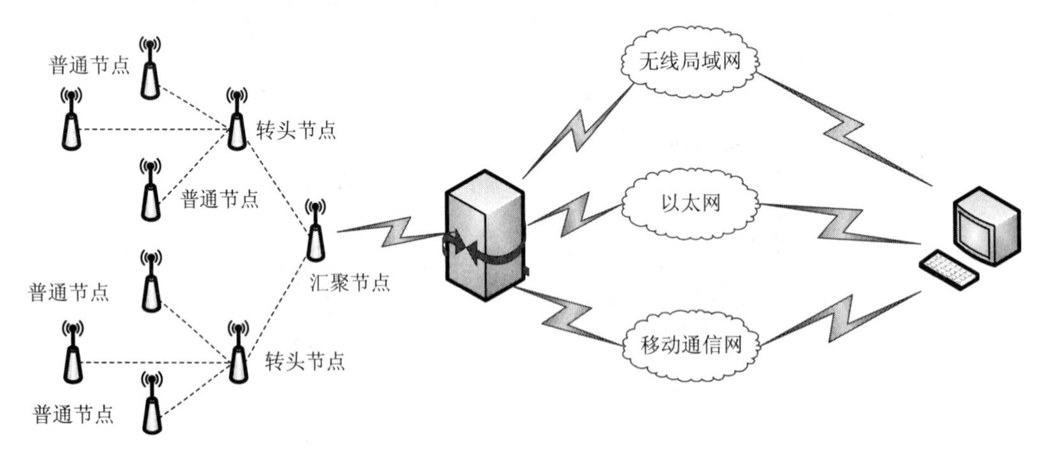

图 2-2 基于无线传感器网络的多网融合体系结构

处于特定应用场景之中的、高效自组织的无线传感器网络节点，在一定的网络调度与控制策略驱动下，可对其所部署的区域开展监控与传感；网关节点设备将对其所在的无线传感器网络进行区域管理、任务调度、数据聚合、状态监控与维护等。经网关节点融合、处理并经过相应的标准化协议处理和数据转换之后的无线传感器网络信息数据将由网关节点设备聚合，并根据其不同的业务需求及所接入的不同网络环境，经由 TD-SCDMA 和 GSM 系统下的地面无线接入网、Internet 环境下的网络通路及无线局域网络下的无线链路接入点等分别接入 TD-SCDMA、GSM 核心网、Internet 主干网及无线局域网络等多种类型异构网络，再通过各网络下的基站或主控设备将传感器信息分发至各终端，以实现针对无线传感器网络的多网远程监控与调度。同时，处于 TD-SCDMA、GSM、Internet 等多类型网络终端的各种应用与业务实体也将通过各自网络连接相应的无线传感器网络网关，并由此对相应无线传感器网络节点开展数据查询、任务派发、业务扩展等多种功能，最终实现无线传感器网络与以移动通信网络、Internet 网络为主的各类型网络的无缝的、泛在的交互。

传感器节点采集感知区域内的数据进行简单处理后发送至汇聚节点。网关首先读取数据并转换成用户可知的信息，如传感器节点部署区域内的温度、湿度、加速度、坐标等，接着通过无线局域网、以太网或移动通信网进行远距离传输。

2.1.3 无线传感器网络拓扑结构

从组网形态和方法角度看，无线传感器网络拓扑结构主要有集中式、分布式和混合式三种结构形式。集中式结构类似于移动通信的蜂窝结构，可以集中管理；分布式结构类似于 Ad Hoc 网络结构，可自组织网络接入连接，实现分布管理；混合式结构是集中式结构和分布式结构的组合。无线传感器网络从节点功能及结构层次角度看，又可分为平面网络结构、层次网络结构、混合网络结构以及 Mesh 网络结构。

1. 平面网络结构

图 2-3 所示是无线传感器网络平面网络拓扑结构。平面网络结构是无线传感器网络中最简单的拓扑结构，每个节点都为对等结构，故具有完全一致的功能特性，即每个节点包含相同的 MAC、路由、管理和安全等协议。但是由于采用自组织协同算法形成网络，组网算法通常比较复杂。

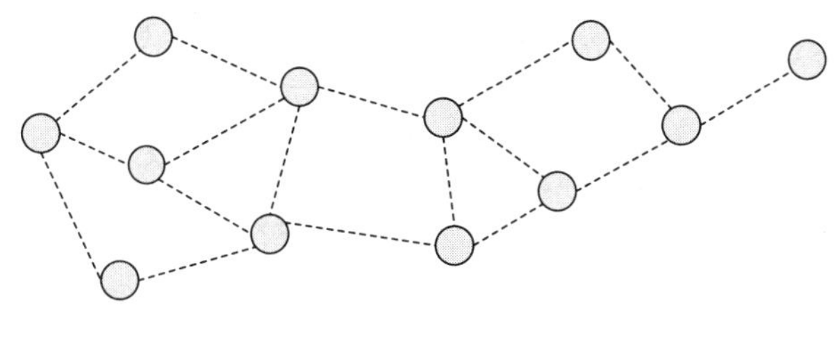

图 2-3　无线传感器网络平面网络拓扑结构

2. 层次网络结构

图 2-4 所示是无线传感器网络层次网络拓扑结构。层次网络拓扑结构是一种分级网络，分为上层和下层两个部分。上层为中心骨干节点，下层为一般传感器节点。骨干节点之间或者一般传感器节点间采用的是平面网络结构，而骨干节点和一般节点之间采用的是层次网络结构。一般传感器节点没有路由、管理及汇聚处理等功能。

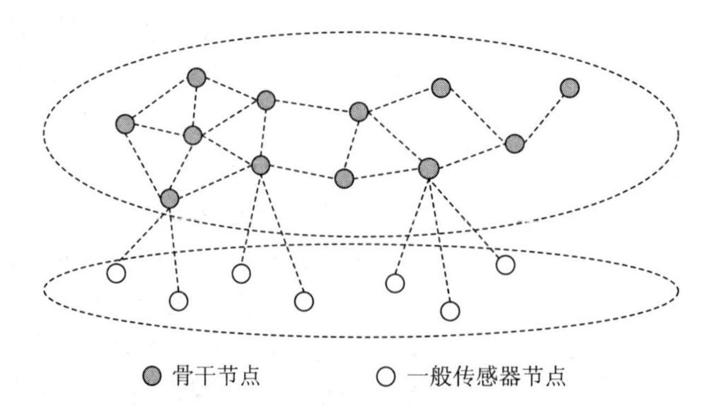

图 2-4　无线传感器网络层次网络拓扑结构

3. 混合网络结构

图 2-5 所示是无线传感器网络混合网络拓扑结构。混合网络结构是无线传感器网络中平面网络结构和层次网络结构混合的一种拓扑结构。这种结构与层次网络结构的不同是一般传感器节点之间可以直接通信，不需要通过汇聚骨干节点来转发数据，但是这就使混合网络结构的硬件成本更高。

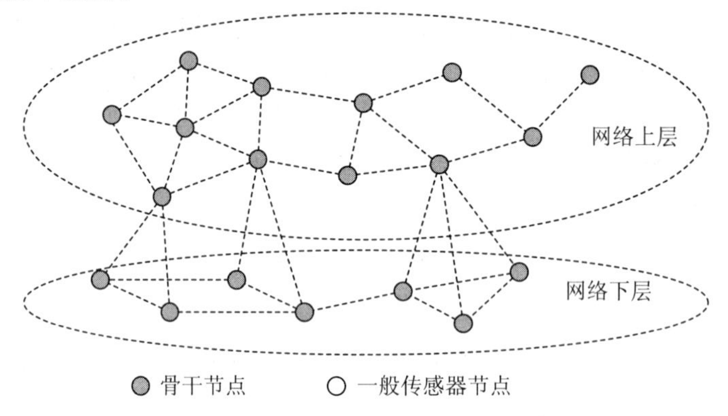

图 2-5　无线传感器网络混合网络拓扑结构

4. Mesh 网络结构

图 2-6 所示是一种新型的网络拓扑结构，称为无线传感器网络 Mesh 网络拓扑结构。它是一种规则分布的网络，不同于完全连接的网络结构，通常只允许与距节点最近的邻居通信。网络内部的节点一般也是相同的，因此 Mesh 网络也称为对等网。由于通常 Mesh 网络结构节点之间存在多条路由路径，网络对于单点或单个链路故障具有较强的容错能力和鲁棒性。Mesh 网络结构的优点就是尽管所有节点都是对等的，且具有相同的计算和通信传输功能，但只有某个节点可被指定为簇头节点，而且可执行额外的功能。一旦簇头节点失效，另外一个节点可以立刻补充并接管原簇头那些额外执行的功能。

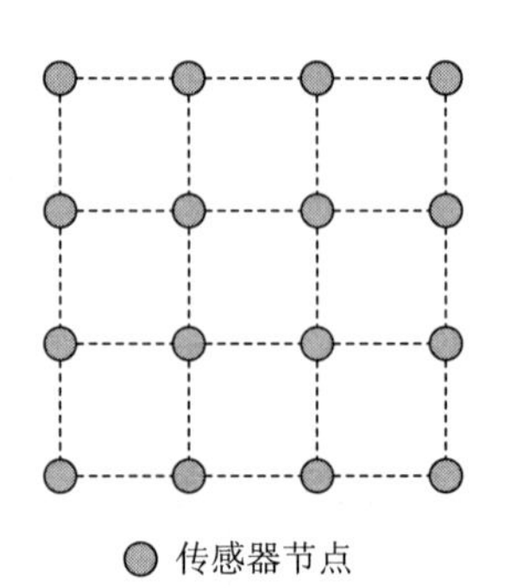

图 2-6　无线传感器网络 Mesh 网络拓扑结构

从技术上看，基于 Mesh 网络结构的无线传感器具有以下特点：

(1) 由无线节点构成网络。这种类型的网络节点是由一个传感器或执行器构成的，且连接到一个双向无线收发器上。

(2) 节点按照 Mesh 拓扑结构部署。网内每个节点至少可以和其他节点中的一个通信，这种方式具有比传统的集线式或星型拓扑更好地网络连接性、自我形成和自愈功能，能够确保存在一条更加可靠的通信路径。

(3) 支持多跳路由。来自一个节点的数据在其到达一个主机网关或控制器前，可以通过其余多个节点转发。基于 Mesh 方式的网络连接具有通信链路短、受干扰少的优点，因而可以为网络提供较高的吞吐率及较高的频谱复用效率。

(4) 功耗限制和移动性取决于节点类型及应用的特点。通常，基站或汇聚节点移动性较低，感应节点可移动性较高。基站不受电源限制，而感应节点通常由电池供电。

(5) 存在多种网络接入方式，可以通过新型 Mesh 等节点方式和其他网络集成。

2.2 节 点 结 构

2.2.1 传感器节点的特点与类型

1. 传感器节点的特点

在无线传感器网络中，传感器节点是整个网络的核心和关键，担负着监测区域的信息获取、转换、处理、传递的重任，具有以下主要特点：

(1) 分布式随机部署。在监测区域内部及附近，大量的传感器节点分布式随机部署，可通过自组织的方式构成网络。

(2) 一种微型的嵌入式系统。与通用的嵌入式系统相比较，传感器节点是一种微型的嵌入式系统。为了降低成本和节能，传感器节点简化了许多系统功能和配置，在处理能力、存储能力和通信能力等方面相对较弱，只能满足基本要求。

(3) 兼顾收发功能。在数据传输过程中，传感器节点的监测数据可能被多个节点处理，经过多跳后路由到汇聚节点。因此，每个传感器节点不仅要对本地的信息进行采集和处理，还要协助其他节点完成数据的转发功能。

2. 传感器节点的类型

监测区域的传感器节点类型一般包括以下三种：

(1) 终端节点：只负责监测区域数据信息的采集和环境的检测，一般数量比较多。在所有节点类型中，终端节点价格最便宜、功能最简单。

(2) 路由节点：负责监测区域的数据转发。一个路由节点可以与若干个路由节点或终端节点通信，传递信息。

(3) 协调器节点：它是网络的控制中心，负责一个网络的建立，可以与此网络中的所有路由节点或终端节点建立联系，从而实现通信。

2.2.2 节点结构与作用

一般地，传感器节点由五个部分构成，即能量供应模块、传感器模块、处理器模块、无线通信模块和嵌入式软件系统。传感器节点的结构示意图如图 2-7 所示。

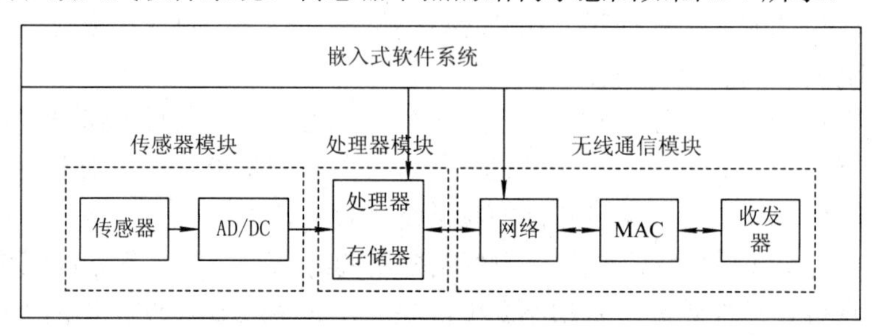

图 2-7 传感器节点的结构示意图

传感器节点各个组成部分的作用：

① 能量供应模块为传感器节点的其他模块提供正常运行所需的能量，可以采取多种灵活的供电方式，通常采用微型电池供电。

② 传感器模块包括传感器和 AD/DA 模块。传感器负责监测区域内的信息采集，在不同的环境下，依据被测物理信号的形式决定传感器的类型；AD/DA 模块负责将传感器获取的模拟信号转换为适应于通信的数字信号。

③ 处理器模块包括嵌入式处理器和寄存器，通常采用通用型。该模块负责整个节点的操作、存储和处理自身采集的数据及其他节点转发来的数据。

④ 无线通信模块负责与其他节点进行无线通信、交换控制信息和收发采集信息。数据传输的能量占节点的总能量的绝大部分，通常采用短距离和低功耗的无线通信模块。

⑤ 嵌入式软件系统是无线传感器网络实现功能的重要支撑，其软件协议栈主要包括物理层、数据链路层、传输层和应用层。

传感器节点还可以包括其他辅助单元，如移动系统、定位系统和自供电系统等。由于传感器节点采用电池供电，尽量采用低功耗器件，以获得更高的电源效率。

2.2.3 节点约束条件

传感器节点所具有的信息或数据处理能力、存储能力、通信能力和电源能力都十分有限，所以传感器节点在实现网络组网协议和应用控制中存在着以下约束条件：

1. 数据处理和存储能力的约束

传感器节点通常是一个微型的嵌入式系统，其自身的处理能力、存储能力和通信能力相对较弱。每一个传感器节点都兼顾传统网络的终端和路由器双重功能。为了完成各种任务，传感器节点既要完成监测区域内的数据采集、转换、处理和管理，又要完成应答汇聚节点的任务请求和节点控制等任务。因此，利用有限的计算、处理和存储资源完成各式各样的多协同任务是传感器网络设计中具有挑战性的任务。

2. 通信能力的约束

传感器节点的通信能力关系到传感器网络监测区域内节点部署数量，而制约其通信能

力主要有两个参数，即能量损耗和通信距离，二者之间的关系为

$$E = kd^n \tag{2-1}$$

式中，E 为传感器节点的通信能量损耗；k 为一个常数，与传感器节点的系统构成有关；d 为传感器节点的通信距离；n 为一个传感器网络部署系数，取值范围为 $2 \leqslant n \leqslant 4$。$n$ 的具体取值与许多因素有关，例如传感器节点的部署环境、天线质量等。

由式(2-1)可知，当确定参数 n 值后，随着通信距离 d 的增加，无线通信的能量损耗 E 将急剧增加。所以，在满足通信连通度的前提下，应尽可能减少单跳(即一跳)的通信距离。因此，在设计无线传感器网络时，应该充分考虑传感器节点通信能力和监测区域的大小，通信传输机制尽可能采取多跳的工作机制。

3．电源能力的约束

传感器节点体积微小，通常携带能量十分有限的电池。由于传感器节点数量多、成本低、分布区域广、部署区域环境复杂，甚至有些区域人类无法到达，所以通过更换传感器节点电池的方式来补充能源是不现实的。

在传感器节点的构成中，消耗能量的部分是传感器模块、处理器模块和无线通信模块。随着微电子技术和电路工艺水平的进步，传感器和处理器模块的功耗已经变得很低，绝大多数的能量消耗都在无线通信模块上。无线通信模块存在着休眠、空闲、接收和发送四种状态，能量消耗的比例示意图如图 2-8 所示。

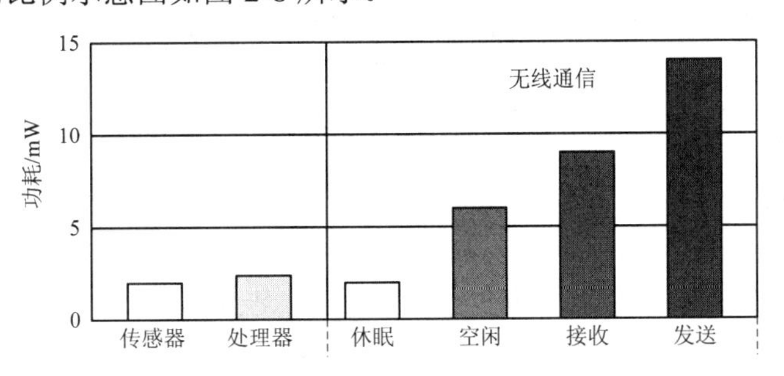

图 2-8　能量消耗的比例示意图

在空闲状态时，无线通信模块一直监听无线信道的使用情况，检查是否有数据发送给自己，而在休眠状态时则关闭无线通信模块。由图 2-8 可知，无线通信模块在发送状态时的能量消耗最大，空闲状态和接收状态的能量消耗接近，比发送状态的能量消耗要少一些，休眠状态的能量消耗最小。因此，在设计无线传感器网络时，为了让其网络通信更有效率，需要尽可能地减少不必要的转发和接收，在不需要通信时使传感器节点尽快地进入休眠状态。网络通信效率是无线传感器网络协议设计必须重点考虑的问题之一。

2.3　传感器网络工作模式

2.3.1　网络的组成和特点

无线传感器网络由数据获取网络、数据分布网络和控制管理中心三个部分组成，其主

要组成部分集成有传感器、数据处理单元和通信模块的节点，各节点通过协议自组成一个分布式网络，再将采集来的数据优化后经无线电波传输给信息处理中心。因为节点数量巨大，并且处于随时变化的环境中，所以使得无线传感器网络具有不同于普通传感器网络的独特特征，包括以下五个：

(1) 无中心和自组网特性。在无线传感器网络中，所有节点的地位都是平等的，没有预先指定的中心，各节点通过分布式算法来相互协调，在无人看守的情况下，节点能够自动组织起一个测量网络。而正因为没有中心，网络便不会因为单个节点的脱离而受到损害。

(2) 网络拓扑的动态变化性。网络中的节点处于不断变化的环境中，它的状态也在相应地发生变化，加之无线通信信道的不稳定性，网络拓扑也在不断地调整变化，而这种变化是无人能准确预测出来的。

(3) 传输能力的有限性。无线传感器网络通过无线电波进行数据传输，虽然消除了布线的烦恼，但是相对于有线网络，低带宽则成为它的缺陷。同时，信号之间还存在相互干扰，信号自身也存在不断地衰减等问题。不过由于单个节点传输的数据量不是很大，所以这个缺点在人们的忍受范围之内。

(4) 能量限制。为了测量真实环境的具体值，各个节点会密集地分布于待测区域内，人工补充能量的方法已经不再适用。每个节点都要储备可供长期使用的能量，或者自己从外界吸收能量(如太阳能、风能等)。

(5) 安全性问题。无线信道、有限的能量和分布式控制等问题都使得无线传感器网络更容易受到攻击，被动窃听、主动入侵、拒绝服务则是这些攻击的常见方式。因此，安全性在无线传感器网络的设计中至关重要。

2.3.2 通信机制

无线通信是以自由空间作为传输介质，利用电磁波的辐射进行信号传输的。典型的无线通信系统包括信号源、发送设备、传输信道、接收设备和信宿等，如图 2-9 所示。

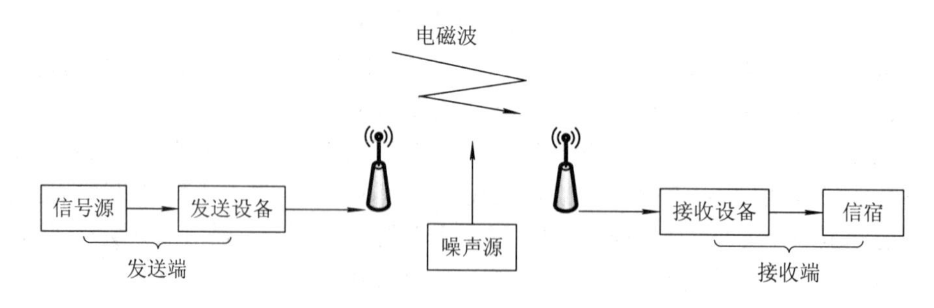

图 2-9 无线通信系统模型

在传感器节点的三种功耗中，数据通信消耗的能量最多。在接收和传输数据时，数据通信由收发机的电路实现。图 2-10 所示为收发机的通信功耗，从中可以看出当节点处于传输、接收和空闲三个状态时的能量消耗差不多。此外，当传感器节点不需要发送或接收数据时，关闭处于空闲状态的收发机可以节省大量能量。节省的能量最高达空闲状态消耗的总能量的 99.99%(节省的能量范围为 3 μW～59.1 mW)。

收发机电路由混频器、频率合成器、压控振荡器(VCO)、锁相回路(PLL)、解调器和功率放大器组成，所有的这些组件都会消耗能量。对于一对收发机来说，数据通信带来的功耗 P_C 的组成部分可简单地用模型描述为

$$P_C = P_O + P_{TX} + P_{RX} \tag{2-2}$$

式中，P_O 是发射机输出的功率；P_{TX} 和 P_{RX} 分别是发射机和接收机的电子器件消耗的能量。即式(2-2)等号右侧三项的前两项表示的功耗是发射机的，后一项是接收机的。

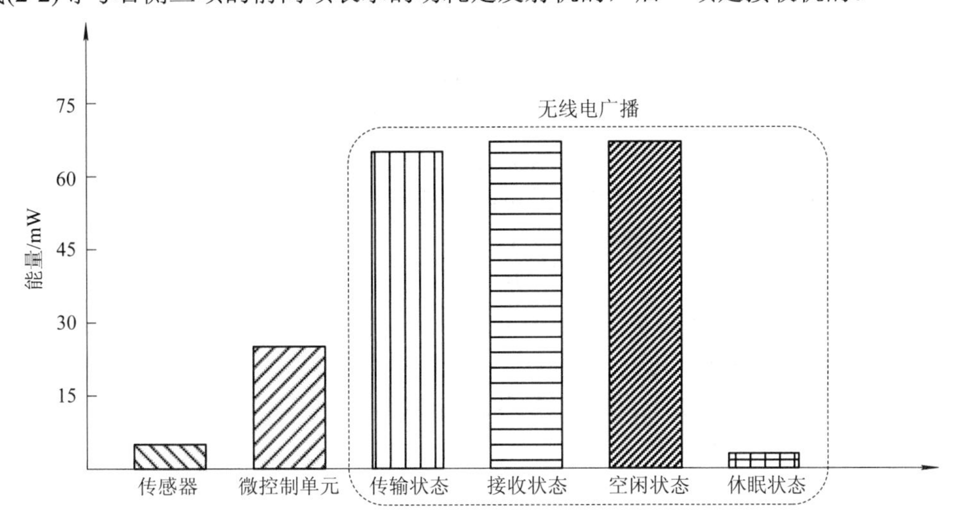

图 2-10　收发机的通信功耗

对于数据传输而言，发送和接收之间的主要区别是功率放大器的功率，即 P_O。然而，对于短距离通信而言，由于发射功率较低，发射和接收的功耗基本相同。此外，随着更复杂调制方案的出现，编解码的功耗和接收的功耗超过了发射的功耗，比如 MicaZ 传感器节点。发射机的功耗可能随传感器节点软件设置的发射功率水平改变，其变化范围是 0～−25 dBm。因此，若发射功率级别设置很低，则用来接收数据的能量就会在 WSN 的数据通信中占主导地位。

虽然式(2-2)中的功耗模型已包含了影响功耗的所有基本因素，但若需要准确分析通信功耗，则需要更精确的模型。除了发射和接收状态以外，收发机在非工作期间可切换为休眠模式以节省能量。然而，收发机在不同模式之间的转换不是瞬间完成的，需要消耗额外能量。收发机由休眠状态切换为活跃状态(发送或接收)产生的功耗被称为启动功耗，时延主要由频率合成器、VCO 启动时延以及锁相环的锁存时间造成。由于启动时间为数百微秒级，启动功耗不容忽视。如果数据包长度减小，那么启动功耗占据了整个运行功耗的主要部分。由于大量的电能均消耗在每次开启收发机上，所以收发机过于频繁开关是得不偿失的。启动功耗 E_{ST} 的定义为

$$E_{ST} = P_{LO} \cdot t_{ST} \tag{2-3}$$

式中，P_{LO} 是包括综合器和 VCO 的电路总功耗；t_{ST} 是启动所有收发机组件所需的时间。

除了休眠和工作状态之间的转换需要消耗能量外，收发机从发送状态转换到接收状态也会消耗能量。功耗 E_{SW} 的定义为

$$E_{SW} = P_{LO} \cdot t_{SW} \tag{2-4}$$

式中，t_{SW} 是转换时间。在接收状态下，接收机使用综合器、VCO、低噪声放大器、混频器、

中频放大器和解调模块。综合器和 VCO 的功耗可以表示成 P_{LO}，接收的功耗为

$$E_{RX} = (P_{LO} + P_{RX})\, t_{RX} \tag{2-5}$$

式中，P_{RX} 是 WSN 其他服务工作组件的功耗，且是数据速率值的常数；t_{RX} 是收到数据包的时间。

当收发机转换到发送状态时，发送机使用了处理频率综合器和 VCO，还使用了调制和功率放大模块。若忽略调制的功耗，则对于发送而言的功耗为

$$E_{TX} = (P_{LO} + P_{PA})\, t_{TX} \tag{2-6}$$

式中，P_{PA} 是功率放大器的功耗。相对应的接收状态的功耗 P_{PA} 是常量，发射的功耗会随着发射功率和输出功率而变化。由于软件系统提高了所需的 RF 输出功率水平，功率放大器就会消耗更多的功率，这样自然就增加了功耗，因此

$$P_{PA} = \frac{1}{\eta} P_{out} \tag{2-7}$$

式中，η 是功率放大器的能效，P_{out} 是所需 RF 的输出功率水平。例如，在 MicaZ 传感器节点中，收发机消耗 52.2 mW，其中 33 mW 对应于 0～−10 dBm 的 RF 发射功率。高层协议，例如 MAC 协议或路由层协议，会根据给定的距离 d 控制 RF 发射功率水平以保证可以成功地接收通信服务。因此，功率放大器的功耗也可以写成关于距离 d 的函数：

$$P_{PA} = \frac{1}{\eta} \gamma_{PA} \cdot r \cdot d^{n} \tag{2-8}$$

式中，r 是数据速率；n 是信道的路径损耗指数；在距离 d 的信道上，γ_{PA} 是依赖于天线增益、波长、热噪声频谱密度和所需的信噪比(SNR)的变量。功率放大器的功耗 P_{PA} 是指依赖于距离的变量，然而收发机发送和接收数据、启动和转换所消耗的能量与距离无关。

根据上述定义，可以推演出一个完整的通信功耗模型。在一个通信周期中，一个节点发送数据包到邻节点，并且收到一个响应，这其中包括启动收发机和数据包的传输，从发送状态到接收状态的转换和数据包的接收。因此，总功耗为

$$\begin{aligned} E_C &= E_{ST} + E_{RX} + E_{SW} + E_{TX} \\ &= P_{LO} \cdot t_{ST} + (P_{LO} + P_{RX})\, t_{RX} + P_{LO} \cdot t_{SW} + (P_{LO} + P_{PA})\, t_{TX} \end{aligned} \tag{2-9}$$

假设发射和接收持续时间可以表示成 $t_{RX} = t_{TX} = l_{PKT}/r$，式中 l_{PKT} 是数据包长度。利用式(2-7)，可得总功耗为

$$E_C = P_{LO}(s_{ST} + t_{SW}) + (2P_{LO} + P_{RX})\frac{1}{\eta} \cdot \gamma_{PA} \cdot d^{n} t_{TX} \cdot l_{PKT} \tag{2-10}$$

从式(2-10)中可以看出，通信的功耗由三部分组成：第一部分是常数，由具体收发机电路决定；第二部分是独立于通信距离 d，由数据包的尺寸和发射速率决定，如式(2-10)的前两项是独立于距离的功耗部分；第三部分取决于通信距离和数据包长度，并且这部分可以由高层协议控制(如 MAC 协议和路由协议等)。

2.4 网络整体结构

无线传感器网络是一个复杂多变的系统。为了更好地了解和掌握无线传感器网络技术，

需要对网络的体系结构和应用框架进行分析。无线传感器网络虽然与传统 Internet 网络在结构和功能上都不尽相同，但是在进行体系结构划分时，仍可采用分层模式讨论其协议栈特点与功能。

2.4.1 OSI 分层模型

无线传感器网络的技术内涵和特点要求其在体系结构的层面上为网络整体效能的提升提供支持，因此无线传感器网络的优化设计成为该领域的一个研究热点。目前，典型的网络体系结构是在 Internet 网络中得到充分证明的开放系统互联参考模型，即分层设计模型 (Open Systems Interconnection，OSI)。

OSI 分层模型将网络通信和工作内容依据功能和管理需求进行层次划分，形成物理层、数据链路层、网络层、传输层和应用层等几个不同层次的独立规则体系，每一个协议层都是独立设计并且自适应维持的。无线传感器网络协议体系结构图如图 2-11 所示。

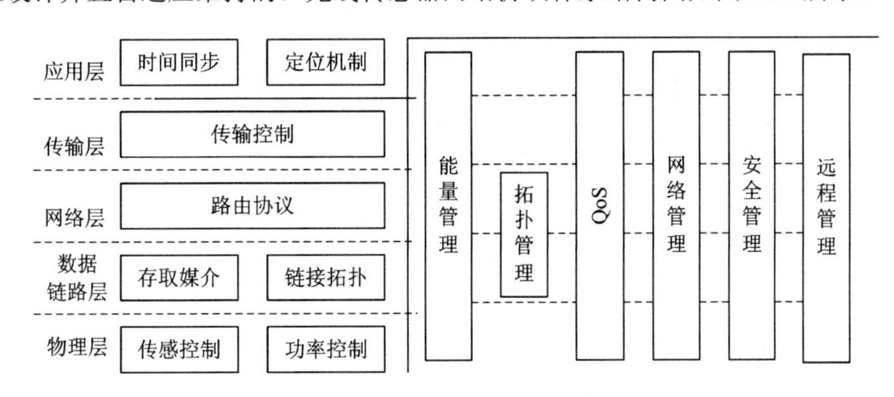

图 2-11 无线传感器网络协议体系结构图

这种设计方法将相对复杂的网络系统分解成多个可以独立开发的子系统，减少设计工作量和维护成本，提高网络的重要属性，如能耗、时延、网络容量、抖动等。但是，由于无线传感器网络节点数量巨大且分布无序，网络状态复杂而多变，严格的 OSI 分层模型很难实现对网络资源的整体管理和调度，无法为网络应用/用户提供良好的服务。

2.4.2 网络体系结构

无线传感器网络具有广泛的应用前景，范围涵盖医疗、军事和家庭等很多领域。无线传感器网络由大量高密度分布的处于被观测对象内部或周围的传感器节点组成，其节点不需要预先安装或预先决定位置，这样提高了动态随机部署于不可达或危险地域的可行性。

无线传感器网络包括四类基本实体对象：目标、观测节点、传感节点和感知视场。此外，还需定义外部网络、远程任务管理单元和用户来完成对整个系统的应用描述。大量传感节点随机部署，通过自组织方式构成网络，协同形成对目标的感知视场。传感器节点检测的目标信号经本地简单处理后通过邻近传感器节点多跳传输到观测节点。用户和远程任务管理单元通过外部网络，比如卫星通信网络或 Internet，与观测节点进行交互。观测节点向网络发布查询请求和控制指令，并接收传感器节点返回的目标信息。本小节将从物理体系结构、软件体系结构和通信体系结构三个层面对无线传感器网络体系结构进行分析。

1. 物理体系结构

传统的无线传感器网络采用“平坦”结构，部署在监测区域中用于数据采集的微型传感器节点的同构，每个节点的计算能力、通信距离和能量供应相当。节点采集的数据通过多跳通信的方式，借助网络内其他节点的转发，将数据传回到汇聚节点，再通过汇聚节点与其他网络连接，实现远程访问和网络查询、管理。“平坦”结构的网络虽然能够正常工作，但随着节点数量的增加，网络覆盖范围的扩大，长的通信路径将导致数据包丢失的概率增大、网络性能下降，也会使得用于转发数据的中间节点消耗更多的能量、网络生存周期缩短。根据 IPv6 无线传感器网络的特点，实际应用中一般采用异构节点组成的层次化网络，如图 2-12 所示。

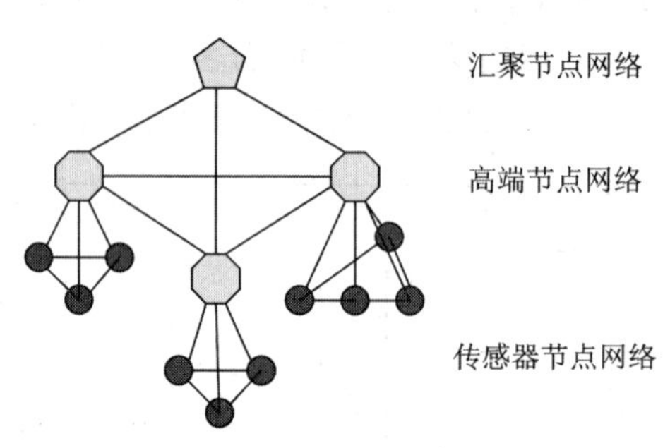

图 2-12 异构节点组成的层次化网络

2. 软件体系结构

无线传感器网络应用支撑层、无线传感器网络基础设施、基于无线传感器网络的应用业务层的一部分共性功能以及管理、信息安全等部分组成了无线传感器网络中间件和平台软件。其基本含义是，应用支撑层支持应用业务层为各个应用领域提供所需的各种通用服务，中间件软件是这一层的核心；管理、信息安全是贯穿各个层次的保障。

无线传感器网络中间件和平台软件体系结构主要分为四个层次：网络适配层、基础软件层、应用开发层和应用业务适配层。其中，网络适配层和基础软件层组成无线传感器网络节点嵌入式软件(部署在无线传感器网络节点中)的体系结构；应用开发层和应用业务适配层组成无线传感器网络应用支撑结构(支持应用业务的开发与实现)。

在网络适配层中，网络适配器是对无线传感器网络底层(无线传感器网络基础设施、无线传感器操作系统)的封装。基础软件层包含无线传感器网络中的各种中间件。这些中间件构成无线传感器网络平台软件的公共基础，提供了高度的灵活性、模块性和可移植性。无线传感器网络应用系统架构如图 2-13 所示。具体包含的中间件如下：

(1) 网络中间件。网络中间件主要完成无线传感器网络接入服务、生成服务、自愈合服务、连通等任务。

(2) 配置中间件。配置中间件主要完成无线传感器网络的各种配置工作，例如路由配置、拓扑结构的调整等。

(3) 功能中间件。功能中间件主要完成无线传感器网络各种应用业务的共性功能，提供了各种功能框架接口等。

(4) 管理中间件。管理中间件主要为无线传感器网络应用业务提供各种管理服务，例如目录服务、资源管理、能量管理、生命周期管理等。

(5) 安全中间件。安全中间件主要为无线传感器网络应用业务提供各种安全服务，例如安全管理、安全监控、安全审计等。

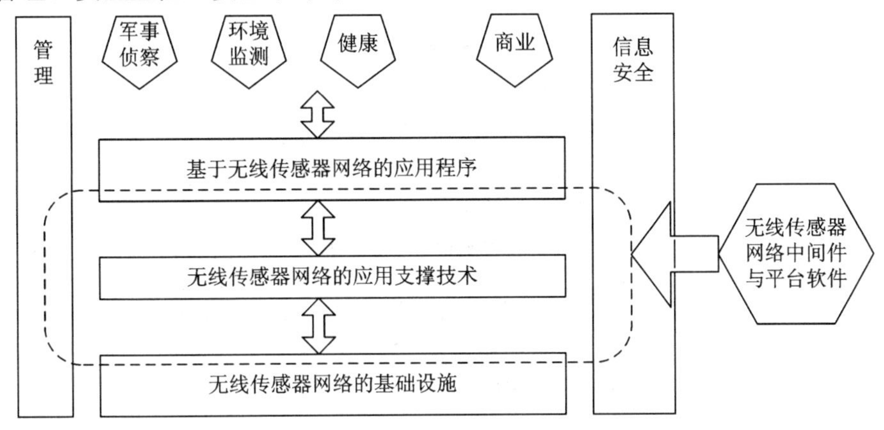

图 2-13　无线传感器网络应用系统架构

无线传感器网络中间件和平台软件采用层次化、模块化的体系结构，使其更加适应无线传感器网络应用系统的要求，并用自身的复杂性换取简单的应用开发，使得中间件技术能够更简单明了地满足应用的需要。中间件能提供满足无线传感器网络个性化应用的解决方案，形成一种特别适用的支撑环境；通过整合使无线传感器网络应用只需要面对一个可以解决问题的软件平台。因此，无线传感器网络中间件和平台软件的灵活性、可扩展性保证了无线传感器网络的安全性，提高了无线传感器网络数据的管理能力和能量效率，降低了应用开发的复杂性。

3．通信体系结构

无线传感器网络的实现需要自组织网络技术。相对于一般意义上的自组织网络，传感器网络具有如下特点(需要在体系结构的设计中特殊考虑)：

(1) 无线传感器网络中的节点数目众多，这对传感器网络的可扩展性提出了要求。由于传感器节点的数目多、开销大，传感器网络通常不具备全球唯一的地址标识，使得传感器网络的网络层和传输层相对于一般网络而言有很大的简化。

(2) 自组织传感器网络最大的特点就是能量受限。传感器节点受环境的限制，通常由电量有限且不可更换的电池供电。所以在考虑传感器网络体系结构以及各层协议的设计时，节能是设计的主要考虑因素之一。

(3) 由于传感器网络应用环境具有特殊性，无线信道有不稳定以及能源受限的特点，传感器网络节点受损的概率远大于传统网络节点。因此必须保障自组织网络的健壮性，使得部分传感器网络的损坏不会影响全局任务的进行。

(4) 传感器节点高密度部署，网络拓扑结构变化快，这也对拓扑结构的维护提出了挑战。

根据以上特性分析，传感器网络需要根据用户对网络的需求设计适应自身特点的网络体系结构，为网络协议和算法的标准化提供统一的技术规范，使其能够满足用户的需求。

无线传感器网络通信体系结构如图 2-14 所示，即横向的通信协议层和纵向的传感器网络管理面。通信协议层可以划分为物理层、数据链路层、网络层、传输层、应用层。网络管理面则可划分为能耗管理面、移动性管理面以及任务管理面。管理面主要是用于协调不同层的功能以求得到在能耗管理、移动性管理和任务管理方面得到综合考虑的最优设计。

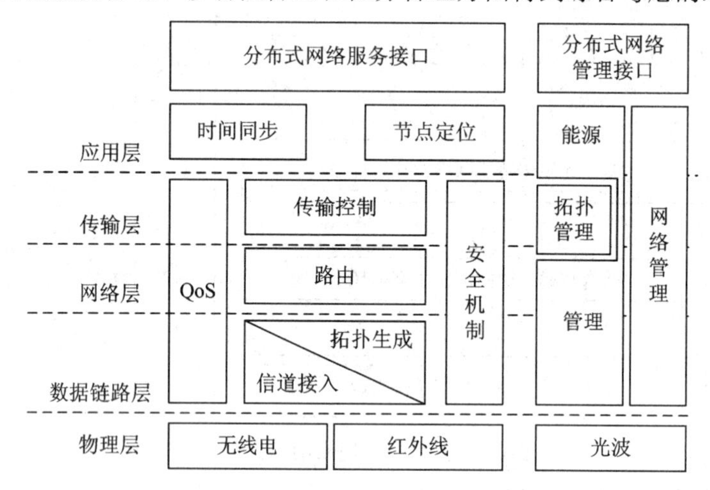

图 2-14　无线传感器网络通信体系结构

无线传感器网络的体系结构受应用驱动。总体来说，灵活性、容错性、高密度以及快速部署等特征为无线传感器网络带来了许多新的应用，并且成为人们生活中的一个不可缺少的组成部分。然而，传统 Ad Hoc 网络的技术并不能够完全适应于无线传感器网络的应用，需要引入自组织网络技术。因此，充分认识和研究无线传感器网络自组织方式及无线传感器网络的体系结构，为网络协议和算法的标准化提供理论依据，为设备制造商提供现实参考，成为当前无线传感器网络研究领域中一项十分紧迫的任务。只有从无线传感器网络通信体系结构的研究入手，带动传感器组织方式及通信技术的研究，才能更有力地推动这一具有战略意义的新技术的研究和发展。

2.5　无线传感器网络服务质量及其体系结构

2.5.1　服务质量体系

无线传感器网络是以数据为中心的任务型网络，高效准确地完成用户制定的任务是衡量网络性能的首要标准。因此，合理使用有限的网络资源为用户提供有保证的网络服务应用，是无线传感器网络服务质量(Quality of Service，QoS)体系研究的目标。

在无线传感器网络研究初期，由于网络相关理论和技术的局限，网络在通信中一般采取最大努力的传输方式将数据从传感器节点汇聚给 Sink 节点，使得对数据传送过程中的可靠性、传送延迟以及网络资源的合理利用等性能都无法提供保证，有悖于以数据为中心的任务型的无线传感器网络的本质。

随着研究的深入，无线传感器网络必然经历从目前的研究型网络到应用型网络的转换。

广泛的应用包含着多样性的业务类型，而不同的业务类型对无线传感器网络的服务有着多样性的要求。例如，具有时效性的数据对网络传输延迟有着较为严格的要求，超时传送到 Sink 节点的数据将毫无意义，甚至成为扰乱信息而影响整个系统监测数据。对于监测控制报文等关键类型数据，则要求网络为其提供安全可靠的传输路径，确保安全到达信宿节点。但是，由于无线传感器网络资源稀少，在网络运行期间有可能出现如传感器节点失效等原因造成的传输延迟或传输链路断裂而使报文无法正常传送的情况，所以采用一般的传输模式无法满足多样性的业务类型。

无线传感器网络的应用多种多样，他们的 QoS 需求也有很大的不同，针对不同的业务，需要不同的 QoS 支持。

对于 QoS，可以从不同的角度、以不同的方式对它进行解释。由于 QoS 需求受网络中业务的影响，可以不从网络视角而是从其他视角来定义 QoS。例如，在时间探测和目标跟踪业务中，探测的失败或者获取时间信息出错可能来自于多个原因，首先可能因为传感器播撒或网络安排不当，在事件发生的区域没有任何激活的传感器，因此可以将激活的传感器的覆盖范围或者数量定义为衡量无线传感器网络中 QoS 的参数；其次也可能由于传感器的功能受限，如观测精度的不足或数据传输速率较低，因此可以定义观测精度或者测量误差作为衡量 QoS 的参数；最后还有可能由于传输过程中信息丢失，因此也可以相应地定义一些与信息传输相关的参数来衡量 QoS。

然而，对 QoS 视角的分割不是绝对的。一个普通的业务需求，例如与事件探测相关的性能度量可能涉及上述全部原因。因此，应该把研究重点放在基础网络怎样向业务提供 QoS 这个问题上，包括信息的处理和传输，哪些参数可以将业务需求映射到网络基础结构上，并能相应地衡量 QoS 的支持。

关于无线传感器网络的 QoS，可以从以下两个方面进行解释：

(1) 特定业务 QoS。需要考虑的 QoS 参数包括激活的传感器的覆盖范围、传感器位置排列、测量误差以及激活传感器的最佳数量。具体业务对传感器的布置、激活传感器的数量、传感器的测量精度等都有特定的要求，这些都与业务的质量有着直接关系。

(2) 网络 QoS。需要考虑基础通信网络传输有 QoS 限制的感知数据的方式，并且使这种方式能够有效地利用网络资源。不需要分析无线传感器网络中所有设想的业务，因为每种类型无线传感器中的大部分业务都有共同的需求。从网络 QoS 的视角看来，无线传感器网络关心的是数据传输给 Sink 节点的方式以及由业务特性决定的处理和传输需求。

无线传感器网络应用广泛，如环境监测、目标视频跟踪和分布式存储等，这些应用都对 QoS 有着不同的技术需求。应用层的 QoS 需求是由应用/用户指定的，如系统寿命、响应时间、数据更新度、检测概率、数据保真度和数据精度等。然而，用户的某些 QoS 需求往往会存在冲突，即改善和满足用户一个 QoS 需求的同时，会恶化或降低满足用户的另外一个 QoS 需求，因此需要网络设计者来平衡和调节。

无线传感器网络与应用相关的 QoS 需求还有覆盖、暴露、测量差错以及最优激活的节点数目等。与网络相关的 QoS 主要解决以下三个问题：

(1) 底层的网络如何有效地利用网络资源传输有 QoS 约束的传感器数据。

(2) 通过数据传输模型分析每一类应用。

(3) 选择数据传输的模型，如时间驱动、查询驱动以及连续传输模型等。

注意到无线传感器网络与传统数据网络 QoS 需求的差别，无线传感器网络不再是端到端的应用，因此 QoS 参数都是集体参数，如集体延迟、集体分组丢失、集体带宽以及信息的吞吐率等。带宽并非是单个传感器节点主要关注的目标，而是一群传感器节点才会关注带宽。

2.5.2 通信协议 QoS

从传感器网络自身特点和应用服务要求出发，相应的各层网络协议如下：

1. 物理层

物理层为建立、维护和释放用于数据链路实体之间传输二进制比特的物理连接提供机械的、电气的、功能的和规程的特性。物理层是通信协议的第一层，是整个开放系统的基础，向下直接与物理传输介质相连接。

在无线传感器网络中，从物理层角度分析，传感器节点是数目众多的低功耗、高效能的物理传输设备，它拥有无线传输能力，可完成无线信号编码、译码、发送和接收等工作。而传感器节点的高实效性对基于 QoS 体系的物理层以及相关硬件设计提出新的要求。因此，如何确保比特传输的稳定性成为以数据为中心的无线传感器网络 QoS 体系研究的关键问题。

2. MAC 层

MAC 层是构建底层通信的基础结构，控制传感器节点工作模式和节点间的无线通信过程。无线传感器网络的节点数量成百上千，而这些传感器又必须在指定的一个或几个频点上进行无线数据通信，因此存在多点之间相互通信时的干扰和冲突问题。另外，为了降低传感器的节点体积和成本，传感器节点硬件结构变得简单，携带能量有限。因此，传感器网络 QoS 体系下的 MAC 协议首要考虑的是节省能量和可扩展性，其次才是考虑公平性、利用率和实时性等，这与现有的 Ad Hoc 网络所关注的内容有所不同。

MAC 层的能量主要浪费在空闲侦听、接收不必要的数据和碰撞等。为了减少能量的消耗，MAC 协议通常采用“侦听/睡眠”交替的无线信道侦听机制。在睡眠状态，节点关闭通信模块以达到节能效果。

3. 网络层

网络层路由协议负责决定与监测信息由传感器节点到汇聚节点的传输路径。传感器网络 QoS 体系下的路由协议不仅关心单个节点的能量消耗，更关心整个网络能量的均衡消耗，从而决定整个网络的生存期。同时，无线传感器网络以数据为中心的特点决定了协议是根据用户感兴趣的数据建立数据源到汇聚节点之间稳定的转发路径，而不是基于节点地址的路由选择。此外，网络层研究还包括传感器网络的自扩展、自适应和自重构技术的研究，以及传感器网络中传感器节点协作和分组管理技术的研究等。

4. 传输层和应用层

传感器网络 QoS 体系下的传输层协议的任务是根据通信子网的特性，最佳地利用网络资源，并以可靠和经济的方式为两个传感器节点提供建立、维护和取消传输连接的功能，负责可靠地传输数据。传输层主要负责数据流的传输控制，是保证通信服务质量的重要部分。应用层包括一系列基于监控任务的应用软件，为无线传感器网络提供较高的信息处理能力。

从用户的角度来看，整个传感器网络作为一个分布式数据库为用户提供实时所需信息。因此，信息属性查询是重要的工作内容，它包括查询数据的组成形式、查询数据的路由选择等，合理地选择查询属性和路由可以有效地节省能量。此外，如何保证数据快速可靠的传输，同时又不造成网络的拥塞和资源的浪费也是无线传感器网络 QoS 体系中有待解决的关键问题。

5. 时钟同步

在无线传感器网络 QoS 体系中，同步机制是重要的技术问题。信号的协处理、数据汇总和过滤都要求传感器节点之间的时钟进行一定形式的同步。

在底层通信协议中，时钟同步能够用于形成分布式波束系统，在 MAC 层完成 TDMA 调制机制；在高层应用中，节点可以通过时钟同步达到利用时间序列的目标位置估计出目标的运动速度和方向，通过测量声音的传播时间确定节点到声源的距离或声源的位置的目的。同步机制也是多传感器节点数据融合的基础，只有相同或相邻时间片内的监测数据才具有可融合性。不同时间的数据融合是没有意义的，甚至会产生错误信息。目前，基于无线传感器网络的时钟同步方法可分为始终同步、瞬时同步、事后同步三种类型。如何利用传感器节点有限的资源和能源得到满足 QoS 需求的时钟同步信号也是无线传感器网络的重要研究内容。

6. 传感器节点定位

在传感器网络 QoS 体系中，传感器节点定位问题是一个典型的应用问题。定位技术将位置信息加载到采集数据中，为用户提供更加准确有效的综合信息。

传感器节点的布置大部分采用随机放置的方法，考虑到数量和成本问题，每个节点都带有定位系统是不可能的。一般采用的方法是 5%～10%的节点带有定位系统(称为锚节点或灯塔节点)，从而可以确定自身的位置。无线传感器网络节点定位问题的研究方向主要包括：

① 如何利用这些锚节点提供的位置信息和其他节点通信之间的约束(邻节点之间无线通信半径)，使普通节点估算出自身的位置。

② 如何预先布置一定量的锚节点，使其他普通节点随机布置可以取得更好的效果。

2.5.3 管理系统 QoS

无线传感器网络是以数据为中心的任务型网络。无线传感器网络 QoS 体系不仅包括通信协议，还应包括相应的管理策略。只有两者相结合才能真正实现无线传感器网络 QoS 体系。

将无线传感器网络的 QoS 管理平台进一步划分为以下七个子系统：网络拓扑管理子系统、远程控制管理子系统、网络安全管理子系统、能量管理子系统、移动管理子系统、任务管理子系统和数据管理子系统。

1. 网络拓扑管理子系统

传感器网络拓扑控制是指在满足网络覆盖度和连通度的前提下，通过功率控制和骨干网节点选择，剔除节点之间不必要的无线通信链路，形成高效的数据转发网络拓扑结构，提高网络吞吐量，降低网络干扰，节约节点资源，从而延长网络生命周期，提高网络运行能力。

通过拓扑控制生成的良好的网络拓扑结构能够提高路由协议和 MAC 协议的效率，为数据融合、时间同步和目标定位等奠定基础，有利于节省节点的能量来延长网络的生存期。所以，拓扑控制是无线传感器网络领域研究的核心技术之一。

网络拓扑控制研究主要包括面向网络物理拓扑层面的节点功率控制研究和面向网络逻辑层面的网络拓扑组织结构研究。节点功率控制是指通过功率调节机制调节网络中每个节点的发射功率，在满足网络连通度和覆盖度的前提下，均衡节点的单跳可达邻居数目，以达到资源优化配置的目的。网络拓扑组织结构是指根据不同的实际需求管理网络的逻辑拓扑关系，并配合相应的路由协议，以达到合理高效地使用网络、节省网络资源的目的。

2. 远程控制管理子系统

远程控制管理子系统为实现用户和无线传感器网络之间的信息交互和任务执行提供保证。无线传感器网络通过基站与 Internet 相连，人们可以通过 Internet 远程控制传感器网络的工作。由于基站通常处于无人值守的状态，需要基站以及基站到中心服务器的连接具有高可靠性。基站需要对可能的系统异常进行及时处理。如果系统崩溃，那么基站需要及时重启系统并主动连接中心服务器，以使远程人员能够恢复对传感器网络的控制。

远程控制管理子系统的主要任务是控制远程传感器网络的工作状态，包括监控传感器节点的工作状态以及健康情况，并依此调整节点的工作任务。节点的监控状况包括剩余能量、传感器部件的工作情况、通信部件的工作情况等。通过监控传感器节点的工作状态，可以及时调整传感器节点的工作周期，重新分配任务，从而避免节点过早失效，延长整个网络的生命周期。

3. 网络安全管理子系统

以数据为中心的特性要求无线传感器网络保证任务执行的机密性、数据产生的可靠性、数据融合的高效性以及数据传输的安全性。因此，无线传感器网络的安全性问题和抗干扰问题是无线传感器网络应用的关键性技术问题。

无线传感器网络安全主要包括机密性、数据完整性识别认证等。对于无线传感器网络，由于其系统构成与应用的特点决定了它的安全与传统网络的安全技术存在明显差异。首先，与目前 Internet 的网络设备相比，传感器节点的计算能力较弱，如何通过更简单的算法保证无线传感器网络的安全是一个具有挑战性的问题。其次，有限的计算资源和能量资源使得系统必须综合考虑各种技术，如减少系统代码的数量、安全路由技术等。最后，无线传感器网络任务的协作性和路由的局部特性使节点之间存在安全耦合，单个节点的安全泄露必然威胁网络的安全，所以在考虑安全时要尽量减少这种耦合性。

4. 能量管理子系统

许多应用都需要无线传感器网络长时间连续不间断地工作，这对传感器节点的能量供应提出很高的要求。能量管理子系统的任务是管理传感器节点使其高效地利用能量，需要从低功耗硬件电路的应用到能量高效通信协议设计等方面进行综合考虑。实践证明采用单一节能方法难以达到有效节能的效果。

在无线传感器网络中，不同节点对能量的需求和使用会有所不同。例如，靠近基站的节点将更多的能量用在转发数据包上，而网络边缘的节点则将主要能量用在搜集传感数据上。有些节点消耗能量比较快，成为整个网络的能量瓶颈。在实际应用中，需要先预测出可能的能量瓶颈点，再通过能量管理子系统采取一定的节点冗余措施以保证数据传输不会因为个别节点失效而中断。因此，对于能量稀少的无线传感器网络来说，如何进行有效的能量管理是保证网络生存的首要问题，也是无线传感器网络 QoS 体系中的一项核心问题。

5. 移动管理子系统

移动管理子系统负责检测并注册传感器节点的移动，维护在移动情况下传感器节点到汇聚节点的路由。移动管理最早在 Ad Hoc 网络中提出，也称为移动跟踪或位置管理，是移动通信的关键技术之一。移动管理子系统主要负责在移动环境下为无线传感器网络实时地提供移动节点的标识符(即移动节点 ID)与它的地址(即相对于网络结构的位置)之间的映射关系。

无线传感器网络的传感器节点并不像 Ad Hoc 中的移动终端那样频繁高速地移动，但是在无线传感器网络 QoS 体系中也包含移动管理子系统。首先，它继承了 Ad Hoc 移动管理系统的功能特性，以适应跟踪监测节点的需求。其次，它扩展了移动管理的功能，使其能够对节点的注册、下线等传感器网络特有的情况进行有效管理。传感器节点具有高实效性，在实际应用中可能会频繁出现节点失效下线以及随时补充新节点以持续监测的情况。因此，继承并扩展移动管理功能对无线传感器网络 QoS 体系是必要的。

6. 任务管理子系统

任务管理子系统负责平衡和调度监测任务。无线传感器网络是以数据为中心的任务型网络，因此任务管理子系统在 QoS 体系中具有重要意义。首先，任务管理子系统为用户提供调整无线传感器网络监测任务的能力。用户往往会在监测一段时间后调整传感器网络的监控任务，这样的变化需要任务管理子系统和远程控制子系统的相互配合，而更改指令通过 Internet 发送到基站后广播给各个传感器节点，节点通过指令对监测任务实现更改。其次，任务管理子系统还负责平衡各区域的任务。在应用中，处于监测区域边缘的节点只需要将收集数据发送给基站，能耗相对较少，而靠近基站的节点同时还需要路由和转发边缘数据，消耗的能量要多两个数量级。因此，必须在采集数据与能耗之间寻找到一个平衡点，以有效延长网络生存周期。

7. 数据管理子系统

无线传感器网络存在能量约束，减少传输的数据量能够有效地节省能量。因此，在从各个传感器节点收集数据的过程中，可利用节点的本地计算和存储能力进行数据的融合，去除冗余信息，从而达到节省能量的目的。由于传感器节点的易失效性，无线传感器网络也需要数据融合技术对多种数据进行融合，以提高信息的准确度。

数据融合技术可以与传感器网络中多个层次进行结合。在应用层设计中，可以利用分布式数据库技术对采集到的数据进行逐步筛选以达到融合效果。在网络层设计中，利用数据融合技术能够大大减少数据传输量。此外，还可以建立独立于其他协议层之外的数据融合协议层，通过减少 MAC 层的发送冲突和头部开销达到节省能量的目的，同时又保证时间性能和信息的完整性。虽然无线传感器网络可以抽象为一个数据库，但是它与传统的分布式数据库又有很大的差异。由于传感器节点能量受限且容易失效，数据管理系统必须在尽量减少能耗的同时提供有效的数据服务。同时，无线传感器网络中节点数目庞大，且传感器节点产生的大量数据流使传统的分布式数据库数据管理技术无法适应。因此，有必要研究以数据为中心的数据管理系统来适应无线传感器网络要求通信效率高、能量消耗少的特点。

2.5.4 功能模块 QoS

QoS 体系不是由各个模块简单堆砌而成，模块与模块之间、通信协议与管理系统之间都是在 QoS 体系框架下相互关联、相互配合工作的，以实现 QoS 服务，满足应用需求。各个模块之间必须保证有机结合、有效沟通。

首先，各层通信协议的设计是相辅相成的。这是因为不同的应用决定不同通信层协议，而各层协议之间也是相互影响的。对于无线传感器网络，一种通信协议只有与之相配合的其他层次协议共同运行才能体现其性能的优越，提高网络的运行性能。例如，监测小范围区域适合采用平面网状结构拓扑以及与之相适应的路由协议；而监测区域较大采用平面树状结构或层次结构拓扑较为适合，同样运行监测小范围区域的路由协议需要相应改变。

其次，各管理子系统的运行相互配合。任何单一的子系统都难以完成管理功能满足 QoS 的需求。例如，要满足无线传感器网络节省能量、延长网络生命周期的基本需求，就需要能量管理子系统、任务管理子系统、数据管理子系统、拓扑管理子系统等协同工作。而监测任务的执行，不仅依靠任务管理子系统，还需要远程监控管理子系统和数据管理子系统的配合。在无线传感器网络 QoS 体系架构中，管理系统与通信协议也是相互联系的。网络管理平台在各通信协议层嵌入各种信息接口，并定时收集各层运行状态和流量信息，协调控制网络中各个协议组件的运行。同时，从低层到高层的各层协议均通过信息接口将网络运行实时信息反馈回管理平台，这也成为网络管理平台正确监控网络的基础。

2.6 无线传感器网络体系结构的设计原则与优化设计方法

2.6.1 设计原则

跨层优化设计的目的是充分挖掘无线传感器网络的技术潜力，实现网络性能的整体提升，使网络能够更好地满足实际应用的技术需求。如何利用网络的局部信息和决策变量实现全局优化，如何构建网络全局目标函数以及如何利用数学语言对网络属性进行约束表达，都是网络优化设计必须解决的关键性技术问题。

1. 节点资源的有效利用

由于大部分低成本微型节点的资源有限，有效地管理和使用这些资源，并最大限度地延长网络生命周期是 WSN 研究面临的一个关键技术挑战，需要在体系结构的层面上进行系统性的考虑。可从以下五个方面着手：

(1) 选择低功耗的硬件设备，设计低功耗的 MAC 协议和路由协议。

(2) 各功能模块间保持必要的同步，即同步休眠与唤醒。

(3) 从系统角度设计能耗均衡的路由协议，而不是一味地追求低功耗的路由协议，这就需要体系结构为跨层设计提供便利。

(4) 由于节点上的计算资源与存储资源有限，不适合进行复杂计算与大量数据的缓存，一些空间复杂度和时间复杂度高的协议与算法不适应于 WSN 的应用。

(5) 随着无线通信技术的进步，带宽不断增加，例如超宽带(UWB)技术支持近百兆的带宽。

WSN 在不远的将来可以胜任视频音频传输，因此我们在体系结构设计上需要考虑到这一趋势，不能仅仅停留在简单的数据应用上。

2. 支持网内数据处理

无线传感器网络与传统网络有着不同的技术要求，前者以数据为中心(遵循“端对端”的边缘论思想)，后者以传输数据为目的。传统网络中间节点不实现任何与分组内容相关的功能，只是简单地用存储/转发的模式为用户传送分组。而 WSN 仅仅实现分组传输功能是不够的，有时特别需要“网内数据处理”的支持(在中间节点上进行一定的聚合、过滤或压缩)。同时，减少分组传输还能协助处理拥塞控制和流量控制。

3. 支持协议跨层设计

各个层次的研究人员为了同一性能优化目标(如节省能耗、提高传输效率、降低误码率等)而进行的协作将变得非常普遍。这种优化工作使得网络体系中各个层次之间的耦合更加紧密，上层协议需要了解下层协议(不局限于相邻的下层)所提供的服务质量，而下层协议需得到上层协议(不局限于相邻的上层)的建议和指导。而作为对比，传统网络只有相邻层才可以进行消息交互。虽然这种协议跨层设计会增加体系结构设计的复杂度，但实践证明这是提高系统整体性能的有效方法。

4. 增强安全性

由于 WSN 采用无线通信方式，信道缺少必要的屏蔽和保护，更容易受到攻击和窃听。因此，需要 WSN 将安全方面的考虑提升到一个重要的位置，设计一定的安全机制，以确保所提供服务的安全性和可靠性。这些安全机制必须是自下而上地贯穿于体系结构的各个层次，除了类似于 Ipsec 这种网络层的安全隧道之外，还需要对节点身份标识、物理地址、控制信息(路由表等)提供必要的认证和审计体质来加强对使用网络资源的管理。

5. 支持多协议

互联网依赖于统一的 IP 协议实现端对端的通信，而 WSN 的形式与应用具有多样性，除了转发分组外，更重要的是负责“以任务为中心”的数据处理，这就需要多协议来支持。例如，在子网内部工作时采用广播或者组播的方式，当接入外部的互联网时又需要屏蔽内部协议实现无缝信息交互。

6. 支持有效的资源发现机制

在设计 WSN 时需要考虑提供定位 WSN 监测信息的类型、覆盖地域的范围，以及获取具体监测信息的访问接口。传感器资源发现包括网络自组织、网络编址和路由等。拓扑网络具有自动生成性。如果依据单一符号(IP 地址或者 ID 节点)来编址效率不高，那么可以考虑根据节点采集数据的多种属性来进行编址的方式。

7．支持可靠的低延时通信

当各种类型的传感器网络节点在监测区域内工作时，物理环境的各种参数动态变化是很快的，需要网络协议具有实时性。

8．支持容忍延时的非面向连接的通信

由于传感器应用需求不一样，有些任务对实时性要求不高(针对于第 7 点而言)，例如海洋勘测、生态环境监测等。有些应用随时可能出现拓扑动态变化，使得节点保持长期稳定的连通性较为困难。因此，需要引入非面向连接的通信，以保证即使在连通性无法保持的状态下也能进行通信。

9．开放性

近年来，WSN 衍生出来的水声传感器网络和无线地下传感器网络，使得 WSN 结构应该具备充分的开放性来包容这些已经出现或未来可能出现的新型同类网络。

2.6.2 优化设计方法

为了提高网络的效能，不采用分层通信结构协议的网络的设计称为跨层优化设计。它打破传统 OSI 模型中严格的协议分层束缚，建立协议层之间的接口机制，实现协议层之间信息传递和共享。在实际应用中，对网络 QoS 参数提出了具体的技术要求。跨层优化设计可以利用协议层之间的相互依赖和影响，对协议层 QoS 支持机制进行耦合，从而能够以全局的方式适应特定应用所需的 QoS 和网络状况的变化，并可以根据系统的约束条件和网络特征进行综合优化，实现对网络资源的有效分配，提高网络的整体性能。

跨层优化设计技术的不足在于，结合几个协议层调配网络的接口和参数，势必造成算法复杂度的增加。但是，对于通信资源和节点能量都十分有限、网络拓扑结构多变的无线传感器网络而言，跨层优化设计方法对提高网络效能的作用大于协议层间交互造成的复杂度增加的问题的影响。

参照传统网络层次模型，无线传感器网络跨层设计模型结构如图 2-15 所示。跨层优化设计的协议层相互依赖，相互依赖的地方包含每层协议栈的自适应、一般的系统约束和限制。协议栈每层的自适应机制要补偿网络状态随时间变化带来的影响，因此需要考虑建立可以公平对比的基本标准。

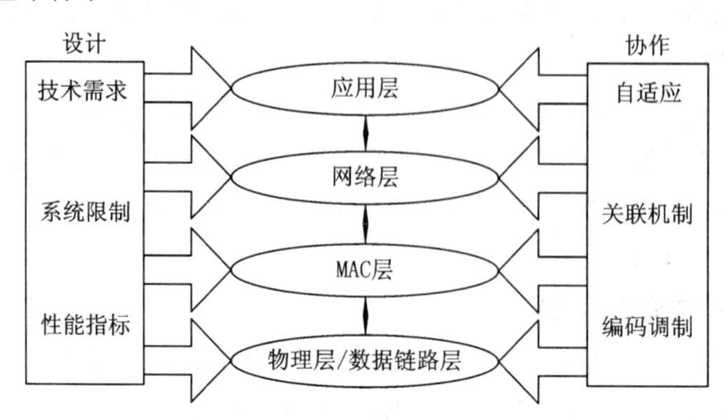

图 2-15　无线传感器网络跨层设计模型结构

无线传感器网络节点的能量和计算能力十分有限，节点之间不能频繁地进行控制数据交互。因此，针对网络 QoS 体系，需要建立分布式与集中式相结合的网络跨层优化模型和节点管理调度模式，使具体节点能够根据监控信息和邻居节点的相互关联合理配置自身资源，也使网络整体的监控资源和通信资源得到有效分配和利用；同时，需要利用现代网络、无线通信、信息处理等技术对帧长、数据速率、分组长度等参数进行分析，建立能够节约能耗和保障 QoS 的无线传感器网络跨层约束优化类集，协调网络结构中的物理层、MAC 层、网络层以及传输层和应用层之间的信息交互，从网络全局的角度解决传输速率控制、拥塞控制、功率控制以及调节频率扩展等关键问题，从而在整体上优化网络性能；还可以通过建立全局目标函数实现最优化模型，对网络中的各层协议进行优化管理。为保证在传输多媒体信息中满足用户诸如带宽、延迟、抖动等 QoS 指标需求，需要建立各协议层之间的交互机制调整网络其他各层的协议，从而满足用户的需求。针对各协议层 QoS 支持机制的相互关联情况，在传统分层结构的基础上设计资源共享、负载共担的跨层协议栈，实现网络 QoS 性能指标的整体均衡和关键指标的提升。

2.6.3　跨层设计总体架构

无线传感器网络体系结构中的协议栈划分和功能不同于传统网络，如表 2-1 所示。在无线传感器网络中，一个水平层数据管理和三个垂直层(拓扑维护，覆盖维护，节点定位和时钟同步)是明显区别于传统网络的，它们是无线传感器网络的特殊功能层。无线传感器网络体系结构中最高层是应用层。无线传感器网络的业务可分为事件驱动业务、查询驱动业务、连续型业务和混合型业务。数据管理层提供数据的存储转发、网内处理等功能。从传输层到物理层类似于传统网络的通信协议栈，但运行于高度动态和资源受限的无线传感器网络环境中。传输层提供源传感器节点与接收发送器之间感知数据的传输。网络层将感知数据分组从源传感器经过选定路由传送至汇聚节点，同时也采用流量控制避免拥塞。MAC 层保证传感器节点间不同跳之间的通信，该层还负责数据包传输的调度和信道占用周期选择机制。

表 2-1　无线传感器网络体系结构中的协议栈划分和功能

<table>
<tr><td colspan="4">应用层(事件驱动型业务、查询驱动型业务、连续型业务和混合型业务)</td></tr>
<tr><td>数据管理层</td><td rowspan="4">拓扑维护</td><td rowspan="4">覆盖维护</td><td rowspan="4">节点定位
时间同步</td></tr>
<tr><td>传输层</td></tr>
<tr><td>网络层</td></tr>
<tr><td>MAC 层</td></tr>
<tr><td colspan="4">物理层(感知能力、处理能力和通信能力)</td></tr>
</table>

传感器节点工作状态的高度动态性(激活、休眠等)、传感器的随机分布性以及部署的高度密集性决定了无线传感器网络既需要一个拓扑维护层以维持自身连通状态，又需要设计覆盖维护层保证目标区域最少但有足够数量的传感器节点监视。同时，无线传感器网络的用户需要把感知数据和实际物理世界中的现象关联起来，因此就需要借助无线传感器网络中的定位机制和时钟同步机制将网络节点的位置和任务时间与外部世界统一起来。跨层

设计的总体架构分为：

(1) 应用层。这一层的 QoS 需求一般是由用户来指定的。

(2) 数据管理层。数据一般是指被网络传输和处理的真实比特，而信息是指已经获得的认知或从数据中提取得到的结论，这里的数据管理层是指能够理解“信息”的最低层。

(3) 传输层。在传统网络中，传输层的任务是为源端到目的端提供可靠的数据传输，是基于端到端的概念。而在无线传感器网络的传输层中需要用到“聚合”的概念，只要包含与已接收数据相关的数据分组，都可以看成是一个聚合，属于一个特殊的数据包。只有包含与已接收到数据不相关的数据分组才能算作另外一个聚合，属于另一个特殊的数据包。

(4) 物理层。物理层描述无线传感器节点各方面的性能，即感知、处理和无线通信这三大组件的性能。感知单元性能包括测量精度、感知范围、感知功率，处理单元性能包括节点定位能力、时钟同步能力、处理速度以及计算能力，无线通信单元性能包括信道速率、编码和射频功率。

一般地，一个传感器节点的物理性能会对其他各层的 QoS 需求加以资源的限制。在感知单元中，测量精度影响覆盖的可靠性和鲁棒性，感知范围影响覆盖百分率，感知功率影响覆盖维护层的所有 QoS 需求。在处理单元中，节点定位能力和时钟同步能力分别影响定位精度和同步精确度，处理速度决定数据管理层的处理时延，计算能力影响数据管理层的计算花费、数据抽象度和数据精确度，同时也影响节点定位/时钟同步服务的能量消耗。

2.6.4 跨层设计的步骤

跨层设计为无线传感器网络 QoS 体系优化提供了有效的解决途径。

各分层协议栈之间的关系对于跨层优化设计具有重要意义，各层之间受 QoS 需求的影响存在以下四种关系：

(1) 竞争关系。两个高层 QoS 需求对底层提供的有限资源有着相同的要求。例如，给定数据管理层处理器的处理时延，要改善应用层的响应时间需要更多的 CPU 时间去处理查询信息，而改善数据更新时间则需要更多的 CPU 时间去处理感知数据，两者将竞争同一有限资源，即 CPU 时间。

(2) 对立关系。某一个高层 QoS 需求的提高需要底层 QoS 需求的提高，而另一个高层 QoS 需求的提高需要同样底层 QoS 需求的降低。例如，要提高 MAC 层的通信范围，需要提高物理层的射频功率，而为了提高 MAC 层的能量效率又需要射频功率更低。

(3) 消长关系。在同一个底层 QoS 需求水平下，改善高层 QoS 需求中的一个会导致另一个 QoS 需求的降低。例如，在同样的拥塞概率下，提高数据传输的可靠性需要更多冗余数据包的传输，但这样却增加了能量消耗。

(4) 协调关系。两个高层 QoS 需求对底层 QoS 需求是和谐而非对立的，既不竞争同一资源，也不是消长关系。例如，传输层的数据传输可靠性的提高可以使数据管理层的存储丢失率和提取丢失率同时改善，且给定数据传输可靠性后两者是独立的，所以两者是协调关系。

两个高层 QoS 需求之间只有符合前三种关系时才会存在一个权衡点，如在 MAC 层的通信范围和能量效率之间就存在着权衡点。但是，如果高层 QoS 需求同时受几个低层 QoS 需求的影响，那么就不能采用此种描述方法。另外，还存在一些潜在的权衡点，如果两个 QoS 需求 a、b 之间存在着权衡点，而 A、B 是受这两个 QoS 需求影响的更高层次的 QoS 需求，改善 a(b)会使得 A(B)改善或降低，那么 A、B 之间也会存在一个权衡点，这种规律有助于发现更高层 QoS 需求之间的隐藏的权衡关系。

根据表 2-1 所示的无线传感器网络体系结构，可以对 QoS 进行如下跨层设计：

(1) 网络的每一个功能层会把对其他功能层产生影响的 QoS 需求信息直接或间接地传递给相应的层次，如物理层的发射功率、测量精度、MAC 层的通信范围、网络层的拥塞概率等。

(2) 网络的每一个功能层对从其他功能层传递过来的影响本层性能的 QoS 需求信息进行分析，并对本层的通信做出相应的调整。例如，网络层根据拓扑维护层提供的拓扑状况和 MAC 层提供的链路状况实施路由协议，以实现最小路径延时和拥塞概率。

(3) 对于会影响到多个功能层的 QoS 需求参数，要结合业务性能要求对各层进行综合考虑，对相关的性能参数进行折中考虑。如物理层的射频功率同时影响到 MAC 层的通信范围和传输可靠性、拓扑维护层的网络直径和网络容量、网络层的路径延时和拥塞概率，以及传输层的数据传输时延和数据传输可靠性。因此，在进行网络设计时就要充分考虑这些影响，在网络能量消耗、时延、可靠性之间进行有效的折中考虑。

2.6.5　设计模型与问题求解方法

在设计跨层模型时，应该将无线传感器网络的优化设计内容分为水平优化和垂直优化两类。水平优化是指对随机分布在监控区域的网络元素采用分布式计算和控制方法建立优化模型的方法。而垂直优化是指网络针对特定应用技术需求问题对网络协议层之间的关系与接口进行分析研究，从而找到能够实现网络效能最大化的优化策略。因此，跨层优化设计属于网络垂直优化范畴，其核心思想是实现两个或两个以上协议层之间的 QoS 指标的优化和控制，以及相互信息和参数的交换和调度，从而使网络性能得到明显提升。各协议层的 QoS 支持机制之间存在着明显的影响和分支关系。因此，为了实现网络的跨层优化需要建立能够体现这些关系的优化模型。目前，跨层模型在构建方式上可以分为协议层合并、接口和参数共享、网络全局优化等三类。

1．协议层合并

协议层合并主要是针对相邻协议层，其目的是基于关系和配合程度将两个或两个以上相邻的协议层合并融合，重点解决几个协议层共同关心的参数优化和资源分配问题，而将非主要参数和资源的影响忽略。图 2-16 为协议层合并方法。无线传感器网络的 MAC 层负责相邻节点间的通信管理，而网络层路由正是通过相邻节点的彼此串联为数据向汇聚节点的传输寻求合理路径。两者的实质是使得通信资源利用的两个不同方向建立联系，合并成为一个新的协议。而作为以数据为中心的无线传感器网络，其应用层的重要功能之一是感知和传递数据，而每个节点对数据的处理、接收和发送正是网络层解决的主要问题。所以，应用层和网络层也是密不可分的，可以进行合并融合，实现对网络数据的集中协调和统一管理。

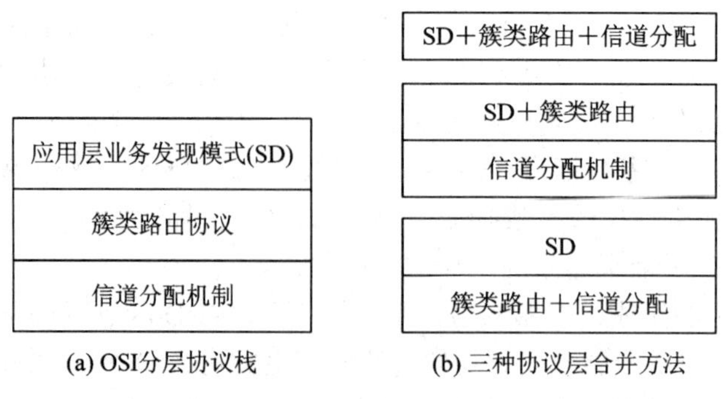

图 2-16 协议层合并方法

协议层合并可以简化协议层设计的复杂度，相关算法的计算量也会较小。但是，忽略非主要参数可能会使合并设计的技术内容与其他非合并的协议层技术内容存在冲突或制约。

2．接口和参数共享

接口和参数共享主要是针对不相邻的协议层，其目的是为不相邻的协议层增加接口和相应参数，协议层共享接口和参数，通过改造相关参数实现不相邻协议层的共同改进和优化。例如，在 OSI 分层模型中，网络传输层和 MAC 层可以被认为是不相邻的两个协议层，但两者之间仍然存在着相互关联。MAC 协议负责无线通信资源的分配和利用，数据冲突是其关心的重要因素。在传输层中，数据传输可靠性是十分重要的问题，而网络拥塞是影响传输可靠性的重要因素。数据冲突是造成网络拥塞的重要原因，而且数据冲突和网络拥塞都可以利用合理竞争机制选择、功率控制和数据融合等方法进行缓解和避免。因而，将两者共同考虑，为无线传感器网络的传输层和 MAC 层构建一个共享的接口。

接口和参数共享为网络资源的多层次、大范围的联动和优化提供有效途径，但它会增加协议算法的复杂度，占用一定的网络资源。

3．网络全局优化

网络全局优化方法是对网络资源和网络协议层进行综合考虑，针对各类重要网络 QoS 性能指标调用相关的协议层参数，构建实现网络整体性能提高的优化模型。因此，全局优化是水平优化和垂直优化的结合体，是系统保障网络品质的技术手段。实现网络全局优化有以下四种方法：

(1) 分析法，即利用拉格朗日乘子法、凸优化等方法把全局问题近似简化，得到快速收敛算法和分析结果。

(2) 最优控制法，即通过最优控制构建无线传感器网络资源的约束优化集，如效能最大化。

(3) 博弈论法，即在多用户无线传感器网络中利用博弈论纳什均衡理论协调节点的联合行为。

(4) 动态规划法，即根据无线通信环境的动态时变性设定网络实时最优策略，对网络进行动态管理和优化。

全局优化方法能够有效解决无线传感器网络的相关问题，从理论层面上最大限度地提升网络整体性能。但是，其计算代价和复杂程度相对较大，需要选择合适的切入点。

2.6.6 网络效能最大化模型

跨层设计是实现网络 QoS 体系优化的重要技术手段，构建网络全局优化跨层模型时需要依据统一的标准，使跨层模型体现网络全局性能和特点，并且能够准确反映应用/用户需求。在实际设计和计算中，需要设计反映无线传感器网络 QoS 体系属性的网络效能目标函数，并针对效能目标函数进行优化分解。

1. 网络效能目标函数

网络效能目标函数将网络的某类效能特点作为重点考察对象，并将效能问题映射到网络的不同分层协议栈中，通过对问题的分解和规划，建立起与通信协议内容相对应的约束条件模型，以对网络相关效能的优化寻求优化方案。模型以应用/用户所关心的网络效能问题为主要研究对象，充分考虑网络的实现能力，因而具有技术实用性。

度量网络中各个节点的性能指标需要构建非线性网络效能函数模型，这种模型的优化形式就是网络效能最大化模型，它是求解网络效能目标函数的有效手段。利用网络效能最大化原理对网络跨层优化进行研究，将网络用户以及节点对网络提供服务的满意程度定义为效能，并针对这个效能建立相关参数的最大化模型。通过对其进行优化求解，获得网络效能目标函数的参数最优值。常见的效能函数有基于源节点的传输速率构建的函数和基于节点传输功率构建的函数。

2. 网络效能函数的优化分解

网络优化分解是寻找网络效能函数最优求解的有效手段。其基本思想是将原始的大问题分解为若干较小的子问题，如图 2-17 所示。

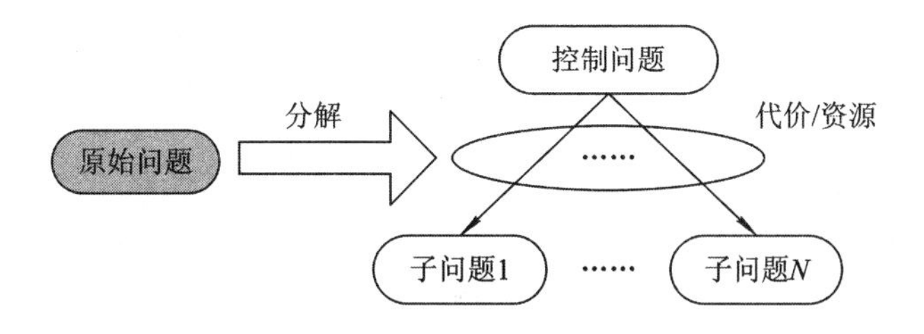

图 2-17 网络优化分解原理图

优化分解问题可以分为两类，即原分解问题和对偶分解问题。前者建立在对原始问题的分解上，后者建立在对问题的拉格朗日对偶分解的基础上。原分解方法是针对网络控制问题对应的资源子问题进行分析与求解，分解出资源子问题从而对网络现有资源进行合理分配与调控。对偶分解方法是针对网络控制问题对应的代价子问题进行分析与求解，分解出代价子问题的作用是决定网络控制代价的实现形式，为控制问题寻找最优代价策略。根据最优控制理论，原分解和对偶分解可以通过引入辅助变量的方式进行相互转换。

由于网络效能最大化优化问题的求解，通常采用原－对偶分解的方法将网络全局最优问题转化为更加简单、易于计算的资源与代价子问题。与其他优化方法相比，优化分解方法更加适用于运算能力和储存能力有限的无线传感器网络。

思考题

1. 典型的无线传感器网络的系统架构构成有哪些？简述各构成的功能和特点。

2. 按节点功能及结构层次分，无线传感器网络拓扑结构有哪些？简述各构成的功能和特点。

3. 简述传感器节点的主要特点、类型、结构和作用。

4. 简述传感器节点的节点约束条件。

5. 简述无线传感器网络不同于普通传感器网络的独特特征。

6. 简述无线传感器网络服务质量物联网的技术体系结构。

7. 简述无线传感器网络体系结构的设计原则。

8. 如何理解无线传感器网络体系结构跨层优化设计的重要意义？

9. 无线传感器网络体系结构设计模型分类有哪些？

第 3 章　Chapter 3

无线传感器网络传感技术

3.1　传感技术概述

3.1.1　传感技术的地位和作用

1. 传感器与智能机器

当今社会进步和发展的标志就是信息化，人类文明已进入信息时代。人们的社会活动越来越依赖信息化装备实现对信息资源的开发、获取、传输与处理。传感器是获取自然领域中信息的主要途径与手段，是现代信息化装备的中枢神经系统。传感器是指那些对被测对象的某一确定的信息具有感受、响应与检测功能，并使之按照一定规律转换成与之对应的可输出信号的元器件或装置的总称。传感器处于研究对象与测控系统的接口位置，一切科学研究和生产过程所要获取的信息都要通过它转换为容易传输和处理的电信号。

从无线传感网及物联网的角度看，传感技术是衡量一个国家信息化程度的重要标志，传感技术、计算机技术与通信技术一起被称为信息技术的三大支柱，如果把计算机比喻为处理和识别信息的“大脑”，把通信系统比喻为传递信息的“神经系统”，那么传感器就是感知和获取信息的“感觉器官”。

传感器是人类在漫长进化过程中逐渐发明出来的，人类在从事复杂劳动和探寻自然界奥秘的时候，逐渐认识到仅靠自身的五个感觉器官接收外界信息已不能满足需要，必须制作能够替代和扩展五官功能的工具。自从古埃及人发明了天平，传感器便与人类结下了不解之缘。如今历史车轮已碾进 21 世纪，人类的部分劳动也已交由机器人完成。在众多机器人中智能机器人的工作过程完全模仿了人体的活动机理，传感器将外界信息传送给相当于人脑的计算机处理，而相当于人体四肢的执行机构则按计算机指令进行操作，图 3-1 所示为人的身体与机器人的对应关系。

由此可见，在现代工业生产尤其是自动化生产过程中，要用各种传感器来监视和控制生产过程中的各个参数，使设备工作在正常状态或最佳状态，以保证产品达到最好的质量。可以说，没有众多的优良的传感器，现代化生产也就失去了基础。

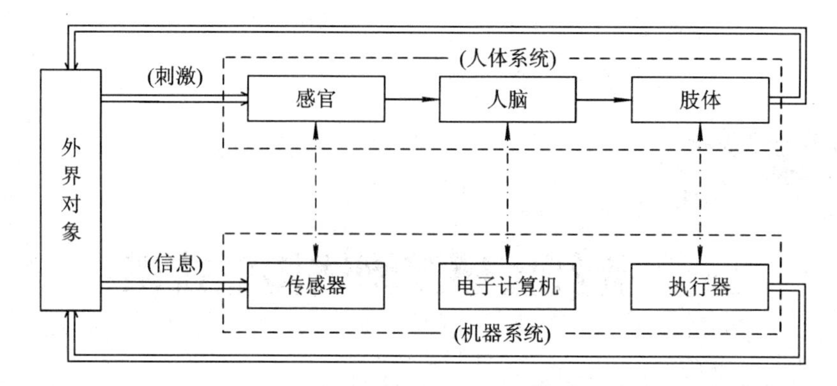

图 3-1 人的身体与机器人的对应关系

2. 传感器与感觉器官

通常，根据传感器的基本感知功能可将传感器分为热敏传感器、光敏传感器、气敏传感器、力敏传感器、磁敏传感器、湿敏传感器、声敏传感器、放射线传感器、色敏传感器和味敏传感器等十大类。具备“感觉器官”的传感器称为“电五官”，是人类五官的仪器信息化。光敏传感器相当于视觉，声敏传感器对应听觉，气敏传感器对应嗅觉，化学传感器则是味觉的延伸，压敏、温敏、流体传感器则相当于触觉。图 3-2 所示为感觉器官与电五官的关系图。

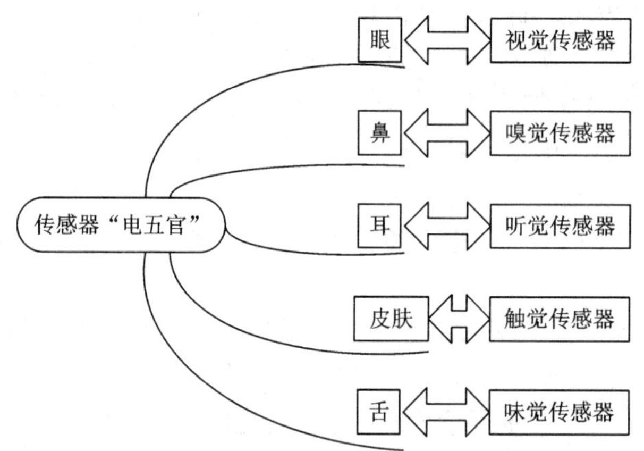

图 3-2 感觉器官与电五官的关系图

目前，传感器的性能虽然还达不到人体器官的感知性，但在量化数据、检测范围等方面已经完全可以代替人体器官。人类感觉器官与传感器差异的具体表现如下：

1) 眼睛与视觉传感器

眼睛是人体的视觉器官，可识别物体的材质、方位、形状、颜色及大小等，但人的视力仅限于可见光范围，而视觉传感器还能检测到红外线、可见光及紫外线。

红外线视觉传感器之所以能在伸手不见五指的黑夜看清物体，是因为温度超过绝对零度(−273.15℃)的物体都会以红外线形式向外辐射能量。该能量与物体的温度、材质、状态有关，测出辐射能量便能鉴别物体。红外线视觉传感器还能检测人体血糖浓度(或啤酒浑浊度)，让散射光照在传感器前方的手指上，部分特定波长的光线被血液中的葡萄糖吸收而使光谱发生变化，测出该变化可得到葡萄糖的吸收数据，进而得到血糖浓度等。

视觉CCD传感器依其光敏元排列方式分为线型和面型，每个光敏元的光生电荷量不仅含有光照度的信息，还含有该单元位置的信息。这种视觉传感器具有小型、响应快、灵敏度高、稳定性好等优点，能够观察物体的位置、姿态、尺寸及表面状况，被广泛应用于摄像机、扫描仪等设备。

色彩视觉传感器由红、绿、蓝三色光滤波器和光电器件组成，能看出红、绿、蓝及12种中间色，所以被用于涂料、染料及各种印刷品的色测定、色差管理和色均匀度判别。

雷达及光纤传感器是真正的“千里眼”，雷达的原理是发射电波再接收回波，由时间差测定距离。雷达普遍用于找寻目标和测定距离，如微型脉冲雷达就被用作无人驾驶系统的“眼睛”。光纤传感器采用光波传递信息，具有频带宽、不受电磁干扰、耐腐蚀和可靠性高的特点，用于检测各种机械量、过程控制量和电磁量。

2) 皮肤与触觉传感器

作为人体触觉器官的皮肤能感受压力、硬度、形状、滑动、振动、温度等刺激，而各种触觉传感器同样能对物体表面的物理性质进行测试。

手指触觉传感器(常用在机器手指的表面)是用橡胶膜制成的，中心为一根细导线，中间布满了细小颗粒。这种颗粒被压得越厉害，流经导线的电流就越大。手指触觉传感器能识别小于1 mm的凹凸，达到了人体指尖的灵敏度。

滑觉传感器利用PVDF的顺噪效应或对阵列式触觉传感器的图像分析来检测作用在机械手上的平行力，借助滑觉传感器可以控制机械手用最小的力握住物体而不让其滑动。

人体皮肤感受温度时只能在−40～80℃范围内了解其冷热，否则就会受伤；而温度传感器不但测量范围宽(从绝对零度到核融等离子体温度)，而且具有人类望尘莫及的灵敏度，红外温度传感器还能进行非接触测量。

3) 耳朵与听觉传感器

耳朵是人体的听觉器官，其机理是耳膜受外界的振动冲击并将信息送至大脑，耳朵轮廓的复杂形状使大脑感知声源的方位，人耳能感知的振动频率称为音频。

麦克风和超声波传感器是常见的听觉传感器，前者能感知听到的声音，后者则能听到高于20 kHz的“声音”，常用于无损探伤。当物体产生应变时，内部以超声波形式发出“声音”，超声波传感器将之转换为电信号进行处理。听觉传感器已应用于机械、地震、航空、建筑等行业。

电容式听觉传感器能听到火焰发出的“声音”，其原理是检测火焰周围的空气振动，并与已知的频率比对，从而判别火焰存在与否。

4) 鼻子与嗅觉(气体)传感器

鼻子是人体的嗅觉器官，与之对应的是各种嗅觉(气体)传感器。人类能感受酒精、丙酮等强烈气味的气体，但不能嗅出无色无味的氢、氦、氮、丁醇等气体。而气体传感器不仅可以嗅出气体的种类，还可嗅出气体的浓度。

例如，催化燃烧时气体传感器在吸收了氢气、一氧化碳、烷、醚、醇、苯、天然气、沼气等气体后，发生还原反应，放出热量使元件温度升高、电阻值改变，变化量取决于气体的浓度及成分。气体传感器在矿井、管道、车库内被制成各种气体报警装置。此外，利用气体传感器检测汽车尾气的成分，调节发动机中空气与燃料的比例，使燃烧更充分，减少环境污染。

5) 舌头与味觉传感器

人体舌头上的每一个小阜均含有250颗左右味蕾，味蕾的内外侧有100 mV的电位差。当口腔含有食物时，舌头表面的活性酶有选择地跟某些物质起反应引起电位差改变，刺激神经组织而产生味觉。

味觉传感器是基于模仿机理的。在膜体上附着上生物酶，酶便有选择地与被检测物质进行生化反应，然后通过电化学方法将反应产生的电动势或电流转换为传感器的输出信号进行测量。味觉传感器常用于在线检测发酵过程的 pH 值，甜度以及检测肌肉素、尿素、血液中的氨基酸等。

感觉传感器虽然在某些性能上超过人类，但人体细胞及蛋白质的复杂多样性使感觉传感器在更多方面仍然无法与人体五官比拟。然而完全有理由相信，随着机器人技术的进一步发展，更多的感觉传感器的功能将会赶上甚至超过人体五官。

3. 传感器的主要作用

传感技术是关于从自然信源获取信息，并对之进行处理(变换)和识别的一门多学科交叉的现代科学与工程技术，它涉及传感器(又称换能器)，信息处理和识别的规划设计、开发、制/建造、测试、应用及评价改进等活动。

现在传感技术应用于很多行业领域，目前传感技术广泛用于军事、国防、航天航空、工矿企业、能源环保、工业控制、医药卫生、计量测试、建筑、家用电器等领域。传感技术的主要作用有以下四个方面：

(1) 在非电量测量方面的作用。很多物理现象及规律如温度、压力、湿度等都是非电量，这些非电量早期都采用非电量方法测量。随着科学发展，对测量准确度和测量速度提出新的要求，传统方法不能满足测量要求，所以必须采用传感器电测技术，把非电信息转换为电量信息进行测量。

(2) 在工业生产及自动化方面的作用。在现代化生产过程中，需用各种传感器来监视和控制生产过程的各个参量，使设备工作在最佳状态或正常状态，特别是传感器与计算机结合，使自动化过程具有更准确、快捷、效率高等优点。如果没有传感器，现代化生产就失去基础，工业化程度将大大降低。

(3) 在基础学科研究方面的作用。现代科学技术的发展，介入了许多新的科学领域。从茫茫的宇宙到微观粒子世界，许多未知的现象和规律的研究都要依靠大量人类感官无法获得的信息，故没有相应的传感器是不可能达到目的的。

(4) 在军事方面的作用。传感器技术在军用电子系统的运用，促进了武器、作战指挥、控制、监视和通信方面的智能化。传感器在远方战场监视系统、防空系统、雷达系统、导弹系统等方面都有广泛的应用，是提高军事战斗力的重要因素。

3.1.2 传感技术的现状及发展趋势

1. 传感技术的历史回顾和现状

现在，传感技术的地位和作用日益被人们所认识，发展现代传感技术是贯彻落实《国家中长期科学和技术发展规划纲要》的需要和重要举措，已经成为抢占科技制高点的必然途径，是发展我国传感器及测量仪器民族工业的必然选择，是增强我国在国际贸易中的话语权的重要手段，是增强我国综合国力的战略措施。

传感技术在20世纪的中期问世，是在各国不断发展与提高的工业化浪潮下诞生的。当时传感技术的发展远远落后于计算机技术和数字控制技术的发展，早期的传感技术多用于国家级项目的科研研发、各国军事技术以及航空航天领域的试验研究。随着各国机械工业、电子、计算机、自动化等相关信息化产业的迅猛发展，以日本和欧美等西方国家为代表的传感器研发及其相关技术产业得到快速发展，并已在民品市场中逐步占有了极大的份额。

我国从20世纪60年代末开始传感技术的研究与开发，经过“七五”、“八五”的国家攻关，在传感器研究开发、设计、制造、可靠性改进等方面获得长足的进步，初步形成了传感器研究、开发、生产和应用的体系，并在数控机床攻关中取得了一批可喜的、为世界瞩目的发明专利与工况监控系统或仪器的成果。但从总体上讲，它还不能适应我国经济与科技的迅速发展，我国不少传感器芯片、信号处理和识别系统仍然依赖进口。同时，我国传感技术产品的市场竞争力优势尚未形成，产品的改进与革新速度慢，生产与应用系统的创新与改进少。

从21世纪初开始，传感技术引入基于微电子工艺的MEMS技术，使传感器向着微型化、集成化、智能化方向发展。传感器已成为汽车、制造机器人等工业领域的必备产品。传感器制造技术也成为促进手机、家电等消费类电子产品快速发展的推动力。当今社会已经迈向信息化时代，无线传感器网络和物联网技术的出现使得传感器技术成为一种与现代科学密切相关的信息获取的关键部件，并有机会寻求更大的突破与飞跃。

在国外，传感技术已广泛地运用到各国军事技术、航空航天、检测技术以及车辆工程等诸多领域。例如，在军事上，国外激光制导技术迅猛发展，使导弹发射的精度和射中目标的准确性大幅度提高；美国在航空航天领域研制出了新型高精度高耐性红外测温传感器，使其在恶劣的环境中仍能高精度测量出运行中的飞行器各部分温度；国外的城市交通管理也大多运用电子红外光电传感器进行路段事故检测和故障排解；同时，国外现有汽车中常装载有新型光电传感器，如激光防撞雷达、红外夜视装置、测量发动机燃料特性装置、测量压力变化装置及用于导航的光纤陀螺等。在国内，传感器行业发展迅速，传感器市场近些年一直持续增长，势头良好，传感器主要应用于工业制造、汽车产品、电子通讯和专用设备，其中工业制造和汽车产品达到市场份额的三分之一。传感器给我国的迅速发展带来了无限商机，西门子、霍尼韦尔、凯乐、横河等传感器大企业纷纷进入我国市场，为我国工业设备制造商和汽车制造业等传感器最终消费者带来了很大便利，但也对国内传感器行业施加了很大压力。国内传感器产品存在的主要问题：品种少、质量较差；制造工艺技术相对落后；生产企业没掌握先进的核心制造技术；高性能传感器的科研成果转化率较低。

就目前的现状来看，无论是在国内还是在国外，传感技术的发展都决定着人类信息化的发展进度。传感技术已成为当今科技领域的核心和支撑技术。

2．发展趋势与特点

人类自21世纪开始全面步入信息时代，从一定意义上讲，也就是进入了传感器时代。当前备受国际关注的物联网产业对于传感技术的依赖程度尤为突出。温家宝总理在无锡视察时明确指出，要“尽快建立中国的传感信息中心”、“在传感网发展中，要早一点谋划未来，早一点攻破核心技术”。由此可见，作为国际竞争战略的重要标志性产业，传感器产业以其技术含量高、市场前景广阔等特点备受世界各国关注。传感器产业的发展不仅为物联网提供支撑，还将在传统产业转移与技术升级，以及在当前经济结构调整和转型中发挥积极作用。与此同时，物联网产业的发展也为传感技术提升和产业发展提供了巨大市场空间。

传感器变革的方向主要有三个：微型化、智能化和可移动性。在传感器技术与制造工艺上，美、德、日等工业发达国家处于国际市场的领先地位。目前国内技术发展与创新的重点在材料、结构和性能改进三个方面：敏感材料从液态向半固态、固态方向发展；结构向小型化、集成化、模块化、智能化方向发展；性能向检测量程宽、检测精度高、抗干扰能力强、性能稳定、寿命长久方向发展。长期以来，国内企业过于分散，产业集中度不高，生产工艺装备相对落后，缺乏技术创新的基础和动力，均以仿造及二次开发为主，特别在敏感元件核心技术及生产工艺方面与国外差距较大，导致产业化水平不能适应市场快速变化和急剧增长的需求，国际竞争力不强，制约和影响了我国传感器产业的正常发展。

物联网技术的推进对传感器技术提出了新的要求，促使产品向 MEMS 工艺技术、无线数据传输网络技术、新材料、纳米、薄膜(含 SOI)、陶瓷技术、光纤技术、激光技术、复合传感技术等多学科交叉的融合技术方向发展。从国际整体发展状况来看，传感技术具体有以下四个方面发展趋势：

(1) 无线网络化技术应用，能适应野外恶劣的自然环境与条件，能保持精度高、寿命长、可靠性高和长期稳定性好，集防窃取、信息安全、保密性等高等功能于一体的无线网络化技术。

(2) 运用新原理、新结构、新材料，实现微功耗、低成本、高可靠性等参数指标的提升。如薄膜技术、光纤技术、纳米技术、人工假鼻、皮肤、人工手腕、髋关节等技术，动态模拟与动画技术，高倍与远程数据采集和仿真技术，为野外特殊环境下传感器配备和提供的微能量获取与收集技术等。

(3) 研发更高技术和创新类产品，并重视产业化技术。如地震、飓风等自然灾害预报与监测类传感器产品。

(4) 拓展市场应用领域。如自然环境与生活基础设施类产品开发和工艺技术研究，复杂状况的各种产品结构设计。又如，跟踪沙漠、森林、海洋、大气等条件变化，研发应用于桥梁、道路和建筑等的各种无线网络传感器。

从成熟角度来看，传感器产业化技术呈现出以下主要发展特征：

(1) 重视基础技术、基础工艺和共性关键技术的研究，保证基础技术与基础工艺处于世界领先地位。

(2) 重视制造工艺技术与装备的研究与应用，配置优良的工艺装备和检测仪器，特别是智能化工艺设备，确保了工艺装备的先进性。

(3) 重视新产品和自主知识产权产品的开发，增强核心竞争力。瞄准全球传感技术和市场的发展潮流与战略前沿，确定研究课题和产品开发方向。

(4) 重视传感器的可靠性设计、控制与管理，严格控制工艺可靠性，有效地提高产品生产成品率。

(5) 重视市场竞争，加强市场调查与分析，以快速响应市场。注重市场竞争中的个性化服务，做到响应及时、品质优良、性价比高。

(6) 重视产品技术标准，熟悉系统信息采集过程中上下游接口连接的各项标准的完整性、统一性、协调性。

正因为如此，传感器产品品种繁多，规格齐全，集成化与模块化结构性能强，产品内在与外观质量并重。虽然外形结构类型千变万化，但是传感器产品品质、产业化规模技术水平始终较高，市场配套与服务能力较强。因此，应不断把新技术运用和市场竞争推向新的高度，使同类产品不仅具有灵敏度、精度、稳定性和可靠性等指标上的竞争优势，在新材料应用、生产制造工艺与产业化技术水平上也同样形成明显的竞争优势。

3.1.3　传感技术与无线传感器网络系统

微型计算机的普及、信息处理技术的飞速发展促使无线传感网系统的产生。同时，无线传感器网系统与人们的生活联系日益紧密，形成了推动获得信息的传感技术发展的动力。无线传感器网络系统指的是将红外感应器、全球定位系统、激光扫描器等信息传感设备与互联网结合起来而形成的一个巨大网络，让所有的物品都与网络连接在一起，以方便识别和管理，因而又叫“物联网”。比如，现实中，人们必须通过看、尝、摸、闻才能形成对某种食物的综合判断，但如果把这几种感知信息上传至网上，那么即使身在远方，人们也能随时了解到这种食物的色香味，这就是传感技术的魅力。

所谓无线传感器网络，就是指由大量部署在监测区域内的各类廉价的小型(或微型)集成化传感器节点协作实时感知、监测各种环境或目标对象的信息，然后通过嵌入式系统对信息进行智能处理，最后通过随机自组织无线通信网络以多跳中继方式将所感知的信息传送到用户终端，从而真正实现“无处不在”的计算理念。无线传感网络综合了传感技术、嵌入式计算技术、现代网络技术、无线通信技术、分布式智能信息处理技术等。传感器网络的研究采用系统发展模式，因而必须将现代的先进微电子技术、微细加工技术、系统芯片 SOC 设计技术、纳米材料技术、现代信息通信技术、计算机网络技术等融合，以实现其小型化(微型化)、集成化、多功能化、系统化、网络化，特别是实现传感器网络特有的超低功耗系统设计。无线传感器网络可以在长期无人值守的状态下工作，在军事国防、工农业、城市管理、智能交通、生物医疗、环境监测、抢险救灾、防恐反恐、危险区域远程控制等许多领域都有重要的科研价值、巨大的实用价值和广阔的市场前景。

在无线传感器网络中，传感器是信息采集的核心和关键。从仿生学观点来看，如果把计算机看成处理和识别信息的“大脑”，把通信系统看成传递信息的“神经系统”的话，那么传感器就是“感觉器官”。信息的获取需要依靠各类传感器，包括各种物理量、化学量或生物量的传感器。按照信息论的凸性定理，传感器的功能与品质决定了传感器系统获取自然信息的信息量和信息质量，它也是高品质传感技术系统构造的关键。信息处理包括信号的预处理、后置处理、特征提取与选择等。而识别的主要任务是对经过处理的信息进行辨识与分类。它利用被识别(或诊断)对象与特征信息间的关联关系模型对输入的特征信息集进行辨识、分类和判断。因此，传感技术是遵循信息论和系统论的，包含了众多高新技术，被众多产业广泛采用，也是现代科学技术发展的基础条件，应该受到足够地重视。

综上所述，微小传感器技术和节点间的无线通信能力使得无线传感器网络具有广阔的应用前景。无线传感器网络在军事、环境、健康、家庭和其他商业领域都有着广泛应用，在空间探索和灾难拯救等特殊的领域也有其得天独厚的技术优势。无线传感器网络的发展必定对传感器提出特殊功能要求，带动传感技术的发展。根据摩尔定律，传感器将会更加趋于集成化、微型化和智能化，为我们的经济与社会发展提供更大的驱动力。

3.2 传感器的含义与分类

3.2.1 传感器的含义

传感器(Transducer/Sensor)的定义：能感受规定的被测量并按一定的规律转换成可用输出信号的器件或装置，通常由敏感元件和转换元件组成。其中，敏感元件(Sensing Element)是指传感器中能直接感受或响应被测量的部分；转换元件(Transducer Element)是指传感器中能将敏感元件感受或响应的被测量转换成适于传输或测量的电信号以及其他某种可用信号的部分。传感器狭义地定义：能把外界非电信息转换成电信号输出的器件。可以预料，当人类跨入光子时代，光信息成为更便于快速、高效地处理与传输的可用信号时，传感器的概念将随之发展成为：传感器是能把外界信息转换成光信号输出的器件。

传感器的任务就是感知与测量。在人类文明史的历次产业革命中，感受、处理外部信息的传感技术一直扮演着一个重要的角色。在18世纪产业革命以前，传感技术由人的感官实现：人观天象而仕农耕，察火色以冶铜铁。从18世纪产业革命以来，特别是在20世纪信息革命中，传感技术越来越多地由人造感官即工程传感器来实现。目前，工程传感器应用广泛，可以说任何机械电气系统都离不开它。现代工业、现代科学探索，特别是现代军事都要依靠传感技术。如果一个大国没有自身传感技术的不断发展，必将处处受制。

现代技术的发展，创造了多种多样的工程传感器。工程传感器可以轻而易举地测量人体所无法感知的量，如紫外线、红外线、超声波、磁场等。从这个意义上讲，工程传感器超过人的感官能力。有些量虽然人的感官和工程传感器都能检测，但工程传感器测量得更快、更精确。例如，虽然人眼和光传感器都能检测可见光进行物体识别与测距，但是人眼的视觉残留约为0.1 s，而光晶体管的响应时间可短至纳秒以下；人眼的角分辨率为1'，而光栅测距的精确度可达1"；激光定位的精度在月球距离3×10^4 km范围内可达10 cm以下；工程传感器可以把人所不能看到的物体通过数据处理变为视觉图像，CT技术就是一个例子，它把人体的内部形貌用断层图像显示出来，其他的还有遥感技术。

但是，目前工程传感器在以下几方面还远比不上人类的感官：多维信息感知、多方面功能信息的感知功能、对信息变化的微分功能、信息的选择功能、学习功能、对信息的联想功能、对模糊量的处理能力以及处理全局和局部关系的能力，这正是今后传感器智能化的一些发展方向。随着信息科学与微电子技术，特别是微型计算机与通信技术的迅猛发展，传感器的发展走上了与微处理器或微型计算机相结合的必由之路，智能(化)传感器的概念应运而生。传感技术则是涉及传感(检测)原理、传感器件设计、传感器开发和应用的综合技术，因此传感技术涉及多学科交叉研究。

3.2.2　传感器的分类和性能要求

传感器主要按其工作原理和被测量来分类。传感器按其工作原理，一般可分为物理型、化学型和生物型三大类；按被测量——输入信号分类，一般可以分为温度、压力、流量、物位、加速度、速度、位移、转速、力矩、湿度、黏度、浓度等传感器。传感器按其工作原理分类便于学习研究，把握本质与共性；而按被测量来分类，能很方便地表示传感器的功能，便于选用。传感器的分类，如表 3-1 所示。

表 3-1　传感器的分类

分类法	类　型	说　明
按构成基本效应分	物理型、化学型、生物型	分别以转换中的物理效应、化学效应等命名
按构成原理分	结构型	以其转换元件结构参数特性变化实现信号转换
	物性型	以其转换元件物理特性变化实现信号转换
按能量关系分	能量转换型	传感器输出量直接由被测量能量转换而得
	能量控制型	传感器输出量能量由外电源供给，但受被测输入量控制
按作用原理分	应变型、电容型、压电型、热电型等	以传感器对信号转换的作用原理命名
按输入量分	位移、压力、温度、流址、气体等	以被测量命名(即按用途分类法)
按输出量分	模拟型	输出量为模拟信号
	数字型	输出量为数字信号

物理型传感器又可分为物性型传感器和结构型传感器。物性型传感器是利用某些功能材料本身所具有的内在特性及效应感受被测量，并转换成电信号的传感器。在物性型传感器中，敏感元件与转换元件合为一体，一次完成“被测非电量→有用电量”的直接转换。结构型传感器是以结构为基础，利用某些物理规律来感受被测量，并将其转换成电信号的传感器。这里需要加入转换元件，实现“被测非电量→有用非电量→有用电量”的间接转换。

按照敏感元件输出能量的来源又可以把传感器分成以下三类：

(1) 自源型为仅含有转换元件的最简单、最基本的传感器构成类型。此类型的特点：不需外能源；其转换元件具有从被测对象直接吸取能量，并转换成电量的电效应；但其输出能量较弱。一般包括如热电偶、压电器件等。

(2) 带激励源型是转换元件外加辅助能源的传感器构成类型。这里的辅助能源起激励作用，它可以是电源，也可以是磁源。如某些磁电式传感器和霍尔式传感器等。此类传感器的特点是：不需要变换(测量)电路即可有较大的电量输出。

(3) 外源型由利用被测量实现阻抗变化的转换元件构成，它必须通过外电源经过测量电路在转换元件上加入电压或电流，才能获得电量输出。这些测量电路又称为“信号调理与转换电路”，常用的有电桥、放大器、振荡器、阻抗变换器和脉冲调宽电路等。

自源型和带激励源型传感器由于其转换元件起着能量转换的作用，故称其为能量转换型传感器，外源型传感器又称为能量控制型传感器。能量转换型传感器中用到的物理效应：压电效应、磁致伸缩效应、热释电效应、光电动势效应、光电放射效应、热电效应、光子滞后效应、热磁效应、热电磁效应、电离效应等；能量控制型传感器中用到的物理效应：应变电阻效应、磁阻效应、热阻效应、光电阻效应、霍尔效应、约瑟夫逊效应以及阻抗(电阻、电容、电感)几何尺寸的控制等。

对传感器的基本性能要求如下：

① 足够的容量——传感器的工作范围或量程足够大；传感器具有一定的过载能力。

② 灵敏度高，精度适当——要求其输出信号与被测输入信号成确定关系(通常为线性)，且比值要大；传感器的静态响应与动态响应的准确度能满足要求。

③ 响应速度快、工作稳定、可靠性好。

④ 适用性和适应性强——体积小、重量轻、动作耗损能量小，对被测对象的状态影响小；内部噪声小而又不易受外界干扰；其输出力求采用通用或标准形式，以便与系统对接。

⑤ 使用经济——成本低，寿命长，且便于使用、维修和校准。

3.3 典型传感器

3.3.1 力敏传感器

力敏传感器是用来检测气体、固体、液体等物质间相互作用力的传感器，力敏传感器常用的敏感材料有半导体、金属及合成材料。常用的力敏传感器主要有电阻应变片、硅压阻式力敏传感器和电容式力敏传感器等。其中，硅压阻式力敏传感器的性能最好，其优点是灵敏度好、精度高，但受温度影响比较大。

力敏传感器中的电阻应变片能将机械构件上的变化转换为电阻的变化，因为导体的电阻与材料的电阻率及它的几何尺寸(长度和截面积)有关。由于导体在承受机械形变过程中，其电阻率、长度和截面积都会发生微小的变化，从而导致其电阻发生变化。

电阻应变片主要有金属丝式应变片、金属箔式应变化和半导体应变片。传感器将四片相同的电阻应变片分别粘贴在弹性平行梁的上下两表面的适当的位置，梁的一端固定，另一自由端用于加载外力 $\boldsymbol{F}$，力敏传感器结构示意图如图 3-3 所示。弹性梁受载荷作用而弯曲，梁的上表面受到拉力，梁上面的两个电阻应变片 R_1 和 R_2 因受拉力而电阻增大；梁的下表面受压力，R_3 和 R_4 电阻减小。这样，通过外力的作用使梁发生形变进而造成四个电阻的值发生变化，从而把应力的变化转化为电阻值的变化。

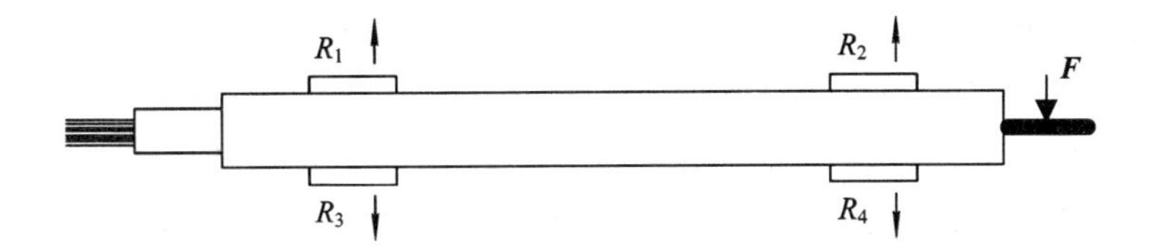

图 3-3　力敏传感器结构示意图

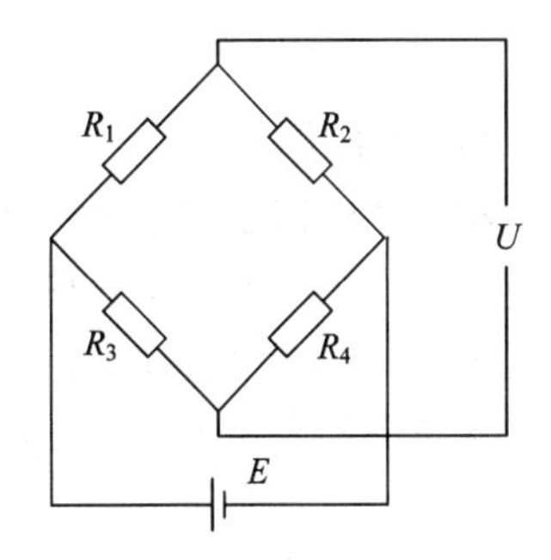

图 3-4　应变片全桥测量电路

应变片的电阻值 $R_1 = R_2 = R_3 = R_4$，由应变片组成的全桥测量电路如图 3-4 所示。当应变片受到外力作用时，弹性体产生形变，使得粘贴在弹性体上的电阻应变片 R_1～R_4 的阻值发生变化，电桥失去平衡，有电压输出，输出的电压值 U 与所受到的外力 F 的大小成正比。即 $U = K \times F$，其中 K 是力敏传感器的灵敏度。

利用这种力敏效应可以检测力的相关参数，可分为几何学量、运动学量及力学量三部分。其中，几何学量指的是位移、形变、尺寸等；运动学量是指几何学量的时间函数，如速度、加速度等；力学量包括质量、力、力矩、压力、应力等。力敏电阻器的主要参数有：

(1) 温度系数。力敏电阻器的电阻值的变化与温度有关。温度变化 1℃，电阻值变化的百分数称为温度系数。

(2) 灵敏度系数。它是指力敏电阻器形变与电阻值的变化关系，形变与电阻值的变化关系必须满足$\Delta r/r = K\Delta l/l$，其中 K 就是灵敏度系数。

(3) 灵敏度温度系数。当温度升高时力敏电阻器的灵敏度下降，温度每升高 1℃，灵敏度系数下降的百分比称为灵敏度温度系数。

(4) 温度零点漂移。在环境温度范围内，环境温度每变化 1℃引起的零点输出变化与额定输出的百分比称为温度零点漂移。

3.3.2　磁敏传感器

磁敏传感器是将磁场信息转换成各种有用信号的装置，它是各种测磁仪器的核心。到目前为止，已形成了十多种常用的测磁方法，研制和生产出了几十个大类上百种测磁仪器。如图 3-5 所示，一般测磁仪器都是由磁敏传感器(磁敏元件和转换器)、信号处理电路和读出电路组成，传感器决定仪器的基本性能(例如灵敏度、动态范围、精确度)，信号处理电路可以实现放大、转换(例如 F/V、A/D 等转换)、补偿、校正等功能。

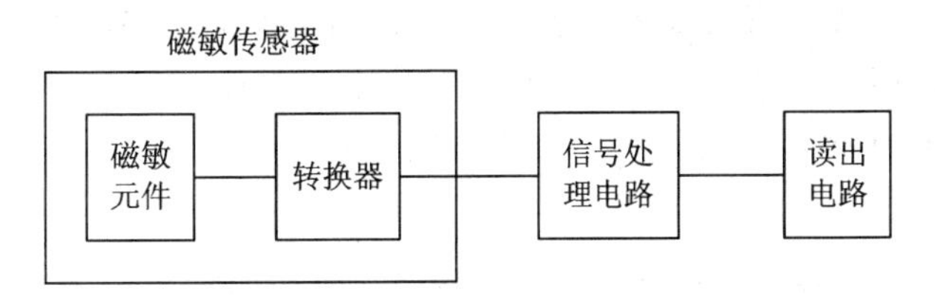

图 3-5　一般测磁仪器的组成方块图

作为信息载体的磁性材料一直是人们研究的重点。计算机信息存储、音像信息的记录，各种物体运动信息(位置、位移、速度、转速等)，都可以借助磁性体作为信息载体。因而，需要大量各种各样的磁读出、写入和传感装置，而这也促使磁敏传感器逐渐地和测磁仪器分离，形成独立的磁敏传感器产品。可以说，任何一台计算机、一辆汽车、一家工厂离开磁敏传感器都不能够正常工作。同时，磁敏传感器已深入到人们日常生活中，例如收录机、电视录像机、空调机、洗衣机等，都大量地使用着磁敏传感器。典型的磁敏传感器主要有以下五种：

1. 霍尔传感器

霍尔传感器是根据霍尔效应制作的一种磁场传感器。霍尔效应是磁电效应的一种，这一现象是霍尔(A.H.Hall，1855—1938年)于1879年在研究金属的导电机理时发现的。后来发现半导体、导电流体等也有这种效应，且半导体的霍尔效应比金属强得多。之后，人们利用这现象制成各种霍尔元件，并将它广泛地应用于工业自动化技术、检测技术及信息处理等方面。

霍尔效应从本质上讲是运动的带电粒子在磁场中受洛仑兹力作用引起的偏转产生的效应。当带电粒子(电子或空穴)被约束在固体材料中，这种偏转就导致在垂直电流和磁场的方向上的正负电荷的聚积，从而形成附加的横向电场，图3-6所示为霍尔效应示意图。

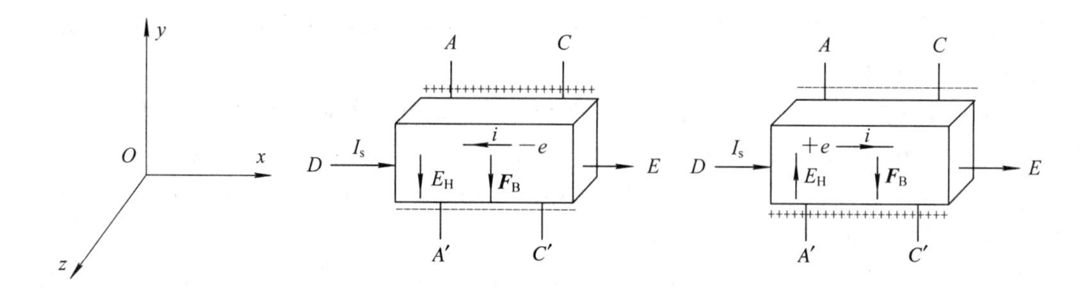

图3-6　霍尔效应示意图

对于半导体而言，若在 x 方向通一电流 I_s，在 z 方向加磁场 B，则在 y 方向即试样 A、A' 电极两侧就开始聚积异号电荷而产生相应的附加电场。电场的指向取决于试样的电类型。显然，该电场是阻止载流子继续向侧面偏移的，当载流子所受的由电场 E_H 产生的电场力与洛仑兹力 $\boldsymbol{F}_B$ 相等时，半导体两侧电荷的积累就达到平衡，故在垂直于电流和磁场的方向上产生电势差，称为霍尔电压。如果两输出端构成外回路，就会产生霍尔电流。一般地，偏置电流的设定通常由外部的基准电压源给出；若精度要求高，则基准电压源均用恒流源取代。目前，多数商用的霍尔传感器使用砷化铟，具有结构简单、体积小、频率响应宽、输出电压变化大和使用寿命长等优点，灵敏度范围为 10^{-3}～1000 Gs，工作频率范围为0～1 MHz，功耗在0.1～0.2 W之间，工作温度范围为−100～100℃。一般地，霍尔传感器工作时需要通过温度传感器和运算放大器进行温度补偿。

2. 磁阻传感器

有些材料的阻值在磁场中会发生变化，通过这些材料制作的传感器叫做磁阻传感器。磁阻传感器主要包括各向异性磁电阻(Anisotropic Magneto Resistance，AMR)传感器和巨磁电阻(Giant Magneto Resistance，GMR)传感器。传感器由长而薄的坡莫合金(铁镍合金)制成一维磁阻微电路集成芯片(二维和三维磁阻传感器可以测量二维或三维磁场)，一般是利用半导体工艺将铁镍合金薄膜附着在硅片上，磁阻传感器及等效电路如图 3-7 所示。

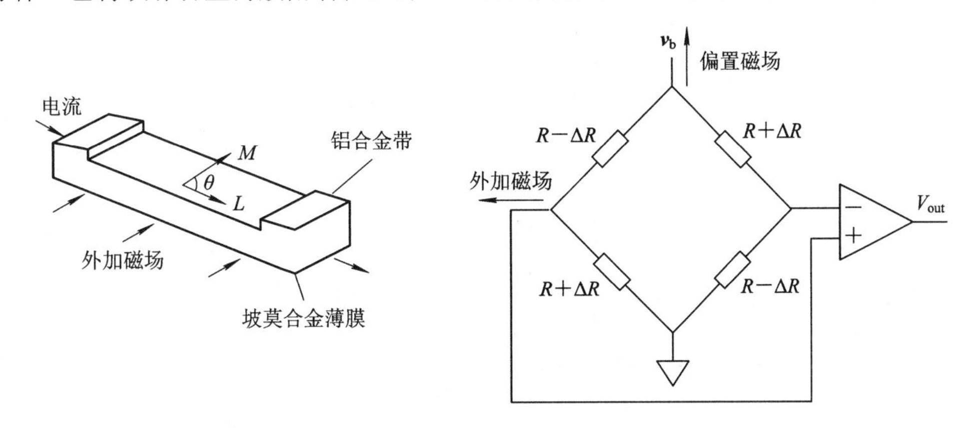

图 3-7　磁阻传感器及等效电路

AMR 传感器是利用一些材料的电阻与磁化、电流方向的角度关系制作的传感器，材料主要为铁磁介质。AMR 传感器灵敏度范围为 10^{-2}～50 Gs，工作频率范围为 0～1 GHz，功耗在 0.1～0.5 mW 之间，工作温度为−55～200℃。AMR 传感器重量轻、体积小，常应用于地磁场测量、电子罗盘、导航系统、ABS 系统的车轮速度测量。

GMR 传感器电阻的变化量会达到 10%以上，有的会达到 60%，而 AMR 传感器的电阻变化量一般只有百分之几。GMR 传感器能检测的磁场范围为 10^{-3}～10^{4} Gs。GMR 传感器通常由铁磁层与抗铁磁层交替组成的，灵敏度高、能耗和稳定性好，可以应用在位移测量、精密机械定位、速度控制、导弹导航等领域。

3．测量线圈磁场计

测量线圈磁场计是基于法拉第电磁感应定律的原理来测量磁场的，线圈通过时变磁场或一个非均匀磁场时，线圈的磁通密度会发生变化，线圈中会感应出电流，而输出电压与导线两端磁通密度的变化率成正比。测量线圈磁场计的灵敏度与铁磁芯材料的磁导率、线圈面积、线圈匝数以及磁通密度通过线圈的变化率有关，此类传感器没有检测上限，灵敏度可以通过改变铁磁芯的方式加以改善，主要应用在环境较恶劣的场合。测量线圈磁场计只能用来测试时变磁场，不能用于直流磁场的测量。测量线圈磁场计能测量的磁场大于 20fT；典型的频率范围为 1 Hz～1 MHz，频率上限受制于线圈电感与电阻的比；功耗在 1～10 mW 之间；线圈的典型尺寸在 0.05～1.3 m 之间。

4．磁通门传感器

磁通门传感器实际上就是利用变压器的电磁感应效应，通过磁芯将外界磁场调制成偶次谐波感应电动势，实现对外界环境磁场测量的。在一根磁性材料的磁芯上，分别绕制两组三维螺线管线圈，其中一组为激励线圈，另一组为感应线圈，铁、钴、镍及其合金等均属于高磁导率磁介质，其磁导率高达 10^{4}～10^{5}，在磁场中它们有极强的聚磁能作用。图 3-8 所示为电磁感应示意图。当一正弦激励电流流过其中一个线圈时，电流会使铁磁芯磁化。由于磁滞现象，通过铁芯的磁通密度会落后于电流产生的磁场强度，所以通过铁芯的磁通密度的改变可以通过第二个线圈检测出来，一般磁性材料的磁化曲线如图 3-9 所示。其中，H_c 表示磁性材料的矫顽力；H_s 表示磁性材料的饱和磁场强度；B_r 表示磁性材料的剩余磁场；B_s 表示磁性材料的饱和磁感应强度。

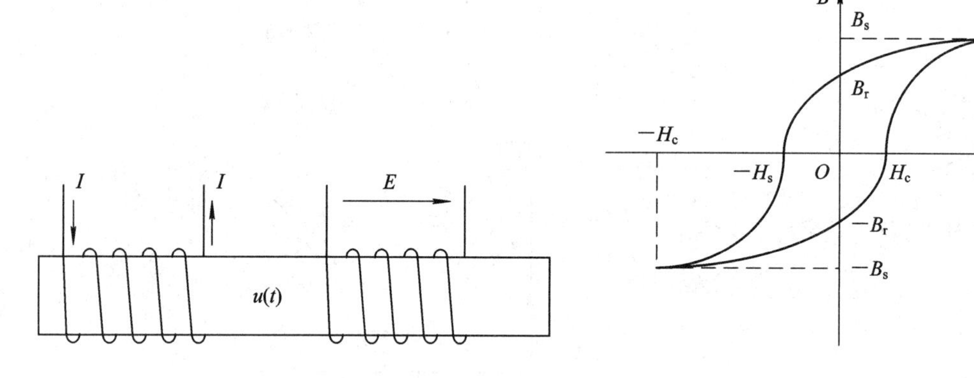

图 3-8 电磁感应示意图

图 3-9 磁性材料的磁化曲线

上述物理模型可以说明，这种与变压器相伴生的现象，对于环境磁场来说就好像是一道“门”，通过这道“门”，环境磁场被调制成偶次谐波感应电动势，这种现象称为磁通门现象。由环境磁场产生的那部分感应电动势称为磁通门信号。磁通门的高稳定性、高线性度和高精度，使其成为测量高精度弱磁场的最优选择。它们可以对直流(DC)场进行精确测量，大量应用在磁罗盘导航系统方面，也可以用来检测潜艇、探矿和测量电流。磁通门的灵敏度范围为 10^{-2}～10^{7} nT，分辨率为 100 pT，响应频率的上限为 10 kHz，功耗约 100 mW。该传感器具有复杂的磁芯线圈，并且重量大、功耗大，而减小重量和功耗的同时会减小灵敏度和稳定性。因此，为了获得小型化磁通门传感器必须解决两个问题：线圈的小型化和磁芯的集成。

5．SQUID 磁场计

SQUID 磁场计是基于某种材料处于它的超导温度后电流和磁场之间的显著反应来测量磁场的。当材料处于超导温度时，会成为超导体，对电流没有阻力。磁通密度的磁力线通过一个超导材料制备的线圈会在环中感应出电流，在没有任何干扰的情况下，该电流会一直存在。而产生的电流的大小与磁通密度有关，电流的测量是根据约瑟夫森效应进行的。SQUID 的灵敏度非常高，适合应用在天文学、地质学和医学方面。

目前，SQUID 磁场计是低频(小于 1 Hz)测量磁场最灵敏的设备，可达 fT 的数量级，工作时功耗为几瓦。SQUID 磁场计工作在低温状态并且对电磁干扰非常敏感，需要复杂的基础设备(液氮和电磁屏蔽等)，所以 SQUID 磁场计的体积和重量都非常大，从而限制了它的应用范围。

3.3.3 光敏传感器

光敏传感器是最常见的传感器之一，它的种类繁多，主要有光电管传感器、光电倍增管传感器、光敏电阻传感器、光敏三极管传感器、太阳能电池传感器、红外线传感器、紫外线传感器、光纤式光电传感器、色彩传感器、CCD 传感器和 CMOS 图像传感器等。光敏传感器的敏感波长在可见光波长附近，包括红外线波长和紫外线波长。光敏传感器不只局限于对光的探测，还可以作为探测元件组成其他传感器，对许多非电量进行检测，只要将这些非电量转换为光信号的变化即可。

一般地，光敏传感器内装有一个高精度的光电管，当向光电管两端施加一个反向的固定压力时，任何光子对它的冲击都将导致其释放出电子。光照强度越高，光电管的电流也就越大，电流通过一个电阻时，电阻两端的电压被转换成可被采集器的数模转换器接收的 0～5 V 电压，然后采集器以适当的形式把结果保存下来。简单地说，光敏传感器就是利用光敏电阻受光线强度影响而阻值发生变化的原理向主机发送光线强度的模拟信号的。

1. 光敏电阻

光敏电阻是最简单的光敏传感器，其工作原理是利用半导体内的光电效应，当有光照射半导体表面时，光子能量被半导体吸收，半导体受激发产生电子-空穴对，从而提高导电载流子浓度，降低半导体电阻；当入射光消失后，由光子激发产生的电子-空穴对将复合，半导体阻值也就恢复原值。入射光强，电阻减小；入射光弱，电阻增大，光敏基本原理如图 3-10 所示。

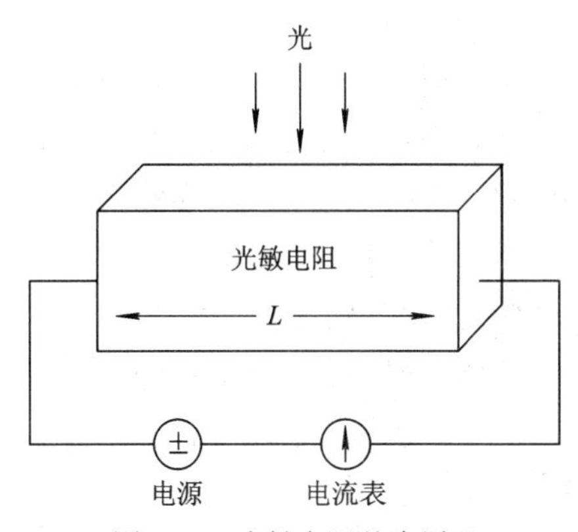

图 3-10 光敏电阻基本原理

在半导体光敏电阻两端装上电极引线，将其封装在带有透明窗的管壳里，两电极常做成梳状。用于制造光敏电阻的材料主要是金属的硫化物、硒化物和碲化物等半导体，通常采用涂敷、喷涂、烧结等方法在绝缘衬底上制作。光敏电阻没有极性，纯粹是一个电阻器件，使用时既可加直流电压，也可加交流电压，半导体的导电能力取决于半导体导带内载流子的数目。光敏电阻的光谱范围从紫外线区到红外线区。光敏电阻具有灵敏度高、体积小、性能稳定、价格较低等优点。光敏电阻的主要性能参数如下：光敏电阻不受光照时的电阻称为暗电阻，此时流过的电流称为暗电流；受到光照时的电阻称为亮电阻，此时电流称为亮电流；暗电阻越大越好，亮电阻越小越好。

实际应用中，暗电阻大约在兆欧级，亮电阻大约在几千欧以下。图 3-11 所示为光敏电

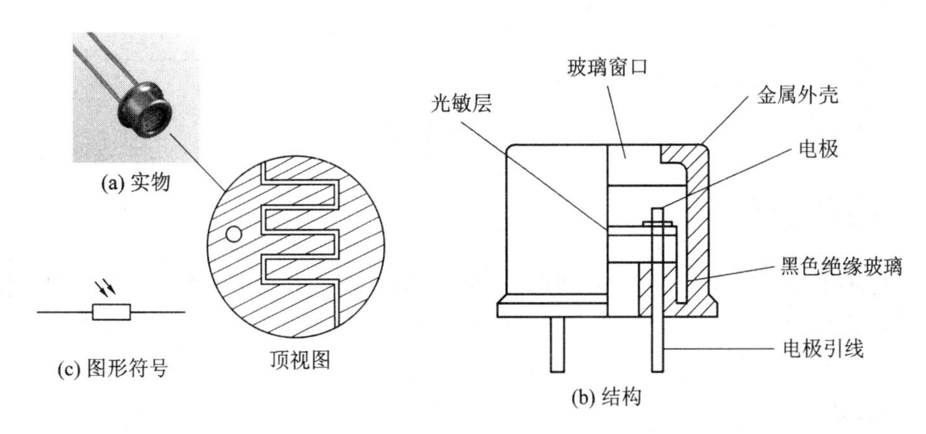

图 3-11 光敏电阻结构、图形符号

阻结构、图形符号。光敏电阻属半导体光敏器件，除具有灵敏度高、反应速度快、光谱特性及 r 值一致性好等特点外，在高温、多湿的恶劣环境下，还能保持高度的稳定性和可靠性，可广泛应用于照相机、太阳能庭院灯、草坪灯、验钞机、石英钟、音乐杯、礼品盒、迷你小夜灯、光声控开关、路灯自动开关以及各种光控玩具、光控灯饰、灯具等光自动开关控制领域。

2. 光敏二极管

光敏二极管与半导体二极管在结构上是类似的，其管芯是一个具有光敏特征的 PN 结，PN 结具有单向导电性，因此工作时需要加上反向电压。当光线照射 PN 结时，可以使 PN 结中产生电子-空穴对，使少数载流子的密度增加。这些载流子在反向电压下产生漂移，使反向电流增加。

无光照时，光敏二极管有很小的饱和反向漏电流，即暗电流，此时光敏二极管处于截止状态。当受到光照时，饱和反向漏电流大大增加，形成光电流，并随入射光强度的变化而变化。因此，可以利用光照强弱来改变电路中的电流，无光时 PN 结处于截止状态，有光时 PN 结处于导通状态。

3. 光敏三极管

光敏三极管分为 PNP 和 NPN 两种。

光敏三极管和普通三极管相似，也有电流放大作用，只是它的集电极电流不仅受基极电路和电流控制，还受光辐射控制。

通常，光敏三极管的基极不引出，但一些光敏三极管的基极会引出，用于温度补偿和附加控制等。

光敏三极管的光电特性：当光敏电阻两极电压固定不变时，光照度与电阻及电流间的关系称为光电特性，光电特性曲线如图 3-12 所示。

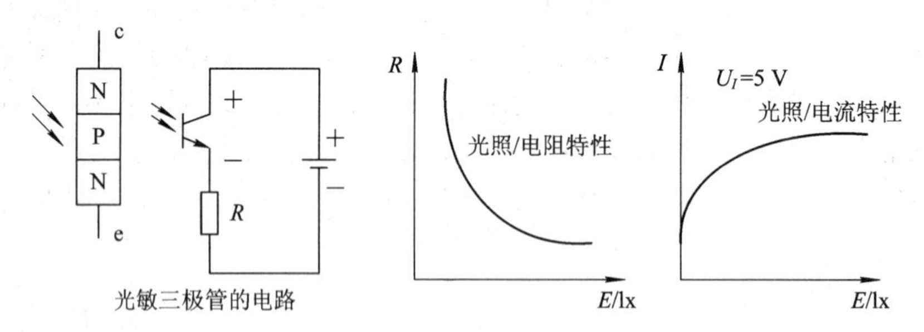

图 3-12　光电特性曲线

3.3.4 温度传感器

温度传感器是指能感受温度并将其转换成可用输出信号的传感器，是温度测量仪表的核心部分，其品种繁多。温度传感器按测量方式可分为接触式和非接触式两大类，按照传感器材料及电子元件特性可分为热电阻和热电偶两类。

1. 接触式

接触式温度传感器通过接触物体的传导或对流达到热平衡，从而使得传感器输出变化的信号可以直接表示为被测对象的温度，其测量精度一般较高。在一定的测温范围内，此类温度传感器也可测量物体内部的温度分布，但对于运动体、小目标或热容量很小的对象则会产生较大的测量误差。这类传感器主要是基于热电阻和热电偶等两种热效应的，主要有铂电阻、热敏电阻、热电偶、PN 结型温度传感器以及硅半导体温度传感器等，温度传感器的性能对比如表 3-2 所示。

表 3-2　温度传感器性能对比

温度传感器类型	灵敏度	温度系数/℃	温度范围	线性	可靠性	成本	其他
热敏电阻	高	–4%	窄	差	差	低	
铂电阻	低	0.4%	宽	好	好	高	
热电偶	低	几μV	宽	中	中	高	需要参考点，使用不方便
PN 结型温度传感器	中	–2 mV	窄	好	中	低	分散性
硅温度传感器	较高	0.7%	较宽	好	好	低	

1) 热电偶

热电偶是指由两种不同成分的材质导体组成的闭合回路，其基本原理是当导体两端存在温度梯度时，回路中就会有电流流过，此时导体两端就存在电动势，即为热电动势，这就是所谓的塞贝克效应(Seebeck effect)，热电偶模型如图 3-13 所示。两种不同成分的均质导体 A 和 B 为热电极，温度较高的一端为工作端 t，温度较低的一端为自由端 t_0，自由端通常处于某个恒定的温度下，此时回路中将产生一个电动势，该电动势的方向和大小与导体的材料及两接点的温度有关。这种现象称为“热电效应”，两种导体组成的回路称为“热电偶”。

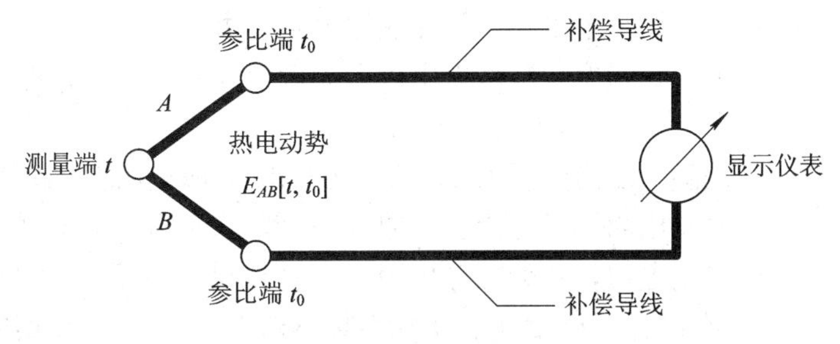

图 3-13　热电偶模型

并不是所有材料都能组成热电偶，一般对热电偶的电极材料的基本要求如下：

① 在测温范围内，热电性质稳定，不随时间而变化，有足够的物理化学稳定性，不易氧化或腐蚀；

② 电阻温度系数小，导电率高，比热小；

③ 测温中，产生的热电动势要大，并且热电动势与温度之间呈线性或接近线性的单值函数关系；

④ 材料复制性好，机械强度高，制造工艺简单，价格低廉。

根据热电动势与温度的函数关系，可以制成热电偶分度表。分度表是自由端在温度

0℃的条件下得到的，不同的热电偶具有不同的分度表。常用热电偶可分为标准热电偶和非标准热电偶两大类：标准热电偶是指国家标准规定了其热电动势与温度的关系、允许误差，并有统一的标准分度表的热电偶，它有与其配套的显示仪表可供选用。我国从 1988 年起，规定标准化热电偶和热电阻全部按 IEC 国际标准生产，并指定 S、B、E、K、R、J、T 七种标准化热电偶为统一设计型热电偶。表 3-3 为常用热电偶型号、热电极材料和使用温度关系表。

表 3-3 常用热电偶型号、热电极材料和使用温度关系表

型号	热电极材料	使用温度范围/℃
S	铂铑合金(铑含量 10%)/纯铂	0～1600
R	铂铑合金(铑含量 13%)/纯铂	0～1600
B	铂铑合金(铑含量 30%)/铂铑合金(铑含量 6%)	0～1800
K	镍铬/镍硅	0～1300
T	纯铜/铜镍	0～350
J	铁/铜镍	0～500
N	镍铬硅/镍硅	0～800
E	镍铬/铜镍	0～600

非标准化热电偶在使用范围或数量级上均不及标准化热电偶，一般也没有统一的分度表，其主要用于某些特殊场合的测量。

2) 热敏电阻

热敏电阻是基于电阻的热效应进行温度测量的。电阻的热效应即电阻体的阻值随温度的变化而变化的特性。因此，只要测量出感温热敏电阻的阻值变化，就可以测量出温度。目前，热敏电阻主要有金属热敏电阻和半导体热敏电阻两类。

金属热敏电阻的电阻值和温度一般可以用以下的近似关系式表示，即

$$R_t = R_{t0}\,[1 + \alpha\ (t - t_0)] \tag{3-1}$$

式中，R_t 为温度 t 时的阻值；R_{t0} 为温度 t_0(通常 $t_0 = 0$℃)时对应电阻值；α 为温度系数。

工业上常使用金属热敏电阻，其电阻会随温度变化，大部分金属导体都有这个性质，但并不是都能用作测温热敏电阻，作为热敏电阻的金属材料一般要求：尽可能大且稳定的温度系数、电阻率要大(在同样灵敏度下需要减小传感器的尺寸)、在使用的温度范围内具有稳定的化学物理性能、材料的复制性好、电阻值随温度变化要有间值函数关系(最好呈线性关系)。目前，实用化的金属热敏电阻材料为铂、铜和镍。

半导体热敏电阻的阻值和温度关系为

$$R_t = \mathrm{A}\mathrm{e}^{\mathrm{B}/t} \tag{3-2}$$

式中，R_t 为温度为 t 时的阻值，A、B 取决于半导体材料的结构的常数。相比较而言，热敏电阻的温度系数更大，常温下的电阻值更高(通常在数千欧以上)，但热敏电阻互换性较差，非线性关系强，测温范围只有−50～300℃左右，其大量用于家电和汽车的温度检测和控制。金属热敏电阻一般适用于−200～500℃范围内的温度测量，其特点是测量准确、稳定性好、性能可靠，在程序控制中的应用极其广泛。图 3-14 为三种热敏电阻特性曲线。

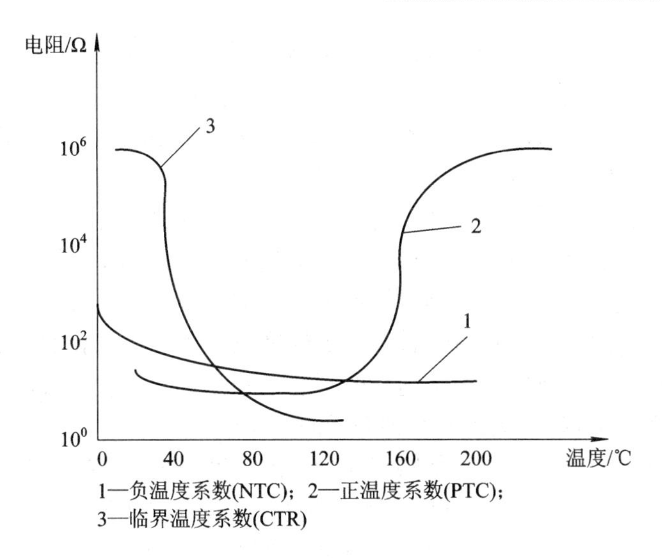

图 3-14　热敏电阻特性曲线

热敏电阻是用具有不同温度系数的半导体材料制成的，主要有正温度系数(PTC)、负温度系数(NTC)和临界温度系数(CTR)等三种。其中，正温度系数和临界温度系数有居里温度点，在居里温度点附近传感器阻值会随着温度变化产生剧烈改变。由于热敏电阻是一种电阻性器件，任何电流源都会在其上因功率而发热。功率等于电流平方与电阻的积，因此要使用小的电流源。如果热敏电阻暴露在高热环境中，将导致热敏电阻永久性损坏。

2．非接触式

最常用的非接触式温度传感器是基于黑体辐射基本定律的传感器，辐射测温法包括亮度法、辐射法和比色法。此类温度传感器的敏感元件与被测对象互不接触，可用来测量运动物体、小目标和热容量小或温度变化迅速(瞬变)对象的表面温度，也可用于测量温度场的温度分布。黑体辐射定律是由德国物理学家普朗克(Max Planck)于 1900 年所发现的，它是一个和实验结果一致的纯粹经验公式，也是公认的物体间热力传导基本法则。普朗克提出了能量量子化假设：辐射中心是带电的线性谐振子，它能够同周围的电磁场交换能量，谐振子的能量不连续，是一个量子能量的整数倍，即

$$\varepsilon_n = nh\nu \qquad (n = 1,\ 2,\ 3,\ \cdots) \tag{3-3}$$

式中，ν 是谐振子的振动频率；h 是普朗克常数，是量子论中最基本的常数。根据这个假设，可以导出普朗克公式为

$$u(\lambda,\ T) = \frac{2hc^2}{\lambda^5} \cdot \frac{1}{\mathrm{e}^{\frac{hc}{\lambda kT}} - 1} \tag{3-4}$$

式(3-4)给出了辐射场能量密度按频率变化的分布式，其中 T 是热力学温度，k 是玻耳兹曼常数。辐射场能量密度随波长变化的分布曲线，同实验结果完全一致，如图 3-15 所示。

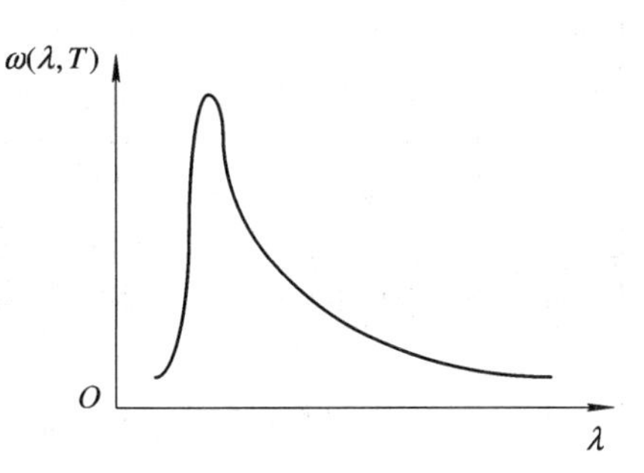

图 3-15　辐射场能量密度按波长变化的分布曲线

一般地，只有对黑体(吸收全部辐射并不反射光的物体)所测温度才是真实温度。若欲测定物体的真实温度，则必须进行材料表面发射率的修正。而材料表面发射率不仅取决于温度和波长，还与表面状态、涂膜和微观组织等有关，因此很难精确测量。在具体测量时，可以采用附加的反射镜与被测表面一起组成黑体空腔的方式，附加辐射的影响能提高被测表面的有效辐射和有效发射系数。利用有效发射系数通过仪表对实测温度进行相应修正，最终可得到被测表面的真实温度。最典型的附加反射镜是半球反射镜。球中心附近被测表面的漫反射辐射能受半球镜反射回到表面而形成附加辐射。至于气体和液体介质真实温度的辐射测量，则可以用插入耐热材料管至一定深度以形成黑体空腔的方法进行测量。通过计算求出耐热材料管与介质达到热平衡后的圆筒空腔的有效发射系数，并利用此值对所测腔底温度(即介质温度)进行修正进而得到介质的真实温度。

此类温度传感器的测量上限不受感温元件耐温程度的限制，因而其最高可测温度理论上是没有限制的。同样，对于1800℃以上的高温也是没有限制的。随着红外技术的发展，辐射测温范围逐渐由可见光向红外线方向扩展，700℃以下至常温的测温都已采用此种方式，它的分辨率很高。冶金中的钢带轧制温度、轧辊温度、锻件温度和各种熔融金属在冶炼炉或坩埚中的温度都利用辐射测温方式测得。

3.3.5 气敏传感器

气敏传感器的检测气体可以分成以下三大类：一是生命保障气体，主要是氧气；二是易燃易爆气体，如H_2、CH_4、C_4H_{10}等可燃性气体；三是有毒有害气体，包括CO、NO_2、CO_2和有机VOC蒸汽等。有毒有害和易燃易爆气体具有很大的危害性，对人类来说是致命的。气敏传感器是一种检测特定气体的传感器，它将气体种类及其与浓度有关的信息转换成电信号，根据这些电信号的强弱就可以获得与待测气体在环境中的存在情况有关的信息，从而可以进行检测、监控、报警，还可以通过接口电路与计算机组成自动检测、控制和报警系统。目前，气敏传感器采用的检测方法主要有电化学法、半导体法、红外光学法、声表面波法、气相色谱分析法等。各种气体检测方法的对比分析如表3-4所示。

表3-4 各种气体检测方法的对比分析

序号	检测方法	优 点	缺 点
1	电化学法	精度高、响应快、选择性好	成本高、量程小、寿命短
2	半导体传感器法	响应快，量程宽，寿命长、成本低、操作简单、易于便携使用	稳定性较差、选择性差、需要加热、易受环境干扰
3	红外光学法	灵敏度较高、无污染、速度快、稳定性好、可分多组同时检测	成本高、检测气体种类有限
4	声表面波法	检测精度高、灵敏度高、分辨率高	选择性差、抗环境干扰差
5	MEMS传感器	体积小、功耗低、易于集成	工艺技术复杂、存在尺度效应、缺乏相关的工艺标准、制备条件高
6	气相色谱法	检测精度高、检测范围宽、寿命长	成本高、设备昂贵、需要专业人员操作

电化学传感器主要有固体电解质型、恒电位电解型和伽伐尼型三种类型，图3-16所示为典型电化学传感器的模型和内部结构，其膜电极和电解质结构非常适用于有毒性气体检测，具有响应速度快、精度高、稳定性好等优点，但缺点是成本高、量程小及寿命短，其特别适合于 SO_2、CO_2 和 NO_x 检测。

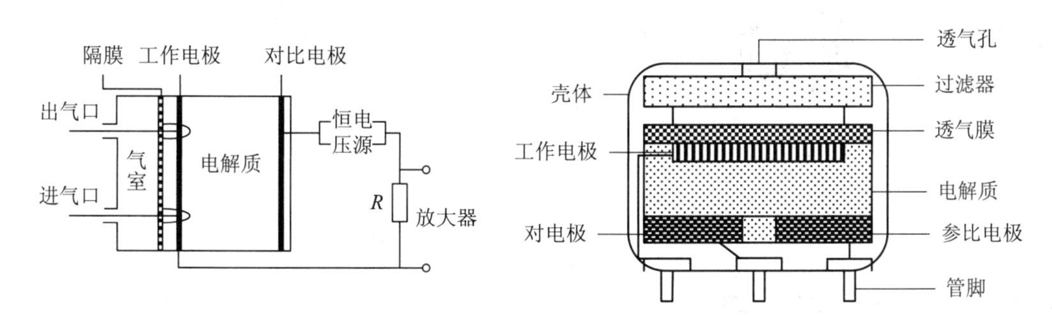

图3-16　典型电化学传感器的模型和内部结构

红外光学气体传感器是利用近红外光谱选择吸收特性原理制成的新型传感器，根据不同气体成分具有不同种分子官能基团，以及气体浓度与吸收强度的关系，确定气体种类和浓度的变化，它具有稳定性好、检测快的优点，适用于浓度范围大的复杂多组分混合气体的在线分析，图3-17为红外光学气体传感器的结构。但由于红外光学气体传感器的较高的制造成本和检测气体种类的限制，使其应用主要局限在检测CO、CO_2、CH_4 等碳氢化合物和碳氧化合物气体上。质量及声学传感器也是近年来出现的新型传感器检测技术，当敏感膜吸附了某种气体分子，质量的微小变化会引起石英振动频率信号的改变，从而实现气体检测功能。但是，质量及声学传感器都存在选择性差，抗机械干扰能力弱的缺点。此外，光纤气体传感器由于其所特有的传感信号无电磁干扰、噪声低、电绝缘、化学稳定性好及热稳定性好等优点，在传感器研究领域中也越来越受到人们的关注。

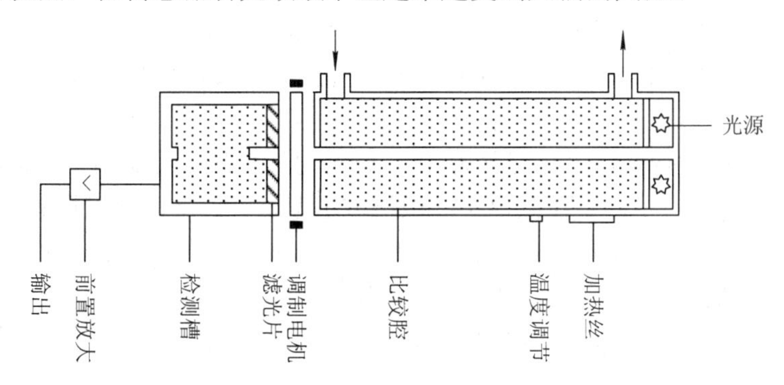

图3-17　红外光学气体传感器的结构

半导体传感器主要包括金属氧化物半导体和导电聚合物，常用的金属氧化物半导体材料有 SnO_2、ZnO、WO_3、In_2O_3 等，当其吸附某种气体时会导致该氧化物的电阻变化产生信号。导电聚合物是以有机高分子半导体材料(如吡咯、苯胺、噻吩、吲哚等碱性有机物的聚合物及衍生物)为主，当与气体反应后通常引起电阻阻值增加产生信号。半导体氧化物传感器具有响应快、量程宽、成本低、操作简单、易于便携使用等优点，因而被广泛应用。特别是随着 MEMS 工艺技术的发展，MEMS 在微型化、集成化和低功耗方面的优势，使得半导体传感器成为了气体传感器发展的方向。图 3-18 为半导体传感器的结构。

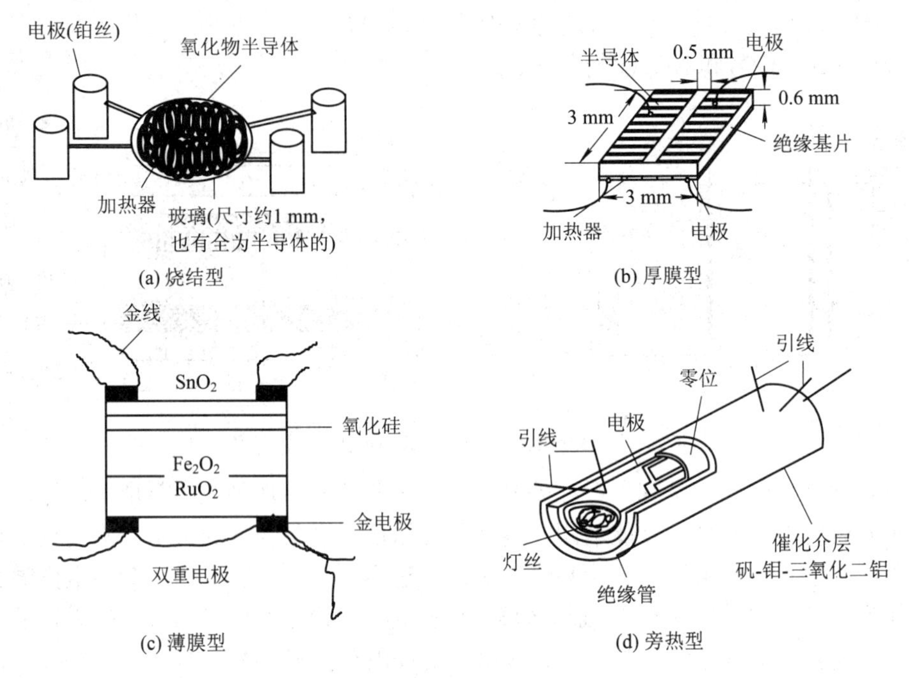

图 3-18 半导体传感器的结构

气敏传感器的发展趋势集中表现为向低功耗、多功能、集成化方向发展，具体分为以下三点：一是提高灵敏度和工作性能，降低功耗和成本，缩小尺寸，简化电路，与应用整机相结合，这是气敏传感器一直追求的目标。如日本费加罗公司推出了检测$(0.1\sim10)\times10^{-6}$硫化氢低功耗气敏传感器，美国 IST 提供了寿命达 10 年以上的气敏传感器，美国 FirstAlert 公司推出了生物模拟型(光化反应型)低功耗 CO 气敏传感器等。二是增强可靠性，实现元件和应用电路集成化、多功能化，发展 MEMS 技术，发展现场适用的变送器和智能型传感器。如美国 GeneralMonitors 公司在传感器中嵌入微处理器，使气敏传感器具有控制校准和监视故障状况功能，实现了智能化；还有美国 IST 公司的具有微处理器的“MegaGas”传感器实现了智能化、多功能化。三是在微电子和微机械迅速发展的基础上发展新型传感器工艺。基于 MEMS 的新型微结构气敏传感器主要有硅基微结构气敏传感器、非硅基微结构气敏传感器 MEMS 技术和纳米技术，它们的发展将会为气敏传感器的发展提供更广阔的空间。同时使实现传感器陈列(也就是电子鼻集成)成为可能，将给传感器带来新的发展方向。

3.3.6 湿敏传感器

湿度是表示大气干湿程度的物理量。在一定温度、一定体积的空气里含有的水汽越少，则空气越干燥；水汽越多，则空气越潮湿。湿度常用绝对湿度、相对湿度、比较湿度、混合比、饱和差以及露点温度等物理量来表示。在湿蒸汽中水蒸气的重量占蒸汽总重量(体积)的百分比，称为蒸汽的湿度。

绝对湿度(水汽压)表示空气中水汽部分的压强，以百帕(hPa)为单位；相对湿度用空气中实际水汽压与当时气温下的饱和水汽压之比，用%rh 百分数表示；露点温度是表示空气中水汽含量和气压不变的条件下冷却达到饱和时的温度，以摄氏度(℃)为单位。

湿敏传感器的制作方式是在基片上覆盖一层用感湿材料制成的膜，当空气中的水蒸气吸附在感湿膜上时，芯片的电特性(电容值、电阻率和电阻值等)会发生变化，利用这一特性即可测量湿度。湿敏传感器主要有电阻式、电容式两大类。典型的湿度传感器如下：

1. 电容式湿度传感器

电容式湿度传感器(也称湿敏电容)是用高分子薄膜电容制成的，常用的高分子材料有聚苯乙烯、聚酰亚胺、酪酸醋酸纤维等。当环境湿度发生改变时，湿敏电容的介电常数发生变化，使其电容量也发生变化，其电容变化量与相对湿度成正比。图 3-19 所示为高分子电容式湿度传感器的构造。在高分子膜上各蒸镀一电极膜片，上方的电极为多孔性电极，易吸收水分，高分子膜吸收水分之后，其介电系数将改变，致使感湿组件的电容量发生改变。

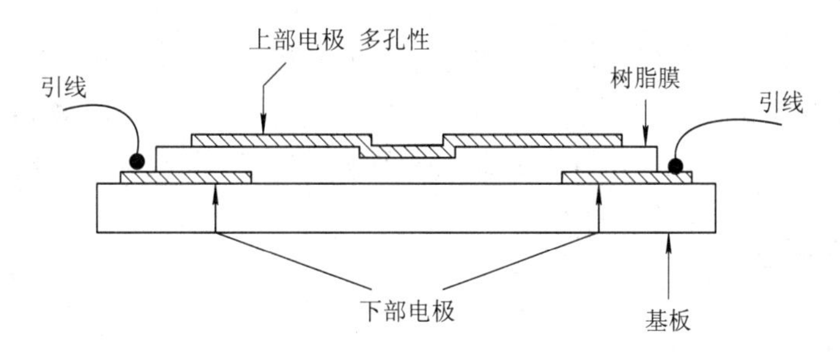

图 3-19　高分子电容式湿度传感器的构造

电容式湿度传感器直接感应相对湿度的变化，将湿度的变化转换为电容量的变化，再将电容量的变化经信号调理电路转换为标准的电信号，提供给相关控制或监测电路。电容式温度传感器具有响应快、线性度高、迟滞低以及长期稳定性好等特点。

2. 电阻式湿度传感器

电阻式湿度传感器的制作方式一般是在绝缘物上浸渍吸湿性物质，或者通过蒸发、涂覆等工艺各制一层金属、半导体、高分子薄膜和粉末状颗粒。在湿敏元件的吸湿和脱湿过程中，水分子分解出的离子 H^+ 的传导状态发生变化，从而使元件的电阻值随湿度变化而变化。图 3-20 所示为电阻式湿度传感器的构造。

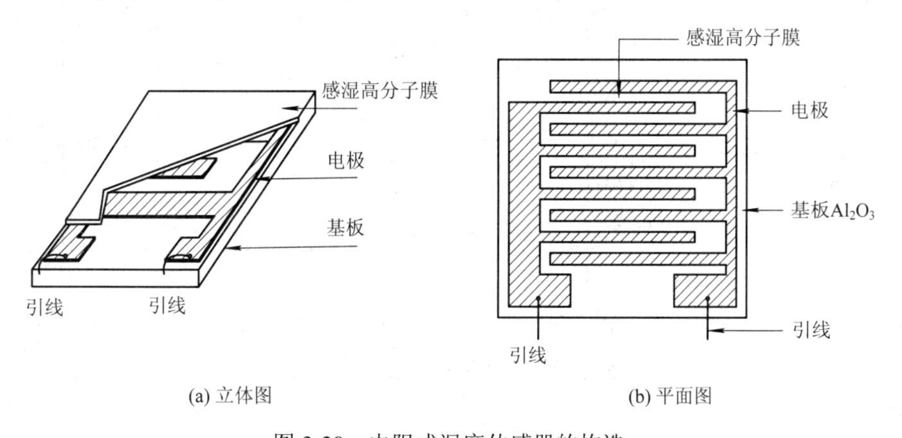

图 3-20　电阻式湿度传感器的构造

常用的感湿材料有 $MgCr_2O_4$-TiO_2、ZnO-Cr_2O_3、LiCl、多孔 Al_2O_3 等陶瓷材料，以及高氯酸锂-聚氯化乙烯、Ncefion 膜、双二甲胺基乙烯基硅烷、溴甲烷的季铵化物共聚物、四乙基硅烷的等离子共聚物、季铵化聚乙烯基吡啶-高氯酸盐、有亲水基的有机硅氯烷、交联季铵化聚乙烯基吡啶等有机材料。

到目前为止，在湿度测量领域中，对低湿和高湿及其在低温和高温条件下的测量，仍然是一个难点，而其中又以高温条件下的湿度测量技术最为困难，陶瓷湿度传感器适合于这种恶劣环境下的湿度检测。除电阻式、电容式湿敏元件之外，还有电解质离子型湿敏元件、重量型湿敏元件(利用感湿膜重量的变化来改变振荡频率)、光强型湿敏元件、声表面波湿敏元件等。湿敏元件的线性度及抗污染性差，在检测环境湿度时，湿敏元件要长期暴露在待测环境中，所以很容易被污染而影响其测量精度及长期稳定性。湿度传感器的特性参数主要有湿度量程、灵敏度、温度系数、响应时间、湿滞回差和感湿特征量–相对湿度特性曲线等。

随着科学技术的发展，需要在高温下测量湿度的场合越来越多，例如水泥、金属冶炼等涉及工艺条件和质量控制的许多工业过程都需要湿度测量与控制。湿度测量在气象、纺织、集成电路生产、家用电器、食品加工及蔬菜保鲜等方面也得到了广泛的应用。

3.3.7 其他传感器

1. 激光传感器

激光传感器是利用激光技术进行测量的传感器，由激光器、激光检测器和测量电路组成，其优点是能实现无接触远距离测量、速度快、精度高、量程大、抗光电干扰能力强等，图 3-21 为激光传感器的原理模型。激光传感器工作时，先由激光发射二极管对准目标发射激光脉冲，经目标反射后激光向各方向散射，部分散射光返回到传感器接收器，被光学系统接收后成像到雪崩光电二极管上。雪崩光电二极管是一种内部具有放大功能的光学传感器，因此它能检测极其微弱的光信号，并将其转化为相应的电信号。

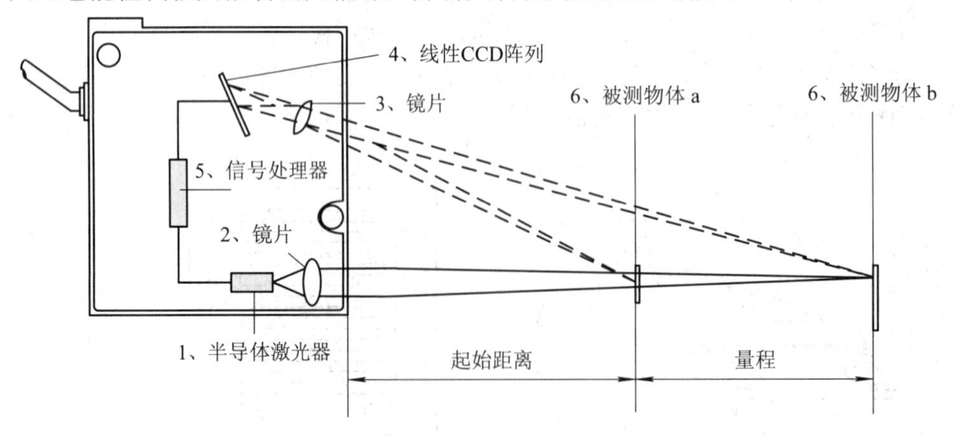

图 3-21 激光传感器的原理模型

激光传感器的核心部件是激光器，而激光器关系到传感器的核心性能。按工作物质，激光器可分为四种。

① 固体激光器：它的工作物质是固体。常用的有红宝石激光器、掺钕的钇铝石榴石激

光器(即 YAG 激光器)和钕玻璃激光器等。它们的结构大致相同，特点是小而坚固、功率高，钕玻璃激光器是目前脉冲输出功率最高的器件，已达到数十兆瓦。

② 气体激光器：它的工作物质为气体。现已有各种气体原子、离子、金属蒸汽、气体分子激光器。常用的有二氧化碳激光器、氦氖激光器和一氧化碳激光器，其形状如普通放电管，优点是输出稳定、单色性好、寿命长，但功率较小、转换效率较低。

③ 液体激光器：可分为螯合物激光器、无机液体激光器和有机染料激光器，其中最重要的是有机染料激光器，它的最大优点是波长连续可调。

④ 半导体激光器：较新的一种激光器，其中较成熟的是砷化镓激光器。其优点是效率高、体积小、重量轻、结构简单，适用于飞机、军舰、坦克以及步兵随身携带，也可制成测距仪和瞄准器。但其输出功率较小、定向性较差、受环境温度影响较大。

激光传感器利用激光的高方向性、高单色性和高亮度等特点可实现无接触远距离测量，其常用于长度、距离、振动、速度和方位等物理量的测量，还可用于探伤和大气污染物的监测。主要功能有四点：

1) 激光测长度

精密测量长度是精密机械制造工业和光学加工工业的关键技术之一。现代长度计量多是利用光波的干涉现象来进行的，其精度主要取决于光的单色性的好坏。激光是最理想的光源，它比以往最好的单色光源(氪-86 灯)还纯 10 万倍。因此，激光测长具有量程大、精度高的优点。由光学原理可知单色光的最大可测长度 L 与波长 λ 和谱线宽度 δ 之间的关系是 $L=\lambda/\delta$。用氪-86 灯可测最大长度为 38.5 cm，对于较长物体就需要分段测量而使其精度降低。若用氦氖气体激光器，则最大可测几十千米。一般测量数米之内的长度，其精度可达 0.1 μm。

2) 激光测距离

激光测距离的原理与无线电雷达相同。将激光对准目标发射出去后，测量它的往返时间，再乘以光速即得到往返距离。由于激光具有高方向性、高单色性和高功率等优点，这些特点对测远距离、判定目标方位、提高接收系统的信噪比、保证测量精度等都很重要，所以激光测距仪日益受到重视。在激光测距仪基础上发展起来的激光雷达不仅能测距，还可以测目标方位、运算速度和加速度等。它已成功地用于人造卫星的测距和跟踪，且采用红宝石激光器的激光雷达的测距范围为 500～2000 km，其误差仅几米。真尚有科技有限公司的研发中心研制出的 LDM 系列测距传感器，在数千米测量范围内的测量精度可以达到微米级别。常采用红宝石激光器、钕玻璃激光器、二氧化碳激光器以及砷化镓激光器作为激光测距仪的光源。

3) 激光测振动

激光测振动是基于多普勒原理测量物体的振动速度的。多普勒原理是指，若波源或接收波的观察者相对于传播波的媒质而运动，则观察者所测到的频率不仅取决于波源发出的振动频率还取决于波源或观察者的运动速度的大小和方向。所测频率与波源的频率之差称为多普勒频移。在振动方向与运动方向一致时多普勒频移为

$$f_{\mathrm{d}}=v/\lambda \tag{3-5}$$

式中，v 为振动速度，λ 为波长。

在激光多普勒振动速度测量仪中，由于光是往返的缘故，$f_d = 2v/\lambda$。这种测振仪在测量时由光学部分将物体的振动转换为相应的多普勒频移，并由光检测器将此频移转换为电信号，再由电路部分作适当处理后送往多普勒信号处理器，最后将多普勒频移信号变换为与振动速度相对应的电信号，记录于磁带。这种测振仪采用波长为6328埃的氦氖激光器，用声光调制器进行光频调制，用石英晶体振荡器加功率放大电路作为声光调制器的驱动源，用光电倍增管进行光电检测，用频率跟踪器来处理多普勒信号。它的优点是使用方便，不需要固定参考系，不影响物体本身的振动，测量频率范围宽、精度高、动态范围大；缺点是测量过程受其他杂散光的影响较大。

4) 激光测速度

激光测速度也是基于多普勒原理的一种激光测速方法，用得较多的是激光多普勒流速计(激光流量计)，它可以测量风洞气流速度、火箭燃料流速、飞行器喷射气流流速、大气风速、化学反应中粒子的大小及汇聚速度等。

2. 智能传感器

智能传感器(Intelligent Sensor)是带有微处理机的、并具有信息处理功能的传感器。智能传感器具有采集、处理、交换信息的能力，是传感器集成化与微处理机相结合的产物。一般智能机器人的感觉系统是由多个传感器集合而成的，采集到的信息需要计算机进行处理，而使用智能传感器就可将信息分散处理，从而降低成本。与一般传感器相比，智能传感器具有以下三个优点：通过软件技术可实现高精度的信息采集，且成本低；具有一定的编程自动化能力；功能多样化。

智能传感器系统是一门现代综合技术，是当今世界正在迅速发展的高新技术，至今还没有形成规范化的定义。早期，人们简单、机械地强调在工艺上将传感器与微处理器两者紧密结合，认为“传感器的敏感元件及其信号调理电路与微处理器集成在一块芯片上就是智能传感器”。

1) 内涵

关于智能传感器的中英文称谓尚未有统一的说法。JohnBrignell 和 NellWhite 认为“Intelligent Sensor”是英国人对智能传感器的称谓，而“Smart Sensor”是美国人对智能传感器的俗称。而 JohanH Huijsing 在“Integrated Smart Sensor”一文中按集成化程度的不同，分别称智能传感器为“Smart Sensor”、“Integrated Smart Sensor”。对“Smart Sensor”的中文译名有“灵巧传感器”，也有“智能传感器”。

中文对智能传感器的定义也不统一，有人认为“传感器与微处理器的结合是赋予智能的结合，兼有信息检测与信息处理功能的传感器就是智能传感器(系统)”；模糊传感器也是一种智能传感器(系统)，它将传感器与微处理器集成在一块芯片上构成智能传感器(系统)。有人认为“所谓智能传感器就是一种带微处理器的，兼有信息检测、信息处理、信息记忆、逻辑思维与判断功能的传感器。”

如上所述，一个良好的“智能传感器”是由微处理器驱动的传感器与仪表套装而成的，并且具有通信与板载诊断等功能，可为监控系统或操作员提供相关信息，以提高工作效率，减少维护成本。智能传感器集成了传感器、智能仪表的全部功能，具有高线性度和低温度漂移特性，能降低系统的复杂性、简化系统结构，图3-22所示为智能传感器的构成框图。

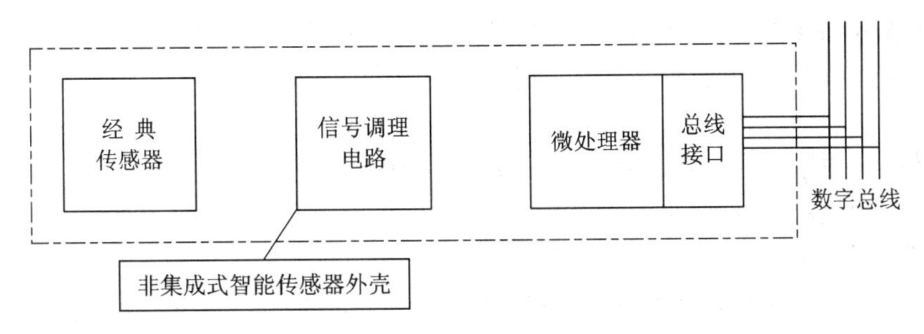

图 3-22　智能传感器的构成框图

2) 功能

智能传感器的功能是模拟人的感官和大脑的协调动作。智能传感器是结合长期以来测试技术的研究和实际经验而提出来的，是一个相对独立的智能单元，它的出现使其对硬件性能的苛刻要求有所降低，且能够通过软件使传感器的性能大幅度提高。智能传感器可实现的功能如下：

(1) 信息存储和传输。随着智能集散控制系统(Smart Distributed System)的飞速发展，智能单元要求具有通信功能，并能通过通信网络以数字形式进行双向通信，这也是智能传感器关键标志之一。智能传感器通过测试数据传输或接收指令来实现各项功能，如增益设置、补偿参数设置、内检参数设置、测试数据输出等。

(2) 自补偿和计算功能。多年来，从事传感器研制的工程技术人员一直为传感器的温度漂移和输出非线性做大量的补偿工作，但都没有从根本上解决问题。而智能传感器的自补偿和计算功能为传感器的温度漂移和非线性补偿开辟了新的道路。这样就可以放宽传感器加工精密度要求，只要能保证传感器的重复性好即可。利用微处理器对测试的信号进行软件计算，再采用多次拟合和差值计算方法对漂移和非线性进行补偿，从而获得较为精确的测量结果。

(3) 自检、自校、自诊断功能。普通传感器需要定期检验和标定，以保证它在正常使用时拥有足够的准确度，这些工作一般要求将传感器从使用现场拆卸送到实验室或检验部门进行。在线测量传感器出现异常一般不能及时诊断，但若采用智能传感器则这种情况将大有改观。首先，智能传感器具有自诊断功能，能在电源接通时进行自检，以确定组件有无故障。其次，智能传感器可以根据使用时间进行在线校正，即微处理器利用保存在EPROM内的计量特性数据进行对比以完成校对。

(4) 复合敏感功能。常见的信号有声、光、电、热、力、化学等。敏感元件的测量一般采用以下两种方式：直接测量和间接测量。而智能传感器具有复合功能，能够同时测量多种物理量和化学量，给出能够较全面反映物质运动规律的信息。例如，美国加利弗尼亚大学研制的复合液体传感器，可同时测量介质的温度、流速、压力和密度；美国EG&GICSensors公司研制的复合力学传感器，可同时测量物体某一点的三维振动加速度(加速度传感器)、速度(速度传感器)、位移(位移传感器)等。

(5) 智能传感器的集成化。大规模集成电路的发展使得传感器与相应的电路都集成到同一芯片上，而这种具有某些智能功能的传感器叫做集成智能传感器。集成智能传感器有三个方面的优点：① 较高信噪比，传感器的弱信号先经集成电路信号放大后再远距离传送，就可以大大提高信噪比。② 改善性能，由于传感器与电路集成于同一芯片上，对于传感器的零漂、温漂和零位可以通过自校单元定期自动校准，又可以采用适当的反馈方式改善传感器的频响；③ 信号归一化，传感器的模拟信号先通过程控放大器进行归一化，再通过模数转换器转换成数字信号，而后微处理器按数字传输的几种形式进行数字归一化，如串行、并行、频率、相位和脉冲等。

3) 应用方向

智能传感器已广泛应用于航天、航空、国防、科技和工农业生产等各个领域。例如，它在机器人领域中有着广阔应用前景，智能传感器使机器人具有类人的五官和大脑，可感知各种现象、完成各种动作。

在工业生产中，利用传统的传感器无法对某些产品质量指标(例如，黏度、硬度、表面光洁度、成分、颜色及味道等)进行快速直接测量并在线控制。而利用智能传感器可直接测量生产过程中与产品质量指标有函数关系的某些量(如温度、压力、流量等)，并利用神经网络或专家系统技术建立的数学模型进行计算，从而推断出产品的质量。

在医学领域中，糖尿病患者需要随时了解血糖水平，以便调整饮食和注射胰岛素，防止其他并发症。通常，测血糖时必须刺破手指采血，再将血样放到葡萄糖试纸上，最后把试纸放到电子血糖计上进行测量，这是一种既麻烦又痛苦的测血糖方法。美国 Cygnus 公司生产了一种“葡萄糖手表”，其外观像普通手表一样，戴上它就能实现无疼、无血、连续的血糖测试。“葡萄糖手表”上有一块涂着试剂的垫子，当垫子与皮肤接触时，葡萄糖分子会被吸附到垫子上而与试剂发生电化学反应产生电流，经处理器计算即可得出与该电流对应的血糖浓度，并以数字量显示。

3. 生物传感器

生物传感器(Biosensor)是对生物物质敏感并可将其浓度转换为电信号进行检测的仪器。生物传感器是由固定化的生物敏感材料作识别元件(包括酶、抗体、抗原、微生物、细胞、组织、核酸等生物活性物质)与适当的理化换能器(如氧电极、光敏管、场效应管、压电晶体等)及信号放大装置构成的分析工具或系统。生物传感器具有接收器与转换器的功能。

1) 组成结构

生物传感器由分子识别部分(敏感元件)和转换部分(换能器)构成，以分子识别部分去识别被测目标。分子识别部分是可以引起某种物理变化或化学变化的主要功能元件，是生物传感器选择性测定的基础。菌数传感器结构图如图3-23所示。

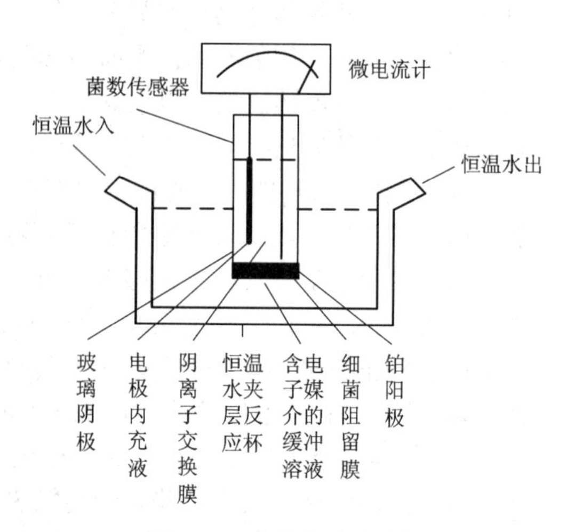

图 3-23 菌数传感器结构

各种生物传感器均有以下共同的结构：一种或数种相关生物活性材料(生物膜)及能把生物活性表达的信号转换为电信号的物理或化学换能器(传感器)，两者组合在一起，用现代微电子和自动化仪表技术进行生物信号的再加工，构成各种可以使用的生物传感器的分析装置、仪器和系统。生物传感器各部分结构可实现以下三个功能：

① 感受。能够提取出动植物发挥感知作用的生物材料，包括生物组织、微生物、细胞器、酶、抗体、抗原、核酸、DNA 等。因此，需要实现生物材料或类生物材料的批量生产、反复利用，降低检测的难度和成本。

② 观察。将生物材料感受到的持续、有规律的信息转换为人们可以理解的信息。

③ 反应。将信息通过光学、电压、电化学、温度、电磁等方式展示给人们，为人们的决策提供依据。

2) 主要用途

生物传感器具有接收器与转换器的功能。生物体中能够选择性地分辨特定物质的物质有酶、抗体、组织、细胞等。这些分子识别功能物质通过识别过程可与被测目标结合成复合物，如抗体和抗原的结合，酶与基质的结合。

在设计生物传感器时，选择适合于测定对象的识别功能物质是极为重要的前提。要考虑到所产生的复合物的特性。根据分子物质识别功能制备的敏感元件所引起的化学变化或物理变化来选择换能器，是研制高质量生物传感器的另一重要环节。敏感元件中光、热、化学物质的生成或消耗等会产生相应的变化量，可以根据这些变化量选择适当的换能器。

生物化学反应过程产生的信息是多元化的，快速发展的微电子学和现代传感技术已为检测这些信息提供了丰富的手段。

3) 应用领域

生物传感器是一门由生物、化学、物理、医学、电子技术等多种学科互相渗透成长起来的高新技术。生物传感器因其具有选择性好、灵敏度高、分析速度快、成本低、可在复杂的体系中进行在线连续监测、高度自动化、微型化与集成化的特点，所以在近几十年获得蓬勃而迅速的发展。

在国民经济的各个部门，如食品、制药、化工、临床检验、生物医学、环境监测等方面有广泛的应用前景。特别是分子生物学与微电子学、光电子学、微细加工技术及纳米技术等新学科、新技术结合，正改变着传统医学、环境科学、动植物学的面貌。生物传感器的研究开发已成为世界科技发展的新热点，形成 21 世纪新兴的高技术产业的重要组成部分，具有重要的战略意义。

3.4　射频识别传感技术

3.4.1　射频识别技术概述

射频识别技术(Radio Frequency Identification，RFID)是 20 世纪 90 年代开始兴起的一种自动识别技术，射频识别技术是一项利用射频信号通过空间耦合(交变磁场或电磁场)实现无接触信息传递并通过所传递的信息达到识别目的的技术。RFID 可以理解为广义传感器。基本的 RFID 系统至少包含阅读器(Reader)和标签(Tag)。RFID 标签由芯片与天线组成，每个标签都具有唯一的电子编码，标签附着在物体上以标识目标对象。RFID 阅读器的主要任务是控制射频模块向标签发射读取信号，并接收标签的应答，对标签的识别信息进行处理。

由于RFID技术巨大的应用前景，RFID已成为IT业界的研发热点。各大软硬件厂商，包括IBM、Motorola、Philips、TI、Oracle、Sun、BEA、SAP在内的各家企业都对RFID技术及其应用表现出浓厚的兴趣，相继投入大量的研发经费，并推出各自的软件和硬件系统应用解决方案。在应用领域，以Wal-mart、UPS、Gielltte等为代表的大批企业已经开始准备采用RFID技术对实际系统进行改造，以提高企业的工作效率并为客户提供各种增值业务。

射频识别(RFID)是一种无线通信技术，可以通过无线电信号识别特定目标并读写相关数据，而无需识别系统与特定目标之间建立的机械或者光学接触。无线电信号是通过调成无线电频率的电磁场把数据从附着在物品上的标签上传送出去，以自动辨识与追踪该物品。某些标签在识别时能从识别器发出的电磁场中得到能量，并不需要电池；也有标签本身拥有电源，并可以主动发出无线电波(调成无线电频率的电磁场)。标签包含了电子存储的信息，数米之内都可以识别。与条形码不同的是，射频标签不需要处在识别器视线之内，嵌入被追踪物体内也可识别。

许多行业都运用了射频识别技术。将标签附着在一辆正在生产中的汽车上，以方便追踪此车的生产进度。仓库可以通过标准追踪药品所在。射频标签也可以附于牲畜与宠物上，以方便对牲畜与宠物的积极识别(积极识别是指防止数只牲畜使用同一个身份)。射频识别的身份识别卡可以使员工得以进入锁住的建筑部分，汽车上的射频应答器也可以用来征收收费路段与停车场的费用。某些射频标签可以附在衣物、个人财物上，甚至可以植入人体之内。然而，这项技术可能会在未经本人许可的情况下读取个人信息，因此存在侵犯个人隐私可能。

3.4.2 射频识别系统基本构成

典型的RFID系统由标签、阅读器以及数据交换和管理系统组成。对于无源RFID系统，如图3-24所示，阅读器通过耦合元件发送出一定频率的射频信号，当标签进入该区域时通过耦合元件从中获得能量以驱动后级芯片与阅读器进行通信。阅读器读取标签的编码信息，并将其解码后送至数据交换、管理系统处理。而对于有源RFID系统，标签进入阅读器工作区域后，由自身内嵌的电池为后级芯片供电以完成与阅读器间的相应通信过程。

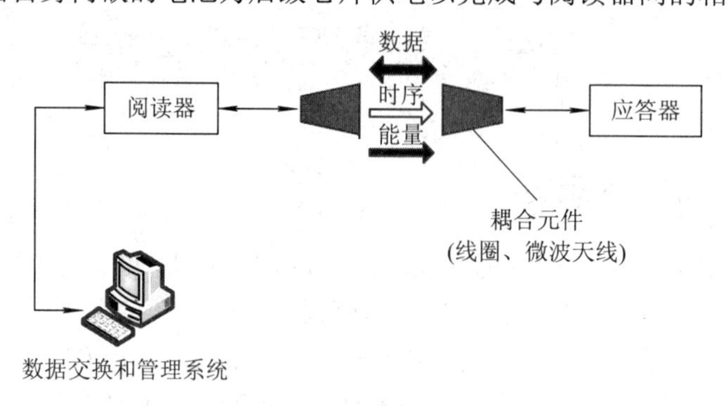

图3-24 无源RFID系统原理图

1. 标签的组成

标签作为 RFID 系统中真正的数据载体，由耦合元件和后级芯片构成。标签又可以分为具有简单存储功能的数据载体和可编程微处理器的数据载体。前者是用状态机在芯片上实现寻址和安全逻辑的，而后者则是用微处理器代替了标签中不够灵活的状态机。因此，在功能模块划分的意义上二者是相同的，即电子数据载体的标签主要由存放信息的存储器、用于能量供应及与阅读器通信的高频界面、实现寻址和安全逻辑的状态机或微处理器构成。电子数据载体标签结构如图 3-25 所示。

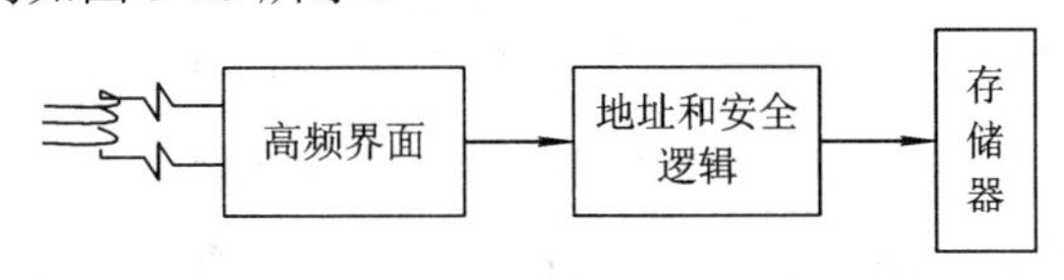

图 3-25　电子数据载体标签结构

1) 高频界面

高频界面在从阅读器到标签的模拟传输通路与标签的数字电路间形成了模数转换接口。从这个意义上来说，高频界面就如同数字终端与模拟通信链路一样，如图 3-26 所示。从阅读器发出的高频调制信号，经解调器解调后输出串行数据流，以供地址和安全逻辑电路进一步加工。另外，时钟脉冲电路从高频场的载波频率中产生，用于后级电路工作的系统时钟。

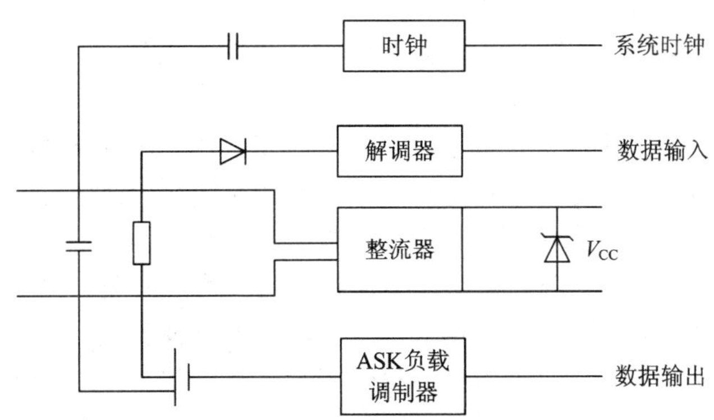

图 3-26　负载调制的电感耦合标签高频界面

为了使数据载体的信息返回到阅读器，高频界面需要包含有由传送的数字信息控制的后向散射调制器或是倍频器等调制模块。对于无源 RFID 系统来说，标签在与阅读器通信过程中，是由阅读器的高频场为其提供所需的能量的。为此，高频界面从前端耦合元件获取电流，经整流稳压后作为电源供应芯片工作。

2) 地址和安全逻辑

地址和安全逻辑是数据载体的心脏，控制着芯片上的所有过程。图 3-27 所示是地址和安全逻辑电路框图。在标签进入阅读器高频场并获得足够的工作能量时，通过上电初始化逻辑电路使得数据载体处于规定的状态。通过 I/O 寄存器标签与阅读器进行数据交换，加密模块是可选的，它主要完成鉴别、数据加密和密钥管理的工作。数据存储器则经过芯片内部总线，与地址和安全逻辑电路相连。

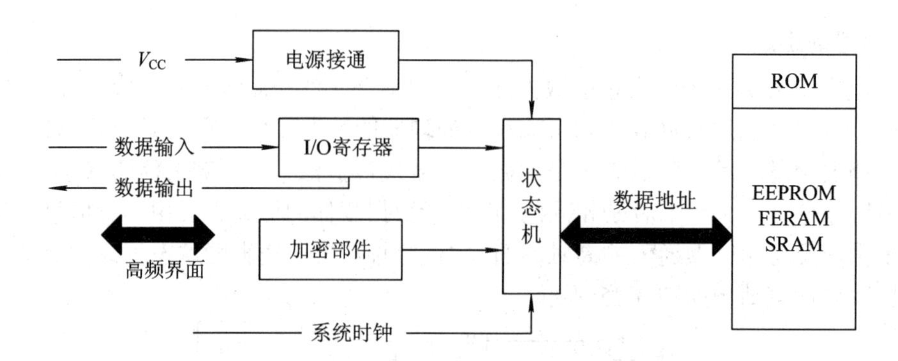

图 3-27 地址和安全逻辑电路框图

标签通过状态机对所有的通信过程进行控制。状态机是一种具有存储变量状态、执行逻辑操作能力的自动装置，其“程序化的过程”是通过芯片设计实现的。但芯片一旦制作成型，状态机的执行过程便随之确定。因此，此种地址和安全逻辑设计多用在固定的应用场合。

3) 存储器

对于电子数据载体而言，存储器是存放标识信息的媒质。由于射频识别技术的不断进步和应用范围的不断增加，出于不同的应用需求的存储器的结构也是品目众多。按照不同的分类标准，标签有许多不同的分类。

(1) 主动式标签和被动式标签。按照标签获取电能的方式不同，可以把标签分成主动式标签与被动式标签。

主动式标签内部自带电池进行供电，它的电能充足，工作可靠性高，信号传送的距离远。另外，主动式标签可以通过设计电池的不同寿命对标签的使用时间或使用次数进行限制，它可以用在需要限制数据传输量或者使用数据有限制的地方，比如一年内标签只允许读写有限次的场合。主动式标签的缺点主要是标签的使用寿命受到限制，而且随着标签内电池电力的消耗，数据传输的距离会越来越短，影响系统的正常工作。

被动式标签内部不带电池，要靠外界提供能量才能正常工作。被动式标签典型的获得电能的装置是天线与线圈。当标签进入系统的工作区域，天线接收到特定的电磁波时，线圈就会产生感应电流，再经过整流电路给标签供电。被动式标签具有永久的使用期，常用在标签信息需要每天读写或频繁读写的地方，而且被动式标签支持长时间的数据传输和永久性的数据存储。被动式标签的缺点主要是数据传输的距离要比主动式标签短。因为被动式标签依靠外部的电磁感应供电，它的电能比较弱，数据传输的距离和信号强度就受到限制，所以需要敏感性比较高的信号接收器(阅读器)才能可靠识读。

(2) 只读标签与可读可写标签。根据内部使用存储器类型的不同，标签可以分成只读标签与可读可写标签。

只读标签内部只有只读存储器 ROM(Read Only Memory)和随机存储器 RAM(Random Access Memory)。ROM 用于存储发射器操作系统说明和安全性要求较高的数据，它与内部的处理器或逻辑处理单元完成内部的操作控制，如响应延迟时间控制、数据流控制、电源开关控制等。另外，只读标签的 ROM 中还存储有标签的标识信息。这些信息可以在标签制造过程中由制造商写入 ROM 中，也可以在标签开始使用时由使用者根据特定的应用目的写入特殊的编码信息。这种信息可以只简单地代表二进制中的“0”或者“1”，也可以像二维条码那样包含相当丰富的信息。但这种信息只能一次写入、多次读出。只读标签中的 RAM 用于存储标签反应和数据传输过程中临时产生的数据。另外，只读标签中除了 ROM 和 RAM 外，一般还有缓冲存储器，用于暂时存储调制后等待天线发送的信息。

可读可写标签内部的存储器除了 ROM、RAM 和缓冲存储器之外，还有非活动可编程记忆存储器。这种存储器除了具有存储数据功能外，还具有在适当的条件下允许多次写入数据的功能。非活动可编程记忆存储器有许多种，EEPROM(电可擦除可编程只读存储器)是比较常见的一种，这种存储器在加电的情况下，可以实现对原有数据的擦除以及数据的重新写入。

(3) 标识标签与便携式数据文件。根据标签中存储器数据存储能力的不同，可以把标签分成仅用于标识目的的标识标签与便携式数据文件两种。

对于标识标签来说，将一个数字或者多个数字、字母、字符串存储在标签中，是为了识别或者获取进入信息管理系统的数据库的钥匙(KEY)的。条码技术中标准码制的号码，如 EAN/UPC 码、混合编码，或者标签使用者按照特别的方法编的号码，都可以存储在标识标签中。标识标签中存储的只是标识号码，用于特定的标识项目，如对人、物、地点进行标识。关于被标识项目的详细的特定的信息只能在与系统相连接的数据库中进行查找。

顾名思义，便携式数据文件就是说标签中存储的数据非常大，足可以看作是一个数据文件。这种标签一般都是用户可编程的，标签中除了存储标识码外，还存储有其他大量的与被标识项目相关的信息，如包装说明、工艺过程说明等。在实际应用中，关于被标识项目的所有信息都是存储在标签中的，读标签就可以得到关于被标识项目的所有信息，而不用再连接到数据库进行信息读取。另外，随着标签存储能力的提高，能够提供组织数据的能力。在读标签的过程中，可以根据特定的应用目的控制数据的读出，实现在不同的情况下读出的数据部分不同的目的。

2. 阅读器的组成

虽然所有 RFID 系统的阅读器均可以简化为两个基本的功能块：控制系统和由发送器及接收器组成的高频接口，如图 3-28 所示，但众多的非接触传输方法的存在使得阅读器内部的结构存在较大区别。因此，本文仅就阅读器中的两个基本模块的功能实现对阅读器的组成进行简单介绍。

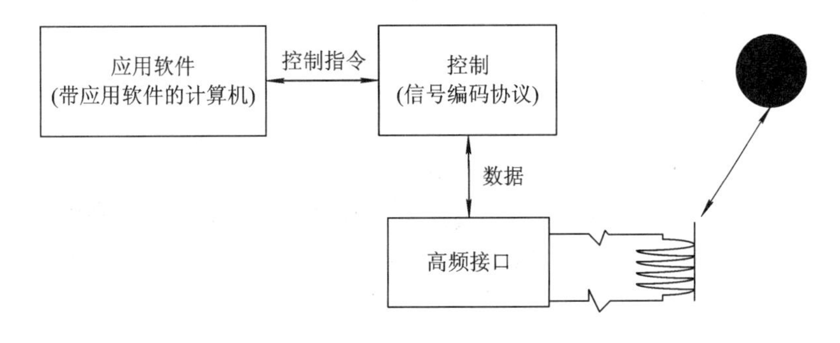

图 3-28　阅读器功能模块图

1) 高频接口

阅读器的高频接口主要完成如下任务：① 产生高频的发射功率，以启动标签并为其提供能量；② 对发射信号进行调制，用于将数据传送给标签；③ 接收并调制来自标签的高频信号。在高频接口中有两个分隔开的信号通道，分别用于标签两个方向上的数据流。传送到标签去的数据流通过发送器分支，而来自标签的数据流则通过接收器分支。由于非接触传输方法的不同，这两个信号通道的具体实现也会有所不同。

2) 控制单元

阅读器的控制单元主要担负与应用系统软件通信，并执行应用系统软件发来的命令、控制与标签通信、信号的编码与解码等任务。对于复杂系统，控制单元还可能具有以下功能：

① 执行防冲突算法；

② 对标签与阅读器之间要传送的数据进行加密和解密；

③ 进行标签与阅读器之间的身份验证等；

④ 应用系统软件与阅读器间的数据交换是通过 RS232 或 RS485 串口进行的，而阅读器中的高频接口与控制单元间的接口将高频接口的状态以二进制的形式表示出来。

阅读器根据使用的结构和技术的不同可以是读、读/写装置，它是 RFID 系统信息控制和处理中心。阅读器通常由耦合模块、收发模块、控制模块和接口单元组成。阅读器和应答器之间一般采用半双工通信方式进行信息交换，同时阅读器通过耦合给无源应答器提供能量和时序。在实际应用中，可进一步通过 Ethernet 或 WLAN 等实现对物体识别信息的采集、处理及远程传送等管理功能。应答器是 RFID 系统的信息载体，目前应答器大多是由耦合元件(线圈、微带天线等)和微芯片组成的无源单元。

应答器通常包含以下六个部分：

(1) 天线：用来接收由阅读器发送过来的信号，并把所要求的数据发送回给阅读器。

(2) AC/DC 电路：用于将由卡片阅读器发送过来的射频信号转换成 DC 电源，并经大电容储存能量，再经稳压电路，以提供稳定的电源；

(3) 解调电路：用于将载波去除，以取出真正的调制信号；

(4) 逻辑控制电路：接收译码阅读器发送过来的信号，并依其要求回送数据给阅读器；

(5) 内存：系统运行及存放识别数据；

(6) 调制电路：逻辑控制电路所发送出的数据经调制电路后加载到天线发送给阅读器。

阅读器通常包含以下八个部分：

(1) 天线：用来发送无线信号给 Tag，并接收由 Tag 响应发送回来的数据；

(2) 系统频率产生器：产生系统的工作频率；

(3) 相位锁位回路(PLL)：产生射频所需的载波信号；

(4) 调制电路：把要发送给 Tag 的信号加载到载波并由射频电路发送出去；

(5) 微处理器：产生要发送给 Tag 的信号给调制电路。同时，译码 Tag 回送的信号，并把所得的数据回传给应用程序，若是加密的系统还必须做加解密操作；

(6) 存储器：存储用户程序和数据；

(7) 解调电路：解调 Tag 发送过来的微弱信号，再传给微处理器处理；

(8) 外设接口：用来和计算机联机。

应用软件系统通常包含：

(1) 硬件驱动程序：连接、显示及处理卡片阅读器操作；

(2) 控制应用程序：控制卡片阅读机的运作，接收读卡所传回的数据，并作出相应的处理，如开门、结账、派遣、记录等；

(3) 数据库：存储所有 Tag 相关的数据，供控制程序使用。

3.4.3 射频识别系统分类及典型应用

1. 射频识别系统的分类

RFID 系统按照不同的分类原则有多种分类方法：根据采用的频率不同可分为低频系统、中频系统和高频系统三大类；根据标签内是否装有电池为标签通信提供能量，可将其分为有源系统和无源系统两大类；根据标签内保存的信息注入的方式可为分集成电路固化式、现场有线改写式和现场无线改写式三大类；根据读取电子标签数据的技术实现手段，可将其分为广播发射式、倍频式和反射调制式三大类。

低频系统，一般是指工作频率为 100～500 kHz 的系统。典型的工作频率有：125 kHz、134.2 kHz 和 225 kHz 等。低频系统的基本特点是标签的成本较低、标签内保存的数据量较少、标签外形多样(如卡状、环状、纽扣状、笔状)、阅读距离较短且速度较慢、阅读天线方向性不强等，主要应用于门禁系统、家畜识别和资产管理等场合。

中频系统，一般是指工作频率为 10～15 MHz 的系统。典型的工作频段有：13.56 MHz。中频系统的基本特点是标签及阅读器成本较高、标签内保存的数据量较大、阅读距离较远且具有中等阅读速度、外形一般为卡状、阅读天线方向性不强，主要应用于门禁系统和智能卡的场合。

高频系统，一般是指工作频率在 850～950 MHz 和 2.4～5.8 GHz 之间的系统。典型的工作频段有：915 MHz、2.45 GHz 和 5.08 GHz。高频系统的基本特点是标签内数据量大、阅读距离远且具有高速阅读速度、适应物体高速运行性能好，但却存在标签及阅读器成本较高、阅读器与标签工作时多为视距(line of sight)读取的问题。另外，高频系统与中频、低频系统相比没有较为统一的国际标准，因此在实施推广方面还有许多工作要做。高频系统大多采用软衬底的标签形状，主要应用在火车车皮监视和零售系统等场合。

有源系统，一般指标签内装有电池的 RFID 系统。有源系统一般具有较远的阅读距离，不足之处是电池的寿命有限(一般是 3～10 年)。无源系统，一般是指标签中无内嵌电池的 RFID 系统。系统工作时，标签所需的能量由阅读器发射的电磁波转化而来。因此，无源系统一般可做到免维护，但在阅读距离及适应物体运行速度方面，无源系统较有源系统略有限制。

集成固化式标签一般是指在集成电路生产时，将信息以 ROM 工艺模式注入。它保存的信息具有永久不变性。现场有线改写式一般将标签保存的信息，写入其内部的存储区中，信息需要改写时要使用专用的编程器或写入器，且改写过程中必须为其供电。现场无线改写式具有特定的改写指令，一般适用于有源类标签，标签内保存的信息也位于其中的存储区。一般情况下改写数据所需时间远大于读取数据所需时间。通常，改写所需时间为秒级，阅读时间为毫秒级。

广播发射式系统，实现起来最简单。其标签必须采用有源方式工作，并能实时地将其存储的标识信息向外广播，阅读器相当于一个只收不发的接收机。这种系统的缺点是电子标签因为需要不停地向外发射信息，所以既费电又对环境造成电磁污染，且系统不具备安全保密性。

倍频式系统，实现起来有一定难度。一般情况下，阅读器发出射频查询信号，标签返回的信号载频为阅读器发出射频的倍频。这种工作模式为阅读器接收处理回波信号提供了便利，但是对无源系统来说，标签将接收的阅读器射频信号转换为倍频回波载频时，其能量转换效率较低。而提高转换效率需要较高的微波技术，这就意味着需要更高的电子标签成本，同时，这种系统工作需要占用两个工作频点，一般较难获得无线电频率管理委员会的产品应用许可。

反射调制式系统，实现起来要解决同频收发问题。系统工作时，阅读器发出微波查询(能量)信号，标签(无源)将一部分接收到的微波查询能量信号整流为直流电供其内部的电路工作，另一部分微波能量信号被标签内保存的数据信息调制(ASK)后反射回阅读器。阅读器接收到反射回的幅度调制信号后，从中解析出标识性数据信息。系统工作过程中，阅读器发出微波信号与接收反射回的幅度调制信号是同时进行的。反射回的信号强度较发射信号要弱得多，因此技术实现上的难点在于同频接收。

2. 典型应用

RFID 最早应用于第二次世界大战中的区分联军和纳粹飞机的“敌我辨识”系统中。随着技术的进步，RFID 应用领域日益扩大，现已涉及人们日常生活中的各个方面，并且 RFID 技术将成为未来信息社会建设的一项基础技术。RFID 典型应用包括：在物流领域，用于仓库管理、生产线自动化、日用品销售；在交通运输领域，用于集装箱与包裹管理、高速公路收费与停车收费；在农牧渔业，用于羊群、鱼类、水果等的管理以及宠物、野生动物的跟踪；在医疗行业，用于药品生产、病人看护、医疗垃圾跟踪；在制造业，用于零部件与库存的可视化管理；还可以应用于图书与文档管理、门禁管理、定位与物体跟踪、环境感知和支票防伪等多种应用领域。下面简单介绍几个 RFID 的典型应用：

1) 射频门禁

门禁系统应用射频识别技术，可以实现持有效电子标签的车主不停车的目的，方便其通行又节约其时间，且能提高路口的通行效率，更重要的是可以对小区或停车场的车辆出入进行实时监控，准确验证出人车辆和车主身份，维护区域治安，使小区或停车场的安防管理更加人性化、信息化、智能化和高效化。

2) 电子溯源

溯源技术大致有三种：第一种是 RFID 无线射频技术。在产品包装上加贴一个带芯片的标识，产品进出仓库和运输就可以自动采集和读取相关的信息，而产品的流向都可以记录在芯片上；第二种是二维码。消费者只需要通过带摄像头的手机拍摄二维码，就能查询到产品的相关信息，查询的记录都会保留在系统内，一旦产品需要召回就可以直接发送短信给消费者，实现精准召回；第三种是条码加上产品批次信息(如生产日期、生产时间、批号等)。采用这种方式生产，企业基本不增加生产成本。

电子溯源系统可以实现所有批次产品从原料到成品、从成品到原料100%的双向追溯功能。这个系统最大的特色就是数据的安全性，即每个人工输入的环节均被软件实时备份。

3) 食品溯源

采用RFID技术进行食品药品的溯源在一些城市已经开始试点，如宁波，广州，上海等地。食品药品的溯源主要解决食品来路的跟踪问题，如果发现了有问题的产品，那么可以简单追溯，直到找到问题的根源。

4) 产品防伪

RFID技术经历几十年的发展应用，本身已经非常成熟，其应用也在我们日常生活中随处可见。应用于防伪的RFID技术实际就是在普通的商品上加一个RFID电子标签，标签本身相当于一个商品的身份证，伴随商品生产、流通、使用各个环节，在各个环节记录商品各项信息。

标签本身具有以下四个特点：

① 唯一性。每个标签具有唯一的标识信息，在生产过程中将标签与商品信息绑定，在后续流通、使用过程中标签都唯一代表了所对应的那一件商品。

② 高安全性。电子标签具有可靠的安全加密机制，正因为如此现今的我国第二代居民身份证和后续的银行卡都采用这种技术。

③ 易验证性。不管是在售前、售中还是在售后，只要用户想验证都可以采用非常简单的方式对其进行验证。随着NFC手机的普及，用户自身的手机也将是最简单、可靠的验证设备。

④ 保存周期长。一般的标签保存时间都可以达到几年、十几年、甚至几十年，这样的保存周期对于绝大部分产品都已足够。

为了考虑信息的安全性，RFID在防伪上一般采用13.56 MHz频段标签。RFID标签加上一个统一的分布式平台，这就构成了一套全过程的商品防伪体系。RFID防伪虽然优点很多，但是也存在明显的劣势，其中最大的劣势成本较高。成本较高问题主要体现在标签成本和整套防伪体系的构建成本上，标签成本一般在一块多钱，对于普通廉价商品来说想要使用RFID防伪还不太现实，另外整套防伪体系的构建成本也比较高，并不是一般企业可以花得起这个钱去实现并推广出去，对于规模不大的企业来说比较适合直接使用第三方的RFID防伪平台。

5) 博物馆

博物馆对于那些为人类科学、生命科学及交流等作出贡献的科学技术将会进行永久性的展列，并将对硅谷的革新者所做出的业绩进行详细的展示。自1990年成立以来，美国加洲技术创新博物馆就成为了硅谷有名又受欢迎的参观地，并吸引了很多家庭和科技爱好者前来参观访问。一个名为“Genetics: Technology With aTwist”的生命科学展会于2004年在该博物馆展示了使用RFID标签的方案，即给前来参观的访问者每人一个RFID标签，使其能够今后在其个人网页上浏览采集此项展会的相关信息。这种标签还可用来确定博物馆的参观者所访问的目录列表中的语言类别。由于受其他参观者的影响以及时间等限制，参观者并不能够像其所期望的一样能够很好地了解和学习较多的与展示相关的知识。通过使用RFID标签可自动创造出个人化的信息网页，参观者便可以选择在其方便的时候在网页上查询某个展示议题的相关资料，或者找寻博物馆中的相关资料文献。

在参观结束之后，参观者还可以在学校或家中通过网络访问网站并键入其标签上一个16 位的 ID 号码并登录，就可以访问其独有的个人网页。很多家美国及其他国家的博物馆都打算在卡片或徽章的同一端上使用 RFID 技术。丹麦的一家自然历史博物馆以掌上电脑(PDA)的形式将识读器交到前来参观者手中，并将标签与展示内容结合起来。

6) 世博会

世博会在上海举行的会展数量以每年 20%的速度递增。上海市政府一直在积极探索如何应用新技术提升组会能力，更好地展示上海城市形象。RFID 技术在大型会展中已有应用，2005 年爱知世博会的门票系统就采用了 RFID 技术，达到了大批参观者的快速入场的目的。2006 年世界杯主办方也采用了嵌入 RFID 芯片的门票，起到了防伪的作用，这引起了大型会展主办方的关注。在 2008 年的北京奥运会上，RFID 技术已得到了广泛应用。

2010 年世博会在上海举办，主办者、参展者、参观者、志愿者等各类人群均有大量的信息服务需求(人流疏导、交通管理、信息查询等)，RFID 系统正是能够满足这些需求的有效手段之一。世博会的主办者关心门票的防伪，参展者比较关心究竟有哪些参观者参观过自己的展台，也关心内容和产品以及参观者的个人信息。

3.4.4 射频识别的基本原理及关键技术

1. 基本原理

RFID 技术的基本工作原理：标签进入磁场后，接收解读器发出的射频信号，凭借感应电流所获得的能量发送出存储在芯片中的产品信息，或者由标签(有源标签或主动标签，Active Tag)主动发送某一频率的信号，解读器读取信息并解码后，送至中央信息系统进行有关数据处理，RFID 技术的基本原理图如图 3-29 所示。

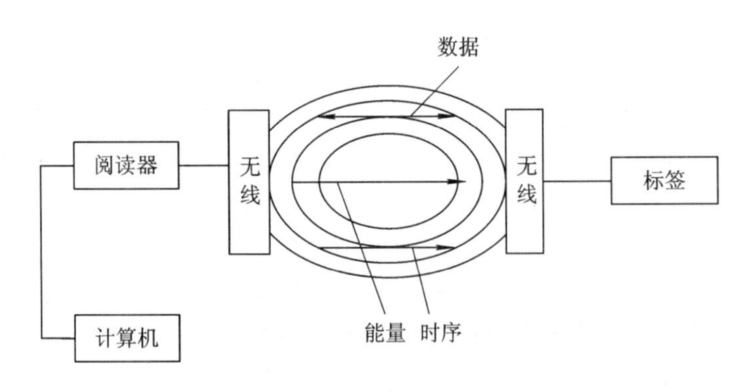

图 3-29 RFID 技术的基本原理图

一套完整的 RFID 系统由阅读器、电子标签(也就是所谓的应答器)及应用软件系统三个部分组成，其工作原理是阅读器发射一特定频率的无线电波能量给应答器，用以驱动应答器电路将内部的数据送出，此时阅读器便依次接收解读数据，送给应用程序作相应的处理。

作为无线自动识别技术，RFID 技术有许多非接触的信息传输方法。本节主要从耦合方式(能量或信号的传输方式)、标签到阅读器的数据传输方法和通信流程方面进行分析比较，其中主要讲述 RFID 系统阅读器与标签间耦合方式的工作原理。

1) 耦合方式

(1) 电容耦合。电容耦合方式是指阅读器与标签间互相绝缘的耦合元件工作时构成一组平板电容，当标签进入阅读器的工作区域时，标签的耦合平面同阅读器的耦合平面间相互平行，如 3-30 所示。电容耦合只用于密耦合(工作距离小于 1 cm)的 RFID 系统中。ISO 10536 中就规定了使用该耦合方法的密耦合 IC 卡的机械性能和电气性能。

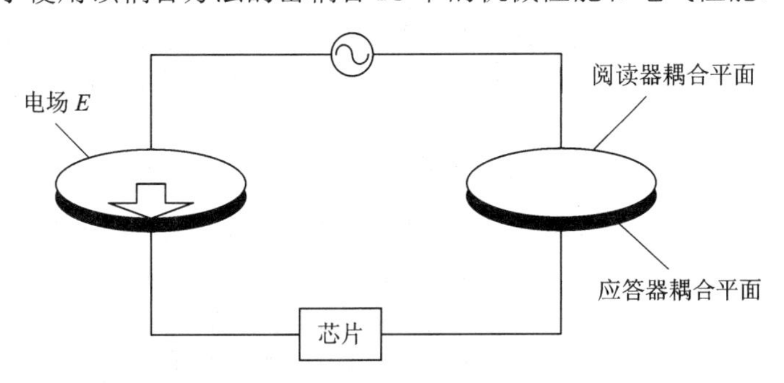

图 3-30　电容耦合示意图

(2) 磁耦合。磁耦合是现在中、低频 RFID 系统中使用最为广泛的耦合方法，其中以 13.56 MHz 无源系统最为典型。阅读器的线圈生成一个磁场，该磁场在标签的线圈内感应出电压，从而为标签提供能量。这与变压器的工作原理正好完全一样，因此磁耦合也称为电感耦合。

与高频 RFID 系统不同的是，磁耦合 RFID 系统的工作区域是阅读器传输天线的“近场区”。一般来说，在单天线 RFID 系统中，系统的操作距离近似为传输天线的直径。对于距离大于天线直径的点，其场强将以距离的 3 次方衰减。这就意味着如仍保持原有场强的话，发射功率就需以 6 次方的速率增加。因此，此耦合主要用于密耦合或遥耦合(操作距离小于 1 m)的 RFID 系统中。

(3) 电磁耦合。电磁耦合是作用距离在 1 m 以上的远距离 RFID 系统的耦合方法。在电磁辐射场中，阅读器天线向空中发射电磁波，电磁波以球面波的形式向外传播。置于工作区中的标签处于阅读器发射出的电磁波之中，并在电磁波通过时收集其中的部分能量。场中某点的可获得能量的大小取决于该点与发射天线之间的距离，同时能量的大小与该距离的平方成反比。

对于远距离系统而言，其工作频率主要在 UHF 频段甚至更高，从而使得阅读器与标签之间的耦合元件从较为庞大且复杂的金属平板或线圈变成了一些简单形式的天线，如半波振子天线。这样一来，远距离 RFID 系统体积更小，结构更简单。

2) 通信流程

在电子数据载体上，存储的数据量可达到数千字节。为了读出或写入数据，必须在标签和阅读器间进行通信。这里主要有三种通信流程系统：半双工系统、全双工系统和时序系统。在半双工法(HDX)中，从标签到阅读器的数据传输与从阅读器到标签的数据传输交替进行。当频率在 30 MHz 以下时，常常使用负载调制的半双工法。在全双工法(FDX)中，数据在标签和阅读器间的双向传输是同时进行的。其中，标签发送数据的频率为阅读器发送频率的几分之一，即采用“分谐波”方式，或用一个完全独立的“非谐波”频率。

半双工法和全双工法的共同特点是：从阅读器到标签的能量传输是连续的，与数据传输的方向无关。与此相反，在使用时序系统(SEQ)的情况下，从阅读器到标签的能量传输总是在限定的时间间隔内进行的(脉冲操作，脉冲系统)。从标签到阅读器的数据传输是在标签的能量供应间隙进行的。

3) 标签到阅读器的数据传输方法

无论是只读系统还是可读写系统，作为关键技术之一的标签到阅读器的数据传输在不同的非接触传输实现方案的系统中都有所区别。作为 RFID 系统的两大主要耦合方式，磁耦合和电磁耦合分别采用负载调制和后向散射调制。

所谓负载调制是利用某些差异而进行的，用于从标签到阅读器的数据传输。磁耦合系统，通过标签振荡回路的电路参数在数据流中的变化实现调制功能。在标签的振荡回路的所有可能的电路参数中，只有负载电阻和并联电容两个参数能被数据载体改变。因此，相应的负载调制被称为电阻(或有效的)负载调制和电容负载调制。

对于高频系统而言，电磁波随着频率的上升，其穿透性越来越差，而其反射性却越发明显。高频电磁耦合的 RFID 系统是利用电磁波反射进行从标签到阅读器的数据传输的。雷达散射截面是目标反射电磁波能力的测度，而 RFID 系统中散射截面的变化与负载电阻值有关。当阅读器发射的载频信号辐射到标签时，标签中的调制电路通过待传输信号控制馈接电路是否与天线匹配，实现信号的幅度调制。当天线与馈接电路匹配时，阅读器发射的载频信号被吸收；反之，信号被反射。

2. 关键技术

首先，阅读器通过发射天线发送一定频率的射频信号；其次，当射频卡进入发射天线工作区域时，将产生感应电流，此时射频卡获得能量被激活，射频卡将自身编码等信息通过卡内置发送天线发送出去；再次，系统接收天线接收到从射频卡发送来的载波信号，经天线调节器传送到阅读器，阅读器对接收的信号进行解调和解码后送到后台主系统进行相关处理；最后，主系统根据逻辑运算判断该卡的合法性，针对不同的设定做出相应的处理和控制，并发出指令信号控制执行机构执行相关动作。

在耦合方式(电感-电磁)、通信流程(FDX、HDX、SEQ)、从射频卡到阅读器的数据传输方法(负载调制、反向散射、高次谐波)以及频率范围等方面，不同的非接触传输方法存在根本性的区别，但所有的阅读器在功能原理以及由此决定的设计构造上都很相似，即所有阅读器均可简化为高频接口和控制单元两个基本模块。

射频识别系统的读写距离是一个很关键的参数。目前，远距离射频识别系统的价格还很昂贵，因此寻找提高其读写距离的方法很重要。影响射频卡读写距离的因素包括天线工作频率、阅读器的 RF 输出功率、阅读器的接收灵敏度、射频卡的功耗、天线及谐振电路的品质因数值、天线方向，阅读器和射频卡的耦合度，射频卡本身获得的能量，发送信息的能量等。大多数系统的读取距离与其写入距离是不同的，写入距离大约是读取距离的40%～80%。

RFID 技术利用无线射频方式在阅读器和射频卡之间进行非接触双向数据传输，以达到目标识别和数据交换的目的。与传统的条形码、磁卡及 IC 卡相比，射频卡不仅具有非接触、阅读速度快、无磨损、不受环境影响、寿命长、便于使用的特点，还具有防冲突功能，能同时处理多张卡片。在国外，射频识别技术已被广泛应用于工业自动化、商业自动化、交通运输控制管理等众多领域。另外，不同频段的 RFID 产品也会有不同的特性。

3.5　模式识别传感技术

3.5.1　模式和模式识别

当人们看到某物体或现象时，人们首先会收集有关该物体或现象的所有信息，然后将其行为特征与头脑中已有的相关信息进行比较，如果找到一个相同或相似的匹配，人们就可以将该物体或现象识别出来。因此，某物体或现象的相关信息，如空间信息、时间信息等，就构成了该物体或现象的模式。广义地说，存在于时间和空间中可观察的事物，如果可以区别它们是否相同或相似，都可以称之为模式。狭义地说，模式是通过对具体的个别事物进行观测所得到的具有时间和空间分布的信息。Watanable 定义的模式是与混沌相对立，是一个可以命名的模糊定义的实体。比如，一个模式可以是指纹图像、手写草字、人脸、语言符号等。而将观察目标与已有模式相比较、配准、判断其类属的过程就是模式识别过程。

模式以及模式识别是和类别(集合)的概念分不开的，只要认识某类事物或现象中的几个，就可以识别该类中的许多事物或现象。通常，把模式所属的类别或同一类模式的总体称为模式类(下面进行的模式识别的讨论都是基于该定义的)。也有人习惯上把模式类称为模式，把个别具体的模式称为样本。如字符、植物、动物等都是模式，而松树、狗则是相应模式中的一个样本。在此意义上，人们可以认为把具体的样本归类到某一个模式，就叫做模式识别或模式分类。通常，模式识别(Pattern Recognition)是指对表征事物或现象的各种形式的(数值的、文字的和逻辑关系的)信息进行处理和分析，以对事物或现象进行描述、辨认、分类和解释的过程。

人类具有很强的模式识别能力。通过视觉信息识别文字、图片和周围的环境，通过听觉信息识别与理解语言等。模式识别是人类的一种基本认知能力，是人类智能的重要组成部分，在各种人类活动中都有着重要作用。在现实生活中，几乎每个人都会在不经意间轻而易举地完成模式识别。但是，如果要让机器做同样的事情，恐怕就不会这么轻松。

3.5.2　模式识别的发展和应用

模式识别诞生于 20 世纪 20 年代，随着 40 年代计算机的出现，50 年代人工智能的兴起，模式识别在 60 年代初迅速发展成一门学科。经过多年的研究和发展，模式识别技术已广泛应用于人工智能、计算机工程、机器人学、神经生物学、医学、侦探学、高能物理、考古学、地质勘探、宇航科学和武器技术等许多重要领域，包括语音识别、语音翻译、人脸识别、指纹识别、生物认证等技术。通过对近几年的学术研究进行总结分析，可以清楚了解到模式识别近几年的发展极为迅速，其发展大力推动了人工智能的发展，并且其应用方向越来越广泛。

工业领域尤其是制造业，已成功地使用了人工智能技术，包括智能设计、虚拟制造、柔性制造、敏捷制造、在线分析、智能调度、仿真和规划等，这些都大大提高了生产效益。人工智能对经济、金融和专家系统的影响较大。据估计，全世界通过这项技术每年可节省10亿美元以上。股票商利用智能系统辅助其进行分析、判断和决策，银行普遍应用信用卡欺诈检测系统。人工智能也渗透进了人们的日常生活中，如教育、医疗和通信我们已经亲眼目睹、亲身体会到智能技术给日常生活带来的深刻变化，它使得我们周围无处不在的计算机系统具有灵活而友好的多种智能用户界面，使计算机与人的交流更为容易和自然。带有嵌入式计算机的家用电器的智能化和自动化，使我们能够从琐碎的家务劳动中解放出来。人工智能技术帮助我们进行医疗保健，帮助我们丰富儿童教育，帮助我们在浩如烟海的因特网中寻找真实、有用的信息。人工智能技术已成为默默无闻的好助手，它改变了传统的通信方式。模式识别在各个领域的应用现在也取得了较好的成绩，因此模式识别在以后的发展中会被各国重点应用在各个领域当中，以方便人们的生活。

以知识为基础的模式识别系统的出现和不断发展，标志着模式识别方法更加智能化。模式识别可用于文字识别、语音识别、指纹识别、遥感识别和医学诊断等方面。

(1) 文字识别。汉字已有数千年的历史，也是世界上使用人数最多的文字，对于中华民族灿烂文化的形成和发展有着不可磨灭的作用。所以，在信息技术及计算机技术日益普及的今天，如何将文字方便、快速地输入到计算机中已成为影响人机接口效率的一个重要瓶颈，也关系到计算机在我国的普及应用。目前，汉字输入主要分为人工键盘输入和机器自动识别输入两种。其中，人工键入速度慢而且劳动强度大；机器自动输入又分为汉字识别输入和语音识别输入。从识别技术的难度来说，手写体识别的难度高于印刷体识别的难度，而在手写体识别中，脱机手写体的难度又远远超过了联机手写体识别的难度。

(2) 语音识别。语音识别技术所涉及的领域包括信号处理，模式识别，概率论和信息论，发声机理和听觉机理，人工智能等。近年来，在生物识别技术领域中，声纹识别技术以其独特的方便性、经济性和准确性等优势受到世人瞩目，并日益成为人们日常生活和工作中重要且普及的安全验证方式。利用基因算法训练连续隐马尔可夫模型的语音识别方法现已成为语音识别的主流技术，该方法在语音识别时识别速度较快，且具有较高的识别率。

(3) 指纹识别。人类手掌、手指、脚、脚趾内侧表面的皮肤凹凸不平产生的纹路会形成各种各样的图案。而这些皮肤的纹路在图案、断点和交叉点上各不相同，具有唯一性。依靠这种唯一性，就可以将一个人与他的指纹对应起来，通过比较他的指纹和预先保存的指纹，便可以验证他的真实身份。一般地，指纹可分成三个大的类别，即环形(loop)、螺旋形(whorl)和弓形(arch)，这样就可以将每个人的指纹分别归类，从而方便检索。

(4) 遥感识别。遥感图像识别已广泛应用于农作物估产、资源勘察、气象预报和军事侦察等。

(5) 医学诊断。在癌细胞检测、X 射线照片分析、血液化验、染色体分析、心电图诊断和脑电图诊断等方面，模式识别已取得了显著成效。

3.5.3 模式识别的研究内容、分类及研究方法

1．模式识别的对象和研究内容

应用计算机对一组事件或过程进行鉴别和分类，所识别的事件或过程可以是文字、声音、图像等具体对象，也可以是状态、程度等抽象对象。这些对象与数字形式的信息相区别，称为模式信息。模式识别与统计学、心理学、语言学、计算机科学、生物学、控制论等都有关系。它与人工智能、图像处理的研究有交叉关系。例如，自适应或自组织的模式识别系统包含了人工智能的学习机制，人工智能研究的景物理解、自然语言理解也包含了模式识别问题。又如，模式识别中的预处理和特征抽取环节应用了图像处理的技术，图像处理中的图像分析也应用了模式识别的技术。

模式识别的研究主要集中在两方面，即研究生物体(包括人)感知对象的方式，以及在给定的任务下计算机实现模式识别的理论和方法。前者是生理学家、心理学家、生物学家、神经生理学家的研究内容，属于认知科学的范畴；后者通过数学家、信息学专家和计算机科学工作者近几十年来的努力已经取得了系统的研究成果。

一个计算机模式识别系统基本上是由三个相互关联而又有明显区别的过程组成的，即数据生成、模式分析和模式分类。数据生成是将输入模式的原始信息转换为向量，成为计算机易于处理的形式。模式分析是对数据进行加工，包括特征选择、特征提取、数据维数压缩和决定可能存在的类别等步骤。模式分类则是利用模式分析所获得的信息，对计算机进行训练，从而制定判别标准，对待识别模式进行分类的。

2．模式识别的分类

通常，模式识别又称为模式分类，从处理问题的性质和解决问题的方法等角度看，模式识别分为有监督的分类和无监督的分类两种。二者的主要差别在于，各实验样本所属的类别是否预先已知。一般来说，有监督的分类往往需要提供大量已知类别的样本，但在实际问题中，存在一定困难的，因此研究无监督的分类就变得十分必要。

模式还可分成抽象的和具体的两种形式。前者，如意识、思想、议论等，属于概念识别研究的范畴，是人工智能的另一研究分支。我们所指的模式识别主要是对语音波形、地震波、心电图、脑电图、图片、照片、文字、符号、生物传感器等对象的具体模式进行辨识和分类。

3．模式识别的研究方法

1) 统计方法

统计模式识别是对模式的统计分类方法，即结合统计概率论的贝叶斯决策规则进行模式识别的技术，又称为决策理论识别方法。把模式类看成是用某个随机向量实现的集合，又称为决策理论识别方法。

图 3-31 所示为统计模式识别系统。统计模式识别的主要方法有判别函数法、k 近邻分类法、非线性映射法、特征分析法、主因子分析法等。在统计模式识别中，贝叶斯决策规则从理论上解决了最优分类器的设计问题，但其实施却必须首先解决更困难的概率密度估计问题。

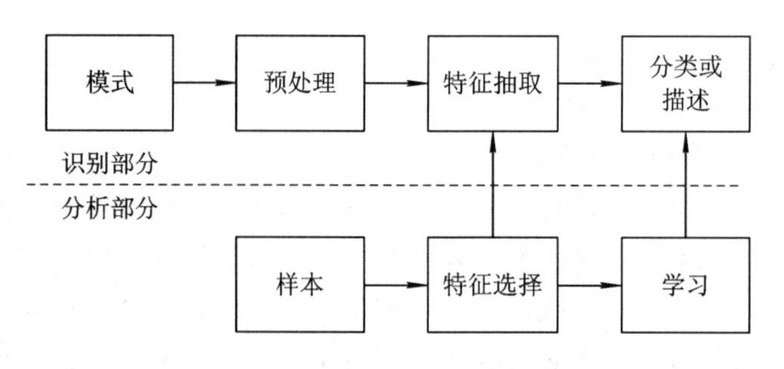

图 3-31　统计模式识别系统

2) *句法方法*

句法识别又称结构识别，图 3-32 所示为语句模式识别系统。其基本原理是首先从待识别对象中提取出特征基元，然后再以一系列的整合规则表示对象类中每一类模式的结构特征与性质。每一套整合规则表现为一系列的产生式，称为文法。每一类模式依据自身特有的文法能够生成许多符合自身特征的句子，这些句子的集合称为语言。

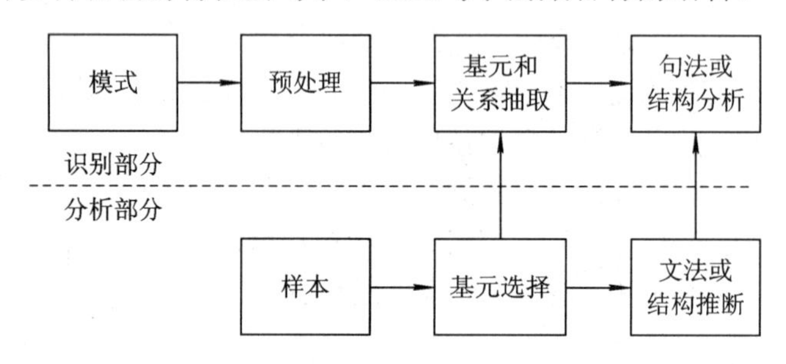

图 3-32　语句模式识别系统

句法识别的一般步骤是：首先将某一待识别对象或待识别模式表示成一个句子，然后通过句法分析识别出产生该句子的文法，则该句子表示的模式就属于由产生的文法所表征的模式类。以上步骤适合于文法为句子，产生原因唯一的情况。而现实情况经常是复杂的，一个事物的产生往往会有多种原因，因而会发生异因同果的情况，从而使得句子的产生由确定性的转为随机性的。于是就发展出随机句法识别技术。

在句法方法中，用一个“句子”表示一个模式。句子构成语言具有特定的文法，文法就是用基元构成模式的规则，推断一个总结由基元构成模式的规律，得到规则即文法的过程，类似于学习。句法分析则是分析输入模式是否符合某种文法规则的过程，也就是分析能否用该文法生成输入模式。分析结果为肯定则对输入模式完成分类，分析结果为否定则拒绝输入模式。

3) *模糊模式识别方法*

在人们的实际生活中，普遍存在着模糊概念，诸如“较冷”、“暖和”、“较重”、“较轻”、“长点”、“短点”等都是一些有区别又有联系的无确定分界的概念。模糊模式识别技术运用模糊数学的理论和方法解决模式识别问题，因此适用于分类识别对象本身或要求的识别结果具有模糊性的场合。这类方法的有效性主要在于隶属函数是否良好。目前，模糊识别方法有很多，大致可以分为两种，即根据最大隶属原则进行识别的直接法和根据择近原则进行归类的间接法。

模糊识别的模糊集方法即模糊模式识别是对传统模式识别方法(即统计方法和句法方法)的有用补充，能对模糊事物进行识别和判断，它的理论基础是模糊数学。模糊模式识别用模糊技术来设计机器识别系统，可简化识别系统的结构，更广泛、更深入地模拟人脑的思维过程，从而对客观事物进行更为有效地分类与识别。

4) 神经网络法

人工神经网络是由大量简单的基本单元——神经元相互连接而成的非线性动态系统。每个神经元结构和功能都比较简单，而由其组成的系统却可以非常复杂。人工神经网络具有人脑的某些特性，在自学习、自组织、联想及容错方面具有较强的能力，能进行联想、识别和决策。在模式识别方面，人工神经网络与前述方法显著不同的特征之一是，训练后的神经网络可以将模式特征提取与分类识别一同完成。神经网络模型有几十种，其中BP(误差反传播算法)网络模型是模式识别应用最广泛的网络之一。它利用给定的样本，在学习过程中不断修正内部连接权重和阈值，使实际输出与期望输出在一定误差范围内相等。

模式识别的任务是把模式正确地从特征空间映射到类空间，或者是在特征空间中实现类的划分。模式识别的难度与模式、特征空间中的分布密切相关，如果特征空间中的任意两个类可以用一个超平面去区分，那么模式是线形可分的，这时的模式识别较为容易。神经网络还具有自适应能力，它不但能自适应地学习，有些网络还能自适应地调整网络的结构。神经网络分类器还兼有模式变换和模式特征提取的作用。最后，神经网络分类器一般对输入模式信息的不完备或特征的缺损不太敏感。它在背景噪声统计特性未知的情况下性能更好，而且网络具有更好的推广能力。基于以上种种优点，神经网络模式识别已发展成为模式识别领域的一个重要方法，起到了传统模式识别方法不可替代的作用。

5) 逻辑推理法

逻辑推理法是对待识客体运用统计(或结构、模糊)识别技术或人工智能技术，获得客体的符号性表达(即知识性事实)，再运用人工智能技术针对知识的获取、表达、组织、推理方法确定该客体所归属的模式类的方法。它是一种与统计模式识别、句法模式识别相并列又相结合的基于逻辑推理的智能模式识别方法，主要包括知识获取、知识推理和知识表示三个环节。

3.6　图像识别传感技术

3.6.1　图像的定义及分类

1. 图像的定义

图像是对客观对象的一种相似性的、生动性的描述或写真，是人类社会活动中最常用的信息载体。或者说图像是对客观对象的一种表示，它包含了被描述对象的有关信息，它是人们最主要的信息源。据统计，一个人获取的信息大约有75%来自视觉。古人说“百闻不如一见”、“一目了然”便是非常形象的例子，这些例子都反映了图像在信息传递中的独特效果。

广义上的图像就是指所有具有视觉效果的画面，它包括纸介质上的、底片或照片上的、电视上的、投影仪或计算机屏幕上的画面。图像根据图像记录方式的不同可分为两大类：模拟图像和数字图像。模拟图像可以通过某种物理量(如光、电等)的强弱变化来记录图像亮度信息，例如模拟电视图像；而数字图像则是用计算机存储的数据来记录图像上各点的亮度信息。

国际图像艺术推广机构对图像处理的阐述：“图像处理是对图像进行分析、加工和处理，使其满足视觉、心理以及其他要求的技术”。图像处理是信号处理在图像域上的一个应用。大多数的图像是以数字形式存储，因而图像处理很多情况下指数字图像处理。此外，基于光学理论的模拟图像处理方法依然占有重要的地位。图像处理是信号处理的子类，与计算机科学、人工智能等领域有密切的关系。传统的一维信号处理的方法和概念很多仍然可以直接应用在图像处理上，比如降噪、量化等。但是由于图像属于二维信号，和一维信号相比，它有自己特殊的一面，处理的方式和角度也有所不同。几十年前，图像处理大多数由光学设备在模拟模式下进行。由于这些光学方法本身所具有的并行特性，它们至今仍然在很多应用领域占有核心地位，例如全息摄影。但是由于计算机速度的大幅度提高，使得这些技术正在迅速被数字图像处理方法所替代。从一般意义上讲，数字图像处理技术更加普适、可靠和准确，比起模拟方法，它们也更容易实现。专用的硬件被用于数字图像处理中并取得了巨大的商业成功，例如，基于流水线的计算机体系结构。现今，虽然说硬件解决方案已被广泛应用于视频处理系统中，但是在商业化的图像处理任务上基本仍以软件形式实现，并运行在通用个人电脑上。

2．图像的分类

根据各自在图像信息中所反映的不同特征，把不同类别的目标区分开来的图像处理方法。它利用计算机对图像进行定量分析，把图像或图像中的每个像元或区域划归为若干个类别中的某一种，以代替人的视觉判断。图像分类方法常见的有以下两种：

1) 图像空间

图像空间的分类方法——利用图像的灰度、颜色、纹理、形状和位置等底层特征对图像进行分类。例如，① 利用灰度直方图特征对图像进行分类；② 利用纹理特征对图像进行分类；③ 采用纹理、边缘和颜色直方图混合特征对图像进行分类，①②③均采用支持向量机 SVM 作为分类器；④ 用矩阵表示图像，矩阵元素是相应像素的灰度值，然后用奇异值分解 SVD 和主成分分析 PCA 方法抽取图像特征，反向传输 BP 网络作为分类器。图像空间分类方法的共同缺点是数据量大、计算复杂性高，但其分类精度一般比较理想。

2) 特征空间

特征空间的分类方法——首先将原图像经过某种变换(如 K-L 变换，小波变换等变换)到特征空间，然后在特征空间提取图像的高层特征以实现图像的分类。这类分类方法以纹理图像分类和遥感图像分类为最多。常见的纹理分类方法，基本上都用到了高通滤波器。特征空间的分类方法可降低数据维数和计算复杂度，但存在问题相关性较强，与特征提取的方法和效果有很大关系的问题。

3.6.2　数字图像处理与应用

数字图像处理(Digital Image Processing)又称为计算机图像处理，是指将图像信号转换成数字信号并利用计算机对其进行处理的过程。数字图像处理是通过计算机对图像进行去除噪声、增强、复原、分割、提取特征等处理的方法和技术。数字图像处理的产生和发展主要受三个因素的影响：一是计算机的发展；二是数学的发展，特别是离散数学理论的创立和完善；三是农牧业、林业、环境、军事、工业和医学等方面的应用需求的增长。

1．发展概况

数字图像处理最早出现于 20 世纪 50 年代，当时的电子计算机已经发展到一定水平，人们开始利用计算机来处理图形和图像信息。数字图像处理作为一门学科大约形成于 20 世纪 60 年代初期。早期的图像处理的目的是改善图像的质量，它以人为对象，以改善人的视觉效果为目的。图像处理中，输入的是质量低的图像，输出的是改善质量后的图像，常用的图像处理方法有图像增强、复原、编码和压缩等。首次成功应用这些图像处理方法的是美国喷气推进实验室(JPL)。他们对航天探测器“徘徊者 7 号”在 1964 年发回的几千张月球照片应用了图像处理技术进行处理，比如几何校正、灰度变换、去除噪声等方法，并考虑了太阳位置和月球环境的影响，由计算机成功地绘制出月球表面地图，获得了巨大的成功。随后又对探测飞船发回的近十万张照片进行更为复杂的图像处理，从而获得了月球的地形图、彩色图及全景镶嵌图，获得了非凡的成果，为人类登月创举奠定了坚实的基础，也推动了数字图像处理这门学科的诞生。在以后的宇宙空间探测中，如对火星、土星等星球的探测研究中，数字图像处理技术都发挥了巨大的作用。

数字图像处理取得的另一个巨大成就是在医学上获得的成果。1972 年英国 EMI 公司的工程师 Housfield 发明了用于头颅诊断的 X 射线计算机断层摄影装置，也就是我们通常所说的 CT(Computer Tomograph)。CT 的基本方法是根据人的头部截面的投影，经计算机处理来重建截面图像，称为图像重建。

1975 年 EMI 公司又成功研制出用于 CT 全身的装置，可获得人体各个部位鲜明清晰的断层图像。1979 年，这项无损伤诊断技术获得了诺贝尔奖，显示出它对人类作出了划时代的贡献。与此同时，图像处理技术在许多应用领域(如航空航天、生物医学工程、工业检测、机器人视觉、公安司法、军事制导、文化艺术等领域)受到极大重视并取得了重大的开拓性成就，使图像处理成为一门引人注目、前景远大的新型学科。从 70 年代中期开始，随着计算机技术、人工智能、思维科学研究的迅速发展，数字图像处理向更高、更深层次发展。人们已开始研究如何用计算机系统解释图像，实现与人类视觉系统理解外部世界方式相类似的功能，这被称为图像理解或计算机视觉。很多国家，特别是发达国家投入更多的人力、物力到这项研究，取得了不少重要的研究成果。其中代表性的成果是 70 年代末 MIT 的 Marr 提出的视觉计算理论，这个理论成为计算机视觉领域其后十多年的主导思想。图像理解虽然在理论方法研究上已取得不小的进展，但它本身是一个比较难的研究领域，存在不少困难。因人类本身对自己的视觉过程还了解甚少，所以计算机视觉仍是一个有待人们进一步探索的新领域。

2. 应用领域

图像是人类获取和交换信息的主要来源，因此图像处理的应用领域必然涉及人类生活和工作的方方面面。随着人类活动范围的不断扩大，图像处理的应用领域也将随之不断扩大。

1) 航天和航空方面

数字图像处理技术在航天和航空技术方面的应用，除了 JPL 对月球、火星照片的处理之外，另一方面的应用是在飞机遥感和卫星遥感技术中。许多国家每天派出很多侦察飞机对地球上感兴趣的地区进行大量的空中摄影，并对由此得来的照片进行处理分析。以前这种处理需要雇用几千人，而现在改用配备有高级计算机的图像处理系统来判读分析，既节省人力，又加快了速度，还可以从照片中提取人工所不能发现的大量有用情报。自 20 世纪 60 年代末以来，美国及一些国际组织发射了资源遥感卫星(如 LANDSAT 系列)和天空实验室(如 SKYLAB)，由于成像条件受飞行器位置、姿态、环境条件等影响，图像质量不是很高。因此，以如此昂贵的代价进行简单直观的判读来获取图像是不合算的，必须采用数字图像处理技术。比如，LANDSAT 系列陆地卫星采用多波段扫描器(MSS)，在 900 km 高空对地球每一个地区以 18 天为一周期进行扫描成像，其图像分辨率大致相当于地面上十几米或 100 m 的图像分辨率(如 1983 年发射的 LANDSAT-4 的分辨率为 30 m)。这些图像在空中先处理(数字化、编码)成数字信号存入磁带中，在卫星经过地面站上空时再高速传送下来，然后由处理中心分析判读。这些图像无论是在成像、存储、传输过程中，还是在判读分析中，都必须采用多种数字图像处理方法。现在世界各国都在利用陆地卫星所获取的图像进行资源调查(如森林调查、海洋泥沙调查、渔业调查、水资源调查等)、灾害检测(如病虫害检测、水火检测、环境污染检测等)、资源勘察(如石油勘察、矿产量探测、大型工程地理位置勘探分析等)、农业规划(如土壤营养、水分，农作物生长、产量估算等)、城市规划(如地质结构、水源及环境分析等)。中国也陆续开展了以上诸方面的一些实际应用，并获得了良好的效果。在气象预报和对太空其他星球研究方面，数字图像处理技术也发挥了相当大的作用。

2) 生物医学工程方面

数字图像处理在生物医学工程方面的应用十分广泛，而且很有成效。除了上面介绍的 CT 技术之外，还有一类是对医用显微图像的处理分析，如红细胞、白细胞分类，染色体分析，癌细胞识别等。此外，图像处理技术也广泛应用在 X 光肺部图像增晰、超声波图像处理、心电图分析、立体定向放射治疗等医学诊断方面。

3) 通信工程方面

当前通信的主要发展方向是声音、文字、图像和数据结合的多媒体通信。具体地讲，多媒体通信是将电话、电视和计算机以三网合一的方式在数字通信网上传输的。其中，以图像通信最为复杂和困难，因图像的数据量十分巨大，如传送彩色电视信号的速率达 100 Mb/s 以上，要将这样高速率的数据实时传送出去，必须采用编码技术来压缩信息的比特量。从一定意义上讲，编码压缩高效与否是这些技术成败的关键。除了已应用较广泛的熵编码、DPCM 编码、变换编码外，国内外正在大力开发研究新的编码方法，如分形编码、自适应网络编码、小波变换图像压缩编码等。

4) 工业和工程方面

在工业和工程领域中，图像处理技术也有着广泛的应用，也如自动装配线中检测零件的质量及对零件的分类，印刷电路板缺陷检查，弹性力学照片的应力分析，流体力学图片的阻力和升力分析，邮政信件的自动分拣，在一些有毒、放射性环境内识别工件及物体的形状和排列状态，先进的设计和制造技术中采用工业视觉等。其中，值得一提的是，研制具备视觉、听觉和触觉功能的智能机器人将会给工农业生产带来新的激励，目前此类机器人已在工业生产中的喷漆、焊接、装配中得到有效利用。

5) 军事和公安方面

在军事方面，图像处理和识别主要用于导弹的精确末制导，各种侦察照片的判读，具有图像传输、存储和显示的军事自动化指挥系统，飞机、坦克和军舰模拟训练系统等；也用于公安业务图片的判读分析、指纹识别、人脸鉴别、不完整图片的复原以及交通监控与事故分析等。目前，已投入运行的高速公路不停车自动收费系统中的车辆和车牌的自动识别都是图像处理技术成功应用的例子。

6) 文化艺术方面

目前，这方面的应用有电视画面的数字编辑、动画的制作、电子图像游戏、纺织工艺品设计、服装设计与制作、发型设计、文物资料照片的复制与修复、运动员动作分析与评分等。现在，图像处理与美术的结合已逐渐形成一门新的艺术——计算机美术。

7) 机器视觉

机器视觉作为智能机器人的重要感觉器官，主要进行三维景物理解和识别，是目前处于研究之中的开放课题。机器视觉主要用于军事侦察、危险环境的自主机器人，邮政、医院和家庭服务的智能机器人，装配线工件识别、定位，太空机器人的自动操作等。

8) 视频和多媒体系统

目前，电视制作系统已广泛使用图像处理、变换、合成等技术。图像处理技术也应用于多媒体系统中静止图像和动态图像的采集、压缩、处理、存储和传输等。

9) 科学可视化

图像处理和图形学紧密结合形成了科学研究各个领域中的新型的研究工具。

10) 电子商务

在当前呼声甚高的电子商务中，图像处理技术也大有可为，如身份认证、产品防伪、水印技术等。总之，图像处理技术应用领域相当广泛，已在国家安全、经济发展、日常生活中充当越来越重要的角色，对国计民生的作用不可估量。

3.6.3　图像识别过程

图像处理即图像识别过程，主要包括图像采样、图像增强、图像复原、图像编码与压缩和图像分割。

1) 图像采样

图像采样是数字图像数据提取的主要方式。数字图像主要是借助于数字摄像机、扫描仪、数码相机等设备经过采样数字化而得到的图像。一些动态图像也可以将其转为数字图像，并将其文字、图形、声音一起存储在计算机内，显示在计算机的屏幕上。图像采样是将一个图像变换为适合计算机处理的形式的第一步。

2) 图像增强

在成像、采集、传输、复制等过程中，图像的质量或多或少都会存在一定的退化，数字化后的图像视觉效果不是十分令人满意。为了突出图像中感兴趣的部分，使图像的主体结构更加明确，必须对图像进行改善，即图像增强。通过图像增强，以减少图像中的噪声，改变原来图像的亮度、色彩分布、对比度等参数。图像增强提高了图像的清晰度、图像的质量，使图像中物体的轮廓更加清晰，细节更加明显。图像增强不考虑图像降质的原因，增强后的图像更加赏心悦目，为后期的图像分析和图像理解奠定基础。

3) 图像复原

图像复原也称为图像恢复。在获取图像时环境噪声的影响、运动造成的图像模糊、光线的强弱等都会使得图像模糊，为了提取比较清晰的图像需要对图像进行恢复。图像恢复主要采用滤波方法从降质的图像恢复原始图像。图像复原的另一种特殊技术是图像重建，该技术是从物体横剖面的一组投影数据建立图像的。

4) 图像编码与压缩

数字图像的显著特点是数据量庞大，需要占用相当大的存储空间。但基于计算机的网络带宽的大容量存储器无法进行数字图像的处理、存储、传输。为了能快速方便地在网络环境下传输图像或视频，必须对图像进行编码和压缩。目前，图像压缩编码已形成国际标准，如比较著名的静态图像压缩标准 JPEG，该标准主要针对图像的分辨率、彩色图像和灰度图像，适用于数码相片、彩色照片等的网络传输。由于视频可以被看做是一幅幅不同的但有紧密联系的静态图像的时间序列，动态视频的单帧图像压缩可以应用静态图像的压缩标准。图像编码压缩技术可以减少图像的冗余数据量和存储器容量，提高图像传输速度，缩短处理时间。

5) 图像分割

图像分割是把图像分成一些互不重叠且又具有各自特征的子区域，每一区域都是像素的一个连续集，这里的特征可以是图像的颜色、形状、灰度和纹理等。图像分割根据目标与背景的先验知识，将图像表示为物理上有意义的连通区域的集合，即对图像中的目标、背景进行标记、定位，然后把目标从背景中分离出来。目前，图像分割的方法主要有基于区域特征的分割方法、基于相关匹配的分割方法和基于边界特征的分割方法。采集图像时会受到各种条件的影响，这会使图像变得模糊、有噪声干扰，从而使图像分割变得困难。在实际的图像分割中，需要根据景物条件的不同选择适合的图像分割方法。图像分割为图像分析和图像理解奠定了基础。

3.6.4 二值图像压缩编码技术

随着信息技术的高速发展，人们对于视频、图像等多媒体文件的存储和传输有了更多的需求，这就给图像数据压缩提出了更高的要求。图像压缩编码是专门研究图像数据压缩的技术，目前图像压缩方法已有近百种。图像编码技术近年来取得了长足的进步，出现了许多新的编码思想和方法，如小波变换和分形编码等。但作为图像压缩的一个重要分支，二值图像压缩编码的发展却相对缓慢，其压缩比不高，编码方法和技术相对单一，不能满足实际应用的需求。二值图像作为一类特殊的灰度图像，本身结构最简单，数据量最小，但它在实际生活中以及图像处理、模式识别等科研领域中却占据重要的地位，许多文本文件、工程图、传真、报纸等都可以看成是二值图像。而且在模式识别、目标检测、运动跟踪、医学图像处理等课题的研究过程中，也都需要存储和处理大量的二值图像。此外，二值图像作为灰度图像的特殊情况，其编码技术的发展无疑会对灰度图像编码起到巨大的促进作用。总之，不断开展二值图像压缩编码技术的研究具有极为重要的意义。

目前的二值图像编码技术主要是无损编码，典型的编码方法有跳白块编码、游程编码、四叉树编码等。1993 年 ISO 确定了二值图像累进编码标准——JBIG 标准。然而，这些编码方法和标准或多或少都存在着缺陷，针对二值图像的编码技术的研究仍需要不断深入。

1) BMP图像文件格式

BMP 是一种与硬件设备无关的图像文件格式，使用非常广。它采用位映射存储格式，除了图像深度可选以外，不采用其他任何压缩，因此 BMP 文件所占用的空间很大。BMP 文件的图像深度可选 1 bit、4 bit、8 bit 及 24 bit。BMP 文件存储数据时，图像的扫描方式是从左到右、从下到上。由于 BMP 文件格式是 Windows 环境中采用的图形文件格式，在 Windows 环境中运行的图形图像软件都支持 BMP 图像格式。典型的 BMP 图像文件由以下四部分组成：一是位图文件头数据结构，它包含 BMP 图像文件的类型、显示内容等信息；二是位图信息数据结构，它包含 BMP 图像的宽、高、压缩方法以及定义颜色等信息；三是调色板，它是可选的，有些位图需要调色板，有些则不需要(如真彩色图)；四是位图数据，这部分依据位图的位数的不同而不同。

2) PCX图像文件格式

PCX 这种图像文件的形成是有一个发展过程的。PCX 最早出现在 ZSOFT 公司推出的名为“PCPAINBRUSH”的用于绘画的商业软件包中。此后，微软公司将其移植到 Windows 环境中，使它成为 Windows 系统中一个子功能，在微软的 Windows 3.1 中广泛应用。随着 Windows 的流行、升级，加之其强大的图像处理能力，使 PCX 与 GIF、TIFF、BMP 图像文件格式一起被越来越多的图形图像软件工具所支持，也越来越得到人们的重视。PCX 是最早支持彩色图像的一种文件格式，现在最高可以支持 256 种彩色。PCX 设计者很有眼光地超前引入了彩色图像文件格式，使之成为现在非常流行的图像文件格式。PCX 图像文件由文件头和实际图像数据构成。其中，文件头由 128 字节组成，用于描述版本信息和图像显示设备的横向分辨率、纵向分辨率以及调色板等信息；实际图像数据则表示图像数据类型和彩色类型。PCX 图像文件中的数据都是用 PCXREL 技术压缩后的图像数据。PCX 是 PC 机画笔的图像文件格式。PCX 的图像深度可选为 1 bit、4 bit、8 bit。由于这种文件格式出现较早，它不支持真彩色。PCX 文件采用 RLE 行程编码，文件体中存放的是压缩后的图像数据。因此，将采集到的图像数据写成 PCX 文件格式时，要对其进行 RLE 编码；而读取一个 PCX 文件时首先要对其进行 RLE 解码，才能进一步显示和处理。

3) TIFF图像文件格式

TIFF 图像文件(Tag Image File Format)是由 Aldus 和 Microsoft 公司为桌上出版系统研制开发的一种较为通用的图像文件格式。TIFF 格式灵活易变，它又定义了以下四类不同的格式：

① TIFF-B，适用于二值图像；

② TIFF-G，适用于黑白灰度图像；

③ TIFF-P，适用于带调色板的彩色图像；

④ TIFF-R，适用于 RGB 真彩图像。

TIFF 支持多种编码方法，其中包括 RGB 无压缩、RLE 压缩及 JPEG 压缩等。TIFF 是现存图像文件格式中最复杂的一种，它具有扩展性、方便性、可改性，可以提供给 IBM PC 等环境中运行、图像编辑程序。TIFF 图像文件由三个数据结构组成，分别为文件头、一个或多个称为 IFD 的包含标记指针的目录以及数据本身。TIFF 图像文件中的第一个数据结构称为图像文件头或 IFH，这个结构是一个 TIFF 文件中唯一的、有固定位置的部分。IFD 图像文件目录是一个字节长度可变的信息块，Tag 标记是 TIFF 文件的核心部分，在图像文件目录中定义了要用的所有图像参数，目录中的每一目录条目都包含图像的一个参数。

4) GIF文件格式

GIF(Graphics Interchange Format)的原意是“图像互换格式”，是 CompuServe 公司在 1987 年开发的图像文件格式。GIF 文件格式是一种基于 LZW 算法的连续色调的无损压缩格式，其压缩率一般在 50%左右，它不属于任何应用程序。目前，几乎所有相关软件都支持它，公共领域有大量的软件在使用 GIF 图像文件。GIF 图像文件的数据是经过压缩的，而且采用的是可变长度等压缩算法。所以 GIF 的图像深度从 1 bit 到 8 bit，也即 GIF 最多支持 256 种色彩的图像。GIF 格式的另一个特点是其在一个 GIF 文件中可以存多幅彩色图像，如果把存于一个文件中的多幅图像数据逐幅读出并显示到屏幕上，就可构成一种最简单的动画。GIF 解码较快，因为 GIF 图像采用隔行存放方式，在边解码边显示的时候可分成四遍扫描。第一遍扫描虽然只显示了整个图像的八分之一，第二遍扫描也只显示了四分之一，但这已经把整幅图像的概貌显示出来了。在显示 GIF 图像时，隔行存放的图像会让人们感觉它的显示速度似乎要比其他图像快一些，这是隔行存放的优点。

5) JPEG文件格式

JPEG 是 Joint Photo graphic Experts Group(联合图像专家组)的缩写，文件后缀名为“.jpg”或“.jpeg”。JPEG 是最常用的图像文件格式，由软件开发联合会组织制定，是一种有损压缩格式，能够将图像压缩在很小的储存空间中，图像中重复或不重要的资料会被丢弃，因此容易造成图像数据的损伤。尤其是使用过高的压缩比例，将使最终解压缩后恢复的图像质量明显降低，如果追求高品质图像，那么不宜采用过高压缩比例。但是，JPEG 压缩技术十分先进，它用有损压缩方式去除冗余的图像数据，在获得极高的压缩率的同时能展现十分丰富生动的图像。换句话说，JPEG 可以用最少的磁盘空间得到较好的图像品质。而且 JPEG 是一种很灵活的格式，具有调节图像质量的功能，允许用不同的压缩比例对文件进行压缩，支持多种压缩级别。压缩比率通常在 10∶1 到 40∶1 之间，压缩比越大，图像品质就越低；相反，压缩比越小，图像品质就越好。比如，可以把 1.37 MB 的 BMP 位图文件压缩至 20.3 KB。当然也可以在图像质量和文件尺寸之间找到平衡点。JPEG 格式压缩的主要是高频信息，对色彩的信息保留较好，可以支持 24 bit 真彩色，普遍应用于需要连续色调的图像、互联网中，可减少图像的传输时间。JPEG 格式是目前网络上最流行的图像格式，可以把文件压缩到最小的格式。在 Photoshop 软件中以 JPEG 格式存储图像时，

Photoshop 提供 11 级压缩级别，以 0 到 10 级表示。其中，0 级压缩比最高，图像品质最差。即使采用细节几乎无损的 10 级质量保存，压缩比也可达 5∶1。对于以 BMP 格式保存的大小为 4.28 MB 的图像文件，在采用 JPEG 格式保存后，其文件大小仅为 178 KB，压缩比达到 24∶1。经过多次比较，第 8 级压缩是存储空间与图像质量兼得的最佳压缩级别。JPEG 格式的应用非常广泛，特别是在网络和光盘读物上，都能找到它的身影。目前，各类浏览器均支持 JPEG 这种图像格式，因为 JPEG 格式的文件尺寸较小，下载速度快。JPEG 2000 作为 JPEG 的升级版，其压缩率比 JPEG 提高约 30%左右，同时支持有损和无损压缩。JPEG 2000 格式有一个极其重要的特征在于它能实现渐进传输，即先传输图像的轮廓，然后逐步传输数据，不断提高图像质量，让图像由朦胧到清晰显示。此外，JPEG 2000 还支持所谓的“感兴趣区域”特性，可以任意指定影像上感兴趣区域的压缩质量，还可以选择指定的部分先解压缩。JPEG 2000 和 JPEG 相比优势明显，且向下兼容，因此可取代传统的 JPEG 格式。JPEG 2000 既可应用于传统的 JPEG 市场，如扫描仪、数码相机等，又可应用于新兴领域，如网络传输、无线通信等。

3.7　纳米技术与小型化技术

3.7.1　纳米技术

纳米技术(Nanotechnology)是用单个原子、分子制造物质的科学技术，研究结构尺寸在 0.1 nm 至 100 nm 范围内材料的性质和应用。纳米科学技术是以许多现代先进科学技术为基础的科学技术，是现代科学(混沌物理、量子力学、介观物理、分子生物学)和现代技术(计算机技术，微电子和扫描隧道显微镜技术，核分析技术)相结合的产物。纳米科学技术催生了一系列新的科学技术，如纳米物理学、纳米生物学、纳米化学、纳米电子学、纳米加工技术和纳米计量学等。

纳米技术的最终目标是直接以原子或分子来构造具有特定功能的产品，从迄今为止的研究来看，关于纳米技术的概念可分为以下三种：

第一种概念是 1986 年美国科学家德雷克斯勒博士在《创造的机器》一书中提出的分子纳米技术。根据这一概念，可以使组合分子的机器实用化，从而可以任意组合所有种类的分子，也可以制造出任何种类的分子结构。这种概念的纳米技术还未取得重大进展。

第二种概念把纳米技术定位为微加工技术的极限。也就是通过纳米精度的“加工”来人工形成纳米大小的结构的技术。这种纳米级的加工技术，也使半导体微型化即将达到极限。现有技术即使发展下去，从理论上讲终将会达到极限。这是因为如果把电路的线幅逐渐变小，将使构成电路的绝缘膜变得极薄，这样将破坏绝缘效果。此外，还需要解决发热和晃动等问题。为了解决这些问题，研究人员正在研究新型的纳米技术。

第三种概念是从生物的角度出发而提出的。本来，生物在细胞和生物膜内就存在纳米级的结构。DNA 分子计算机、细胞生物计算机的开发，成为纳米生物技术研发的重要内容。

纳米技术是一门交叉性很强的综合学科，研究的内容涉及现代科技的广阔领域。1993

年，第一届国际纳米技术大会(INTC)在美国召开，将纳米技术划分为以下六大分支：纳米物理学、纳米生物学、纳米化学、纳米电子学、纳米加工技术和纳米计量学，这促进了纳米技术的发展。由于该技术的特殊性、神奇性和广泛性，它吸引了世界各国的许多优秀科学家纷纷为之努力研究。纳米技术一般指纳米级(0.1～100 nm)的材料、设计、制造，测量、控制和产品的技术。纳米技术主要包括纳米物理学、纳米化学、纳米材料学、纳米生物学、纳米电子学、纳米加工学、纳米力学、纳米动力学等相对独立又相互渗透的学科。纳米材料的制备和研究是整个纳米技术的基础。其中，纳米物理学和纳米化学是纳米技术的理论基础，而纳米电子学是纳米技术最重要的内容。

1) 纳米材料学

当物质小到纳米尺度以后，即在 0.1～100 nm 这个范围空间，物质的性能就会发生突变，出现特殊性能。这种由既不同于原来组成的原子、分子，也不同于宏观的物质的特殊性能构成的材料，称为纳米材料。仅仅尺度达到纳米级而没有特殊性能的材料也不能叫纳米材料。

过去，人们只注意原子、分子或者宇宙空间，常常忽略这个中间领域，而这个领域实际上大量存在于自然界，只是人们以前没有认识到这个尺度范围的性能而已。第一个真正认识到它的性能并引用纳米概念的是日本科学家，他们在 20 世纪 70 年代用蒸发法制备超微离子，并通过研究它的性能发现：一个导电、导热的铜、银导体被做到纳米尺度以后，它就失去原来的性质，表现出既不导电，也不导热的特性。磁性材料也是如此，像铁钴合金，把它做到 20～30 nm 大小以后，它的磁畴就变成单磁畴，且它的磁性要比原来高 1000 倍。到 80 年代中期，人们就正式把这类材料命名为纳米材料。

为什么磁畴会变成单磁畴，且磁性比原来高 1000 倍呢？这是因为磁畴中的单个原子排列的并不是很规则，而单原子中间是一个原子核，原子核外则是绕其旋转的电子，这是形成磁性的原因。但是，变成单磁畴后，单个原子排列得很规则，对外显示了强大磁性。这一特性主要用于制造微电机。当技术发展到一定高度的时候，这一特性可用于制造磁悬浮，可以制造出速度更快、更稳定、更节约能源的高速度列车。

2) 纳米动力学

纳米运动学研究的主要是微机械和微电机，或统称为微机电系统(Micro-Electro-Mechanical System，MEMS)。MEMS 可用于有传动机械的微型传感器和执行器、光纤通信系统、特种电子设备、医疗和诊断仪器等，它采用的是一种类似于集成电器设计和制造的新工艺。MEMS 的特点是部件很小，刻蚀的深度往往要求数十至数百微米，而宽度误差很小。这种工艺可用于制作三相电动机，还可用于超快速离心机或陀螺仪等。在研究方面，纳米动力学还要相应地检测准原子尺度的微变形和微摩擦等。虽然它们目前尚未真正进入纳米尺度，但有很大的潜在科学价值和经济价值。从理论上讲，纳米动力学可以使微电机和检测技术达到纳米数量级。

3) 纳米生物学

纳米生物学可以实现在云母表面用纳米微粒度的胶体金固定 DNA 粒子，利用二氧化硅表面的叉指形电极做生物分子间相互作用的试验，研究磷脂、脂肪酸双层平面生物膜，DNA 的精细结构等。有了纳米技术，还可用自组装方法在细胞内放入零件或组件以构成新的材料、新的药物。即使微米粒子的细粉大约有半数不溶于水，但如果粒子为纳米尺度(即超微粒子)，则可溶于水。

纳米生物学发展到一定技术水平时，可以用纳米材料制成具有识别能力的纳米生物细胞，也可以制成可吸收癌细胞的生物医药，注入人体内用于定向杀死癌细胞。

4) 纳米电子学

纳米电子学包括基于量子效应的纳米电子器件、纳米结构的光/电性质、纳米电子材料的表征、原子操纵和原子组装等。当前电子技术的趋势要求器件和系统“更小、更快、更冷”。“更小”是指进一步提高芯片集成度。“更快”是指响应速度要快。“更冷”是指单个器件的功耗要小。但是“更”小并非没有限度。纳米技术是建设者的最后疆界，它的影响将是巨大的。

3.7.2　微机电系统及装置

微机电系统是一种先进的制造技术平台。它是以半导体制造技术为基础发展起来的。MEMS 技术采用了半导体技术中的光刻、腐蚀、薄膜等一系列的现有技术和材料。因此，从制造技术本身来讲，MEMS 中基本的制造技术是成熟的。但 MEMS 更侧重于超精密机械加工，并涉及微电子、材料、力学、化学、机械学诸多学科领域。它的学科面也扩大到微尺度下的力、电、光、磁、声、表面等物理学的各分支。

微机电系统是微电路和微机械按功能要求在芯片上的集成的，其尺寸通常在毫米级或微米级。MEMS 自 20 世纪 80 年代中后期崛起以来发展极其迅速，被认为是继微电子之后又一个对国民经济和军事具有重大影响的技术领域，正成为 21 世纪新的国民经济增长点和提高军事能力的重要技术途径。

微机电系统具有体积小、重量轻、功耗低、耐用性好、价格低廉、性能稳定等优点。微机电系统的出现和发展是科学创新思维的结果，是微观尺度制造技术的演进与革命。微机电系统是当前交叉学科的重要研究领域，涉及电子工程、材料工程、机械工程、信息工程等多项科学技术工程，将是国民经济和军事科研领域的新增长点。

MEMS 最初大量用于汽车安全气囊，而后以 MEMS 传感器的形式被大量应用在汽车的各个领域。随着 MEMS 技术的进一步发展，以及人们对应用终端“轻、薄、短、小”的要求，使得小体积高性能的 MEMS 产品的需求增势迅猛，消费电子、医疗等领域也出现了大量 MEMS 产品。微机电系统举例如图 3-33 所示。

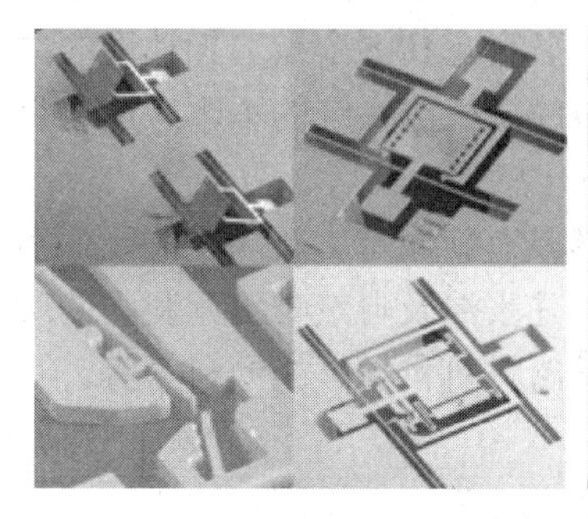

图 3-33　微机电系统举例

MEMS 具有以下五个方面的特点：

(1) 微型化：MEMS 器件体积小、重量轻、耗能低、惯性小、谐振频率高、响应时间短。

(2) 以硅为主要材料，机械电器性能优良：硅的强度、硬度和杨氏模量与铁相当，密度类似铝，热传导率接近钼和钨。

(3) 批量生产：用硅微加工工艺在一片硅片上可同时制造成百上千个微型机电装置或完整的 MEMS，且批量生产可大大降低生产成本。

(4) 集成化：可以把具有不同功能、不同敏感方向或致动方向的多个传感器执行器集成于一体，形成微传感器阵列或微执行器阵列，甚至可以把具有多种功能的器件集成在一起形成复杂的微系统。微传感器、微执行器和微电子器件的集成可制造出可靠性、稳定性很高的 MEMS。

(5) 多学科交叉：MEMS 涉及电子、机械、材料、制造、信息与自动控制、物理、化学和生物等多种学科，并集成了当今科学技术发展的许多尖端成果。

MEMS 发展的目标在于，通过微型化、集成化来探索具有新原理、新功能的元件和系统，开辟一个新技术领域和产业。MEMS 可以完成大尺寸机电系统所不能完成的任务，也可以嵌入大尺寸系统中，它把自动化、智能化和可靠性水平提高到一个新的高度。21 世纪，MEMS 正逐步从实验室走向实用化，对工农业、信息、环境、生物工程、医疗、空间技术、国防等领域的发展将产生重大影响。

微机电系统基本上是指尺寸在几厘米以下乃至更小的小型装置，是一个独立的智能系统，主要由传感器、动作器(执行器)和微能源三大部分组成。微机电系统涉及物理学、化学、光学、医学、电子工程、材料工程、机械工程、信息工程及生物工程等多种学科和工程技术，为系统生物技术的合成生物学与微流控技术等领域开拓了广阔的应用前景。微机电系统在国民经济和军事系统方面将有着广泛的应用前景，民用领域主要是医学、电子和航空航天系统。美国已研制成功用于汽车防撞和节油的微机电系统加速度表与传感器，可提高汽车的安全性，且节油 10%。仅此一项美国国防部系统每年就可节约几十亿美元的汽油费。微机电系统在航空航天系统的应用可大大降低制造系统的费用，同时，提高系统的灵活性，并将导致航空航天系统的变革。例如，一种微型惯性测量装置的样机，尺度为 2 cm × 2 cm × 0.5 cm，重 5 g。在军事应用方面，美国国防部高级研究计划局正把微机电系统应用于个人导航用的小型惯性测量装置、大容量数据存储器件、小型分析仪器、医用传感器、光纤网络开关、环境与安全监测用的分布式无人值守传感等方面的研究。该局已演示以微机电系统为基础制造的加速度表能承受火炮发射时产生的近 10.5 个重力加速度的冲击力，可以为非制导弹药提供一种经济的制导系统。设想中的微机电系统的军事应用还包括化学战剂报警器、敌我识别装置、灵巧蒙皮、分布式战场传感器网络等。

MEMS 技术的目标是通过系统的微型化、集成化来探索具有新原理、新功能的元件和系统。MEMS 技术是一种典型的多学科交叉的前沿性技术，几乎涉及自然与工程科学的所有领域，如电子技术、机械技术、物理学、化学、生物医学、材料科学、能源科学等。其研究内容一般可以归纳为以下三个基本方面：

(1) 理论基础。在当前 MEMS 所能达到的尺度下，宏观世界基本的物理规律仍然起作用，但由于尺寸缩小带来的影响，许多物理现象与宏观世界有很大区别，许多原来的理论基础都会发生变化，如力的尺寸效应、微结构的表面效应、微观摩擦机理等。因此有必要对微动力学、微流体力学、微热力学、微摩擦学、微光学和微结构学进行深入研究。这一方面的研究虽然受到重视，但难度较大，往往需要多学科的学者进行基础研究；

(2) 技术基础研究。它主要包括微机械设计、微机械材料、微细加工、微装配与封装、集成技术、微测量等技术的基础研究；

(3) 微机械在各学科领域的应用研究。

3.7.3 封装、组装与连接技术

组装与封装技术是微机电系统产品设计研制过程中不可缺少的主要工艺手段，这些工艺过程的稳定性、效率、一致性等都会直接影响 MEMS 产品的性能和产业化进程。由于没有针对 MEMS 器件设计特点的专用设备出现，国内外现有的 MEMS 组装与封装工艺手段通常沿用集成电路制造的装备和工艺(如高速贴片、自动引线键合机)。而这些设备大批量制造的特点，一方面限制了 MEMS 器件设计的灵活性，另一方面也使得 MEMS 小批量多品种的特点无法发挥。对于 IC 设备无法实现的组装和封装工艺，只能通过自制一些辅助装置并采用手工操作或半自动操作的方式实现组装和封装，其效率低、成品率低、可靠性差、质量难以控制，不利于科研和产业的发展。微操作机器人是集计算机、机器人、显微视觉和微力感知技术于一体的新型机器人。将微操作技术与 MEMS 组装和封装工艺相结合，是解决 MEMS 组装封装设备难点问题的一个新思路。

MEMS 技术是在微电子技术基础上发展起来的，但 MEMS 器件与微电子器件相比有较大差别，MEMS 器件具有多样性和复杂性，主要表现在以下四个方面：

① 功能的多样性，有光 MEMS、生物 MEMS、射频 MEMS 等；

② 结构的多样性，有二维结构、二维半结构、三维结构，还有运动部件；

③ 接口和信号种类的多样性，有电接口、光接口、与外界媒质的接口；

④ 材料的多样性，包括结构材料、导电材料、功能材料和绝缘材料等。

不同的 MEMS 的结构和功能相差很大，其应用环境、市场需求量也大不相同，最理想的 MEMS 是它的整体结构。但是，基于不同加工工艺、具有复杂的几何尺寸和不同材料的 MEMS 单元很难集成于一体。因此，要通过现有 MEMS 工艺制作将传感、驱动和机械部件融为一体的复杂微系统很困难。要完成 MEMS 的最终制作，尤其是三维微系统的制作，将面临各分体的组装、封装以及系统的拆卸等问题。目前，MEMS 技术在设计、加工方面得到了快速发展，国内国际上各研究部门、企业都拥有了一批较为先进的 MEMS 设计工具和关键加工设备，初步具备了中小批量制造 MEMS 芯片的能力。随着微细加工工艺的发展，各种 MEMS 微小零件被加工出来，这些芯片和零件必须通过组装、封装才能构成微部件和微系统。通过微系统的组装与封装，可以使各元件可靠地、在几何形状和材料方面毫不紧张地相互连接在一起，以确保微系统的性能。因此，从目前 MEMS 技术的发展来看，微组装与封装技术已经成为 MEMS 的一个重要研究领域，直接影响整个系统的可靠性、功能和成本。据统计，微装配与封装的成本占整个微型化的机电产品成本的 60%～80%，它对产业化有直接的影响。因此，MEMS 器件芯片制造、组装与封装应统一考虑。MEMS 自动化微装配设备已成为 MEMS 研究开发与普及应用的重要基础与手段。

我国 MEMS 技术及产业化单位目前主要集中在研究所和高校，其 MEMS 研究的品种较多、特异性大。在政府相关部门的大力支持下，经过十多年的发展，在众多品种的微型传感器、执行器等方面取得了一定的研究成果，并且初步具备了制造中小批量众多品种 MEMS 芯片的能力。但目前我国 MEMS 组装与封装设备技术的发展相对滞后，典型 MEMS 器件(如压力传感器、微加速度计、气体传感器、微陀螺仪和微光谱仪等)在组装和封装上普遍采用了显微镜下的手动、半自动组装与封装设备。这些手动、半自动组装与封装设备具有很大的操作灵活性，但是由于需要过多的人工参与，而且没有考虑 MEMS 组装与封装的特殊要求，其作业效率低、成品率低、稳定性差、可靠性差，不利于批量化和产品化。现有的 MEMS 装备与工艺手段通常沿用 IC 制造的装备和工艺，而这些设备专用性强，不能适应我国目前 MEMS 多品种、中小批量产业化发展的特点。因此，与目前 IC 产业的发展不同，鉴于目前我国 MEMS 将在相当长一段时间内处于多品种、高特异性、中小批量产业化发展阶段的特点，在 MEMS 组装与封装设备的研发方面，开发适用于多功能、模块化柔性自动化微组装与封装设备已成为我国目前 MEMS 产业化发展亟待解决的问题。

MEMS 组装与封装设备关键技术主要包括：典型 MEMS 器件工艺参数优化及数据库，组装与封装快速精密定位技术，组装与封装模块化作业工具，MEMS 组装与封装中的快速显微视觉技术，柔性装夹与辅助部件，自动化物料输送机构。

思考题

1. 如何理解人的身体、器官与机器人、传感器的对应关系？
2. 阐述传感器的主要作用、发展趋势和特点。
3. 如何理解传感器的含义？阐述传感器的分类和性能要求。
4. 分析典型传感器的原理、技术特点、实质和用途。
5. 阐述射频识别技术含义、基本构成、分类、基本原理。
6. 分析 RFID 的应用。
7. 阐述模式和模式识别的研究方法及其分类。
8. 阐述图像的定义、分类和编码格式。
9. 分析图像识别过程。
10. 如何理解纳米技术的含义？
11. 分析微机电系统的特点。

第 4 章　Chapter 4

无线传感器网络感知节点技术

4.1　感知节点技术的基本概况

4.1.1　感知节点技术的发展情况

感知的原始含义是指人类用心念来诠释自己器官所接收的信号，通过感官获得关于物体的有意义的印象。因为人体每一个器官(包括感觉、生殖与内脏的器官)都是外在世界信号的“接收器”，只要是它范围内的信号，经过某种刺激，相应的器官就能将其接收并转换成为感觉信号，再经由自身的神经网路传输到“头脑”中进行情感格式化处理，从而产生了人类所谓的感知。而人类在科技发展进步中不断地利用机器实现智能感知代替人类的身体感知，因而出现了机器感知技术。

机器感知技术是研究如何用机器或计算机模拟、延伸和扩展人的感知或认知能力的技术，包括机器视觉、机器听觉、机器触觉等。比如，计算机视觉、模式(包括文字、图像、声音等)识别、自然语言理解就是机器感知或机器认知方面高智能水平的计算机应用。而感知节点技术是一种简化的机器感知技术，是无线传感器网络的技术基础，包括了用于对物质世界进行感知识别的电子标签、新型传感器、智能化传感网节点技术等。感知节点技术的发展受制于电子元器件、集成电路等硬件技术，也受制于软件、操作系统等软科技。

那么，感知节点技术的发展情况怎样呢？根据 1965 年戈登·摩尔的预言(被称为摩尔定律)，集成电路上可容纳的晶体管数量约每隔 18 个月增加 1 倍，性能也提升 1 倍。之后的个人计算机的发展证实了这一定律，并且发展速度还在加快。从芯片制造工艺来看，在继 1965 年推出 10 μm 处理器后，芯片制造经历了 6 μm、3 μm、1 μm、0.5 μm、0.35 μm、0.25 μm、0.18 μm、0.13 μm、0.09 μm、0.065 μm、0.045 μm 和 0.022 μm 等多个阶段。0.022 μm 的制造工艺是目前市场上所能见到的 CPU 制造的最高工艺，目前，Intel 公司已经完成 0.022 μm 处理器的设计，正在尝试 0.008 μm 处理器的设计。

但是，传感器节点的性能并没有达到摩尔定律给出的发展速度。1999 年，WeC 传感器节点采用 8 位 4 MHz 主频的处理器，2002 年 Mica 节点采用 8 位 7.37 MHz 的处理器，2004 年 Telos 节点采用 16 位 4 MHz 的处理器，Telos 节点仍然是目前最广泛采用的传感器节点。

感知节点性能的提升十分缓慢。首先，最重要的原因是技术发展的不均衡。第一个就是传感失谐，目前很多应用的制约来自于感知元件，在线感知和离线感知有巨大的不同。例如，对于水质量的监控，如果将水取样拿到实验室，那么可以进行人工辅助质量分析，人们也可以承受每台设备几十万元的成本。但是，如果将其放在一个节点上，复杂度、成本和测量精度之间就存在着无法解决的矛盾；其次是功耗的制约，无线传感节点一般被部署在野外，不能有线供电，因此其硬件设计必须以节能为重要设计目标。例如，在正常工作模式下，WeC 节点的处理器的功率为 15 mW，Mica 节点的处理器的功率为 8 mW，Telos 节点的处理器的功率为 3 mW；再次，还有价格和体积的制约，无线传感节点一般需要大量组网，以完成特定的功能，因此其硬件设计必须以廉价为重要设计目标；最后，从应用方式来看，无线传感节点需要容易携带、易于部署，因此其硬件设计必须以微型化为重要设计目标。传感器节点的发展曲线如图 4-1 所示。

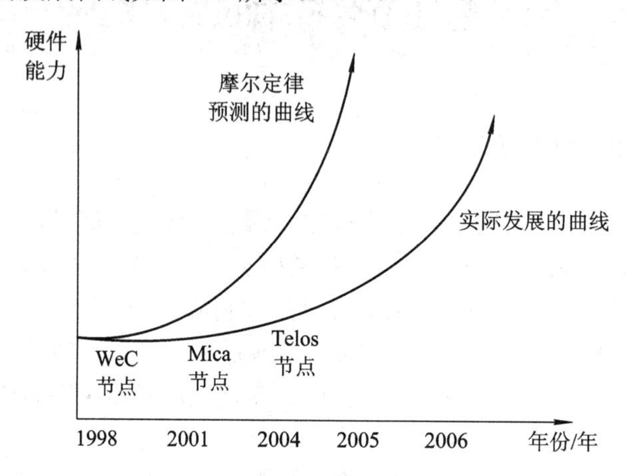

图 4-1 传感器节点的发展曲线

在无线传感器网络中，要求感知节点具有的最重要的能力是智能化，将此类感知节点也称为智能化传感网络节点。智能化传感网络节点是指一个微型化的嵌入式系统，是传感器的智能化。图 4-2 所示为智能化传感网络节点的基本结构框图。

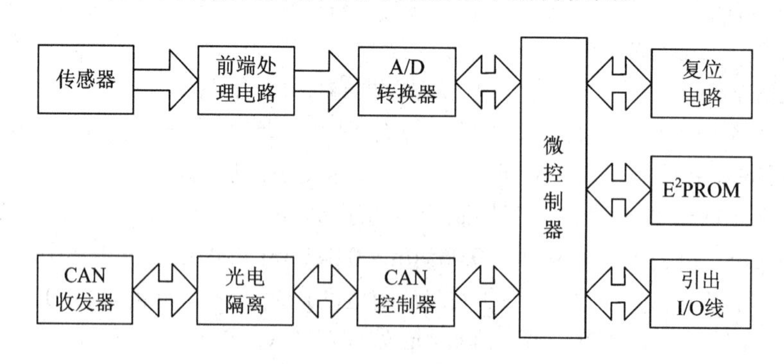

图 4-2 智能化传感网络节点的基本结构框图

在感知物质世界及其变化的过程中，需要检测的对象很多，例如温度、压力、湿度、应变等。因此，需要微型化、低功耗的传感网络节点来构成传感网的基础层支持平台；还需要针对低功耗传感网络节点设备的低成本、低功耗、微型化、高可靠性等要求，研制低速、中高速传感网络节点核心芯片，以及集射频、基带、协议、处理于一体的具备通信、处理、组网和感知能力的低功耗片上系统；同时，也需要针对物联网的行业应用研制系列节点产品。而这就需要采用 MEMS 加工技术设计符合物联网要求的微型传感器，使之可识别、配接多种敏感元件，并适用于各种检测方法。另外，传感网络节点还应具有强抗干扰能力，以适应恶劣工作环境的需求。更重要的研究方向是如何利用传感网络节点具有的局域信号处理功能在传感网络节点附近完成一定的信号处理，使原来由中央处理器实现的串行处理、集中决策的系统变为一种并行的分布式信息处理系统。同时，还需要开发基于专用操作系统的节点级系统软件。

4.1.2 感知节点设计的基本原则

由上一节可知，影响感知节点技术水平的因素较多，归纳起来主要有硬件平台和软件程序两大类。因此，在设计感知节点的硬件平台和软件程序时应考虑以下四个方面：

1. 低成本与微型化

低成本的节点才能被大规模部署，微型化的节点才能使部署更加容易。低成本与微型化是实现传感器网络大规模部署的前提。通常，一个传感系统的成本是有预算的。在给定预算的前提下，部署更多的节点、采集更多的数据能大大提高系统的整体性能。因此，降低单个节点的成本十分重要。节点的大小对系统的部署也会产生极大的影响。就目标跟踪系统(如 VigiNet)而言，微型化的节点能以更高的密度部署，从而提高跟踪的精度；就医疗监控(如 Mercury)而言，微型化的节点更容易使用。

此外，不仅节点的硬件平台设计需要满足微型化的要求，节点的软件设计也需要满足微型化的要求。节点的成本和体积往往会对节点的性能产生限制。拥有 2 GB 内存和 320GB 硬盘大小的个人计算机已十分常见，而 TelosB 节点的内存大小只有 4 KB，程序存储的空间只有 10 KB。因此，节点程序的设计必须节约计算资源，避免超出节点的硬件能力。

2. 低功耗

由于环境条件的限制，传感器节点大多采用普通电池供电，只有一小部分采用太阳能等可持续能源供电。而通常，人们希望整个网络系统能工作一年或更长时间，这就需要在硬件和软件设计中考虑使用低功耗技术。低功耗是实现传感器网络长时间部署的前提。

现有的节点在硬件设计上一般采用低功耗的芯片，即使在正常工作状态下，其功耗也比普通计算芯片小得多。例如，TelosB 节点使用的微处理器，在正常工作状态下功率为 3 mW，而一般的计算机的功率为 200～300 W。其次，节点采用的微处理器芯片以及通信芯片都具备多种低功耗模式。例如，TelosB 节点使用的微处理器芯片有多达五种低功耗模式，在一般的睡眠模式下它的功耗仅为 225 μW，而在深度睡眠模式下它的功耗仅为 7.8 μW。

有了硬件的低功耗模式，还需要搭配软件节能策略来实现节能。软件节能策略的核心就是尽量使节点在不需要工作的时候进入低功耗模式，仅在需要工作的时候进入正常状态。除了单个节点要进行节能外，整个网络也需要均衡不同节点间的能量消耗，以保证系统的整体生命周期足够长。一方面，对于无线传感器网络而言，由通信产生的能量消耗占据了主导地位，即便为传感器节点设置再多的低功耗模式，如果不能配合一个高效的通信调度机制，也会出现节点发送的数据大量碰撞、网络极度拥塞的现象，整个传感器网络会被大量的重复数据占用信道；另一方面，如果节点多数都不进入睡眠模式，那么会出现数据发送方长时间无法找到能够接收数据的节点的现象，这会造成大量的传输机空置，节点等待的时间远远超出数据传输有效的时间，也会造成网络节点能耗效率低下。因此，睡眠模式下的 MAC 协议调度显得尤为重要。

3. 灵活性与扩展性

传感器节点被用于各种不同的应用中，因此节点硬件和软件的设计必须具有灵活性和扩展性。此外，灵活性与扩展性也是实现传感器网络大规模部署的重要保障。节点的硬件设计需满足一定的标准接口，如统一节点和传感器的接口有利于给节点安装上不同功能的传感器。同样，软件的设计最好是可剪裁的，即能够根据不同应用的需求安装不同功能的软件模块。同时，软件的设计还必须考虑系统在时间上的可扩展性。例如，传感网络能够不断地添加新的节点，且这一过程不能影响网络已有的性能(Self Scalable)。又如，节点软件能够通过网络自动更新程序(Remote Reprogramming)，而不需要每次把部署的节点收回、烧录，再重新部署。

4. 鲁棒性

传感器节点一般不经常与人进行交互，即使是穿戴在人身上的传感器，人们一般也不经常对其进行控制，因此无人看守通常是传感器节点与普通计算机的最大区别。鲁棒性是实现传感器网络长时间部署的重要保障。对于普通的计算机而言，一旦系统崩溃了，人们可以采用重启的方法恢复系统，而传感器节点则不行。因此，节点程序的设计必须满足鲁棒性的要求，以保证节点能进行长时间正常工作。例如，在硬件设计上可以在价格允许的前提下，采用多型传感器，即使一种传感器坏了，也能使用另一种传感器进行工作。就整个网络而言，可以适当增加冗余性，从而增加整个系统的鲁棒性。在软件设计上，通常需要对功能进行模块化，并在系统部署前对各个功能模块进行完全的测试。

同时，在实际部署过程中，需要节点在没有人工干预的情况下仍然能够实现自动诊断和网络管理功能，这就给无线传感器节点的设计提出了更高的要求。一方面，感知节点软硬件设计的发展使得节点的价格更加低廉，因此节点的部署可以更加泛在。另一方面，感知节点的计算能力更强，如 Imote2 节点，因此节点更加智能。同时，节点的 OS 也朝着方便人使用的方向发展，例如 Contiki OS、SOS 等增加了对动态加载的支持，使得模块可以动态组合；Mantis OS 等增加了多线程支持，使得节点编程更加容易。智能性、泛在性使得节点的异构互联变得尤其重要，已有的标准包括 IEEE 802.15.4、ZigBee、6LoWPAN、蓝牙、WiFi 等。

物联网又会给传感器带来怎样的发展契机呢？可以认为，物联网将拓展无线传感器网络的应用模式，实现更透彻的感知、更深入的智能化，实现物物相连。因此，传感器节点的发展将会更加泛在和异构：一方面，传感器将朝着低价格、微体积的方向发展，将应用到更多的场景中；另一方面，传感器节点将变得更加可靠，管理也变得越来越方便，自我诊断和修复的能力将获得极大提升。

4.2　感知节点硬件技术

4.2.1　电源技术

感知节点要适应野外部署，且满足低功耗、长寿命的功能要求，因此选择合适的电源是至关重要的。针对固定节点，如果周边有市电，那么可以通过变压器等装置供电；如果周边没有市电，那么可以采用便携电源供电，如太阳能、风能、干电池、锂电池等。针对移动节点，只能采用便携电源为其供电，而且需要将它与传感器、信号处理等部分组装一起，这要求电源体积小、便携，此时诸如干电池、锂电池等才能满足要求。

1. 太阳能电源

太阳能、风能属于可再生能量，其优势在于可长期供电，但体积偏大，一般在不得已的情况采用为宜。例如，在太阳光直射的情形下，一平方英寸的太阳能板能提供 10 mW 的电能；而在室内开灯的情形下，一平方英寸的太阳能板能提供 10～100 μW 的电能。因此，白天收集的电能可供节点晚上工作。使用可再生能量的关键技术是储存能量技术。储存能量的技术一般有以下两种：一种是使用充电电池，其主要优点是系统自放电(也就是通常所说的“漏电”)较少，电能利用效率较高，但是该技术最主要的缺点是充电的效率较低，且充电次数有限；另一种比较新的技术是使用超电容，超电容的主要优点是充电效率高，充电次数可达 100 万次，且不易受温度、振动等因素的影响。例如，最近明尼苏达大学开发的 TwinStar 平台，利用太阳能板收集太阳能，超电容存储电能。使用超电容存储的最大挑战是电容自放电很大，尤其在接近满电容的时候。因此，需要设计电源能量存储的自适应装置，以确保节点在两次充电之间能够正常工作。

从太阳能发现的历史来看，光照射到材料上所引起的“光起电力”行为早在 19 世纪的时候就已经被发现。1839 年，光生伏特效应第一次由法国物理学家 A.E.Becquerel 发现。1883 年第一块太阳能电池由 Charles Fritts 制备成功，Charles 在硒半导体上覆上一层极薄的金属层形成半导体金属结，该器件只有 1%的效率。1946 年 Russell Ohl 申请了现代太阳能电池的制造专利。从 20 世纪 50 年代开始，随着对半导体物性的理解加深，以及加工技术的进步，太阳能电池技术已经走向成熟。当时，美国发射的人造卫星就已经利用太阳能电池作为能量的来源。此后，人们开始将太阳能电池应用到一般的民生用途上，美国于 1983 年在加州建立了世界上最大的太阳能电厂，它的发电量可以高达 1600 万瓦特。在中国，太阳能发电产业发展迅猛，目前中国已是世界最大的太阳能发电装备和应用工程国家。

太阳能电源发电有两种方式，一种是光—热—电转换方式，另一种是光—电直接转换方式。光—热—电转换方式利用太阳辐射产生的热能发电，一般是由太阳能集热器将所吸收的热能转换成蒸气，再驱动汽轮机发电。前一个过程是光—热转换过程，后一个过程是热—电转换过程，转换过程与普通的火力发电一样。光—电直接转换方式的太阳能电源是根据特定材料的光电性质制成的，这种转换方式的电源也称为太阳能电池，其原理是利用半导体的光生伏特效应或者光化学效应直接把光能转化成电能，如图 4-3 所示。

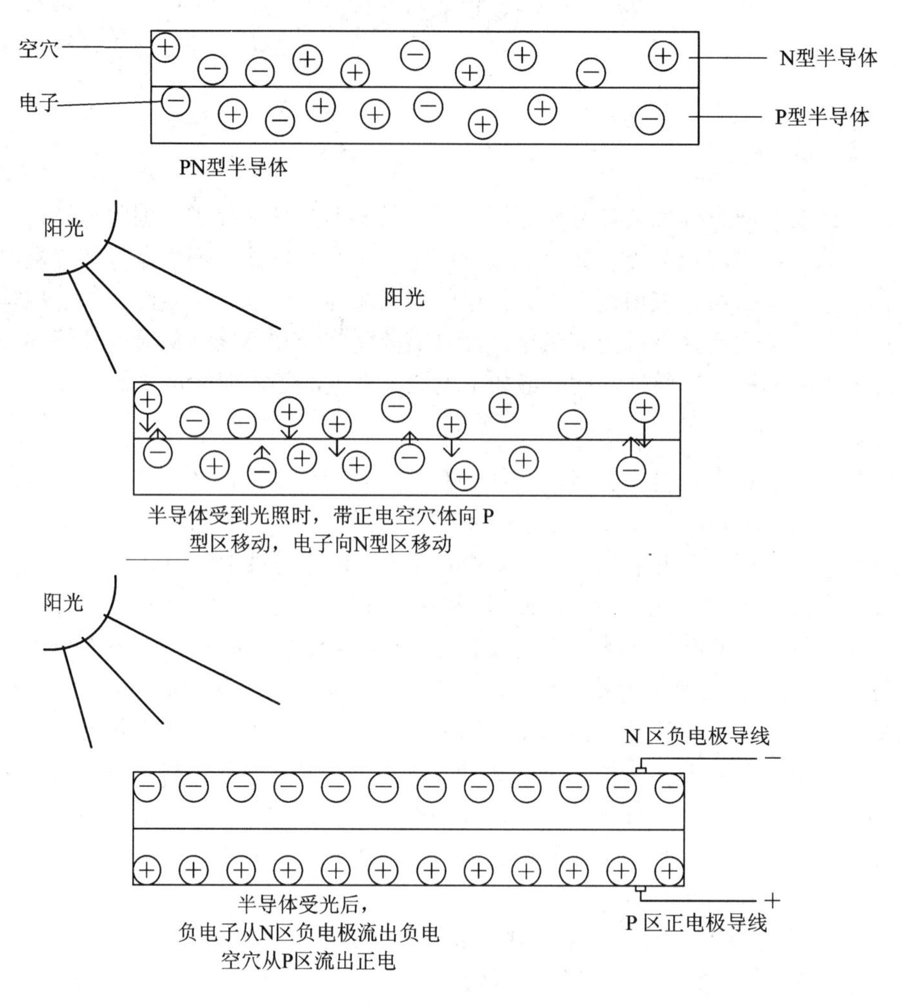

图 4-3 光生伏特效应原理示意图

太阳光照在半导体 PN 结上，形成新的空穴-电子对，在 PN 结内电场的作用下，光生空穴流向 P 区，光生电子流向 N 区，接通电路后就产生电流。按照制作材料，太阳能电源分为硅基半导体电池、CdTe 薄膜电池、CIGS 薄膜电池、染料敏化薄膜电池、有机材料电池等。其中，硅基半导体电池又分为单晶硅电池、多晶硅电池和无定形硅薄膜电池等。对于太阳能电池来说，最重要的参数是转换效率。单晶硅电池的转换效率为 25.0%，多晶硅电池的转换效率为 20.4%，CIGS 薄膜电池的转换效率为 19.6%，CdTe 薄膜电池的转换效率为 16.7%，非晶硅(无定形硅)薄膜电池的转换效率为 10.1%。

太阳能电池有太阳能电池的极性、太阳能电池的性能参数、太阳能电池的伏安特性三个基本特性。太阳能电池的极性表示太阳能电池正面光照层半导体材料的导电类型(N 和 P)，与制造电池所用半导体材料的特性有关；太阳能电池的性能参数由开路电压、短路电流、最大输出功率、填充因子、转换效率等组成，是衡量太阳能电池性能好坏的标志；太阳能电池的伏安特性反映出转化能力，PN 结太阳能电池包含一个形成于表面的浅 PN 结、一个条状或指状的正面欧姆接触、一个涵盖整个背部表面的背面欧姆接触以及位于正面的一层抗反射层。当电池暴露于太阳光谱时，能量小于禁带宽度 E_g 的光子对电池输出并无贡献；能量大于禁带宽度 E_g 的光子才会对电池输出贡献能量 E_g，小于 E_g 的能量则会以热的形式消耗掉。因此，在太阳能电池的设计和制造过程中，必须考虑这部分热量对电池稳定性、寿命等的影响。

太阳能电池组件构成如图 4-4 所示。在太阳能电池组件结构中，钢化玻璃的作用是保护发电主体。EVA 是用来黏结固定钢化玻璃和发电主体(如电池片)的，透明 EVA 材质的优劣直接影响组件的寿命，暴露在空气中的 EVA 易老化发黄，从而影响组件的透光率。晶硅电池片的主要作用就是发电，市场上主流的发电主体是晶体硅太阳能电池片、薄膜太阳能电池片，两者各有优劣。采用晶体硅太阳能电池片的设备成本相对较低，光电转换效率高，在室外阳光下发电比较适宜，但消耗及电池片成本很高。薄膜太阳能电池的消耗和电池成本很低，弱光效应非常好，在普通灯光下也能发电，但设备成本相对较高，光电转化效率只有晶体硅太阳能电池片的一半多点，计算器上的太阳能电池就是此种类型。背板的作用是密封、绝缘、防水，材质必须耐老化。铝合金保护层压件起一定的密封、支撑作用。接线盒保护整个发电系统，起到电流中转站的作用。如果组件短路，接线盒能够自动断开短路电池串，防止烧坏整个系统。接线盒中最关键的是二极管的选用，根据组件内电池片类型的不同，对应的二极管也不相同。硅胶密封是用来密封组件与铝合金边框、组件与接线盒交界处的，可以使用双面胶条、泡棉来替代硅胶。国内普遍使用硅胶，因为其工艺简单、方便、易操作、且成本很低。

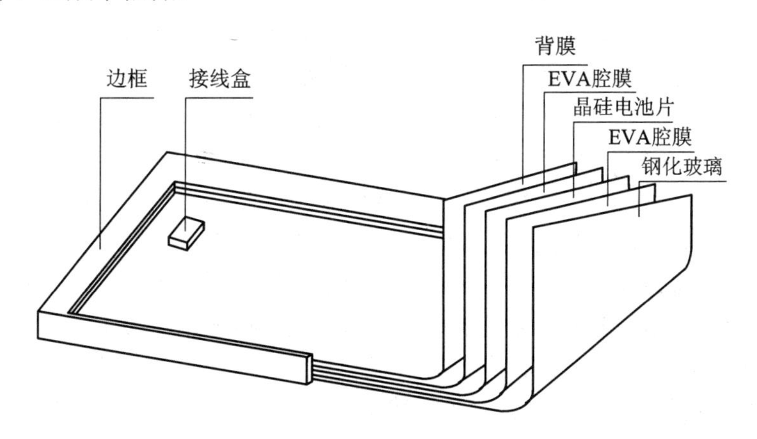

图 4-4　太阳能电池组件构成图

2. 化学电池

电池是指盛有电解质溶液和金属电极以产生电流的杯、槽或其他容器。它是能将化学能转化成电能的装置，具有正极、负极之分。电池构成原理示意图如图 4-5 所示。随着科技的进步，电池泛指能产生电能的小型装置，如太阳能电池。电池的性能参数主要有电动势、容量、比能量和电阻。利用电池作为能量来源，可以得到具有稳定电压、稳定电流、长时间稳定供电、受外界影响很小的电流，并且电池结构简单、携带方便、充放电操作简单易行、不受外界气候和温度的影响、性能稳定可靠。

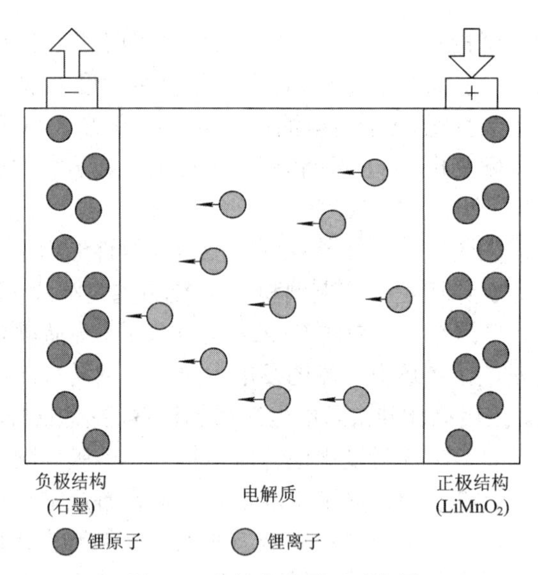

图 4-5　电池构成原理示意图

化学电池可以将化学能直接转变为电能，靠电池内部会自发地进行氧化、还原等化学反应，而这两种化学反应是分别在两个电极上进行的。负极活性物质由电位较低并在电解质中稳定的还原剂组成，如锌、镉、铅等活泼金属，氢或碳氢化合物等。正极活性物质由电位较高并在电解质中稳定的氧化剂组成，如二氧化锰、二氧化铅、氧化镍等金属氧化物，氧或空气，卤素及其盐类，含氧酸及其盐类等。电解质则是具有良好离子导电性的材料，如酸、碱、盐的水溶液，有机或无机非水溶液、熔融盐或固体电解质等。

当外电路断开时，两极之间虽然有电位差(开路电压)，但没有电流，存储在电池中的化学能并不转换为电能。当外电路闭合时，在两电极电位差的作用下即有电流流过外电路。同时，在电池内部，由于电解质中不存在自由电子，电荷的传递必然伴随两极活性物质与电解质界面的氧化反应或还原反应，以及反应物和反应产物的物质迁移。电荷在电解质中的传递也要由离子的迁移来完成。因此，电池内部正常的电荷传递和物质传递过程是保证电池正常输出电能的必要条件。充电时，电池内部的传电和传质过程的方向恰好与放电相反，且电极反应必须是可逆的，才能保证反方向传质与传电过程的正常进行。因此，电极反应可逆是构成电池的必要条件。

在电池中，能斯特(Nernst)方程用来计算电极上相对于标准电动势(E_0)来说的指定氧化还原对的平衡电压(E)，即

$$E = E_0 + \frac{\mathrm{R}T}{r\mathrm{F}} \cdot \lg \frac{Ox}{Red} \tag{4-1}$$

式中，E 为氧化型和还原型在绝对温度 T 及某一浓度时的电极电动势，E_0 为标准电极电动势，R 为气体常数 8.3143 (J/K・mol)，T 为绝对温度，F 为法拉第常数(等于阿伏伽德罗常数 N_A×每个电子的电量 e，大约为 96500 C/mol)，n 为电极反应中得失的电子数，Ox 为氧化物，Red 为还原物。

Nernst 方程反映了非标准电极电动势和标准电极电动势的关系，表明任意状态电动势与标准电动势、浓度以及温度之间的关系，也是计算电池能量转换效率的基本热力学方程式。一般地，一个 2000 mA・h 的电池理论上可以持续输出 10 mA 的电流达 200 h。但实际

上，由于电压变化、环境变化等多种因素，电池的容量并不能被完全利用。

实际上，当电流流过电极时，电极电势都要偏离热力学平衡的电极电势，这种现象称为极化。电流密度(单位电极面积上通过的电流)越大，极化越严重。极化现象是造成电池能量损失的重要原因之一。极化的原因有以下三个：

① 由电池中各部分电阻造成的极化称为欧姆极化；

② 由电极和电解质界面层中电荷传递过程的阻滞造成的极化称为活化极化；

③ 由电极和电解质界面层中传质过程迟缓而造成的极化称为浓差极化。

减小极化的方法是增大电极反应面积、减小电流密度、提高反应温度以及改善电极表面的催化活性。

电池标准是由国际电工委员会(International Electrical Commission，IEC)制定的，其中镍镉电池的标准为 IEC 285，镍氢电池的标准是 IEC 61436，锂离子电池的标准是 IEC 61960。一般，电池行业依据的是 SANYO 或 Panasonic 的标准，各国也有对应的国家标准和企业标准。电池一般分为 1、2、3、5、7 号，其中 5 号和 7 号尤为常用。所谓的 AA 电池就是 5 号电池，而 AAA 电池就是 7 号电池。

按照使用状态，电池可以分成一次性电池和可充电电池。一次性电池俗称“用完即弃”电池，因为它们的电量耗尽后，无法再充电使用，只能丢弃。常见的一次性电池包括碱锰电池、锌锰电池、锂电池、锌电池、锌空气电池、锌汞电池、水银电池、氢氧电池和镁锰电池。可充电电池按制作材料和工艺上的不同，常见的有铅酸电池、镍镉电池、镍铁电池、镍氢电池、锂离子电池。可充电电池的优点是循环寿命长，它们可充放电 200 多次，有些可充电电池的负荷力要比大部分一次性电池高。但是，普通镍镉、镍氢电池会因为它特有的记忆效应造成使用上的不便，常常会提前失效。

3. 蓄电池

蓄电池是可充电电池的一种，这类电池共同的特点是可以经历多次充电和放电循环，从而实现反复使用。根据材料不同，蓄电池可以分为铅蓄电池、铅晶蓄电池、铁镍蓄电池、镍镉蓄电池、银锌蓄电池等。

1) 铅蓄电池

铅蓄电池由正极板群、负极板群、电解液和容器等组成，极板是用铅合金制成的格栅，电解液为稀硫酸，两极板均覆盖有硫酸铅，其结构示意图如图 4-6 所示。

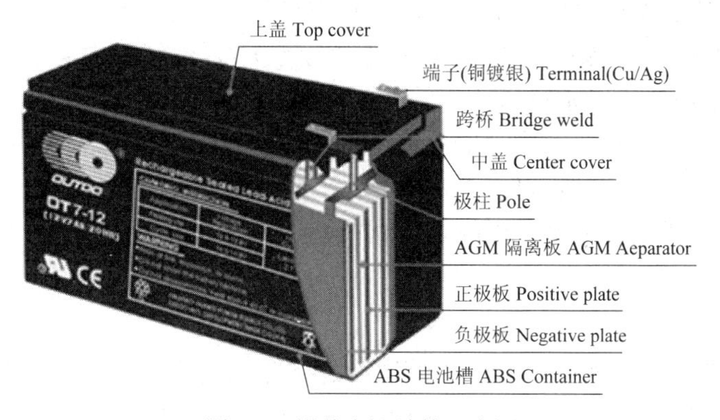

图 4-6 铅蓄电池结构示意图

铅蓄电池的电动势约为 2 V，常用串联方式组成 6 V 或 12 V 的蓄电池组。充电后，正极板是棕褐色的 PbO_2，负极板是灰色的绒状 Pb。当两极板放置在浓度为 27%～37%的 H_2SO_4 中时，极板的铅和硫酸发生化学反应，二价的 Pb^{2+}转移到电解液中，在负极板上留下两个电子 e^-。由于正负电荷的引力，Pb^{2+}聚集在负极板的周围，而正极板在电解液中水分子作用下有少量的 PbO_2 渗入电解液，其中二价的氧离子和水化合，使 PbO_2 变成可离解的一种不稳定的物质 $Pb(OH)_4$。$Pb(OH)_4$ 由四价的 Pb^{4+}和 4 个 OH^-组成。四价的 Pb^{4+}留在正极板上，使正极板带正电。由于负极板带负电，因而两极板间就产生了一定的电位差，这就是电池的电动势。当接通外电路，电流即由正极流向负极。在放电过程中，负极板上的电子不断经外电路流向正极板，这时在电解液内部因硫酸分子电离成 H^+和 SO_4^{2-}，在离子电场力作用下，两种离子分别向正负极移动，硫酸根负离子到达负极板后与铅正离子结合成 $PbSO_4$。在正极板上，由于电子自外电路流入，而与四价的 Pb^{4+}化合成二价的 Pb^{2+}，并立即与正极板附近的 SO_4^{2-}结合成硫酸铅附着在正极上。

铅蓄电池的优点是放电时电动势较稳定，使用温度及使用电流范围宽，能充放电数百个循环，贮存性能好(尤其适于干式电荷贮存)，造价较低，因而应用广泛。其缺点是比能量(单位重量所蓄电能)小，对环境腐蚀性强。随着蓄电池的放电，正负极板都受到硫化，同时电解液中的硫酸逐渐减少，而水分增多，从而导致电解液的比重下降。在实际使用中，可以通过测定电解液的比重来确定蓄电池的放电程度。在正常使用情况下，铅蓄电池不宜放电过度，否则将使得与活性物质混在一起的细小硫酸铅晶体结成较大的晶体，这不但增加了极板的电阻，而且在充电时很难使它再还原，直接影响铅蓄电池的容量和寿命。

2) 铅晶蓄电池

铅晶蓄电池采用高导硅酸盐电解质取代硫酸液作为电解质，是传统铅酸电池电解质的复杂性改型。通过无酸雾化工艺，铅晶蓄电池在生产、使用及废弃过程中都不存在污染问题，更符合环保要求。由于铅晶蓄电池用硅酸盐取代硫酸液作为电解质，从而克服了铅酸电池使用寿命短、不能大电流充放电等缺点，更加符合动力电池的必备条件。

铅晶蓄电池较铅酸电池具有无可比拟的优越性：

① 铅晶蓄电池的使用寿命长。一般铅酸电池循环充放电都在 350 次左右，而铅晶蓄电池在额定容量放电 60%的前提下，循环寿命 700 多次，相当于铅酸电池寿命的一倍。

② 高倍率放电性能好。特殊的工艺使铅晶蓄电池具有高倍率放电的特性，一般铅酸电池放电只有 3C，铅晶蓄电池放电最大可以达到 10C。

③ 深度放电性能好。铅晶蓄电池可深度放电到 0 V，继续充电可恢复全部额定容量，这一特性相对铅酸电池来讲是难以达到的。

④ 耐低温性能好。铅晶蓄电池的温度适应范围比较广，从−20～50℃都能适应，特别是在 −20℃的情况下，放电能达到 87%。

⑤ 环保性好。铅晶蓄电池采用的是新材料、新工艺和新配方，不存在酸雾等挥发的有害物质，对土地、河流等不会造成污染，更加符合环保要求。

3) 铁镍蓄电池

与酸性蓄电池不同，铁镍蓄电池的电解液是碱性的氢氧化钾溶液，因此铁镍蓄电池是一种碱性蓄电池。其正极为氧化镍，负极为铁。充电、放电时，其电动势在 1.3～1.4 V 之间。其优点是轻便、寿命长、易保养，缺点是效率不高。

4) 银锌蓄电池

银锌蓄电池正极为氧化银，负极为锌，电解液为氢氧化钾溶液。银锌蓄电池的比能量大，能大电流放电，耐震，可用作宇宙航行、人造卫星、火箭等的电源。而且，银锌蓄电池的充放电次数可达 100～150 次循环。其缺点是价格昂贵，使用寿命较短。

4. 燃料电池

燃料电池是一种把燃料在燃烧过程中释放的化学能直接转换成电能的装置。燃料电池与蓄电池的不同之处在于，它可以从外部分别向两个电极区域连续地补充燃料和氧化剂而不需要充电。燃料电池由燃料(例如氢、甲烷等)、氧化剂(例如氧和空气等)、电极和电解液等四部分构成。其电极具有催化性能，而且是多孔结构的，可以保证较大的活性面积。工作时，将燃料通入负极，将氧化剂通入正极，它们将各自在电极的催化下进行电化学反应，从而获得电能。

燃料电池把燃烧所放出的能量直接转变为电能，所以它的能量利用率高，是热机效率的两倍以上。此外，它还具有以下优点：

① 设备轻巧；

② 不发生噪音，污染很小；

③ 可连续运行；

④ 单位重量输出电能高。

因此，它已在宇宙航行中得到应用，在军用与民用的各个领域中也有广阔的应用前景。

5. 温差电池

将两种金属接成闭合电路，并在两个接头处保持不同温度，此时产生的电动势即温差电动势，这种反应叫做塞贝克效应(见温差电现象)，而这种装置叫做温差电偶或热电偶。金属温差电偶产生的温差电动势较小，常用来测量温度差。但是，也可以将温差电偶串联成温差电堆作为小功率的电源，称作温差电池。用半导体材料制成的温差电池的温差电效应较强。

6. 核电池

核电池是能把核能直接转换成电能的装置(目前的核发电装置是利用核裂变能量使蒸汽受热以推动发电机发电，但还不能将核裂变过程中释放的核能直接转换成电能)。通常，核电池包括辐射 β 射线(高速电子流)的放射性源(例如锶-90)、收集这些电子的集电器以及电子由放射性源到集电器所通过的绝缘体三个部分。放射性源一端因失去负电成为正极，集电器一端因得到负电成为负极，从而在放射性源与集电器两端的电极之间形成电位差。这种核电池可产生高电压，但电流很小。它常用于人造卫星及探测飞船中，可长期使用。

4.2.2 传感器模块

传感器是感知节点硬件的核心和关键技术，传感器输出的信号有模拟信号和数字信号。在传感器节点平台中，使用哪种传感器往往由具体的应用需求以及传感器本身的特点决定。基于模拟信号的传感器为每一个测量的物理量输出一个原始的模拟量，如电压，这些模拟量必须先被数字化才能被使用。因此，这些传感器需要外部的模/数转换器以及额外的校准技术。而基于数字信号的传感器本身就提供了数字化的接口，因此处理器可以直接读出感知信号对应的数字量，简化了处理器与传感器之间的交互。目前常见传感器的特性如表 4-1 所示。

表 4-1 目前常见传感器的特性

厂商	离散采样时间	类 型	工作电压/V	工作能耗
Taos	330 μs	可见光传感器	2.7～5.5	1.9 mA
Dallasr	400 ms	温度传感器	2.5～5.5	1 mA
Sensirion	300 ms	湿度传感器	2.4～5.5	550 μA
Intersema	35 ms	压强传感器	2.2～3.6	1 mA
Honeywell	30 μs	磁传感器	—	4 mA
Analog Devies	10 ms	加速度传感器	2.5～3.3	2 mA
Panasonic	1 ms	声音传感器	2～10	0.5 mA
Motorola	—	烟传感器	6～12	5 μA
Melixis	1 ms	被动式红外传感器	—	0 mA
Li-Cor	1 ms	合成光传感器	—	0 mA
Ech2o	10 ms	土壤水分传感器	2～5	2 mA

4.2.3 微处理器模块

自从 1947 年发明晶体管以来，70 多年间半导体技术经历了硅晶体管、集成电路、超大规模集成电路、甚大规模集成电路等几代，发展速度之快是其他产业所没有的。半导体技术对整个社会产生了广泛的影响，因此它被称为“产业的种子”。中央处理器(Central Processing Unit，CPU)是指计算机内部对数据进行处理并对处理过程进行控制的部件。伴随着大规模集成电路技术的迅速发展，芯片集成密度越来越高，CPU 可以集成在一个半导体芯片上，这种具有中央处理器功能的大规模集成电路器件，被统称为“微处理器”(Microprocessor)。目前，微处理器已经无处不在，无论是录像机、智能洗衣机、移动电话等家电产品，还是汽车引擎控制、数控机床以及导弹精确制导等都要嵌入各类不同的微处理器。微处理器不仅是微型计算机的核心部件，还是各种数字化智能设备的关键部件。国际上的超高速巨型计算机、大型计算机等也都采用大量的通用高性能微处理器搭建而成。

1. 微处理器发展历史

按照其处理信息的字长，CPU 可以分为 4 位微处理器、8 位微处理器、16 位微处理器、32 位微处理器以及 64 位微处理器。可以说，个人电脑的发展是随着 CPU 的发展而前进的。迄今，微处理器的发展大致可分为以下六个阶段：

第一代(1971—1973 年)，是 4 位或 8 位微处理器，典型的微处理器有 Intel 4004 和 Intel 8008。Intel 4004 是一种 4 位微处理器，可进行 4 位二进制的并行运算，它有 45 条指令，速度 0.05MIPs(Million Instruction Per Second，每秒百万条指令)。但是，Intel 4004 的功能有限，主要用于计算器、电动打字机、照相机、台秤、电视机等家用电器，它使这些电器设备具有智能化。Intel 8008 是世界上第一种 8 位的微处理器，其存储器采用 PMOS 工艺。该阶段计算机工作速度较慢，微处理器的指令系统不完整，存储器容量很小(通常只有几百字节)，没有操作系统，只有汇编语言，主要用于工业仪表、过程控制。

第二代(1974—1977 年)，典型的微处理器有 Intel 8080/8085、Zilog 公司的 Z80 和 Motorola 公司的 M6800。与第一代微处理器相比，第二代的集成度提高了 1～4 倍，运算速度提高了 10～15 倍，指令系统相对比较完善，已具备典型的计算机体系结构、中断、直接存储器存取等功能。第二代微处理器均采用 NMOS 工艺，其集成度约 9000 只晶体管，平均指令执行时间为 1～2 μs，采用汇编语言、BASIC、Fortran 编程，使用单用户操作系统。

第三代(1978—1984 年)，这一时期 Intel 公司推出 16 位微处理器 8086/8088。8086 微处理器最高主频速度为 8MHz，具有 16 位数据通道，内存寻址能力为 1 MB。同时，英特尔还生产出与 8086 相配合的数字协处理器 i8087，这两种芯片使用相互兼容的指令集，但 i8087 指令集中增加了一些专门用于对数、指数和三角函数等数学计算的指令。人们将这些指令集统称为 x86 指令集。虽然以后 Intel 又陆续生产出第二代、第三代等更先进和更快的新型 CPU，但都仍然兼容原来的 x86 指令，而且 Intel 在后续 CPU 的命名上沿用了原先的 x86 序列。直到后来因商标注册问题，Intel 才放弃了继续用阿拉伯数字的命名方法。8088 采用 40 针的 DIP 封装，工作频率为 6.66 MHz、7.16 MHz 或 8 MHz，8088 微处理器集成了大约 29000 个晶体管。此后，各公司也相继推出了同类产品，比如 Zilog 公司的 Z8000 和 Motorola 公司的 M68000 等。16 位微处理器与 8 位微处理器相比拥有更大的寻址空间、更强的运算能力、更快的处理速度和更完善的指令系统。这一时期，IBM 公司将 8088 芯片用于其研制的 IBM-PC 机中，从而开创了全新的微机时代。

第四代(1985—1992 年)，32 位微处理器。典型的产品有 Intel 公司的 80386DX/80386SX，其内部包含 27.5 万个晶体管，数据总线是 32 位，地址总线也是 32 位，可以寻址到 4 GB 内存，且可以管理 64TB 的虚拟存储空间。80386 的时钟频率为 12.5 MHz，后逐步提高到 20 MHz、25 MHz、33 MHz、40 MHz。80386 除了具有实模式和保护模式以外，还增加了一种“虚拟 86”的工作方式，即可以通过同时模拟多个 8086 微处理器来提供多任务能力。1989 年 Intel 推出了 80486 芯片，与 80386 相比，其性能提高了 4 倍。80486 首次突破了 100 万个晶体管的界限，集成了 120 万个晶体管，使用 1 μm 的制造工艺制成。其时钟频率从 25 MHz 逐步提高到 33 MHz、40 MHz、50 MHz。

第五代(1993—2005 年)，奔腾(Pentium)系列微处理器，典型产品是 Intel 公司的奔腾系列芯片及与之兼容的 AMD 的 K6 系列微处理器芯片。奔腾系列微处理器内部采用了超标量指令流水线结构，具有相互独立的指令和数据高速缓存。随着 MMX(Multi Media Xtended，多媒体扩展指令集)微处理器的出现，微型机的发展在网络化、多媒体化和智能化等方面跨上了更高的台阶。早期的频率为 75～120 MHz 的奔腾使用的是 0.5 μm 的制造工艺，后期频率在 120 MHz 以上的奔腾则改用 0.35 μm 工艺。经典奔腾的性能相当平均，整数运算和浮点运算都不错。为了提高电脑在多媒体、3D 图形方面的应用能力，许多新指令集应运而生，其中最著名的三种便是 Intel 的 MMX、SSE 和 AMD 的 3D NOW。MMX 是 Intel 于 1996 年发明的一项多媒体指令增强技术，包括 57 条多媒体指令，可以一次处理多个数据，MMX

技术在软件的配合下可以得到更好的性能。

多能奔腾是继 Pentium 后 Intel 又一个成功的产品，它是在原 Pentium 的基础上进行了重大改进的结果，增加了片内 16 KB 数据缓存和 16KB 指令缓存，4 路写缓存，以及分支预测单元和返回堆栈技术。特别是新增加的 57 条 MMX 多媒体指令，使得多能奔腾即使在运行非 MMX 优化的程序时，也比同主频的 Pentium CPU 要快得多。1997 年推出的 Pentium II 处理器结合了 Intel MMX 技术，能以极高的效率处理影片、音效以及绘图资料，首次采用 Single Edge Contact (S.E.C)匣型封装，内建了高速快取记忆体。奔腾 III 处理器加入 70 个新指令和网际网络串流 SIMD 延伸集，能大幅提升先进影像、3D、串流音乐、影片、语音辨识等应用的性能，还能大幅提升网际网络的使用体验，让使用者能浏览逼真的线上博物馆与商店以及下载高品质影片。Intel 首次采用了 0.25 μm 技术，Intel Pentium III 晶体管数目约为 950 万颗。

2000 年推出的 Pentium 4 处理器内建了 4200 万个晶体管，采用了 0.18 μm 的电路，其速度高达 3.2 GHz，内含创新的 HT(Hyper-Threading，超线程)技术，让电脑性能增加 25%。2003 年，Intel 公司的 x86 架构微处理器，主频为标准 1.6 GHz、1.5 GHz、1.4 GHz、1.3 GHz，低电压 1.1 GHz，超低电压 900 MHz。2005 年，Intel 推出的双核心处理器有 Pentium D 和 Pentium Extreme Edition，同时推出 945/955/965/975 芯片组来支持新推出的双核心处理器。这两款新推出的双核心处理器是采用 90 nm 工艺生产的，使用的是没有针脚的 LGA 775 接口，但处理器底部的贴片电容数目有所增加，排列方式也有所不同。

Intel 的双核心构架更像是一个双 CPU 平台，Pentium D 处理器继续沿用 Prescott 架构及 90 nm 生产技术生产。Pentium D 内核实际上由两个独立的 Prescott 核心组成，每个核心拥有独立的 1MB L2 缓存及执行单元，两个核心加起来一共拥有 2 MB。但是，由于处理器中的两个核心都拥有独立的缓存，必须保证每个二级缓存当中的信息完全一致，否则就会出现运算错误。为了解决这一问题，Intel 两个核心之间的协调工作交给了外部的 MCH(北桥)芯片。虽然缓存之间的数据传输与存储并不巨大，但由于需要通过外部的 MCH 芯片进行协调处理，毫无疑问这会给整体的处理速度带来一定的延迟，从而影响处理器整体性能的发挥。

第六代(2005 年至今)，是酷睿(Core)系列微处理器时代。酷睿系列微处理器的设计出发点是提供卓然出众的性能和能效，提高每瓦特性能，也就是所谓的能效比。早期的酷睿是基于笔记本处理器的，是一个跨平台的架构体系，包括服务器版、桌面版、移动版三大领域。其中，服务器版的开发代号为 Woodcrest，桌面版的开发代号为 Conroe，移动版的开发代号为 Merom。酷睿 2 处理器的 Core 微架构是 Intel 为了提高两个核心的内部数据交换效率而采取的共享式二级缓存设计，两个核心共享高达 4 MB 的二级缓存。

继 LGA775 接口之后，Intel 首先推出了 LGA1366 平台，定位高端旗舰系列。首个使用 LGA 1366 接口的是代号为 Bloomfield 的处理器，它采用经改良的 Nehalem 核心，基于 45 nm 制程及原生四核心设计，内建 8～12 MB 三级缓存。而后，LGA1366 平台再次引入了 Intel 超线程技术，同时用 QPI 总线技术取代了从 Pentium 4 时代沿用到现在的前端总线设计。最重要的是，LGA1366 平台支持三通道内存设计，使其在实际的效能方面有了更大的提升，这也是 LGA1366 旗舰平台与其他平台定位上的一个主要区别。早期采用 LGA1366 接口的处理器主要包括 45 nm Bloomfield 核心酷睿 i7 Core i3/i5/i7 四核处理器。

2. 微处理器的内涵

微处理器与一些芯片的概念容易混淆，如微机、微处理机、单片机等。微机和单片机是按照计算机规模分类的，即分为巨、大、中、小、微、单板、单片机。微处理器和 CPU 是按计算机处理器分类的，CPU 是计算机中央处理器的总称，而微处理器是微型计算机的中央处理器。具体的定义如下：

(1) 微处理器就是通常所说的 CPU，又叫中央处理器，其主要功能是进行算术运算和逻辑运算，内部结构大致可以分为控制单元、算术逻辑单元和存储单元等几个部分。按照其处理信息的字长，微处理器可以分为 8 位微处理器、16 位微处理器、32 位微处理器以及 64 位微处理器等。

(2) 微计算机简称微型机或微机，它的发展是以微处理器的发展来表征的。将传统计算机的运算器和控制器集成在一块大规模集成电路芯片上作为中央处理单元，称为微处理器。微型计算机是以微处理器为核心，再配上存储器和接口电路等芯片构成的。

(3) 单片机又称单片微控制器，它不是完成某一个逻辑功能的芯片，而是把一个计算机系统集成到一块芯片上，这一块芯片就成了一台计算机。单片机是将 CPU、适当容量的存储器(有 RAM、ROM)以及 I/O 接口电路三个基本部件集成在一块芯片上，再通过接口电路与外围设备相连接而构成的。现在的单片 CPU 还集成了数模转换电路，还有的集成了根据行业需要定制的一些特殊电路等。

3. 微处理器的分类与基本结构

根据微处理器的应用领域，微处理器大致可以分为三类：通用高性能微处理器，嵌入式微处理器和数字信号处理器，微控制器。一般而言，通用高性能微处理器追求高性能，它们用于运行通用软件，配备完备、复杂的操作系统。嵌入式微处理器强调处理特定应用问题的高性能，运行面向特定领域的专用程序，配备轻量级操作系统，主要用于蜂窝电话、CD 播放机等消费类家电。微控制器价位相对较低，在微处理器市场上需求量最大，主要用于汽车、空调、自动机械等领域的自控设备。

微处理器的结构主要分成两个部分，一部分是执行部件(EU)，即执行指令的部分；另一部分是总线接口部件(BIU)，与 8086 总线类似，执行从存储器取指令的操作。微处理器分成 EU 和 BIU 后，可使取指令和执行指令的操作重叠进行。16 位 8086 微处理器结构示意图如图 4-7 所示。

从图 4-7 中可知，EU 部分由一个寄存器堆(由 8 个 16 位的寄存器组成，可用于存放数据、变量和堆栈指针)、算术运算逻辑单元 ALU(用于执行算术运算和逻辑操作)和标志寄存器(用于寄存这些操作结果的条件)组成，这些部件是通过数据总线传送数据的。总线接口部件也有一个寄存器堆，其中 CS、DS、SS 和 ES 是存储空间分段的分段寄存器。IP 是指令指针，内部通信寄存器也是暂时存放数据的寄存器，指令队列用于把预先取来的指令流存放起来。总线接口部件还有一个地址加法器，用于把分段寄存器值和偏置值相加，从而取得 20 位的物理地址，数据和地址通过总线控制逻辑与外面的 8086 系统总线相联系。8086 有 16 位数据总线，处理器与片外传送数据时，一次可以传送 16 位二进制数。8086 具有一个初级流水线结构，可以实现片内操作与片外操作的重叠。

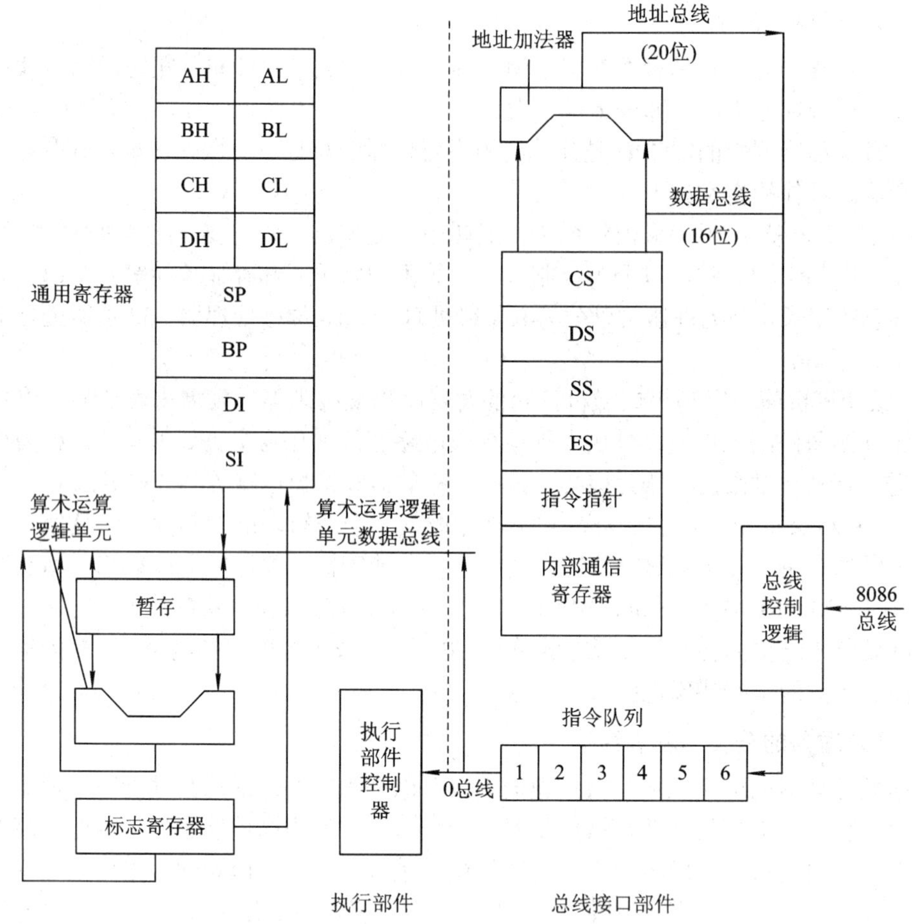

图 4-7　16 位 8086 微处理器结构示意图

4．其他微处理器情况

在微处理器研发方面，除了主流的 Intel 公司外，国内外还有其他公司和研究机构在进行这方面的研发。IBM 公司从 1975 年开始研制基于 RISC 设计的处理器，并在多年后出现了广泛应用的 ARM 系列芯片。摩托罗拉公司从 1975 年开始推出 6800 处理器，以此为基础研制出 MC68010、88000 的 32 位 RISC 处理器系列，后来因企业业务重点研制 PowerPC 而被迫停产。Z-80 是由从 Intel 离走的 Frederico Faggin 设计的 8 位微处理器，是 8080 的增强版，后期被 51 系列处理器取代。

中国从 2004 年开始研发微处理器。由清华大学自主研发的 32 位微处理器 THUMP 芯片，工作频率为 400 MHz，功耗为 1.17 mW/MHz，芯片颗粒 40 片，最高工作频率可达 500 MHz。自 2002 年起，中科院计算所陆续推出了龙芯 1 号、龙芯 2 号、龙芯 3 号三款微处理器，它们在包括服务器、高性能计算机、低能耗数据中心、个人高性能计算机、高端桌面应用、高吞吐计算应用、工业控制、数字信号处理、高端嵌入式应用等产品中具有广阔的市场应用前景。

5．在传感节点的应用

微处理器是负责无线传感节点中计算的核心部件。目前的微处理器芯片同时集成了内存、闪存、模/数转换器、数字 I/O 等，这种深度集成的特征使得它们非常适合在无线传感网络中使用。下面分析微处理器特性中影响节点整体性能的几个关键特性。

1) 功耗特性

微处理器的功耗特性是一个十分关键的特性，因为这决定了无线传感网络的生命周期。传感节点一般周期性地进行数据采集与处理，在其他大部分时间处于睡眠状态。因此，微处理器睡眠状态的能耗对整个节点的生命周期起着极为关键的作用。一般的微处理器的睡眠电流为 1～50 μA。采用一节 2000 mA・h 电池为一个睡眠电流 50 μA 的微处理器供电，在理想情况下，即使全程都处于睡眠状态，最多也只能工作 4.5 年。而对于 1 μA 睡眠电流的微处理器而言，睡眠电流对其生命周期的影响是可以忽略不计的，其生命周期将几乎由电池自身放电及处理器工作状态的能耗决定。

2) 唤醒时间

微处理器的另一个关键特性是唤醒时间。有些微处理器从睡眠状态进入工作状态需要近 10 ms 的时间，而有些微处理器仅需要 6 μs 的时间。唤醒时间越短，状态切换的速度就越快。唤醒时间短的处理器能充分利用小段的非常活跃状态，使得节点快速进入睡眠状态，进一步节省能耗。

3) 供电电压

供电电压对微处理器也十分重要。传统的低功耗处理器仅能在 2.7～3 V 电压内正常工作，而新一代的低功耗处理器能在 1.8～3 V 电压内正常工作。这能极大延长节点的生命周期。以常见的 AA 碱性电池为例，若处理器仅能在 2.7～3 V 电压内正常工作，则节点能工作 300 h；若处理器能在 1.8～3 V 电压内正常工作，则节点能工作 680 h。

4) 运算速度

在传感网络中，微处理器的主要工作是运行通信协议、与传感器交互和进行数据处理等，其中大部分的操作对处理器速度并没有很高的要求。目前，大部分传感器节点的 CPU 主频是 0～8 MHz。提高或降低 CPU 主频之所以对 CPU 的能耗并没有太大影响，是因为能量消耗与 CPU 主频满足如下关系式：$P = CV^2F$。其中，P 是能耗功率，C 是常数，V 是电压，F 是主频。由此可见，随着主频的提高，功率也随之提高。然而，主频的提高也带来运行时间的下降。因此，CPU 整体能耗(功率乘时间)并没有太大的变化。某些实时应用对 CPU 执行速度具有比较严格的要求。例如，进行数据加密与解密操作的执行时间不能超过一个指定的阈值，这时选择微处理器就必须考虑其执行速度是否能满足这一要求。

5) 内存大小

通常，在节点上执行的程序会将数据保存在内存(RAM)中，而将程序代码保存在闪存中。内存是易失性的，内存里的数据在断电后就会丢失。而闪存是非易失性的，数据在断电以后还能保存下来。目前的微处理器一般配有 4～10 KB 的内存、48～128 KB 的闪存。

根据数据与代码是否独立编址，可以将现有微处理器分为两类：第一类是基于冯・诺依曼体系结构的处理器，其数据与代码是统一编址的，用于存储数据的内存与用于存储代码的闪存在同一个地址空间里，如 MSP430 处理器；第二类是哈佛体系结构的处理器，其数据与代码是独立编址的，如 Atmega128 处理器。其中，MSP430F1611 微处理器为 TelosB 节点所采用，而 Atmega128L 为 MicaZ 节点所采用。常见的微处理器及其关键特性如表 4-2 所示。

表 4-2 常见微处理器及其关键特性

厂商	设备	发布年份	字长/位	工作电压/V	内存/KB	闪存/KB	工作能耗/mA	睡眠能耗/μA	唤醒时间/μs
Atmel	Atmega128L	2002	8	2.7～5.5	4	128	0.95	5	6
Atmel	Atmega1281	2005	8	1.8～5.5	8	128	0.9	1	6
Atmel	Atmega1561	2005	8	1.8～5.5	8	256	0.9	1	6
Ember	EM250	2006	16	2.1～3.6	5	128	8.5	1.5	>1000
Freescale	HC05	1988	8	3.0～5.5	0.3	0	1	1	>2000
Freescale	HC08	1993	8	4.5～5.5	1	32	1	20	4
Freescale	HCS08	2003	8	2.7～5.5	4	60	7.4	1	10
Jennic	JN5121	2005	32	2.2～3.6	96	128	4.2	5	>2500
Jennic	JN5139	2007	32	2.2～3.6	192	128	3.0	3.3	>2500
TI	MSP430F149	2000	16	1.8～3.6	2	60	0.42	1.6	6
TI	MSP430F1611	2004	16	1.8～3.6	10	48	0.5	2.6	6
TI	MSP430F2618	2007	16	1.8～3.6	8	116	0.5	1.1	1
TI	MSP430F5437	2008	16	1.8～3.6	16	256	0.28	1.7	5
ZiLOG	Ez80F91	2004	16	3.0～3.6	8	256	50	50	3200

4.2.4 存储模块

存储就是根据不同的应用环境通过采取合理、安全、有效的方式将数据保存到某些介质上并能保证有效的访问。总的来讲，它包含以下两个方面的含义：一方面它是数据临时或长期驻留的物理媒介；另一方面，它是保证数据完整安全存放的方式或行为。存储器是系统实现存储的记忆设备，其主要功能是存储程序和各种数据，并能在计算机系统运行过程中高速、自动地完成程序或数据的存取。存储器是具有“记忆”功能的设备，它采用具有两种稳定状态的物理器件来存储信息，这些器件也称为记忆元件。有了存储器，计算机才有记忆功能，才能保证正常工作。

按用途分，存储器可分为主存储器(内存)和辅助存储器(外存)，也可分为外部存储器和内部存储器。一个存储器包含许多存储单元，每个存储单元可存放一个字节(按字节编址)。每个存储单元的位置都有一个编号，即地址，一般用十六进制表示。大部分只读存储器用金属-氧化物-半导体(MOS)场效应管制成。其中，快闪存储器以其集成度高、功耗低 、体积小，又能在线快速擦除的优点而获得飞速发展，并有可能取代现行的硬盘和软盘而成为主要的大容量存储媒介。

按功能分，存储器可分为只读存储器(ROM)和读写存储器(RAM)。ROM 表示的是只读存储器，即只能读出信息，不能写入信息，计算机关闭电源后其内的信息仍旧保存着，一般用它存储固定的系统软件和字库等。RAM 表示的是读写存储器，可对其中的任一存储单元进行读或写操作，计算机关闭电源后其内的信息丢失，再次开机需要重新装入，通常用来存放操作系统、各种正在运行的软件、输入和输出数据、中间结果及与外存交换信息等。

RAM 就是常说的内存。

1. 只读存储器

只读存储器是一种只能读出事先所存数据的固态半导体存储器，为非易失性存储器。其特性是一旦存储资料就无法再修改或删除。通常用在不需要经常变更资料的电子或电脑系统中，并且资料不会因为电源关闭而消失。ROM 结构较简单，读出较方便，因而常用于存储各种固定程序和数据。

ROM 所存数据一般是装入整机前事先写好的，整机工作过程中只能读出 ROM 中的数据，而不像随机存储器那样能快速地、方便地进行改写。ROM 所存数据稳定，断电后所存数据也不会改变。除少数品种的只读存储器(如字符发生器)可以通用之外，不同用户所需只读存储器的内容不同。为便于使用和大批量生产，进一步研制出了可编程只读存储器(PROM)、可擦除可编程序只读存储器(Erasable Programmable Read Only Memory，EPROM)和电可擦除可编程只读存储器(Electrically-Erasable Programmable Read-Only Memory，EEPROM，EEPROM)。例如，早期的个人电脑(如 Apple II 或 IBM PC XT/AT)的开机程序(操作系统)或其他各种微电脑系统中的韧体(Firmware)均采用此方式。

1) 可擦除可编程只读存储器

可擦除可编程只读寄存器，由以色列工程师 Dov Frohman 发明，是一种断电后仍能保留数据的计算机存储芯片。EPROM 是一组浮栅晶体管，被一个提供比电子电路中常用电压更高电压的电子器件分别编程。一旦编程完成后，EPROM 只能用强紫外线照射来擦除。通过封装顶部能看见硅片的透明窗口，很容易识别 EPROM，这个窗口同时也用来进行紫外线擦除。

EPROM 采用双层栅(二层 poly)结构，结构示意图如图 4-8 所示。浮栅中没有电子注入时，在控制栅施加电压的情况下，浮栅中的电子跑到上层，下层出现空穴。由于感应而吸引电子，并开启沟道。如果浮栅中有电子注入，即加大管子的阈值电压，沟道处于关闭状态，实现了开关功能。

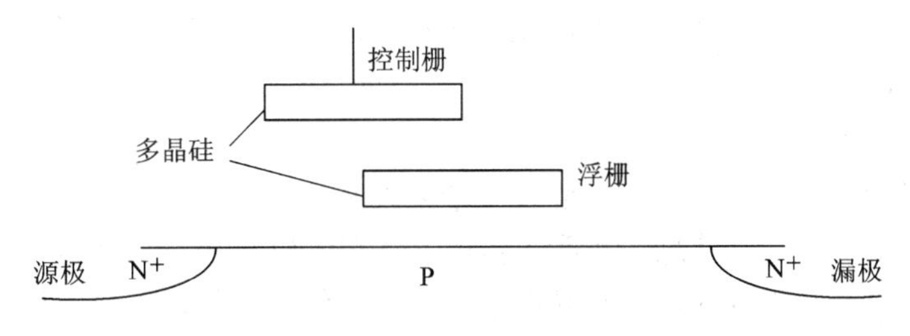

图 4-8　EPROM 双层栅(二层 poly)结构示意图

EPROM 的写入过程如图 4-9 所示。当漏极加高压时，电子从源极流向漏极的沟道充分开启。在高压的作用下，电子的拉力加强，能量使电子的温度急剧上升，变为热电子。这种电子几乎不受原子的振动作用引起的散射的影响，但在控制栅施加的高压下，热电子使能跃过 SiO_2 的势垒，注入浮栅中。在没有别的外力的情况下，电子能够很好地保持着。在需要消去电子时，利用紫外线进行照射，给电子足够的能量以逃逸出浮栅。EPROM 的写入过程是利用了隧道效应，即能量小于能量势垒的电子能够穿越势垒到达另一边。量子力学认为物理尺寸与电子自由程相当时，电子将呈现波动性，这表明物体要足够的小。就 PN

结来看，当P区和N区的杂质浓度达到一定水平且空间电荷极少时，电子就会因隧道效应向导带迁移。电子的能量处于某个允许的范围称为“带”，较低的能带称为价带，较高的能带称为导带。电子到达较高的导带时就可以在原子间自由的运动，这种运动就是电流。

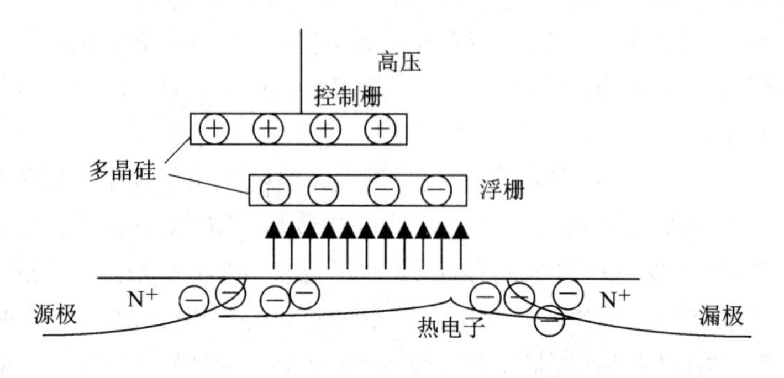

图 4-9 EPROM 的写入过程

EPROM 是一种具有可擦除功能，且擦除后即可进行再编程的 ROM 内存。写入数据前必须先用紫外线照射 EPROM 的 IC 卡上的透明视窗的方式清除掉里面的内容。这一类芯片比较容易识别，其封装中包含有“石英玻璃窗”，一个编程后的 EPROM 芯片的“石英玻璃窗”一般使用黑色不干胶纸盖住，以防止遭到阳光直射。

EPROM 芯片可重复擦除和写入，解决了 PROM 芯片只能写入一次的弊端。EPROM 内资料的写入要用专用的编程器，并且往芯片中写内容时必须要加一定的编程电压(V_{PP}=12～24 V，依据不同的芯片型号而定)。EPROM 的型号是以“27”开头的，如 27C020 (8×256K)是一片 2 MB 容量的 EPROM 芯片。EPROM 芯片在写入资料后，还要以不透光的贴纸或胶布把窗口封住，以免受到周围的紫外线照射而使资料受损。EPROM 芯片在空白状态时(用紫外光线擦除后)，内部的每一个存储单元的数据都为 1(即高电平，0 为低电平)。一片编程后的 EPROM 可以保持其数据大约 10～20 年，并能无限次读取。一些在快闪记忆体出现前生产的微控制器，使用 EPROM 来储存程序的版本，以利于程式开发。如果使用一次性可编程器件，那么在调试时将造成严重浪费。目前，EPROM 已经逐步被电可擦除只读存储器 EEPROM 取代。

2) 电可擦除只读存储器

电可擦除只读存储器是一种可以通过电子方式多次复写的半导体存储设备，可以在电脑上或专用设备上擦除已有信息，并重新编程。EEPROM 的擦除不需要借助其他设备，它是以电子信号来修改其内容的，而且是以字节为最小修改单位，不必将资料全部洗掉才能写入。在写入数据时，仍要利用一定的编程电压。修改内容时只需要用厂商提供的专用刷新程序就可以轻而易举地改写内容，所以它属于双电压芯片。借助于 EEPROM 芯片的双电压特性，可以使 BIOS 具有良好的防毒功能。在系统升级时，把跳线开关打至“on”的位置，即给芯片加上相应的编程电压，就可以方便地升级；平时使用时，则把跳线开关打至“off”的位置，防止 CIH 类的病毒对 BIOS 芯片进行非法修改。所以，至今仍有不少主板采用 EEPROM 作为 BIOS 芯片，并将其作为自己主板的一大特色。

与 EPROM 相比，虽然两者都具有可重复擦除的能力，但 EEPROM 一般用于即插即用，不需要用紫外线照射来擦除，也不需要取下，可以用特定的电压来抹除芯片上的信息，具有写入新的数据方便、擦除速度较快的优点，彻底摆脱了 EPROM Eraser 和编程器的束缚。但 EEPROM 的使用寿命是它的致命缺陷，一般来说，它可被重编程的次数为几万或几十万次，并且 EEPROM 的存储容量偏小，很难满足现在日益增加的大容量存储的要求。

2. 随机存取存储器

随机存取存储器又称作随机存储器，是与 CPU 直接交换数据的内部存储器，也叫主存(内存)。RAM 可以随时读写，而且速度很快，通常作为操作系统或其他正在运行中的程序的临时数据存储媒介。RAM 是存储单元的内容可按需随意取出或存入，且存取的速度与存储单元的位置无关的存储器。这种存储器在断电时将丢失其存储内容，故主要用于存储短时间使用的程序或数据。RAM 电路由地址译码器、存储矩阵和读/写控制电路三部分组成，如图 4-10 所示。

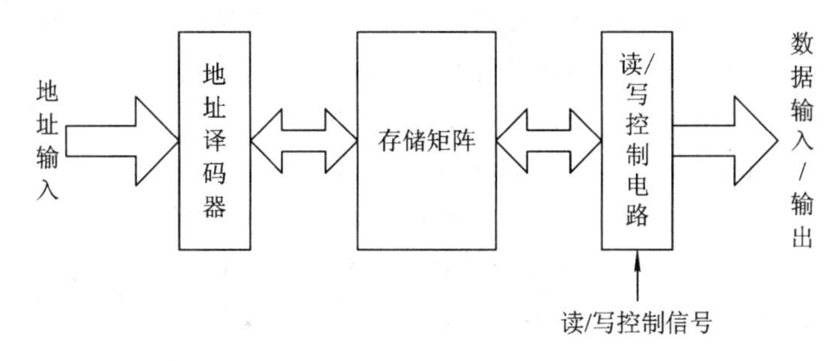

图 4-10　RAM 电路结构示意图

存储矩阵由触发器排列而成，每个触发器能存储一位数据(0 或 1)。通常，将每一组存储单元编为一个地址，存放一个“字”，每个字的位数等于这一组单元的数目。存储器的容量以“字数×位数”表示。地址译码器将每个输入的地址代码译成高(或低)电平信号，并从存储矩阵中选中一组单元，使之与读/写控制电路接通，且在读写控制信号的配合下将数据读出或写入。

RAM 的主要特点有以下五个：

(1) 随机存取。所谓随机存取，是指当读取 RAM 存储器中的数据或往 RAM 写入数据时，所需要的时间与这段信息所在的位置或所写入的位置无关。但是，读取顺序访问存储设备中的信息或往顺序访问存储设备中写入信息时，其所需要的时间就与位置有关系。RAM 主要用来存放操作系统、各种应用程序、数据等。

(2) 易失性。当电源关闭时，RAM 不能保存已有数据。如果需要保存数据，就必须把它们写入静态随机存取存储器中(例如硬盘)。RAM 和 ROM 相比，两者的最大区别是 RAM 在断电以后保存的数据会自动消失，而 ROM 不会自动消失，可以长时间断电保存。

(3) 对静电敏感。正如其他精细的集成电路一样，随机存取存储器对环境中的静电荷非常敏感。静电会干扰随机存储器内电容器的电荷，导致数据流失，甚至烧坏电路。因此触碰随机存取存储器前，应先用手触摸金属接地。

(4) 访问速度。现代的随机存取存储器几乎是所有访问设备中写入和读取速度最快的，其存取延迟和其他涉及机械运作的存储设备的延迟相比，显得微不足道。

(5) 需要刷新(再生)。现代的随机存取存储器依赖电容器存储数据，电容器充满电后代表二进制 1，未充电则代表二进制 0。由于电容器或多或少有漏电的情形，若不作特别处理，数据会渐渐随时间流失。刷新是指定期读取电容器的状态，然后按照原来的状态重新为电容器充电，从而弥补流失的电荷。需要刷新正好解释了随机存取存储器的易失性。

按照存储单元的工作原理，随机存储器又分为静态随机存储器(Static RAM，SRAM)和动态随机存储器(Dynamic RAM，DRAM)两种。

(1) 静态随机存储器(SRAM)。静态存储单元是在静态触发器的基础上附加门控管而构成的，不需要刷新电路即能保存它内部存储的数据。因此，它是靠触发器的自保功能存储数据的。

(2) 动态随机存储器(DRAM)。动态 RAM 的存储矩阵由动态 MOS 存储单元组成，利用 MOS 管的栅极电容来存储信息。但是，由于栅极电容的容量很小，而漏电流又不可能绝对等于 0，所以电荷保存的时间有限。为了避免存储信息的丢失，必须定时给电容补充电荷，通常把这种操作称为“刷新”或“再生”。因此，DRAM 内部要有刷新控制电路，其操作也比静态 RAM 复杂。尽管如此，由于 DRAM 存储单元的结构能做得非常简单，且所用元件少、功耗低，DRAM 已成为大容量 RAM 的主流产品。

与 SRAM 相比，DRAM 每隔一段时间就要刷新充电一次，否则内部的数据就会消失，因此 SRAM 具有较高的性能，功耗较小。但是 SRAM 也有它的缺点，即它的集成度较低。相同容量的 DRAM 内存可以设计为较小的体积，但是 SRAM 却需要很大的体积。同样面积的硅片可以做出更大容量的 DRAM，因此 SRAM 显得更贵。

1) 非易失静态随机存取存储器

非易失静态随机存取存储器(Non-Volatile Static Random Access Memory，NVSRAM)具有 SRAM 和 EEPROM 的双重特点，且该芯片的芯片接口和操作时序等与标准 SRAM 完全兼容。NVSRAM 与 SRAM 的不同表现为其外部器件需要接一个电容，当外部电源断电时可以通过电容的放电提供电源，从而把 SRAM 里面的数据复制到 EEPROM 中，以达到断电不丢失数据的目的。

NVSRAM 平时都是在 SRAM 中运行的，只有当外界突然断电时才会把数据存储到 EEPROM 中。当重新上电后又会把 EEPROM 中的数据复制到 SRAM 中，然后在 SRAM 中运行。它的缺点也很明显，功耗和成本相对较大而容量较小，且不能满足大容量存储的要求。

2) 铁电存储器

铁电存储器(Ferromagnetic Random Access Memory，FRAM)的存储原理是利用铁电晶体的铁电效应实现数据存储。FRAM 的存储单元主要由电容和场效应管构成，但电容不是一般的电容，而是在两个电极板中间沉淀了一层晶态的铁电晶体薄膜的电容。早期，FRAM 的每个存储单元都使用两个场效应管和两个电容，称为“双管双容”(2T2C)，每个存储单元均包括数据位和各自的参考位。FRAM 保存数据不需要电压，也不需要像 DRAM 一样周期性刷新。因为铁电效应是铁电晶体固有的一种偏振极化特性，与电磁作用无关，所以 FRAM 存储器的内容受外界影响较少。FRAM 并行读取速度最快可以达到 55 ns，其缺点为价格较高，容量较小。

3) Flash闪存

闪存属于内存器件的一种，一般简称为“Flash”。闪存的物理特性与常见的内存有根本性的差异。各类 DDR、SDRAM 或者 RDRAM 都属于挥发性内存，只要停止电流供应，内存中的数据便无法保持，因此每次电脑开机都需要把数据重新载入内存。闪存则是一种非易失性(Non-Volatile)内存，在没有电流供应的条件下也能够长久地保持数据，其存储特性相当于硬盘，而这项特性正是闪存得以成为各类便携型数字设备的存储介质的基础。目前，NOR Flash 和 NAND Flash 是两种主要的非易失闪存技术。

(1) NOR Flash 技术是 Intel 于 1988 年开发的，它彻底改变了原先由 EPROM 和 EEPROM 一统天下的局面。其特点是芯片内执行(eXecute In Place，XIP)，这样应用程序就可以直接在 Flash 闪存内运行，不必再把代码读到系统 RAM 中。NOR Flash 的传输效率很高，在 1～4 MB 时具有很高的成本效益，但是很低的写入和擦除速度大大影响了它的性能。NOR Flash 带有 SRAM 接口，有足够的地址引脚来寻址，可以很容易地存取其内部的每一个字节。

(2) NAND Flash 技术是东芝公司于 1989 年研发的，其存储单元采用串行结构，有更高的性能，并且像磁盘一样可以通过接口轻松升级。NAND 的结构能提供极高的单元密度，可以达到高存储密度，并且写入和擦除的速度也很快。应用 NAND 的困难在于 Flash 的管理需要特殊的系统接口。通常，读取 NOR 的速度比 NAND 稍快一些，但 NAND 的写入速度比 NOR 快很多。NAND 器件使用复杂的 I/O 口来串行地存取数据，各个产品或厂商的方法可能各不相同。NAND 器件有 8 个引脚用来传输控制、地址和数据信息。NAND 的读和写操作采用 512 B 的块，这一点有点像硬盘管理此类操作，因此基于 NAND 的存储器可以取代硬盘或其他块存储设备。

目前，越来越多的处理器具备直接使用 NAND 的接口，并能直接从 NAND(没有 NOR)导入数据。NAND 支持速率超过 5 MB 的持续写操作，其区块擦除时间短至 2 ms，而 NOR 是 750 ms。显然，NAND 在大量数据存储方面具有绝对优势。

4.2.5　通信模块

通信芯片(也称为通信集成电路 IC 芯片)对通信产业的迅猛发展功不可没，大幅度增长的芯片需求也给全球半导体业注入了发展活力。通信芯片在移动通信、无线 Internet 和无线数据传输业的发展已经超过了 PC 机芯片的发展，尤其是支持第四、第五代移动通信系统的 IC 芯片将成为今后全球半导体芯片业最大的应用市场。通信芯片正在向着体积小、速度快、多功能和低功耗等方向发展，具体特点如下：

(1) 体积微小化。为了进一步缩小通信芯片的体积，一种有效的途径是采用非硅材料制造芯片，例如砷化镓(GaAs)芯片、锗(Ge)芯片以及硅锗(SiGe)芯片等。这些非硅通信芯片的体积更小巧，能够用来制造轻、薄、短、小的通信芯片，例如，ADI 公司的 SoftFone 芯片组仅像火柴盒一般大小，功耗较小，成本也比较低。

使通信芯片实现微型化的另一种有效途径是在半导体通信芯片制造工艺中采用更先进的光刻技术。光刻技术的主要过程是让光透过掩膜形成一个影像，利用透镜使这个影像缩小，并且巧妙地利用这种投影光，把芯片电路的轮廓投射到涂有一层硅的光刻胶上面。通过改进透镜、缩短光的波长和改进光阻材料，就可以把芯片电路蚀刻得更加细致入微、更加精确，从而制造出集成度更高、体积更小的通信芯片，使用这种芯片的移动通信设备将变得更加便携。

(2) 高度集成化。芯片的高度集成也是通信芯片体积微小的原因。通常情况下通信芯片的基带部分集成了 1 个 RISC 微控制器、1 个 DSP、键盘、存储器、屏控制器和连接逻辑。随着微细化工艺技术的不断发展，在更多地采用 0.25 μm CMOS 工艺之后，芯片的集成度将会得到进一步提高，而电压和功耗将会进一步降低，从而能够将用于协议处理的 CPU 内核电路也全部集中制作在一个的芯片上。

(3) 数据处理速度快。通信对 IC 芯片提出了更高的要求，它要求 IC 芯片具有更强大的数据存储和数据处理能力，必须拥有更大存储空间用来存储各种数据信息。此外，它还要求被处理的信息不仅仅是语音和指令，而是更复杂的多媒体信息，因此要求通信 IC 芯片必须拥有更高速的数据处理能力，必须采用新材料、嵌入式 Flash(快闪)存储技术、高性能的 DSP 和降低电池电压等各种手段。例如，IBM 和 Nortel 公司研制出的 Si-Ge 混合物半导体芯片，集成度更高，体积更小，功耗也更少。

(4) 功能多样性。通信芯片功能的多样性也是各个半导体公司追求的目标。例如，Philips 公司研制的 GSM GPRS 芯片组，射频部分由新型双带 RF 构成，实现了基于 GSM 移动电话系统的高速数据传输、移动通信 Internet 和个人多媒体服务；Philips 公司推出的多功能电话通信芯片 TEA1118 以及 TEA1118A，可以应用于可视电话、传真电话一体机和室内无绳电话基地台等；AMD 公司推出的 32 MB 的 Am29BDS323 和 64 MB 的 Am29BDS643 手机用 Flash 存储器芯片，具有同步读/写结构、高性能爆发模式接口以及超低电压技术。

(5) 功耗不断降低。致力于研制能够显著降低产品的能耗是科技进步的必然选择。芯片能耗降低可以大大延长芯片的运行时间。例如，用反向计算的方法设计的微处理器芯片可以大大降低耗电量，每个运算周期后存储在微处理器中的信息并没有完全被擦掉，擦掉信息时微处理器是不会发热的，而是保留了某些信息供下一个运算周期使用。理论模型表明，制造出只消耗相当于目前微处理器 1%电能的功能强大的微处理器是完全可能的。

在无线传感器网络中，通信芯片是无线传感节点中重要的组成部分，是解决感知节点信息发射和接收的关键部件。通信芯片的主要性能参数有能耗、传输距离、发射功率和接收灵敏度等。

(1) 能耗。通信芯片有以下两个特点：一是在一个无线传感节点的总能量消耗中，通信芯片耗能所占的比例最大。例如，在目前常用的 TelosB 节点上，CPU 在正常状态时的电流只有 500 μA，而通信芯片在发送和接收数据时的电流近 20 mA。二是低功耗的通信芯片在发送状态和接收状态消耗的能量差别不大，这意味着只要通信芯片运行着，不管它有没有发送或接收数据，都在消耗着差不多的能量。

(2) 传输距离。通信芯片的传输距离通常是我们在选择一个传感器节点时需要考虑的一个重要指标。芯片的传输距离受多个关键因素的影响。其中，最重要的影响因素是芯片的发射功率。显然，发射功率越大，信号的传输距离越远。一般来说，发射功率和传输距离的关系为

$$P \propto d^n \tag{4-2}$$

其中，P 表示发射功率，d 表示传输距离，n 一般介于 3 与 4 之间。因此，要实现两倍的传输距离，发射功率需要增加 8～16 倍。影响传输距离的另一个重要因素是接收灵敏度。在其他因素不变的情况下，增加接收灵敏度可以增加传输距离。

(3) 发射功率和接收灵敏度。通信芯片的发射功率和接收灵敏度一般用单位 dBm 来衡量。通信芯片的接收灵敏度一般为−110～85 dBm。dBm 是表示功率大小的单位。两个相差 10 dBm 的功率(如−20 dBm 和−30 dBm)，其功率绝对值相差 10 倍；而两个相差 20 dBm 的功率，其功率绝对值相差 100 倍。一般地，如果用 x 表示功率的 dBm 值，用 P 表示绝对的功率值，则

$$x = 10 \cdot \lg 10P + 30 \tag{4-3}$$

因此，一毫瓦(mW)相当于 0 dBm，而一瓦(W)相当于 30 dBm。

目前，常用的低功耗通信芯片包括 CC1000 和 CC2420。CC1000 为早期的 Mica 系列节点所采用，如 Mica2。CC2420 则为后期的 Mica 系列节点所采用，如 MicaZ 和 TelosB 节点。

CC1000 是 Chipcon 公司生产的一款低功耗通信芯片。CC1000 可以工作在三个频道，分别是 433 MHz、868 MHz 和 915 MHz。但是，它工作在 868 MHz 和 915 MHz 时的发射功率只有 433 MHz 的一半，此时通信距离较短。因此，一般选用 433 MHz 频道。CC1000 采用串口通信模式时，速率只能达到 19.2 kb/s。此外，CC1000 是基于比特的通信芯片，即在发送和接收数据的时候都是以比特为单位，一个数据包的开始和结束必须用软件的方法来判断。

CC2420 是 Chipcon 公司后继生产的一款低功耗芯片，工作在 2.4GHz 的频道上，是一款完全符合 IEEE 802.15.4 协议规范的芯片。相比于 CC1000，CC240 最大的优点是数据传输率大大提高，达到了 250 kb/s。此外，CC2420 是基于包的通信芯片，即 CC2420 能自动判断数据包的开始和结束，因此其传输和接收是以一个数据包为单位，这极大地简化了上层链路层协议的开发，并提高了处理效率。表 4-3 所示为目前常见的通信芯片及其重要特性。

表 4-3 目前常见的通信芯片及其重要特性

厂商	设备	发布年份	唤醒时间/ms	接收灵敏度/dBm	发射功率/dBm	接收功耗/mA	发送功耗/mA	睡眠功耗/μA
Atmel	RF230	2006	1.1	−101	+3	15.5	16.5	0.02
Ember	EM260	2006	1	−99	+2.5	28	28	1
Freescale	MC13192	2004	7～20	−92	+4	37	30	1.0
Freescale	MC13202	2007	7～20	−92	+4	37	30	1.0
Freescale	MC13212	2005	7～20	−92	+3	37	30	1.0
Jennic	JN5121	2005	>2.5	−93	+1	38	28	<5.0
Jennic	JN5139	2007	>2.5	−95.5	+0.5	37	37	2.8
TI	CC2420	2003	0.58	−95	0	18.8	17.4	1
TI	CC2430	2005	0.65	−92	0	17.2	17.4	0.5
TI	CC2520	2008	0.50	−98	+5	18.5	25.8	0.03

从表 4-3 中可以看到，RF230 虽然接收灵敏度好，接收状态功耗最低，但是由于无线传感网络的 MAC 层协议一般以低功耗侦听的方式工作，RF230 较大的唤醒时间会影响其低功耗操作的有效性。因为在低功耗操作模式下，节点会周期性的睡眠、唤醒，以节省能耗。EM260 具有较好的接收灵敏度，发射功率也较大，但它的功耗较大。Freescale 系列的芯片具有较大的唤醒时间，因此不太适合低功耗操作。Jennic 系列的芯片的唤醒时间也较大。综合考虑，TI 系列的通信芯片总体性能较好。其中，2008 年发布的 CC2520 在各项指标上基本都优于已被广泛使用的 CC2420 芯片。

4.3 感知节点软件技术

4.3.1 软件的基本概况

按照国标规定，软件(Software)是与计算机系统操作有关的计算机程序、规程、规则，以及可能有的文件、文档及数据，即一系列按照特定顺序组织的计算机数据和指令的集合。软件包括以下三个含义：

① 系统运行时，能够提供所要求功能和性能的指令或计算机程序集合；

② 程序能够满意地处理信息的数据结构；

③ 描述程序功能需求以及程序如何操作和使用所要求的文档。以开发语言作为描述语言，可以认为软件 = 程序 + 数据 + 文档。

软件涉及的行业领域极其广泛，可以说涵盖各行各业，特别是与电子元器件、计算机、网络设备和产业应用领域密切相关，主要体现在技术更新和产品升级，使本行业的产品方案与之联动变化，以更好地满足实际使用的需求。软件的主要特点包括：

① 软件不同于硬件，软件是计算机系统中的逻辑实体而不是物理实体，具有抽象性；

② 软件的生产不同于硬件，它没有明显的制作过程，一旦开发成功，可以大量拷贝同一内容的副本；

③ 软件在运行过程中不会因为使用时间过长而出现磨损、老化以及用坏问题；

④ 软件的开发、运行在很大程度上依赖于计算机系统，受计算机系统的限制，在客观上出现了软件移植问题；

⑤ 软件开发复杂性高，开发周期长，成本较大；

⑥ 软件开发还涉及诸多社会因素。

软件被划分为系统软件、数据库、中间件和应用软件。其中，系统软件为计算机使用提供最基本的功能，但是并不针对某一特定应用领域。而应用软件则恰好相反，不同的应用软件根据用户和所服务的领域提供不同的功能。软件并不只是包括可以在计算机上运行的计算机程序，与这些计算机程序相关的文档一般也被认为是软件的一部分。简单地说，软件就是程序与文档的集合体。图 4-11 所示为软件分类图。

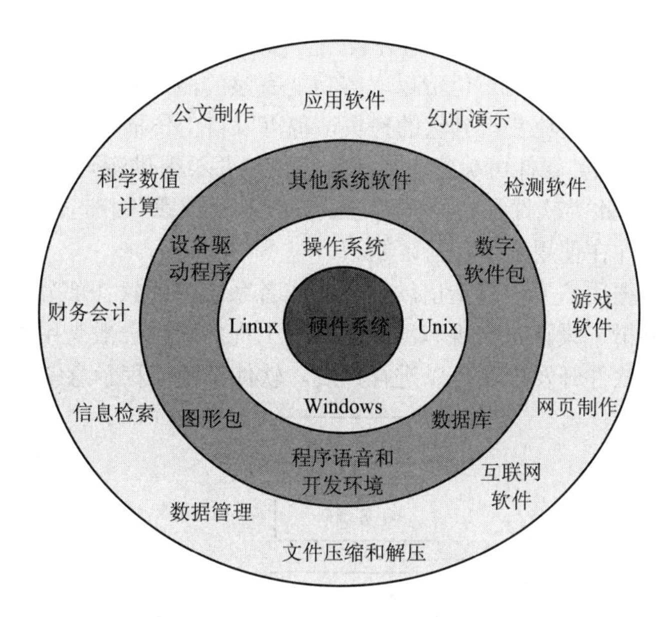

图 4-11　软件分类图

系统软件负责管理计算机系统中各种独立的硬件，使得它们可以协调工作。系统软件使得计算机使用者和其他软件将计算机当做一个整体，而不需要顾及底层每个硬件是如何工作的。系统软件可分为操作系统和支撑软件，其中操作系统是最基本的软件。

(1) 操作系统是管理计算机硬件与软件资源的程序，同时也是计算机系统的内核与基石。操作系统负责诸如管理与配置内存、决定系统资源供需的优先次序、控制输入与输出设备、操作网络与管理文件系统等基本事务，也提供一个让使用者与系统交互的操作接口。

(2) 支撑软件是支撑各种软件的开发与维护的软件，又称为软件开发环境(SDE)。它主要包括环境数据库、各种接口软件和工具组。著名的软件开发环境有 IBM 公司的 Web Sphere、微软公司的系列软件等。工具组包括一系列基本的工具，比如编译器、数据库管理、存储器格式化、文件系统管理、用户身份验证、驱动管理、网络连接等方面的工具。

应用软件是为了某种特定的用途而被开发的软件。它可以是一个特定的程序，比如一个图像浏览器。它可以是一组功能联系紧密，也可以互相协作的程序的集合，比如微软的 Office 软件。它还可以是一个由众多独立程序组成的庞大的软件系统，比如数据库管理系统。

软件的应用是需要授权的，不同的软件一般都有对应的软件授权，软件的用户必须在同意所使用软件的许可证的情况下才能够合法地使用软件。从另一方面来讲，特定软件的许可条款也不能够与法律相违背。依据许可方式的不同，大致可将软件分为以下五类：

(1) 专属软件。此类授权通常不允许用户随意地复制、研究、修改或散布。违反此类授权通常会有严重的法律责任。传统的商业软件公司会采用此类授权，例如微软的 Windows 和办公软件。专属软件的源码通常被公司视为私有财产而予以严密地保护。

(2) 自由软件。此类授权正好与专属软件相反，赋予用户复制、研究、修改和散布该软件的权利，并提供源码供用户自由使用，仅给予些许其他限制。Linux、Firefox 和 OpenOffice 为此类软件的代表。

(3) 共享软件。通常，可免费取得并使用共享软件的试用版，但它在功能上或使用期间受到限制。开发者会鼓励用户付费以取得功能完整的商业版本。根据共享软件作者的授权，用户可以从各种渠道免费得到它的拷贝，也可以自由传播它。

(4) 免费软件。此类软件可免费取得和转载，但并不提供源码，也无法修改。

(5) 公共软件。此类软件是指原作者已放弃权利，或著作权过期，或作者已经不可考究的软件。公共软件在使用上无任何限制。

软件开发是根据用户要求建造出软件系统或者系统中的软件部分的过程，是一项包括需求捕捉、需求分析、设计、实现和测试的系统工程。软件一般是用某种程序设计语言来实现的，通常采用软件开发工具可以进行开发。软件开发流程示意图如图 4-12 所示。

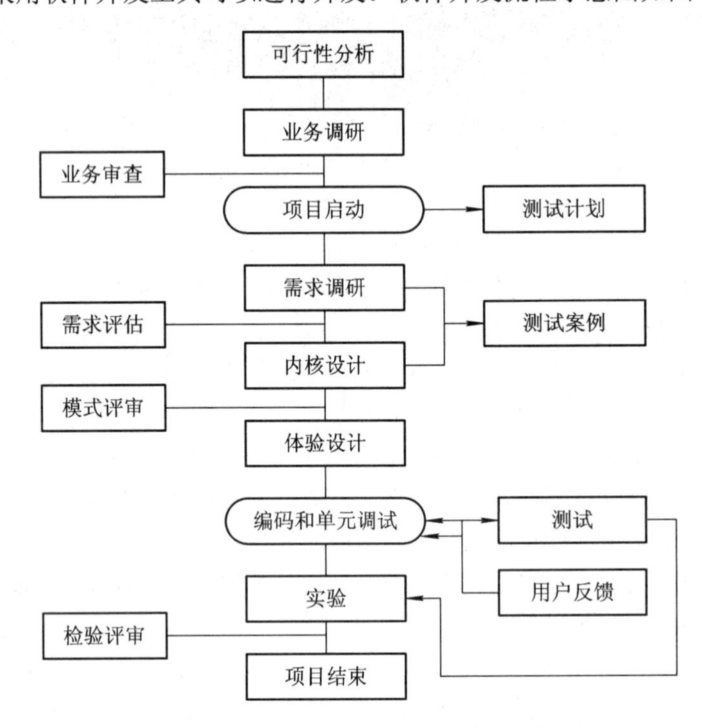

图 4-12　软件开发流程示意图

软件设计思路和方法的一般过程包括设计软件的功能和实现的算法及方法，软件的总体结构设计和模块设计，编程和调试，程序联调和测试，编写和提交程序。相关步骤具体描述如下：

(1) 相关系统分析员和用户初步了解需求，然后列出要开发的系统的大功能模块，分析每个大功能模块有哪些小功能模块，对于有些需求比较明确的相关界面，在这一步里面可以初步定义好少量的界面。

(2) 系统分析员深入了解和分析需求，根据自己的经验和需求做出一份描述系统的功能需求文档。这次的文档需要清楚地列出系统大致的大功能模块，大功能模块包含的小功能模块，并且还要列出相关的界面和界面功能。

(3) 系统分析员和用户再次确认需求。

(4) 系统分析员根据确认的需求文档所列出的界面和功能需求，用迭代的方式对每个界面或功能做系统的概要设计。

(5) 系统分析员把写好的概要设计文档给程序员，程序员根据所列出的功能进行代码的编写。

(6) 测试编写好的系统。将编写出的系统交给用户使用，用户使用后确认每个功能，然后验收。

4.3.2　汇编语言

在电子计算机中，驱动电子器件进行运算的是一列高低电平组成的二进制数字，称为机器指令，机器指令的集合构成机器语言。早期的程序设计使用机器语言，将用 0、1 数字编成的程序代码打在纸带或卡片上，1 表示打孔，0 表示不打孔，再将程序通过纸带机或卡片机输入计算机进行运算。这样的机器语言由纯粹的 0 和 1 构成，十分复杂，不方便阅读和修改，也容易产生错误，于是诞生了面向机器程序设计的汇编语言。

在汇编语言中，用助记符(Mnemonics)代替机器指令的操作码，用地址符号(Address Symbol)或标号(Label)代替指令或操作数的地址，如此就增强了程序的可读性并且降低了编写难度，像这样符号化的程序设计语言就是汇编语言，亦称为符号语言。使用汇编语言编写的程序，机器不能直接识别，还要由汇编程序或者叫汇编语言编译器(即汇编器)将程序转换成机器指令。汇编程序将符号化的操作代码组装成处理器可以识别的机器指令，这个组装的过程称为组合或者汇编。因此，有时候人们也把汇编语言称为组合语言。汇编语言工作过程示意图如图 4-13 所示。

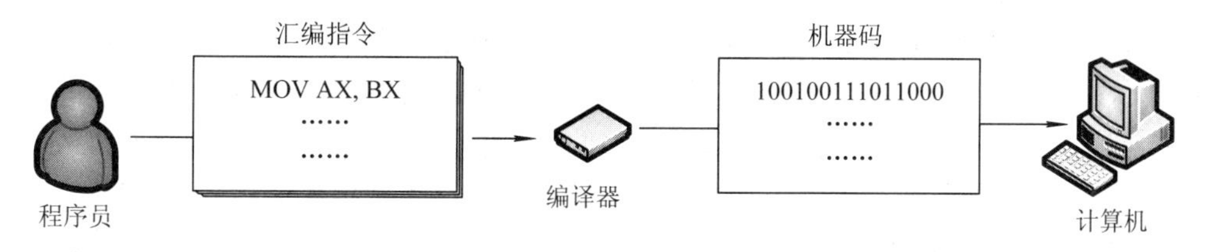

图 4-13　汇编语言工作过程示意图

计算机中的处理器是在指令的控制下工作的，处理器可以识别的每一条指令称为机器指令。每一种处理器都有自己可以识别的一整套指令，称为指令集。处理器执行指令时，根据不同的指令采取不同的动作，以完成不同的功能，既可以改变自己内部的工作状态，也能控制其他外围电路的工作状态。

由上述分析可知，汇编语言表现出以下三个基本特征：

① 机器相关性。汇编语言是一种面向机器的低级语言，通常是为特定的计算机或系列计算机专门设计的。因为它是机器指令的符号化表示，故不同的机器就有不同的汇编语言。使用汇编语言能面向机器并较好地发挥机器的特性，得到质量较高的程序。

② 高速度和高效率。汇编语言保持了机器语言的优点，具有直接和简捷的特点，可有效地访问、控制计算机的各种硬件设备(如磁盘、存储器、CPU、I/O 端口等)，且占用内存少、执行速度快，是高效的程序设计语言。

③ 编写和调试的复杂性。由于汇编语言是直接控制硬件的，且简单的任务也需要很多汇编语言语句，所以在进行程序设计时必须面面俱到，需要考虑到一切可能的问题，合理

调配和使用各种软、硬件资源。这样就不可避免地加重了程序员的负担。与此相同，在程序调试时，一旦程序的运行出了问题，就很难发现。

汇编语言中的指令集主要包括以下 12 类指令：

(1) 数据传送指令。这类指令包括通用数据传送指令 MOV、条件传送指令 CMOVcc、堆栈操作指令 PUSH/PUSHA/PUSHAD/POP/POPA/POPAD、交换指令 XCHG/XLAT/BSWAP、地址或段描述符选择子传送指令 LEA/LDS/LES/LFS/LGS/LSS 等。其中，CMOVcc 是一个指令簇，包括大量的指令，用于根据 EFLAGS 寄存器的某些位状态来决定是否执行指定的传送操作。

(2) 整数和逻辑运算指令。这类指令用于执行算术和逻辑运算，包括加法指令 ADD/ADC、减法指令 SUB/SBB、加 1 指令 INC、减 1 指令 DEC、比较操作指令 CMP、乘法指令 MUL/IMUL、除法指令 DIV/IDIV、符号扩展指令 CBW/CWDE/CDQE、十进制调整指令 DAA/DAS/AAA/AAS、逻辑运算指令 NOT/AND/OR/XOR/TEST 等。

(3) 移位指令。这类指令用于寄存器或内存操作移动指定的次数，包括逻辑左移指令 SHL、逻辑右移指令 SHR、算术左移指令 SAL、算术右移指令 SAR、循环左移指令 ROL、循环右移指令 ROR 等。

(4) 位操作指令。这类指令包括位测试指令 BT、位测试并置位指令 BTS、位测试并复位指令 BTR、位测试并取反指令 BTC、位向前扫描指令 BSF、位向后扫描指令 BSR 等。

(5) 条件设置指令。它是一个指令簇，包括大约 30 条指令，用于根据 EFLAGS 寄存器的某些位状态来设置一个 8 位的寄存器或者内存操作数，比如 SETE/SETNE/SETGE 等。

(6) 控制转移指令。这部分包括无条件转移指令 JMP、条件转移指令 Jcc/JCXZ、循环指令 LOOP/LOOPE/LOOPNE、过程调用指令 CALL、子过程返回指令 RET、中断指令 INTn、INTO、IRET 等。其中，Jcc 是一个指令簇，用于根据 EFLAGS 寄存器的某些位状态来决定是否转移；INTn 是软中断指令，n 可以是 0 到 255 之间的数，用于指示中断向量号。

(7) 串操作指令。这类指令用于对数据串进行操作，包括串传送指令 MOVS、串比较指令 CMPS、串扫描指令 SCANS、串加载指令 LODS、串保存指令 STOS，这些指令可以有选择地使用 REP/REPE/REPZ/REPNE 和 REPNZ 的前缀以连续操作。

(8) 输入输出指令。这类指令用于与外围设备交换数据，包括端口输入指令 IN/INS、端口输出指令 OUT/OUTS。

(9) 高级语言辅助指令。这类指令用于为高级语言的编译器提供方便，包括创建栈帧的指令 ENTER 和释放栈帧的指令 LEAVE。

(10) 控制和特权指令。这类指令包括无操作指令 NOP、停机指令 HLT、等待指令 WAIT/MWAIT、换码指令 ESC、总线封锁指令 LOCK、内存范围检查指令 BOUND、全局描述符表操作指令 LGDT/SGDT、中断描述符表操作指令 LIDT/SIDT、局部描述符表操作指令 LLDT/SLDT、描述符段界限值加载指令 LSR、描述符访问权读取指令 LAR、任务寄存器操作指令 LTR/STR、请求特权级调整指令 ARPL、任务切换标志清零指令 CLTS、控制寄存器和调试寄存器数据传送指令 MOV、高速缓存控制指令 INVD/WBINVD/INVLPG、型号相关寄存器读取或写入指令 RDMSR/WRMSR、处理器信息获取指令 CPUID、时间戳读取指令 RDTSC 等。

(11) 浮点和多媒体指令。这类指令用于加速浮点数据的运算，以及多媒体数据的处理。

(12) 虚拟机扩展指令。这部分指令包括 INVEPT、INVVPID、VMCALL、VMCLEAR、VMON、VMLAUNCH、VMRESUME、VMPTRLD、VMPTRST、VMREAD、VMWRITE、VMXOFF 等。

汇编语言的优点表现为：

① 因为用汇编语言设计的程序最终会被转换成机器指令，所以能够保持机器语言的一致性、直接、简捷，并能像机器指令一样访问、控制计算机的各种硬件设备，如磁盘、存储器、CPU、I/O 端口等。使用汇编语言，可以访问所有能够被访问的软、硬件资源。

② 目标代码简短、占用内存少、执行速度快。汇编语言是高效的程序设计语言，经常与高级语言配合使用，以提高程序的执行速度和效率，弥补高级语言在硬件控制方面的不足，应用十分广泛。

汇编语言的缺点表现为：

① 汇编语言是面向机器的，处于整个计算机语言层次结构的底层，故被视为一种低级语言，通常是为特定的计算机或系列计算机专门设计的。不同的处理器有不同的汇编语言语法和编译器，编译的程序无法在不同的处理器上执行，故缺乏可移植性。

② 难以从汇编语言代码上理解程序设计意图，程序可维护性差，即使是完成简单的工作也需要大量的汇编语言代码，很容易产生 BUG，难以调试。

③ 使用汇编语言必须对某种处理器非常了解，而且只能针对特定的体系结构和处理器进行优化，开发效率很低，周期长且单调。

随着现代软件系统越来越庞大复杂，大量经过了封装的高级语言应运而生，如 C/C++、Pascal/Object Pascal 等。这些新的语言使得程序员在开发过程中能够更简单、更有效率，使软件开发人员得以应付快速的软件开发的要求。而汇编语言由于其复杂性使得其适用领域逐步缩小，但这并不意味着汇编语言已无用武之地。由于汇编语言更接近机器语言，能够直接对硬件进行操作，生成的程序与其他语言相比具有更高的运行速度，占用更小的内存，因此在一些对于时效性要求很高的程序、许多大型程序的核心模块以及工业控制方面仍有大量应用。

4.3.3 C 语言

1. C 语言产生的背景

针对汇编语言存在着编写难度大、不易理解和难以阅读等缺点，从 20 世纪 50 年代中期开始涌现出大量不同的易懂易编的计算机语言。由于每种语言对应不同的系统，各种语言的兼容性非常差。于是，1958 年国际组织制定了通用的算法语言 ALGOL(ALGOrithmic Language)，它是计算机发展史上首批清晰定义的高级语言。由于 ALGOL 语句和普通语言表达式接近，更适于数值计算，所以 ALGOL 多用于科学计算机。但其标准输入/输出设施在描述上有欠缺，使之在商业应用上受阻。1963 年剑桥大学将 ALGOL 60(也称为 A 语言)语言发展成为 CPL(Combined Programming Language)语言，1967 年剑桥大学的 Martin Richards 对 CPL 语言进行简化产生了 BCPL 语言，1970 年美国贝尔实验室的 Ken Thompson 对 BCPL 进行修改，定义为“B 语言”，并采用 B 语言写了第一个 UNIX 操作系统。

1972年，美国贝尔实验室的 D.M.Ritchie 在B语言的基础上设计出了一种新的语言，取了“BCPL”的第二个字母作为这种语言的名字，这就是C语言。D.M.Ritchie 被称为C语言之父。1977年，Dennis M.Ritchie 发表了不依赖于具体机器系统的C语言编译文本《可移植的C语言编译程序》，此后出现了许多版本的C语言。由于没有统一的标准，这些C语言之间出现了一些不一致的地方。为了改变这种情况，美国国家标准研究所(ANSI)为C语言制定了ANSI标准。自此，ANSI标准成为现行的C语言标准，即经典的87 ANSI C。1990年，国际化标准组织ISO接受了87 ANSI C为ISO C的标准(ISO 9899—1990)，并于2001年和2004年对该标准进行了两次技术修正。2011年ISO正式公布C语言新的国际标准草案ISO/IEC 9899—2011，即C11。目前流行的C语言编译系统大多是以ANSI C为基础进行开发的，但不同版本的C编译系统所实现的语言功能和语法规则略有差别。C语言具有强大的功能，许多著名的系统软件，如 DBASE Ⅲ PLUS、DBASE Ⅳ 都是用C语言编写的。C语言加上一些汇编语言子程序就更能显示C语言的优势，如 PC-DOS 、WORDSTAR 等就是用这种方法编写的。

常用的C语言IDE(集成开发环境)有 Microsoft Visual C++、Borland C++、WatcomC++、Borland C++、Borland C++ Builder、Borland C++ 3.1 for DOS、WatcomC++ 11.0 for DOS、GNU DJGPP C++、Lccwin32 C Compiler 3.1、Microsoft C、High C、Turbo C、Dev-C++、C-Free、win-tc 等。

2．基本特征及特点

C语言是一种计算机程序设计语言，既有高级语言的特点，又具有汇编语言的特点。它可以作为系统设计语言编写工作系统应用程序，也可以作为应用程序设计语言编写不依赖计算机硬件的应用程序。单片机以及嵌入式系统都可以用C语言来开发。因此，它的应用范围广泛。C语言具备以下七个基本特征：

(1) C语言是高级语言，一共有32个关键字，9种控制语句。C语言程序书写自由，主要用小写字母表示。它把高级语言的基本结构和语句与低级语言的实用性结合起来，可以像汇编语言一样对位、字节和地址进行操作，而这三者是计算机最基本的工作单元。

(2) C语言的运算符丰富，共有34个运算符。C语言把括号、赋值、强制类型转换等都作为运算符处理，从而使它的运算类型极其丰富、表达式类型多样化，灵活使用各种运算符可以实现在其他高级语言中难以实现的运算。

(3) C语言是结构式语言，其显著特点是代码及数据的分隔化，即程序的各个部分除了必要的信息交流外彼此独立。这种结构化方式可使程序层次清晰、便于使用、维护以及调试。C语言是以函数形式提供给用户的，这些函数可方便地进行调用，并具有多种循环、条件语句控制程序流向，从而使程序完全结构化。

(4) C语言功能齐全，具有各种各样的数据类型，并引入了指针概念，可使程序效率更高。C语言的数据类型有整型、实型、字符型、数组类型、指针类型、结构体类型、共用体类型等。C语言具有强大的图形功能，支持多种显示器和驱动器。而且它的计算功能、逻辑判断功能也比较强大，可以实现决策目的游戏、3D游戏、数据库、联众世界、聊天室、Photoshop、Flash和3D MAX等程序编写。

(5) C语言适用范围广、可移植性好且数据处理能力很强。它适合于多种操作系统，如

DOS、UNIX，也适用于多种机型。在操作系统、系统使用程序以及需要对硬件进行操作的场合，C语言明显优于其他解释型高级语言。有一些大型应用软件也是用C语言编写的，C语言也适用于编写系统软件、三维或二维图形和动画。

(6) C语言语法限制不太严格、程序设计自由度大。一般的高级语言语法检查比较严，能够检查出几乎所有的语法错误。而C语言允许程序编写者有较大的自由度。

(7) C语言应用指针可以直接进行靠近硬件的操作，允许直接访问物理地址。但是，C语言对指针操作不做保护，也给它带来了很多不安全的因素。C++语言在这方面做了改进，在保留了指针操作的同时又增强了安全性。

当然，C语言也有自身的不足。比如，C语言的语法限制不太严格，对变量的类型约束不严格，影响程序的安全性，对数组下标越界不作检查等。从应用的角度看，C语言比其他高级语言较难掌握。

总的来说，C语言既有高级语言的特点，又具有汇编语言的特点；既是一个成功的系统设计语言，又是一个强大的程序设计语言；既能用来编写不依赖计算机硬件的应用程序，又能用来编写各种系统程序。总之，C语言是一种受欢迎、应用广泛的程序设计语言。

4.3.4 C++语言

1. C++语言的发展状况

由上一节可知，C语言在应用过程中也暴露了一些缺陷，例如类型检查机制相对较弱、缺少支持代码重用的语言结构等，造成用C语言开发大程序比较困难。为此，从1980年开始，美国贝尔实验室在C语言的基础上，开始对C语言进行改进和扩充，并将“类”的概念引入了C语言，构成了最早的C++语言，以后又经过不断地完善和发展，引进了运算符重载、引用、虚函数等许多特性。此后，美国国家标准化协会ANSI和国际标准化组织ISO一起完成C++语言标准化工作，并于1998年正式发布了C++语言的国际标准(ISO/IEC: 98—14882)，使C++语言成为过程性与对象性相结合的程序设计语言。

自此，国际组织依据实际需要每5年更新一次C++语言的标准，在2003年通过了C++03标准第二版(ISO/IEC 14882:2003)，这个版本是一次技术性修订，对第一版进行了修订错误、减少多义性等，但没有改变语言特性。2011年，ISO制定了C++ 0x(ISO/IEC 14882:2011)标准，简称ISO C++ 11标准，用C++ 11语言标准取代当时已有的C++语言、C++ 98语言和C++ 03语言标准。2014年发布的C++标准第四版(ISO/IEC 14882:2014)是C++ 11的增量更新，主要是支持普通函数的返回类型推演、泛型lambda、扩展的lambda捕获、对constexpr函数限制的修订、constexpr变量模板化等。

2. 与C语言的关系

C语言是C++语言的基础，C++语言和C语言在很多方面是兼容的。C语言是一种结构化语言，重点在于算法与数据结构。C程序的设计首要考虑的是如何通过一个过程，对输入(或环境条件)进行运算处理得到输出(或实现过程(事物)控制)。而C++语言首要考虑的是如何构造一个对象模型，让这个模型能够契合与之对应的问题域，这样就可以通过获取对象的状态信息得到输出或实现过程(事物)控制。因此C++语言和C语言的最大区别在于它们解决问题的思想方法不一样。C++ 语言是对 C 语言的“增强”，表现在以下六个方面：① 类型检查更为严格；② 增加了面向对象的机制；③ 增加了泛型编程的机制(Template)；④ 增加了异常处理；⑤ 增加了运算符重载；⑥ 增加了标准模板库(STL)。

C++ 语言一般被认为是 C 语言的超集合(Superset)，但这并不严谨。大部分的 C 代码可以很轻易地在 C++ 环境中正确编译，但仍有少数差异导致某些有效的 C 代码在 C++ 环境中失效，或者在 C++ 环境中有不同的行为。它与 C 语言之间的不兼容之处主要有以下两个方面：

(1) 最常见的差异之一是 C 语言允许从 void* 类型隐式转换到其他的指针类型，但 C++ 不允许。下面的代码是有效的 C 代码：

```
1  //从 void* 类型隐式转换为 int* 类型
2  int*i=malloc(sizeof(int)*5);
```

但要使上述代码在 C 环境中和 C++ 环境中都能运作，就需要使用显式转换，代码如下：

```
2  int*i=(int*)malloc(sizeof(int)*5);
```

(2) 另一个常见的差异是可移植问题，C++ 语言定义了新关键字，例如 new、class，它们在 C 程序中可以作为识别字，例如变量名。在 C 标准(C99)中去除了一些不兼容之处，也支持了一些 C++ 的特性(如用“//”进行注解)以及在代码中混合声明。不过，C99 也纳入了几个和 C++ 冲突的新特性，例如可变长度数组、原生复数类型和复合逐字常数等。若要混用 C 和 C++ 的代码，则所有在 C++ 中调用的 C 代码都必须放在“extern "C" { /* C 代码 */ }”内。

C++ 语言是 C 语言的超集，不仅包含了 C 语言的大部分特性，例如指针、数组、函数、语法等，还包含了面向对象的特点，例如封装、继承、多态等。但是，C++ 与 C 相比还是有许多区别的，主要体现在以下九个方面：

① 全新的程序思维，C 语言是面向过程的，而 C++ 是面向对象的。

② C 语言有标准的函数库，但其结构松散的，只是把功能相同的函数放在一个头文件中；C++ 对于大多数函数都集成得很紧密，特别是 C 语言中所没有的而 C++ 中才有的 API 是对 Windows 系统的大多数 API 的有机组合，是一个集体，但也可以单独调用 API。

③ C++ 中的图形处理与 C 语言的图形处理有很大的区别，C 语言标准中不包括图形处理，C 语言中的图形处理函数基本上是不能用在 C++ 中的。

④ C 和 C++ 中都有结构的概念，但是在 C 语言中结构只有成员变量，而没成员方法。而在 C++ 中，结构可以有自己的成员变量和成员函数。同时，在 C 语言中结构的成员是公共的，什么函数想访问它的都可以；而在 C++ 中它没有加限定符时是私有的。

⑤ C 语言可以编写很多方面的程序，但是 C++ 可以编写得更全面，如 DOSr 程序、DLL 软件、控件软件、系统软件。

⑥ C 语言对程序文件的组织是松散的，几乎全要程序处理；而 C++ 对文件的组织是系统的，各文件分类明确。

⑦ C++ 中的 IDE 很智能，调试功能强大，并且方法多样。

⑧ C++ 可以自动生成你想要的程序结构，使你可以节省很多时间，比如加入 MFC 中的类的时候、加入变量的时候等会自动生成你需要的结构。

⑨ C++ 中的附加工具也有很多，可以进行系统地分析，可以查看 API，可以查看控件。

总的来说，C++ 语言是一种面向对象的程序设计语言，它模仿了人们建立现实世界模型的方法。C++ 语言的基础是对象和类，现实世界中客观存在的事物都被称为对象。例如，一辆汽车、一家百货商场等。C++ 中的一个对象就是描述客观事物的一个实体，也是构成信息系统的基本单位。类(class)是对一组性质相同对象的描述，是用户定义的一种新的数据类型，也是 C++ 语言程序设计的核心。

4.3.5　Java 语言

1. Java 语言的发展状况

Java 平台和语言的研发始于 1990 年 SUN 公司的内部项目。该项目是“Stealth 计划”，后来改名为“Green 计划”，它瞄准下一代智能家电(如微波炉)领域的程序设计。SUN 公司预料未来科技将在家用电器领域大显身手。该公司的研发团队使用的是内嵌类型平台，可以使用的资源极其有限，最初考虑使用 C 语言。但是很多成员，包括 JGosling(被誉为 Java 之父)等工程师，发现 C 语言和可用的 API 在垃圾回收系统、可移植的安全性、分布程序设计和多线程功能等方面存在很大问题，在移植内嵌类型平台方面还有较大欠缺。于是，SUN 公司的工程师提议在 C 的基础上开发一种面向对象，且易于移植到各种设备上的平台。

1992 年，“Green 计划”研发团队研究出 Green 操作系统、Oak 程序设计语言、类库和其硬件，并应用于一种类 PDA 设备(被命名为 Star7)。1994 年，研发团队将该技术应用于万维网，并认为随着 Mosaic 浏览器的到来，Internet 正在向同样高度互动的远景演变，就像在有线电视网中所看到的那样。后来，因注册商标问题，Oak 改名为 Java，并于 1995 年正式发布。

Java 语言的命名源于研发团队成员对咖啡的热爱，也有人认为 Java 是成员名称的组合，即 James Gosling(詹姆斯 • 高斯林)、Arthur Van Hoff(阿瑟 • 凡 • 霍夫)、Andy Bechtolsheim(安迪 • 贝克托克姆)的组合，还有人认为是“Just Another Vague Acronym”的缩写。Java 是印度尼西亚爪哇岛的英文名称，因盛产咖啡而闻名。Java 语言中许多类库的名称多与咖啡有关，如 JavaBeans(咖啡豆)、NetBeans(网络豆)以及 ObjectBeans(对象豆)等。不仅如此，SUN 和 Java 的标志也是一杯正冒着热气的咖啡。

从 1995 年到 2014 年，Java 语言共发布了 9 个版本。2009 年，甲骨文公司收购 Sun 公司，取得 Java 的版权。2014 年，甲骨文公司发布了 Java 9.0 的新特性，比较重要内容有：统一的 JVM 日志、HTTP 2.0 支持、Unicode 7.0 支持、安全数据包传输(DTLS)支持、Linux/AArch64 支持。目前，Java 语言发展到现在已经不仅仅是一种语言，而可以说是一种技术，一种涉及网络、编程等领域的技术。Java 借助于 Internet 已经从一种网络编程语言发展成通用开发平台。在应用方面，Java 已经超越了 C++，其独有的开放性、跨平台设计和标准化使得 Java 得以广泛运用。

Java 吸取了 C++ 的不足，取消了指针操作，也取消了 C++ 改进中一些备受争议的地方，在安全性和适合性方面均取得良好的效果。但是，由于 Java 程序是在虚拟机中解释运行的，故 Java 的运行效率低于 C++/C。一般而言，C、C++、Java 被视为同一系的语言，长期占据着程序使用榜的前三名。在全球云计算和移动互联网的产业环境下，Java 具备显著优势和广阔前景。

2. Java 语言的体系与结构

目前，Java 语言包括三个体系，分别为 Java SE 标准版(Java 2 Platform Standard Edition，J2SE)、Java EE 企业版(Java 2 Platform Enterprise Edition，J2EE)和 Java ME 微型版(Java 2 Platform Micro Edition，J2ME)。Java SE 标准版包含构成 Java 语言核心的类，如数据库连接、接口定义、输入/输出、网络编程等。Java SE 标准版主要用于桌面应用软件的编程。Java EE 企业版包含 J2SE 中的类，并且还包含用于开发企业级应用的类，如 EJB、servlet、JSP、XML、事务控制等。Java EE 主要用于分布式的网络程序的开发，如电子商务网站和 ERP 系统。Java ME 微型版包含 J2SE 中一部分类，用于消费类嵌入式电子系统的软件开发，如呼机、智能卡、手机、PDA、机顶盒等。

Java 语言的三个体系可以理解为，J2SE 包含于 J2EE 中，J2ME 包含了 J2SE 的核心类，但新添加了一些专有类。J2SE 是基础，压缩一些内容再增加一些 CLDC 等方面的特性就是 J2ME，扩充一些内容再增加一些 EJB 等企业应用方面的特性就是 J2EE。

Java 语言的结构如图 4-14 所示。Java 由以下四个部分组成：Java 编程语言，即语法；Java 文件格式，即各种文件夹、文件的后缀；Java 虚拟机(JVM)，即处理“.class”文件的解释器；Java 应用程序接口(Java API)。

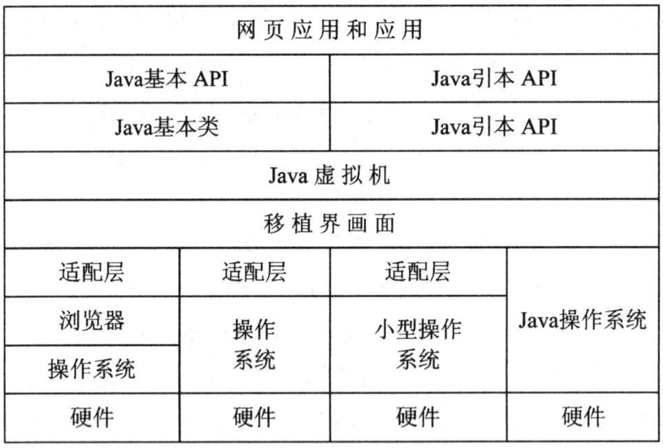

<table>
<tr><td colspan="4">网页应用和应用</td></tr>
<tr><td colspan="2">Java基本 API</td><td colspan="2">Java引本 API</td></tr>
<tr><td colspan="2">Java基本类</td><td colspan="2">Java引本 API</td></tr>
<tr><td colspan="4">Java 虚拟机</td></tr>
<tr><td colspan="4">移植界画面</td></tr>
<tr><td>适配层</td><td>适配层</td><td>适配层</td><td rowspan="3">Java操作系统</td></tr>
<tr><td>浏览器</td><td rowspan="2">操作系统</td><td rowspan="2">小型操作系统</td></tr>
<tr><td>操作系统</td></tr>
<tr><td>硬件</td><td>硬件</td><td>硬件</td><td>硬件</td></tr>
</table>

图 4-14 Java 语言的结构

编写 Java 程序时，应注意以下几点：

① 大小写。Java 是大小写敏感的，这就意味着标识符“Hello”与“hello”是不同的。

② 类名。对于所有的类来说，类名的首字母应该大写。如果类名由若干单词组成，那么每个单词的首字母应该大写，例如 MyFirstJavaClass。

③ 方法名。所有的方法名都应该以小写字母开头。若方法名含有若干单词，则后面的每个单词首字母大写，例如 myFirstJavaMethod。

④ 源文件名。源文件名必须和类名相同，保存文件的时候应该使用类名作为文件名保存，文件名的后缀为“.java”。如果文件名和类名不相同，会导致编译错误。

⑤ 主方法入口。所有的 Java 程序都从“public static void main(String [] args)”方法开始执行。

在 Java 中，常量 null、false、true 都是小写的，所有数据类型的长度都是固定的，并与平台无关，因此没有 sizeof 保留字。Java 的数据类型必须通过变量或常量实例化后才能使用。变量是程序中的基本存储单元之一，由变量名、变量类型、变量属性、变量最初值组成。变量名是合法标识符。变量类型有两大类：基本类型(包括整数型、浮点型、布尔型、字符型等)和复合类型(包括数组、类和接口)。变量属性是描述变量的作用域，按作用域分类有局部变量、类变量、方法参数和异常处理参数。变量作用域是指可访问变量的范围，局部变量在方法中声明，其作用域是方法代码段。类变量在类中声明而不是在类的方法中声明，其作用域是整个类。方法参数是用于传递数据给方法的，其作用域是方法内代码段。异常处理参数是用来传递参数给异常处理代码段的，其作用域是异常处理内代码。Java 语言的数据类型如图 4-15 所示。

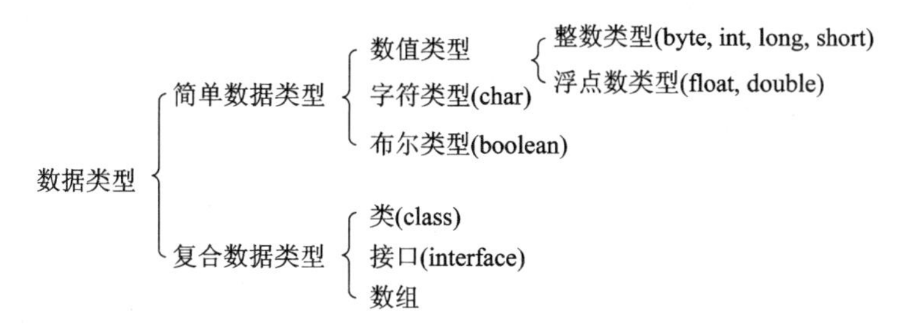

图 4-15　Java 语言的数据类型

Java 语言没有无符号整数类型、指针类型、结构类型、联合类型、枚举类型，这使得 Java 编程简单易学。final 属性是专门定义常值变量的保留字，被 final 修饰的变量在该变量赋值以后永不改变，变量初值是该变量的默认值。常量与变量一样也有各种类型。变量与常量定义的例子如下：

```
int a1,b1,c1;                 //a1,h1,c1 变量为整数型
int d1,d2=10;                 //dl, d2 变量为整数型，d2 的初值为 10
char ch1,ch5;                 //chl, ch5 变量为字符型
final float PI=3.1416;        //PI 常量为浮点型，值为 3. 1416
```

3. Java 语言的基本特征

Java 编程语言特征的风格十分接近 C 语言、C++语言，是一个纯粹的面向对象的程序设计语言，继承了 C++ 语言面向对象技术的核心，舍弃了 C 语言中容易引起错误的指针(以引用代替)、运算符重载(Operator Overloading)、多重继承(以接口代替)等特性，增加了垃圾回收器功能，用于回收不再被引用的对象所占据的内存空间，使得程序员不用再为内存管理而担忧。同时，Java 还引入了泛型编程(Generic Programming)、类型安全的枚举、不定长参数和自动装/拆箱等语言特性。

Java 不同于一般的编译执行计算机语言和解释执行计算机语言。首先，Java 将源代码编译成二进制字节码(bytecode)，然后依赖各种不同平台上的虚拟机来解释执行字节码，从而实现了“一次编译、到处执行”的跨平台特性。不过，每次执行编译得到字节码都

需要消耗一定的时间，这同时也在一定程度上降低了 Java 程序的性能。其次，编辑 Java 源代码可以使用任何无格式的纯文本编辑器，在 Windows 操作系统上可以使用微软记事本(Notepad)、EditPlus 等程序，在 Linux 平台上可使用 vi 工具等。在记事本中输入如下代码：

```
1  public class HelloWorld {
2      //Java 程序的入口方法，程序将从这里开始执行
3      public static void main(String[] args) {
4          //向控制台打印一条语句
5          System.out.println("Helloworld!");
6      }
7  }
```

编辑上面的 Java 代码时，应注意 Java 程序严格区分大小写，需将编写好的文本文件保存为 HelloWorld.java，该文件就是 Java 程序的源程序。编写好 Java 程序的源代码后，接下来应该编译该 Java 源文件来生成字节码了。

Java 语言的基本特征主要表现在以下十个方面：

(1) Java 语言是易学的。一方面，Java 语言的语法与 C 语言和 C++语言很接近，使得大多数程序员很容易学习和使用 Java。另一方面，Java 丢弃了 C++中很少使用的、很难理解的、令人迷惑的那些特性，如操作符重载、多继承、自动强制类型转换。特别地，Java 语言不使用指针，而是使用引用。并且，Java 提供了自动垃圾回收机制，使得程序员不必为内存管理而担忧。

(2) Java 语言是强制面向对象的。Java 语言提供类、接口和继承等原语，为了简单起见，只支持类之间的单继承，但支持接口之间的多继承，并支持类与接口之间的实现机制(关键字为 implements)。Java 语言全面支持动态绑定，而 C++语言只能对虚函数使用动态绑定。总之，Java 语言是一个纯面向对象程序设计语言。

(3) Java 语言是分布式的。Java 语言支持 Internet 应用的开发，在基本的 Java 应用编程接口中有一个网络应用编程接口(Java Net)，该接口提供用于网络应用编程的类库，包括 URL、URLConnection、Socket、ServerSocket 等。Java 的 RMI(远程方法激活)机制也是开发分布式应用的重要手段。

(4) Java 语言是健壮的。Java 的强类型机制、异常处理、垃圾的自动回收机制等是 Java 程序健壮性的重要保证。丢弃指针是 Java 的明智选择。Java 的安全检查机制使得 Java 更具健壮性。

(5) Java 语言是安全的。Java 通常被用在网络环境中。为此，Java 提供了一个安全机制以防恶意代码的攻击。除了具有许多安全特性以外，Java 对通过网络下载的类具有一个安全防范机制(类 ClassLoader)，如分配不同的名字空间以防替代本地的同名类、字节代码检查，并提供安全管理机制(类 SecurityManager)让 Java 应用设置安全哨兵。

(6) Java 语言是体系结构中立的。Java 程序(后缀为 .java 的文件)在 Java 平台上被编译为体系结构中立的字节码格式(后缀为 .class 的文件)后，可以在安装在 Java 平台的任何系统中运行。这种途径适合于异构的网络环境和软件的分发。

(7) Java 语言是可移植的。这种可移植性来源于 Java 体系结构的中立性，也来源于 Java

严格规定了各个基本数据类型的长度。Java 系统本身也具有很强的可移植性，Java 编译器是用 Java 实现的，Java 的运行环境是用 ANSI C 实现的。

(8) Java 语言是解释型的。Java 程序在 Java 平台上被编译为字节码，然后可以在安装 Java 平台的任何系统中运行。在运行时，Java 平台中的 Java 解释器对这些字节码进行解释执行，执行过程中需要的类在连接阶段被载入到运行环境中。

(9) Java 语言是原生支持多线程的。在 Java 语言中，线程是一种特殊的对象，它必须由 Thread 类或其子(孙)类来创建。通常，创建线程有两种方法：一，使用型构为 Thread (Runnable)的构造子将一个实现了 Runnable 接口的对象包装成一个线程；二，从 Thread 类派生出子类并重写 run()方法，使用该子类创建的对象即为线程。值得注意的是，Thread 类已经实现了 Runnable 接口，因此，任何一个线程均有它的 run()方法，而 run()方法中包含了线程所要运行的代码。线程的活动由一组方法来控制。Java 语言支持多个线程的同时执行，并提供多线程之间的同步机制(关键字为 synchronized)。

(10) Java 语言是动态的。Java 语言的设计目标之一是适应于动态变化的环境。Java 程序需要的类能够动态地被载入到运行环境，也可以通过网络来载入所需要的类。这有利于软件的升级。另外，Java 中的类有一个运行时刻的表示，能进行运行时刻的类型检查。

Java 语言的优良特性使得 Java 应用具有无与伦比的健壮性和可靠性，这也减少了应用系统的维护费用。Java 对对象技术的全面支持和 Java 平台内嵌的 API 能缩短应用系统的开发时间，同时降低成本。Java 的“一次编译，到处可运行”的特性使得它能够提供一个随处可用的开放结构和在多平台之间传递信息的低成本方式。特别是 Java 企业应用编程接口(Java Enterprise APIs)，为企业计算及电子商务应用系统提供了有关技术和丰富的类库。

实际上，Java 语言从 C 语言和 C++ 语言继承了许多成分，甚至可以将 Java 看成是类 C 语言发展和衍生的产物。比如，Java 语言在变量声明、操作符形式、参数传递、流程控制等方面与 C 语言、C++ 语言完全相同。但 Java 语言与 C 语言和 C++ 语言又有许多差别，主要表现在以下几个方面：

(1) Java 中对内存的分配是动态的，它采用面向对象的机制，并用运算符 new 为每个对象分配内存空间，而且实际内存还会随程序运行情况而改变。程序运行中，Java 系统会自动对内存进行扫描，将长期不用的空间作为“垃圾”进行收集，使得系统资源得到更充分地利用。按照这种机制，程序员不必关注内存管理问题，这使 Java 程序的编写变得简单明了，并且避免了由于内存管理方面的差错而导致系统出问题。而 C 语言则是通过 malloc() 和 free()这两个库函数来分别实现分配内存和释放内存空间的，C++ 语言中则通过运算符 new 和 delete 来分配和释放内存。在 C 和 C++ 中，程序员必须非常仔细地处理内存的使用问题。一方面，如果对已释放的内存再做释放或者对未曾分配的内存作释放，都会造成死机；另一方面，如果不将长期不用的或不再使用的内存释放，就会浪费系统资源，甚至造成资源枯竭。

(2) Java 不是在所有类之外定义全局变量，而是在某个类中定义一种公用的静态变量来实现全局变量的功能。Java 不用 goto 语句，而是用 try—catch—finally 异常处理语句来代替 goto 语句处理出错的功能。

(3) Java 不支持头文件和宏定义。而 C 语言和 C++ 语言中都用头文件来声明类的原型、全局变量、库函数等，采用头文件结构会使得系统的运行维护相当繁杂。Java 中只能使用关键字 final 来定义常量。

(4) Java 对每种数据类型都分配固定长度。比如，在 Java 中，int 类型总是 32 位的，而在 C 语言和 C++ 语言中，对于不同的平台，同一个数据类型可能分配不同的字节数，同样是 int 类型，在 PC 机中为 16 位，而在 VAX-11 中，则为 32 位。这使得 C 语言具有不可移植性，而 Java 则具有跨平台性(平台无关性)。

(5) 类型转换不同。在 C 语言和 C++ 语言中，可通过指针进行任意类型的转换，这常常带来不安全性。而在 Java 中，程序运行时系统会对对象进行类型相容性检查，以防止不安全的转换。

(6) 结构和联合的处理。Java 中根本就不允许类似 C 语言的结构体(struct)和联合体(union)，所有的内容都封装在类里面。

(7) Java 不再使用指针。指针是 C 语言和 C++ 语言中最灵活，也最容易产生错误的数据类型。由指针所进行的内存地址操作常常会造成不可预知的错误，同时通过指针对某个内存地址进行显式类型转换，从而可以访问一个 C++ 中的私有成员，破坏安全性。而 Java 用“引用”的方式替代指针，对指针进行完全地控制，程序员不能直接进行任何指针操作。

(8) 避免平台依赖。Java 语言编写的类库可以在其他平台的 Java 应用程序中使用，而不像 C++ 语言必须运行于单一平台。在 B/S 开发方面，Java 要远远优于 C++。

Java 适合团队开发，软件工程可以相对做到规范。由于 Java 语言本身的极其严格的语法特点，使得利用 Java 语言无法写出结构混乱的程序。这将强迫程序员编写规范的代码。这是一个其他编程语言很难比拟的优势。但是，这也导致 Java 很不适合互联网模式的持续不断修改，互联网软件工程管理上的不足、持续的修修补补将导致架构的破坏。

4.3.6 VHDL 语言

VHDL 语言(Very-High-Speed Integrated Circuit Hardware Description Language，VHDL)诞生于 1982 年，1987 年被 IEEE 和美国国防部确认为标准硬件描述语言，主要用于描述数字系统的结构、行为、功能和接口。除了含有许多具有硬件特征的语句外，VHDL 的语言形式和描述风格及句法与一般的计算机高级语言十分类似。VHDL 的程序结构特点是将一项工程设计，或称为设计实体(可以是一个元件、一个电路模块或一个系统)分成外部(或称为可视部分及端口)和内部(或称为不可视部分)，这就涉及实体的内部功能和算法完成部分。一个设计实体在定义了外部界面后，一旦其内部开发完成后，其他的设计就可以直接调用这个实体。这种将设计实体分成内外部分的概念是 VHDL 系统设计的基本点。

一个 VHDL 程序由五个部分组成，包括实体(Entity)、结构体(Architecture)、配置(Configuration)、包(Package)和库(Library)。实体和结构体两大部分组成程序设计的最基本单元。图 4-16 所示是 VHDL 程序的基本组成。配置用来从库中选择所需要的单元来组成该系统设计的不同规格的不同版本。VHDL 和 Verilog HDL 已成为 IEEE 的标准语言，通常使用 IEEE 提供的版本。包是存放每个设计模块都能共享的设计类型、常数和子程序的集合体。库是用来存放已编译的实体、结构体、包和配置。在程序设计中可以使用 ASIC 芯片制造商提供的库，也可以使用由用户生成的 IP 库。

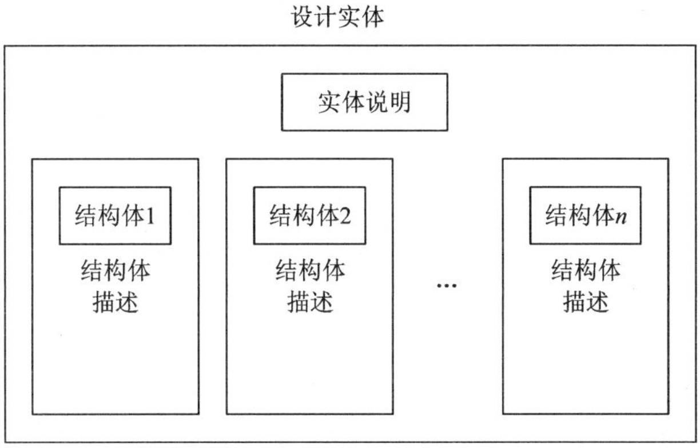

设计实体

实体说明

结构体1	结构体2		结构体n
结构体描述	结构体描述	…	结构体描述

图 4-16　VHDL 程序的基本组成

VHDL 语言能够成为标准化的硬件描述语言并获得广泛应用，其自身必然具有很多其他硬件描述语言所不具备的优点。归纳起来，VHDL 语言主要具有以下优点：

(1) VHDL 语言功能强大，设计方式多样。VHDL 语言具有强大的语言结构，只需采用简单明确的 VHDL 语言程序就可以描述十分复杂的硬件电路。同时，它还具有多层次的电路设计描述功能。此外，VHDL 语言能够同时支持同步电路、异步电路和随机电路的设计实现，这是其他硬件描述语言所不能比拟的。VHDL 语言设计方法灵活多样，既支持自顶向下的设计方式，也支持自底向上的设计方法；既支持模块化设计方法，也支持层次化设计方法。

(2) VHDL 语言具有强大的硬件描述能力。VHDL 语言具有多层次的电路设计描述功能，既可描述系统级电路，也可以描述门级电路。描述方式既可以采用行为描述、寄存器传输描述或者结构描述，也可以采用三者的混合描述方式。同时，VHDL 语言也支持惯性延迟和传输延迟，这样可以准确地建立硬件电路的模型。VHDL 语言的强大描述能力还体现在它具有丰富的数据类型。VHDL 语言既支持标准定义的数据类型，也支持用户自定义的数据类型，会给硬件描述带来较大的自由度。

(3) VHDL 语言具有很强的移植能力。VHDL 语言很强的移植能力主要体现在：对于同一个硬件电路的 VHDL 语言描述，它可以从一个模拟器移植到另一个模拟器上，也可以从一个综合器移植到另一个综合器上或者从一个工作平台移植到另一个工作平台上去执行。

(4) VHDL 语言的设计描述与器件无关。采用 VHDL 语言描述硬件电路时，设计人员并不需要首先考虑选择进行设计的器件。这样做的好处是可以使设计人员集中精力进行电路设计的优化，而不需要考虑其他的问题。当硬件电路的设计描述完成以后，VHDL 语言允许采用多种不同的器件结构来实现。

(5) VHDL 程序易于共享和复用。VHDL 程序是采用基于库(Library)的设计方法进行设计的。在设计过程中，设计人员可以建立各种可再次利用的模块，一个大规模的硬件电路的设计不可能从门级电路开始一步步地进行设计，而是进行一些模块的累加。这些模块可以预先设计或者使用以前设计中的存档模块，将这些模块存放在库中，就可以在以后的设计中进行复用。

由于 VHDL 语言是一种描述、模拟、综合、优化和布线的标准硬件描述语言，它可以使设计成果在设计人员之间方便地进行交流和共享，从而减小硬件电路设计与制造的工作量，缩短开发周期。

4.4 常用微处理器

4.4.1 单片微处理器

单片机又称单片微处理器，它不是完成某一个逻辑功能的芯片，而是集成了一个计算机系统的芯片，相当于一个微型的计算机。与计算机相比，单片机只缺少了 I/O 设备。单片机是采用超大规模集成电路技术把具有数据处理能力的中央处理器 CPU、随机存储器 RAM、只读存储器 ROM、多种 I/O 口、中断系统和定时器/计数器等功能，可能还包括显示驱动电路、脉宽调制电路、模拟多路转换器、A/D 转换器等电路集成到一块硅片上，构成的一个小而完善的微型计算机系统。单片机组成框图如图 4-17 所示。单片机具有体积小、质量轻、价格便宜、容易掌握等优点。

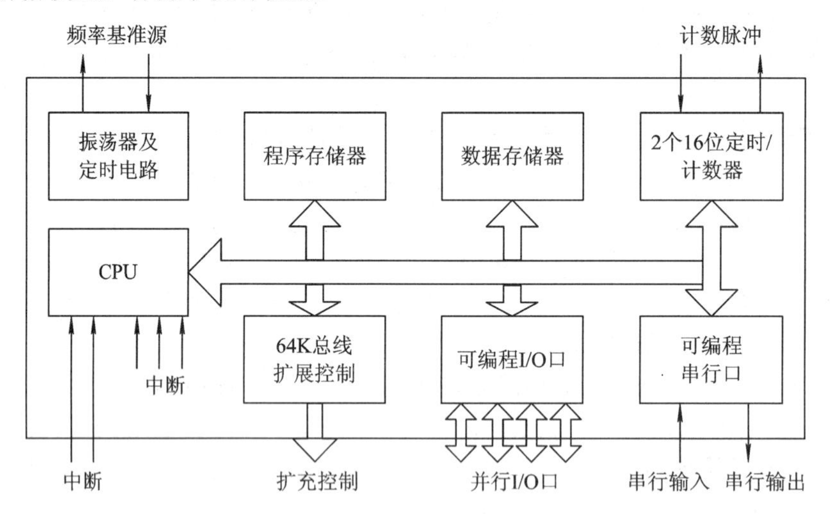

图 4-17 单片机组成框图

中央处理器包括运算器、控制器和寄存器。运算器由运算部件即算术逻辑单元、累加器和寄存器等几部分组成。ALU 的作用是对传来的数据进行算术或逻辑运算，输入来源为两个 8 位数据，分别来自累加器和数据寄存器。ALU 能完成对这两个数据的加、减、与、或、比较大小等操作，最后将结果存入累加器。运算器有两个功能：

① 执行各种算术运算；

② 执行各种逻辑运算，并进行逻辑测试，如零值测试或两个值的比较。

运算器所执行的全部操作都是由控制器发出的控制信号指挥的，并且一个算术操作产生一个运算结果，一个逻辑操作产生一个判决。

控制器由程序计数器、指令寄存器、指令译码器、时序发生器和操作控制器等组成，是发布命令的“决策机构”，即协调和指挥整个微机系统的操作。其主要功能有：

① 从内存中取出一条指令，并指出下一条指令在内存中的位置；

② 对指令进行译码和测试，并产生相应的操作控制信号，以便于执行规定的动作；

③ 控制 CPU、内存和输入输出设备之间数据流动的方向。

微处理器内通过内部总线把 ALU、计数器、寄存器和控制部分互连，并通过外部总线与外部的存储器、输入输出接口电路连接。外部总线又称为系统总线，分为数据总线 DB、地址总线 AB 和控制总线 CB。通过输入输出接口电路实现与各种外围设备的连接。

CPU 内的主要寄存器包括：

① 累加器 A 是微处理器中使用最频繁的寄存器，在进行算术和逻辑运算时有双功能：运算前用于保存一个操作数，运算后用于保存所得的和、差或逻辑运算结果。

② 数据寄存器 DR 通过数据总线向存储器和输入/输出设备送(写)或取(读)数据的暂存单元。它可以保存一条正在译码的指令，也可以保存正在送往存储器中存储的一个数据字节等。

③ 指令寄存器 IR 和指令译码器 ID。指令包括操作码和操作数。指令寄存器是用来保存当前正在执行的一条指令。当执行一条指令时，先把它从内存中取到数据寄存器中，然后再传送到指令寄存器。当系统执行给定的指令时，必须对操作码进行译码，以确定所要求的操作，指令译码器就是负责这项工作的。其中，指令寄存器中操作码字段的输出就是指令译码器的输入。

④ 程序计数器 PC。PC 用于确定下一条指令的地址，以保证程序能够连续地执行下去，通常又被称为指令地址计数器。在程序开始执行前必须将程序第一条指令的内存单元地址(即程序的首地址)送入 PC，并使它总是指向下一条要执行指令的地址。

⑤ 地址寄存器 AR。地址寄存器用于保存当前 CPU 所要访问的内存单元或 I/O 设备的地址。由于内存与 CPU 之间存在着速度上的差异，所以必须使用地址寄存器来保存地址信息，直到内存读/写操作完成为止。

显然，CPU 向存储器存数据、从内存取数据和从内存读出指令都要用到地址寄存器和数据寄存器。同样，如果把外围设备的地址作为内存地址单元来看的话，那么当 CPU 和外围设备交换信息时，也需要用到地址寄存器和数据寄存器。

根据发展情况，从不同角度，单片机大致可以分为通用型/专用型、总线型/非总线型及工控型/家电型。

① 从适用范围角度，单片机可分成通用型、专用型。例如，80C51 单片机为通用型，它不是为某种专门用途设计的。专用型单片机是针对一类产品甚至某一个产品设计生产的，例如为了满足电子体温计的要求，在片内集成 ADC 接口等功能的温度测量控制电路。

② 从并行总线角度，单片机可分成总线型、非总线型。总线型单片机普遍设置有并行地址总线、数据总线、控制总线，这些引脚用以扩展并行外围器件，外围器件都可以通过串行口与单片机连接。许多单片机已把所需要的外围器件及外设接口集成在一片硅片内，因此在许多情况下可以不要并行扩展总线，这样大大减少封装成本和芯片体积，这类单片机称为非总线型单片机。

③ 从应用的领域角度，单片机可分成工控型、家电型。工控型寻址范围大，运算能力

强；用于家电的单片机多为专用型，通常是小封装、低价格，外围器件和外设接口集成度高。上述分类并不是唯一的和严格的。例如，80C51 类单片机既是通用型又是总线型，还可以用作工控。

目前，单片机的制造商较多，产品各有优势和用途，主要有：

① STC 公司的 STC 单片机，该单片机主要是基于 8051 内核，是增强型单片机，指令代码完全兼容传统 8051，速度比传统 8051 快 8～12 倍，带有 ADC、4 路 PWM、双串口，有全球唯一 ID 号，加密性好，抗干扰强。

② MICROCHIP 公司的 PIC 单片机，其突出的特点是体积小、功耗低、精简指令集、抗干扰性好、可靠性高、有较强的模拟接口、代码保密性好，且大部分芯片有其兼容的 Flash 程序存储器芯片。

③ 台湾义隆公司的 EMC 单片机，它与 PIC 8 位单片机兼容，且相兼容产品的资源相对比 PIC 的多，价格便宜，有很多系列可选，但抗干扰能力较差。

④ ATMEl 公司的 8 位 ATMEL 单片机(51 单片机)，有 AT89、AT90 两个系列。AT89 系列是 8 位 Flash 单片机，与 8051 系列单片机相兼容；AT90 系列单片机是增强 RISC 结构、全静态工作方式、内载在线可编程 Flash 的单片机，也叫 AVR 单片机。

⑤ PHILIPS 公司的 PHLIPIS 51LPC 系列单片机(51 单片机)，它是基于 80C51 内核的单片机，嵌入了掉电检测、模拟以及片内 RC 振荡器等功能，这使得 51LPC 在高集成度、低成本、低功耗的应用设计中可以满足多方面的性能要求。

⑥ 台湾盛扬半导体的 HOLTEK 单片机，它价格便宜、种类较多，但抗干扰能力较差，适用于消费类产品。

⑦ 德州仪器 TI 公司的单片机(51 单片机)提供了 TMS370 和 MSP430 两大系列通用单片机。TMS370 系列单片机是 8 位 CMOS 单片机，具有多种存储模式、多种外围接口模式，适用于复杂的实时控制场合；MSP430 系列单片机是一种超低功耗、功能集成度较高的 16 位低功耗单片机，特别适用于要求功耗低的场合。

⑧ 台湾松翰公司 SONIX 单片机，这一单片机大多为 8 位机，有一部分与 PIC 8 位单片机兼容，价格便宜，系统时钟分频可选项较多，有 PMW ADC 内振；其缺点是 RAM 空间过小、抗干扰能力较差。

⑨ 飞思卡尔公司的 8 位单片机系列，主要包括 RS08 类、HCS08 类、HC08 类、HC08 汽车类、HCS08 汽车类。

⑩ 深联华公司的深联华单片机(51 单片机)，主要是基于 8051 内核的，是新一代安全防逆向型单片机，指令代码完全兼容传统 8051，速度比传统 8051 快 8～12 倍，带有 62 K Flash ROM，内置 256 字节 RAM 和集成外置 1024 字节 RAM，白噪声密码没有规律可循，每颗芯片都有自己的密码，同样的密码不可重用。

单片机的应用领域已十分广泛，如智能仪表、实时工控、通信设备、导航系统、家用电器、汽车电子等。传感器节点采用单片机就能起到使节点升级换代的功效，是传感器实现数字化、智能化、微型化必要的技术手段，从而使普通传感器节点成为智能感知节点。结合不同类型的传感器，可实现诸如电压、电流、功率、频率、温度、流量、速度、厚度、角度、长度、硬度、元素、压力、气体、湿度、离子、生物等信息量的测量。

在众多的单片机中，应用最广泛的是 51 系列单片机和 MSP430 系列单片机。

1) 51系列单片机

51单片机是对所有兼容Intel 8031指令系统的单片机的统称。该系列单片机的始祖是Intel的8004单片机，后来随着Flash Rom技术的发展，8004单片机取得了长足的进展，成为应用最广泛的8位单片机之一。51单片机是基础入门的一个单片机，一般不具备自编程能力。图4-18所示为8051系列单片机内部结构示意图。

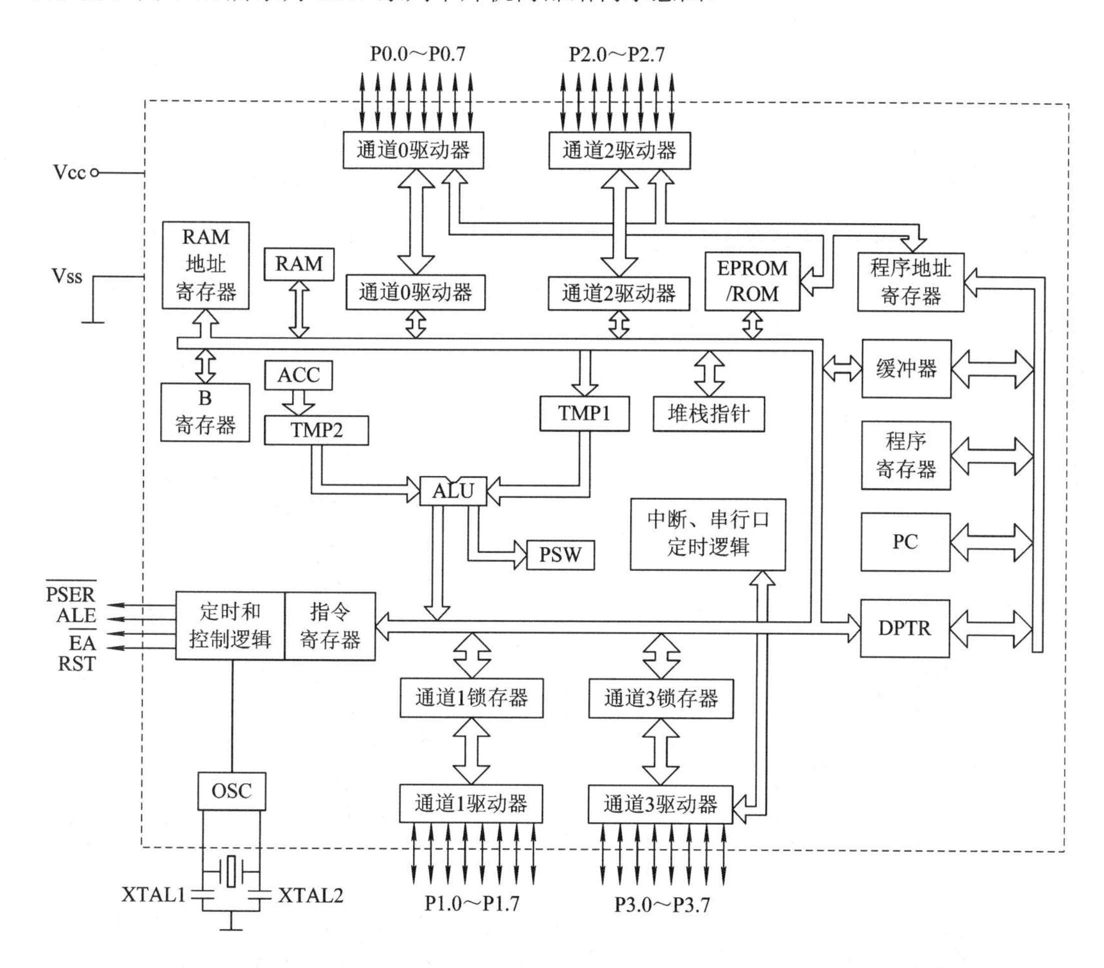

图4-18　8051系列单片机内部结构示意图

单片机内部包括8位CPU、4 KB程序ROM存储器(52系列单片机为8 K)、128 B的数据RAM存储器(52系列单片机有256 B的RAM)、32条I/O口线111条单字节指令、21个专用寄存器、2个可编程定时/计数器、5个中断源、2个优先级(52系列单片机有6个)、1个全双工串行通信口、64 KB外部数据存储器寻址空间、64 KB外部程序存储器寻址空间等。单片机的CPU由运算和控制逻辑组成，同时还包括中断系统和部分外部特殊功能寄存器。RAM用以存放可以读写的数据，如运算的中间结果、最终结果以及欲显示的数据。ROM用以存放程序、一些原始数据和表格。I/O口有四个8位并行I/O口，既可用作输入，也可用作输出。T/C有两个定时/计数器，既可以工作在定时模式，也可以工作在计数模式。全双工UART(通用异步接收发送器)的串行I/O口，用于实现单片机之间或单片机与微机之间的串行通信。片内振荡器和时钟产生电路，石英晶体和微调电容需要外接。最佳振荡频率为 6～12 MHz。

代表性 51 系列单片机有 Intel 公司的 80C31、80C51、87C51、80C32、80C52、87C52 等，ATMEL 公司的 89C51、89C52、89C2051、89S51(RC)、89S52(RC)等，STC 公司的 89c51、89c52、89c516、90c516 等，以及 Philips、华邦、Dallas、Siemens 等公司的众多品牌。

2) MSP430系列单片机

MSP430 系列单片机是美国德州仪器(TI)1996 年开始推向市场的一种 16 位超低功耗、具有精简指令集(RISC)的混合信号处理器(Mixed Signal Processor)，它将多个不同功能的模拟电路模块、数字电路模块和微处理器集成在一个芯片上，以提供“单片机”解决方案。该系列单片机多应用于需要电池供电的便携式智能终端中。

MSP 单片机包含 CPU、程序存储器(ROM、 OTP 和 Flash ROM)、数据存储器(RAM)、运行控制、外围模块、振荡器和倍频器等主要功能模块，其基本结构如图 4-19 所示。可以看出，MSP430 系列单片机内部包含了计算机的所有部件，是一个真正的单片机(微控制器 MCU)。

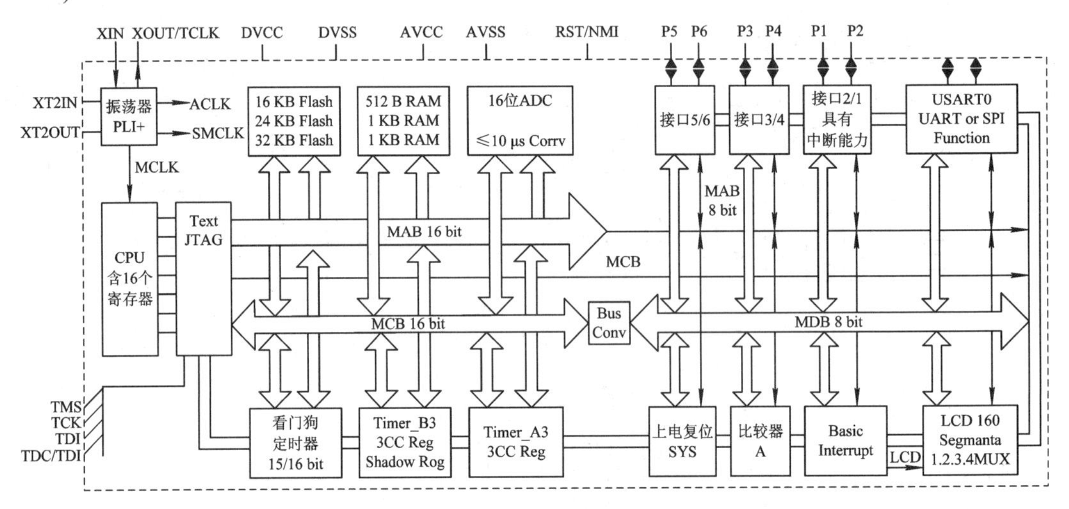

图 4-19　MSP430 系列单片机基本结构

在 MSP430 系列单片机中，CPU 由一个 16 位的 ALU、16 个寄存器和一套指令控制逻辑组成，其逻辑简图如图 4-20 所示。在 16 个寄存器中，程序计数器 PC、堆栈指针 SP、状态寄存器 SR 和常数发生器 CGl、CG2 这四个寄存器有特殊用途。除了 R3 和 R2 外，所有寄存器都可作为通用寄存器用于所有指令操作。常数发生器是为指令执行时提供常数的，而不是用于存储数据的，对 CGl、CG2 访问的寻址模式可以区分常数数据。CPU 内部有一组 16 位的数据总线和 16 位的地址总线。CPU 运行正交设计、对模块高度透明的精简指令集。PC、SR 和 SP 配合精简指令集所实现的控制，使应用开发可实现复杂的寻址模式和软件算法。

存储器采用“冯 · 诺依曼结构”，RAM、ROM 和全部外围模块都位于同一个地址空间内，即用一个公共的空间对全部功能模块进行寻址。支持外部扩展存储器是未来性能增强的目标。特殊功能寄存器及外围模块安排在 000H～1FFH 区域，RAM 和 ROM 共享 0200H～

FFFFH区域，数据存储器(RAM)的起始地址是0200H。

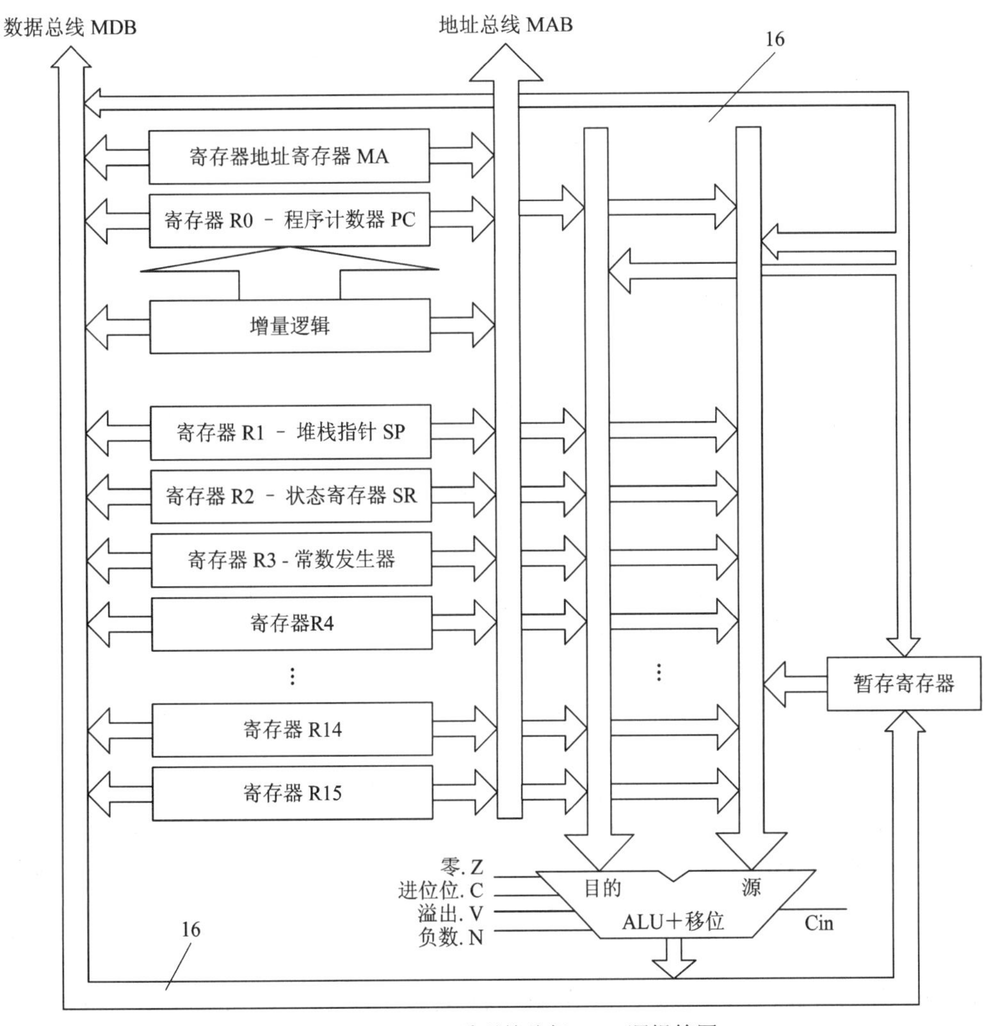

图4-20 MSP430系列单片机CPU逻辑简图

程序存储器有ROM、OTP和Flash ROM三种类型，ROM容量在1～60 KB之间。Flash芯片内部集成有两段128 B的信息存储器以及1 KB用于存放自举程序的自举存储器(BOOT ROM)；对代码存储器的访问总是以字形式访问，而对数据可以用字或字节方式访问，每次访问需要16条数据总线(MDB)和当前存储器模块所需的地址总线(MAB)。存储器模块由模块允许信号自动选中，最低的64 KB空间的顶部16个字，即0FFFFH～0FFE0H，保留存放复位和中断的向量。在程序存储器中还可以存放表格数据，以实现查表处理等应用。程序对程序存储器可以任意读取，但不能写入。数据存储器经两条总线与CPU相连，即存储器地址总线MAB和存储器数据总线MDB，如图4-21所示。数据存储器可以以字或字节宽度集成在片内，其容量在128 B～10 KB之间，所有指令都可以对字节或字进行操作。但是，对堆栈和PC的操作是按字宽度进行的，寻址时必须对准偶地址进行。

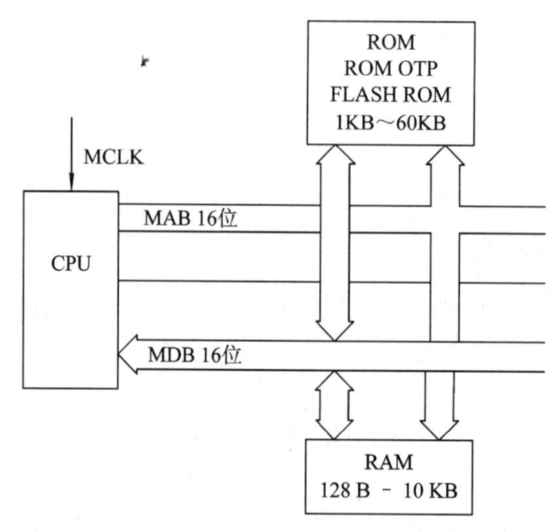

图 4-21 数据存储器与 CPU 相连示意图

目前，MSP430 系列单片机有 430x1xx 系列、430F2xx 系列、430C3xx 系列、430x4xx 系列、430F5xx 系列、430G2553 等。其特点主要有：

① 处理能力强。MSP430 系列单片机是一个 16 位的单片机，采用了精简指令集(RISC)结构，具有丰富的寻址方式(7 种源操作数寻址、4 种目的操作数寻址)、简洁的 27 条内核指令以及大量的模拟指令；大量的寄存器以及片内数据存储器都可参加多种运算；还有高效的查表处理指令，保证了可编制出高效率的源程序。

② 运算速度快。MSP430 单片机能在 25 MHz 晶体的驱动下，实现 40 ns 的指令周期。16 位的数据宽度、40 ns 的指令周期以及多功能的硬件乘法器(能实现乘加运算)相配合，能实现数字信号处理的某些算法(如 FFT 等)。

③ 超低功耗。MSP430 单片机之所以有超低的功耗，是因为其在降低芯片的电源电压和灵活而可控的运行时钟方面都有其独到之处。首先，电源电压采用 1.8～3.6 V 电压，因而可使其在 1 MHz 的时钟条件下运行时，芯片的电流最低在 165 μA 左右，RAM 保持模式下的最低功耗只有 0.1 μA；其次，采用独特的时钟系统设计，三个不同的时钟系统：基本时钟系统、锁频环(FLL 和 FLL+)时钟系统和 DCO 数字振荡器时钟系统。可以只使用一个晶体振荡器(32.768 kHz)DT-26 或 DT-38，也可以使用两个晶体振荡器。由系统时钟产生 CPU 和各功能所需的时钟，并且这些时钟可以在指令的控制下打开和关闭，从而实现对总体功耗的控制。

④ 片内资源丰富。单片机的各系列都集成了较丰富的片内外设。它们分别是看门狗(WDT)、模拟比较器 A、定时器 A0(Timer_A0)、定时器 A1(Timer_A1)、定时器 B0(Timer_B0)、UART、SPI、I2C、硬件乘法器、液晶驱动器、10 位/12 位 ADC、16 位 Σ-Δ ADC、DMA、I/O 端口、基本定时器(Basic Timer)、实时时钟(RTC)和 USB 控制器等若干外围模块的不同组合。

⑤ 方便高效的开发环境，不需要仿真器和编程器，开发语言有汇编语言和 C 语言。MSP430 单片机有 OTP 型、Flash 型和 ROM 型三种类型，开发手段不同。对于 OTP 型和 ROM 型的器件使用仿真器开发成功之后烧写或掩膜芯片；对于 Flash 型则有十分方便的开

发调试环境，因为器件片内有 JTAG 调试接口，还有可电擦写的 Flash 存储器，因此采用先下载程序到 Flash 内，再在器件内通过软件控制程序的运行，由 JTAG 接口读取片内信息供设计者调试使用的方法进行开发。综合比较，MSP430 系列单片机与 51 系列单片机各有特点，两者的性能对比如表 4-4 所示。

表 4-4　MSP430 系列单片机与 51 系列单片机性能比较

性　能	MSP430 系列单片机	51 系列单片
工作电压/V	3.3	5
基本架构	16 位	8 位
功能模块	混合型	单一型
指令	没有位指令	支持位指令
组成	片上资源丰富	片上资源较少
成本	较高	较低
功耗	低	高

4.4.2　ARM 处理器

ARM 处理器(Advanced RISC Machines)是 ARM 计算机公司面向低预算市场设计的 32 位系列微处理器，在低功耗、低成本和高性能的嵌入式系统应用领域占据着领先地位。1990 年，ARM 公司通过 Acorn 重组而成立。在此之前 Acorn 公司开发出自己的第一代 32 位、6 MHz、3.0 μm 处理器，即 ARM1，并用它做出一台 RISC 指令集的计算机，也就是说 ARM 处理器还是在沿袭传统的方式。所谓 RISC，就是精简指令集，是相对于复杂指令集 CISC 而言的。CISC 任务处理能力强，Intel 采用的是 CISC 指令，它在桌面电脑领域应用广泛。RISC 通过精简 CISC 指令种类、格式、简化寻址方式，达到省电高效的效果，以适应手机、平板、数码相机等便携式电子产品。

ARM 公司的理念决定自己不生产芯片，转而以授权的方式将芯片设计方案转让给其他公司，即“Partnership”开放模式。ARM 公司在 1993 年实现盈利，并于 1998 年在纳斯达克和伦敦证券交易所两地上市，经过二十多年的发展，ARM 系列处理器已成为主流处理器。ARM 的发展代表了半导体行业的某种趋势，即从完全的垂直整合到深度的专业化分工，20 世纪 70 年代半导体行业普遍采用上中下游的垂直整合封闭式生产体系，80 年代半导体行业开始分化，出现垂直整合和分工化的系统制造，定制集成两个体系。台积电的晶圆代工模式进一步推动了专业分工的发展，半导体行业分工进一步细化，形成 IP、设计、晶圆、封装价上下游体系，而 ARM 处于产业链顶端。

ARM 处理器的内核有 4 个功能模块 T、D、M、I，可根据不同要求配置 ARM 芯片。其中，T 功能模块表示 16 位 Thumb，可以在兼顾性能的同时减少代码；M 功能模块表示 8 位乘法器；D 功能模块表示 Debug，该内核中放置了用于调试的结构，通常为一个边界扫描链 JTAG，可使 CPU 进入调试模式，从而可方便地进行断点设置、单步调试；I 功能模块表示 EmbeddedICE Logic，用于实现断点观测及变量观测的逻辑电路部分，其中的 TAP 控制器可接入到边界扫描链。

ARM 处理器内核基本结构图如图 4-22 所示。由图可知，ARM 芯片的核心，即 CPU 内核(ARM720T)，由一个 ARM7TDMI 32 位 RISC 处理器、一个单一的高速缓冲 8 KB Cache 和一个存储空间管理单元 MMU(Memory Management Unit)构成。8 KB 的高速缓冲有一个四路相连寄存器，并被组织成 5\2 线四字(4×5\2×4 字节)。高速缓冲直接与 ARM7TDMI 相连，因而高速缓冲来自 CPU 的虚拟地址。当所需的虚拟地址不在高速缓冲中时，由 MMU(Memory Management Unit)将虚拟地址转换为物理地址。一个 64 项的转换旁路缓冲器(TLB)用来加速地址转换过程，并减少页表读取所需的总线传送。通过转换高速缓冲中未存储的地址，MMU 就能够节约功率。通过内部数据总线和扩展并行总线，ARM 可以和存储器(SRAM/Flash/Nand－Flash 等)、用户接口(LCD 控制器/键盘/GPIO 等)、串行口(UARTs / 红外 IrDA 等)相连。一个 ARM720T 内核基本由以下四个部分组成：

① ARM7TDMI CPU 核。该 CPU 核支持 Thumb 指令集、核调试、增强的乘法器、JTAG 以及嵌入式 ICE。它的时钟频率可编程为 18 MHz、36 MHz、49 MHz、74 MHz。

② 存储空间管理单元(MMU)与 ARM710 核兼容，并增加了对 Windows CE 的支持。该存储空间管理单元提供了地址转换和一个有 64 项的转换旁路缓冲器。

③ 8 KB 单一指令和数据高速缓冲存储器以及一个四路相连高速缓冲存储器控制器。

④ 写缓冲器(Write Buffer)。

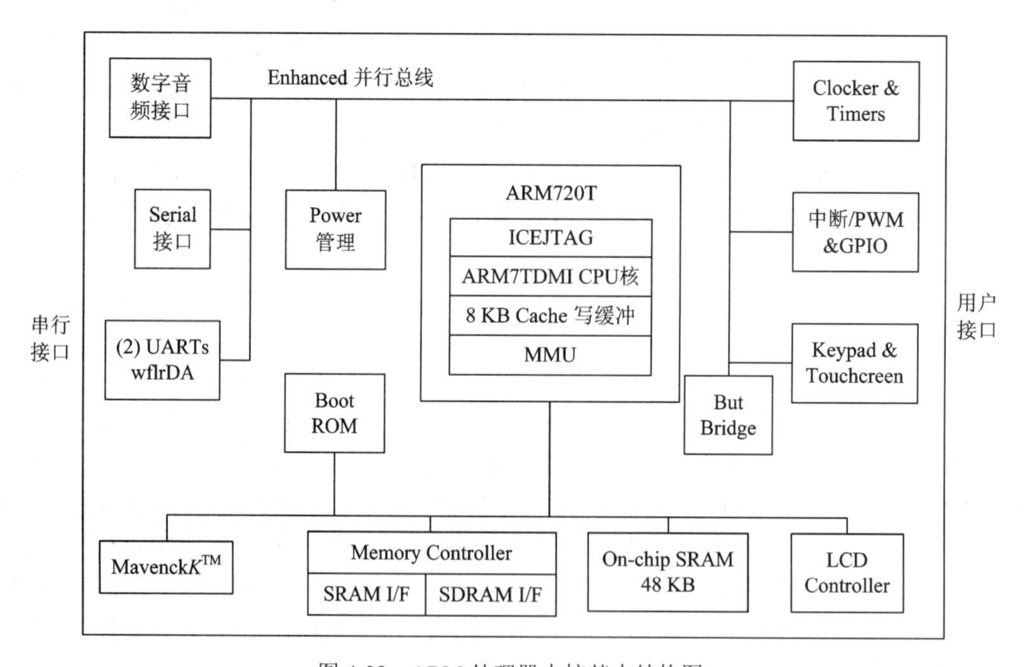

图 4-22 ARM 处理器内核基本结构图

目前，ARM 系列处理器主要包括 ARM7 系列、ARM9 系列、ARM9E 系列、ARM10E 系列、SecurCore 系列、Intel 的 StrongARM11 系列。其中，ARM7、ARM9、ARM9E 和 ARM10 为四个通用处理器系列，每一个系列提供一套相对独特的性能来满足不同应用领域的需求。SecurCore 系列专门为安全要求较高的应用而设计。ARM 处理器的主要特点有：

① 体积小、低功耗、低成本、高性能；

② 支持 Thumb(16 位)/ARM(32 位)双指令集，能很好地兼容 8 位/16 位器件；

③ 大量使用寄存器，指令执行速度更快；

④ 大多数数据操作都在寄存器中完成；

⑤ 寻址方式灵活简单，执行效率高；

⑥ 指令长度固定。

1) ARM7 系列

ARM7TDMI 是 ARM7 系列中使用最广泛的，它是从最早实现 32 位地址空间编程模式的 ARM6 内核发展而来的，增加了 64 位乘法指令，支持片上调试、16 位 Thumb 指令集和 EmbeddedICE 观察点硬件。ARM7TDMI 属于 ARM v4 体系结构，采用冯·诺伊曼结构和三级流水处理方式，有平均 0.9DMIPs/MHz 的性能。不过 ARM7TDMI 没有 MMU 和 Cache，所以仅支持那些不需要 MMU 和 Cache 的小型实时操作系统，如 VxWorks、uC/OS-II 和 uLinux 等 RTOS。其他的 ARM7 系列内核还有 ARM720T 和 ARM7E-S 等。

2) ARM9 系列

与 ARM7TDMI 相比，ARM9TDMI 将流水级数提高到 5 级，从而增加了处理器的时钟频率，并使用指令和数据存储器分开的哈佛结构，以改善 CPI 和提高处理器性能，频率平均可达 1.1DMIPs/MHz，但是 ARM9TDMI 仍属于 ARM v4T 体系结构。在 ARM9TDMI 基础上又有 ARM920T、ARM940T 和 ARM922T，其中 ARM940T 增加了 MPU(Memory Protect Unit)和 Cache；ARM920T 和 ARM922T 加入了 MMU、Cache 和 ETM9(方便进行 CPU 实时跟踪)，从而更好地支持像 Linux 和 WinCE 这样的多线程、多任务操作系统。

3) ARM9E 系列

ARM9E 系列属于 ARM v5TE 体系结构，它在 ARM9TDMI 的基础上增加了 DSP 扩展指令，是可综合内核，主要有 ARM968E-S、ARM966E-S、ARM946E-S 和 ARM926EJ-S(v5TEJ 指令体系，增加了 Java 指令扩展)。其中，ARM926EJ-S 是最具代表性的，通过 DSP 和 Java 的指令扩展，可获得 70%的 DSP 处理能力和 8 倍的 Java 处理性能提升；另外，它的分开的指令和数据 Cache 结构进一步提升了软件性能；指令和数据 TCM(Tightly Couple Memory，紧耦合存储器)接口支持零等待访问存储器；双 AMBA AHB 总线接口等。ARM926EJ-S 可达 250 MHz 以上的处理速度，能很好地支持 Symbian OS、Linux、Windows CE 和 Palm OS 等主流操作系统。

4) ARM11 系列

ARM11 系列主要有 ARM1136、ARM1156、ARM1176 和 ARM11 MP-Core 等，它们都是 v6 体系结构。相比 v5 系列，它增加了 SIMD 多媒体指令，获得 1.75 倍多媒体处理能力的提升。另外，除了 ARM1136 外，其他处理器都支持 AMBA3.0-AXI 总线。ARM11 系列内核最高的处理速度可达 500 MHz 以上(其中 90 nm 工艺下，ARM1176 可达到 750 MHz)以及 600DMIPS 的性能。基于 ARM v6 架构的 ARM11 系列处理器是根据下一代的消费类电子、无线设备、网络应用和汽车电子产品等需求而制定的。它的媒体处理能力和低功耗特点使它特别适合用于无线和消费类电子产品；其高数据吞吐量和高性能的结合使它非常适合网络处理应用。另外，在实时性能和浮点处理等方面，ARM11 可以满足汽车电子应用的需求。

5) ARM Cotex 系列

Cortex 系列是 ARM 公司目前最新的内核系列，属于 v7 架构，主要有 Cortex-A8、Cortex-R4、Cortex-M3 和 Cortex-M1 等处理器。其中，Cortex-A8 是面向高性能的应用处理器，最高可达 1 GHz 的处理速度，能更好地支持多媒体及其他高性能要求，最高可达 2000DMIPS；Cortex-R4 主要面向嵌入式实时应用领域(Real-Time)，有 7 级流水结构，相对于上代 ARM1156 内核，Cortex-R4 在性能、功耗和面积(Performance Power and Area，PPA)之间取得更好的平衡，具有大于 1.5DMIPS/MHz 和高于 400 MHz 的处理速度。而 Cortex-M3 主要是面向低成本和高性能的 MCU 应用领域，相比 ARM7TDMI，Cortex-M3 面积更小、功耗更低、性能更高。Cortex-M3 处理器的核心是基于哈佛架构的 3 级流水线内核，该内核集成了分支预测、单周期乘法、硬件除法等众多功能强大的特性，使其在 Dhrystone benchmark 上具有出色的表现(1.25 DMIPS/MHz)。根据 Dhrystone benchmark 的测评结果，采用新的 Thumb.-2 指令集架构的 Cortex-M3 处理器，与执行 Thumb 指令的 ARM7TDMI-S 处理器相比，每兆赫的效率提高了 70%；与执行 ARM 指令的 ARM7TDMI-S 处理器相比，效率提高了 35%。Cortex 系列内嵌的产品已经问世，如 TI 公司推出的基于 Cortex-A8 内核的 OMAP3430，TI、ST 和 Luminary 也推出了基于 Cortex-M3 内核的低成本高性能 32 位 MCU。

4.4.3 DSP 处理器

1. DSP 处理器的背景

数字信号处理是将信号以数字方式表示并处理的理论和技术。数字信号处理与模拟信号处理是信号处理的子集。数字信号处理的目的是对真实世界的连续模拟信号进行测量或滤波。因此，在进行数字信号处理之前需要将信号从模拟域转换到数字域，这通常通过模数转换器实现。而数字信号处理的输出经常也要变换到模拟域，而这是通过数模转换器实现的。

DSP(Digital Signal Processing，DSP)包含数字信号处理及其处理器两种含义，常说的 DSP 指的是数字信号处理器，DSP 处理器是一种适合完成数字信号处理运算的处理器。20 世纪 60 年代以来，随着计算机和信息技术的飞速发展，数字信号处理技术应运而生并得到迅速发展，已经在通信等领域得到极为广泛的应用。在当今的数字化时代背景下，DSP 已成为通信、计算机、消费类电子产品等领域的基础器件。DSP 处理器的发展大致可分为以下三个阶段：

1) DSP 理论及单片器件诞生阶段

在 DSP 处理器出现之前，系统的数字信号处理只能依靠通用微处理器来实现，但由于微处理器较低的处理速度根本就无法满足越来越大的信息量的高速实时要求，应用更快更高效的信号处理方式成了日渐迫切的社会需求。到 20 世纪 70 年代，有人提出了 DSP 的理论和算法基础，并研制出由分立元件组成的 DSP 系统，但这还不是真正意义的处理器。1978 年，AMI 公司发布了世界上第一个单片的 S2811 型号 DSP 芯片。1979 年，Intel 公司发布了商用可编程器件 2920 型号 DSP 芯片。1980 年，NEC 公司推出的 mP D7720 是第一个具有硬件乘法器的商用 DSP 芯片，从而被认为是第一块单片 DSP 器件。

2) DSP 微处理器诞生阶段

随着大规模集成电路技术和半导体技术的发展，1982 年世界上诞生了第一代 DSP 芯片 TMS32010 及其系列产品。这种 DSP 器件采用微米工艺 NMOS 技术制作，虽然功耗和尺寸稍大，但是其运算速度却比通用微处理器快了几十倍，尤其在语言合成和编码译码器中得到了广泛应用。DSP 芯片的问世标志着 DSP 应用系统由大型系统向小型化迈进了一大步。到 80 年代中期，CMOS 工艺的第二代 DSP 芯片应运而生，其存储容量和运算速度都得到成倍提高，成为语音处理、图像硬件处理技术的基础。

3) 快速发展阶段

从 20 世纪 80 年代后期，第三代 DSP 芯片问世，运算速度进一步提高，其应用范围逐步扩大到通信、计算机领域。90 年代 DSP 发展最快，相继出现了第四代和第五代 DSP 器件。现在的 DSP 属于第五代产品，与第四代相比，其系统集成度更高，将 DSP 芯核及外围元件集成在单一芯片上。这种集成度极高的 DSP 芯片不仅在通信、计算机领域大显身手，还逐渐渗透到各个便携系统领域。

2. DSP 的现状与发展趋势

目前，DSP 处理器一直保持着快速的发展势头，国际先进半导体公司处于领先地位，如美国 DSP research 公司、Pentek 公司、Motorola 公司、加拿大 Dy4 公司等。以 Pentek 公司一款处理板 4293 为例，它使用 8 片 TI 公司 300 MHz 的 TMS320C6203 芯片，具有 19 200 MIPS 的处理能力，同时集成了 8 片 32 MB 的 SDRAM，数据吞吐 600 MB/s。Pentek 公司另一款处理板 4294 集成了 4 片 Motorola MPC7410 G4 PowerPC 处理器，工作频率为 400/500 MHz，两级缓存 256 K×64 b，最高具有 16 MB 的 SDRAM。ADI 公司的 TigerSHARC 芯片也由于其出色的协同工作能力，可以组成强大的处理器阵列，在诸多领域(特别是军事领域)获得了广泛应用。再以英国 Transtech DSP 公司的 TP-P36N 为例，它由 4～8 片 TS101b(TigerSHARC)芯片构成，时钟 250 MHz，具有 6～12 GFLOPS 的处理能力。

随着微电子技术水平日益提高，数字信号处理器的内核结构进一步改善，多通道结构、单指令多重数据(SIMD)、特大指令字组(VLIM)在新的高性能处理器中将占主导地位，如 Analog Devices 的 ADSP-2116x。而且，DSP 处理器和 CPU 深度融合，用单一芯片的处理器就可以实现智能控制和数字信号处理两种功能，如 Motorola 公司的有多个处理器的 DSP5665x、Massan 公司的有协处理器功能的 FILU-200、TI 公司的把 MCU 功能扩展成 DSP 和 MCU 功能的 TMS320C27xx 以及 Hitachi 公司的 SH-DSP。LSI Logic 公司的 LSI401Z 采用高档 CPU 的分支预测和动态缓冲技术，结构规范，利于编程，不用担心指令排队，使得性能大幅度提高。上述产品都是 DSP 和 CPU 融合在一起的产品，互联网和多媒体等应用将会进一步加速这一融合过程。

DSP 和 SoC(System-on-Chip)的融合可实现把一个系统集成在一块芯片上，如 Virata 公司购买了 LSI Logic 公司的 ZSP400 处理器内核使用许可证，将其与系统软件如 USB、10BASET、以太网、UART、GPIO、HDLC 等一起集成在芯片上，然后应用在 xDSL 上，起到很好的效果。DSP 和现场编程门阵列器件 FPGA 的融合可实现宽带信号处理，大大提高信号处理速度，如 Xilinx 公司的 Virtex-II FPGA 对快速傅立叶变换(FFT)的处理可提高 30 倍以上，支持多路大数据流，从而可以满足 4 G 无线基站和手机的需要，节省开发时间，使功能的增加或性能的改善变得非常容易，因此它在无线通信、多媒体等领域将有广泛应用。

3. DSP 的组成与基本结构

以 ADSP-21xx 为例，DSP 的内部包括以下功能单元：

① 计算单元。它直接处理 16 位数据并对多精度计算提供硬件支持，包括三个独立的、功能完备的计算单元、算术/逻辑单元(ALU)、乘法/累加器(MAC)和桶状移位器。

② 数据地址产生器和程序控制器。它使计算单元保持连续工作状态，使流量达到最大化。其中，两个专用的地址产生器和一个程序控制器提供对片内、片外存储器的寻址，程序控制器支持单周期的条件分支和无开销循环，双数据地址生成器使处理器能同时产生两个操作数的地址。

③ 存储器。它采用修改的哈佛结构。其中，数据存储器存放数据，程序存储器既可存放指令又可存放数据。所有的处理器都有片内 RAM，该片内 RAM 构成程序存储空间和数据存储空间的一部分。

④ 串口。它提供带有硬件数据压扩部件的完整的串行接口。串口支持按 μ 律和 A 律压缩扩展，可以容易地和多种流行的串行设备直接接口。

⑤ 定时器。一个带有 8 位预分频器的定时器/计数器可产生周期性的中断。

⑥ 主机接口。有 16 根数据引脚和 11 根控制引脚，可以和主机处理器直接连接，无需连接逻辑，易于和各种主机处理器接口，如 Motorola 6800、Intel8051 或其他 ADSP-21xx 系列处理器都可以容易地接到 HIP 上。

⑦ DMA 接口。内部 DMA 接口(IDMA)和字节 DMA 接口(BDMA)可对内部存储器进行有效的数据传送。IDMA 接口具有 16 位多路复用的地址总线和数据总线，支持 24 位宽的程序存储器。IDMA 接口是完全异步的，在 DSP 全速运行时，可以写入数据。字节 DMA 接口允许引导装载，并且存储程序指令和数据。

⑧ 模拟接口。DSP 片内集成了模拟和数字信号混合处理电路。该电路由模数转换器、数模转换器、模拟滤波器、数字滤波器、处理器核的并行接口等组成，转换器采用 Σ-Δ 技术获取样本。

为了达到快速进行数字信号处理的目的，DSP 芯片一般都具有程序和数据分开的总线结构、流水线操作功能、单周期完成乘法的硬件乘法器以及一套适合数字信号处理的指令集。图 4-23 所示为 DSP 的基本结构。以 TI 公司的 TMS320 系列 DSP 芯片为例，其总线结构是哈佛结构。哈佛结构是不同于传统的冯·诺依曼结构的并行体系结构，其主要特点是将程序和数据存储在不同的存储空间中，即程序存储器和数据存储器是两个相互独立的存储器，每个存储器独立编址、独立访问。与两个存储器相对应的是系统中设置了程序总线和数据总线两条总线，从而使数据的吞吐率提高了一倍。而冯·诺依曼结构则是将指令、数据、地址都存储在同一存储器中，统一编址，依靠指令计数器提供的地址来区分是指令、数据还是地址。取指令和取数据都访问同一存储器，数据吞吐率低。在哈佛结构中，由于程序和数据存储在两个分开的空间中，取指和执行能完全重叠运行。为了进一步提高运行速度和灵活性，TMS320 系列 DSP 芯片在基本哈佛结构的基础上做了以下改进：一是允许数据存放在程序存储器中，并被算术运算指令直接使用，从而增强了芯片的灵活性；二是指令存储在高速缓冲器中，当执行此指令时，不需要再从存储器中读取指令，节约了一个指令周期的时间。

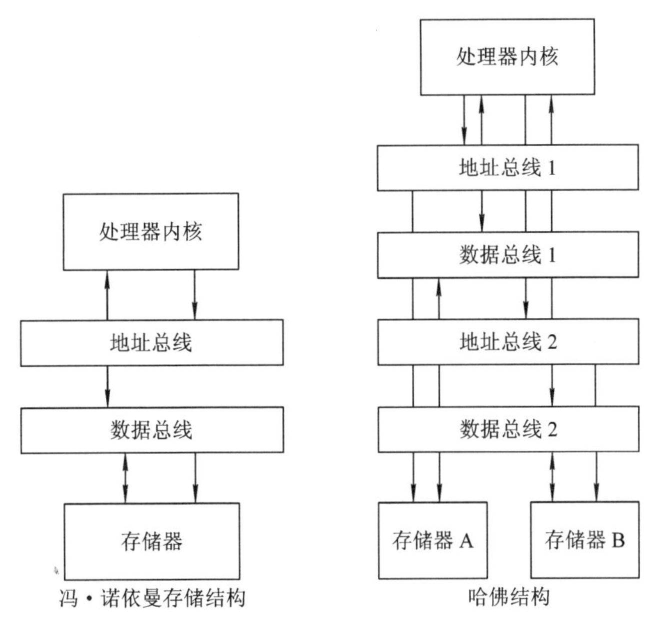

图 4-23　DSP 的基本结构

一般通用处理器(GPP)系统只有一套总线(包括数据总线和地址总线)和单一存储器，无论是数据还是指令都要经过同样的数据通道进入处理器内核。而哈佛结构将指令存储空间和数据存储空间分离开设计，各自拥有独立的总线，使取指令和访问数据可以同时进行，从而缓解了存储器的瓶颈效应。

在寻址方式方面，进行数字信号处理时，处理器往往要同时维护多个数据缓冲区，而且每个缓冲区的指针都要频繁移动。GPP 虽然有基址寄存器和变址寄存器，但是这些寄存器不能自动更新，而且数量也有限，每个寄存器往往要管理多个缓冲区。DSP 用特殊的硬件来寻址数据存储器，有大量寄存器可以用作数据指针(如 ADSP21060 有 16 个)，指针的更新可以和其他操作并行执行，所以不占用处理时间。DSP 还支持一些特殊的寻址方式，如用来实现环形缓冲区的环形寻址、实现 FFT 变换所必需的逆序寻址等。

在零耗循环方面，GPP 每执行一次循环都要用软件判断循环结束条件是否满足，更新循环计数器，还要进行条件转移。这些例行操作要消耗几个周期的时间，这种消耗对于短循环是相当可观的。与 GPP 不同，DSP 可以用硬件实现更新计数器等例行操作，不用额外消耗任何时间，所以 DSP 可以实现零耗循环。由于数字信号处理程序百分之九十的执行时间是在循环中度过，所以零耗循环对提高程序效率是非常重要的。

在程序执行时间可预测方面，实时处理不仅要求处理器必须具有极高的计算速度，而且还要求程序的执行时间要容易预测，否则开发人员无法判断自己的系统是否满足实时要求。高性能 GPP 普遍采用了 Cache 和动态分支预测技术，这些动态特性虽然能够从统计角度提高处理速度，但也使执行时间很难精确预测。因为当前指令的执行时间要受到程序运行的历史过程的影响。尽管从理论上说，程序员可以推测出最坏情况下的执行时间，但是由于各种动态特性的相互影响，最坏执行时间可能远远超过程序的典型执行时间，这将导致系统设计过于保守，严重浪费资源。与GPP不同，DSP的动态特性较少，而且还可以通过设置MAX(求最大值)、MIN(求最小值)、CLIP进行预测，DSP生产商还提供了能够精确模拟每一条指令执行状态的软件仿真器Simulator，使设计人员在硬件系统完成之前就能够调试程序并验证处理时间。值得注意的是，TI的最新产品TMS320C6011设置了可选择的两级Cache，而AD将要推出的TigerSHARC采用了动态分支预测技术。这是否意味着DSP正在丧失程序执行时间可预测的特点，或者正在准备采取其他措施(如提供工具软件)来弥补因芯片结构日趋复杂对预测时间造成的不利影响。

在外围设备方面，GPP硬件系统(如PC机)的开发一般由专业公司承担，用户只从事软件开发。而DSP工程师往往要自己设计硬件平台，而且许多DSP应用系统特别是嵌入式系统对体积、功耗有严格的限制，所以DSP必须具备开发简便的特点。多数DSP支持IEEE 1149.1标准，用户可以通过JTAG端口对DSP进行在线实时仿真。另外，DSP体现了片上系统的设计思想，在片上集成了DMA、中断控制、串行通信口、上位机接口、定时器等外围设备，有的DSP还包含AD转换器和DA转换器。所以，用户通常只需要外加很少的器件就可以构成自己的DSP系统。

4. DSP的算法

DSP处理器可以直接实现算法，绝大多数使用定点算法，数字表示为整数或-1.0到+1.0之间的小数形式。有些处理器采用浮点算法，数据表示成尾数加指数的形式。浮点算法是一种较复杂的常规算法，利用浮点数据可以实现大的数据动态范围(这个动态范围可以用最大数和最小数的比值来表示)。由于成本和功耗的原因，一般选用DSP编程和算法设计，通过分析或仿真来确定所需要的动态范围和精度。如果要求易于开发，而且动态范围很宽、精度很高，可以考虑采用浮点DSP，也可以在采用定点DSP的条件下由软件实现浮点计算，但是这样的软件程序会占用大量处理器时间，因而很少使用。有效的办法是“块浮点”，利用该方法将具有相同指数，而尾数不同的一组数据作为数据块进行处理。“块浮点”处理通常用软件来实现。

所有浮点DSP的字宽均为32位，而定点DSP的字宽一般为16位，也有24位和20位的DSP，如摩托罗拉的DSP563XX系列就是24位的，Zoran公司的ZR3800X系列是20位的。由于字宽与DSP的外部尺寸、管脚数量以及需要的存储器的大小等有很大的关系，所以字宽的长短直接影响到器件的成本。字宽越宽则尺寸越大，管脚越多，存储器也越大，成本相应增大。在满足设计要求的条件下，要尽量选用小字宽的DSP以减小成本。

在进行定点和浮点的选择时，可以权衡字宽和开发复杂度之间的关系。例如，通过将指令组合连用，一个16位字宽的DSP器件也可以实现32位字宽双精度算法(当然双精度算法比单精度算法慢得多)。如果单精度能满足绝大多数的计算要求，而仅少量代码需要双精度，这种方法也可行，但如果大多数的计算要求精度很高，则需要选用较大字宽的处理器。

DSP处理器的应用非常广泛。其中，在语音处理方面，DSP可用于语音编码、语音合成、语音识别、语音增强、语音邮件、语音储存等。在图形图像/图形方面，DSP可用于二维和三维图形处理、图像压缩与传输、图像识别、动画、机器人视觉、多媒体、电子地图、图像增强等。在军事方面，DSP 可用于保密通信、雷达处理、声呐处理、导航、全球定位、跳频电台、搜索和反搜索等。在仪器仪表方面，DSP 可用于频谱分析、函数发生、数据采集、地震处理等。在自动控制方面，DSP 可用于控制、深空作业、自动驾驶、机器人控制、磁盘控制等。在医疗方面，DSP 可用于助听、超声设备、诊断工具、病人监护、心电图等。在家用电器方面，DSP 可用于数字音响、数字电视、可视电话、音乐合成、音调控制、玩具与游戏等。

4.4.4 FPGA 处理器

1. 可编程器件的发展概况

在电子系统的发展历程中，设计一种逻辑可再编程的器件是人们自动化设计电子系统的追求目标，即应用数字电子系统代替模拟电子系统。但当时由于集成电路规模的限制，这是难以实现的。从 20 世纪 70 年代开始，微电子技术迅猛发展，出现了大规模集成电路，为可编程逻辑器件(Programmable Logic Devices，PLD)的诞生奠定了技术基础。PLD 是电子设计自动化(Electronic Design Automation，EDA)得以实现的硬件基础，通过编程可灵活方便地构建和修改数字电子系统。可编程逻辑器件(如 CPLD、FPGA)的应用为数字系统的设计带来了极大的灵活性，可以通过软件编程对其硬件结构和工作方式进行重构，从而使得硬件设计可以如同软件设计那样方便快捷。PLD 的应用改变了传统的数字系统设计方法、设计过程和设计观念，提高了电路设计的效率和可操作性，降低了设计者的劳动强度。PLD 的发展主要有以下三个阶段：

1) 20 世纪 70 年代，PLD 诞生及简单 PLD 发展阶段

可编程逻辑器件最早是根据数字电子系统组成基本单元——门电路编程实现的。任何组合电路都可用与门和或门组成，时序电路可用组合电路加上存储单元来实现。熔丝编程的 PROM(Programmable Read Only Memory，PROM)和 PLA(Programmable Logic Array，PLA)的出现标志着 PLD 的诞生。PROM 是采用固定的与阵列和可编程的或阵列组成的 PLD，由于输入变量的增加会引起存储容量的急剧上升，它只能用于简单组合电路的编程。PLA 是由可编程的与阵列和可编程的或阵列组成的 PLD，克服了 PROM 随着输入变量的增加规模迅速增加的问题，利用率高。但由于 PLA 中与阵列和或阵列都可编程，其软件算法复杂，编程后器件运行速度慢，只能在小规模逻辑电路上应用。

后来，AMD 公司对 PLA 进行了改进，推出了 PAL(Programmable Array Logic，PAL)器件，PAL 与 PLA 组成相似，但在编程接点上与 PLA 不同，而与 PROM 相似，其或阵列是固定的，只有与阵列可编程。或阵列固定而与阵列可编程的结构简化了编程算法，提高了运行速度，适用于中小规模可编程电路。但为适应不同应用的需要，PAL 的输出 I/O 结构也跟着变化，其输出 I/O 结构很多，而一种输出 I/O 结构方式就有一种 PAL 器件，这给使用带来不便。且 PAL 器件一般采用熔丝工艺生产，只能进行一次编程，修改电路需要更换整个 PAL 器件，成本太高。

以上可编程器件都是乘积项可编程结构，都只解决了组合逻辑电路的可编程问题，时序电路需要另外加上锁存器、触发器来构成。

2) 20世纪80年代，乘积项可编程结构PLD发展与成熟阶段

1985年，Lattice公司推出了一种在PAL基础上改进的GAL(Generic Array Logic，GAL)器件，它在PLD上采用EEPROM工艺，能够电擦除重复编程，使得修改电路不需要更换硬件，可以灵活方便地应用，乃至更新换代。在编程结构上，GAL沿用了PAL或阵列固定且与阵列可编程的结构，对PAL的输出I/O结构进行了改进，增加了输出逻辑宏单元OLMC(Output Logic Macro Cell，OLMC)。OLMC设有多种组态，使得每个I/O引脚可配置成专用组合输出、组合输出双向口、寄存器输出。寄存器输出双向口、专用输入等多种功能，为电路设计提供了极大的灵活性。同时，GAL也解决了PAL器件一种输出I/O结构方式就有一种器件的问题，使其具有通用性。而且，GAL器件是在PAL器件基础上设计的，与许多PAL器件是兼容的，一种GAL器件可以替换多种PAL器件，因此GAL器件得到了广泛应用。此后，ALTERA公司推出了EPLD(ErasablePLD)器件，GPLD比GAL器件有更高的集成度，采用EPROM工艺或EEPROM工艺，可用紫外线或电擦除，适用于较大规模的可编程电路。

3) 20世纪90年代至今，复杂可编程器件发展与成熟阶段

Xilinx公司提出了现场可编程(Field Programmability)的概念，并生产出世界上第一片FPGA(Field Programmable Gate Array，FPGA)器件。FPGA是现场可编程门阵列，已经成了大规模可编程逻辑器件中一大类器件的总称，采用SRAM工艺，编程结构为可编程的查找表(Look-UpTable,LUT)结构。FPGA器件的特点是电路规模大、配置灵活。后来，Lattice公司研制出了具有系统可编程(In-System Programmability，ISP)功能的CPLD器件，它采用EEPROM工艺，编程结构在GAL器件基础上进行了扩展和改进，开创了PLD发展的新纪元。

目前，复杂可编程逻辑器件有FPGA和CPLD两种主要结构。FPGA器件现在已超过CPLD器件成为PLD主流器件，它可以内嵌许多种复杂的功能模块，如CPU核、DSP核、PLL(锁相环)等，可以实现单片可编程系统(System on Programmable Chip，SoPC)。

2. PLD/FPGA结构与原理

FPGA是在PAL、GAL、CPLD等可编程器件的基础上进一步发展的产物，是作为专用集成电路(ASIC)领域中的一种半定制电路而出现的，既解决了定制电路的不足，又克服了原有可编程器件门电路数有限的缺点。

系统设计是以硬件描述语言所完成的电路设计，它依据设计要求通过可编辑的综合与布局连接把FPGA内部的逻辑块连接起来，就好像一个电路试验板被放在了一个芯片里。也就是说，FPGA的逻辑块和连接可以按照设计者的不同设计而改变，所以FPGA可以完成所需要的逻辑功能。FPGA的开发相对于传统PC、单片机的开发有很大不同，FPGA以并行运算为主，以硬件描述语言来实现，开发需要从顶层设计、模块分层、逻辑实现、软硬件调试等多方面着手。因此，掌握FPGA的结构是至关重要的。

1) PLD的基本结构与原理

目前，PLD芯片是基于乘积项(Product-Term)结构的，主要有Altera的MAX7000、MAX3000系列(EEPROM工艺)，Xilinx的XC9500系列(Flash工艺)，Lattice Cypress的大部分产品(EEPROM工艺)等。以MAX7000为例，图4-24所示为基于乘积项的PLD基本结构示意图。

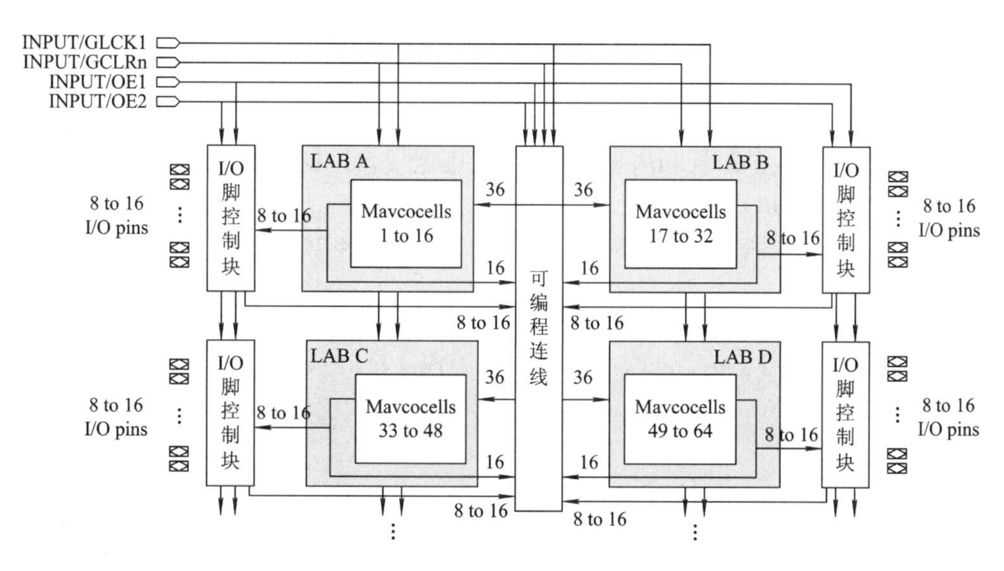

图 4-24　基于乘积项的 PLD 基本结构示意图

这种 PLD 可分为宏单元(Mavcocells)、可编程连线(PIA)和 I/O 控制块三个部分。宏单元是 PLD 的基本结构，实现基本的逻辑功能。可编程连线负责信号传递，连接所有的宏单元。I/O 控制块负责输入输出的电气特性控制，如可以设定集电极开路输出、摆率控制、三态输出等。图 4-24 中的 INPUT/GCLK1、INPUT/GCLRn、INPUT/OE1、INPUT/OE2 为全局时钟、清零和两个输出使能信号，这四个信号均有专用连线与 PLD 中每个宏单元相连，信号到每个宏单元的延时相同，并且延时最短。

宏单元的具体结构如图 4-25 所示，图中左侧是乘积项阵列，实际就是一个与或阵列，

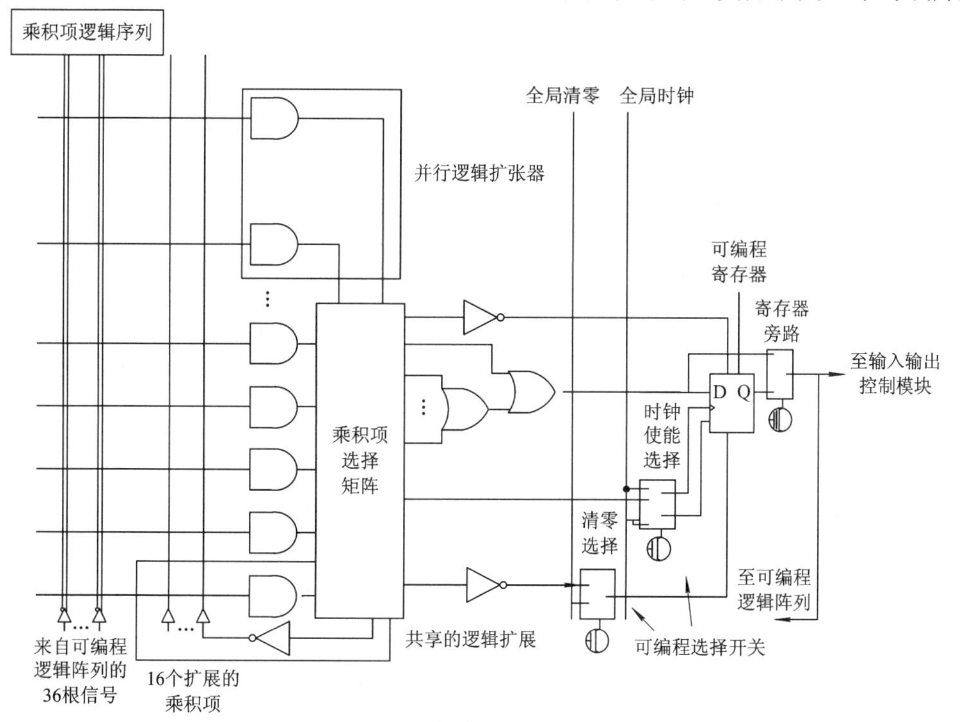

图 4-25　宏单元结构示意图

每一个交叉点都是一个可编程熔丝，导通则实现“与”逻辑。后面的乘积项选择矩阵是一个“或”阵列，它与乘积项阵列一起完成组合逻辑。图右侧是一个可编程 D 触发器，它的时钟、清零输入都可以编程选择，可以使用专用的全局清零和全局时钟，也可以使用内部逻辑(乘积项阵列)产生的时钟和清零。如果不需要触发器，也可以将此触发器旁路信号直接输给 PIA 或输出到 I/O 脚。

那么，PLD 是如何利用以上结构实现逻辑的呢？以图 4-26 所示的一个简单电路为例进行具体说明。

假设组合逻辑的输出(AND3 的输出)为 f，以(!D)表示 D 的“非”，则

$$f = (A + B) \cdot C \cdot (!D) = A \cdot C \cdot (!D) + B \cdot C \cdot (!D) \tag{4-4}$$

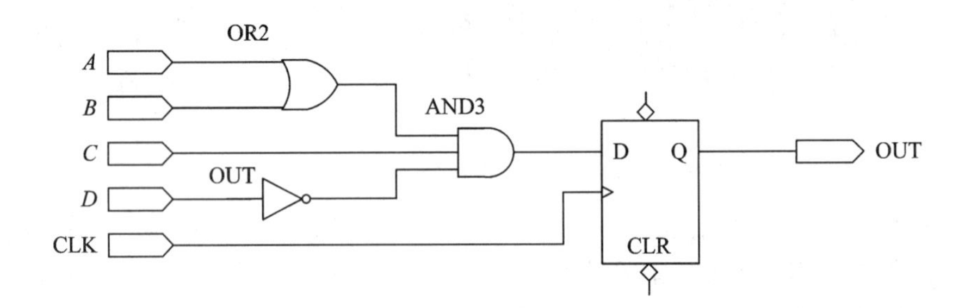

图 4-26　乘积项结构 PLD 的简单电路

PLD 将以图 4-27 所示的方式来实现组合逻辑 f，图中的 A、B、C、D 是由 PLD 芯片的管脚输入后再进入可编程连线阵列(PLA)，在内部会产生 A、A 反、B、B 反、C、C 反、D、D 反等 8 个输出。图中每一个叉表示相连(可编程熔丝导通)，所以可得到公式(4-4)的结构，从而实现一个组合逻辑。

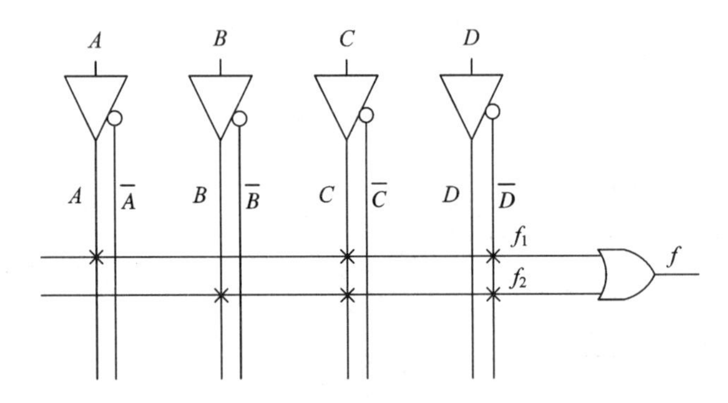

图 4-27　组合逻辑 f 的 PLD 实现方式

比较而言，图 4-26 电路中 D 触发器的实现比较简单，可直接利用宏单元中的可编程 D 触发器来实现。时钟信号 CLK 由 I/O 脚输入后进入芯片内部的全局时钟专用通道，直接连接到可编程触发器的时钟端。可编程触发器的输出端与 I/O 脚相连，把结果输出到芯片管脚，最终实现组合逻辑电路。上述步骤都是由软件自动完成的，不需要人为干预。

对于简单电路而言，只需要一个宏单元就可以完成。但对于复杂电路的复杂逻辑，一个宏单元是不能实现的，这时就需要通过并联扩展项和共享扩展项将多个宏单元相连，宏

单元的输出也可以连接到可编程连线阵列。且基于乘积项的 PLD 基本都是由 EEPROM 和 Flash 工艺制成的，一上电就可以工作，无需其他芯片配合。

2) FPGA 基本结构与原理

采用查找表(LUT)结构的 PLD 芯片称之为 FPGA，如 Altera 的 ACEX 和 APEX 系列，Xilinx 的 Spartan 和 Virtex 系列等。查找表(LUT)，本质上是一个 RAM。目前 FPGA 中多使用 4 输入的 LUT，每一个 LUT 可以看成一个有 4 位地址线的 16x1 的 RAM。当用户通过原理图或 HDL 语言描述了一个逻辑电路后，PLD/FPGA 开发软件会自动计算逻辑电路的所有可能的结果，并把结果事先写入 RAM。然后，每输入一个信号进行逻辑运算就等于输入一个地址进行查表，找出地址对应的内容，然后输出。

图 4-28 为以 Xilinx Spartan-II 为例的 FPGA 内部结构示意图，其内部结构主要包括 CLBs、I/O 块、RAM 块和可编程连线，一个 CLB 包括两个 Slices，每个 Slices 都包括两个 LUT、两个触发器和相关逻辑，Slices 可以看成是 SpartanII 实现逻辑的最基本结构。

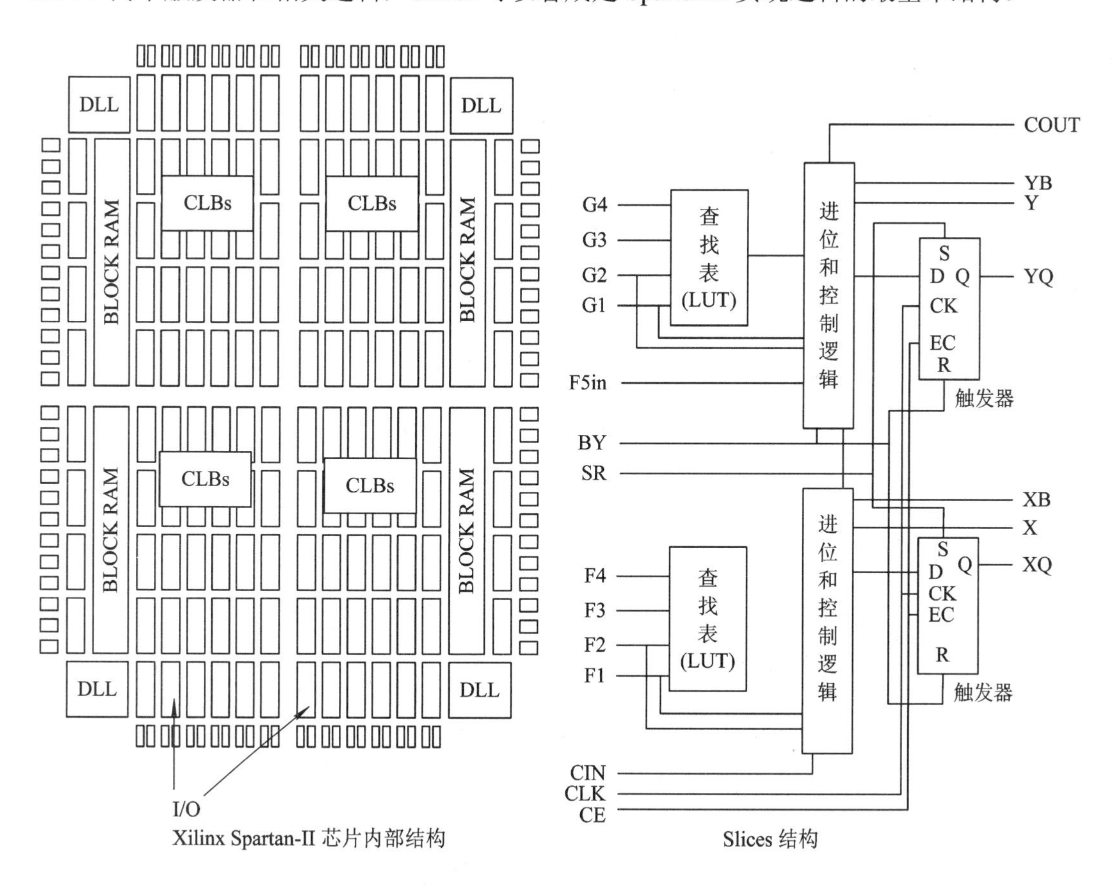

图 4-28　以 Xilinx Spartan-II 为例的 FPGA 内部结构示意图

图 4-29 为以 Altera 的 FLEX/ACEX 为例的 FPGA 内部结构示意图，其内部结构主要包括 LAB、I/O 块、RAM 块和可编程行/列连线。一个 LAB 包括八个逻辑单元(LE)，每个 LE 包括一个 LUT、一个触发器和相关逻辑。LE 可以看成是 FLEX/ACEX 芯片实现逻辑的最基本结构，图 4-30 为逻辑单元(LE)内部结构实际逻辑电路 LUT 的实现方式。

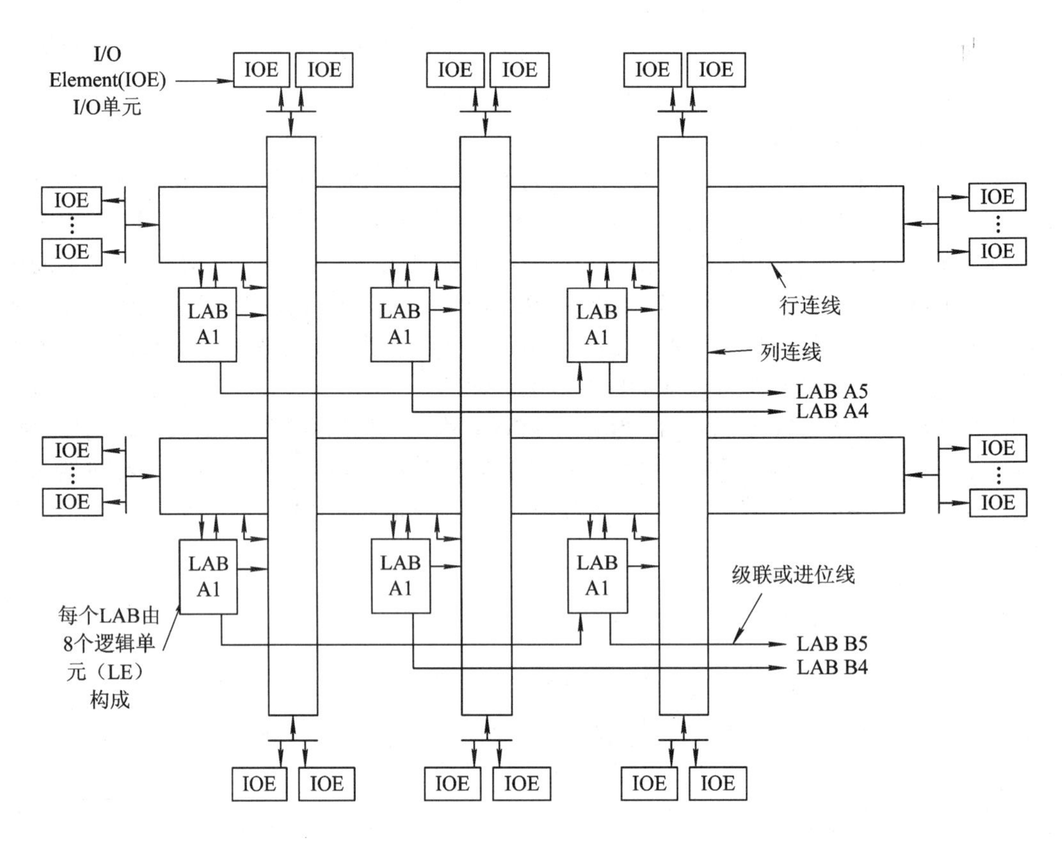

图 4-29 以 Altera 的 FLEX/ACEX 为例的 FPGA 内部结构示意图

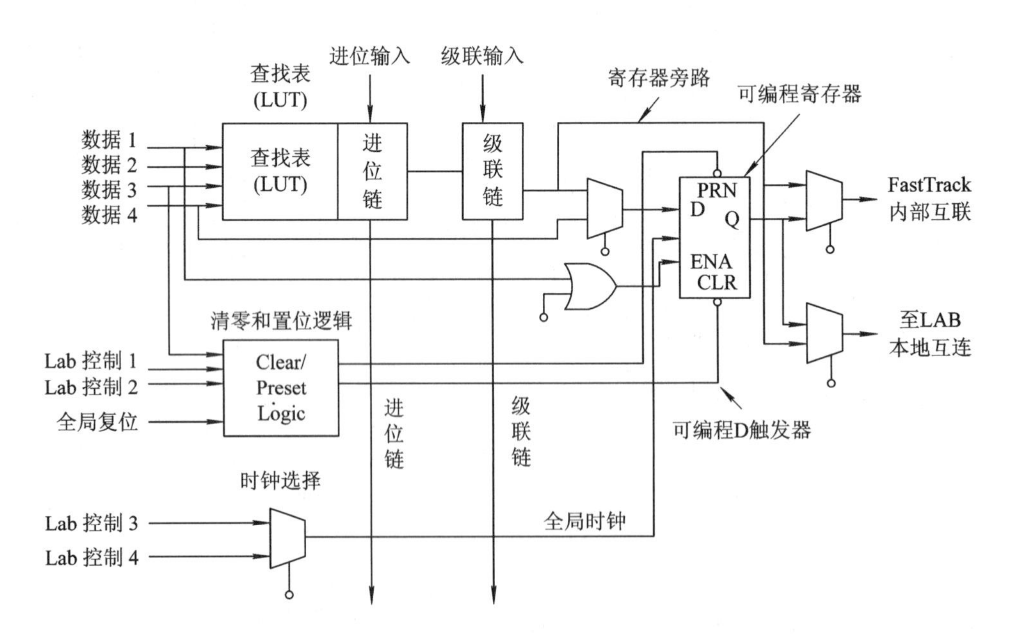

图 4-30 逻辑单元(LE)内部结构实际逻辑电路 LUT 的实现方式

查找表结构的 FPGA 逻辑实现原理仍然以图 4-26 所示的电路为例说明，图中 *A*、*B*、*C*、*D* 由 FPGA 芯片的管脚输入后进入可编程连线，然后作为地址线连到 LUT。LUT 中已经事先写入了所有可能的逻辑结果，通过地址查找到相应的数据然后输出，就可以实现组合逻辑。该电路中 D 触发器是直接利用 LUT 后面 D 触发器来实现，其余步骤与 PLD 相同。

以上电路很简单，只需要一个 LUT 加上一个触发器就可以完成。但对于一个仅由 LUT 无法完成的电路，就需要通过进位逻辑将多个单元相连，而 FPGA 就可以实现复杂的逻辑。由于 LUT 主要适合 SRAM 工艺生产，所以目前大部分 FPGA 都是基于 SRAM 工艺的。但是，由 SRAM 工艺制作的芯片在掉电后信息就会丢失，因而一定需要外加一片专用配置芯片，在上电的时候，由专用配置芯片把数据加载到 FPGA 中，使 FPGA 可以正常工作。由于专用配置芯片配置时间很短，不会影响系统正常工作。少数 FPGA 采用反熔丝或 Flash 工艺制作，对这种 FPGA，就不需要外加专用的配置芯片。

随着技术的发展，在 2004 年以后，一些厂家推出了一些新的 PLD 和 FPGA，这些产品模糊了 PLD 和 FPGA 的区别。例如 Altera 的 MAXII 系列 PLD，这是一种基于 FPGA(LUT)结构的集成配置芯片的 PLD，其本质上就是一种在内部集成了配置芯片的 FPGA。但由于配置时间极短，上电就可以工作，所以对用户来说，感觉不到配置过程，可以与传统的 PLD 一样使用，加上其容量和传统 PLD 类似，所以 Altera 把它归为 PLD。还有像 Lattice 的 XP 系列 FPGA，也是使用了同样的原理，将外部配置芯片集成到内部，在使用方法上和 PLD 类似，但是因为容量大，性能和传统 FPGA 相同，也是 LUT 架构，所以 Lattice 仍把它归为 FPGA。

4.5 操作系统

4.5.1 操作系统基本概述

1. 发展历史

操作系统(Operating System，OS)是管理和控制硬件与软件资源的计算机程序，是直接运行在“裸机”上的最基本的系统软件，任何其他软件都必须在操作系统的支持下才能运行。它的出现和发展伴随着计算机技术的进步，大概经历以下四个阶段：

1) 20 世纪 80 年代以前，最基本的操作系统

早期机械计算机并没有操作系统。但随着电子计算机的出现，系统管理工具以及简化硬件操作流程的程序很快就出现，且成为操作系统的基础。20 世纪 60 年代早期，制造商为每一台不同计算机制造了批次处理系统，此系统可将工作的建置、调度以及执行序列化，但无法移植到其他电脑上执行。1964 年，IBM 公司推出了共享代号为 OS/360 的操作系统，适用于同一型号 IBM System/360 机器，并永久贮存于硬盘驱动器中；同时，还建立了分时概念，将时间资源适当分配给所有使用者。20 世纪 70 年代陆续出现了众多操作系统，如 AT&T 贝尔实验室的 Unix 系统，它是用 C 语言编写的，为日后发展奠定了基础；适用于小型计算机的 VMS 操作系统等。

2) 20世纪80年代，个人计算机操作系统出现

个人计算机刚出现之时，没有装设操作系统的需求或能力，只需要最基本的操作系统从ROM读取，称为监视程序(Monitor)。随着个人计算机的普及，文字编写、游戏娱乐等功能要求出现一些适用的初始化操作系统，如BASIC语言解释器、CP/M磁盘启动型操作系统。为了支持更进一步的文件读写概念，磁盘操作系统(Disk Operating System，DOS)诞生。此操作系统可以合并任意数量的磁区，因此可以在一张磁盘片上放置任意数量、任意大小的文件。

1980年，微软公司与IBM达成合作协议，并且收购了一家公司出产的操作系统，将之修改后以MS-DOS为名出品，此操作系统可以直接让程序操作BIOS与文件系统。虽然MS-DOS最多只能执行一个程序，但它为微软公司成为世界最赚钱的公司奠定了基础。另外一个崛起的操作系统是施乐帕罗奥托研究中心研制的图形化使用者界面Mac OS，它被苹果公司借鉴开始发展自己的图形化操作系统。

3) 20世纪90年代，嵌入式操作系统阶段

个人计算机快速发展，操作系统的能力也越来越复杂与巨大，许多套装类的个人电脑操作系统迎来互相竞争的时代。苹果公司经过改良图形化使用者界面，研制出Mac OS操作系统，并在商业上取得巨大成功。而微软公司则为MS-DOS建构了一个图形化的操作系统应用程序，称为Windows操作系统，并陆续推出了Windows NT 3.1、Windows 95、Windows 2000等操作系统。实际上，Windows并不是一个操作系统，只是一个应用程序，其背景还是纯MS-DOS系统。而基于OS/2命令行模式的Windows NT图形化操作系统才算是第一个脱离MS-DOS基础的图形化操作系统，是具有可移植性能力的嵌入式操作系统。芬兰赫尔辛基大学以Unix为基础推出了开源Linux操作系统，Linux内核是一个标准POSIX内核，取得了相当可观的开源操作系统市场占有率。相比于MS-DOS的架构只能运行在Intel CPU上，Linux除了拥有傲人的可移植性，还拥有一个分时多进程内核，以及良好的内存空间管理。

4) 21世纪以来，操作系统多样化发展

进入21世纪后，现代操作系统通常都有一个图形用户界面(GUI)，并附加如鼠标或触控面板等有别于键盘的输入设备，大型机与嵌入式系统使用的操作系统很多样化。在个人计算机方面，基于Windows NT架构的Windows XP、Windows Server 2003、Windows Vista、Windows 7、Windows 10占据市场主流份额。在服务器方面，Linux、Unix和Windows Server占据了市场的大部分份额。在超级计算机方面，Linux取代Unix成为了第一大操作系统。随着智能手机的发展，Android和iOS已经成为目前最流行的两大手机操作系统。

2．操作系统的功能与分类

操作系统的功能包括管理计算机系统的硬件、软件及数据资源，控制程序运行，改善人机界面和为其他应用软件提供支持等。操作系统能够使计算机系统中的所有资源最大限度地发挥作用，且提供了各种形式的用户界面，使用户有一个好的工作环境，也为其他软件的开发提供必要的服务和相应的接口。实际上，用户是不用接触操作系统的，操作系统管理着计算机硬件资源，同时按应用程序的资源请求为其分配资源，如划分CPU时间，开辟内存空间，调用打印机等。

操作系统的种类相当多，各种设备安装的操作系统由简单到复杂，可分为智能卡操作系统、实时操作系统、传感器节点操作系统、嵌入式操作系统、个人计算机操作系统、多处理器操作系统、网络操作系统和大型机操作系统。按应用领域划分主要有桌面操作系统、服务器操作系统和嵌入式操作系统等三种。

(1) 桌面操作系统。它主要用于个人计算机上，从硬件架构上主要分为 PC 机与 Mac 机两大阵营；从软件上主要分为两大类，分别为类 Unix 操作系统和 Windows 操作系统。Unix 和类 Unix 操作系统包括 Mac OS X、Linux(如 Debian、Ubuntu、Linux Mint、openSUSE、Fedora 等)；微软公司的 Windows 操作系统包括 Windows XP、Windows Vista、Windows 7、Windows 8 和 Windows 10 等。

(2) 服务器操作系统。它一般指的是安装在大型计算机上的操作系统，如 Web 服务器、应用服务器和数据库服务器等。服务器操作系统主要包括三大类：一是 Unix 系列，如 SUNSolaris、IBM-AIX、HP-UX、FreeBSD 等；二是 Linux 系列，如 Red Hat Linux、CentOS、Debian、Ubuntu 等；三是 Windows 系列，如 Windows Server 2003、Windows Server 2008、Windows Server 2008 R2 等。

(3) 嵌入式操作系统。它一般指的是应用在嵌入式系统上的操作系统，涵盖范围从便携设备到大型固定设施，如数码相机、手机、平板电脑、家电、医疗设备、交通灯、航电设备和工厂控制设备等。嵌入式操作系统包括嵌入式 Linux、Windows Embedded、VxWorks 等，以及广泛使用在智能手机或平板电脑等消费电子产品上的操作系统，如 Android、iOS、Symbian、Windows Phone 和 BlackBerry OS 等。

3．操作系统的组成与内核结构

操作系统主要由驱动程序、内核、接口库及外围等四大部分组成，并不是所有的操作系统都严格包括这四大部分。例如，在早期的微软视窗操作系统中，这四部分耦合程度很深，难以区分彼此。而在使用外核结构的操作系统中，则根本没有驱动程序的概念。

(1) 驱动程序。最底层的、直接控制和监视各类硬件的部分，它们的职责是隐藏硬件的具体细节，并向其他部分提供一个抽象的、通用的接口。

(2) 内核。操作系统内核部分通常运行在最高特权级，负责提供基础性、结构性的功能。

(3) 接口库。它是一系列特殊的程序库，它们的职责在于把系统所提供的基本服务包装成应用程序所能够使用的编程接口(API)，是最靠近应用程序的部分。例如，GNU C 的运行期库就属于此类，它把各种操作系统的内部编程接口包装成 ANSI C 和 POSIX 编程接口的形式。

(4) 外围。它是指操作系统中除以上三类以外其他所有部分，通常是用于提供特定高级服务的部件。例如，在微内核结构中，大部分系统服务，以及 Unix/Linux 中各种守护进程都通常被划归此类。操作系统中四大部分的不同布局，也就形成了几种整体结构的分野。其常见的结构包括：简单结构、层结构、微内核结构、垂直结构和虚拟机结构。

在四大部分组成中，内核是一个操作系统的核心，是提供硬件抽象层、磁盘及文件系统控制、多任务等功能的系统软件，负责管理系统的进程、内存、设备驱动程序、文件和网络系统，决定着系统的性能和稳定性。图 4-31 为操作系统内核的结构示意图。

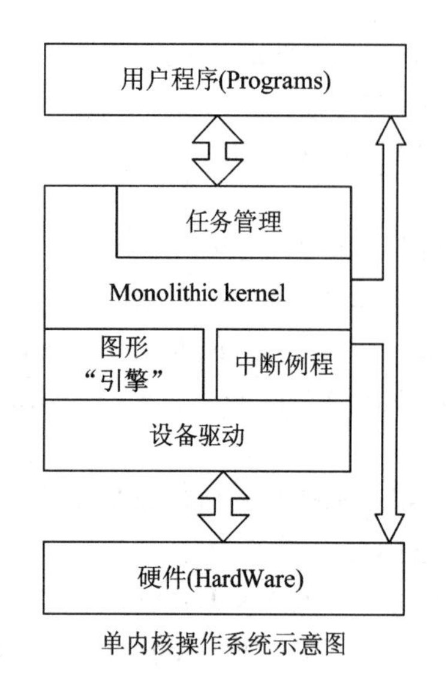

单内核操作系统示意图

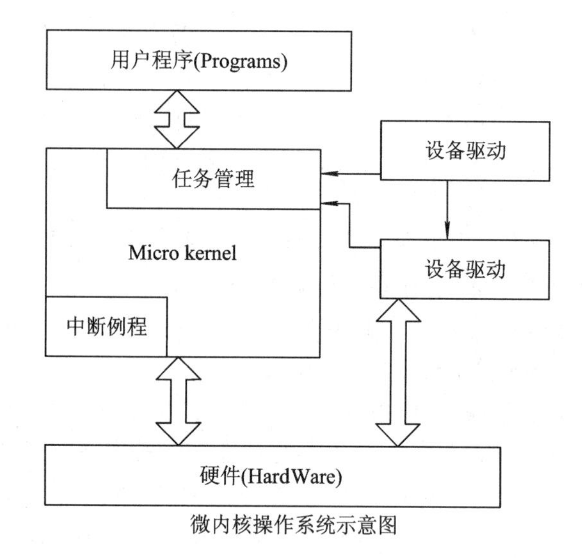

微内核操作系统示意图

图 4-31　操作系统内核结构示意图

内核是操作系统最基本的部分，是为众多应用程序提供计算机硬件的安全访问的一部分软件，这种访问是有限的，并且内核可以决定一个程序在什么时候对某部分硬件进行操作及操作时长。直接对硬件操作是非常复杂的，所以内核通常提供一种硬件抽象的方法来完成这些操作。硬件抽象方法隐藏了复杂性，为应用软件和硬件提供了一套简洁、统一的接口，使程序设计更为简单。

严格地说，内核并不是计算机系统中必要的组成部分。程序可以直接调入计算机中执行，这样的设计说明了设计者不希望提供任何硬件抽象和操作系统的支持，它常见于早期计算机系统的设计中。随后，一些辅助性程序，例如程序加载器和调试器，被设计到机器核心当中，或者固化在只读存储器里。这些变化的发生使得操作系统内核的概念渐渐明晰起来了。

内核的结构可以分为单内核、微内核、混合内核、外内核。

(1) 单内核(Monolithic kernel)，又称为宏内核。单内核结构是一种操作系统中各内核部件杂然混居的结构，该结构产生于 1960 年，历史最长，是操作系统内核与外围分离时的最初形态。

(2) 微内核(Micro kernel)，又称为微核心。微内核结构是 1980 年产生的，强调结构性部件与功能性部件的分离。自 1980 年起大部分理论研究都集中在以微内核为内容的新兴结构上。然而，在应用领域之中，以单内核结构为基础的操作系统却一直占据着主导地位。

(3) 混合内核(Hybrid kernel)，像组合微内核结构，只不过它的组件更多地在核心态中运行，以便获得更快的执行速度。

(4) 外内核(Exokernel)，其设计理念是尽可能地减少软件的抽象化，这使得开发者可以专注于硬件的抽象化。外内核的设计极为简化，它的目标是同时简化传统微内核的信息传递机制，以及整块性核心的软件抽象层。

在众多常用的操作系统之中，除了 QNX 和基于 Mach 的 Unix 等个别操作系统，其他的几乎全部采用单内核结构，例如大部分的 Unix、Linux 以及 Windows。微内核和超微内核结构主要用于研究性操作系统，还有一些嵌入式系统使用外内核。

4.5.2　WSN 操作系统(WSNOS)

无线传感器网络(WSN)是综合了传感器、嵌入式计算及无线通信等三大技术的新兴领域，可以实现人与自然物、物与物对话的无处不在的通信和计算，掀起了一场后 PC 时代的革命。WSN 是一种嵌入式系统，可提供分布处理，具有动态性和适应性，并且它由以通信为中心的大数量的小型和微型数据采集设备构成。由于 WSN 的技术特点，其操作系统(WSNOS)的主要特征表现为灵活、自组织、严格资源限制，并且需要实时处理与长时间的单任务串行处理并存，同时大部分时间保持低功耗状态。

WSNOS 为 WSN 系统提供基本软件环境，是众多 WSN 应用软件开发的基础。WSNOS 既不是特定的系统或用户界面，也不是特定的一系列系统服务。它定义了一套通用的界面框架，允许应用程序选择服务和通用函数实现；提供框架的模块化，以便适应硬件的多样性，同时允许应用程序重用通用的软件服务。同其他操作系统一样，为了方便开发应用，WSNOS 提供物理设备的抽象和高协调性的通用函数实现。它的独特性在于资源极端受限，包括处理器速度、存储器大小、内存大小、通信带宽、资源数量以及电源等资源，还在于设备特殊性和缺乏一致的抽象层次。因此，WSNOS 的设计策略必须是一个资源库，且从中抽取一部分组成应用。它致力于提供有限资源的并发，而不是提供接口或模块。

从 WSN 的技术特点角度来看，操作系统软件的设计必须解决可靠性和低功耗的问题。首先，与一般的嵌入式系统(如 PDA、手机等)不同，WSN 的资源更加受限，迫切需要系统软件的精心设计，这样才能满足可靠性的需求；其次，电池技术的发展并不足以满足很长时间不维护的需求，而硬件也需要系统软件的管理才能充分发挥其低功耗特性。这就需要系统软件采用最大限度地降低运算功耗和通信功耗的策略。

1．WSNOS 总体框架

以伯克利大学开发的无线传感器网络专用 WSNOS——TinyOS 为例，说明其总体架构。图 4-32 是 TinyOS 的总体架构。物理层硬件为框架的最底层，传感器、收发器以及时钟等硬件能触发事件的发生，再交由上层处理，相对下层的组件也能触发事件交由上层处理，而上层会发出命令给下层处理。为了协调各个组件任务的有序处理，操作系统需要采取一定的调度机制。

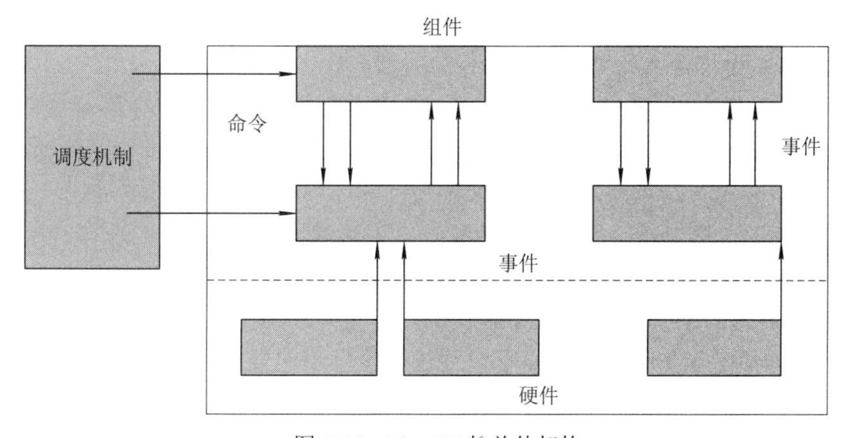

图 4-32　TinyOS 的总体架构

WSNOS 组件的具体内容包括一组命令处理函数，一组事件处理函数，一组任务集合和一个描述状态信息和固定数据结构的框架。除了 WSNOS 提供的处理器初始化、系统调度和 C 运行时库三个组件是必需的以外，其他每个应用程序都可以非常灵活地使用任何 WSNOS 组件。这种面向组件的系统框架有三个主要特征：

(1) “事件—命令—任务”的组件模型可以屏蔽低层细节，有利于程序员编写应用程序；

(2) “命令—事件”的双向信息控制机制，使得系统的实现更加灵活；

(3) 调度机制独立成一块，有利于为了满足不同调度需求而进行的修改和升级。

2. WSNOS 内核分析

TinyOS 是最早的节点微型操作系统。下面以 TinyOS 为例介绍 WSNOS 的内核。其内核主要包括任务调度、中断嵌套、时钟同步、任务通信和同步、内存管理等内容。

1) 任务调度

TinyOS 的调度模型为任务加事件的两级调度，调度的方式是任务不抢占、事件要抢占，调度的算法是简单的 FIFO，任务队列是功耗敏感的。调度模型有以下特点：

(1) 基本的任务单线程运行到结束，只分配单个任务栈，这对内存受限的系统很重要；

(2) FIFO 的任务调度策略是电源敏感的，当任务队列为空时，处理器休眠，等待事件发生来触发调度；

(3) 两级的调度结构可以实现优先执行少量与事件相关的处理，同时中断长时间运行的任务；

(4) 基于事件的调度策略，只需要少量空间就可以获得并发性，且可以允许独立的组件共享单个执行上下文。与事件相关的任务集合可以很快被处理，不允许阻塞，具有高度并发性。

TinyOS 只是搭建好最基本的调度框架，仅能够实现软实时，而无法满足硬实时，这对嵌入式系统的可靠性会产生影响。同时，由于 TinyOS 的内核是单任务的内核，吞吐量和处理器利用率不高，有可能需要设计多任务系统。为保证系统的实时性，多采用基于优先级的可抢占式的任务调度策略。为满足应用需求，出现了许多基于优先级多任务的调度算法的研究。有人把 TinyOS 扩展成多任务的调度，给 TinyOS 加入了多任务的调度功能，以此提高了系统的响应速度。Juets 等人提出在 TinyOS 中实现基于时限(deadline)的优先级调度，有利于提高 WSN 系统的实时性。Feng Hao 等人提出了一种任务优先级调度算法来相对提高过载节点的吞吐量以解决本地节点包过载的问题。

总之，调度决定了处理器的功耗，如 TinyDB 就是使用好的调度策略来降低功耗的。更为重要的是，各种调度算法也能更好地提高处理器的响应速度，从而提高系统的可靠性。各种基于 TinyOS 调度算法的扩展研究，使得高可靠性和低功耗分别得到满足。

2) 中断嵌套

在 TinyOS 中，代码运行方式为响应中断的异步处理或同步地调度任务。TinyOS 的每一个应用代码里，约有 41%～64%的中断代码，可见中断的优化处理非常重要。对低功耗的处理而言，处理器需要长时间休眠，可以通过减少中断的开销来降低唤醒处理器的功耗。目前，通过禁用和打开中断来实现原子操作，这个操作非常短暂(几个时钟周期)。然而，让中断关掉很长时间会延迟中断的处理，造成系统反应迟钝。TinyOS 的原子操作能工作得很好是因为它阻止了阻塞的使用，也限制了原子操作代码段的长度，而这一些条件的满足是通过 nesC 编译器来协助处理的。nesC 编译器对 TinyOS 做静态的资源分析，其调度模式决定了中断不允许嵌套。在多任务模式下，中断嵌套可以提高实时响应速度。

3) 时钟同步

TinyOS 提供获取和设置当前系统时间的机制，同时在 WSN 网络中提供分布式的时间同步。TinyOS 是以通信为中心的操作系统，因此更加注重各个节点的时间同步。例如：传感器会融合应用程序收集的一组从不同地方读来的信息(较短距离位置需要建立暂时一致的数据)；TDMA 风格的介质访问协议需要精确的时间同步；电源敏感的通信调度需要发送者和接收者在他们的无线信号开始时达成一致等。

某些情况允许缓慢的时间改变，但另一些则需要立即转换成正确的时间。时间同步改变下层时钟会导致应用失败。某些系统，例如 NTP(Network Time Protocol)，通过缓慢调整时钟率与邻节点同步来规避这个问题。NTP 方案很容易在类似于 TinyOS 那样对时间敏感的环境中出错，因为时间即使早触发几毫秒都会引起无线信号或传感器数据丢失。

目前，TinyOS 采用的是提供获取和设置当前系统时间的机制(TinyOS 的通信组件 GenericComm 使用 hook 函数为底层的通信包打上时间戳，以实现精确的时间同步)，同时靠应用来选择激活同步的时间。例如，在 TinyDB 应用中，当一个节点侦听到来自于路由树中父节点的时间戳消息后会调整自己的时钟以使下一个通信周期的开始时间跟父节点一样。它改变通信间隔的睡眠周期持续时间而不是改变传感器的工作时间长度，因为减少工作时间会引起严重的服务问题，如数据获取失败。

4) 任务通信和同步

任务同步是在多任务的环境下存在的，因为多个任务彼此无关，并不知道有其他任务的存在，如果共享同一种资源就会存在资源竞争的问题。因此，任务同步是操作和任务间相互合作的同步机制。TinyOS 中用 nesC 编译器检测共享变量有无冲突，并把检测到的冲突语句放入原子操作或任务中来避免冲突(因为 TinyOS 的任务是串行执行的，所以任务之间不能互相抢占)。TinyOS 的单任务模型避免了其他任务同步的问题。如果需要，可以参照传统操作系统(例如 μc/OS)的方法，利用信号量来给多任务系统加上任务同步机制，使得原子操作不关掉所有的中断，以保证系统的响应不会延迟。在 TinyOS 中，因为它是单任务的系统且不同的任务来自不同的网络节点，所以采用管道的任务通信方式，也就是网络系统的通信方式。管道是无结构的固定大小数据流，但可以建立消息邮箱和消息队列来满足结构数据的通信。

5) WSNOS 内存管理

TinyOS 的原始通信使用缓冲区交换策略来进行内存管理。当网络包被收到时，无线组件传送一个缓冲区给应用，应用则返回一个独立的缓冲区给组件以备下一次接收。在通信栈中，管理缓冲区是很困难的。传统的 OS 把复杂的缓冲区管理推给了内核处理，以拷贝复杂的存储管理和块接口为代价，提供一个简单的、无限制的用户模式。AM(Active Messages)通信模型不提供拷贝，只提供非常简单的存储管理。消息缓冲区数据结构是固定大小的。当 TinyOS 中的一个组件接收到一个消息时，它必须释放一个缓冲区给无线栈。无线栈使用这个缓冲区来装下一个到达的消息。一般情况下，一个组件在缓冲区用完后会将其返回，但是如果这个组件希望保存这个缓冲区待以后用，那么该组件会返回一个静态的本地分配缓冲区，而不是依靠网络栈提供缓冲区的单跳通信接口。尽管只有一个组件，即任何时候只有一个进入给定缓冲区的指针，但组件可以来回交换使用它们。

静态分配的内存有可预测性和可靠性高的优点，但缺乏灵活性，不是预估大了而造成浪费就是预估小了造成系统崩溃。为了充分利用内存，可以采用响应快的简单的 slab 动态内存管理。

3. 编辑语言 nesC

TinyOS 操作系统和 nesC 编程语言的组合已经成为了 WSN 以节点为中心编程的事实标准。nesC 语言是 C 语言的扩展，提供了一组语言结构来为分布式的嵌入式系统(例如 motes)提供开发环境。TinyOS 是利用 nesC 编写的基于组件的操作系统。与传统的编程语言不同，nesC 必须解决 WSN 的独特挑战。例如，传感网络中的活动(如感知获取，消息传输和到达)是通过事件来初始化的，例如对物理环境变化的监测。这些事件可能发生在节点处理数据时，即传感器节点必须能够并发地执行它们处理的任务同时响应事件。此外，传感器节点通常资源受限且硬件易发生故障，因此针对传感器节点的编程语言应该考虑这些特性。

基于 nesC 的应用由组件集合组成，其中每个组件提供并使用“uses”接口的方法调用隐藏了下层组件的细节。接口描述了使用某种形式的服务(例如发送消息)。下面的代码展示了一个具体的 TinyOS 定时器服务的例子，这个示例提供了 StdControl 和 Timer 接口，使用了 Clock 接口。

```
module TimerModule {
    provides {
        interfaceStdControl;
        interface Timer;
    }
    uses interface Clock as Clk;
}

interface StdControl {
    command result_t init();
}

interface Timer {
    command result_t start (char type,unit32_tinterval);
command result_t stop ();
event result_t fired();
}

interface Clock {
  command result_t setRate (char interval,char scale);
```

```
    event result_t fire ();
}

interface Send {
      command result_t send (TOS_Msg*msg,unit 16_t length);
      event result_t sendDone (TOS_Msg*msg,result_t success);
}

interface ADC {
        command result_t getData ();
        event result_t dataReady (unit16_t data);
}
```

这个例子还显示了 Timer、Std Control、Clock、Send(通信)和传感器(ADC)接口。Timer 接口定义了两种类型的命令(本质上是函数)：启动和停止。Timer 接口还定义了一个事件，也是一个函数。接口的提供者执行命令，而用户执行事件。同样，所有其他接口在这个例子中都定义了命令和事件。

除了接口规范，在 nesC 中组件也有一个实现。模块是由应用程序代码实现的组件，而配置组件是通过连接现有组件的接口实现的。每个 nesC 应用程序都有一个顶级配置，用来描述组件是如何连接到一起的。在 nesC 中，函数(即命令和事件)被描述为 f.i，其中 f 是接口 i 中的一个函数，使用 call 操作(命令)或 signal 操作(事件)来调用函数。下面的代码是一个定期获取传感器读数的应用程序的部分关键代码。

```
  module Periodic Sampling {
        provides interface StdControl;
        uses interface ADC;
        uses interface Timer;
        uses interface Send;
}

implementation {
        unit16_t sensorReading;
        command result_t StdContol.init () {
              return call Timer.start (TIMER_REPEAT,1000);
}

event result_t Timer.fred () {
        call ADC.getData ();
        return SUCCESS;
}
```

```
    event result_t ADC.datReady (unit16_t data) {
        sensorReading = data;
        …
        return SUCCESS;
    }
    …
    }
```

本例中 StdControl.init 在引导时被调用，它创建了一个重复计时器，每隔 1000 ms 计时到期。计时器到期后，通过调用 ADC.getData 触发实际的传感器数据采集(ADC.dataReady)，从而得到了一个新的传感器数据样本。

回到 TinyOS 计时器的例子，下面的代码显示了如何通过连接两个子组件，即 TimerModule 和 HWClock(它提供了访问芯片上的时钟)，在 TinyOS 中建立定时器服务(TimerC)。

```
configuration TimerC {
    provides {
        interface StdControl;
    Interface Timer;
    }
}

Implementation {
    components TimerModule,HWClock;

    StdControl = TimerModule.StdControl;
    Timer = TimerModule.Timer;

    TimerModule.Clk->HWClock.Clock;
}
```

在 TinyOS 中，代码要么以异步方式执行(响应一个中断)，要么以同步方式执行(作为一个预定任务)。当并发执行更新到共享状态的时候，可能出现竞争。在 nesC 中，如果代码可以从至少一个中断处理程序中到达，那么它称为异步代码(AC)；如果代码只能从任务到达，那么它称为同步代码(SC)。同步代码总是原子地(atomic)到其他同步代码，因为任务总是顺序执行且没有抢占。然而，当从异步代码修改到共享状态或者从同步代码修改到共享状态，竞争就可能发生。因此，nesC 为编程人员提供了两个选择以确保其原子性；第一个选择是把所有的共享代码变换为任务(即只使用 SC)；第二个选择是使用原子部分(atomic sectios)来修改共享状态，共享状态就是用简短的代码序列使得 nesC 总是能自动运行。原子部分利用原子关键字表示，它表示声明的代码块是自动运行的，即没有抢占，代码如下：

```
…
event result_t Timer.fired () {
```

```
        bool localBusy;
        atomic {
            localBusy = busy;
            busy = TRUE;
    }
        …
    }
    …
```

非抢占的方式可以通过禁止中断的原子部分来实现。但是，为了确保中断不被禁用太久，在原子部分中不允许有调用命令或信号事件。

思考题

1. 如何理解智能化传感网节点的基本结构?
2. 在设计感知节点的硬件平台和软件程序时，应该考虑什么基本原则?
3. 无线传感器网络主要涉及哪些电源?
4. 如何理解感知节点的微处理器、存储模块、通信芯片的内涵?
4. 阐述汇编语言、C 语言、Java 语言的基本特征和结构。
5. 分析 C 语言和 C++语言的关系。
6. 阐述微处理器、单片微处理器、ARM 处理器、DSP 处理器、FPGA 处理器的结构和组成。
7. 阐述操作系统功能与分类。
8. 分析 WSN 操作系统(WSNOS)的框架和内核。

第 5 章 Chapter 5

无线传感器网络通信技术

5.1 信息通信构建基础

网络通信技术(Network Communication Technology，NCT)是指通过计算机和网络通信设备对图形和文字等形式的资料进行采集、存储、处理和传输等，使信息资源达到充分共享的技术。网络通信中最重要的就是网络通信协议。当今网络通信协议有很多，局域网中常用的有 Microsoft 的 NetBEUI、Novell 的 IPX/SPX 和 TCP/IP 等，应根据需要来选择合适的网络通信协议。

对无线传感器网络而言，执行何种网络通信协议标准是无线传感器网络组网成功与否的关键。常用的网络通信协议标准有 ZigBee、蓝牙以及 WiFi 等。

5.1.1 构建框架

通信协议体系结构是网络通信协议的集合，是对网络及其部件所应完成功能的定义和描述。对无线传感器网络来说，其网络通信协议结构类似于 TCP/IP 协议体系结构，但又不同于传统的计算机网络和通信网络。通信协议体系结构分为物理层、数据链路层、网络层、传输层、应用层，如图 5-1 所示，下面分别介绍各组成部分的功能以及相关研究的最新进展。

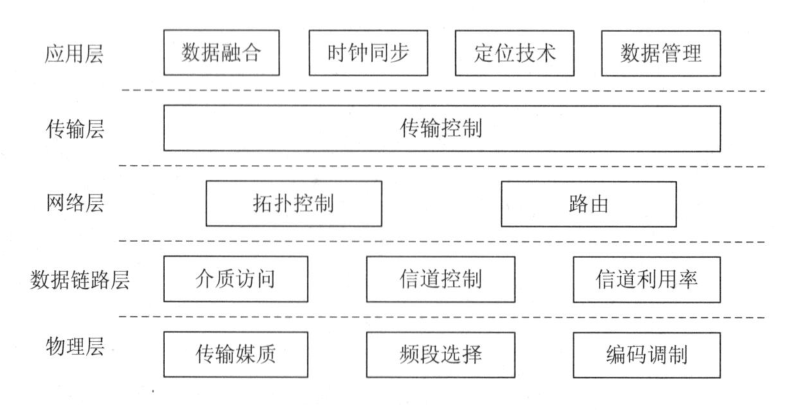

图 5-1 通信协议体系结构

5.1.2 物理层

无线电传输是目前无线传感器网络(WSN)采用的主流传输方式，需要解决的问题有频段选择、节能的编码方式、调制算法设计等。在频段选择方面，ISM 频段由于具有无需注册和大范围的可选频段、没有特定的标准、可以灵活使用的优点而被人们普遍采用。与无线电传输相比，红外线、光波传输具有不需要复杂的调制、解调机制，接收器电路简单，单位数据传输功耗小等优点，但它们由于不能穿透非透明物体，只能在一些特殊的 WSN 系统中使用。另外，光束通信容易受周围环境中的光线及阳光干扰，但它比无线电通信更加高效，SmartDust 中就采用光束为通信介质。其他频段的通信，如声波和超声波通信主要应用在水下等特殊环境中。根据网络应用环境的不同，无线传感器网络可能同时采用几种方式作为通信手段。目前，对 WSN 的物理层的研究迫切需要解决的问题有：在降低硬件成本方面，需要研究集成化、全数字化、通用化的电路设计方法；在节能方面，需要设计具有高数据率、低符号率的编码、调制算法等。

5.1.3 数据链路层

数据链路层用于建立可靠的点到点、点到多点的通信链路，主要涉及媒介访问控制(MAC)协议。现有的蜂窝电话网络、Ad Hoc 网络中的 MAC 协议主要关心如何满足用户的 QoS 要求、节省带宽资源以及如何在节点高速移动的环境中建立彼此间的连接，功耗是第二位的，这些协议并不适合 WSN。CSMA 是典型的随机竞争类 MAC 协议，虽然具有分布式、易扩展的优点，但冲突会导致能量浪费和时延的不确定性。目前，WSN 的数据链路层还存在一些问题需要深入探讨，如网络的动态性对信道分配策略的影响，在节能的基础上如何提高带宽的利用率和信道访问的公平性、降低通信延迟等。

5.1.4 网络层

网络层包括拓扑控制(组网)和路由两个部分。传感器网络中路由算法主要分为平面型路由协议和层次型路由协议。每个传感器节点所带的电量有限，然而通信、计算、传感等过程都要消耗能量，其中通信是消耗能量的主要过程，因此需要通过适当的路由算法减少网络中的计算量和通信量，从而有效延长网络的寿命。

从拓扑结构来看，平面型(非层次的)路由协议的逻辑结构视图是平面的，网络中的各节点功能相同、地位平等，除此之外的 WSN 都是属于层次型(基于簇)的。

1. 平面型路由协议

平面型路由协议多是以数据为中心的，基于数据查询服务的策略，对监测数据按照属性命名，对相同属性的数据在传输过程中进行融合，从而减少冗余数据的传输。这类协议同时集成了网络层路由任务和应用层数据管理任务，其优点是不存在特殊节点，路由协议的鲁棒性较好，网络流量平均地分散在网络中；缺点是缺乏可扩展性，限制了网络的规模，只适用于规模较小的无线传感器网络。平面型路由协议的典型代表有泛洪 Flooding 协议、

Gossiping 协议、传感器协商(Sensor Protocol for Information via Negotiation，SPIN)协议、定向扩散(Directed Diffusion，DD)协议。

(1) 泛洪 Flooding 协议和 Gossiping 协议是两个最为经典和简单的传统网络路由协议，可以应用到 WSN 中。这两个协议都不要求维护网络的拓扑结构，不需要维护路由信息，也不需要任何算法，但是扩展性很差。在 Flooding 协议中，节点产生或收到数据后会向所有相邻节点广播，数据包直到过期或到达目的地才停止传播。因此，消息的“内爆”(implosion，节点几乎同时从邻节点收到多份相同数据)、“重叠”(overlap，节点先后收到监控同一区域的多个节点发送的相同数据)和资源利用盲目(节点不考虑自身资源限制，在任何情况下都转发数据)是 Flooding 协议固有的缺陷。为了克服这些缺陷，曾有文献提出了 Gossiping 策略，即节点随机选取一个相邻节点转发它接收到的分组，而不是采用广播形式。这种方法避免了消息“内爆”现象，但其不足之处是数据传输的时延增加了。

(2) 传感器协商(SPIN)协议是以数据为中心的、具有能源调整功能的自适应路由协议。SPIN 使用三种类型的信息进行通信，即 ADV、REQ 和 DATA 信息。其中，ADV 用于元数据的广播，REQ 用于请求发送数据，DATA 为传感器采集的数据包。在传送 DATA 信息前，传感器节点仅广播包含该 DATA 数据描述机制的 ADV 信息，当接收到相应的 REQ 请求信息时，才有目的地发送 DATA 信息。使用基于数据描述的协商机制和能量自适应机制的 SPIN 协议能够很好地解决传统的泛洪 Flooding 和 Gossiping 协议所带来的信息内爆、信息冗余和资源浪费等问题。与 Flooding 和 Gossiping 协议相比，SPIN 有效地节约了能量。但其缺点是当产生或收到数据的节点的所有相邻节点都不需要该数据时，将导致数据不能继续转发，以至于较远节点无法得到数据。当网络中大多数节点都是潜在 Sink 节点时，这个问题并不严重。但当 Sink 节点较少时，则这是一个很严重的问题。且当某 Sink 节点对任何数据都需要时，其周围节点的能量容易耗尽。SPIN 虽然减轻了数据内爆，但在较大规模网络中信息内爆仍然存在。

(3) 定向扩散(DD)协议是 Estrin 等人专门为 WSN 设计的，是基于数据的、查询驱动的路由策略。节点用一组属性值来命名它所生成的数据，Sink 节点发出的查询业务也用属性的组合表示，逐级扩散，最终遍历全网找到所有匹配的原始数据。在整个业务请求的扩散过程中，使用“梯度”来实现数据的匹配过程。该协议采用多路径，鲁棒性好，使用数据聚合能减少数据通信量。Sink 节点根据实际情况采取增强或减弱方式能有效利用能量，使用查询驱动机制按需建立路由，避免了保存全网信息，但不适合环境监测等应用。而且，Gradient 的建立开销很大，不适合多 Sink 节点网络。数据聚合过程采用时间同步技术，会带来较大开销和时延。

2. 层次型路由协议

在层次型路由协议中，网络通常被划分为簇(Cluster)。每个簇由一个簇头(Cluster-Head)和多个簇成员(Cluster-Member)组成，这些簇头形成高一级的网络。在高一级网络中，又可以分簇，再次形成更高一级的网络，直至最高级。分级结构中，簇头不仅负责所管辖簇内信息的收集和融合处理，还负责簇间数据的转发。

层次型路由协议中每个簇的形成通常是基于传感器节点的保留能量和与簇头的接近程度，同时为了延长整个网络的生存期，簇头的选择需要周期更新。层次型路由协议的优点是便于管理，适合大规模的传感器网络环境，可扩展性较好，能够有效地利用稀缺资源(比如无线带宽等)，可以对系统变化做出快速反应，并提供高质量的通信服务；其缺点是簇头的可靠性和稳定性对整个网络性能影响较大，簇的维护开销较大。层次型路由协议典型代表主要有低功耗自适应分簇路由协议(Low Energy Adaptive Clustering Hierarchy，LEACH)、节能的阈值敏感路由协议(Threshold sensitive Energy Efficient sensor Network protocol，TEEN)、动态选举簇头路由协议(Power Efficient Gathering in Sensor Information System，PEGASIS)。

(1) 低功耗自适应分簇路由协议(LEACH)是 Chandrakasan 等人为 WSN 设计的具备数据聚合功能的层次型路由算法。LEACH 的基本思想是为了避免簇头能量的过分消耗，通过等概率、随机循环地选择簇头，将整个网络的能量负载平均地分配到每个传感器节点，从而达到降低网络能源消耗、提高网络生命周期的目的。LEACH 定义了“轮”(Round)的概念，一轮(簇的重构)分为两个阶段，即初始化簇和稳定的传输数据。

初始化簇主要是传送控制信息，建立节点群，并不发送实际的传感数据。为了提高电源效率，稳定阶段应该比初始化阶段有着更长的持续时间。LEACH 中的各成员节点到簇头都是单跳的。一旦有簇头形成，成为簇头的节点便主动向所有节点广播这一消息。依据接收信号的强度，节点选择它所要加入的组，并告知相应的簇头。基于 TDMA 时分复用的方式，簇头为其中的每个成员分配通信时隙。在稳定工作阶段，节点持续采集监测数据并传给簇头，进行必要的融合处理之后发送到 Sink 节点，数据聚合能有效减少通信量。与一般的平面型多跳路由协议和静态的基于多簇结构的路由协议相比，LEACH 可以将网络生命周期延长 15%。LEACH 要求节点具有较大功率通信能力，因此它的扩展性差，不适合大规模网络。即使在小规模网络中，离 Sink 节点较远的节点采用大功率通信，也会导致生存时间缩短，而且频繁的簇头选举会消耗网络能量。

(2) 节能的阈值敏感路由协议(TEEN)采用类似 LEACH 的初始化簇的算法，只是在数据传送阶段使用不同的策略。TEEN 中定义了软、硬两个门限值，以确定是否需要发送监测数据。在每轮簇头轮换的时候，将这两个阈值广播出去。当监测数据第一次超过设置的硬阈值时，节点把这次数据设为新的硬阈值，并在接下来的时隙内发送它。之后，只有监测数据超过硬阈值并且监测数据的变化幅度大于软阈值时，节点才会传送最新的监测数据，并将它设为新的硬阈值。通过调节两个阈值的大小，可以在监测精度和系统能耗之间取得合理的平衡。TEEN 利用过滤的方式大大地减少了数据传送的次数，从而达到比 LEACH 算法更节能的目的。TEEN 的优点是适用于实时应用系统，可以对突发事件做出快速反应；其缺点是不适用于需要持续采集数据的应用环境。

(3) 动态选举簇头路由协议(PEGASIS)是在 LEACH 协议基础上改进而来的。为避免频繁选举簇头所带来的通信开销，采用无通信量的簇头选举方法，且网络中所有节点只形成一个簇(称为链)。采集到的数据以点到点的方式传送、融合，并最终被送到 Sink 节点。该协议假定 WSN 中的所有节点都是静态的、同构的，要求每个节点都知道网络中其他节点的位置，通过贪心算法选择最近的邻节点形成链。因为 PEGASIS 中每个节点都以最小功率发送数据分组，并且通过数据融合降低收发过程的次数，从而降低了整个网络的功耗。研究结果表明，PEGASIS 支持的传感器网络的生命周期大约是 LEACH 的两倍。PEGASIS 的缺点是链中远距离的节点会引起过多的数据时延，而且簇头的唯一性使得簇头成为瓶颈，且要求节点都具有与 Sink 节点通信的能力。如果链过长，数据传输时延会增大，因此 PEGASIS 不适合实时应用。而且，成链算法要求节点知道其他节点位置，因此 PEGASIS 的开销非常大。

5.1.5 传输层

现阶段对传输控制的研究主要集中于错误恢复机制。文献《A Jammed-Area Mapping Service for Sensor Networks》分析了端到端错误恢复机制在无线多跳网络中的性能。仿真表明，随着无线信道质量的下降(信道错误率从 1%上升到 50%)，端到端错误恢复机制的性能下降很快(发送成功率从 90%下降到接近 0%)。文献《Mobility Helps Security in Ad Hoc Networks》设计了一种快取慢存的数据流控制机制，通过在数据通路中的每个中间节点中都保持正确的数据包转发次序来减少错序报文的盲目转发，该方法可以有效地平衡中间节点的报文缓存数量，为 WSN 提供低开销的错误恢复服务。目前，对 WSN 传输控制的研究还很少，如何在拓扑结构、信道质量动态变化的条件下，为上层应用提供节能、可靠、实时性高的数据传输服务是今后研究的重点。

5.1.6 应用层

应用层的主要任务是获取数据并进行初步处理。其设计与具体的应用场合和环境密切相关，必须针对具体应用的需求进行设计。以数据为中心和面向特定应用的特点要求 WSN 能够脱离传统网络的寻址过程，快速有效地组织起各个节点的信息并融合提取出有用信息直接传送给用户。同时，为了适应不同网络的需求，还要考虑在 WSN 中加入时钟同步、定位技术等功能。

5.2 IEEE 802 标准

5.2.1 标准概述

IEEE 是英文 Institute of Electrical and Electronics Engineers 的简称，其中文译名是电气和电子工程师协会，该协会的总部设在美国。IEEE 主要开发数据通信标准及其他标准。IEEE 802 委员会负责起草局域网草案，并送交美国国家标准协会(ANSI)批准，然后在美国国内标准化。IEEE 还把草案送交国际标准化组织(ISO)，ISO 把这个 802 规范称为 ISO 8802 标准。因此，许多 IEEE 标准也是 ISO 标准，例如 IEEE 802.3 标准就是 ISO 802.3 标准。

IEEE 802 规范定义了网卡访问传输介质(如光缆、双绞线、无线等)的方法，以及在传输介质上传输数据的方法，还定义了传输信息的网络设备之间连接建立、维护和拆除的途径。遵循 IEEE 802 标准的产品包括网卡、桥接器、路由器以及其他一些用来建立局域网络的组件。

5.2.2 MAC 协议

在大多数网络中，大量的节点共用一个通信介质来传输数据包。介质访问控制(MAC)协议(通常是 OSI 模型中数据链路层的子层)主要负责协调对共用介质的访问。大多数传感器网络和感知应用都依赖无需授权的 ISM(工业、科学、医学)无线电波段传输，因此通信很容易受到噪声和干扰的影响。由于无线通信中的错误、干扰以及隐藏中断和暴露终端等问题的挑战，MAC 协议的选择直接影响到网络传输的可靠性和效率。其他方面的问题还包括信号衰减、大量节点的同步介质访问和非对称链路等。能耗效率不仅是 WSN 主要考虑的问题，它也影响着 MAC 协议的设计。能量不仅消耗在传输和接收数据上，也消耗在对介质使用状态的监听(空闲监听)上，其他的能量消耗包括数据的转发(由于碰撞)、分组开销、控制分组传输和以高于到达接收器的传输功率发送数据等。对于 WSN 中的 MAC 协议，通常以延迟的增加或者吞吐量和公平性的降低来换取能量效率的提高。

1. MAC 层的主要功能

无线介质是被多个网络设备共享使用的，因此需要一种机制来控制对介质的访问，这是由 OSI 参考模型中的数据链路层来负责实现的。根据 IEEE 802 参考模型，如图 5-2 所示，数据链路层被进一步分为逻辑链路控制子层和介质访问控制子层(MAC 层)。MAC 层直接在物理层的上一层执行，因此可以认为介质是由该层控制的。MAC 层的主要功能是决定一个节点可以访问共享介质的时间，并解决可能发生在竞争节点之间的潜在冲突。此外，它还负责纠正物理层的通信错误以及执行其他功能，例如组帧、寻址和流量控制。对现有的 MAC 协议，可以根据其控制访问介质的方式来分类，如图 5-3 所示。

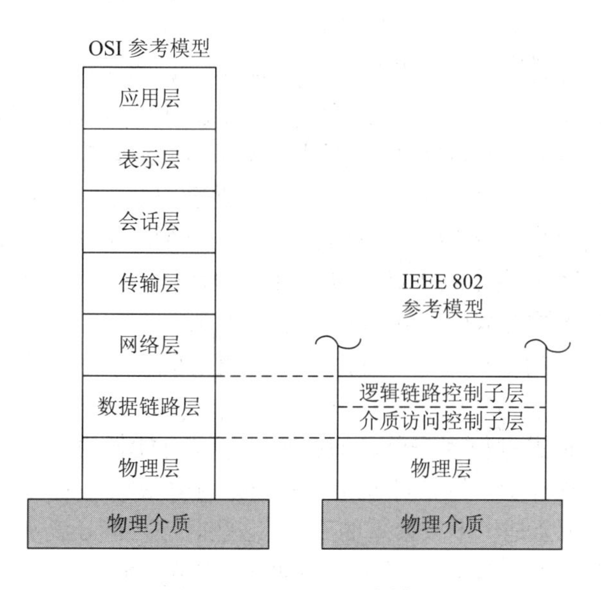

图 5-2　IEEE 802 参考模型

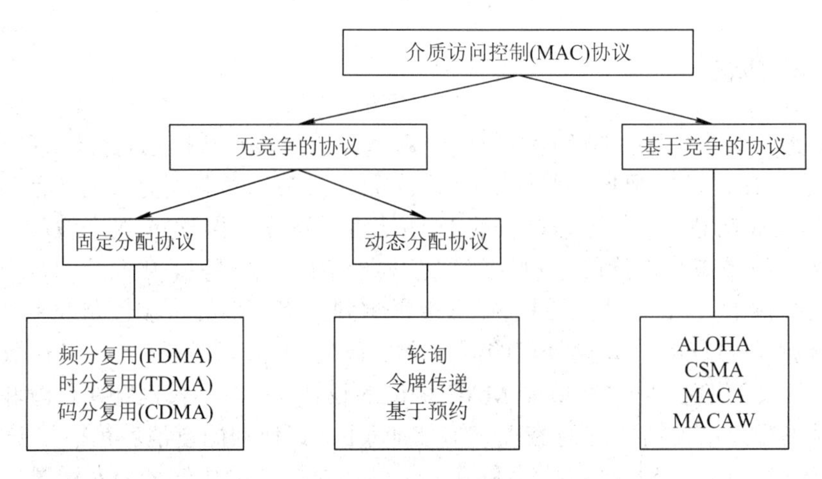

图 5-3　MAC 协议分类示例

大多数协议都可以被划分为两类，一类是无竞争的协议，另一类是基于竞争的协议。在第一类中，MAC 协议提供一个共用介质的方法，就是确保在给定的时间内允许一个设备访问无线介质。这一类协议又可分为固定分配协议和动态分配协议，用来表明预留的时隙是固定分配的还是按需分配的。与无竞争的协议相比，基于竞争的协议允许节点同时访问介质，但是提供了能减少碰撞次数和能从碰撞中恢复的机制。另外，还有一些 MAC 协议，由于它们兼有无竞争和基于竞争的协议特点而不能轻易归类。通常，这些混合的方法旨在继承上述两种分类的优点，并最小化它们的缺点。

1) 无竞争介质访问

通过节点分配资源可以避免碰撞，这样节点就可以唯一地使用所分配的资源。例如，频分复用(FDMA)就是一个最早的共用通信介质的方法。在 FDMA 中，一个大的频带被分成几个较小的频带，这些小的频带可以用于一对节点之间的数据传输，而可能干扰到这个传输的所有其他节点则使用与之不同的频带。同样，时分复用(TDMA)允许许多路设备使用同样的频带，但它们使用的是周期时间窗(称为帧)，即通过固定数目的传输时隙来分离不同设备对介质的访问。时间表表明了哪个节点在特定的时隙传输数据，每个时隙最多允许一个节点传输数据。TDMA 的主要优点是不需要通过竞争来访问介质，因此避免了碰撞。TDMA 的缺点是在网络拓扑结构做必要改变时也需要改变对时隙的分配。此外，当时隙是固定的大小(数据包的大小可不同)或分配一个节点的时隙没有被每个帧都占用完，TDMA 协议的带宽利用率就不高。MAC 协议的第三类是基于码分复用(CDMA)概念的，它可以通过使用不同的编码方式同时对无线介质进行访问。如果这些编码是正交的，也可以实现同一频带上的多路通信，并用接收器段的前向纠错方法从伴有的多路通信中恢复数据。

如果每个帧的传输没有使用完所有的时隙，则不可能把属于一个设备的时隙分配给其他设备，因为如果这样做，固定分配策略的效率就会很低。而且，为整个网络(尤其是大型的 WSN)安排时序会是一个很繁重的工作，这些时序可能还需要随着网络拓扑或者网络中的通信量特性的变化进行修改。因此，动态的分配策略通过允许节点按需访问介质来避免这种死板的分配。例如，在轮询的 MAC 协议中，控制设备(例如基于基础设施的无线网络中的基站)循环地发送小的轮询帧来询问每个节点是否有数据要发送。如果一个节点没有数据要发送，那么控制设备询问下一个节点。这种方法的变体就是令牌传递，即节点之间通过一种特殊的叫令牌的帧来传递询问请求(同样是循环方式)，只有当一个节点持有令牌时才允许传送数据。最后，基于预约的协议使用静态时隙让节点根据需求预约未来的介质访问权。例如，节点可以在一个固定位置启动一个预留位来声明它想传输的数据，这些非常复杂的协议能够确保其他竞争节点可以注意到预约权，从而避免碰撞。

2) 基于竞争的介质访问

与无竞争的协议相比，基于竞争的协议允许节点通过竞争来同时访问介质，但提供了减少碰撞次数和从碰撞中恢复的机制。例如，ALOHA 协议(Kuo，1995 年)使用 ACK 机制来确认广播数据传送成功。ALOHA 允许节点立即访问介质，运用指数退避法来解决碰撞问题，增加了成功传输的可能性。按时隙的 ALOHA 协议则规定节点只能在预定的时间点(一个时隙的开始时刻)开始传输，以此来减小碰撞的可能性。尽管按时隙的 ALOHA 提升了 ALOHA 的效率，但要求这些节点是同步的。

一种普遍流行的基于竞争的 MAC 协议是 CSMA(载波侦听多路访问)，包括它的变体 CSMA/CD(Carrier Sense Multiple Access/Collision Detection，带有冲突检测的)和 CSMA/CA(Carrier Sense Multiple Access/Collision Avoidance，带有冲突避免的)。在 CSMA/CD 方案中，发送者首先检测介质以确定介质是空闲还是繁忙，如果发现介质繁忙，那么发送者就不发送数据包；如果介质是空闲的，那么发送者就可以开始传输数据。在有线系统中，发送者通过持续不断地侦听来检测它自己发送的数据是否与其他的传输有冲突。但是在无线系统中，碰撞发生在接收器端，因此发送者不知道是否有冲突。图 5-4 所示为隐藏和暴露终端问题模型，圆圈代表每个节点的传输和干扰范围。当两个发送设备 *A* 和 *C* 都能够到达同一个接收端 *B*，但是不能监听彼此的信号时，隐藏终端问题就发生了。同时，有可能会出现 *A* 和 *C* 传递的数据同时到达的问题即暴露终端问题，*C* 想要传输数据到达第四个节点 *D*，但需要等待，因为它监听到从 *B* 到 *A* 的不间断传输。实际上，节点 *D* 在节点 *B* 的传输影响范围之外，节点 *B* 的传输并不干扰在节点 *D* 接收数据。结果是，节点 C 的等待延迟了它的传输，这是没有必要的。许多无线传感网络的 MAC 协议都试图解决隐藏和暴露终端问题。

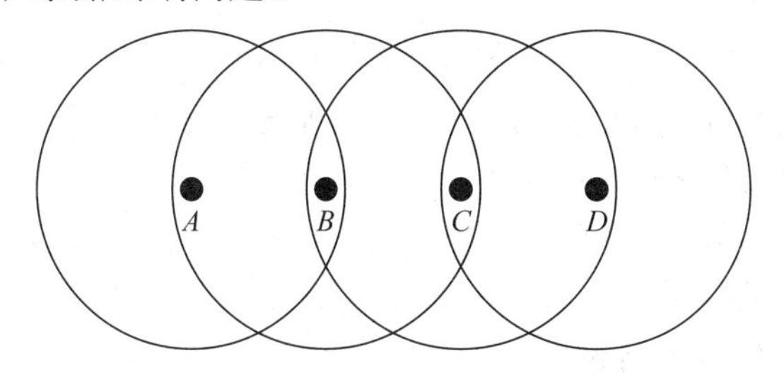

图 5-4　隐藏和暴露终端问题模型

2. 无线 MAC 协议

目前有一系列可供使用的无线 MAC 协议，这些协议可能不是某类 WSN 应用的最佳选择，但这些协议所采用的基本概念中的大部分可以在针对无线传感器网络的技术标准中找到。

1) *载波侦听多路访问*

很多基于竞争的 WSN 协议采用载波侦听多路访问(CSMA)技术。在 CSMA 中，节点在传输数据之前首先侦听信道是否空闲，这是 CSMA 与 ALOHA 的主要区别，这一机制可以有效减少碰撞的次数。在非持续型 CMSA 中，无线节点在侦听信道空闲时可以立即传输数据。如果信道忙，节点会采取退避操作，即等待一定的时间后再尝试传输数据。在 1-持续型 CSMA 中，需要传输数据的节点会一直侦听信道的活动状态，一旦发现信道空闲就立即传输数据；如果发生碰撞，节点会随机等待一段时间然后再次尝试传输。在 p-持续型 CSMA 中，节点也会持续检测信道，当信道空闲时，节点以概率 p 传输数据，以概率 $1-p$ 延迟此次传输。在非时隙的 CSMA 中，随机退避的时间是连续的。在按时隙划分的 CSMA 中，随机退避的时间是时隙的整数倍。

CSMA/CA 是对 CSMA 协议的改进，增加了碰撞避免机制。采用 CSMA/CA 协议的节点，首先侦听信道，当侦听到信道空闲时不立即使用信道，节点会等待一个 DCF 帧间距(DCF Interframe Space，DIFS)的时间，然后等待一个随机退避时间，该随机退避时间长度是时隙的倍数，如图 5-5 所示。为防止多个节点同时接入信道，退避时间较短的节点会占用信道。在图 5-5 中，节点 *A* 的等待时间为 DIFS+4 • *s*(*s* 代表时隙长度)，节点 *B* 的退避时间是 DIFS+7 • *s*。当节点 *A* 开始传输时，节点 *B* 暂停自己的退避计时器，在节点 *A* 完成传输后节点 *B* 再恢复计时器，并延长一个 DIFS。当节点 *B* 的退避计时器到期时，节点 *B* 开始传输数据。

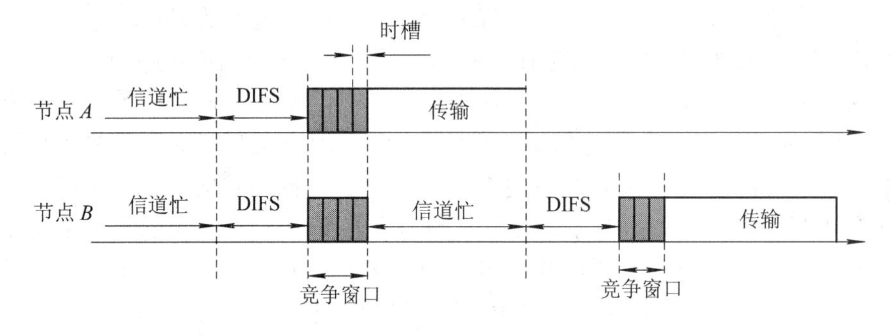

图 5-5　CSMA/CA 的介质访问

2) *带有碰撞避免机制的多路访问*(MACA)*和* MACAW

有些碰撞避免机制利用了动态信道征用，比如带有碰撞避免机制的多路访问(Multiple Access with Collision Avoidance，MACA)(Karn，1990 年)中设计的 RTS 和 CTS 控制报文。发送方利用 RTS 向目标接收方表明本地准备发送数据，若 RTS 传送成功没有发生碰撞且接收方准备好接收数据，则接收方反馈给发送方一个 CTS 控制报文。如果发送方没有接收到 CTS，那么一段时间后发送方将重新发送 RTS。若 CTS 消息被发送方成功接收，则信道征用成功完成。其他节点若侦听到 RTS 或 CTS 消息，则表示有节点将占用信道进行数据传输，这些节点将先等待一段时间然后再征用信道。在 MACA 协议中，等待时间根据传输数据的长度确定，RTS 和 CTS 报文的一部分字段可以用来确定该长度值。MACA 使用这种握手方式解决隐藏终端问题，减少了因传输数据而预定信道所发生的碰撞次数。

在用于无线局域网的带碰撞避免机制的多路访问(MACA for Wireless LAN,

MACAW)(Bharghavan 等，1994 年)中，接收方如果正确接收到数据包，会反馈给发送方确认帧 ACK。若其他节点侦听到该信息，则表明此时信道可以重新进行征用，这一确认反馈机制增强了传输的可靠性。侦听到 RTS 消息的节点必须保持静默状态，以确保 RTS 的发送方可以正确接收到 ACK。有些邻节点侦听到了 RTS 消息，却不发送 CTS 消息，这样发送方就不能确定是因为它们不在目的端的可达范围内而没有侦听到 CTS 信号，还是 CTS 根本就没有发送。但无论哪种情况，它们都不会收到来自目的端的 ACK 报文。这些节点必须保持静默一段时间以使预期的传输完成，时间长短由 RTS 消息携带的信息确定。但是，如果没有 CTS 消息发出，即使信道空闲，这些节点也要保持静默状态并且延迟本地的数据传输。为此，MACAW 协议引入了另一种控制报文，称为数据传送(Data Sending, DS)报文。发送 RTS 的节点在收到反馈的 CTS 后发出 DS 消息，表示本次数据传输的正式开始。如果其他节点侦听到 RTS 消息，但是没有侦听到 DS 消息，则表明本次信道征用操作失败，它就可以尝试为自己传输数据而征用信道。

基于邀请的 MACA 协议(MACA by Invitation，MACA-BI)(Talucci 等，1997 年)给出了另一种改进方法，由接收方设备向发送方发送一个准备接收(Ready To Receive，RTR)消息初始化数据传输，然后发送方给接收方发送数据。与 MACA 协议相比，MACA-BI 减少了侦听，因此它在理论上增加了最大吞吐量，此协议要求接收方能够确定何时开始接收数据。源节点可以利用数据报文中的选项字段指明等待发送的报文数目，并告知目的端需要更多的 RTS。

3. 传感器网络中 MAC 协议的特点

大多数 MAC 协议都建立在公平的基础上，也就是说，每个节点都可以获得同等优先级以访问无线介质，并且获得等量的资源分配，不允许任何一个模块或节点享受特殊待遇。在 WSN 中，所有节点协同完成一项任务，因此不用过多关注公平性。相反，无线节点最关心的是能量消耗。相对于公平性，传感网应用程序更重视低延时和高可靠性。此处将讨论 WSN 中 MAC 协议的主要特点和设计目标。

1) 能量效率

传感器节点只能使用能量有限的电池作为供电能源，因此 MAC 协议的设计必须遵循高效节能的原则。由于 MAC 协议控制着无线空中接口，所以其设计的好坏对一个传感器节点的整体能量需求作用很大。常用的一种节能技术叫做动态能量管理(DPM)，它可以使节点在不同的运作模式下进行切换，比如在工作状态、空闲状态以及睡眠状态之间切换。工作状态下的网络等资源可以集合多种不同的运作模式，比如同时采用接收和发送模式。接收和空闲模式通常能耗很相近，且如果没有能量管理，大多数收发器会在发送、接收和空闲状态之间进行切换。因此若把设备调到低功耗睡眠模式，则可以节省大量能量。对于 WSN 来说，周期性的通信模式很常见(例如环境监测)，由于 MAC 协议不要求节点始终处于工作状态，许多网络都获益于此 MAC 协议允许节点周期性地访问介质来传输数据并在两次传输的间隔期把无线模块调到低功耗睡眠模式。一个传感器节点在工作模式下消耗的时间与总时间的比值称为占空比(Duty Cycle)。由于大多数 WSN 中的数据传输一般都不频繁并且数据量较小，因此节点的占空比通常都比较小。表 5-1 对五个广泛应用的传感器节点无线射频模块的能耗需求做了比较。

表 5-1　五个广泛应用的传感器节点无线射频模块的能耗需求比较

无线射频模块 能耗需求	RFMTR1000	RFMTR3000	MC13202	CC1000	CC2420
数据传输速率/kb/s	115.2	115.2	250	76.8	250
发射电流/mA	12	7.5	35	16.8	17
接收电流/mA	3.8	3.8	42	9.6	18.8
空闲电流/mA	3.8	3.8	800	9.6	18.8
备用电流/μA	0.7	0.7	102	96	426

表 5-1 中显示了每个模块的最大数据传输速率，以及它们在发送、接收、空闲以及待机模式下的电流消耗。Mica 和 Mica2 采用 Atmel 公司的 ATmega 128L(8 位的 RISC 处理器、128 KB 的闪存、4KB 的 SRAM)，并且使用 RFMTR1000/RFMTR3000 收发器模块(Mica)或者 Chipcon 公司的 CC1000 收发器模块(Mica2)。对于 CC1000 模块而言，表 5-1 中给出的相关能耗值是 868 MHz 模式下的。除了待机模式，Freescale MC13202 收发器模块也支持“休眠”和“睡眠”模式，它们的工作电流分别为 6 μA 和 1 μA。XYZ 传感器节点和 Intel 公司的 Imote 使用 CC2420 收发器模块。而且，“空闲侦听”(设备没必要一直处于空闲模式下)、低效的协议设计(例如采用较大头部的数据包)、可靠性要求高(例如碰撞引起的信息重传或其他差错控制机制)以及使用控制消息解决隐藏终端问题等机制都会造成大量额外报文开销。调制方案和传输速率的选择也会影响传感器节点的资源和能量要求。大多数现有无线射频模块都可以调节本地发射功率，这不仅符合对通信范围的要求，还满足能量消耗要求。“过载发送”(即使用大于必要的发射功率发送数据)也会使传感器节点产生过多的能量消耗。

2) 可扩展性

许多无线 MAC 协议都是为有基础设施的网络设计的，这种网络的接入点或控制点对无线信道接入进行仲裁或者执行其他集中式的协调和管理等功能。大多数 WSN 使用多跳和对等通信方式，没有集中式协调器，这样可以容纳数百甚至数千个传感器节点。为了避免引起较大的头部开销，MAC 协议必须考虑资源的使用效率，尤其在规模网络中。例如，集中式协议会因为分发介质接入的时序而产生很大的开销，可见许多 WSN 不适合采用集中式 MAC 协议。基于 CDMA 的 MAC 协议需要缓存大量的伪序列码，也不太适合资源受限的传感器节点。通常，无线传感器节点不仅能量资源有限，计算和存储能力也受到限制。因此，协议的实现不能有过度的计算负担，也不能用大量的内存来保存状态信息。

3) 适应性

WSN 的一个重要特性是自我管理能力，即根据网络中的变化作出动态调整，这些变化包括拓扑结构、网络规模、节点分布密度和流量特性的变化。对于 WSN 来说，MAC 协议应该能够很自然地适应这些变化而不显著地增加开销。动态 MAC 协议通常能满足这些要求，这些协议是基于当前的需求和网络状态实现介质访问控制的一类协议。而固定分配类的 MAC 协议(比如，有固定帧长度或时隙长度的 TDMA 类型协议)可能会产生大量额外开销，因为为适应这些固定分配或许要影响到网络中的部分甚至是全部节点。

4) 低延迟和可预测性

大多数 WSN 都有时效性要求，传感器数据必须在一定的延时约束和截止期内完成采集、汇聚和发送过程。例如，在一个监视火灾蔓延情况的网络中，传感器数据必须被及时地发送到监测站，以确保监测站能够获得准确的信息并及时响应。许多网络行为、协议(包括 MAC 协议)和机制都对这种数据收发所引起的延迟造成影响。例如，在基于 TDMA 的协议中，在重要数据通过无线介质被传输之前，若分配给节点较大长度的数据帧和较少的时隙可能会导致延迟。在基于竞争的协议中，节点或许能够快速接入无线介质，但是数据碰撞和由此产生的数据重传会引起延迟。MAC 协议的选择也会影响延迟的可预测性，比如表示为延迟的上界。在固定分配时隙的无竞争协议中，即使平均延迟很大，MAC 协议也可以很容易地确定传输过程可能的最大延迟。另一方面，尽管基于竞争的 MAC 协议平均延迟较小，但是准确地确定延迟上界较为困难。一些基于竞争的 MAC 协议理论上允许饥饿现象的存在，也就是说，某些重要数据的传输可能会因其他节点的传输而不断地被延迟或干扰。

5) 可靠性

对于大多数通信网络来说，可靠性是一个共同的要求。通过从传输错误以及数据冲突中检测和恢复数据(例如，运用确认和重传机制)，MAC 协议的设计大大增强了可靠性。尤其在节点时效和信道传输错误很常见的 WSN 中，对许多链路层协议来说，可靠性是一个关键问题。

4．无竞争的 MAC 协议

无竞争或基于调度表的 MAC 协议的设计思想是：在任意时间段只允许一个传感器节点接入信道，以避免碰撞冲突和消息重传。但是，这一设计思想是基于理想的介质和环境的，不存在其他网络或行为异常的节点，否则会导致接入冲突甚至是信道阻塞。此处将讨论 WSN 中无竞争 MAC 协议的一些共同特性，并简要介绍几种具有代表性的例子。

1) 特性

无竞争的 MAC 协议将信道资源分配给各个节点并确保只有一个节点独占资源(比如访问无线介质)，这种方法避免了传感器节点间的数据碰撞，体现出一些优良特性。首先，时隙的固定分配允许节点精确地判断何时需要激活它们的射频模块来收发数据，而在其他时隙中，无线射频模块甚至使整个传感器节点都可以切换到低功耗的睡眠模式，因此，典型的无竞争协议在能量效率方面是很有优势的。其次，固定时隙分配也可以对节点传输数据的延迟设定上限，有利于对延迟有限定的数据的传送。

虽然这些优点使得无竞争协议成为节能网络比较理想的选择，但无竞争协议也存在缺点。尽管 WSN 的可扩展性受多种因素影响，但在大规模网络中，MAC 协议的设计影响了如何更有效地利用资源的问题。有固定时隙分配的无竞争协议面临着巨大的设计挑战。也就是说，当所有节点的帧长和时隙的大小都相同时，为了有效地利用可用带宽而为所有节点设计调度表较为困难。当网络的拓扑结构、节点分布密度、网络规模大小或流量特性发生变化时，这一困难会变得更加明显，还可能会要求重新分配时隙，或改变帧长和时隙的大小。由于这些缺点的存在，在频繁变化的网络中不能使用有固定调度表的 MAC 协议。

2) 流量自适应介质访问协议

流量自适应介质访问(TRAMA)协议(Rajendra 等，2003 年)是一种无竞争的 MAC 协议，相比传统的 TDMA 协议和基于竞争的协议，它旨在增加网络吞吐量和提高能量使用效率。TRAMA 协议采用一个基于各节点流量信息的分布式选择方案来确定节点何时可以传输数据，这有助于避免节点被分配了时隙却没有数据要发送，从而导致吞吐量增加。并且 TRAMA 协议也可以使节点确定何时可以进入空闲状态，而不需要持续侦听信道，从而提高能量效率。

TRAMA 协议假定信道是按照时隙划分的，也就是时间被分为周期性随机访问的时间间隔(即信令时隙)和调度访问的时间间隔(即发送时隙)。在随机访问的时间间隔内，邻居协议(Neighbor Protocol，NP)被用于在邻近节点间传送单跳邻居信息，使邻节点间都能获得一致的两跳拓扑信息。在随机访问的时间间隔内，节点通过在一个随机选择的时间间隙发射信号而加入一个网络。在这些时隙中传送的数据包携带一组已添加或已删除的邻居信息，以此来收集邻居信息。若邻节点信息没有发生变化，则这些数据包会被用作指示“正常工作”的信标。通过收集此类不断更新的邻节点信息，节点可以知道本地单跳邻节点的单跳邻居信息，从而获得它的两跳邻节点的信息。

另外一种协议叫做调度表交换协议(Schedule Exchange Protocol, SEP)，它用于建立和广播当前的调度表(即给一个节点的时隙分配)。各节点可以计算代表时隙数量的持续调度时间间隔(SCHEDULE_INTERVL)，这一持续调度时间间隔的长短取决于节点的应用程序生成数据包的速率，并且节点可以向其邻节点发布本地调度表。在 t 时刻，节点计算在区间 $[t, t + \text{SCHEDULE\_INTERVAL}]$ 时隙的数量，在这段时间内该节点是它的两跳邻节点中具有最高优先权的节点。节点使用调度表报文发布它选择的时隙和目标接收者，这个调度表指示的最后一个时隙用于为下一个时间间隔发布下一个调度表。例如，如果一个节点的 SCHEDULE_INTERVAL 是 100 个时隙，当前时刻(时隙号)是 1000，那么对于一个处于时间间隔为[1000, 1100]的节点而言，可供选择的时隙为 1011、1021、1049、1050 和 1093。在最后一个时隙 1093 期间，节点为时间间隔[1009,1193]广播其新的调度表。

在调度表报文中，目标接收者的列表被表示为一个位图，位图的长度等于单跳邻节点的数目。位图中每比特对应一个由其自身制定的特定接收者。由于每个节点都知道其两跳邻节点范围内的拓扑结构，因此它可以根据独立位图和其邻居列表来确定接收者的位置。

时隙选择基于节点在 t 时刻的优先级。计算节点 i 优先级的伪随机序列为

$$\text{prio}(i,\ t) = \text{hash}(i \oplus t) \tag{5-1}$$

如果节点不需要使用它的所有时隙，则可以用调度表报文中的位图指示出无需使用的时隙，允许其他节点使用这些时隙。根据节点的两跳邻节点信息和已发布的调度表，节点可以确定它在任一给定时隙 t 的状态。如果节点 i 有最高优先级并且有数据要发送，那么它处于发送(TX)状态。当节点 i 在时隙 t 期间是发送者的目标接收者，那么它处于接收(RX)状态，否则节点会切换到睡眠(SL)状态。

综上所述，相比基于 CSMA 标准的协议，TRAMA 协议减小了碰撞的可能性且增加了睡眠时间，从而节省了能量。与标准 TDMA 方式不同，TRAMA 协议将时间分为随机访问时间段和预定访问时间段。在随机访问时间期间，节点被唤醒以发送或接收拓扑信息。因此，相比于预定访问时间段，随机访问时间段的长度影响整体的占空比和节点可达到的能

量节约程度。

3) Y-MAC 协议

对于多用信道，Y-MAC 协议(Kim 等，2008 年)是另一个基于 TDMA 的介质访问协议。与 TDMA 类似，Y-MAC 将时间分成数据帧和时隙，其中每帧包含一个广播区间和一个单播区间。每个节点在广播区间开始时都必须被唤醒，并且节点在此期间竞争访问介质。如果广播消息没有到达，每个节点均会关闭它的无线收发装置，并且在单播区间内等待首次分配给它的时隙到来。单播区间的任意时隙智能分配给唯一一个节点接收数据，每个节点只在分配给自己的接收时隙才采样介质。因此，接收端驱动的模式在低通信量调节下能更好地发挥高效节能的优势。这一特点对于无线电收发器来说十分重要，收发器的接收能量消耗将大于它的发送能量消耗(比如，由于复杂的解扩和纠错技术造成的能量消耗)。

在 Y-MAC 协议下，介质的访问基于同步的低功耗操作侦听。在每个时隙的开始时，多个发送节点之间的竞争问题通过竞争窗口解决。拟发送数据的节点在竞争窗口内设置一个随机等待时间(退避值)。在这段等待时间之后，节点唤醒并且在特定的时间内检测介质进行活动。等到竞争窗口结束，如果介质空闲，节点就发送一组前导码抑制竞争传输。当竞争窗口结束时，接收机唤醒，然后在分配给它的时隙内等待接收数据包。如果节点没有收到任何相邻节点的信号，那么节点将关闭无线通信的收发装置并且转入睡眠状态。

在单播期间，消息在基础信道上进行初始化。在接收时隙开始时，接收节点把它的频率切换到基础信道，获得介质使用权的节点利用基础信道传送本地数据包。如果数据包中设置了请求确认标志，那么接收节点会对数据包是否成功接收进行确认。同样，在广播期间，每个节点调整到基础信道并且其他所有发送者都将参与上述竞争过程。

每个节点在广播时隙和本地单播接收时隙内公平地使用介质，使得这一方式具有高效节能的优点。可是，在通信量大的条件下，单播消息可能需要在消息队列中等候，或者为接收节点预留出有限的带宽而丢失数据包。因此，Y-MAC 协议采用信道调频机制来减少数据包传输的延迟。图 5-6 所示是 Y-MAC 协议四信道跳变。在基础信道的时隙内，当节点接收到数据包之后，该节点将跳转到下一个信道并发送通告消息，此后该节点能够继续在第二个信道中接收数据包。在第二个信道上解决介质竞争问题的方法如上所述。在时隙结束时，若接收节点没有切换到最后一个信道或者没有更多的数据需要接收，则该节点能够决定是否再次切换到另一个信道上。在可用信道中是通过跳变序列生成算法确定实际的跳变序列的。这个算法的前提是，在任何特定信道上的单跳邻居中只有一个数据接收者。

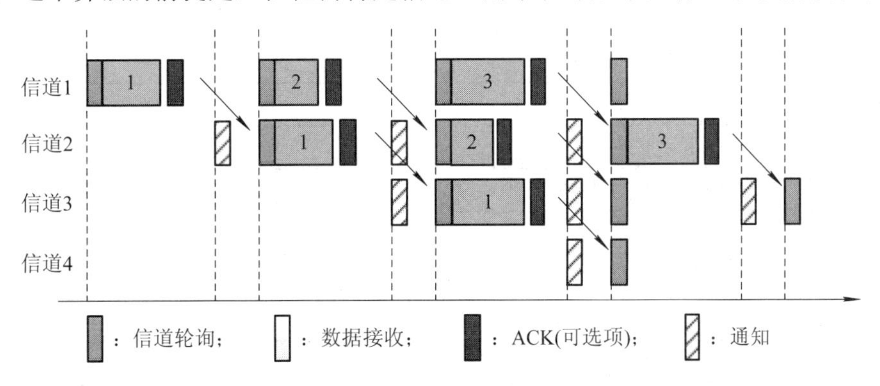

图 5-6　Y-MAC 协议四信道跳变

总的来说，Y-MAC 协议采用诸如 TDMA 的时隙分配，但其通信方式采用接收节点驱动方式，以确保低能耗。例如，接收节点在其时隙中简单地采样介质，如果没有数据包到达，就切换到睡眠模式。进一步地，可以利用多信道方式增加可获得的吞吐量并且减少传输延迟。Y-MAC 协议的主要缺点有以下两个：一是灵活性和可扩展性方面的问题，这点与 TDMA 类似(例如固定时隙的分配)；二是 Y-MAC 需要传感器节点具有多个无线通信信道。

4) 分簇 LEACH 协议

分簇 LEACH(The Low-Energy Adaptive Clustering Hierarchy，LEACH)协议(Heinzelman 等，2002 年)结合了 TDMA 式的无竞争接入和 WSN 中的分簇思想，一个簇由唯一的簇头和任意数量的成员组成，成员只能与各自的簇头通信。在 WSN 中，分簇是一种常见的方法，该方法有利于簇内数据的融合以及数据在网络内的处理，处理过后可减少簇头需要发送到基站的数据量。分簇 LEACH 协议由两个阶段循环运作，即建立阶段和稳定阶段，如图 5-7 所示。

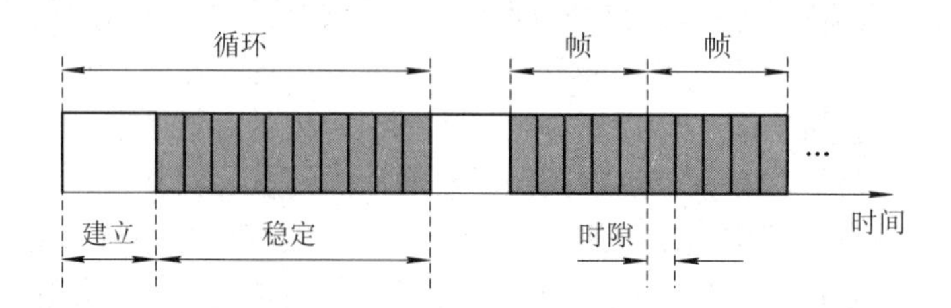

图 5-7 分簇 LEACH 协议运作和通信结构

5) 轻量级 MAC(LMAC)协议

轻量级 MAC(Lightweight Media Access Control, LMAC)协议(Van Hoese、Havinga 等，2004 年)也是基于 TDMA 的，时间仍然被划分成帧和时隙，并且每个时隙仅被一个节点占用。LMAC 通过执行一个分布式算法将时隙分配给各个节点，而不是依赖中心管理节点分配。

在 LMAC 协议中，每个节点利用分配给自身的时隙来发送消息。要发送的消息由控制部分和数据单元两部分组成。控制部分的长度是固定的，一般包含如时隙控制标志、距离网关节点(基站)的跳数、目的接收节点的地址、数据单元的长度等，如表 5-2 所示。

表 5-2 轻量级 MAC 协议控制数字段

描　述	长度/B
时隙控制标志	2
当前时隙数目	1
已占用时隙	4
距离网关节点的跳数	1
时隙间碰撞次数	1
目的接收节点的地址	2
数据单元的长度	1
总长度	12

节点可以根据收到的消息中的控制部分来判断自身是不是目的接收节点，从而决定自己是继续保持“唤醒”状态还是关掉接收机等待下一个时隙的到来。控制消息中“已占用时隙”字段是时隙的位掩码，已被占用的时隙用 1 表示，没有被占用的用 0 表示。结合所有邻节点发出的控制消息，节点可以确定哪些时隙没有被占用。时隙的分配过程由网关开始，首先由网关决定自身需要占用的时隙。在网关发送一帧数据之后，网关所有的一跳邻节点都了解到网关所选用的时隙，然后节点开始选取自己使用的时隙，依此类推“向外”延伸直到整个网络。每一个节点所选取的时隙应该是两跳范围之内的邻节点所没有使用的时隙。时隙的选择是随机的，所以可能会出现多个节点选择了同样的时隙。因此，一个时隙中不同竞争节点发送的控制消息会发生碰撞，然后重新开始时隙选择过程。

5．基于竞争的 MAC 协议

基于竞争的 MAC 协议不依赖于传输调度表，而是采用其他机制来解决竞争问题。相对于大多数基于调度表的MAC协议，基于竞争的MAC协议的主要优势就是它们更加简单。例如，当使用基于调度表的 MAC 协议时，需要保存和维护用来表征传输顺序的调度表，而大多数基于竞争的 MAC 协议不需要保存、维护或者共享状态信息，这也使得它们能快速适应网络拓扑或者通信量特性的变化。然而，基于竞争的 MAC 协议的空闲侦听和串音会导致更高的碰撞率和能量的消耗，也可能会面临公平接入的问题，也就是可能某些节点比其他节点更多地获取信道接入的机会。

1) PAMAS 协议

PAMAS(Power Aware Multi-Access with Signaling，PAMAS)协议是由 Singh 和 Raghavendra 于 1998 年提出的，主要致力于解决由串音导致的不必要的能量消耗，如图 5-8 所示。节点 *C* 是节点 *B* 的一跳邻节点，当 *B* 向 *A* 发送数据时，*C* 也能探测到该数据传输。因此，*C* 会接收到目的节点为其他节点的数据帧，从而产生不必要的能量消耗。同样，因为 *C* 在 *B* 的通信干扰范围之内，所以在 *B* 传送数据时 *C* 不能接收来自其他节点的数据帧。为了节省能量，在 *B* 传送数据时，节点 *C* 可以将无线接收机设置为低功耗睡眠模式，这种方法特别适用于一个节点同时处在多个节点的干扰范围之内的高密度网络中。

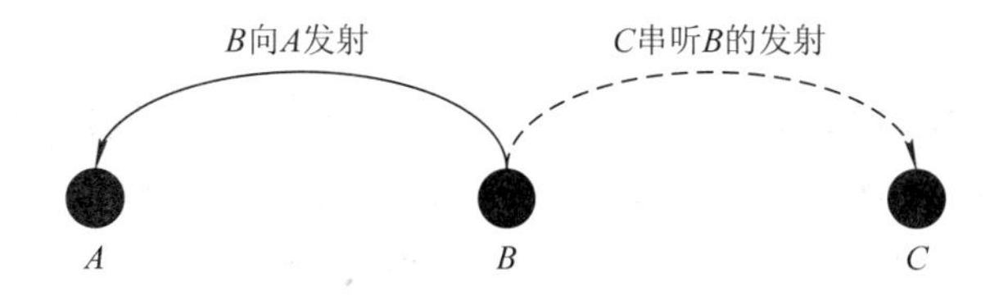

图 5-8　串音导致的不必要的能量消耗示意图

PAMAS 使用两个独立的信道以减少数据传送过程中碰撞的产生，一个信道用于传送数据帧，另一个信道用于传送控制帧。与 MACA 相似，PAMAS 中的握手消息也是 RTS 和 CTS。通过划分两个独立的信道，节点可以决定关闭本地无线收发器的时间以及关闭的时长。除了 RTS 和 CTS，节点还会在控制信道传送忙音(busy-tone)信令，从而防止那些没有听到 RTS 和 CTS 信息的节点接入到数据信道传输数据。

为了初始化数据传输，执行 PAMAS 协议的节点通过控制信道向接收节点发送一个 RTS 分组。如果此时接收节点没有在数据信道上检测到数据传输，也没有串音听到其他的 RTS 和 CTS，那么接收节点会发出一个 CTS 分组予以响应。如果源节点在一个特定的超时间间隔内没有接收到 CTS，那么它会在一个退避时间(由指数退避算法决定)后再次发送 RTS。如果收到了 CTS，那么它将开始数据传输，接收节点将在控制信道上发送一个忙音分组，忙音分组的长度大于两倍的 CTS 分组。若接收节点收到一个 RTS 或者在其接收数据帧时检测到控制信道上的噪声，它同样会在控制信道上发送一个忙音分组。这个忙音分组用来干扰可能存在的用来响应 RTS 的 CTS 报文，从而阻止接收节点的邻节点的所有数据传输。

PAMAS 类型的网络中的每个节点都是独立决定何时关闭本地无线收发机的。具体来说，当满足以下两种情况之一时，节点将会关闭本地收发机。

(1) 一个邻节点开始传输数据，而这个节点自己没有待发送的数据；

(2) 虽然本节点有数据要传送，但是一个邻节点正在向另一个邻节点传送数据。

通过侦听邻节点传送数据的情况或者它们的忙音信号，一个节点可以很容易地就检测到上面的任一种情况。将待发数据的长度或者发送所需的持续时间嵌入到消息中，节点可以根据这一消息确定关闭本地收发器的时间。然而，如果数据传送开始时一个节点仍然处于睡眠模式，这个节点将不能确定本次数据传送持续的时间，也无法确定睡眠模式要持续多久。为了解决这个问题，节点通过控制信道向所有正在传送数据的邻节点发送一个探测分组(probe frame)。探测分组中包含一个时间间隔，所有能够在这个时间间隔内完成数据传送任务的节点都会把预计完成时间反馈给这一探测分组。如果工作模式下的节点顺利(没有发生碰撞)接收到该响应分组，那么该节点可以切换到睡眠模式并持续到该节点表明的预计完成时间点。如果多个发送节点对探测分组作出响应并且发生了碰撞，那么该节点将重新发送一个具有较短时间间隔的探测分组。同样，如果该节点没有接收到响应，可以重新发送一个具有不同时间间隔的探测分组。实际上节点利用折半查找法原理选择不同的时间间隔，从而确定当前所有数据传送过程的结束时间点。

总之，一些节点在一段时间内无数据发送或接收任务，但它们却保持在激活状态，因此浪费了大量电能。PAMAS 致力于改善这一缺陷，减少不必要的能量浪费。然而，PAMAS 依赖两个收发机同时工作的机制，该机制本身就会带来较大的能量消耗并增加实现成本。

2) S-MAC 协议

S-MAC(Sensor MAC)协议是 Yeet 等人于 2002 年提出的，其设计目标是在具有良好的可扩展性、碰撞避免机制的同时，减少不必要的能量消耗。S-MAC 采用占空比(Duty Cycle)的实现方法，即节点周期性地在侦听状态和睡眠状态之间转换。为了能够同时进入睡眠或侦听模式，希望通过节点的调度表实现，但实际上每个节点都有自己独立的调度表。因此，具有相同调度表的节点被认为是属于同一个虚拟簇，但是这个簇不是真实存在的，虚拟簇内的所有节点都可以自由地与虚拟簇之外的节点进行通信，节点周期性地发送 SYNC 分组来更新本地调度表。因此，若有邻节点唤醒时，节点可以及时探测到。如果节点 A 需要与具有不同调度表节点的 B 进行通信，A 需要持续等待，直到 B 开始侦听时节点 A 才可以初始化数据传输，并通过发送 RTS/CTS 来解决对介质的竞争问题。

为了能够选择合适的调度表，节点最初需要持续侦听介质一定的时间。如果该节点收到从邻节点发出的调度表，那么它将把此调度表作为本地调度表并使用。经过一个随机的延迟时间 t_d 后，该节点再把自己新的调度表广播出去，使它与后续使用这个调度表的邻节点数据传输碰撞的概率降到最低。一个节点可以采用多个调度表，也就是说如果它在广播调度表之后又收到一个不同的调度表，那么该节点可以同时采用这两个调度表。另一种情况，如果节点在一定时间内没有从其他节点处接收到任何调度表，那么该节点可以自己确定本地调度表，并广播给可能的邻节点。这时，这个节点成为同步发起者，也就意味着其他节点要根据这个节点来同步自己的调度表。

图 5-9 所示为 S-MAC 协议中分组和时序的关系，图上部分所示为 S-MAC 将节点的侦听时间间隔分成两部分，一部分用于接收 SYNC 数据包，另一部分用于接收 RTS 分组。每一部分均进一步细分成用于载波侦听的小时隙。打算发送 SYNC 或 RTS 的节点随机选择一个时隙，并且从接收节点开始侦听所选定的时隙起就持续载波侦听的活动。如果在此期间载波侦听中没有发现任何活动，那么该节点征用介质成功，开始传输本地数据。图中给出了两个不同的发送节点，一个发送 SYNC 分组(图 5-9(中)所示)，另一个发送数据(图 5-9(下)所示)。

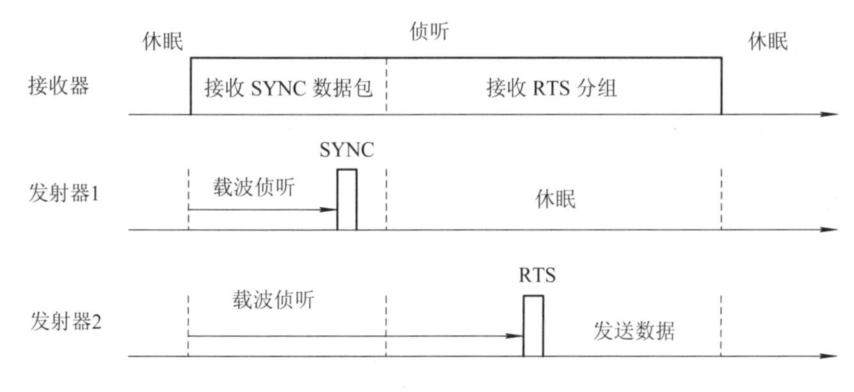

图 5-9 S-MAC 协议中分组和时序的关系

S-MAC 协议采用基于竞争的实现方法，使用基于 RTS 和 CTS 握手碰撞避免机制来解决介质竞争问题，若节点侦听到 RTS 或者 CTS，则表示节点当前不能发送和接收数据。因此，节点切换到睡眠模式，避免持续侦听带来的不必要的能量消耗(节点只侦听简短的控制信息，对于较长的数据信息不予侦听)。

总之，S-MAC 是一种基于竞争的协议，该协议利用无线收发机的睡眠模式在低能耗和吞吐量、延时方面取得了平衡。碰撞避免机制的实现基于 RTS/CTS，然而该握手方式不适用于广播信息，广播的 RTS/CTS 分组会增加碰撞的可能性。由于占空比参数(即睡眠和侦听时间的长短)是事先设定的，因此对于实际网络的通信性能来说可能达不到最佳性能。

3) T-MAC 协议

S-MAC 协议中的侦听期是一段固定的时间，一方面，当网络通信量很小时，这将会造成不必要的能量消耗；另一方面，当网络通信量很大时，这个固定的持续时间是不够用的。T-MAC(Timeout MAC)协议是 Van Dam 和 Langendoen 于 2003 年提出的，对 S-MAC 作出了改进，在 T-MAC 中根据通信量的大小可以实时调节侦听期的长度。节点在一个时隙的开始时刻唤醒进行侦听，如果没有检测到数据传输，则切换到睡眠模式。当收发数据或侦听到消息时，节点都会在完成消息传输后一段时间内继续保持唤醒状态，以此来检测是否有更多的数据通信。这个简短的超时间隔保证了节点可以快速切换到睡眠模式。这种机制最终实现了网络通信量增大时节点的唤醒时间随之增长，而当网络通信量较小时则会采用简短的唤醒时间。

图 5-10 所示为 T-MAC 的节点操作和数据交换过程。为了减少碰撞的发生，每个节点在接入介质之前的竞争期内都会等待一个随机时间段。如图 5-10(a)中所示，节点 *A* 和 *C* 都需要向 *B* 发送数据，但是节点 *A* 成功征用到介质使用权并将数据发送给节点 *B*。节点为了侦听到数据的传输活动而需要保持唤醒状态的最少时间用 T_A 表示。为了保证能侦听到某个邻节点发来的 CTS，T_A 必须足够长。一旦节点侦听到 CTS，就表示已经有节点成功征用到介质使用权，然后该节点继续保持唤醒状态直到本次数据传输结束，即通过侦听到节点 *B* 发出的 ACK 即可判断本次传输结束。本次数据传输的结束就是下次竞争期的开始，如果 *C* 能成功征用到介质使用权，它就可以发送本地数据。

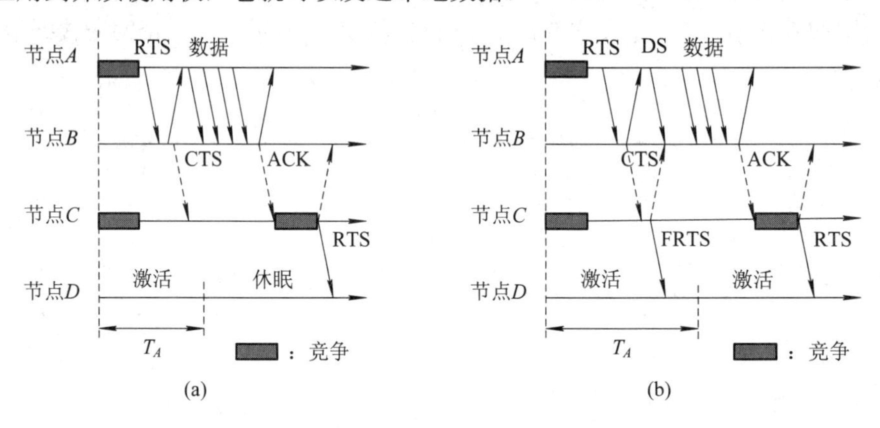

图 5-10　T-MAC 的节点操作和数据交换过程

但是，T-MAC 协议中也存在必须征用介质的问题，假如消息采用单向传递方式，如节点 *A* 只能向节点 *B* 发送消息，节点 *B* 只能向节点 *C* 发送消息，以此类推。每当节点 *C* 需要向节点 *D* 发送消息时，它都必须征用介质。若节点 *B* 在节点 *C* 发送 RTS 之前先发出 RTS，则节点 *B* 成功征用到介质，节点 *C* 征用失败。若节点 *C* 侦听到由节点 *B* 发出的 CTS，则节点 *A* 成功征用到介质，节点 *C* 征用失败。当节点 *C* 在侦听到节点 *B* 发出的 CTS 后依旧保持唤醒状态，它的目的接收节点 *D* 并不知道节点 *C* 想要发送数据，故而节点 *D* 在 T_A 时间结束之后便切换到睡眠模式。图 5-10(b)中给出了针对所谓“早睡”问题的一种解决方法。在“将来请求发送”(Future-Request-To-Send，FRTS)技术中，一个有待发数据的节点在侦听到 CTS 后立即发送一个 FRTS 分组来告知目的接收者本地节点准备就绪。节点 *D* 在接收到 FRTS 之后，得知节点 *C* 要向它发送数据，它就会保持工作状态。然而，在侦听到 CTS 后立即发送 FRTS 分组可能会干扰到节点 *B* 接收节点 *A* 的数据，所以节点 *A* 先发送一个 DS(Data-Send)伪消息来延迟实际数据的传输。DS 与 FRTS 具有相同的长度，二者可能在节点 *B* 处发生碰撞，由于 DS 不含任何有效的数据信息，因此碰撞不会造成不良影响。

总之，T-MAC 协议的自适应技术允许节点根据网络通信量的大小调节节点的睡眠和唤醒持续时间的长短。在 T-MAC 中，节点发送消息采用可变长度的突发数据方式，在两次突发传送间隙中切换到睡眠模式以节省能量。S-MAC 和 T-MAC 都致力于在短的时间周期内进行信息交互，因此在高通信量情况下效率较低。目的接收节点在接收到表示将会有数据传输的指示信息后将持续保持唤醒状态，因此增加了节点的空闲侦听次数，也导致了不必要的能量损耗。

4) Pattern MAC 协议

PMAC(Pattern MAC)协议是 Zheng 等人于 2005 年提出的，是使用数据帧和时隙的 TDMA 类型的另一种协议，该协议根据本地流量情况和邻节点的工作模式调整睡眠时间。与 S-MAC 和 T-MAC 相比，PMAC 允许设备在相当长一段非常活跃期关闭本地无线电装置，从而大大减少了空闲侦听时的能量消耗。节点都是通过运行模式来描述它们切换到睡眠和唤醒模式的次数，一个模式指的是一组比特串，每个比特代表一个时隙，用 0 表示节点进入睡眠模式，用 1 表示节点采用唤醒模式。模式仅仅是试探性的，转换表显示实际的睡眠唤醒时隙序列。一个模式的格式总是 0^m1，其中 $m = 0, 1, \cdots, N-1$，而 N 个时隙被认为是一个周期。例如，模式 001 和 $N = 6$ 意味着一个节点计划在这个周期的第三和第六个时隙切换到唤醒模式(如果模式的长度小于 N，则在一个周期内重复使用这个模式)。m(指 0 的个数)的值显示了该节点周围的通信量负载，m 值越小表示该节点周围的通信量负载越重，反之越轻。

在网络的工作期间，每个节点第一个周期的模式都是 1，即 $m = 0$，假设每个节点处在一个重通信量的情况下，所有节点必须始终保持在唤醒状态。如果一个节点在第一个时隙没有任何数据要发送，那么就意味着它周围的通信量可能比较小，所以节点将本地模式更新为 01。当节点没有数据传送时，就会加倍本地的睡眠期(使 0 的数目按二进制指数形式增加)，从而使节点较长时间维持在睡眠状态。这个过程(与 TCP 协议中的慢启动机制类似)持续反复进行，当达到预置的门限值后，零的个数将呈线性增长。当节点需要发送数据时，模式立即重置为 1，从而可以快速切换到唤醒模式来处理网络通信。

虽然模式仅仅是一个预期的睡眠计划，但它可用来得到实际的睡眠状态调度表。睡眠状态的时间称为模式交换时间帧(PETF)。PETF 被划分成简短的时隙序列，时隙的个数是一个节点可以拥有的最大邻居数。这些时隙通过 CSMA 机制访问，不能避免冲突的发生。如果一个节点没有收到来自邻节点的模式更新信息(多数由于数据冲突造成)，它就认为邻节点的模式没有发生改变。一旦节点接收到来自邻节点的模式信息，它就确定自己的调度表，调度表里面的每个时隙都可以工作在三种运行状态中的任一种。如果一个节点的邻节点在某一时隙内广播的模式信息为 1，那么该节点将转换到唤醒状态并向邻居传送信息。如果节点广播的模式信息为 1，但是没有数据需要发送，则这个时隙被用于侦听。如果不是上述两种情况，节点就进入睡眠状态。

总之，PMAC 提供了一个简单的机制来制定模式调度计划表，从而适应邻节点的流量负载。当通信量小的时候，一个节点能够长时间地处于睡眠模式，从而节省了能量消耗。然而，PETF 内一部分节点可以成功接收到所有邻节点的模式更新信息，但数据冲突可能会导致一部分节点无法接收该信息。这会导致邻节点间的模式调度计划不一致，从而造成更多的数据碰撞、无效传输和不必要的空闲侦听。

5) 路由增强 MAC 协议

路由增强 MAC(Routing-Enhanced MAC，RMAC)协议是 Du 等人于 2007 年提出的，是另一个利用占空比来节省能量的协议。与 S-MAC 相比，它试图在端到端延迟和竞争避免上加以改进。RMAC 的关键思想是根据传感数据的传送路线安排睡眠与唤醒的转换，从而使得数据包可以在一个操作周期(Operational Cycle)内传送到目的地。节点向数据途经的各节点发送控制帧，通知它们有数据需要接收，使这些节点确定何时进入唤醒状态来接收或转发数据包。

图 5-11 所示为 RMAC 中的工作周期和传输模式。RMAC 把操作周期分为三个部分：同步期(SYNC)、数据期和睡眠期。在同步期，节点同步它们的时钟以维持足够的精确度。数据期用于向数据包传输路线上的节点发出通知并初始化数据包的传输过程。数据期是基于竞争的，发送方随机地等待任选的一段时间外加一个额外的 DIFS，以侦听传输介质。如果没有检测到信道被占用，发送方就发送一个 PION 帧(Pioneer Control Frame)，该帧包含了发送方与目标方和下一跳节点的地址、传输时长以及目前为止经过的跳数(在发送方被设置为 0)。传输路径中的当前一跳(如图 5-11 中的节点 A)查询下一跳的地址(物理层查询)，等待一个 SIFS 后将 PION 传给下一跳，这个过程一直持续到 PION 到达目标方。

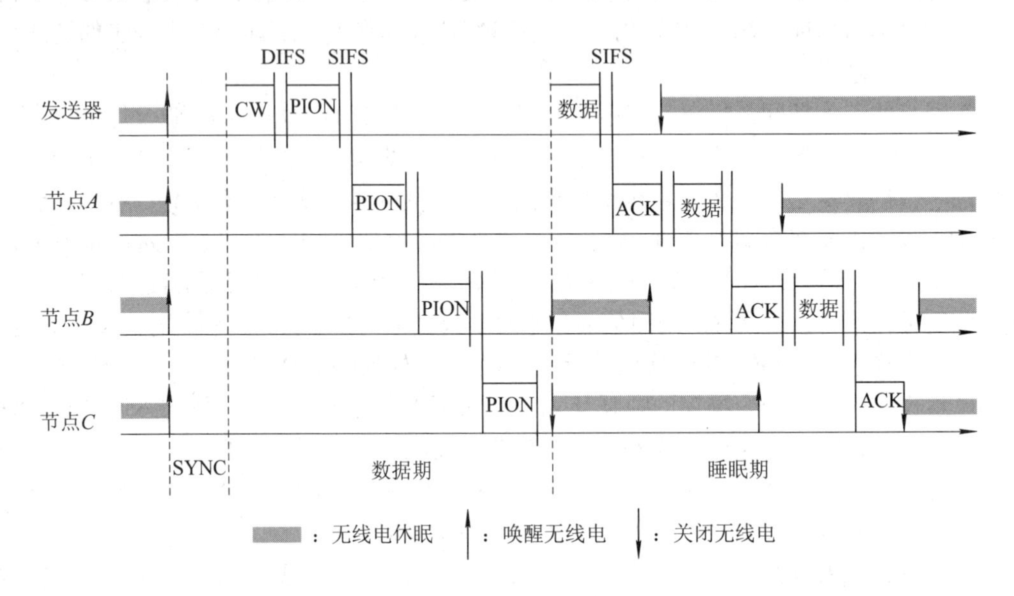

图 5-11 RMAC 中的工作周期和传输模式

在协议的睡眠期才进行实际的数据传输，节点 A 维持唤醒状态，从发送方接收数据包，然后向发送方反馈一个确认帧 ACK。与 PION 到达数据期过程类似，所有的数据和 ACK 包的传送都被一个 SIFS 隔开。收到来自节点 A 的 ACK 后，发送方就成功完成了本次任务，可以将本地射频模块切换到睡眠模式。节点 A 向下一跳节点 B 转发接收到的数据，并且当收到节点 B 的 ACK 确认帧后，将其本地射频模块切换到睡眠模式。这个过程反复进行直到数据包被目标方接收并确认。

从这个例子可以看出，发送方和节点 A 在数据期后保持在唤醒状态以便能够立即开始第一跳数据的传输。路线上的所有其他节点在数据期完成后都可以关闭它们的射频模块，从而避免不必要的能量消耗。每个节点在收到前一跳节点发送的数据包时均进入唤醒状态。节点 i 唤醒的时间可以用如下公式进行计算：

$$T_{\text{wakeup}}(i) = (i-1)\times(\text{size(DATA)}+\text{size(ACK)}+2\times\text{SIFS}) \tag{5-2}$$

其中，size(DATA)和 size(ACK)分别表示单独发送数据和 ACK 帧所需要的时间。

总之，RMAC 解决了基于占空比的 MAC 协议中经常遇到的高延迟问题，它可以在一个运行周期内完成端到端的数据传送，该协议将介质征用和数据传送分成两个独立的周期完成，有效地减少了竞争。但是即使在睡眠时期的数据传送中，仍然可能发生冲突。源节点一般都是在睡眠周期的初始时刻开始传输数据。并且，来自两个不同源的数据包仍然可能发生冲突，比如在数据期总 PION 调度操作成功完成的节点，但这两节点并不知道对方的存在。这个问题在一个类似的 DW-MAC 协议(Sun 等人于 2008 年提出)中得到了解决，在 DW-MAC 中，调度表的每个数据期和睡眠期都是一一对应的，计算方式如下：

$$T_i^{\mathrm{S}} = T_i^{\mathrm{D}} \times \frac{T_{\mathrm{sleep}}}{T_{\mathrm{data}}} \tag{5-3}$$

其中，T_i^{S} 表示调度帧 SCH(等价于 RMAC 中的 PION)的起始时间(由数据期的起始时间决定)；T_i^{D} 表示睡眠期中数据传输的开始时间(由睡眠期的起始时间决定)；T_{sleep} 和 T_{data} 分别表示睡眠期和数据期持续的时间长度。这表示数据包的传输与其他节点睡眠期的开始不需要严格同步，而是由数据期的竞争窗口决定，数据传输的延迟长短与 SCH 帧传输的延迟有对应关系。与 RMAC 相比，这个方法减少了在睡眠期冲突的可能性。

6) 数据汇聚 MAC 协议

实际上，与人们的交际模式类似，许多 WSN 都基于特定的信赖源点。根据这一事实，Lu 等人于 2004 年提出了 DMAC(Data-Gathering MAC)协议。该协议规划由数据聚集树中的特定中心节点(Sink 节点)收集传感器节点的数据，它的设计目标是使得数据传输沿着数据聚集树的低延迟、高效能路线进行。

在 DMAC 中，到 Sink 节点的多跳路径上，节点的工作周期是错列分布的，节点按照某一序列依次被唤醒。图 5-12 中给出了某一数据聚集树以及与其相对应的错列唤醒模式。节点在发送、接收和睡眠状态之间进行切换。在发送状态下，节点向下一跳发送数据包并且等待对方的确认 ACK。同时，下一跳处于接收状态，成功接收到数据信息后立即进入发送状态向下一跳转发该数据包，除非该节点是数据包的目标节点。在这些接收和发送数据包节点的间隔期间，其他节点可以切换到睡眠状态并关闭其无线射频模块以减少不必要的能量消耗。

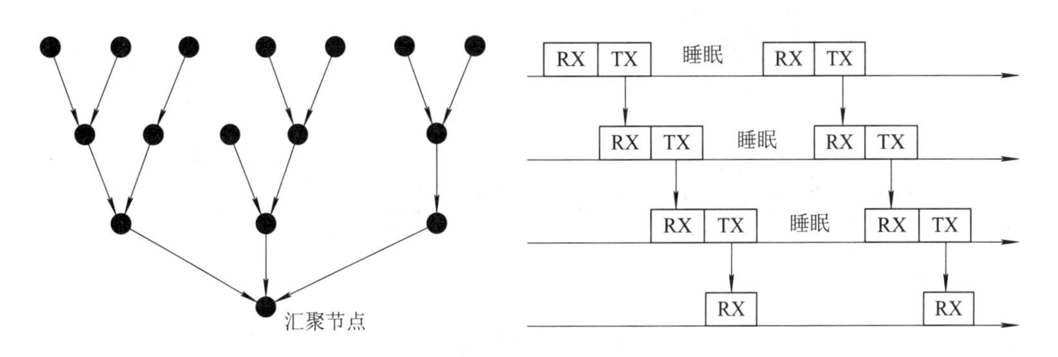

图 5-12　DMAC 协议中数据聚集树和收敛通信

为了保证一个数据包的准确传输，发送和接收间隔应足够大。因为没有排队延迟，在树中深度为 d 的节点可以在 d 个间隔内将数据包传送给 Sink 节点。把节点的活动分为短小的发送段和接收段虽然减少了竞争，但是不能避免数据冲突，尤其是树中具有相同深度的节点有一样的同步时序。在 DMAC 中，如果发送方没有接收到确认帧 ACK，就把数据包挂在排队队列中等待下一个发送区间。在三次重传失败后，该数据包将被丢弃。为了减少冲突，节点在发送时隙开始时并不立即传输数据，而是在竞争窗口内等待一个退避周期外加一段随机时间。

在一个发送时隙，若一个节点有多个数据包需要发送，它可以延长本地工作周期，且可以请求到 Sink 节点路由上的其他节点同样采取这一操作。申请延长工作周期可以采用时隙重申机制，在 MAC 帧头部中设置“更多数据发送标志”来实现。接收方检查这个标志位，如果该标志置为 1，则它反馈一个同样置位的确认信息，之后节点保持唤醒状态接收和转发其他数据包。

总之，DMAC 的错列技术实现了低延迟，并且节点仅仅在简短的接收和发送区间内保持唤醒状态。因为在数据聚集树中多个节点共享同一个调度表会导致数据冲突，所以 DMAC 仅仅实现了有限的碰撞避免。在传输路由和数据传输率比较确定且变换不大的网络中，DMAC 可以达到最好的工作效果。

7) 前同步码采样和 WiseMAC 协议

WiseMAC 协议是 E1-Hoiydi 和 Decotignie 于 2004 年提出的，是针对具有基础设施的 WSN 的下行链路能量消耗问题而设计的。比如，从基站到传感器节点之间的通信利用前同步码采样技术(E1-Hoiydi 于 2002 年提出的)解决了空闲侦听导致的能量消耗问题。前同步码采样如图 5-13 所示。在前同步码采样技术中，基站在实际的数据传输之前先发送一个前同步码通知接收节点，如图 5-13(a)所示，所有的传感器节点以固定的周期 T_W 对信道进行采样侦听，但它们的相对采样时间偏移量是独立且固定的。如果信道忙，传感器节点则持续侦听，直到信道空闲或者收到数据帧。前同步码的大小等于采样的周期大小，这确保了接收节点能及时唤醒并接收报文的数据部分。这种方法使得能量受限的传感器节点可以在信道空闲的时候关闭无线射频模块，且不会丢失数据包。这种方法的一个缺点是前同步码的大小影响了吞吐量的最大值，当一个设备检测到前同步码时，即使它不是目标节点也必须保持在唤醒状态。

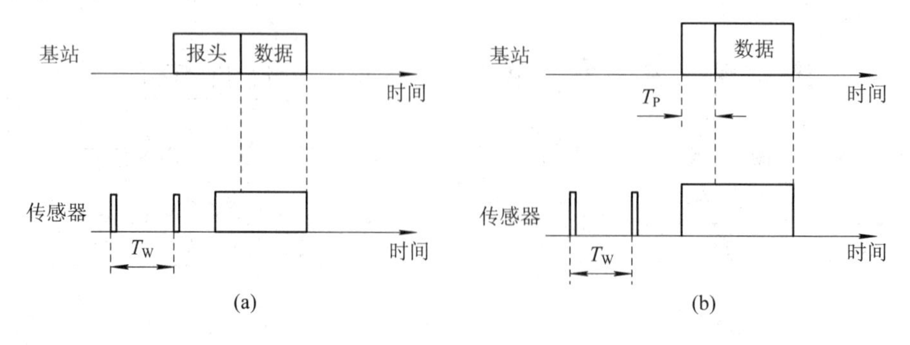

图 5-13　前同步码采样

WiseMAC 允许基站了解目标节点的采样调度表，从而使基站在接收节点唤醒之前就开始发送前同步码，这一技术改进了上述缺陷。如图 5-13(b)所示，该技术使得基站缩短了前同步码的大小。正因为如此，在接收节点无线射频模块打开之后，报文的数据部分将很快发送，这也缩短了接收节点维持在唤醒状态的时间。一个节点的采样周期偏移量信息被嵌入到确认侦 ACK 中，从而使基站能够获得采样周期调度表。前同步码的持续时间(T_P)由目标接收节点的采样周期最小值 T_W 和基站与接收节点之间的时钟漂移的整数倍(随着时间的推移而增长)共同决定。因此，前同步码的长度取决于通信量的大小，通信量越大时前同步码越短(两个连续通信之间的间隔短暂)，通信量越小时前同步码越长。

总之，WiseMAC 实现了传感器节点高效节能的唤醒/睡眠机制，同时确保当接收节点处于唤醒状态时能够成功接收到基站发送的所有数据。然而，这种机制对于广播报文效率低下，因为前同步码可能变得非常大，它必须覆盖所有接收器设备的采样点。WiseMAC 也会受到隐藏终端问题的影响。也就是说，当发送方不知道存在着其他通信时，它的前同步码可能会干扰正在进行的数据传输。

8) 接收端驱动式 MAC 协议

另外一个基于竞争的解决方案是 Sun 等人于 2008 年提出的 RI-MAC(Received-Initiated MAC)协议，该协议中的数据传输总是由接收端发起，所有节点周期性地切换到唤醒状态以监测是否有到达数据的报文。也就是说，当传感器节点打开无线射频模块后立即检测信道是否空闲。如果信道空闲，则广播一个信标报文，通知其他节点自身已经唤醒并准备好接收报文。图 5-14 所示为单个节点和两个节点的数据传输接收端驱动式 MAC 协议案例。

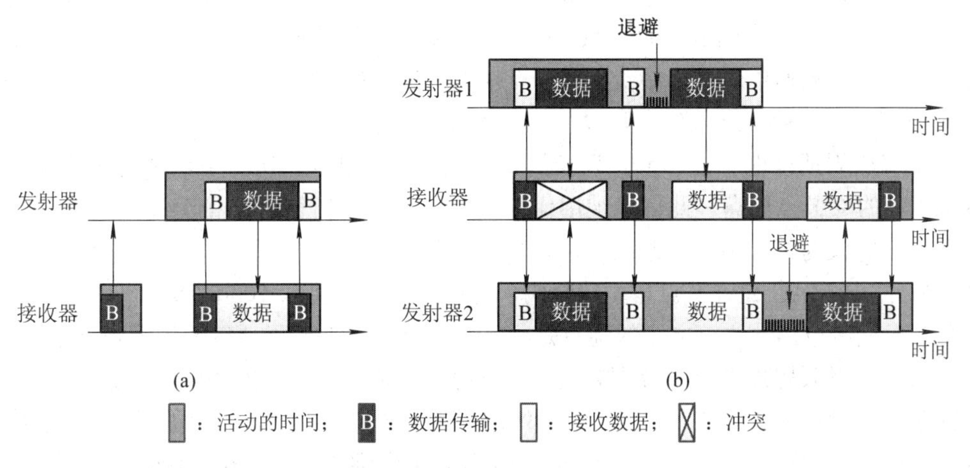

图 5-14　单个节点和两个节点的数据传输接收端驱动式 MAC 协议案例

如图 5-14(a)所示，一个等待发送数据的节点会一直在唤醒状态并侦听是否有来自目的接收端的信标帧。如果收到信标帧，则发送端立即发送数据，然后接收端会发送一个信标帧进行确认。信标帧有两个作用：一是请求发送端开始数据传输；二是对之前的数据传输进行确认。如果接收端广播信标帧之后在一段时间内没有收到数据，那么在等待一段时间之后将重新切换到睡眠状态。

如果有多个发送端需要发送数据，接收端则利用信标帧进行协调。在信标帧中有一个字段叫退避窗口长度(BW)，允许从该窗口内选择一个退避值。如果接收节点被唤醒后发送的第一个信标帧不包含 BW 字段，则发送端立即开始发送数据。如果报文中存在 BW 字段，则每个发送端在 BW 中随机选择一个退避值。如果接收节点在数据通信中检测到碰撞，则在下一个信标帧中增大退避窗口 BW 值。图 5-14(b)说明了在收发接收节点广播的信标帧后，两个节点需要发送数据的情况。接收节点检测到碰撞后，向发送端发送另一个设置了 BW 字段的信标帧。如果多次发生数据碰撞，接收节点在多个信标时间段内都没有收到报文，则放弃此次通信直接进入睡眠状态。

在 RI-MAC 中，接收节点控制何时接收数据以负责进行碰撞检测和恢复丢失数据。由于传输是由信标帧触发的，因此接收节点的侦听开销很小。相反，发送端在开始传输之前必须等待接收端的信标帧，从而可能导致较大的侦听开销。当数据包发生碰撞时，发送端持续重传直到接收端放弃此次通信，这可能导致网络中发生更多的碰撞和数据交付的延迟。

6．混合型 MAC 协议

一些 MAC 协议不能简单地归类于单一基于调度表或者基于竞争的协议类型，它们将这两种类型的优良特性结合在了一起。比如，这些协议可能通过借鉴周期性无竞争的 MAC 协议的优点减少碰撞的发生，同时也采用竞争类协议的灵活性和低复杂度。此处将介绍几种典型的混合型 MAC 协议。

1) Zebra MAC 协议

Z-MAC(Zebra MAC)协议是 Rhee 等人于 2005 年提出的，是采用帧和时隙方式实现无竞争访问无线介质，类似于基于 TDMA 的协议。然而，Z-MAC 中也允许节点利用 CSMA 使用那些未曾分配给本地节点的时隙。因此，Z-MAC 在低通信量网络中类似基于 CSMA 的协议类型，在高通信量网络中类似基于 TDMA 的协议类型。

一个节点启动后就进入建立阶段，以发现邻节点和在 TDMA 中获得分配给自己的时隙。每个节点周期性地广播邻节点列表信息，通过这个过程，所有节点都能了解到自身的 1 跳和 2 跳的邻节点信息。此信息被用作 Rhee 等人于 2006 年提出的分布式时隙分配协议的输入，该协议为每个节点分配时隙，以确保时间表中两个 2 跳邻节点不会分配到相同的时隙。另外，Z-MAC 允许节点自主选择它所分配时隙的周期，不同的节点可以有不同的周期，称为时间帧(TF)。这个方法的优点是它不需要将最大时隙数(MSN)传播到整个网络中，因此该协议可以采用局部时隙分配方式。具体地说，如果节点 i 分配得到时隙 s_i，F_i 表示节点 2 跳邻节点中的 MSN(最大时隙数)，那么 i 的时间帧设定为 $2a$，其中 a 是一个正整数，满足 $2^{a-1} \leqslant F_i < 2^{a-1}$。之后，节点 i 在每个 $2a$ 时间帧中都使用 s_i 这个时隙。

图 5-15 是包含 8 个节点的例子，其中数字表示分配给节点的时隙，括号里的数表示 F_i。图中的下边部分给出了所有节点的对应时间序列表，浅色阴影表示使用全局性的时间帧，那么选择的时间帧大小是 6，即使节点 A 和 B 的时间帧大小都为 2，在每 6 个时隙期间，仅允许 A 和 B 使用时隙一次。但是，在 Z-MAC 中，它们可以利用大小为 4 的时间帧，这不仅增加了信道使用的并行性，而且减小了信息传递的延迟。由得到的时间序列表可以看出，一些时隙(特别是时隙 6 和时隙 7)没有分配给任何节点。在全局性的时间帧中，可以选择时间帧的大小减少空时隙数，但是 Z-MAC 允许节点使用 CSMA 来竞争这些“空闲”的时隙。

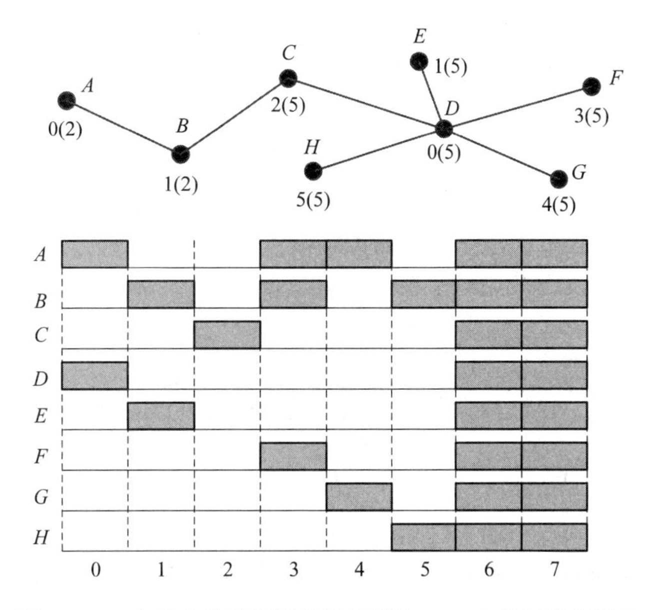

图 5-15　8 个节点的时间帧选择和采用 Z-MAC 的时隙分配表

时隙调度表确定之后，每一个节点把本地帧的大小和时隙数目传递给 1 跳和 2 跳邻节点。虽然时隙分配给了节点，但 Z-MAC 仍然通过 CSMA 来决定哪个节点可以进行数据传输。分配到时隙的节点可以从[0，T_0]范围内选择一个随机退避时间，而没有分配到时隙的节点要从[T_0，T_{n0}]范围内选择一个随机退避时间值，这样就保证了分配到时隙的节点具有优先级。Z-MAC 采用发送明确竞争通告(ECN)的方式根据局部估计的节点竞争水平(例如根据丢包率和信道噪声的大小)，每个节点决定是否向有消息要发送的邻节点发送 ECN 信息。然后邻节点将 ECN 广播给它自己的邻节点，使它们切换到高强度竞争模式(HCL)。工作在 HCL 模式下的节点只在自己的时隙和 1 跳邻节点的时隙内传送数据，降低了 2 跳邻节点的竞争程度。处于 HCL 模式的节点若在一定时间内没有收到任何的 ECN 信息，那么该节点将切换到低度竞争模式。

总之，Z-MAC 结合了 TDMA 和 CSMA 协议的特点，使之能迅速地适应变化的网络通信量。当网络负载比较轻时，Z-MAC 更多地采用 CSMA 的机制，而当网络负载比较重时，就减少对时隙的竞争接入。Z-MAC 需要有一个明确的时隙建立阶段，既耗时又耗能。虽然使用 ECN 消息可以在本地减少接入竞争，但是这些消息给已经繁忙的网络进一步加重了网络负载，在 TDMA 形式的接入机制中增加了消息传播延迟。

2) MH-MAC 协议

在许多传感器网络中，部分或者全部节点可以自由移动，这给 MAC 协议的设计带来了重大挑战。Raja 和 Su 于 2008 年提出了一种混合的解决方案，称为 MH-MAC(Mobility Adaptive Hybrid MAC)协议，该协议对于静态节点采用基于调度表的方式，对于动态节点则采用基于竞争的方式。虽然针对静态节点 TDMA 模式的调度表较为简单，但是对于动态节点却比较复杂。因此，MH-MAC 允许移动节点加入一个邻节点群组，使用基于竞争的方法来避免需要添加到调度表中的延迟。

在 MH-MAC 中，帧中的时隙分成两种类型：静态时隙和动态时隙。每个节点使用移动性估计算法来确定它的移动性，以及为节点选择应该使用的时隙类型。移动性估算是根据周期性的 hello 消息和接收到的信号强度来进行的。hello 消息总是以相同的发射功率发送，接收节点通过比较连续接收到的消息的信号强度来估算自身与邻节点的相对位置。移动信标间隔被设置为以一帧的开始作为起始点，从而向邻节点发送移动性信息。

静态时隙分成以下两部分：控制部分和数据部分。其中控制部分用于向一个邻居群组的所有节点通知时隙的分配信息，所有的静态节点必须对控制部分进行侦听。但是在数据部分，只有接收节点和发送节点处于唤醒状态，其他所有节点才可以关闭自身的无线射频模块。

对于移动时隙，节点竞争介质使用权需要两个阶段，在第一阶段发送唤醒信号，在第二阶段开始传送数据。LMAC 根据节点的地址确定移动节点的优先顺序，从而有效减少了竞争。

由于网络中静态节点和动态节点的比率可能发生改变，MH-MAC 提供了一种机制根据观察到的动态性来调节静态和动态时隙之间的比例。每个节点估算本地节点的移动性，并将该信息在前面所提到的一帧开始处的信标时隙广播给其他节点。使用移动性信息，每个节点计算出该网络的移动参数，从而决定静态时隙与动态时隙的比例。

总之，MH-MAC 协议把 LMAC 协议的优点用于静态节点，把基于竞争协议的特性用于动态节点。因此，动态节点可以不需要经过长时间的启动过程和适应性延迟而快速加入某一网络。与 LMAC 协议相比，MH-MAC 协议允许节点在一帧中拥有多个时隙，这将会提高带宽的利用率并减少延迟。

5.3 通信模块硬件架构

5.3.1 蓝牙模块

1. 蓝牙的基本概况

蓝牙(Bluetooth)的名字来源于 10 世纪丹麦国王 Harald Blatand(英译为 Harold Bluetooth，Blatand 在英文里的意思可以被解释为蓝牙)，因为国王喜欢吃蓝莓，牙龈每天都是蓝色的，所以叫蓝牙。1994 年，瑞典爱立信公司研发了一种新型的短距离无线通信技术，致力于为个人操作空间(Personal Space，POS)内相互通信的无线通信设备提供通信标准。POS 一般是指用户附近 10 m 左右的空间范围，在这个范围内用户可以是固定的，也可以是移动的。在行业协会筹备阶段，需要一个极具表现力的名字来命名这项高新技术。而 Blatand 国王将现在的挪威、瑞典和丹麦统一起来，就如同这项即将面世的技术被定义为允许不同工业领域之间的协调工作，如计算机、手机和汽车行业之间的工作。蓝牙标志保留了它名字的传统特色，包含了古北欧字母的“H”和“B”。

蓝牙技术是由一个叫做蓝牙特别兴趣小组(Special Interest Group，SIG)的组织来维护的。该组织成立于 1998 年，其成员包括爱立信、IBM、Intel、东芝和诺基亚等国际通信巨头。1998 年 3 月，蓝牙技术称为 IEEE 802.15.1 标准。蓝牙技术的物理层采用跳频扩频结合的调制技术，频段范围是 2.402～2.480 GHz，通信速率一般能达到 1 Mb/s 左右。在蓝牙通信中，蓝牙设备有两种可能的角色，分别为主设备和从设备。同一个蓝牙设备可以在这两种角色之间转换，一个主蓝牙设备最多可以同时和 7 个从设备通信。在任意时刻，主设备单元可以向从设备单元中的任何一个发送信息，也可以用广播方式实现同时向多个从设备发送信息。截至 2010 年 7 月，蓝牙特别兴趣小组共推出 6 个版本：V1.1、V1.2、V2.0、V2.1、V3.0、V4.0，根据通信距离不同可将每个版本再分为 Class A(1)/ClassB(2)。蓝牙的通信距离也提高到 100 m 以上，通信速率达到 24 Mb/s。

蓝牙技术一经发布立刻引起全世界的关注，曾被美国《网络计算》杂志评为“十年来十大热门新技术”之一，被寄予厚望，是取代有线连接的手段，“结束线缆噩梦”，让人们真正的“随心而动”。事实上，蓝牙技术的确也广泛使用在移动设备(手机、PDA)、个人电脑与 GPS 设备、医疗设备以及游戏平台等无线外围设备各种不同的领域，电脑配套有蓝牙耳机、蓝牙鼠标、蓝牙键盘等，如图 5-16 所示。

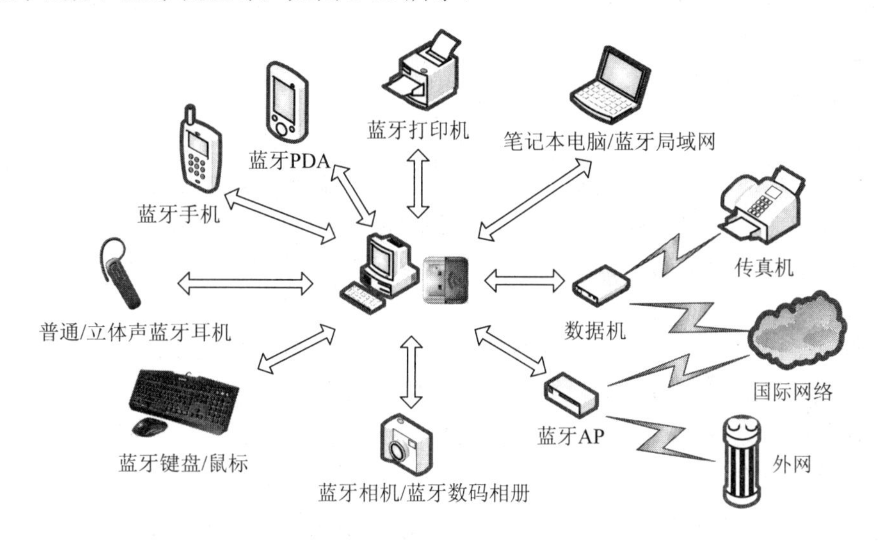

图 5-16　蓝牙技术的应用领域

但是，蓝牙技术发展并不顺利，仅在耳机、鼠标、车载语音系统等小范围内取得成功。究其原因，从市场来看，主要有芯片价格高、模块小型化安装成本高、天线设计和组装困难、全面测量难等问题；从技术上来看，蓝牙技术的建立连接时间长、功耗高、安全性不高等。正当蓝牙技术已经快要被人们遗忘的时候，智能手机的快速普及拯救了蓝牙技术，它已经是智能手机和平板计算机标准配置的功能。尤其是蓝牙 V4.0 的出现，蓝牙技术在功耗、安全性、连接性等方面有了巨大的提升。智能手机的外设和应用是未来的发展趋势，在运动、健身、健康和医疗领域存在着极为广阔的应用前景，而蓝牙技术作为连接手机和外设的标准，一定会有爆炸性的市场机会。

目前，智能手机外设是一个新的研究热点，如运动巨头 Nike 公司提出的 FuelBand 腕带，MIT 学生发明的 Amiigo 智能腕带等。以 Amiigo 为例，如图 5-17 所示，它可以记录和测量日常生活中的运动量(如跑步赶上公交车、从超市拎回大包小包等日常生活中随时随地获得的运动量)，以此激励人们生活得更有活力。

图 5-17　Amiigo 智能腕带

智能腕带 Amiigo 测量的时间、卡路里、步数、体温等数据可以通过蓝牙技术传送到智能手机上。用户打开 iPhone 或者 Android 智能手机的 Amiigo 应用，便可以了解到自己的身体状况、运动量以及与目标的差距，用户还可以以社区的形式与好友进行分享。

2. 蓝牙 4.0 技术

蓝牙 4.0 技术是蓝牙发展史上一次重大的革新。

1) 相关规范

Bluetooth 4.0 是 Bluetooth 从诞生至今唯一的一个综合协议规范，还提出了低功耗蓝牙、经典蓝牙和高速蓝牙三种模式。经典蓝牙和高速蓝牙都只是对旧有蓝牙版本的延续和强化，高速蓝牙主攻数据交换与传输；经典蓝牙则以信息沟通、设备连接为重点；低功耗蓝牙，以不需占用太多带宽的设备连接为主。这三种协议规范能够互相组合搭配，从而实现更广泛的应用模式。Bluetooth 4.0 把蓝牙的传输距离提升到 100 m 以上(低功耗模式条件下)，而且通过单一的接口让应用系统自己挑选技术使用，而不是让消费者进行设备互连时还要手动选择各项设备的连接模式，这一人性化的功能显然沿袭了蓝牙关注可用性和实际体验的设计思路。表 5-3 给出了低功耗蓝牙与经典蓝牙在相关规范方面的区别。

表 5-3　低功耗蓝牙与经典蓝牙在相关规范方面的区别

技术规范	经 典 蓝 牙	低功耗蓝牙
无线电频率/GHz	2.4	2.4
传输距离/m	10	≤100
空中数据速率/(Mb/s)	1～3	1
应用吞吐量/(Mb/s)	0.7～2.1	0.2
安全	64/128 bit 及自定义的应用层	128 bit AES 及自定义的应用层
鲁棒性	自动适应快速跳频，FEC，ACK	自动适应快速跳频
发送数据的总时间/ms	100	<6
政府监管	全球	全球
认证机构	蓝牙技术联盟	蓝牙技术联盟
语音能力	有	没有
网络拓扑	分散网	星型网
耗电量	100%(作为参考)	1%～50%(视使用情况)
运行的最大功耗	<30 mA	<15 mA(最高运行时为 15 mA)
发现服务	有	有
主要用途	手机、游戏机、耳机、汽车和 PC 等	手机、游戏机、PC、表、体育健身、医疗保健、汽车、家用电器等

低功耗蓝牙的前身其实是 Nokia 开发的 Wibree 技术。该技术本是一项专为移动设备开发的极低功耗的移动无线通信技术，在被 SIG 接纳并规范化之后重新命名为 Bluetooth Low Energy(即低功耗蓝牙)。由于该技术专为极低电池量的装置而设计，仅通过普通纽扣电池供电便可确保正常使用长达一年，因此在包括医疗、工业控制、无线键盘、鼠标、单音耳机、无线遥控器等设备领域都可得到广泛应用。譬如装有计步器的运动鞋、装有脉搏量测的运动手环等，就可以通过低功耗蓝牙技术将监控信息传送到记录器(可能是手表或是 PDA)上，而不需像标准蓝牙设备一般需要常常充电。它易与其他蓝牙技术整合，既可补足蓝牙技术在无线个人区域网络(PAN)的应用，也能加强该技术为小型设备提供无线连接的能力。

2) 应用模式

如果说 Wibree 的超低功耗奠定了一个技术上的基础，Bluetooth 4.0 便拓展成为一种全新的应用模式。因为低功耗蓝牙提供了持久的无线连接且有效扩大相关应用产品的射程，在各种传感器和终端设备上采集到的信息通过低功耗蓝牙传送到电脑、手表、移动电话等具备计算和处理能力的主机设备中，再通过 GPRS、3 G、经典/高速模式蓝牙或 WLAN 等传统无线网络应用与相应的 Web 服务关联，从而从根本上解决当前传统网络应用在模式上的局限性和交互手段匮乏、数据来源少、实时性差等问题。

根据 Bluetooth SIG 发布的 Bluetooth 4.0 核心规范白皮书，Bluetooth 4.0 低功耗模式有双模式和单模式两种应用。单模式蓝牙的技术特点通过低功率无线电波传输数据，其本质是一种支持设备短距离通信(一般是 10 m 之内)的无线电技术。其标准是 IEEE 802.15，工作在 2.402～2.480 GHz 频率带之间，基础带宽为 1 Mb/s。与 WiFi、WiMAX 等用于局域、城域的无线网络规范不同的是，Bluetooth 所定义的应用范围更小一些，它将应用锁定在一个以个人为单位的人域网(PAN)领域，也就是个人起居活动范围的方圆 10 m 之内。该区域容纳了包括音频、互联网、移动通信、文件传输等在内的非常多样化的应用取向，加上强调自动化和易操作性，因此蓝牙在这一领域里很快就得到了普及。必须指出，因为低功耗蓝牙在应用模式上的革命性提升，对于将催生的应用模式完全无法进行预估，因此它将拓展出的应用市场绝不会是一个成熟的利基市场，而将是一片真正意义上的新领域。

3) 协议架构

因为蓝牙所用的频带仍处于应用繁多的 2.4 GHz 无线电频率范围附近，为达到最大限度地避免设备间的相互干扰的目的，设计人员从蓝牙的实际应用出发，将信号功率设计得非常微弱，仅为手机信号的数千分之一，这样设备间的距离就只能保持在约 10 m 范围内，从而避免了和移动电话、电视机等设备间的相互干扰。

蓝牙协议被设计为同时允许最多八个蓝牙设备互连，因此协议需要解决的另一个问题就是如何处理同在有效传输范围内的这些蓝牙设备之间的相互干扰，这一问题的解决催生了蓝牙协议最具独创性的通信方式——调节性跳频技术。它定义了 79 个独立且可随机选择的有效通信频率，每个蓝牙设备都能使用其中任何一个频率，且能有规律地随时跳往另一个频率，按协议规范，这样的频率跳转每秒钟会发生 1600 次，因此不太可能出现两个发射器使用相同频率的情况。即使在特定频率下有任何干扰，其持续时间也不到千分之一秒，因此该技术同时还将外界干扰对蓝牙设备间通信的影响降到最小。两个蓝牙设备间通信时，两个蓝牙设备互相靠近，它们之间会发生电子会话以交流需求。这一会话过程无需用户参与，而一旦需求确认，设备间便会自动确认地址并组成一个被称为微微网(Piconet)的微型网络。此网络一旦形成，组成网络的设备便可协商好和谐地随机跳频，以确保彼此间的联系，且不会对其他信号构成干扰。

蓝牙标准从制定之初便被定义成为个人区域内的无线通信制定的协议，它包括两部分：第一部分为协议核心(Core)部分，用来规定诸如射频、基带、链路管理、服务发现、传输层以及与其他通信协议间的互用、互操作性等基本组件及方法；第二部分为协议子集(Profile)部分，用来规定不同蓝牙应用(也称使用模式)所需的协议和过程。图 5-18 所示为蓝牙标准模块构成。蓝牙标准的设计采用从下至上的分层式结构，以人机接口(Host Controller Interface，HCI)为界分为低层和高层协议。其中，底层的基带(Baseband)、射频(Bluetooth Radio)和链路管理层(LMP)协议定义了完成数据流的过滤和功能组件是一个高度集成的装置，具备轻量的链路层(Link Layer)，能在最低成本的前提下支持低功耗的待机模式、简易的设备发现、可靠的点对多点的数据传输、安全的加密连接等。这些协议位于上述控制器中的链路层，适用于网络连接传感器，并确保在无线传输中都能通过低功耗蓝牙传输。

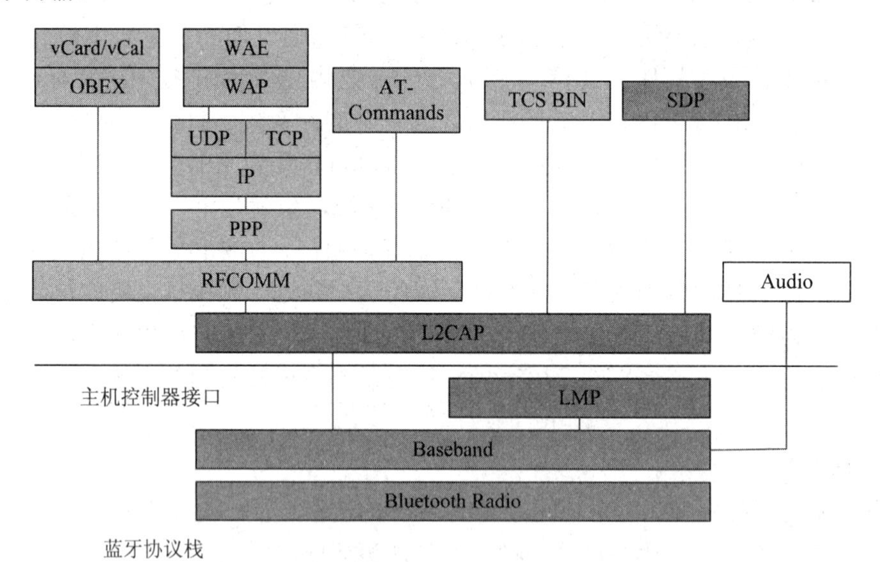

图 5-18 蓝牙标准模块构成

在双模式应用中，蓝牙低功耗的功能会整合至现有的传统蓝牙控制器中，共享传统蓝牙技术已有的射频和功能，相较于传统的蓝牙技术，该功能增加的成本更小。除此之外，制造商可利用升级版蓝牙低功耗技术的功能模块，集成蓝牙 3.0 高速版本或 2.1+EDR 等传统蓝牙功能组件，从而改善传统蓝牙设备的数据传输效能。图 5-19 所示为蓝牙低功耗技术的双模式应用和整合情况，图(a)为蓝牙低功耗技术的双模式应用功能逻辑拓扑图，图(b)为通过整合原有蓝牙技术的射频降低了升级成本。

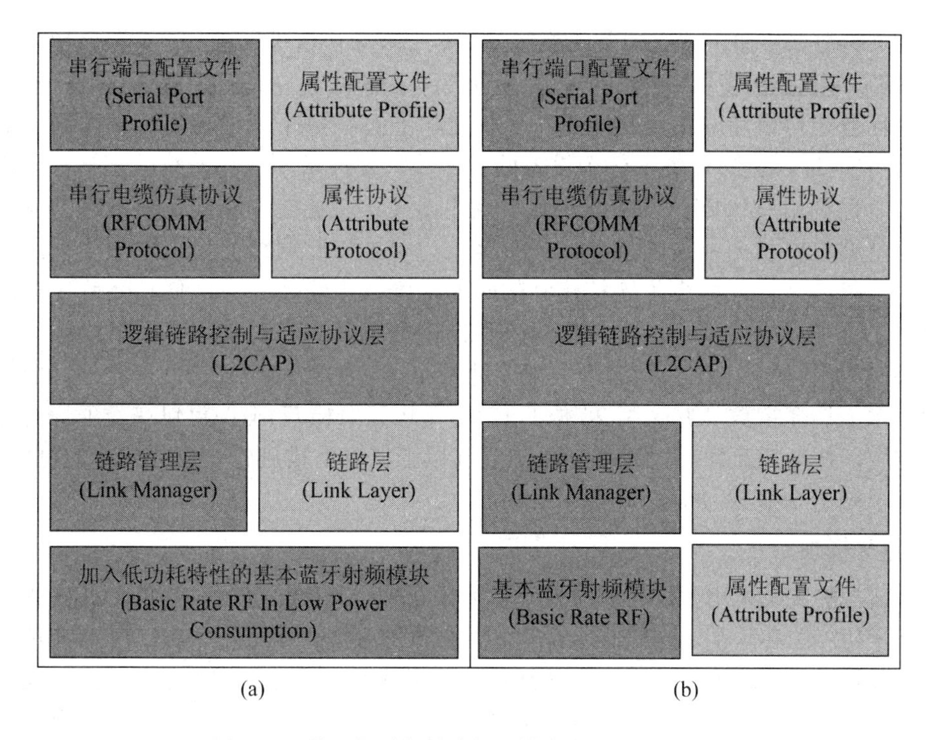

图 5-19　蓝牙低功耗技术的双模式应用和整合情况

4) 高速连接的实现

低功耗蓝牙省电的原因主要体现在待机功耗的减少、高速连接的实现和峰值功率的降低三个方面。与传统蓝牙技术采用16～32个频道进行广播相比，低功耗蓝牙仅使用了3个广播通道，且每次广播时射频的开启时间也由传统的22.5 ms减少到0.6～1.2 ms，降低了由广播数据导致的待机功耗。此外，低功耗蓝牙设计了用深度睡眠状态来替换传统蓝牙的空闲状态。在深度睡眠状态下，主机长时间处于超低的负载循环(Duty Cycle)状态，只在需要运作时由控制器来启动，因主机较控制器消耗更多的能源，因此这样的设计也节省了最多的能源。在深度睡眠状态下，协议也针对此通信模式进行了优化，数据发送间隔时间也增加到0.5～4 s，传感器类应用程序发送的数据量较平常要少很多，而且所有连接均采用先进的嗅探性次额定功能模式，因此此时的射频能耗几乎可以忽略不计。

低功耗蓝牙高速连接的实现主要分成以下五个步骤：

第一步：通过扫描，试图发现新设备。

第二步：确认发现的设备没有处于锁定状况。

第三步：发送IP地址。

第四步：收到并解读待配对设备发送过来的数据。

第五步：建立并保存连接。

按照传统的蓝牙协议规范，若某一蓝牙设备正在进行广播，则它不会响应当前正在进行的设备扫描，而低功耗蓝牙协议规范则允许正在进行广播的设备连接到正在扫描的设备上，这就有效避免了重复扫描。而通过对连接机制的改善，低功耗蓝牙下的设备连接建立过程已可控制在3 ms内完成，同时能以应用程序迅速启动连接器，并以数毫秒的传输速度完成经认可的数据传递，并立即关闭连接。而传统蓝牙协议下即使只是建立链路层连接都需要 100 ms，L2CAP(逻辑链路控制与适应协议)层的连接建立时间则更长。

低功耗蓝牙协议还对拓扑结构进行了优化，通过在每个从设备及每个数据包上使用 32 位的存取地址，能够让数十亿个设备同时连接。此技术不但将传统蓝牙一对一的连接优化，同时也利用星状拓扑来完成一对多点的连接。在连接和断线切换迅速的应用场景下，数据能够在网状拓扑之间移动，但不至于为了维持此网络而显得过于复杂，这也有效减轻了连接复杂性，减少了连接建立的时间，降低了峰值功率。低功耗蓝牙对数据包长度进行了更加严格的定义，支持超短(8～27 B)数据封包，并使用了随机射频参数和增加了 GSFK 调制索引，这些措施最大限度地减小了数据收发的复杂性。此外，低功耗蓝牙还通过增加调变指数，并采用 24 位的 CRC(循环冗余检查)确保封包在受干扰时具有更大的稳定度，低功耗蓝牙的射程增加至 100 m 以上，以上措施结合蓝牙传统的跳频原理，有效降低了峰值功率。

3. 蓝牙模块

蓝牙信号的收发采用蓝牙模块实现。蓝牙模块是一种集成蓝牙功能的 PCBA 板。它是指集成蓝牙功能的芯片基本电路集合，由芯片、PCB 板、外围器件构成。表 5-4 所示为蓝牙模块的分类。对于最终用户而言，蓝牙模块是半成品，而蓝牙适配器是成品，蓝牙适配器(也称 dongle)为 USB Dongle，主要用于传输数据，也有串口 Dongle；针对特殊用户，有语音 Dongle 等。

表 5-4　蓝牙模块的分类

分类方法	类　型
标准	1.2、2.0、2.1、4.0、4.1
传输内容	数据蓝牙模块、语音蓝牙模块
芯片设计	BGA 封装外置 Flash 版本、QFN 封装外接 EEPROM 版本
芯片厂商	BroadCom 蓝牙模块、Dell 蓝牙模块、CSR 蓝牙模块
用途	数据蓝牙模块、串口蓝牙模块、语音蓝牙模块、车载蓝牙模块
功率	CLASS1、CLASS2、CLASS3

一般地，应用蓝牙模块设计时，协议包括软硬件、中间件的实现，如图 5-20 所示。硬件包含片内数字无线处理器(Digital Radio Processor，DRP)、数控振荡器、片内射频收发开关切换、内置 ARM 嵌入式处理器等。接收信号时，收发开关置为收状态，射频信号从天线接收后，经过蓝牙收发器直接传输到基带信号处理器。

基带信号处理包括下变频和采样，采用零中频结构。数字信号存储在 RAM(容量为 32 KB)中，供 ARM 处理器调用和处理，ARM 将处理后的数据从编码接口输出到其他设备。信号发过程是信号收的逆过程。此外，硬件还包括时钟和电源管理模块以及多个通用 I/O 口，供不同的外设使用。主机接口可以提供双工的通用串口，可以方便地与 PC 的 RS232 通信，也可以与 DSP 的缓冲串口通信。

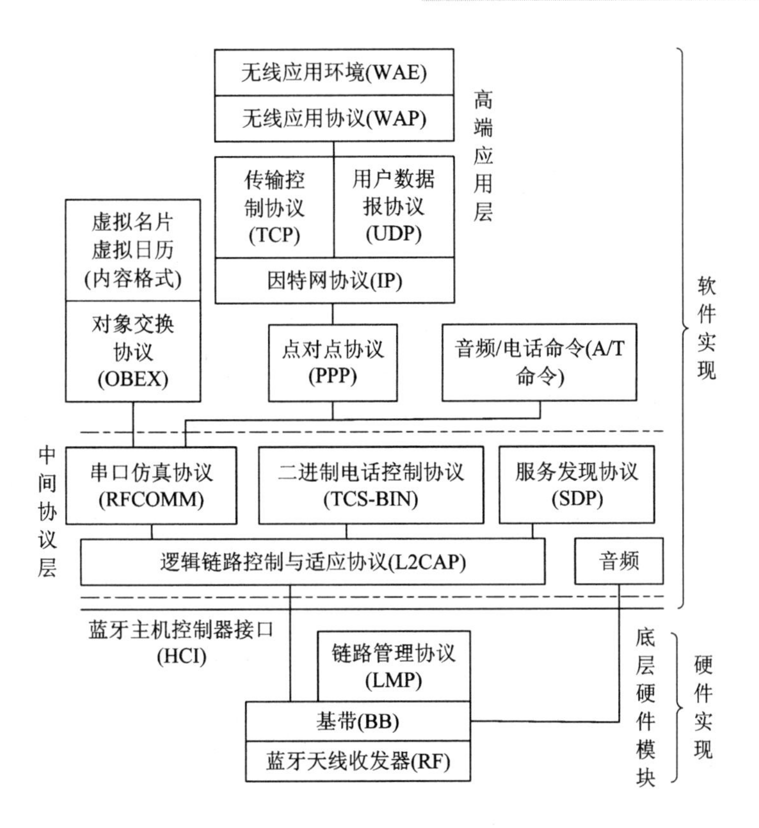

图 5-20　蓝牙模块设计时协议实现的内容

软件设计方法有三种，根据不同的应用场合和系统的复杂程度采用不同的设计方法。一般情况下，简单的系统可以采用常规的软件设计方法。较为复杂的系统可以采用 DSP 仿真软件 CCS 提供的 DSP/BIOS 设计方法(DSP/BIOS 是 TI 公司专门为 DSP 设计的嵌入式软件设计方法)。最为复杂的系统需要采用嵌入式操作系统进行设计。图 5-21 所示为蓝牙模块软件设计的主要流程图。

目前，OMAP5912 支持的操作系统包括 WinCE、Linux、Nucleus 以及 VxWorks 等，可以根据需要选择不同的操作系统。软件的结构包括初始化模块，键盘和液晶显示、数据和语音通信、Flash 读写以及蓝牙信号收发等模块。在初始化过程中设置键盘扫描时间、语音采样频率、显示状态等各种参数。整个系统初始化之后，程序进入监控模块。监控模块随时判断各个模块的状态，并进入相应的处理程序。数据通信模块控制 DGI385 和蓝牙模块的数据接口。语音通信模块控制 DGI385 和音频 AD/DA 的接口。蓝牙信号收发模块控制 DGI385 和蓝牙模块的信号收发接口。Flash 读写模块控制 DGI385 对其片外 Flash 的读写，必要时可以将某些重要数据传输到 Flash 中。

此外，上电引导程序也存储在 Flash 中，键盘和显示模块控制系统的人机接口，PC 通信模块控制系统和 PC 的连接。若内含 DSP 核，则一些数字信号处理算法可以很容易实现。对于语音信号，可以进行滤波以提高语音质量，如果传输音乐信号，可以加入音乐处理算法，例如混响、镶边、削峰等多种处理，可以将语音压缩后传输到 PC，或者解压后播放各式各样的语音信号，使得系统的应用范围更加广泛，使系统更加实用。

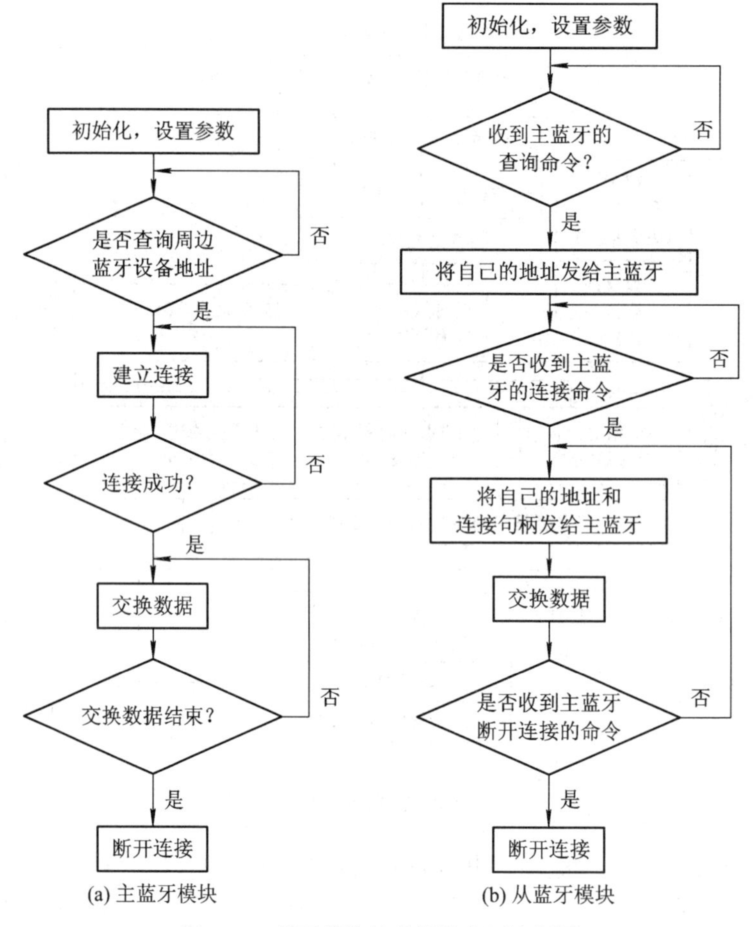

(a) 主蓝牙模块　　　　(b) 从蓝牙模块

图 5-21　蓝牙模块软件设计主要流程图

5.3.2　ZigBee 模块

1. ZigBee 的基本概况

ZigBee 译为“紫蜂”，它与蓝牙相类似，属于一种新兴的短距离无线通信技术，是一种基于标准的无线监控、控制和传感器网络应用技术。围绕 ZigBee 芯片技术推出的外围电路称为“ZigBee 模块”。常见的 ZigBee 模块都遵循 IEEE 802.15.4 国际标准。ZigBee 通信技术可以满足人们对低数据速率、低功耗、安全性、可靠性和经济高效的标准型无线网络解决方案的需求。ZigBee 一词源自蜜蜂群在发现花粉位置时，通过跳 ZigZag 形舞蹈来告知同伴，达到交换信息的目的，故借此称呼一种专注于低功耗、低成本、低复杂度、低速率的近程无线网络通信技术。

ZigBee 协议是由 ZigBee 联盟制定的无线通信标准。该联盟成立于 2001 年 8 月。2002 年下半年，英国 Invensys 公司、日本三菱电气公司、美国摩托罗拉公司以及荷兰飞利浦半导体公司共同宣布加入 ZigBee 联盟，研发名为“ZigBee”的下一代无线通信标准。这一事件成为该技术发展过程中的里程碑。ZigBee 联盟现有的理事公司包括 IBM Group、Ember、飞思卡尔半导体、Honeywell、三菱电机、摩托罗拉、飞利浦、三星电子、西门子及德州仪器。ZigBee 联盟的目的是在全球统一标准上实现简单可靠、价格低廉、功耗低、无线连接的监测和控制，并于 2004 年 12 月发布了第一个正式标准。

2．技术特点

ZigBee 的底层技术基于 IEEE 802.15.4，即其物理层和媒体访问控制层直接使用了 IEEE 802.15.4 的定义。IEEE 802.15.4 规范是一种经济、高效、低数据速率(<250 kb/s)、工作在 2.4 GHz 与 868/915 MHz 的无线技术，用于个人区域网和对等网络，它是 ZigBee 应用层和网络层协议的基础。ZigBee 技术的主要特点如下：

(1) 低功耗。在低耗电待机模式下，两节 5 号干电池可支持 1 个节点工作 6～24 个月，甚至更长，这是 ZigBee 的突出优势。

(2) 低成本。通过大幅简化协议(不到蓝牙的 1/10)，降低了对通信控制器的要求。按预测分析，以 8051 的 8 位微控制器测算，全功能的主节点需要 32 KB 代码，子功能节点少至需要 4 KB 代码，而且 ZigBee 免协议专利费。

(3) 低速率。ZigBee 的工作速率为 20～250 kb/s，分别提供 250 kb/s(2.4 GHz)、40 kb/s (915 MHz)和 20 kb/s(868 MHz)的原始数据吞吐率，以满足低速率传输数据的应用需求。

(4) 近距离。传输范围一般介于 10～100 m 之间，在增加发射功率后，亦可增加到 1～3 km。这指的是相邻节点间的距离。如果通过路由和节点间通信的接力，传输距离将可以更远。

(5) 短时延。ZigBee 的响应速度较快，一般从睡眠转入工作状态只需 15 ms，节点连接进入网络只需 30 ms，进一步节省了电能。

(6) 高容量。ZigBee 可采用星状、片状和网状网络结构，由一个主节点管理若干子节点，一个主节点最多可管理 254 个子节点；同时主节点还可由上一层网络节点管理，最多可组成 65 000 个节点的大网。

(7) 高安全性。ZigBee 提供了三级安全模式：一是无安全设定；二是使用访问控制清单(Access Control List，ACL)防止非法获取数据；三是采用高级加密标准(AES 128)的对称密码，以灵活确定其安全属性。

(8) 免执照频段。ZigBee 使用工业科学医疗(ISM)频段，美国为 915 MHz，欧洲为 868 MHz，其他地区为 2.4 GHz。此三个频带物理层并不相同，其各自信道带宽也不同，分别为 0.6 MHz、2 MHz 和 5 MHz，且分别有 1 个、10 个和 16 个信道。这三个频带的扩频和调制方式亦有区别，扩频都使用直接序列扩频(DSSS)，但从比特到码片的变换差别较大。调制方式都采用调相技术，但 868 MHz 和 915 MHz 频段采用的是 BPSK，而 2.4 GHz 频段采用的是 OQPSK。

3．组网方式

数据传输的路径为动态路由，即网络中数据传输的路径并不是预先设定的，而是传输数据前通过对网络当时可利用的所有路径进行搜索，分析它们的位置关系以及远近，然后选择其中一条路径进行数据传输。在网络管理软件中，路径的选择使用的是“梯度法”，即先选择路径最近的一条通道进行传输，如传输不成功，再使用另外一条稍远一点的通路进行传输，以此类推，直到数据送达目的地为止。在实际工业现场，预先确定的传输路径随时都可能发生变化，或者因各种原因路径被中断了，或者过于繁忙不能进行及时传送。动态路由结合网状拓扑结构，可以很好地解决这个问题，从而保证数据的可靠传输。图 5-22 所示为 ZigBee 组网方式，包括星型网、网型网、簇型网三种组网方式。

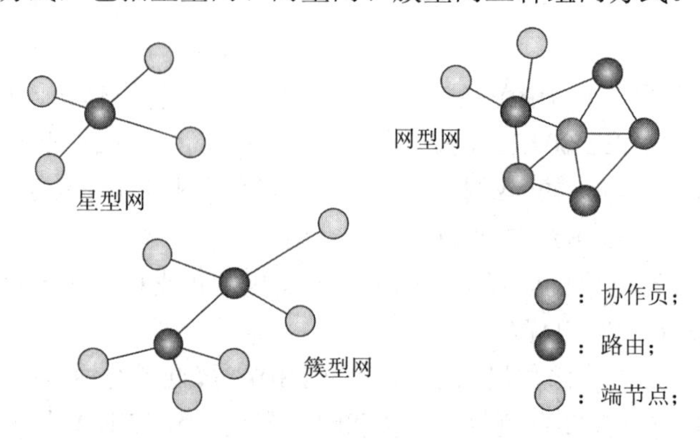

图 5-22 ZigBee 组网方式

1) ZigBee 网络设备的功能

ZigBee 技术采用的是自组织组网方式。在通信范围内，节点通过彼此自动寻找，很快就可以形成一个互联互通的 ZigBee 网络。而且，由于节点的移动，彼此间的联络还会发生变化。因而，节点还可以通过重新寻找通信对象，确定彼此间的联络，对原有网络进行刷新，重新构建新的 ZigBee 网络。在组网中有三种不同类型的设备，分别为协调器、路由器和终端节点。

(1) 协调器的功能：选择一个频道和 PAN ID(Personal Area Network，即个域网，每个个域网都有一个独立的 ID 号，称为 PAN ID)组建网络；允许路由和终端节点加入这个网络；对网络中的数据进行路由；必须常电供电，不能进入睡眠模式；可以为睡眠的终端节点保留数据，供它被唤醒后获取。

(2) 路由器的功能：在进行数据收发之前，路由器必须首先加入一个 ZigBee 网络；加入网络后，允许路由和终端节点加入；它们加入网络后，可以对网络中的数据进行路由；路由器必须一直供电，不能进入睡眠模式；通常，可以为睡眠的终端节点保留数据，供它被唤醒后获取。

(3) 终端节点的功能：在进行数据收发之前，必须首先加入一个 ZigBee 网络；不允许其他设备加入；必须通过其父节点收发数据，不能对网络中的数据进行路由；可由电池供电，可进入睡眠模式。

协调器在选择频道和 PAN ID 组建网络后，其功能相当于一个路由器。协调器或者路由器均允许其他设备加入网络，并为其路由数据。终端节点通过协调器或者某个路由器加入网络后，便成为其“子节点”，对应的路由器或者协调器即成为“父节点”。由于终端节点可以进入睡眠模式，其父节点便有义务为其保留其他节点发来的数据，直至其醒来并将此数据取走。

2) 寻址

ZigBee 设备有两种不同的地址类型：16 位短地址和 64 位 IEEE 地址。其中，64 位 IEEE 地址是全球唯一的地址，在设备的整个生命周期内都将保持不变，它由国际 IEEE 组织分配，在芯片出厂时已经写入芯片中，并且不能修改。而 16 位短地址是在设备加入一个 ZigBee

网络时分配的，它只在这个网络中唯一，用于网络内数据收发时的地址识别。但由于 16 位短地址有时并不稳定，网络结构会发生改变，所以在某些情况下必须以 64 位 IEEE 地址作为通信的目标地址，以保证数据送达。

最新的 ZigBee Pro 的协议栈中规定了地址分配方法：首先，在任何一个 PAN 中，短地址 0x0000 都是指协调器，而其他设备的短地址是随机生成的。当一个设备加入网络之后，它从其父节点获取一个随机地址，然后向整个网络广播一个包含其短地址和 IEEE 地址的“设备声明”。如果另外一个设备收到此广播后，发现收到的地址与自己的地址相同，它将发出一个“地址冲突”的广播信息。有地址冲突的设备将全部重新更换地址，然后重复上述过程，直至整个网络中无地址冲突。

路由器短地址在其第一次上电时，由其父节点成功分配一次之后，保存在内部 Flash 中，以后无论如何开关机都将保持不变。用户可以选择一个协调器加 n 个路由器的方式来组成一个无“低功耗”需求的网络，进行“无线透传”等应用，简单地使用短地址即可保证数据送至正确的设备。

终端节点可实现 ZigBee 的“自组织”、“自愈”功能。每次打开终端节点的电源，它将自动检查其附近的路由器/协调器与它连接的信号质量，并选择信号质量最好的路由为其父节点加入网络。在加入网络之后，它将周期性地发送数据请求，若其父节点没有对其请求进行响应，并且重试几次后仍无响应，则判定为父节点丢失，此时终端节点将重复上述过程，重新寻找父节点并加入网络。

3) 数据发送方式

ZigBee 模块的数据发送方式有单播和广播两种。

在单播方式下，数据由源设备发出，直接或者经过几级中转后发送至目的地址。加入 ZigBee 网络的所有设备之间都可以进行单播传输，可用 16 位短地址或者 64 位长地址进行寻址，具体路由关系由协调器或路由器进行维护、查询。

广播方式是由一个设备发送信息至整个 ZigBee 网络的所有设备，其目标短地址使用 0xFFFF，广播数据发送至所有设备，包括睡眠节点。另外，0xFFFD 与 0xFFFC 也可以作为广播地址。其中，0xFFFD 广播数据发送至正在睡眠的所有设备，0xFFFC 广播数据发送至所有协调器和路由器。

4．模块参数

一般地，ZigBee 模块包含了所有外围电路和完整协议栈，可以内置 Chip 或外置 SMA 天线，通信距离从 100 m 到 1200 m 不等，还包含了 ADC、DAC、比较器、多个 IO、I^2C 等接口，与用户的产品相对接。在软件上，ZigBee 模块包含了完整的 ZigBee 协议栈，以及在自己的 PC 上的配置工具，采用串口与用户产品进行通信，且可以对模块的发射功率、信道等网络拓扑参数进行配置。设计者不需要考虑模块中程序是如何运行的，用户只需要将自己的数据通过串口发送到模块里，然后模块会自动将数据用无线发送出去，并按照预先配置好的网络结构和网络中的目的地址节点进行收发通信，接收模块会进行数据校验，如数据无误即通过串口送出。大多数用户应用 ZigBee 技术都会有自己的数据处理方式，以致每个节点设备都会拥有自己的 CPU 以便对数据进行处理，所以仍可以把模块当成一种已经集成射频、协议和程序的“芯片”。

图 5-23 所示为 CC2430 芯片的内部结构。天线接收的射频信号经过低噪声放大器等处理后，中频信号只有 2 MHz，此混合信号经过滤波、放大、A/D 变换、自动增益控制、数字解调和解扩，最终恢复出传输的正确数据。

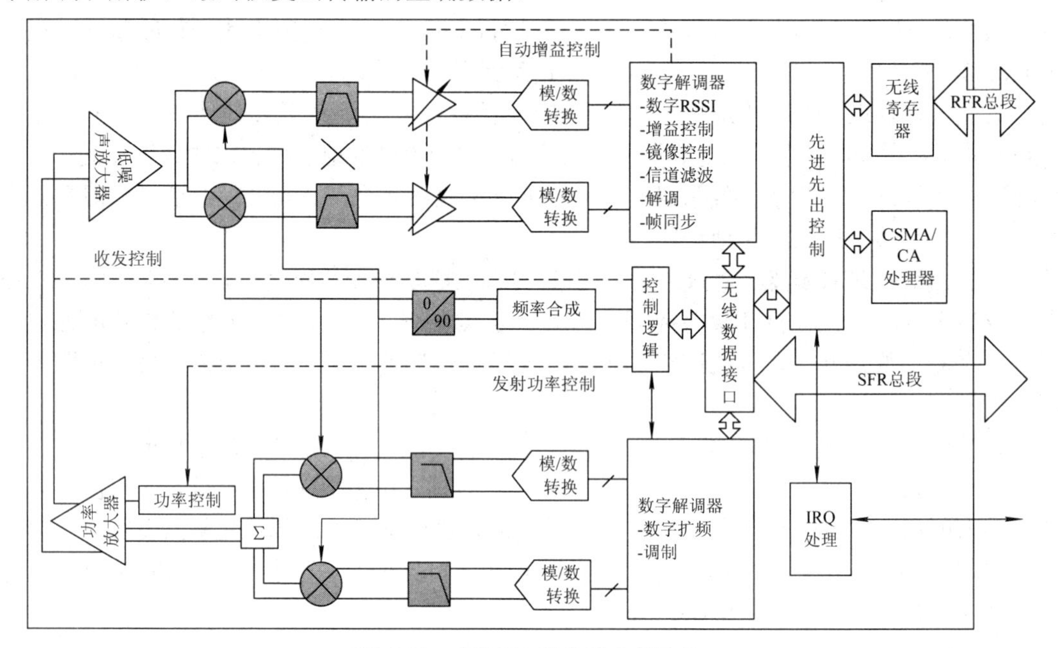

图 5-23 CC2430 芯片的内部结构

发射机部分基于直接上变频。要发送的数据先被送入 128 字节的发送缓存器中，头帧和起始帧是通过硬件自动产生的。根据 IEEE 802.15.4 标准，所要发送的数据流的每四个比特被 32 码片的扩频序列扩频后送到 D/A 变换器。然后，经过低通滤波和上变频的混频后的射频信号最终被调制到 2.4 GHz，再经过放大后经发射天线发射出去。

5.3.3 无线射频模块

一般地，在电磁波频率低于 100 kHz 时，电磁波会被地表吸收，不能形成有效的传输。但电磁波频率高于 100 kHz 时，电磁波可以在空气中传播，频率范围在 300 kHz～30 GHz 之间，并经大气层外缘的电离层反射，从而形成远距离传输能力。具有远距离传输能力的高频电磁波称为射频(Radio Frequency，RF)。将电信息源(模拟或数字的)用高频电流进行调制(调幅或调频)，形成射频信号，经过天线发射到空中；远距离将射频信号接收后进行反调制，还原成电信息源，这一过程称为无线射频传输。

目前，315 MHz 射频模块和 433 MHz 射频模块是比较典型的两个无线射频传输模块。它们采用声表谐振器 SAW 稳频，频率稳定度极高，当环境温度在 −25℃～+85℃之间变化时，频飘仅为 3 ppm/℃，特别适合多发一收无线遥控及数据传输系统。声表谐振器的频率稳定度仅次于晶体，而一般的 LC 振荡器频率稳定度及一致性较差，即使采用高品质微调电容，温差变化及振动也很难保证已调好的频点不会发生偏移。与 ZigBee 模块相比，射频模块是不需要协议的透明传输，另外 433 MHz 的饶射、反射能力都比较强，传输的有效距离比 ZigBee 要远些。

发射模块是没有设定编码的集成电路，但它增加了一只数据调制三极管 Q1，这种结构使得它可以方便地和其他固定编码电路、滚动码电路及单片机接口，而不必考虑编码电路的工作电压和输出幅度信号值的大小。比如，用 PT2262 或者 SM5262 等编码集成电路配接时，直接将它们的数据输出端第 17 脚接至数据模块的输入端即可，如图 5-24 所示。

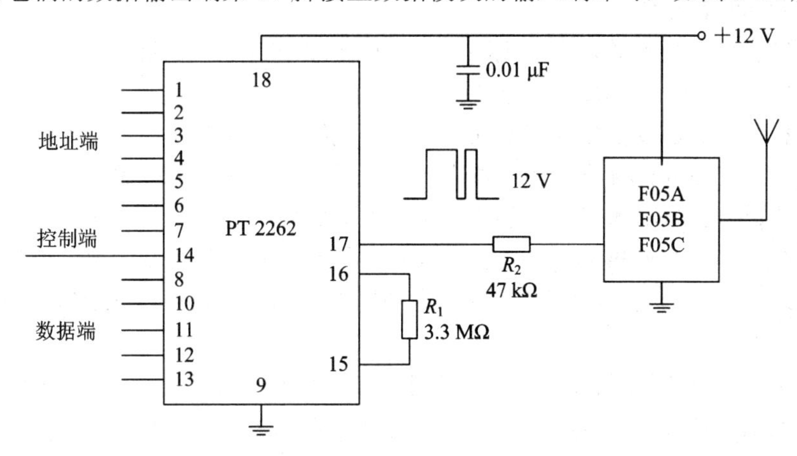

图 5-24　射频模块的连接方式

发射模块的主要技术指标有：

① 通信方式：调幅 AM；

② 工作频率：315 MHz/433 MHz；

③ 频率稳定度：±75 kHz；

④ 发射功率：≤500 mW；

⑤ 静态电流：≤0.1 μA；

⑥ 发射电流：3～50 mA；

⑦ 工作电压：DC 3～12 V。

数据模块具有较宽的工作电压范围，当电压变化时，发射频率基本不变，与发射模块配套的接收模块无需任何调整就能稳定地接收。当发射电压为 3 V 时，空旷地传输距离在 20～50 m 之间，发射功率较小；当发射电压为 5 V 时，传输距离在 100～200 m 之间；当发射电压为 9 V 时，传输距离在 300～500 m 之间；当发射电压为 12 V 时，为最佳工作电压，具有较好的发射效果，发射电流约 60 mA，空旷地传输距离为 700～800 m，发射功率约 500 mW；当发射电压大于 12 V 时，功耗增大，有效发射功率不再明显提高。天线最好选用 25 cm 长的导线，远距离传输时最好能够竖立起来，因为无线电信号传输时受很多因素影响，所以一般实用距离只有标称距离的一半甚至更少。

数据模块采用 ASK 方式调制，以降低功耗。当数据信号停止时，发射电流降为零。数据信号与发射模块输入端可以用电阻直接连接而不能用电容耦合，否则发射模块将不能正常工作。数据电平应接近数据模块的实际工作电压，以获得较高的调制效果。

发射模块最好能垂直安装在主板的边缘，应离开周围器件 5 mm 以上，以免受分布参数影响。模块的传输距离与调制信号频率及幅度、发射电压及电池容量、发射天线、接收机的灵敏度、收发环境等有关。一般在开阔区最大发射距离约 800 m，在有障碍的情况下，距离会缩短。另外，由于无线电信号传输过程中的折射和反射会形成一些死区及不稳定区域，不同的收发环境会有不同的收发距离。

5.3.4 WiFi 通信模块

1. WiFi 的基本概况

从 20 世纪 90 年代开始，个人电脑、手持设备(如 PDA、手机)等终端产品快速进入人类生活，这促使无线网络技术诞生和发展。而无线网络技术是由澳洲政府的研究机构 CSIRO 在 90 年代发明，并于 1996 年在美国成功申请了无线网技术专利。其发明者为悉尼大学工程系毕业生 John O'Sullivan 领导的一群由悉尼大学工程系毕业生组成的研究小组。无线网络技术被澳洲媒体誉为澳洲有史以来最重要的科技发明，其发明人 John O'Sullivan 被澳洲媒体称为“WiFi(Wireless Fidelity)之父”，并获得了澳洲的国家最高科学奖和全世界的众多赞誉。这众多的赞誉中包括欧盟机构、欧洲专利局(European Patent Office(EPO))颁发的 2012 年欧洲发明者大奖。

IEEE 国际组织在制定无线局域网标准时，曾请求澳洲政府放弃其无线网络专利，让世界免费使用无线保真技术，但遭到拒绝。澳洲政府随后在美国通过官司胜诉或庭外和解，收取了世界上几乎所有电器电信公司(包括苹果、英特尔、联想、戴尔、AT&T、索尼、东芝、微软、宏碁、华硕等)的专利使用费。用户每购买一台含有无线保真技术的电子设备的时候，所付的价钱就包含了交给澳洲政府的无线保真专利使用费。

2. 技术特点

WiFi 模块是基于 IEEE 802.11b 标准的无线局域网设备。WiFi 已成为当今无线上网的主要方式。一般架设无线网络的基本配备就是无线网卡及一台“无线访问接入点”或桥接器(Access Point，AP)，如此便能以无线的模式利用既有的有线架构来分享网络资源。如果只是几台电脑的对等网，也可不要 AP，只需每台电脑配备无线网卡，得到授权后，无需增加端口，就可以以共享方式上网。WiFi 模块的主要技术特点如下：

(1) 更宽的带宽。IEEE 802.11n 标准将数据速率提高到千兆每秒或几千兆每秒，可以适应不同的功能和设备，收发装置支持三、四个数据流，发送和接收数据可以使用两个或三个天线组合，数据速率可以分别达到 450 Mb/s 和 600 Mb/s。利用 600 Mb/s 物理层数据速率，可以实现高速无线骨干网，将这些高端节点连接起来形成类似互联网的具有冗余能力的 WiFi 网络。

(2) 更强的射频信号。IEEE 802.11n 标准规定了无线芯片的特殊性能，包括低密度奇偶校验码、提高纠错能力、发射波束形成、空间时分组编码等，这些物理层技术将使 WiFi 功能更强大，在给定范围内数据传输速率更高，传输距离更长。

(3) 功耗更低。嵌入式无线数据通信技术的引入使 WiFi 在功耗管理方面得到控制，设备带有一个 IP 软件堆栈，使之具备其他射频技术所没有的功能。

(4) 高安全性。IEEE 802.11w 标准规定了 WiFi 无线管理帧，确定安全策略与用户关联，而不是与端口关联，切断和拒绝服务攻击、侵犯隐私、刺探等破坏性攻击的影响，使无线链路更安全地工作。

3. 工作方式

WiFi 模块为串口或 TTL 电平转 WiFi 通信的一种传输转换产品，Uart-WiFi 模块是基于

Uart 接口的符合 WiFi 无线网络标准的嵌入式模块，内置无线网络协议 IEEE 802.11 协议栈以及 TCP/IP 协议栈，能够实现用户串口或 TTL 电平数据到无线网络之间的转换。

WiFi 模块可分为以下三类：

(1) 通用 WiFi 模块：比如手机、笔记本、平板电脑上的 USBorSDIO 接口模块，WiFi 协议栈和驱动是在安卓、Windows、IOS 的系统里，需要非常强大的 CPU 来完成应用。

(2) 路由器 WiFi 模块：典型的产品是家用路由器，其协议和驱动是借助拥有强大 Flash 和 RAM 资源的芯片及 Linux 操作系统。

(3) 嵌入式 WiFi 模块：32 位单片机，内置 WiFi 驱动和协议，接口为一般的 MCU 接口(如 UART 等)，适合于各类智能家居或智能硬件单品。现在很多厂家已经尝试将 WiFi 模块加入电视、空调等设备中，以搭建无线家居智能系统，让家电厂家快速方便地实现自身产品的网络化、智能化，并与更多的其他电器实现互联互通。

图 5-25 所示为 WiFi 模块典型系统内部结构图。WiFi 模块拓扑形式包括基于 AP 组建的基础无线网络(Infra 也称为基础网)和基于自组网的无线网络(Ad Hoc 也称为自组网)两种类型。基础网以 AP 为整个网络的中心，所有的通信都通过 AP 来转发完成。自组网是一种松散的结构，网络中所有的 STA(每一个连接到无线网络中的终端)都可以直接通信。

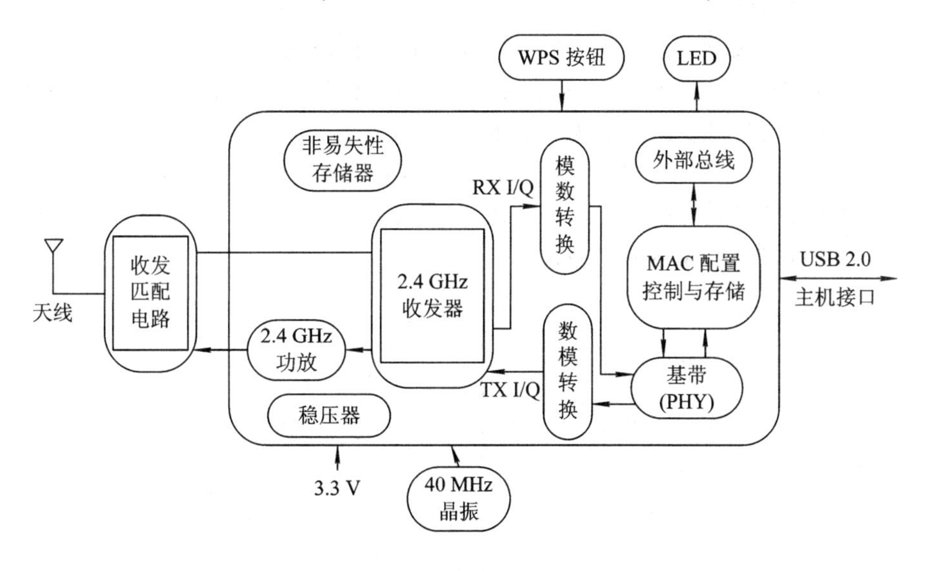

图 5-25　WiFi 模块典型系统内部结构图

WiFi 模块支持多种无线网络加密方式，能充分保证用户数据的安全传输。WiFi 模块通过指定信道号的方式来进行快速联网。联网过程中，首先对当前的所有信道自动进行一次扫描，以搜索准备连接的目的 AP 创建的(或 Ad Hoc)网络；其次设置工作信道的参数，在已知目的网络所在信道的条件下，直接指定模块的工作信道，从而达到加快联网速度的目的；然后，WiFi 模块绑定目的网络地址，再通过无线漫游扩大一个无线网络的覆盖范围。

WiFi 模块的工作方式有以下两类：

(1) 主动型串口设备联网：由设备主动发起连接，并与后台服务器进行数据交互(上传或下载)的方式。例如，典型的主动型设备中的无线 POS 机，在每次刷卡交易完成后即开始连接后台服务器，并上传交易数据。

(2) 被动型串口设备联网：在系统中所有设备一直处于被动地等待连接状态，仅由后台服务器主动发起与设备的连接，并进行请求或下传数据的方式。比如，在某些无线传感器网络中，每个传感器终端始终实时地在采集数据，但是采集到的数据并没有马上上传，而是暂时保存在设备中。而后台服务器则周期性地每隔一段时间主动连接设备，并请求上传或下载数据。

5.3.5 红外通信模块

红外数据传输使用的传播介质为红外线。红外线是波长在 750 nm～1 mm 之间的电磁波，是人眼看不到的光线。红外数据传输一般采用红外波段内的近红外线，波长在 0.75 μm～25 μm 之间。红外数据协会成立后，为保证不同厂商的红外产品能获得最佳的通信效果，限定所用红外波长在 850 nm～900 nm 之间。红外线接口的标准是由 IrDA(Infrared Data Association，红外线数据协会)制定的，是一种利用红外线进行点对点通信的技术，是第一个实现无线个人局域网的技术。目前它的软硬件技术都很成熟，在小型移动设备(如 PDA、手机)上广泛使用。事实上，当今每一个出厂的 PDA 及许多手机、笔记本电脑、打印机等产品都支持 IrDA。

IrDA 的主要优点是无需申请频率的使用权，因而红外通信成本低廉。同时，它还具有移动通信所需的体积小、功耗低、连接方便、简单易用的特点。由于数据传输率较高，IrDA 适于传输大容量的文件和多媒体数据。此外，红外线发射角度较小，传输上安全性高。IrDA 的不足之处在于它是一种视距传输，两个相互通信的设备之间必须对准，中间不能被其他物体阻隔，因而该技术只能用于两台设备之间的连接。图 5-26 所示为红外数据传输的基本模型，图 5-27 所示为 IrDA 器件类型。

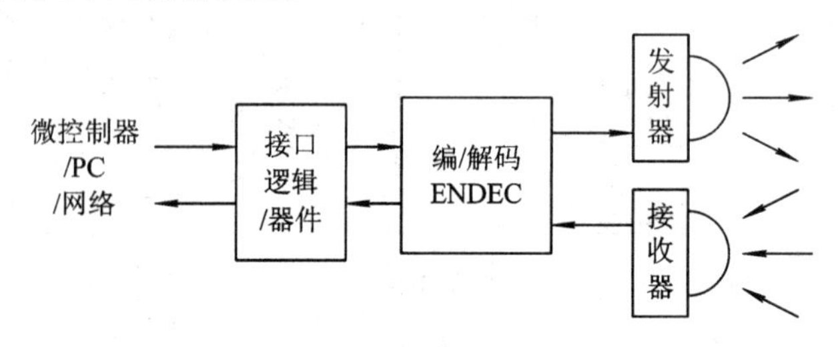

图 5-26　红外数据传输的基本模型

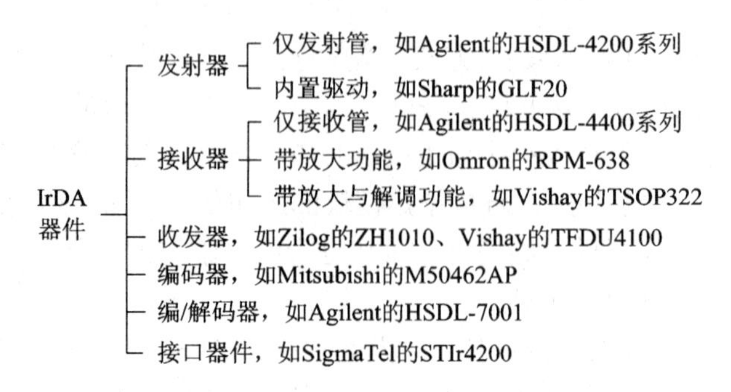

图 5-27　IrDA 器件类型

IrDA 标准主要分为两种类型，即“IrDA Data”和“IrDA Control”。其中，IrDA Data 主要用于与其他设备交换数据；IrDA Control 主要用于与人机接口设备交互，如键盘、鼠标器等。

IrDA Data 标准已有六个版本，如表 5-5 所示。在这六个标准中，AIR(Advanced InfraRed) 是 IrDA 针对蓝牙技术的竞争发布的一个多点连接红外线规范，其优点是传输距离和发射接收角度的改进，在 4 Mb/s 通信速率下其传输距离可以达到 4 m，在更低速率下其传输距离可以达到 8 m。AIR 规范的发射接收角度为 120°。更重要的是它支持多点连接，其他的 IrDA 规范都只支持点对点连接。由于红外接口主要用于便携设备，这类设备通常对功耗要求很高，为了降低设备的功耗，IrDA 发布了低功耗的 IrDA1.2 和 IrDA1.3，但同时缩短了传输距离，传输距离为 0.2～0.3 m。

表 5-5　IrDA Data 标准

	IrDA1.0SIR	IrDA1.1SIR	AIR	IrDA1.2	IrDA1.3	IrDA1.4VFID
最高速率/kb/s	115.2	4000	4000/250	115.2	4000	16 000
通信距离/m	1	1	4/8	0.2～0.3(与连接设备有关)		1
发射接收角度	±15°	±15°	±120°	±15°	±15°	±15°
连接方式	点对点	点对点	多点对多点	点对点	点对点	点对点
设备数/个	2	2	10	2	2	2

5.3.6 GPRS 模块

1. GPRS 的基本概况

目前，移动数据通信已成为一种重要的无线通信技术，起决定性作用的是通用分组无线服务(General Packet Radio Service，GPRS)技术。GPRS 技术出现于 2000 年初，代表着第三代个人多媒体业务的重要里程碑，它使移动通信与数据网络合二为一，使 IP 业务得以引入广阔的移动市场。可以说，GPRS 是 GSM 移动电话的延续，是一种 GSM 移动数据业务。与以往连续在频道传输的方式不同，GPRS 是以封包(Packet)式来传输，传输速率最高可达 164 kb/s。GPRS 为 GSM 用户提供移动环境下的高速数据业务，还可以提供收发 E-mai1、Internet 浏览等功能。

GPRS 采用的是分组通信技术，用户在数据通信过程中并不固定占用无线信道，通过利用 GSM 网络中未使用的 TDMA 信道提供数据传递。在分组交换通信方式中，数据被分成一定长度的包(分组)，每个包的前面有一个分组头(其中的地址标志指明该分组发往何处)，数据传送之前并不需要预先分配信道建立连接，而是在每一个数据包到达时，根据数据报头中的信息(如目的地址)，临时寻找一个可用的信道资源将该数据包发送出去。在这种传送方式中，数据的发送方和接收方与信道之间没有固定的占用关系，信道资源可以看作是由所有的用户共享使用。由于数据业务在绝大多数情况下都表现出一种突发性的业务特点，对信道带宽的需求变化较大，因此采用分组方式进行数据传送将能够更好地利用信道资源。图 5-28 所示为基于分组的通信过程示意图。

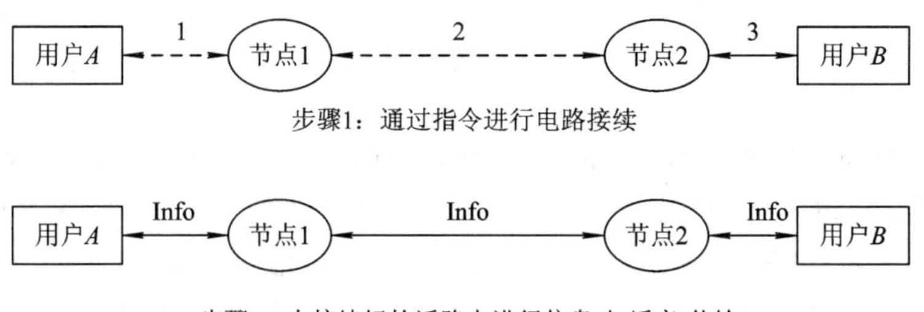

图 5-28 基于分组的通信过程示意图

GPRS 网络引入了分组交换和分组传输的概念，这样使得 GSM 网络对数据业务的支持从网络体系上得到了加强，其实它是叠加在现有的 GSM 网络的另一网络，只不过增加了 SGSN(服务 GPRS 支持节点)、GGSN(网关 GPRS 支持节点)等功能实体。GPRS 共用现有的 GSM 网络的 BSS 系统，但要对软硬件进行相应的更新，同时 GPRS 和 GSM 网络各实体的接口必须作相应的界定。另外，移动端则要求提供对 GPRS 业务的支持。GPRS 支持通过 GGSN 实现与 PSPDN 的互联，接口协议可以是 X.75 或者 X.25，同时 GPRS 还支持与 IP 网络的直接互联。

2. GPRS 通信系统的实现

一般地，GPRS 无线通信模块主要由嵌入 TCP/IP 的单片机(MSC1210)、GPRS 模块、SIM 卡座、外部接口和扩展数据存储器等部分组成。图 5-29 所示为 GPRS 通信系统的硬件框图。

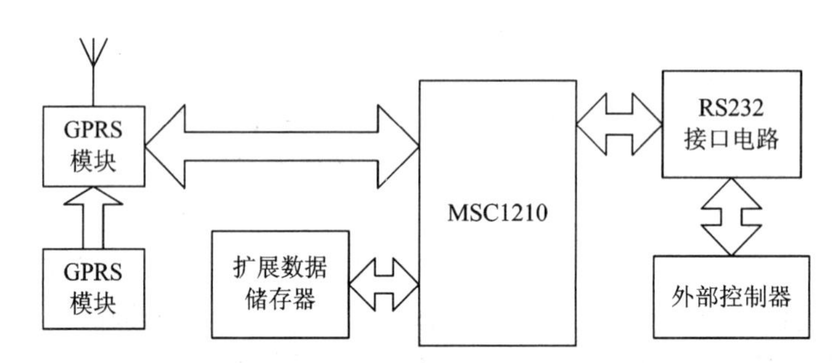

图 5-29 GPRS 通信系统的硬件框图

单片机模块 MSC1210 控制 GPRS 模块接收和发送信息，通过标准 RS232 串口和外部控制器(比如数据采集端)进行数据通信，用软件实现中断，完成数据的转发。图 5-30 所示为 GPRS 通信软件基本流程图。通过 AT 指令初始化 GPRS 无线模块，使之附着在 GPRS 网络上，获得网络运营商动态分配的 GPRS 终端 IP 地址，并与目的终端建立连接。通过串口 0 扩展 MAX232 标准串口和外部控制器(例如数据采集端)连接，外部控制器端接出标准串口，按照约定的协议可很容易利用设计的控制器进行通信。复用 P1.2 和 P1.3，也就是串口 1 分别与 GPRS 模块的 TXD0 和 RXD0 连接，P1 口的其他 6 个端口分别接到 GPRS 模块对应的剩余 RS232 通信口，通过软件置位完成对 MC35 的初始化和控制 GPRS 模块收发数据。

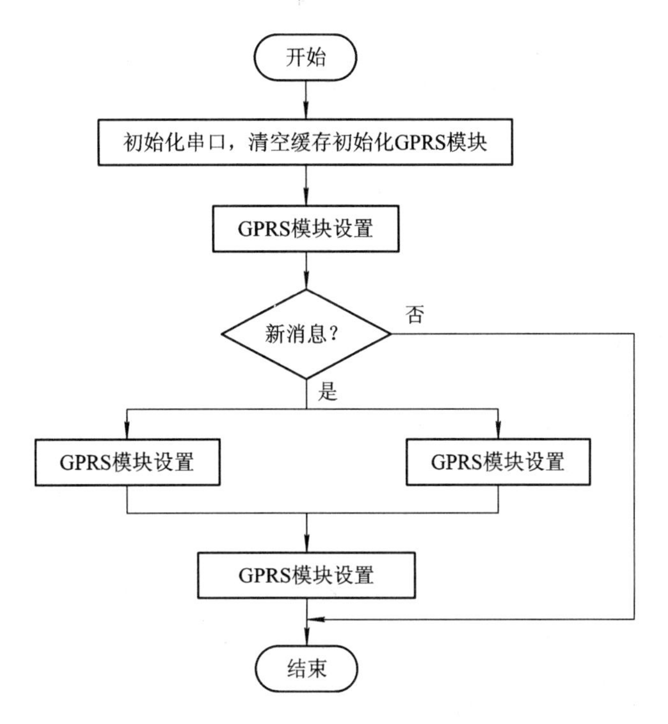

图 5-30　GPRS 通信软件基本流程图

5.3.7　全球定位系统模块

1. GPS 模块

1) 基本概况

全球定位系统(Global Positioning System，GPS)的前身是美国军方研制的一种子午仪卫星定位系统(Transit)，1958 年研制，1964 年正式投入使用。该系统用 5 到 6 颗卫星组成的星网工作，每天最多绕过地球 13 次，并且无法给出高度信息，在定位精度方面也不尽如人意。然而，子午仪系统使得研发部门对卫星定位取得了初步的经验，并验证了由卫星系统进行定位的可行性，为 GPS 的研制奠定了基础。1973 年，美国国防部制定并实施了 GPS 计划。GPS 是一种向全球各地全天候地提供三维位置、三维速度等信息的无线电导航定位系统。

GPS 由三部分构成：

(1) 地面控制部分。这部分由 1 个主控站、5 个全球监测站和 3 个地面控制站组成。监测站将取得的卫星观测数据，包括电离层和气象数据，经过初步处理后传送到主控站。主控站从各监测站收集跟踪数据，计算出卫星的轨道和时钟参数，然后将结果送到 3 个地面控制站。地面控制站在每颗卫星运行至上空时，把这些导航数据及主控站指令注入卫星。

(2) 空间部分。它由 24 颗工作卫星组成，位于距地表 20 200 km 的上空，均匀分布在 6 个轨道面上(每个轨道面 4 颗)，轨道倾角为 55°。卫星的分布使得在全球任何地方、任何时间都可观测到 4 颗以上的卫星，并能保持良好定位解算精度的几何图像。

(3) 用户设备部分，即 GPS 信号接收机。其主要功能是能够捕获到按一定卫星截止角所选择的待测卫星，并跟踪这些卫星的运行。当接收机捕获到跟踪的卫星信号后，即可测量出接收天线至卫星的伪距离和距离的变化率，解调出卫星轨道参数等数据。根据这些数据，接收机中的微处理计算机就可按定位解算方法进行定位计算，从而计算出用户所在地理位置的经纬度、高度、速度、时间等信息。

GPS 卫星会产生两组电码：一组称为 C/A 码(Coarse/Acquisition Code，1.023 MHz)，另一组称为 P 码(Procise Code，10.23 MHz)。P 码因频率较高、不易受干扰、定位精度高，用于美国军方服务；C/A 码是人为采取措施而刻意降低精度，主要开放给民间使用。

接收机硬件、机内软件以及 GPS 数据的后处理软件构成完整的 GPS 用户设备。接收机硬件分为天线单元和接收单元两部分。接收机一般采用机内和机外两种直流电源。设置机内电源的目的在于更换外电源时不中断连续观测。在用机外电源时，机内电池自动充电。关机后，机内电池为 RAM 存储器供电，以防止数据丢失。

2) GPS 接收模块

GPS 通信在无线网络中的应用主要利用 GPS 模块实现。GPS 模块就是 GPS 信号接收器，可以用无线蓝牙或有线方式与电脑或手机连接，将它接收到的 GPS 信号传递给电脑或手机中的软件进行处理。GPS 模块由接收芯片，如射频芯片(RFIC)和基带芯片(BB)，以及低噪声放大器(LNA)、声表面波滤波器(SAW)、振荡器(TCXO)、实时时钟(RTC)、闪存(Flash)和电源管理器等部分构成，如图 5-31 所示。GPS 模块并不发射信号，属于被动定位。它通过运算与每个卫星的伪距离，采用距离交会法求出接收机的经度、纬度、高度和时间修正量这四个参数，其特点是速度快，但误差大。初次定位的模块至少需要 4 颗卫星参与计算，称为 3D 定位，3 颗卫星即可实现 2D 定位，但精度不佳。GPS 模块通过串行通信口不断输出 NMEA 格式的定位信息及辅助信息供接收者选择应用。

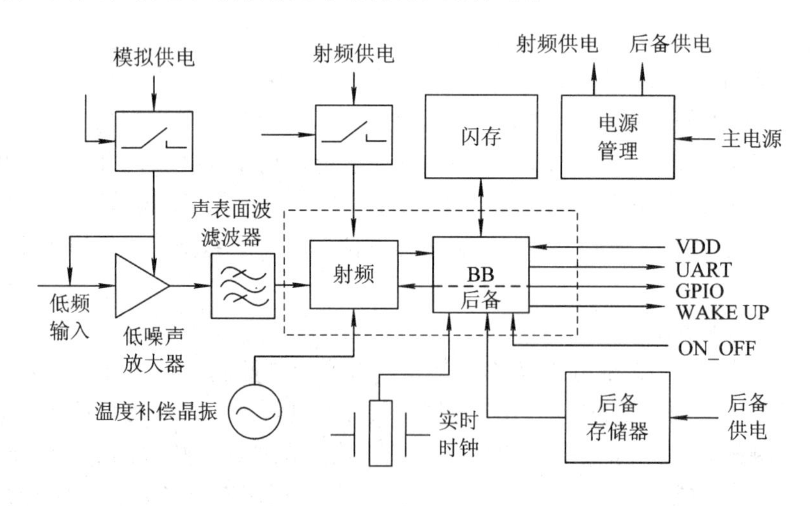

图 5-31 GPS 接收模块的组成框图

GPS 模块的性能指标主要有接收灵敏度、定位时间、位置精度、功耗、时间精度等。模块开机定位时间在不同的启动模式下有很大不同。一般来说，冷启动时间是指模块内部没有保存任何有助于定位的数据的情况，包括星历、时间等，一般在 1 分钟以内；温启动时间是指模块内部有较新的卫星星历(一般不超过 2 小时)，但时间偏差很大，一般在 45 秒以内；热启动时间是指关机不超过 20 分钟，并且 RTC 时间误差很小，一般在 10 秒以内。如果 GPS 模块在定位后放的时间很久，或模块在定位后运输到几百千米以外的地方，这样模块内部虽有星历，但是这个星历是错误的或不具有参考意义的，在这些情况下，定位时间可能要几分钟甚至更久的时间。所以一般 GPS 模块出厂时要将模块内部的星历等数据清掉，这样客户拿到模块后可以通过冷启动方式快速定位。

定位精度可在静态与动态情况下进行考察，且动态定位效果优于静态定位。GPS 模块所标称的定位参数是指在完全开放的天空下，卫星信号优良的情况下测得，所以在常规的测试中很难达到准确的定位精度。常见的定位精度有以下两种：

① mCEP，即圆概率误差，意指测出的点有 50%的概率位于一个以真实坐标为圆心、以 m 为半径的圆内。

② m2DRMS，即 2 倍水平均方根误差，意指测出的点有约 95.5%的概率位于一个以真实坐标为圆心、以 m 为半径的圆内。

此外，定位精度还取决于卫星钟差、轨道差、可见 GPS 卫星数量、几何分布、太阳辐射、大气层、多径效应等很多方面。另外，同一个 GPS 模块也会因为天线，馈线质量，天线位置和方向，测试时间段，开放天空范围及方向，天气，PCB 设计等原因产生不同的定位误差。

2. 北斗模块

1) 基本概况

中国北斗卫星导航系统(BeiDou Navigation Satellite System，BDS)是中国自行研制的全球卫星导航系统，是继美国全球定位系统(GPS)、俄罗斯格洛纳斯卫星导航系统(GLONASS)之后第三个成熟的卫星导航系统。中国北斗卫星导航系统(BDS)、美国 GPS、俄罗斯 GLONASS 和欧盟 GALILEO 是联合国卫星导航委员会已认定的供应商。2012 年，我国公布了北斗系统空间信号接口控制文件，导航业务对亚太地区提供无源定位、导航、授时服务，民用服务与 GPS 一样免费。2013 年，我国公布了《北斗系统公开服务性能规范(1.0 版)》和《北斗系统空间信号接口控制文件(2.0 版)》两个系统文件。2014 年，国际海事组织海上安全委员会审议通过了对北斗卫星导航系统认可的航行安全通函，这标志着我国北斗卫星导航系统正式成为全球无线电导航系统的组成部分，取得面向海事应用的国际合法地位。

北斗卫星导航系统由空间段、地面段和用户段三部分组成。其中，空间段包括 5 颗静止轨道(GEO)卫星、3 颗倾斜地球同步轨道(IGSO)卫星和 27 颗中地球轨道(MEO)卫星；地面段包括主控站、注入站和监测站等若干个地面站；用户段包括北斗用户终端以及与其他卫星导航系统兼容的终端。北斗卫星导航系统可在全球范围内全天候、全天时为各类用户提供高质量的定位、导航和授时服务，包括开放服务和授权服务两种方式。开放服务是向全球免费提供定位、测速和授时服务，定位精度 10 m，测速精度 0.2 m/s，授时精度 10 ns。授权服务是为有高精度、高可靠卫星导航需求的用户提供定位、测速、授时和通信服务以及系统完好性信息。北斗卫星导航系统的基本原理与 GPS 基本一致，但在卫星数量、信号特征、定位机制、用户容量等方面有很大不同，如表 5-6 所示。

表 5-6　北斗卫星导航系统与 GPS 的性能对比

性能参数	北斗卫星导航系统	GPS
卫星数量	35 颗	24 颗
信号特征	三频信号	双频信号
定位源	有源与无源双模式定位	无源定位
通信服务	原创功能	无
芯片兼容	兼容 GPS	不兼容其他
定位机制	主动式双向测距	被动式伪码单向测距
数据解算	地面中心控制系统	用户设备独立解算
用户容量	用户设备容量有限	用户设备容量无限

北斗卫星导航系统是全球第一个提供三频信号服务的卫星导航系统，三频信号可以更好地消除高阶电离层延迟影响，提高定位可靠性，增强数据预处理能力，大大提高模糊度的固定效率。而且如果一个频率信号出现问题，可使用传统方法利用另外两个频率进行定位，提高了定位的可靠性和抗干扰能力。有源定位虽然会暴露目标，但在紧急情况下仍然起作用，如在山谷中观测的卫星质量很差、数量较少时，仍然可以定位。

2) 模块特性

目前，各种北斗模块的出现极大地推动了北斗卫星导航系统的广泛应用。一般地，北斗模块内部结构包括双模 SOC 基带芯片和双模射频芯片，采用 28 Pin 邮票孔封装，与主流 GPS 模块硬件上 Pin-to-Pin 兼容，板上可直接替换，平滑升级为双模导航定位。图 5-32 所示为北斗模块内部结构示意图。

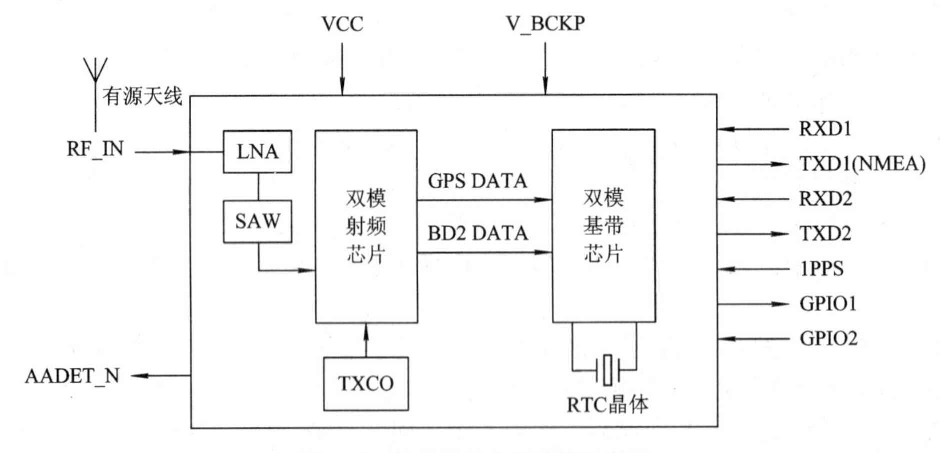

图 5-32　北斗模块内部结构示意图

在北斗模块的硬件接口中，有两个电源输入接口(VCC 和 V_BCKP)，其中 VCC 为模块的工作主电源，V_BCKP 为模块的备份输入电源。在主电源 VCC 断电时，由 V_BCKP 给 RTC 电路供电，确保关键信息不丢失，以实现热启动功能。天线接口 RF_IN 可直接连接 BD2B1/GPSL1 双模有源天线，内部采用 50 Ω 阻抗匹配。信号接口 1PPS 为秒脉冲信号输出。模块有两组 UART 串口，分别为串口 1(TXD1/RXD1)和串口 2(TXD2/RXD2)。串口 1

在 UTC 秒边界输出 NMEA 数据，上位机也可以通过该串口对模块进行工作模式切换、软件升级等操作。该模块支持的波特率范围为 4800～115 200 b/s，默认波特率为 9600 b/s；数据格式为：起始位 1 位、数据位 8 位、停止位 1 位、无校验位。串口 2 是备用串口，用以输出自定义格式的数据，也可用于软件升级。该模块有两个 GPIO 接口(GPIO1/GPIO2)，可根据用户需求定义这两个接口的功能。

5.4　无线通信协议

5.4.1　ZigBee 协议

从应用角度看，通信的本质就是端点到端点的连接，端点之间的通信是通过称为簇的数据结构实现的。这些簇是应用对象之间共享信息所需的全部属性的容器，在特殊应用中使用的簇在模板中有定义。每个 ZigBee 设备都与一个特定模板有关，可能是公共模板或私有模板。这些模板定义了设备的应用环境、设备类型以及用于设备间通信的簇，公共模板可以确保不同供应商的设备在相同应用领域中的互操作性。ZigBee 设备应该包括 IEEE 802.15.4(该标准定义了 RF 射频以及与相邻设备之间的通信)的 PHY 和 MAC 层，以及 ZigBee 堆栈层(包括网络(NWK)层、应用层和安全服务提供层)。图 5-33 所示为 ZigBee 协议栈结构。

1. ZigBee 堆栈层

ZigBee 设备是由模板定义的，并以应用对象的形式实现。每个应用对象通过一个端点连接到 ZigBee 堆栈的余下部分，它们都是器件中可寻址的组件，每个接口都能接收(用于输入)或发送(用于输出)簇格式的数据。一共有两个特殊的端点，即端点 0 和端点 255。端点 0 用于整个 ZigBee 设备的配置和管理，应用程序可以通过端点 0 与 ZigBee 堆栈的其他层通信，从而实现对这些层的初始化和配置。附属在端点 0 的对象被称为 ZigBee 设备对象(ZDO)。端点 255 用于向所有端点广播，端点 241 到 254 是保留端点，所有端点都使用应用支持子层(APS)提供的服务。APS 通过网络层和安全服务提供层与端点相接，并为数据传送、安全和绑定提供服务，因此能够适配不同但兼容的设备。APS 使用网络(NWK)层提供的服务，NWK 负责设备到设备的通信，并负责网络中设备初始化所包含的活动、消息路由和网络发现，应用层可以通过 ZigBee 设备对象(ZDO)对网络层参数进行配置和访问。

IEEE 802.15.4 标准为低速率无线个人域网定义了 OSI 模型开始的两层：

(1) PHY 层定义了无线射频具备的特征，支持两种不同的射频信号，分别位于 2.45 GHz 波段和 868 MHz、915 MHz 波段。2.45 GHz 波段射频可以提供 250 kb/s 的数据速率和 16 个不同的信道。868 MHz、915 MHz 波段中，868 MHz 支持 1 个数据速率为 20 kb/s 的信道，915 MHz 支持 10 个数据速率为 40 kb/s 的信道。

(2) MAC 层负责相邻设备间的单跳数据通信。它负责建立与网络的同步，支持关联和去关联以及 MAC 层安全，能提供两个设备之间的可靠连接。

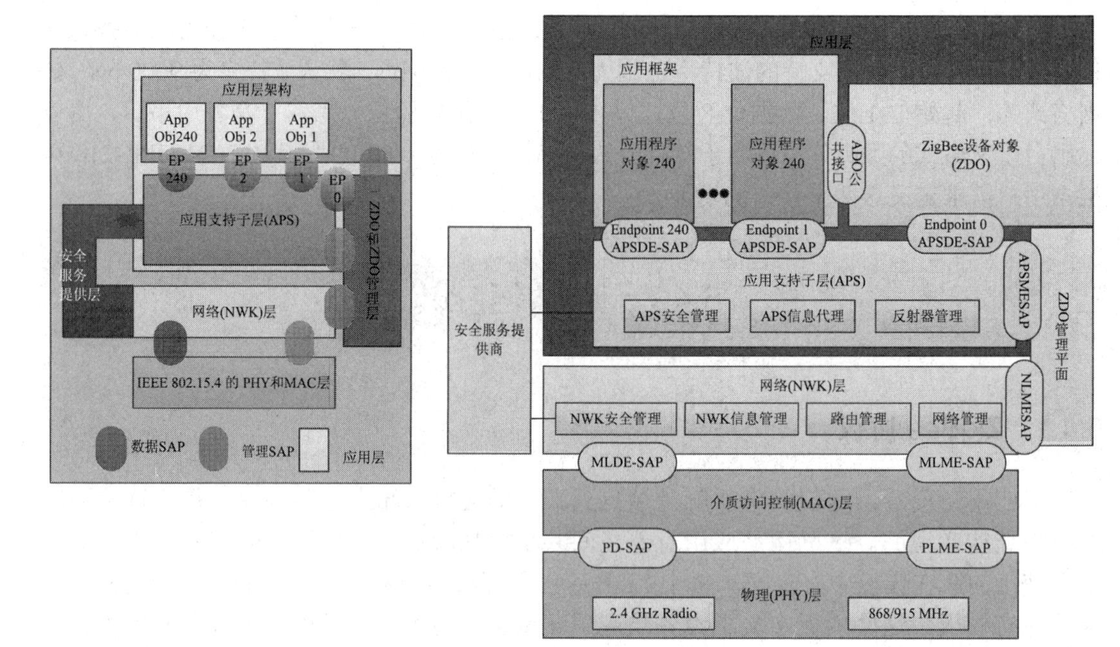

：IEEE 802.15.4 定义的；　：ZigBee商标联盟定义的；

：最终制造商定义的；　：层功能；　：层接口；

图 5-33　ZigBee 协议栈结构

ZigBee 堆栈的不同层通过服务接入点(SAP)与 IEEE 802.15.4 MAC 层进行通信。SAP 是某一特定层提供的服务与上层之间的接口。堆栈的大多数层有两个接口：数据实体接口和管理实体接口。数据实体接口的目标是向上层提供所需的常规数据服务；管理实体接口的目标是向上层提供访问内部层参数、配置和管理数据的机制。

安全机制由安全服务提供层提供，每一层(如 MAC 层、网络层或应用层)都能被保护，为了降低存储要求，它们可以共享安全钥匙。SSP 是通过 ZDO 进行初始化和配置的，要求实现高级加密标准(AES)。ZigBee 规范定义了信任中心的用途，是在网络中分配安全钥匙的一种令人信任的设备。

根据 ZigBee 堆栈规定的所有功能和支持，很容易推测 ZigBee 堆栈实现需要用到设备中的大量存储器资源。不过，ZigBee 规范定义了三种类型的设备，每一种都有自己的功能要求：

(1) ZigBee 协调器是启动和配置网络的一种设备，协调器可以保持间接寻址用的绑定表格，支持关联，同时还能设计信任中心和执行其他活动。一个 ZigBee 网络只允许有一个 ZigBee 协调器。

(2) ZigBee 路由器是一种支持关联的设备，能够将消息转发到其他设备。ZigBee 网络或树型网络可以有多个 ZigBee 路由器。ZigBee 星型网络不支持 ZigBee 路由器。

(3) ZigBee 终端设备是可以执行其他的相关功能，并使用 ZigBee 网络到达其他需要与其通信的设备，它的存储器容量要求最少。然而，需要特别注意的是，网络的特定架构会影响设备所需的资源。NWK 支持的网络拓扑有星型、树型和网格型。在这几种网络拓扑中，星型网络对资源的要求最低。

2. 应用层

应用层提供服务规范和生产商定义的应用对象与 ZigBee 设备对象之间的接口，应用对象传输数据的数据服务和提供绑定机制的管理服务，还定义了应用支持子层的帧格式和帧类型，如图 5-34 所示。

字节	子字节	字段	字节	名称	字节/位	位	位	说明
5	Sync Header		4	Preamble				
			1	Start of Packet Delimiter				
1	PHY Header		7/8	Frame lenth				
			1/8	Reserve				
127	7或11或23	**MHR** MAC帧头包含当前的源和目标地址信息，注意如果在路途上，这不是确切的源和最终的目标。产生和应用这个帧头只为满足应用需要，应用程序并不受理这个数据区域	2	Frame control(FCF)	0~2			Frame Type
					3			Security Enabled
					4			Frame Pending
					5			Acknowledge request
					6			Intra PAN
					7~9			Reserved
					A~B			Destination addressing mode
					C~D			Reserved
					E~F			Source addressing mode
			1	Squence number				
			4~20	Frame control(FCF)	2			dst.panID
					2或8			目标地址
					2			src.panID
					2或8			源地址
	8	NWK_HEADER (nwkCurrentFrame) NWK帧头包含确切的源和最终的目标地址信息，应用程序产生和应用这个帧头，还包含额外的源地址，可以通过其他宏定义识别源设备	1	frameCONLSB	1	bit(Val)	0~1	Type
							2~5	version
							6~7	discoverRoute
			1	frameCONMSB	1	bit(Val)	0	security
							1	
							2~7	
			2	destA	(最终目标)			
			2	srcAddr	(确切的源)			
			1	broadcastRadius	(允许的广播半径)			
			1	broadcastSequence				
		APS_HEADER (apsCurrentFrame) APS帧头包含当前信息的配置ID，集群ID和目标端口，宏定义提供了发送信息时创建帧头的简化方法。处理接收的信息即可确定对应的端口	1	APS_FRAME_CON (frameCON)	1	bit(Val) (0~4 位作为 apsFlags)	0~1	Type
							2~3	DeliverMode
							4	IndirectAddressMode
							5	security
							6	ackRequested
							7	
			1	deliveryMode				
			1	destEP				
			1	clusterID(属性的集合)				
			2	profileID(是对逻辑设备及其接口的简化描述)				
			2	srcEP				
		APSpayload						
	2	MFR		Frame check Sequence				

图 5-34　ZigBee 帧格式

ZigBee 应用层由三个部分组成：APS、ZDO(包含 ZDO 管理平台)和生产商定义的应用对象。应用框架是为 ZigBee 设备中的应用对象提供活动的环境，最多可以定义 240 个相对独立的应用程序对象，且任何一个对象的端点编号都是从 1 到 240。此外，还有两个附加的终端节点，为 APSDE-SAP 使用，端点 0 固定用于 ZDO 数据接口，端点 255 固定用于所有应用对象广播数据的数据接口功能，端点 241～254 保留(留给未来扩展使用)。

应用用户配置文件是一组统一的消息格式和处理方法，允许开发者建立一个可以共同使用的分布式应用程序，允许应用程序发送命令、请求数据和处理命令。

ZigBee 设备对象(ZDO)描述了一个基本的功能函数，这个功能函数在应用对象、设备配置文件和 APS 之间提供了一个接口。ZDO 位于应用框架和应用支持子层之间，它满足所有在 ZigBee 协议栈中应用操作的一般需要。此外，ZDO 还有以下两个作用：

(1) 初始化应用支持子层(APS)、网络(NWK)层、安全服务规范(SSS)。

(2) 通过终端应用集合中配置的信息来确定和执行安全管理、发现、网络管理以及绑定管理。

ZDO 描述了应用框架层中应用对象的公用接口以及控制设备和应用对象的网络功能。在终端节点 0，ZDO 提供了与协议栈中低一层连接的接口，如果是数据则通过 APSDE-SAP，如果是控制信息则通过 APSME-SAP。

同时，在 APS 中的 NWK 层和 APL 层之间，提供了从 ZDO 到供应商的应用对象的通用服务集的接口，这服务由 APS 数据实体(APSDE)和 APS 管理实体(APSME)两个实体实现。APSDE 提供在同一个网络中的两个或者更多的应用实体之间的数据通信，这通过 APSDE 服务接入点(APSDE-SAP)实现。APSME 提供多种服务给应用对象，这些服务包含安全服务和绑定设备，并维护管理对象的数据库(也就是 AIB)，这通过 APSME 服务接入点(APSME-SAP)实现。

3. 应用程序框架

在 ZigBee 网络中两个设备之间通信的关键是统一一个域，允许一系列设备类型交换控制消息来构造一个无线传感器网络的应用，交换已知信息来实现这些控制。ZigBee 协议中给出了唯一的域标识符，每一个域都必须向 ZigBee 协议栈请求并获得标识符，设计者可以定义设备描述和簇标识符。

域标识符是 ZigBee 协议中的主要枚举量，每一个唯一的 Profile 标识符都是一个定义了设备描述和簇标识符的联合枚举量。例如，对域标识符“1”，存在一些被 16 位值描述的设备描述也就是说在每一个域中可能有 65 536 个设备描述)和一些被 16 位值描述的簇标识符(也就是说在每一个域中可能有 65 536 个标识符)。每一个簇标识符也支持一些被 16 位值描述的属性。例如，每一个域标识符最多有 65 536 个簇标识符且每一个这样的标识符最多又可以包含 65 536 个属性。设计者的责任就是定义和分配设备描述、簇标识符和属性标识符。

设备描述和簇标识符必须通过已知的域标识符来定义。在任何消息被定向到一个设备之前，ZigBee 协议采用已经使用服务发现确定域在设备和端点的支持。同样的，绑定处理采用相似的服务发现，且域一旦分配，将提取与结果匹配的源地址、源端点、簇标识符、目的地址和目的端点。

5.4.2 蓝牙协议

蓝牙协议是由蓝牙兴趣小组 SIG 开发的无线通信协议，主要面向近距离的无线数据语音传输，完成电缆替代的核心应用。蓝牙协议规范的目标是允许遵循规范的应用能够进行相互间操作。从层次上来看，蓝牙协议可分为底层协议、中间层协议及应用层协议三类。

蓝牙底层协议包括射频规范(RadioSpec)、基带协议(BaseBand)、链路管理协议(LMP)、逻辑链路控制与适应协议(L2CAP)、HCI 协议等。中间层协议包括业务搜索协议(SDP)、串口仿真协议(RFCOMM)、电话控制协议(TelCtrl)、红外通信协议(IrDAOper)、对象交换协议(ObjectExchange，OBEX)等。底层协议与中间层协议共同组成蓝牙核心层协议。蓝牙应用层协议也叫蓝牙应用规范 PROFILE，它建立在核心协议的基础上。蓝牙 SIG 规范的完整蓝牙协议栈如图 5-35 所示。

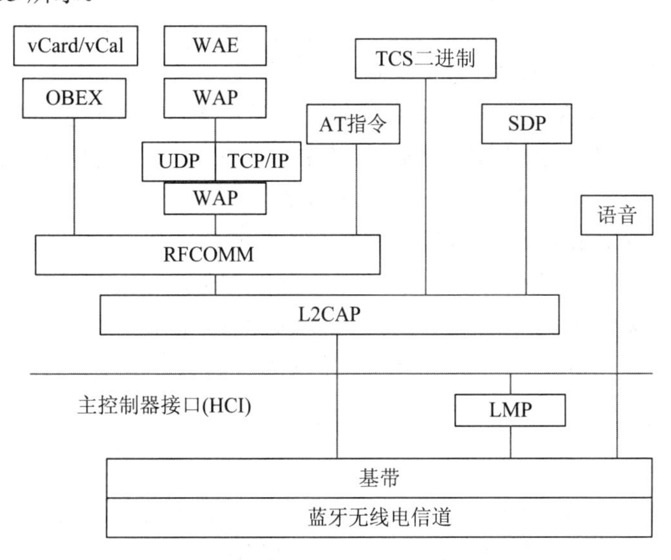

图 5-35　蓝牙 SIG 规范的完整蓝牙协议栈

核心协议由基带协议、链路管理协议、逻辑链路控制与适应协议和服务搜索协议等四部分组成。基带协议确保各个蓝牙设备之间的射频连接，以形成微微网络。链路管理协议(LMP)负责蓝牙各设备间连接的建立和设置。LMP 通过连接的发起、交换和核实进行身份验证和加密，通过协商确定基带数据分组大小；该协议还控制无线设备的节能模式和工作周期，以及微微网络内设备单元的连接状态。逻辑链路控制与适应协议(L2CAP)是基带的上层协议，可以认为 L2CAP 与 LMP 并行工作。L2CAP 与 LMP 的区别在于当业务数据不经过 LMP 时，L2CAP 为上层提供服务。服务搜索协议(SDP)用于查询设备信息和服务类型，从而在蓝牙设备间建立相应的连接。

其他非核心协议的功能主要有：

(1) 射频通信(RFCOMM)：常用于建立虚拟的串行数据流，提供基于蓝牙带宽层的二进制数据转换和模拟 EIA-232 串行控制信号。类似 TCP，RFCOMM 可作为 AT 指令的载体直接用于许多电话相关的协议，以及通过蓝牙作为 OBEX 的传输层。大多数操作系统都提供了可用的 API，所以使用串行接口通信的程序可以很快移植到 RFCOMM 上面。

(2) 网络封装协议(BNEP)：用于通过 L2CAP 传输另一协议栈的数据，主要目的是传输个人区域网络配置文件中的 IP 封包。

(3) 音频/视频控制传输协议(AVCTP)：远程控制协议，用来通过 L2CAP 传输 AV/C 指令，立体声耳机上的音乐控制按钮可通过这一协议控制音乐播放器。

(4) 音视频分发传输协议(AVDTP)：高级音视频分发协议，用来通过 L2CAP 向立体声耳机传输音乐文件，适用于蓝牙传输中的视频分发协议。

(5) 电话控制协议(TCS BIN)：面向字节的协议，为蓝牙设备之间的语音和数据通话的建立定义了呼叫控制信令。此外，TCS BIN 还为蓝牙 TCS 设备的群组管理定义了移动管理规程。TCSBIN 仅用于无绳电话协议，因此并未引起广泛关注。

另外，蓝牙还有一些可以选用的协议，是由其他标准制定组织定义并包含在蓝牙协议栈中，仅在必要时才允许蓝牙对协议进行编码。可选用的协议有：

(1) 点对点协议(PPP)：通过点对点链接传输 IP 数据报的互联网标准协议。

(2) TCP/IP/UDP：TCP/IP 协议组的基础协议。

(3) 对象交换协议(OBEX)：用于对象交换的会话层协议，为对象与操作表达提供模型。

(4) 无线应用环境/无线应用协议(WAE/WAP)：WAE 明确了无线设备的应用框架，WAP 是向移动用户提供电话和信息服务接入的开放标准。

蓝牙模块应用规范很多，其中较典型的有服务发现 SDA(Service Discovery Application)、互通(Intercom)、无绳电话(Cordless Telephony)、传真(FAX)、拨号网络(Dial-up Networking)、耳机(Headset)、局域网访问(LAN Access)、文件传输(File Transfer)、同步(Synchronization)、Object Push 等。各种 Profile 从协议栈中选取不同的协议组合来完成特定的功能。

5.4.3 WiFi 协议

无线局域网 WiFi 可以通过一个或多个体积很小的接入点为一定区域内(家庭、校园、餐厅、机场等)的众多用户提供互联网访问服务。在 IEEE 为无线局域网制定 802.11 规范之前，存在许多不同的无线局域网标准。多种不同标准的缺点是用户在 A 区域(如餐厅)上网需要在计算机上安装一种类型的网卡，当回到 B 区域(如办公室)时则需要为计算机更换另一种类型的网卡。除了浪费时间和增加硬件成本外，在不同协议覆盖重叠区域内，无线信号的干扰降低了网络访问的性能。因此，为了规范和统一无线局域网的行为，从 20 世纪 90 年代至今，IEEE 制定了一系列 802.11 协议。

不同的 IEEE 802.11 协议的差异主要体现在使用频段、调制模式、信道差分等物理层技术上，如表 5-7 所示。IEEE 802.11 协议中典型的使用频段有两个：一是 2.4～2.485 GHz 公共频段，二是 5.1～5.8 GHz 高频频段。由于 2.4～2.485 GHz 是公共频段，微波炉、无绳电话和无线传感网也使用这个频段，因此信号噪声和干扰可能会稍大。5.1～5.8 GHz 高频段主要受制于非视线传输和多径传播效应，一般用于室内环境中，其覆盖范围要稍小。不同的调制模式决定了不同的传输带宽，在噪声较高或无线连接较弱的环境中，可通过减小对每个信号区间内的信息量来保证无误传输。

表 5-7 无线局域网 WiFi 的 802.11 协议对比

802.11 协议	发布时间	频宽/GHz	最大传输速率/(Mb/s)	调制模式
802.11—1997	1997.06	2.4～2.485	2	DSSS
802.11a	1999.09	5.1～5.8	54	OFDM
802.11b	1999.09	2.4～2.485	11	DSSS
802.11g	2003.06	2.4～2.485	54	DSSS 或 OFDM
802.11n	2009.10	2.4～2.485 或 5.1～5.8	100	OFDM

最初IEEE制定的802.11协议采用直接序列扩频(Direct Sequence Spread Spectrum,DSSS)技术，使用2.4～2.485 GHz频段，可支持传输速率为1 Mb/s和2 Mb/s。802.11a协议采用正交频分多路复用(Orthogonal Frequency Division Multiplexing, OFDM)技术，使用5.1～5.8 GHz相对较高的频段，传输速率可达到54 Mb/s。由于802.11a使用高频频段，其室内覆盖范围要略小。使用2.4～2.485 GHz频段，传输速率可达到1 Mb/s。802.11g协议采用了与802.11a相同的OFDM技术，保持了其54 Mb/s的最大传输速率。同时，802.11g使用和802.11b相同的2.4～2.485 GHz频段，并且兼容802.11b的设备，但兼容802.11b设备会降低802.11g网络的传输带宽。802.11n协议除了采用OFDM技术外，还采用了多天线多输入多输出技术，其传输速率可达到100 Mb/s。同时，802.11n可选择使用2.4～2.485 GHz和5.1～5.8 GHz两个频段。

尽管在物理层使用的技术有很大差异，但这一系列802.11协议的上层架构和链路访问协议是相同的。例如，MAC层都使用带冲突预防的载波侦听多路访问(CSMA/CA)技术，数据链路层数据帧结构相同以及它们都支持基站和自组织两种组网模式。

1. IEEE 802.11架构

在802.11的架构中，最重要的组成部分是由一个基站(在802.11中被称为接入点)和多个无线网络用户组成的基本服务组(Basic Service Set,BSS)，如图5-36所示，每个圆形的区域表示一个基本服务组。每个接入点通过有线网络互联设备(交换机或者路由器)连入上层公共网络中。无线路由器将接入点和路由器两者的功能结合为一体。在一个家庭中，可能有笔记本电脑、台式机、掌上电脑等多种无线网络设备，而往往网络运营商只为每个家庭提供一条有线宽带连接。这时按照802.11的架构，将无线路由器通过有线连接方式与宽带网络相连，家庭中所有的无线网络设备皆可通过它访问上层网络。

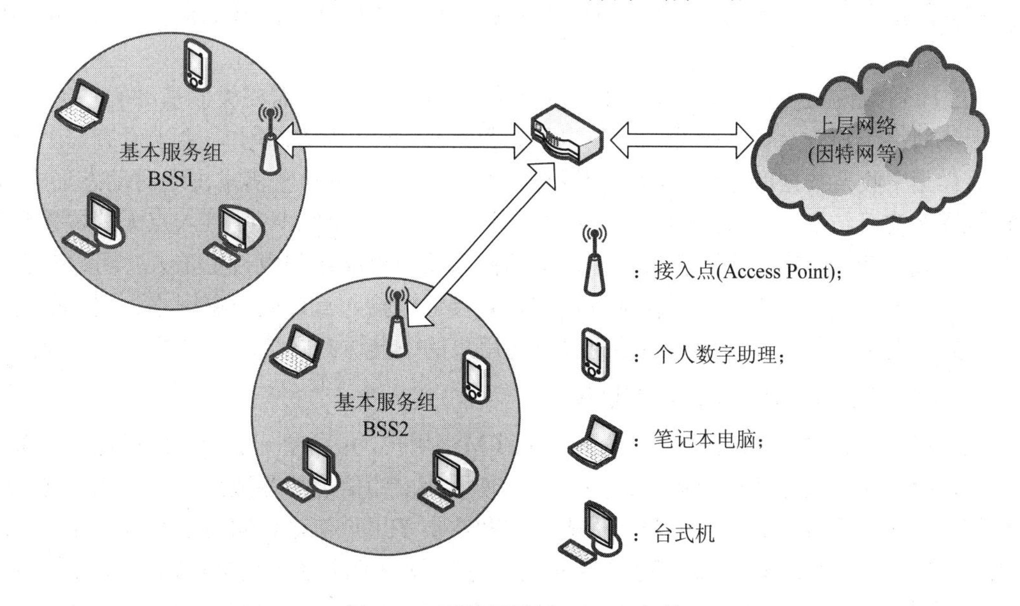

图5-36 无线局域网WLAN架构

在802.11中，每个无线网络用户都需要与一个接入点相关联才能获取上层网络的数据。那么，接入点有哪些参数呢？以IEEE 802.11b/g协议为例，每个接入点的管理者都会为其指定一个或多个服务集标识符(Service Set Identifier, SSID)。同时，接入点管理者会为其指定一个频段作为通信信道。802.11b/g 使用 2.4～2.485 GHz 频段传输数据，对于这 85 MHz 的频宽，802.11b/g 将其分为 11 个部分相互重叠的信道。例如，信道 1、6 和 11 是三条互相不重叠的信道，如果在一间教室内有三个接入点，则 802.11b/g 信道分配模式可以保证这三个接入点之间的信号互不干扰。但如果有多于三个的接入点，如存在一个使用信道 9 的接入点，则会对使用信道 6 和信道 11 的接入点造成干扰。

对于特定无线网络用户来说，其所在位置可能被多个 WiFi 接入点覆盖，通常它只能选择其中之一建立连接并交换数据。那么，无线网络用户是如何与特定 WiFi 接入点建立关联的呢？首先，每个接入点会周期性地向周围广播识别帧，其中包含了接入点的 MAC 地址和 SSID。其次，无线网络用户通过一段时间内收集的识别帧信息确定可提供服务的接入点的集合。最后，无线网络用户向其中一个接入点发送关联请求从而建立连接。这里还存在如下一个问题：无线网络用户如何从设备选择接入点集合中选择最优的接入点作为关联点？这种策略在 802.11 协议中并没有明文规定，它是由 802.11 协议的硬件制造商或者无线网络管理软件开发者决定的。一种常见的做法是将通信链路质量最好的接入点作为关联接入点，但可能存在的问题就是：若在相邻的两个教室 A 和 B 中各有一个接入点，且教室 A 中无线网络用户数量远多于教室 B 中的数量。由于无线信号强度衰减特性，教室 A 中的用户只会与教室 A 中的接入点关联。但是众多用户与教室 A 的接入点关联降低了每个用户的带宽，反而可能不如与信号强度稍差但关联用户较少的教室 B 的接入点关联。

上面建立关联的方式称为被动扫描模式。另一种模式是主动扫描模式，其工作原理如下：当无线网络用户寻找潜在可提供服务的接入点时，它主动向周围广播一个探测帧；收到探测帧的接入点进行响应，返回一个回应帧；然后无线网络用户再根据所有回应帧的信息选取一个接入点关联。

802.11 协议的另一种架构模式是自组织网络，这种模式下不需要类似基站的基础设施，每个无线网络用户既是数据交互的终端也作为数据传输过程中的路由。由于没有一个类似基站这样集中收发数据的管理者，每条数据传输路径是当数据传输需求出现时动态形成的。这种网络架构可结合基站式架构，用于无线设备相对集中且有线 WiFi 接入点无法覆盖整个区域的情况。例如，在一个大会议室中，无线网络用户可能达到数百上千人，可以在会议室的四角各放置一个接入点，这样部分用户可直接通过接入点访问上层网络，更多的用户通过自组织网络相互连接起来，间接通过其他用户的中继访问网络。

2．IEEE 802.11 介质访问控制协议

由于每个 WiFi 接入点可能会关联多个无线网络用户，并且在一定区域内可能存在多个接入点，因此两个或更多用户可能在同一时间使用相同的信道传输数据。此时由于无线连接会相互干扰，更容易导致数据包的丢失，因此需要多用户信道访问协议来控制用户对信道的访问。IEEE 802.11 协议中使用带冲突避免的载波侦听多路访问(CSMA/CA)协议。CSMA 是指用户在发送数据之前先侦听信道，若信道被占用，则不发送数据。CSMA/CA 是指即使侦听到信道为空，也为了避免冲突而等待一小段随机时间后再发送数据帧。虽然以太网介质访问控制协议也使用了 CSMA 技术，但其细节与 802.11 协议的介质访问控制协议还有很大差异。首先，由于无线信号干扰问题，造成数据传输出错概率较大，因此 802.11 协议中要求建立数据链路层确认/重传机制。然而，以太网中有线连接的传输出错概率较小，并没有强制要求数据链路层建立确认/重传机制。再者，以太网使用带冲突检测的载波监听多路访问(CSMA/CD)协议。其原理如下：当用户监听到信道为空时立即发送数据，并且在发送数据的同时监听信道，若此时它检测到和其他用户的数据传输信号发生了冲突，则立即停止传输并随机等待一小段时间后重新传输。802.11 协议使用 CSMA/CA 而不使用 CSMA/CD 主要有以下两个原因：

(1) 冲突帧需要全双工(发送数据的同时也可以接收数据)的信道。而对于无线传输信号来说，发送信号的能量往往远高于接收信号的能量，建立能侦测冲突的硬件代价是很高的。

(2) 即使无线信道是全双工的，但是由于无线信号衰减特性和隐藏终端问题，硬件还是不能侦听到全部可能的冲突。

在 802.11 协议中，一旦无线网络用户开始传输数据帧，直到整个帧传输完成，传输过程才会停止。在多用户访问环境中，由于无法使用 CSMA/CD 机制，无计划地传输整个帧带来的冲突会导致整体传输性能的下降。尤其当数据帧的长度相对较长时，冲突的概率会极大地增加。为了降低传输冲突的概率，802.11 协议采用的 CSMA/CA 机制采取了一系列尽量避免冲突的措施。

802.11 介质访问控制协议提供了一种可选的机制来消除“隐藏终端”问题。如图 5-37 所示，有两个无线网络用户 *A*、*B* 和一个基站。用户 *A*、*B* 都在接入点的信号覆盖范围内，但两个用户都位于彼此的信号覆盖范围之外，因此它们是典型的“隐藏终端”关系。当用户 *A* 传输数据时，由于用户 *B* 无法侦听到 *A* 的传输信号，根据 CSMA/CA 机制，当 *B* 侦测到当前信道空闲时，等待 DIFS(Distributed Inter-Frame Space)后也开始传输数据。如果此时 *A* 仍未结束其传输过程，就会造成在接入点处的信号冲突。

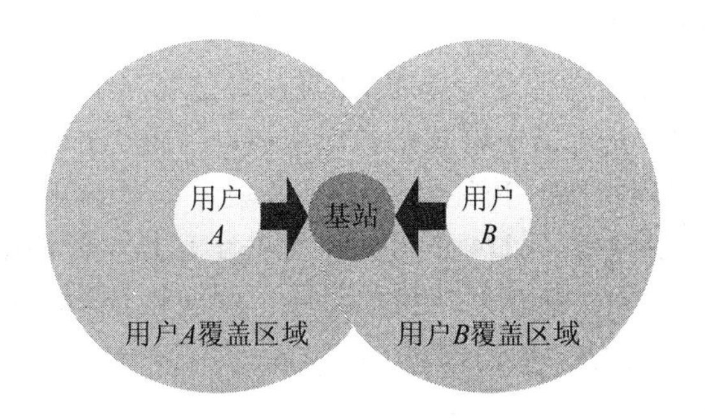

图 5-37　“隐藏终端”现象

为了消除隐藏终端的影响，802.11 允许某个用户使用控制帧 RTS 和 CTS 在传输数据帧之前和接入点通信，令接入点只为其保留信道的使用权。如图 5-38 所示，当传输端有数据帧要发送时，它先向接入点发送 RTS 帧，RTS 中包含了传输数据帧和确认帧总共可能需要的时间。当接入点收到传输端的 RTS 帧时，它等待 SIFS(Short Inter-Frame Space)后广播一个 CTS 帧作为回应。CTS 帧的作用有两个：一是为传输端提供信道的使用权；二是防止其他用户在传输端发送数据和接收确认帧这段时间内进行传输。

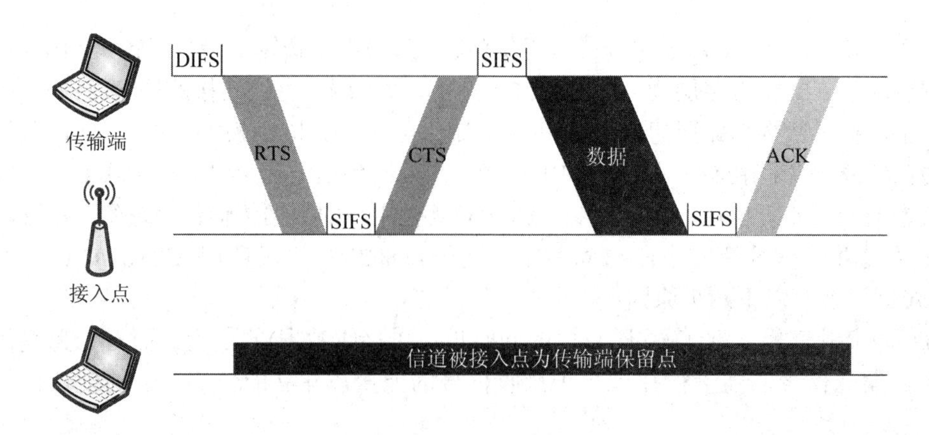

图 5-38 RTS 和 CTS 控制帧示意图

使用 RTS 和 CTS 帧从以下两个方面提升了无线传输的性能。

(1) 由于无线网络用户在传输数据之前需要与接入点通信，使其只为当前用户保留信道的使用权，在这段时间内其他任何与接入点相关联的用户都不会与接入点进行数据交换，从而消除了隐藏终端问题。

(2) 由于 RTS 和 CTS 帧的长度非常短，即使 RTS 和 CTS 有冲突发生，其代价也非常小。一旦 RTS 和 CTS 成功传达，数据帧和确认帧的传输就不会再有冲突发生。

虽然使用 RTS 和 CTS 帧可以减少冲突，但与此同时也会增加传输延时和降低信道利用率，因此 RTS 和 CTS 机制往往被用于冲突概率发生较高的情境中。例如，无线网络用户每次都需要传输较长数据帧，每个数据帧的传输时间较长，增加了冲突发生的概率。

5.4.4 其他协议

1. 红外数据传输(IrDA)

IrDA 是一种利用红外线进行点对点通信的技术，是第一个实现无线个人局域网(PAN)的技术。IrDA 的主要优点是无需申请频率的使用权，因而红外通信成本低廉。并且 IrDA 还具有移动通信所需的体积小、功耗低、连接方便、简单易用的特点。此外，红外发射角度较小，传输上安全性高。IrDA 的不足之处在于它是一种视距传输，两个相互通信的设备之间必须对准，中间不能被其他物体阻隔，因而该技术只能用于两台设备之间的连接。

2. 超宽带(UWB)

UWB(Ultra Wide Band)是一种无线载波通信技术，利用纳秒级的非正弦波窄脉冲传输数据，因此其所占的频率范围很宽。UWB 有可能在 10 m 范围内支持高达 110 Mb/s 的数据传输率，不需要压缩数据，可以快速、简单、经济地完成视频数据处理。UWB 的特点有：

(1) 系统复杂度低，发射信号功率谱密度低，对信道衰落不敏感，载货能力低。

(2) 定位精度高，相容性好，速度高。

(3) 成本低，功耗低，可穿透障碍物。

3. 近距离无线传输(NFC)

NFC 采用了双向的识别和连接，在 20 cm 距离内工作于 13.56 MHz 频率范围。NFC 现已发展成无线连接技术，能快速自动地建立无线网络，为蜂窝设备、蓝牙设备、WiFi 设备提供一个“虚拟连接”，使电子设备可以在短距离范围内通信。其特点如下：

① NFC 的短距离交互大大简化了整个认证识别过程，使电子设备间互相访问更直接、更安全和更清楚，不用再听到各种电子杂音。

② NFC 通过在单一设备上组合所有的身份识别应用和服务，帮助解决记忆多个密码的麻烦，同时也保证了数据的安全保护。

③ NFC 还可以将其他类型无线通信(如 WiFi 和蓝牙)“加速”，实现更快和更远距离的数据传输。

思考题

1. 简述网络通信技术的含义。
2. 请绘制通信协议体系结构的构成图，并分别阐述各组成部分的功能。
3. 从拓扑结构来看，通信体系中网络层路由协议分几类？并简述各类协议包括的具体协议内容。
4. IEEE 802 规范定义的内容有哪些？无竞争介质访问与竞争的介质访问主要区别有哪些？
5. 介质访问控制(MAC)协议的分类和主要功能有哪些？传感器网络中 MAC 协议的特点是什么？
6. 阐述蓝牙、ZigBee 和 WiFi 技术各自主要的应用领域。
7. 蓝牙技术标准有几个版本？蓝牙 4.0 规范的特点是什么？请分析其高速连接的过程。
8. 阐述蓝牙模块的构成、分类以及软硬件设计流程。
9. 阐述 ZigBee 协议技术特点、组网方式和数据发送方式。
10. 阐述 ZigBee 网络设备组成及功能。
11. 分析 ZigBee 模块的内部结构。
12. 分析 WiFi 模块技术特点、模块分类和工作方式。
13. 阐述 GPRS 采用无线通信技术类型及模块组成。
14. 请阐述各大全球定位系统的技术区别。
15. 分析 ZigBee 协议规范定义的设备类型及功能。
16. 分析蓝牙核心协议组成和功能。
17. 分析无线局域网 WiFi 的 IEEE 802.11 协议的差异性。

第6章 Chapter 6

无线传感器网络控制技术

6.1 无线传感器网络控制系统的构成

传感器网络控制系统是以网络作为传输媒介来实现传感器、控制器和执行器等系统部件之间的信息交换，从而实现资源共享、远程监测与控制。

6.1.1 控制系统结构

传感器网络控制系统一般由三部分组成：控制器、被控对象和通信网络。其中，被控对象一般为连续系统，而控制器一般采用离散系统。被控对象的输出通过传感器采样的方式离散化，再通过通信网络发送到控制器的输入端。控制器进行运算后，将输出通过网络发送到被控对象的输入端，并由零阶保持器生成分段连续函数作为连续系统的输入。

在一个传感器网络控制系统中，被控对象、传感器、执行器和控制器可以分布在不同的物理位置上，控制器和被控对象可以不止一个，一个控制器可以通知多个对象，同时一个被控对象也可以通过控制器信息融合的方式或者分时的方式被多个控制器控制。传感器网络控制系统的结构如图 6-1 所示。

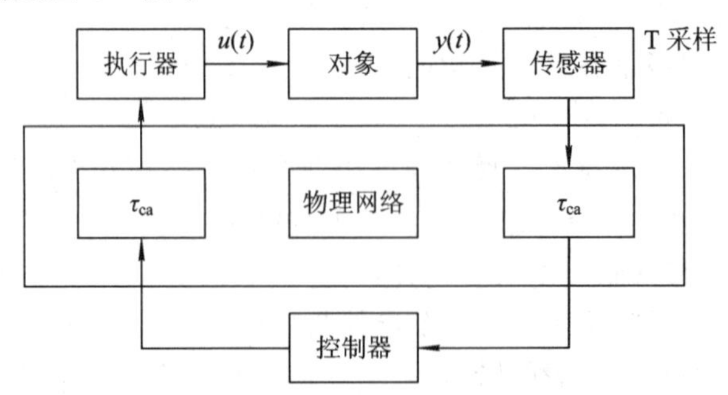

图 6-1 传感器网络控制系统的结构

一般而言，网络控制回路具有比本地控制回路更长的采样周期。这是因为远程控制器在处理新到达的信息之前已经假定满足参考信号了。与径直结构相比，由于远程控制器的存在，分层结构有更好的实时性。同样，分层结构的多个控制器也可以封装在一个控制单元中来管理多个传感器网络控制回路。分层结构的典型应用包括移动机器人、遥控操作系统、汽车控制以及航天器等。

实际应用中采用何种结构取决于应用的需求和设计方案的选择。例如，在机器人应用中，机械手往往要求多个电机在其关节内同时平滑地旋转。在这种情况下，采用机器人现有的控制器和分层结构更方便，系统的鲁棒性也更强。而在直流电机的控制中，由于要求网络控制的性能具有快速反应性，这个情况就偏向于采用径直结构。在大规模的传感器网络中，也有可能同时采用两种控制结构，这是由传感器网络的异质网络结构所决定的。如果将远程闭环系统建模成类似于被控对象的状态空间模型或者传递函数，那么分层结构实际上可以转换成径直结构。

根据网络控制的基本方式及其相应的网络系统结构特征的不同，可以归纳出三种基本的控制结构：集中控制系统结构、分散控制系统结构和递阶控制系统结构。

1. 集中控制系统结构

网络系统的集中控制主要通过一台作为控制中心的计算机发出控制指令，对各个被控制对象实施平行控制，其结构如图 6-2 所示。

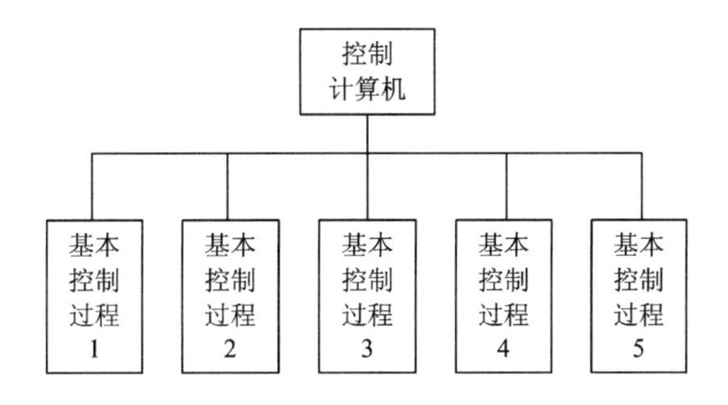

图 6-2　网络系统的集中控制结构

集中控制系统结构主要有以下四个特征：

(1) 具有星型拓扑结构。由网络管理中心的集中控制器对网络系统中各子系统进行集中控制，统一制定控制决策，发出控制指令。关于网络系统中各子系统的运行状态的信息都集中传送到网络管理中心，进行统一的信息处理和集中观测。

(2) 具有集中信息结构。集中控制器对网络系统的全局状态在结构上是可控制的、可观测的。在集中控制器与被控制对象之间进行交互的有纵向信息流、上行状态观测信息流、下达控制指令信息流。

(3) 功能集中、权力集中。网络管理中心能够对网络系统的全局运行状态进行统一、集中地观测和控制，不存在分散的多个局部控制器之间难以协调的问题，网络系统的控制有效性较高。为了实现网络系统的集中控制，通常在网络管理中心安装管理控制计算机系统，利用网络本身的信息通道进行信息的传输和控制。

(4) 故障集中、风险集中。若网络管理中心的集中控制器出现故障，网络系统就会全局瘫痪，进而导致系统运行的结构可靠性较低。

当系统规模庞大时，直接应用控制理论方法进行网络系统分析和设计将会遇到“维数灾难”的问题。所谓“维数灾难”通常是指在涉及控制计算的问题中，随着维数的增加，控制计算量呈指数倍增长的一种现象。

因此，集中控制系统结构适用于下列场合：

(1) 网络规模不太大，网络管理中心与被控制对象的现场距离较近的场合，如一般单位的局域网。

(2) 系统可靠性要求较低，允许网络管理中心采取各种备份措施。

(3) 用户要求采用集中控制结构，如军事指挥控制中心。

一般地，在集中控制结构中，集中控制器与各子对象之间的控制和观测信息通道形成星型拓扑结构，如图 6-3 所示。

集中控制的星形拓扑结构具有如下优点：

① 结构简单，便于管理。

② 控制简单，便于建网。

③ 故障诊断和隔离容易。

④ 方便服务。

⑤ 网络延迟时间较小，传输误差较低。

但星型拓扑结构也存在一些缺点：

① 电缆长度长和安装工作量大。

② 中央节点负担较重，形成瓶颈。

③ 各站点的分布处理能力较低。

④ 成本高、可靠性较低、资源共享能力也较差。

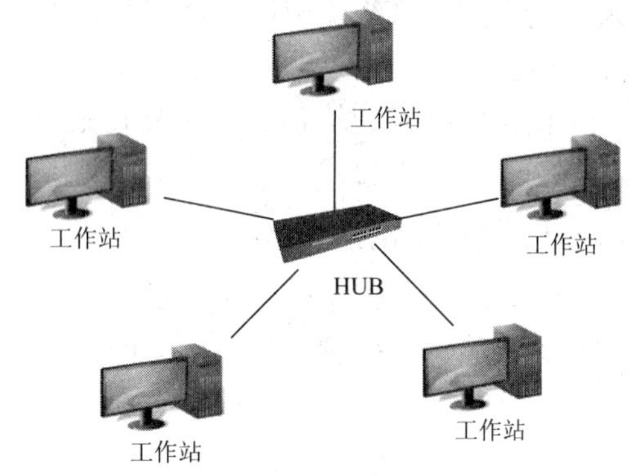

图 6-3 集中控制的星型拓扑结构

2. 分散控制系统结构

分散控制系统结构指的是大系统中每个子系统分别用独立作出决策的控制器进行控制，以完成优化任务的控制结构。分散控制系统结构如图 6-4 所示。

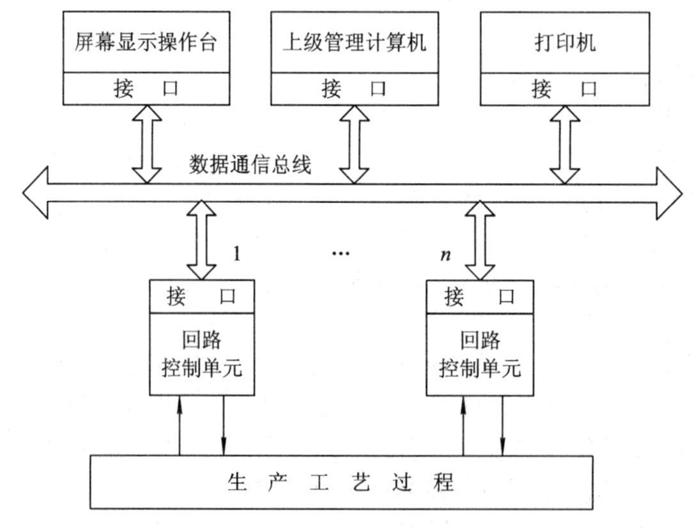

图 6-4 分散控制系统结构

分散控制系统结构中大系统优化的总任务由各分散的控制器共同完成，每个分散控制器只能获得大系统的部分信息(信息分散)，也只能对大系统进行局部控制(控制分散)。在空间上分散的大系统，或在空间上较集中但各个控制通道的动态响应时间(或时间常数)差别较大的大系统，均可采用分散控制。

如果大系统的各分散控制器间没有任何信息交换，那么这类分散控制结构就称为完全分散控制结构，如电力网、交通管制网、数字通信系统、宏观经济系统等。如果各分散控制器间有部分(主要的和关键的)信息交换，那么这种分散控制结构就称为局部分散控制结构。

分散控制系统结构主要有以下五个特征：

(1) 相互通信、相互协同。由于没有集中控制器，各个分散的局部控制器之间需要相互通信、相互协同才能完成控制任务。若系统是“完全分散”模式，则局部控制器之间无信息流，局部控制器之间不相互通信。

(2) 逻辑结构决定控制结构。从物理的拓扑结构上讲，各个分散的局部控制器是可以互相连通的，但是其协同控制的控制结构是由其逻辑上的拓扑结构所决定的。

(3) 具有分散的信息结构。有多个局部控制器对网络系统进行分散控制和观测，每个局部控制器只能对相应的局部子系统进行控制和观测、发出局部控制指令、接受局部观测信息。局部的分散控制器对网络系统的全局状态在结构上是不可控制、不可观测的。

(4) 故障分散、风险分散。由于具有分散的信息结构，即使控制器出现故障，也不会导致网络系统全局瘫痪。因此网络系统的可靠性较高。每个局部控制器任务相对简化，易于实现，可以就近安装，便于控制和观测信号的传输。而且，局部控制和观测信息传输设备比较简单，能及时获取观测信息、制定控制策略、发出控制指令，对类似影子系统的控制有效性较高，灵活性较好。

(5) 结构上不可控制、不可观测。由于具有非集中信息结构，局部的分散控制器对网络系统的全局状态是不可控制、不可观测的，各子系统之间的相互关联，状态观测和状态控制是相互影响的。多个分散的局部控制器之间需要进行协调，而这种依靠相互通信进行的协调，存在通信时延和干扰的情况，难以进行全面的、及时的协调，因此网络系统全局控制的有效性较低。

因此，分散控制系统结构适用于下列场合：

(1) 对网络系统的协调性要求不高或者相互通信比较方便的场合，如校园网系统。

(2) 系统规模太大，不能或难以进行集中控制的场合，如规模较大的互联网系统。

(3) 用户需要采用分散控制结构的场合。

当网络系统具有分散控制结构时，由于没有上级协同器，只能依靠各个小系统之间的相互通信实现网络系统的协同式控制。关于分散控制系统的协同式网络控制问题，可根据各分散控制器之间相互通信的方式，采取递阶控制结构方法。

3．递阶控制系统结构

当系统处于不确定的环境中且正在决策时，为了克服不确定性的影响，需要较长时间积累资料和经验，但是决策的制定和执行却要求及时而迅速，否则控制就不能适应环境变化，为了解决这种矛盾可采用递价控制系统结构。递价控制系统结构就是将复杂决策问题分解为子决策问题的序列。每个子决策问题有一个解，也就是该决策单元的输出，同时也是下一决策单元的输入。根据这个输入再确定下一决策单元中的参数，从而确定下一决策单元的输出。如此一层一层进下去，形成决策层的递阶控制结构。

二阶递阶控制系统结构示意图如图 6-5 所示。网络系统的下级由 n 个局部控制子系统组成，上级为协同器，对各子系统进行协同式网络控制。

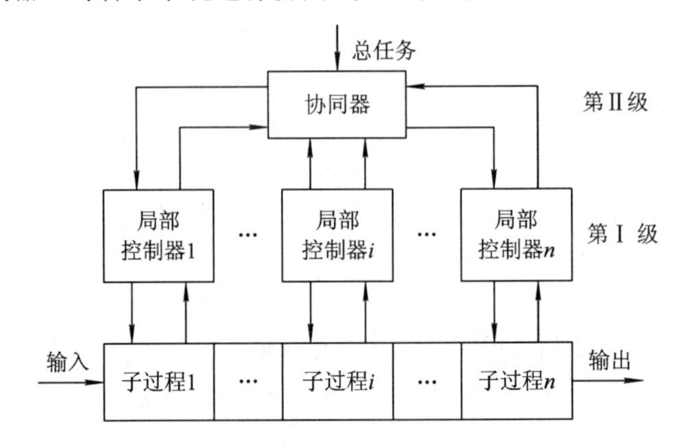

图 6-5　二阶递阶控制系统结构示意图

第Ⅰ层是直接控制层，包括各种调节器和控制装置，具有一般控制系统的功能。它执行来自第Ⅱ层的决策命令，直接对被控过程或对象发出控制命令。第Ⅱ层是命令协同层，它能根据控制条件的变化，经过较长时间积累资料，最终确定一组新的控制参数，以保持系统最优运行状态。如果还需要根据大系统的总任务、总目标考虑结构的功能来决定最优策略，以调整各层工作，克服慢扰动的影响，那么需要增加系统层次。一般可根据大系统控制的功能和决策的性质确定决策层次。

递阶控制系统的协同式控制可分为分解和协同两个步骤进行。

(1) 分解：适当处理相互关系，将复杂的网络系统分解为若干简单子系统，并分别求解各子系统的局部最优控制问题。

(2) 协同：通过模型协同或目标协同，在各子系统局部最优的基础上实现网络系统全局最优。

递阶控制系统结构主要有以下五个特征：

(1) 递阶控制系统结构具有递阶的信息结构。上级协调器与下级各局部控制器、各子系统之间的信息通道形成树状拓扑结构。在结构上，协调器有可能通过各控制器对网络系统全局状态进行间接控制和观测。

(2) 递阶控制系统结构采取分级式递阶控制方式。其中，下级为各分散的局部控制器，分别对相应的子系统进行局部控制和观测。上级协同器通过对各局部控制器的协同控制和协同观测间接地对网络系统进行集中式全局控制和全局观测，从而实现“集中-分散”相结合的网络系统递阶控制和“分散-集中”相结合的网络系统递阶观测。

(3) 递阶控制系统结构在协同器、局部控制器、子系统之间递阶式传递纵向信息流。其中，在协同器与局部控制器之间传递的是上级协同器的协同控制与协同观测信息。在局部控制器与子系统之间传递的是局部协调器和局部子系统之间的控制与观测信息。

(4) 递阶控制系统结构中集中控制与分散控制相结合，既有分散、直接、及时的局部控制，又有集中、间接、全局的协同控制，兼有集中控制和分散控制的优点。因此，对网络系统的全局协同及各子系统的局部控制有效性高。下级的局部控制器发生故障，只影响相应的局部子系统。上级协同器发生故障，将导致全局协同失灵，但各局部控制器仍可继续运行，递阶控制将蜕化为分散控制，全局系统不至于完全瘫痪，因此运行可靠性高。

(5) 递阶控制系统结构具有准集中信息结构，在结构上是可控制、可观测的。各局部控制器可与相应的子对象就近安装，便于局部控制与观测信号传输。协同器就只进行协同控制，而不必对网络系统进行直接全局控制，协同任务相对简化，协同控制与协同观测信息量较小，便于传输和处理。

因此，递阶控制系统结构弥补了集中控制和分散控制的缺点，兼有各自的优点。也正因为此递阶控制结构获得了广泛的应用，是各领域网络系统普遍适用的控制结构。

6.1.2 控制关键技术

无线传感器网络的控制内容是建立在无线传感器网络的构建基础上的，因此网络控制的关键技术与无线传感器网络本身的关键技术是一致的。无线传感器网络控制的关键主要涉及通信、组网、管理、分布式信息处理等多个方面，可以分成三个层次：通信与组网、管理与基础服务、应用系统。

1. 通信与组网

通信与组网负责大规模随机布设的传感器节点间点到点、点到多点的无线通信以及自组网络，并向管理与基础服务层提供服务支持。它主要研究无线传感器网络通信协议，包括物理层、数据链路层、网络层和传输层。在功能上，物理层负责数据的调制、发送与接收；数据链路层负责数据成帧、帧检测、介质访问和差错控制；网络层负责数据的路由转发；传输层负责端到端数据传输的服务质量保障。

2. 管理与基础服务

管理与基础服务使用通信与组网部分提供的服务，并向应用系统提供服务支持。该层对上层用户屏蔽了底层网络细节，使用户可以方便地对无线传感器网络进行操作。该层的主要研究内容包括系统管理、时间同步和定位等。

(1) 系统管理。由于无线传感器网络系统长期在无人值守的条件下工作，因此需要对各项网络性能指标进行实时监测，对节点功能失效、能量耗尽等不正常情况进行早期预警，从而为及时排除网络故障或追加布设节点提供帮助。

与 Internet 网络和无线自组网络中的节点相比，无线传感器网络中的传感器节点在能力和协议复杂性方面都低得多，因此无线传感器网络性能监测的目标侧重于在完成基本功能的基础上实现简单的和本地化的分布式策略，以满足能量高效、均衡使用的要求。

(2) 时间同步。在无线传感器网络系统中，单个节点的能力非常有限，整个系统所要实现的功能需要网络内所有节点相互配合共同完成。而时间同步是节点合作的基础。在分布式系统中，时间可分为逻辑时间和物理时间。逻辑时间建立在 Lamport 提出的超前关系上，体现了系统内事件发生的逻辑顺序。对于直接观测物理世界现象的无线传感器网络系统来说，物理时间的地位十分重要，因为现象发生的时间本身就是一个非常重要的信息。

时钟偏移定义为某个时间段内两个时钟之间因为漂移而产生的时间上的差异。分布式系统物理时钟定义了一个系统中所允许的时钟偏移的最大值。只要两个时钟之间的差值小于所定义的最大时钟偏移量，就认为两个时钟保持了时间同步。

无线传感器网络系统的通信带宽较低，大部分节点长期休眠，网络拓扑结构动态变化。这些特点使传统的时间同步机制难以适用于无线传感器网络系统。当前研究的难点问题是需要设计具有一定同步精度的低通信开销、动态可扩展的时间同步机制。

(3) 定位。无线传感器网络的节点定位是指依靠有限的位置已知的节点确定布设区中其他节点的位置，在传感器节点间建立起一定的空间关系。节点定位对于无线传感器网络系统有十分重要的意义。在大多数情况下，只有结合位置信息，传感器获取的数据才有实际意义。许多目标定位与跟踪应用的研究更是将节点位置已知作为一个前提条件。

当前研究的难点问题是如何充分利用节点提供的冗余信息，在满足定位精度的前提下，设计低开销(较少的通信)、低成本(较少的信标)的分布式定位算法。

3. 应用系统

应用系统负责为用户提供通用网络服务和面向各个不同领域的增强网络服务。由于远程测控是无线传感器网络的主要应用，目前研究的热点是对大量传感器采集信息的分布式处理策略。

无线传感器网络与传统数据网络最大的区别在于：数据本身不重要，重要的是通过数据分析得出对用户有用的检测结果。在远程监视应用中，监视者并不关心单个传感器采集的信息，而是关注在某个特定的区域内是否检测到入侵者活动。因此，无线传感器网络本身需要具有将大量的原始信息聚集并综合成用户需要的具有特定含义信息的能力。这种能力就是无线传感器网络的分布式信息处理能力。所谓分布式信息处理是指在实际应用中，网络中的传感器节点可以进行信息融合。这种信息融合方式除了可以减少冗余信息，还可以通过综合多个不可靠的传感器测量值，提取同类信号，以消除噪声干扰并生成准确度更高的测量值。

6.1.3 控制模式

由于控制的许多特征并不互相排斥，所以按特征来划分控制的方式本身是交叉的，例如网络管理这一类比较复杂的控制往往可以同时归入几种类型。按照控制特征，控制的基本模式可以相应地进行如下划分：简单控制和分级控制；集中控制和分散控制；开环控制和闭环控制；自治控制和协同控制；非智能控制和智能控制；一般控制和最优控制等。

在各种控制方式中，分散控制的优点是信息传输效率高、适应性强、控制简便、系统的可调整性强，且有重构和再生能力；其缺点是难以进行整体协同，无法保障整体安全性能。集中控制的优点是便于整体协同，具有统一的总体目标，安全性能好；其缺点是信息传输效率低、适应性差、控制过程复杂。在复杂的网络管理系统中，网络控制仅单独靠分散控制或集中控制其中的一种控制方式是不行的，需要结合两种方式，同时还需要加入大量的闭环控制、智能控制和协同控制等。

1. 分级控制

为了有效而方便地进行网络控制，需要采用分级控制。但由于网络建设先天的不足和缺陷，在网络管理上存在着“子网规范，大网混乱；系统内规范，系统间混乱”的特点，各网络管理中心之间、网络管理中心的上下级之间很少有网络管理信息的交流，这就给大范围的网络分级控制增加了困难。对网络系统的控制通常是在外部环境不断变化的情况下进行的，从外部环境中吸收大量信息，经过控制系统加工后再对受控系统进行控制。

关于分级控制的观点可以概述为如下三个方面：

(1) 一个分级控制的问题可以划分为若干有分级结构的子问题。

(2) 分级控制在原则上可以分为集中控制和分散控制两类。

(3) 分级控制主要有以下五个特征：

① 结构上的特征：由决策单元组成的体系是递阶结构的，除最高一级外，每一级上均有若干单元平行地运行。

② 时间上的特征：级越低，时间尺度越短；级越高，时间尺度越长。

③ 目标上的特征：各级控制都有相应的目标，它们组成一个目标体系。

④ 信息上的特征：信息的处理具有自上而下的优先次序，上一级的决策信息往往是下一级的指令，在同一级中可能存在各个子系统间的信息交互。

⑤ 关联上的特征：分级控制和调节要借助于各子系统之间的关联，而这种关联是由各子系统的模型、目标和约束来表现的。

分级控制系统的较低层次在较高层面前是作为“黑箱”而存在的。它报告给较高层次的信息只是它活动的结果，而不是与实现结果有关的内部过程或中间过程。

分级控制系统的每一层次在执行功能时越是独立，吸收的信息就越多，由它发出并进入上一层次的信息就越少，因此控制的效率就越高。就此而论，每个层次在其管辖范围内最大的独立性和信息的逐次收敛性是分级控制系统有效运行的基础，对于一般的网络管理和控制系统来讲，这是普遍采取的原则。

2. 协同控制

协同式网络控制要依据两个基本原理，一是自治调节原理，二是协同式网络控制原理。

(1) 自治调节原理。自治调节原理的主要设计思想如下：

① 假设被控制对象中存在的各个单变量控制过程之间原有的相互联系都是有害的，是与控制自治相矛盾的。

② 控制设计的任务是将整个多变量控制的网络大系统分解为若干单变量控制的自治小系统，要求各个单变量控制过程不会相互影响。

③ 实现自治调节的方法是通过建立各个单变量控制器之间的相互联系，抵消被控制对象中原有的相互联系的影响。

因此，自治调节也成为解耦控制，即利用控制器之间的耦合解除由于被控制对象而存在的耦合作用。自治调节原理在多变量控制系统设计中获得了应用，通常可以采用传递函数矩阵模型或状态方程模型等来研究实现自治调节的方法和条件。

(2) 协同式网络控制原理。实际的网络控制系统设计中有许多场合不要求自治，而需要协同。即控制设计任务是要保持各个单变量控制过程之间的某种协同关系。被控制对象中存在的相互联系实际上并不都是有害的，有的是有益的。

为此，有人提出了协同式网络控制原理。协同式网络控制原理、概念和方法可以应用于研究网络系统的协同式控制问题。网络系统协同式控制的任务是实现网络系统控制的“协同化”，从而提高网络管理的安全性、效率和可靠性。通过协同式网络控制使网络系统中的各子系统相互协同、相互配合、相互制约、相互促进，从而在实现各子系统子目标、子任务的基础上，实现网络系统的总目标、总任务。其主要思想如下：

① 协同式网络控制的任务是保持给定的协同关系，而不是个别的被控制量。因此，在协同式网络控制系统中，各被控制量没有外加的给定值，而是根据给定的协同关系，并考虑系统当前的运行状态，自行设定其内部给定参数。

② 为了保持给定协同关系，需要按协同偏差进行多向反馈控制。所谓协同偏差就是内部给定量与被控制量之差。根据协同偏差对相应的各个被控制量进行负反馈闭环控制，将迫使系统的运行点向协同工作点运动，从而减少协同偏差，使系统进入协同工作状态。

③ 协同式网络控制与单变量控制的特点的不同之处在于被控制对象中存在着相互联系，如被控的网络各元素之间存在着数据、状态和指令的联系等，从而形成各变量之间的相互影响。正确处理对象中的相互联系是协同式网络控制系统设计的关键。

协同式网络控制原理要求建立控制设备之间的协同联系，保留或加强被控制对象中有益的联系，抵消或减弱对象中有害的相互联系，使系统特性适应协同式网络控制的需要，实现系统矩阵的协同化。

④ 协同式网络控制系统是在相对稳定状态下工作的，这里的相对稳定指的是协同关系。外来干扰是破坏协同关系的重要因素。若干扰是直接或间接可观测的，则可以进行扰动的协调补偿，建立扰动补偿的开环控制通道，以消除或减小扰动对系统协同工作的有害影响。扰动补偿的开环控制与协同偏差的闭环控制相结合可构成复合协同式网络控制系统。

3．最优控制

在网络系统的控制问题中，总希望在控制过程中一些指标达到最大值或者最小值，如要求网络发挥效用最大、时间消耗最小等，此时就涉及最优控制的问题。最优控制就是选择满足网络系统各种约束条件的控制方法和控制机制，使网络系统在某种意义上是最优的。最优控制有它的评价标准或评价方法，目标函数或目标泛函就是这种标准的数学描述，最优控制也就是求得目标函数或目标泛函的极大值或极小值的网络控制过程。

最优控制的两种常见类型是选择最优过程和选择最优策略。其中，选择最优过程是较简单较经典的一种最优控制问题。网络系统从一个状态向另一个状态过渡，可以通过多种过程到达，每一个过程相应于一种控制作用。此时，最优控制问题就是从这些受控过程中选择一种使控制作用最优的控制。选择最优过程往往采用古典变分法，即拉格朗日乘数法则。它通过目标函数求极值，因为求得的最优解是一个不变常数，因此该最优解是静态最优解。然而，在网络控制论系统中，问题往往要复杂得多，需要用现代控制理论来求解目标泛函的极值问题。

选择最优策略是指对于任一多级过程要对每一过程作选择，这些被选择的过程排成一个最优序列解，其中每一个选择的过程未必是最优过程，但它们排成的多级过程序列对应着最优控制，这个最优的序列解就是最优策略。选择最优策略的常用方法是动态规划方法，因为最优控制问题的解法十分复杂，并非都能获得严格的数学解。因此，针对网络控制论系统这种离散系统需要采用动态规划方法。

对于不同的网络目标、不同的约束条件以及不同的网络控制论系统，最优控制有不同的具体方式。对于复杂的网络管理活动，简单地采取某一种控制方式都未必能达到理想状态。因此，往往需要针对不同情况采取不同的控制方式，并综合利用各种控制方式，还要随着网络管理的不同阶段及时变更控制方式。

6.1.4　控制系统设计原则

由于无线传感器网络控制系统的信息采集来源众多以及网络具有的时延特性，控制系统的设计比以往的系统更为复杂，因此，在设计时需要满足以下要求：

(1) 开放性与分散性。控制系统中网络结构的出现改变了原有的控制系统体系。物联网控制系统的结构体现为集中管理和分散控制，具有多级分层的结构特点，基本的控制功能集成到了现场控制器或仪表当中，不同的现场设备可以构成更高一层的控制回路，设备之间采用开放式的网络协议进行连接，有利于物联网控制系统结构的更改和规模的变化。

(2) 实时性。对于控制网络，保证各测控设备之间数据的实时性是其基本要求。物联网控制系统对实时性的要求包括两个方面，即低数据响应滞后和高数据传输速率。数据响应滞后是指从接收数据发送请求开始到传输操作准备就绪的时间段，数据传输速率是指单位时间内传输的字节数。较低的数据响应滞后和较高的数据传输速率可以保证系统对来自内部和外部的事件均能做出及时的处理，不丢失信息，维持系统的稳定运行。

(3) 设备兼容性。物联网控制系统的开放性使得同一控制网络中可能存在来自不同厂商、不同型号的设备，为保证系统完成控制目标并实现稳定运行，需要对接入同一控制网络的设备进行兼容性测试，只有通过兼容性测试的设备才可用于控制网络的组网操作。

(4) 可靠性。在工业生产过程中，控制系统需要进行长期的连续运行，而对于物联网控制系统，其中涉及的控制设备与任务纷繁复杂，任何故障都可能造成控制系统停机，导致停产或危及操作人员人身安全，因此可靠性是物联网控制系统设计中的重要指标之一。

(5) 环境适应性。工业生产过程往往存在着强震动、空气漂浮颗粒、强电磁干扰，甚至强酸碱等恶劣的环境因素，设计具备复杂环境适应性的物联网控制系统是保证其可靠性的前提。

(6) 网络安全性。随着控制系统的网络化进程，控制网络与企业管理网络已经融为一体，这使得控制网络的信息安全成为设计中必须考虑的因素，任何信息的泄露都有可能造成企业的经济损失，因此对控制网络中信息的加密和保护是物联网工业控制系统中必不可少的组成环节。

6.2　无线传感器网络的控制终端

无线传感器网络控制是通过控制终端设备实现的，控制终端设备所采用的主控芯片主要有可编程逻辑控制器、数字控制器、嵌入式控制器等。

6.2.1　可编程逻辑控制器

可编程逻辑控制器(Programmable Logic Controller，PLC)又称可编程控制器，是专为工业环境下的应用而设计的一种数字运算操作电子装置，带有存储器和可以编制程序的控制器，已成为代替继电器实现逻辑控制的主流控制技术，是工业控制的核心部分。由于 PLC 具有体积小、可靠性高、功能强、程序设计方便、通用性强、维护方便等优点，并且 PLC 作为控制终端容易与 3G 网络、传感器等紧密结合，PLC 已成为网络控制应用中不可缺少的重要部分，并得到了广泛应用。PLC 现已成为现代工业控制的三大支柱(PLC、机器人和 CAD/CAM)之一。

可编程控制器能够存储和执行命令，也能进行逻辑运算、顺序控制、定时、计数和运算等操作，并通过数字式和模拟式的输入/输出控制各种类型的机械或生产过程。在无线传感器网络的应用中，综合控制器基本上都内置有无线控制器模块，并通过 Internet 实现远程控制。无线传感器网络控制器的应用要求可编程控制器及其有关的外围设备都应按照易于工业控制系统形成一个整体、易于扩展其功能的原则设计。

1．功能与特点

可编程控制器由电源、中央处理单元、存储器、输入/输出接口电路、功能模块、通信模块组成，其工作原理由扫描技术、用户程序执行阶段、输出刷新阶段三大部分组成。一种集散控制系统结构如图 6-6 所示。

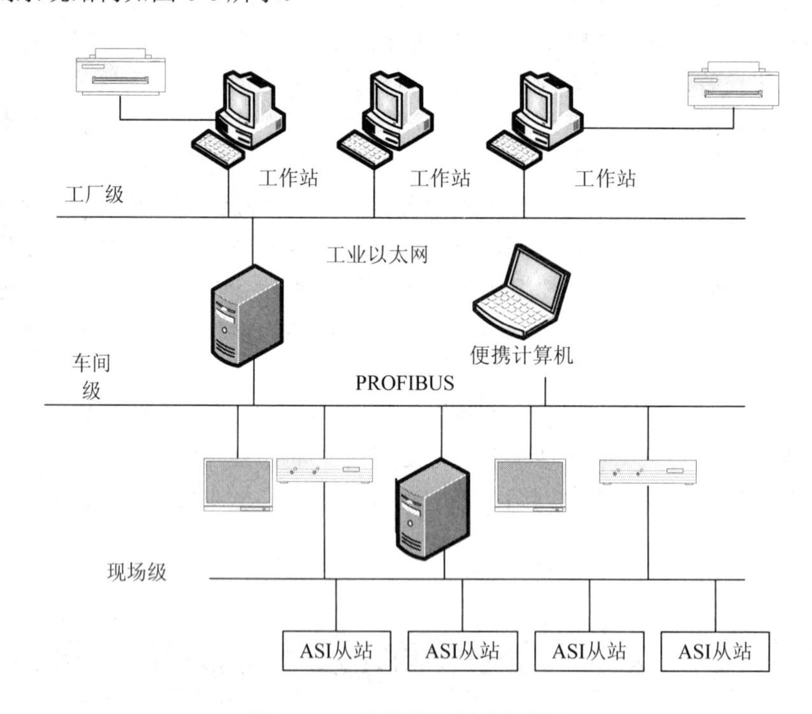

图 6-6　一种集散控制系统结构

PLC 在无线传感器网络中的应用主要体现在以下五个方面：

(1) 逻辑控制。利用 PLC 最基本的逻辑运算、定时、计数等功能可以实现对机床、自动生产线、电梯等的语音控制，使其更具智能化，并通过无线控制模块构成网络控制系统。

(2) 位置控制。较高档次的 PLC 具有单轴或多轴位置控制模块，可实现对步进电动机或伺服电动机的速度和加速度的控制，确保运行平滑。

(3) 过程控制。通过PLC的模拟量输入/输出和PID控制可构成闭环控制系统，这类系统可应用于冶金、化工等行业，并通过网络模块构成自动控制系统。

(4) 监控系统。PLC能记忆某些异常情况，并进行数据采集。操作人员还可以利用监控命令进行生产过程的监控，以及时调整相关参数。

(5) 集散控制。基于PLC与PLC、PLC与上位机之间的联网可构成工厂自动化网络系统。

在实际应用中，PLC可编程逻辑控制器作为智能控制终端，可与传感器、无线网络、RFID等新型技术相互结合进行信息的交换和通信，从而实现对物体的智能化识别、定位、跟踪、监控和管理，并实现物与物、物与人、物品与网络的连接，方便了对物体的识别、管理和控制。可编程控制器的主要特点如下：

(1) 可靠性高、抗干扰能力强。可靠性高、抗干扰能力强是PLC重要的特点之一。在硬件方面，PLC的输入输出采用光电隔离，有效地抑制了PLC受外部干扰源的影响。可编程控制器用软件取代了传统控制系统中大量采用的中间继电器、时间继电器、计数器等器件，仅剩下与输入/输出有关的少量硬件，控制设备的外部接线有效减少，因此大大减少了实际应用中由于触点接触不良造成的故障。

因为PLC采用良好的综合设计技术，选用优质元器件，采用隔离、滤波、屏蔽等抗干扰技术，引入了实时监控和故障诊断技术等，所以PLC具有很高的运行稳定性和可靠性，可以在恶劣的工业环境下与强电设备一起工作。此外，PLC以集成电路为基本元件，内部处理不依赖于接点，元件的寿命一般比较长。目前，PLC的整机平均无故障工作时间一般可达20 000～50 000 h，设计合理的话，平均无故障工作时间甚至更高。

PLC用软件编程取代了继电器系统中容易出现故障的大量触点和接线，这是PLC具有高可靠性的主要原因之一。除此之外，PLC的监控定时器可用于监视执行用户程序的专用运算处理器的延迟，在程序出错和程序调试时可以避免因程序错误而出现死循环。PLC在软硬件方面还采取了一系列抗干扰措施以提高可靠性。PLC可以对CPU、电源电流、电源电压的范围、传感器、输入/输出接口、执行器以及用户程序的语法错误进行检测，一旦发现问题，PLC能自动作出反应，如报警、封锁输出等。另外，PLC控制器中内置无线通信模块，扩大了其在物联网中的应用范围。

(2) 编程方法齐全、易于实现。PLC通常采用与实际电路非常接近的梯形图方式编程，简单易学。它以计算机软件技术构成人们惯用的继电器模型，形成一套面向生产和用户的编程方式，与常用的计算机语言相比该编程方式更容易被接受。梯形图符号的定义与常规继电器展开图完全一致，不存在计算机技术与传统继电器控制技术之间的专业脱离。

在了解PLC简要的工作原理和编程技术之后，就可以结合实际需要进行应用设计，进而将PLC用于实际控制系统中，并可以根据应用的规模进行容量、功能和应用范围的扩展。梯形图语言配合顺序功能图，既可以写成指令程序由编程器输入，又可以应用于物联网中，从而直接在计算机上编程。它实际上是一种面向控制过程和操作者的“自然语言”，比其他计算机语言易学易懂。

(3) 硬件配套齐全、功能完善、适用性强。PLC发展至今已经形成了大、中、小各种规模的系列化产品，并且已经标准化、系列化、模块化，可用于各种规模的工业控制场合。由于PLC的I/O接口已经做好，可以直接用接线端子与外部设备接线。可编程控制器具有较强的带负载能力，可直接驱动一般的电磁阀和交流接触器，在物联网的应用中可以用于各种控制系统。

除了逻辑处理功能以外，现代可编程控制器还具有完善的数据运算能力、数值转换以及顺序控制功能，可用于物联网中的各种数字控制领域。近年来，可编程控制器在物联网中得到了广泛应用，因此其功能单元大量涌现，使可编程控制器渗透到了位置控制、温度控制、CNC 等各种工业控制中。此外，随着可编程控制器通信能力的增强以及人机界面技术的发展，使用可编程控制器组成各种控制系统将变得更容易。

PLC 还具有强大的网络功能。它所具有的网络通信功能使各种类型的 PLC 可以联网，并与上位机通信组成分布式控制系统。另外，PLC 还可以通过专线上网、无线上网等功能形成远程网络控制，在物联网中得到广泛应用。

(4) 功能完善、应用灵活。PLC 除了具有基本的逻辑控制、定时、计数、算术运算等功能外，还具备模拟运算、显示、监控等功能。通过配置各种扩展单元、智能单元和特殊功能模块，可以方便灵活地组成各种不同规模和要求的控制系统，从而实现位置控制、PID 运算、远程控制等各种工业控制。此外，PLC 还具有完善的自诊断和自测试功能。

近年来，PLC 向着系列化和规模化方向发展，各种硬件配置配套齐全，应用灵活，可以满足组成不同规模和功能各异控制系统的要求。在实际应用中，用户只需将输入/输出设备和 PLC 相应的输入/输出端子相连接即可，安装便捷、使用简单。当可编程控制要求改变时，由于软件本身具有可修改性，不必更改 PLC 硬件设备，只需修改用户程序就可以达到更改控制任务的目的。

可编程控制器输入/输出接口简单，只用可编程控制器的少量开关量、逻辑控制指令就可以很方便地实现继电器电路的功能。

(5) 系统的设计、安装、维护方便，容易改造。PLC 能够通过各种方式直观地反映控制系统的运行状态，便于工作人员对系统的工作状态进行监控。可编程控制器的梯形图程序一般采用顺序控制设计法，这种编程方法简单易学。在复杂控制系统设计中，梯形图的设计时间比电气系统电路图的设计时间要少得多。

在硬件配置方面，PLC 的硬件都是专门的生产厂家按一定标准和规格生产的，硬件可按实际需要配置。PLC 安装方便，内部不需要接线和焊接，只要编写程序即可。接点和内部器件的使用不受次数限制，在实际应用中，可根据输入/输出点个数选择不同类型的 PLC。PLC 配备有很多监控提示信号，能够进行自身故障检测，并随时显示给操作人员，它还能动态地检测控制程序的执行情况，为现场调试和维护提供方便，而且接线较少，维修时只需更换插入式模块即可。

(6) 体积小、质量轻、能耗低。PLC 内部电路主要采用微电子技术设计，具有体积小、质量轻的特点。超小型可编程控制器底部尺寸小于 100 mm，仅相当于几个继电器的大小，这有效地缩减了开关柜的体积。另外，超小型 PLC 的质量小于 150 g，并且功率损耗仅数瓦。由于其体积小、质量轻，因此 PLC 很容易装入机械结构内部而组成机电一体化控制设备。

2. 系统组成

可编程控制器由硬件系统和软件系统两大部分组成，总体系统结构可分为输入模块、CPU 和输出模块，如图 6-7 所示。

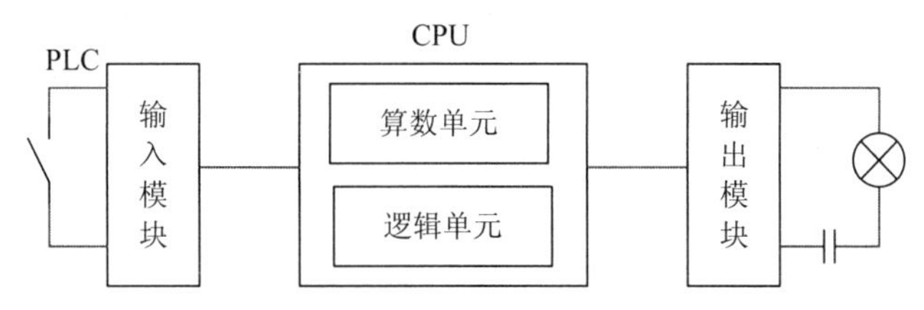

图 6-7 PLC 总体系统结构

(1) 输入模块：将被控对象各种开关信息以及操作台上的操作命令转换成可编程控制器能够识别的标准输入信号，然后送到 PLC 的输入接口。

(2) CPU：由可编程控制器按照用户程序的设定完成对输入信息的处理，并可以实现算术、逻辑运算等操作功能。

(3) 输出模块：由 PLC 输出接口及外围现场设备构成，通过输出电路将 CPU 的运算结果提供给被控制装置，然后执行控制。

PLC 利用循环扫描的方式检测输入端口的状态，然后执行用户程序，从而实现控制任务。PLC 采用循环顺序扫描方式工作，在每个扫描周期的开始，CPU 扫描输入模块的信号状态，并将其状态送入输入映像寄存器区域；然后根据用户程序中的程序指令来处理传感器信号，并将处理结果送到输出映像寄存器区域，在每个扫描周期结束时送入输出模块。

可编程控制器主机的硬件部分主要由中央处理器、存储器、输入单元、输出单元、I/O 接口电路、外围设备、电源等部分组成，如图 6-8 所示。

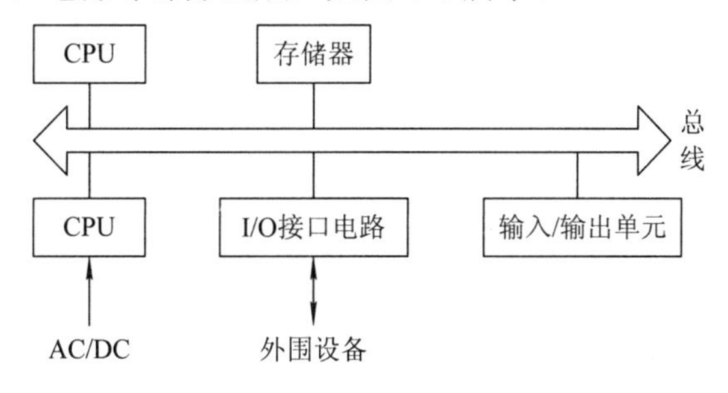

图 6-8 可编程控制器主机的硬件组成

(1) 中央处理器。中央处理器是 PLC 的核心部件，作为运算和控制中心，在 PLC 的工作过程中起主导的控制作用。CPU 由微处理器和控制器组成，可以实现逻辑运算和数学运算，协调控制系统内部的工作。其主要功能是从内存中读取用户指令和数据，并按照存放的先后次序执行指令，同时检查电源、存储器、输入/输出设备以及警戒定时器的状态等。

PLC 常用的 CPU 主要有通用微处理器、单片机和位片式微处理器。根据 PLC 类型的不同，其通用微处理器处理数据位数有 4 位、8 位、16 位和 32 位等，位数越高则运算速度越快，指令功能越强。目前，PLC 主要采用 8 位和 16 位微处理器。

(2) 存储器。存储器是 PLC 存放系统程序、用户程序和运行数据的单元。PLC 的存储器由系统程序存储器和用户程序存储器两部分组成。由于存放系统软件的存储器不能被访问，一般称为系统程序存储器。存放应用软件的存储器称为用户程序存储器，存放应用数据的存储器称为数据存储器。PLC 的存储器是一些具有记忆功能的电子器件，主要用于存放系统程序、用户程序等信息数据。PLC 的用户程序存储器通常以字节为单位，小型 PLC

的用户程序存储器容量一般为 1 KB 左右，典型 PLC 的用户程序存储器可达数兆字节。

(3) 输入/输出单元。输入/输出单元是 PLC 与工业过程控制现场的 I/O 设备或其他外设之间的连接部件，其信号分为数字量和模拟量。相应的输入/输出模块包括数字量输入模块、模拟量输入模块、模拟量输出模块。PLC 通过输入单元把工业设备或生产过程中的状态、各种参数信息读入主机，并变成 CPU 能够识别的信号，然后通过用户的运算与操作，最后把结果输出给执行机构。输入单元对输入信号进行滤波、隔离、电平转换等，把输入信号安全可靠地传送到 PLC 内部，输出单元把用户程序的运算结果输出到 PLC 外部。输出单元具有隔离 PLC 内部电路和外部执行电路的作用，还具有功率放大作用。由于外部输入设备和输出设备所需要的信号电平有多种类型，而 PLC 内部 CPU 处理的信息只能是标准电平，所以 I/O 接口单元必须有电平转换功能。

(4) 电源。PLC 的电源是指把外部设备供应的交流电源，经过整流、滤波、稳压处理后转换成满足 PLC 内部的 CPU、存储器、输入接口、输出接口等电路工作所需要的直流电源电路或电源模块，且同时保证 CPU、存储器、输入/输出电路能够可靠工作。为了避免电源干扰，输入/输出回路的电源彼此相互独立。

PLC 的工作电源一般为单相交流电源或直流电源，要求额定电压为 AC 100～240 V，额定频率为 50～60 Hz，电压允许范围为 AC 85～264 V，允许瞬间停电时间为 10 ms 以下。用直流供电的 PLC 要求输入信号电压为 DC 24 V，输入信号电流为 7 mA。PLC 一般都有一个稳压电源用于对 CPU 和 I/O 单元供电，有的 PLC 电源和 CPU 合为一体。而一些 PLC，尤其是大、中型 PLC，具有专用的电源模块供电。另外，有的 PLC 电源还提供 DC 24 V 稳压输出，用于对外部传感器供电。

(5) 专用编程器。专用编程器是指 PLC 内部存储器的程序输入装置，分为简易编程器和图形智能编程器两类。专用编程器由 PLC 厂家生产，专供某些 PLC 产品使用。专用编程器主要由键盘、显示器和通信接口等设备组成，其主要任务是输入系统程序(系统软件)和用户程序(应用软件)两大部分。系统程序由生产厂家设计，由系统管理程序、用户指令解释程序、编辑程序功能子程序以及调用管理程序组成。用户程序是用户利用 PLC 厂家提供的编程语言，根据工业现场的控制目的来编写的程序。

3. 可编程控制器的主要性能

可编程控制器作为无线传感器网络应用中的中间控件，可利用无线通信技术组成控制逻辑模块。可编程控制器的主要技术指标如下：

(1) I/O 点数。I/O 点数是指 PLC 外部的输入/输出接口端的数目，是衡量 PLC 可接收输入信号和输出信号数量的能力，也是一项描述 PLC 容量大小的重要参数。PLC 的 I/O 点数包括主机的基本 I/O 点数和最大 I/O 扩展点数。

(2) 扫描速度。扫描速度是指 PLC 扫描 1KB 用户程序所需要的时间，一般以 ms/KB 为单位，与扫描周期成反比。其中，CPU 的类型、机器字长等因素直接影响 PLC 的运算精度和运行速度。

(3) 用户存储器容量。用户存储器容量一般是指 PLC 所能存放用户程序的大小，PLC 中的程序以步为单位，每一步占用两个字节，一条基本指令一般为一步。功能复杂的基本指令或功能指令往往有若干步。此外，PLC 的存储器由系统程序存储器、用户程序存储器和数据存储器三部分组成。PLC 的存储容量一般是指用户程序存储器和数据存储器容量之和，是表示系统提供给用户的可用资源，也是系统性能的一项重要技术指标，通常用 K 字(KW)、K 字节(KB)或 K 位来表示，其中 1K=1024，部分 PLC 也直接用所能存放的程序量表示。

(4) 指令系统。指令系统的指令种类和指令条数是衡量 PLC 软件功能强弱的重要指标，PLC 指令种类越多说明软件功能越强，PLC 的指令系统可分为基本功能指令和高级指令两大类。

(5) 内部寄存器。PLC 内部有多个寄存器用以存放变量状态、中间结果和数据等。用户编写 PLC 程序时，需要大量使用 PLC 内部的寄存器存放变量、中间结果、定时计数及各种标志位等数据信息，因此内部寄存器的数量直接关系到用户程序的编写。

(6) 编程语言。编程语言一般有梯形图、指令助记符、控制系统流程图语言、高级语言等，不同的 PLC 提供不同的编程语言。

(7) 编程手段。编程手段有手持编程器、CRT 编程器/计算机编程器及相应的编程软件。

另外，可编程控制器 PLC 还具有通信接口类型、PLC 扩展能力、PLC 电源、远程 I/O 监控等重要的技术指标。

6.2.2 数字控制器

数字控制器是由微处理器的基础上发展而来的，使控制器的功能、相应处理速度、变更控制任务和信息交换能力都发生了重大变化。这些变化引起了控制技术的更新，带动了整个工业控制系统的变革。控制信息的数字化处理使控制数据计算更为准确、容错能力增强、数据标准易于交换和永久保存。

从功能角度看，物联网和互联网提供了数据通道，数字控制器是用于执行指令和完成动作的控制终端。典型的数字控制器有多模块组成的可编程序控制器、微处理器嵌入式仪表控制器和计算机网络服务器等设备，它们的适用环境、场合以及服务的对象有所不同。

1．数字控制器的内涵

数字控制器是现代计算机控制系统的核心部分，一般与系统中反馈部分的元件、设备相连，该系统中的其他部分可能是数字的，也可能是模拟的。数字控制器通常利用计算机软件编程完成特定的控制算法。通常数字控制器应具备 A/D 转换、D/A 转换以及一个完成输入信号到输出信号换算的程序。

其中，直接数字控制器(Direct Digital Controller，DDC)是典型的数字控制器。DDC 系统的组成通常包括中央控制设备(集中控制电脑、彩色监视器、键盘、打印机、不间断电源、通信接口等)、现场 DDC 控制器、通信网络，以及相应的传感器、执行器、调节阀等元器件。控制器是指完成被控设备特征参数与过程参数的测量并达到控制目标的控制装置。数字的含义是指该控制器利用数字电子计算机来实现其功能要求。直接是指该装置在被控设备的附近，无需再通过其他装置即可实现上述全部测控功能。因此，直接数字控制器实际上也是一个计算机，它具有可靠性高、控制功能强、可编写程序等特点，既能独立监控有关设备，又可通过通信网络接受来自中央管理计算机的统一控制与优化管理。

2．DDC 的主要功能

一般来说，DDC 具有多个可编程控制模块及 PLC 逻辑运算模块，除了能完成各种运算及回路控制功能以外，还具有多种统计控制功能，可同时设置多个时间控制程序，控制其具有独立运作的功能。当中央操作站及网络控制器发生问题时，控制器不受影响继续进行运作，完成原有的全部监控功能。根据用途，直接式数字控制器可以分为以下两大类：一类是功能专一的控制器，一般用于某个特定的子系统中，执行某些特定的控制功能；另一类是模块化的控制器，在不同控制要求的控制条件下，可以插入不同模块，执行不同的控制功能，且可以通过中央控制系统或手提的移动终端修改控制程序控制参数。

DDC基本上可以完成所有控制，只是在监控的范围和信息存储及处理能力上有一定限制。因此，直接式数字控制器可以看做是小型的、封闭的、模块化的中央控制计算机。在小规模、功能单一的控制系统中可以仅使用一台或几台控制器完成控制任务；在一定规模、功能复杂的系统中可以根据不同区域、不同应用的要求采用一组控制器完成控制任务，并由中央管理系统收集信息和协调运作；而在大型复合功能众多的智能化程度很高的系统中，必须采用大量的控制器分别完成各方面的控制任务，并依靠中央管理系统随时监视、控制和调整控制器的运行状态，完成复杂周密的控制操作。

DDC的主要功能包括以下四个方面：

(1) 对第三层数据采样设备进行周期性的数据采集，并向第三层的数据控制和执行设备输出控制和执行命令(执行时间、时间响应程序、优化控制程序等)。

(2) 对采集的数据进行调整和处理(滤波、放大、转换)，根据现场采集的数据执行预定的控制算法(连续调节和顺序逻辑控制的运算)而获得控制数据。

(3) 对现场采集的数据进行分析，确定现场设备的运行状态。通过预定控制程序完成各种控制功能，包括比例控制、比例加积分控制、比例加积分加微分控制、开关控制、平均值控制、最大/最小值控制、逻辑运算控制和连锁控制。

(4) 对现场设备运行状况进行检查对比，并对异常状态进行报警处理。通过数据网管或网络控制器连接第一层的设备，与上级管理计算机进行数据交换，向上传送各项采集数据和设备运行状态信息，同时接收上级计算机下达的实施控制指令或参数的设定与修改指令。

3. DDC硬件结构和工作原理

1) DDC的硬件结构

可扩展式DDC通常由主控制器、扩展控制器、扩展模块等组成。分布式DDC通常由主控模块、总线模块、智能I/O模块、通信模块、组网模块、手持式编程器等单元组成，可以通过对这些模块的不同组合实现系统的配置。现以分布式DDC为例进行阐述。

(1) 主控模块。主控模块是以中央处理单元为核心的DDC核心模块，包括微处理器和控制接口电路。微处理器是DDC的运算控制中心，实现逻辑控制、PID运算、数据的分析和处理，协调控制系统内的部分工作，它是按照系统程序所赋予的任务运行的。DDC控制器模块逻辑结构如图6-9所示。

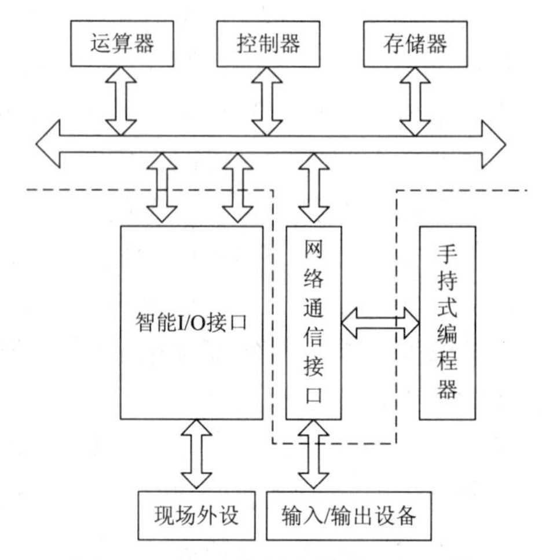

图6-9 DDC控制器模块逻辑结构

(2) 总线模块。总线模块用来实现 DDC 与计算机之间、DDC 与 DDC 之间、DDC 与智能单元之间的组网和通信。利用总线模块的输出，总线可以把具有不同站点的 DDC 进行组网连接，使其构成局域网实现计算机的网络控制。

(3) 智能 I/O 模块。智能 I/O 模块是连接现场设备的控制模块，主要由数字量模块和模拟量模块组成，开关信号可以直接与 DDC 的 I/O 接口连接，模拟信号需经过 A/D 转换或 D/A 转换后与 DDC 的 I/O 接口连接。

2) DDC 的工作原理

DDC 通常用于计算机集散式控制系统，利用输入端口连接来自于现场的手动控制信号、传感器(变送器)信号以及其他连锁控制信号等。CPU 接收输入信号后，按照预定程序进行运算和控制输出，通过它的输出端口实现对外部阀门控制器、风门执行器、电机等设备的驱动控制。

DDC 具有输入、输出和通信功能，主要用于过程参数多、控制设备比较分散的集散控制系统。它采用独立的操作系统，可与计算机连接通信，可使用高级编程语言实现控制。CPU 是 DDC 的核心单元，通过对预先用户程序的扫描完成各种逻辑控制、时钟控制、PID 调节、数据处理等操作。

(1) 逻辑控制。在 DDC 的控制系统中，逻辑控制主要是针对开关量(模拟量的定值)而言，如对送风机、水泵、照明设备等的启停控制。逻辑控制可以通过属性定义、逻辑运算、软 PLC 控制等手段实现。为了实现远程在线监控，需要向 DDC 控制器提供运行状态和故障报警。

(2) 数值控制。数值控制是对 DDC 内部数据进行分析、变换、运算、处理的一种方式，当采集到模拟量信号后，通过 DDC 中预先编好的控制程序实现对模拟量设备诸如电动水阀、电动风阀、压差旁通阀等的开关控制。为了实现远程在线监控，还要向 DDC 提供模拟量的现行值，通过与 DDC 内部各类设定值的比较完成相应的控制、调节和报警。

(3) PID 调节。PID 调节是 DDC 中的一种算法，它可以实现对被控量的闭环调节和控制。其中，P 是比例控制，I 是积分控制，D 是微分控制。P 调节是指控制器的输出与输入误差成比例关系，输出随着输入误差的增减而增减。比例控制是一种简单的控制方式，属于有差调节。I 调节是指控制器的输出和输入误差的积分成正比关系。当输入误差信号为正偏差(负偏差)时，由于积分的作用，随着时间的增加输出也在增加，从而使稳态误差进一步减小，直到等于零。当输入误差为零时，控制器输出将保持稳定在当前值。因此，使用积分调节可以使系统实现无差调节。D 调节是指控制器的输出和输入误差的微分(即误差的变化率)成正比关系。由于较大惯性组件或滞后组件的存在，调节过程中可能会出现振荡甚至失稳。当引入微分项后，它能预测误差变化的趋势，因此具有“比例+微分”的控制器就能够提前使得抑制误差的控制作用等于零，甚至为负值，从而避免了被控量的严重超调。

4. DDC 控制器程序模块

DDC 控制器程序模块按功能可分为五种类型，即输出程序模块、控制策略程序模块、超驰程序模块、独立模程序块、通用程序模块。

(1) 输出程序模块。输出程序模块用于控制功能输出以及对设备的接口，如对风机、热水阀、冷水阀等的输出控制。其属性为信号的连接、DDC 控制器程序模块中控制回路的信号传递关系及对外的电气连接。

(2) 控制策略程序模块。控制策略程序模块用于实现各种控制功能和控制算法，为输出模块提供控制信号，如 PID 运算、优化控制等。其属性为模块的控制功能、控制算法联动特性、特性参数及保护动作的实现过程。

(3) 超驰程序模块。超驰程序模块用于提供一种超驰控制策略，实现更高一级的方式运行，如控制对象运行方式的改变。其属性为描述模块间变量的关联关系、参数的传递等。

(4) 独立程序模块。独立程序模块依靠模块自身实现完整控制功能，如静压控制、流量控制、电力需求控制等。其属性为通过不同的编码，实现控制对象工作方式的改变。

(5) 通用程序模块。通用程序模块一般用于实现辅助功能，如远程设定点调节、能量计算等。其属性为程序模块中各种控制参数的设置。

6.2.3 嵌入式控制器

无线传感器网络的发展需要嵌入式技术，嵌入式软件将利用网络公用资源和服务来深化设计嵌入式系统，从而使无线传感器网络得到快速发展。随着嵌入式系统在生产、生活等诸多领域终端中的广泛应用，各种各样的无线传感器网络嵌入式控制器需求日益扩大。在保证嵌入式系统高度稳定可靠和快速实时响应的基础上，利用无线通信网络技术构建高性能的无线传感器网络，并以最小的系统资源占有量开发出稳定高效的通信体系，实现简易方便、高性价比的无线传感器网络，从而能进行实时可靠的数据信息交互，使嵌入式应用系统更好地融入无线传感器网络系统。嵌入式控制器(Embedded Controller，EC)就是在一组特定系统中新增到固定位置，完成一定任务的控制装置。嵌入式控制器是一种具有特殊用途的 CPU，通常应用在非计算机系统中，如家用电器等。

1. 嵌入式控制器结构

嵌入式系统是以应用为中心，以计算机技术为基础，软硬件可配置，并对功能、可靠性、成本、体积和功耗有严格约束的专用系统，用于实现对其他设备的控制、监视和管理等功能。它一般由微处理器、外围硬件设备、嵌入式操作系统以及应用程序等部分组成。常用的嵌入式系统主要基于单片机技术来设计，同时 FPGA、ARM、DSP、MIPS 等嵌入式系统也得到了快速发展。

嵌入式系统要实现网络通信，需要在嵌入式控制器上增加特定的网络接口电路，在软件上添加网络接口的驱动程序，并遵守共同网络的传输协议。目前，无线传感器通信网络的形式多种多样，可以是有线、无线、远程、短距离或综合性等多种形式，众多的嵌入式系统通过网络连接便形成大型的物联网嵌入式网络系统。

对于不同的应用，嵌入式系统具有不同的特性。通用的计算机系统是其重要组成部分，能够完成多种面向应用的功能。嵌入式系统的特征主要有以下四个方面：实时性、技术密集、专用紧凑、安全可靠等。嵌入式系统由硬件和软件两部分组成，其物理基础是硬件系统。嵌入式系统提供软件运行平台和通信接口。嵌入式系统的体系结构如图 6-10 所示。

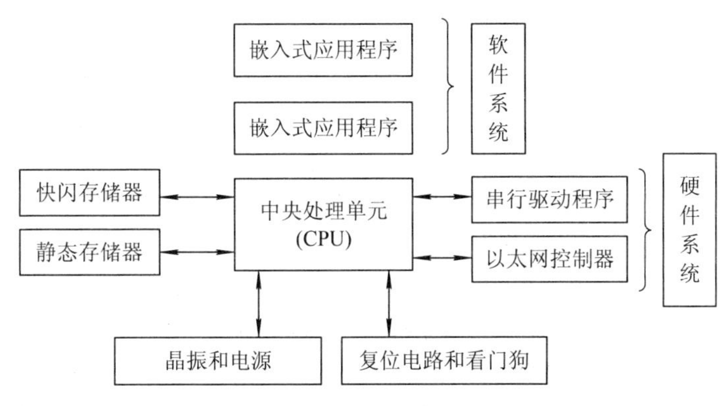

图 6-10　嵌入式系统的体系结构

从系统组成来看，嵌入式硬件由处理器核、外围电路、外设与扩展等部分组成。处理器核是嵌入式系统的核心部件，负责控制整个系统的执行，如时钟分频定时、中断 I/O 端口控制等。外围电路主要包括嵌入式系统所需要的基本存储管理器、晶振、复位和电源等控制电路及接口，并与处理器一起构成完整的嵌入式微处理器。外设与扩展部分位于嵌入式微处理器之外，是嵌入式系统与真实环境交互的接口，并能够提供扩展存储、打印等设备的控制电路。嵌入式软件结构可以分为软件级支持包、嵌入式实时操作系统、应用编程接口和嵌入式应用系统四个层次。

在无线传感器网络的识别和信息传递过程中，嵌入式智能技术面向各种不同的应用，因此作为其核心部分的嵌入式微处理器的功能也不相同。根据嵌入式系统的应用领域，嵌入式微处理器可分为嵌入式微处理器、嵌入式微控制器、数字信号处理器和嵌入式片上系统。

2. 嵌入式控制器分类

嵌入式控制器是用于执行指定独立控制功能，且具有复杂数据处理能力的控制系统。嵌入式控制器可以搭载 Windows® XP、Windows®XP Embedded、Windows®2000 以及 Linux 等主流操作系统和嵌入式操作系统。一般地，嵌入式控制器分为普通的嵌入式控制器和工业上的嵌入式控制器。

(1) 普通的嵌入式控制器。它是由嵌入的微电子技术芯片来控制的电子设备或装置，从而使该设备或装置能够完成监视、控制等各种自动化处理任务。

(2) 工业上的嵌入式控制器。工业上的嵌入式控制器俗称 PC-BOX 或 E-BOX，是工控机的一种，属于紧凑型嵌入式计算机系统。它一般采用低功耗无风扇处理器，能直流 12 V 或 24 V 电源输入，能有效控制内部热量，使其能适应严苛的工作环境。而且嵌入式控制器各种 I/O 端口特别多，可以连接更多所需的设备。

3. 无线传感器网络与嵌入式系统

一般地，嵌入式设备没有浏览器，需要建立信息平台实现低端和高端的连接，以提高嵌入式设备的利用率。因此，通过无线传感器网络把嵌入式的物理设备与后台数据处理系统相连，在嵌入式物理设备上建立信息采集与信息处理平台，从而实现系统自治的控制和信息服务。嵌入式设备连成网络可提高其功能和可靠性。

无线传感器网络的三个基本要素包括信息采集、信息传递、信息处理，而无线传感器网络的信息处理核心则是嵌入式系统。如今，嵌入式系统正向多功能、低功耗和微型化方向转变，从面向对象设计逐渐向面向角色设计方向发展，并且提供丰富的开发应用接口。这些改变使嵌入式系统能够更好地应用于无线传感器网络的信息处理中，使嵌入式的物理设备与后台数据处理系统相互连接。

在无线传感器网络的应用中，由于面向对象的数据信息是连续、动态和非结构化的，因此不能直接将无线传感器网络复制到无线传感器网络中，需要在嵌入式浏览器的低端和高端之间建立信息中间件，即 OSGI。OSGI 是开放性的机构，专门针对汽车电子、家庭网络、移动设备和工业环境等特定领域的无线传感器网络中间件。

嵌入式技术与无线传感器网络的应用是密不可分的，智能传感器、无线网络、计算机信息显示和处理都包涵了大量嵌入式技术和应用。智能传感器芯片技术和嵌入式软件技术是两个重点发展对象，面向应用的 SoC 芯片和嵌入式软件是未来嵌入式系统发展的重点。比如，家居无线抄表模块就是在单片机基础上开发的传感器网络嵌入式应用系统，而智能家居系统更是一个典型的嵌入式系统，是基于 ARM/Linux 开发平台和各种家庭传感单元组成的传感器网络系统。

嵌入式处理器随着 IC 设计技术的发展和集成电路工艺的不断提高而不断发展。随着迅速发展的互联网和廉价的、低功耗的、高可靠的 CPU 微处理器的出现，嵌入式系统市场和技术都处于快速增长时期。从某些角度讲，无线传感器网络系统就应该是嵌入式智能终端的网络化形式。

6.3 网络远程控制技术

网络远程控制是在网络上由主控端去控制远程客户端设备的技术。当操作者使用主控端界面控制远端设备时，就如同面对被控端的操作界面一样，可以启动被控端设备运行、使用其文件资料与信息数据、设置被控端的外围设备参数。

需要明确的是，主控端的 PC 只是将键盘和鼠标的指令传送给远程终端，同时将被控端的实时信息通过网络传输回来，即可实现控制被控端设备的操作似乎是在眼前的 PC 上进行的效果，但实质上是在远程设备上实现的，所有动作均在远程被控端上完成。目前，网络远程控制主要有移动通信远程控制、网络遥控操作和 Web 动态服务及控制等内容。

6.3.1 移动通信远程控制

移动通信是指通信的双方中至少有一方是在运动过程中实现信息交换的通信。例如，移动体与固定点之间、移动体之间、活动的人与人、人与移动体之间等通信都属于移动通信的范畴。这里所说的信息交换不仅指双方的通话，随着移动通信技术的不断发展，还包括数据、传真、图像等通信业务。网络远程通信的通信方式主要有以下四种：无线电台、拨号、GPRS 网络、数字线路。其中，无线电台是最常用的远距离通信方式之一，电台适合多点通信，点数越低费用越低。

但是，用无线电台作为通信手段存在以下问题：

① 无线电超短波的局限性，一般电台基站的天线应远离高大建筑物，但实际情况不能满足这一要求。

② 无线电频谱是一种资源，随着国家对无线电频谱资源的管理、限制和对电磁污染的治理，无线超短波通信现在已经不是企业采集数据传输的最佳方案。

③ 现有的传输系统不仅需要人工巡查维护，费用大，并且由于体积大和发射功率大，对仪表的运行会造成干扰。拨号是利用公共电话网络通过 Modem 拨号，并配合相应的软件来实现监控的。其缺点是只有拨号后才能通信，因此不能实现同时“点对多点”通信，而且无论是上位机还是客户机都必须有专门的电话线设备。

数字线路是四种方法中最为经济的，但是其前期电缆的铺设时间和费用投入比较大，而且铺设中间还要有中继站，在运行过程中要注意防雷、防干扰、防破损等。因此，数据只能传输到实际线路铺设的地方。GPRS 网络是依托于手机模块的功能来实现的，只要是具有 GPRS 功能模块的手机在有移动信号的地方都可以使用，而不需要用户自己铺设电缆或架设基站。

GPRS 是一种基于 GSM 的无线分组交换技术，提供端到端的广域无线 IP 连接。GPRS 无线通信系统由发射设备、传输介质、接收设备等组成，其原理框图如图 6-11 所示。

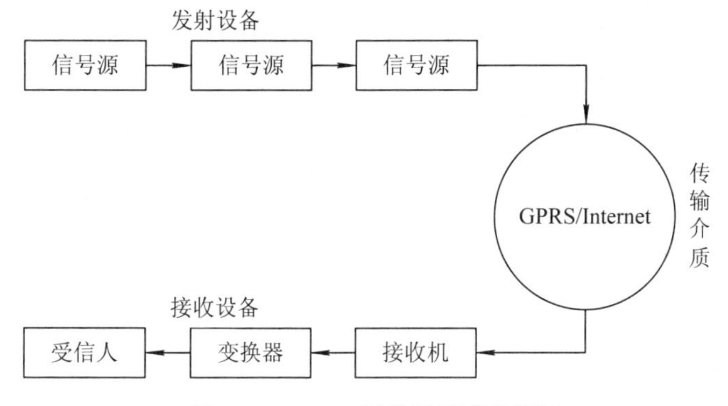

图 6-11　GPRS 无线通信原理框图

GPRS 无线远程控制传输系统采用的是服务器/客户端模式，图 6-12 所示为 GPRS 无线网络传输实现原理图。首先由客户端向服务器域名的地址发起连接，服务器等待客户端的连接请求，请求信息进入 GPRS 网络后通过 GSM 转换为 Internet 的网络数据。信息到达局域网网关后，端口映射选择所提供服务的计算机和程序，最后服务器接收到客户端的请求，从而建立起通信链路。

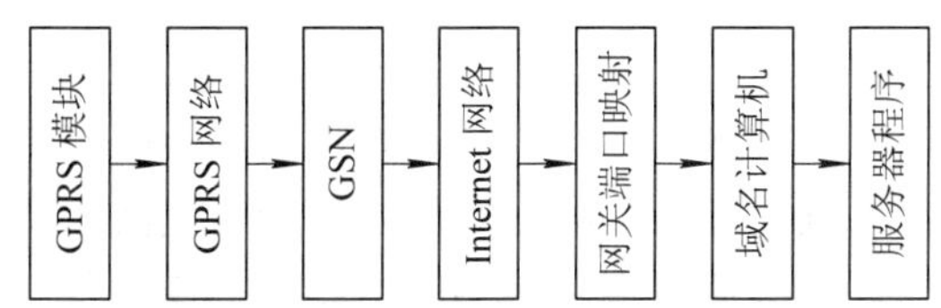

图 6-12　GPRS 无线网络传输实现原理图

移动通信“3G”是第三代移动通信技术的简称，它是指支持高速数据传输的蜂窝移动通信技术。3G 服务能同时传送声音信息和数据信息，其代表特征是提供高速数据业务。一般来说，3G 是指将无线通信与国际互联网等多媒体通信结合起来的新一代移动通信系统。

6.3.2 网络遥控操作

远程控制的一个经典实例就是遥控操作系统，操作者在本地进行操作，由远程设备完成远程复杂或危险环境下的任务。在网络环境下，遥控操作机器人实验系统由操作者、主机械手、Internet 通信环节、从机械手和环境构成，如图 6-13 所示，操作者的位置指令通过主机械手、Internet 通信环节和从机械手作用于环境，而环境对从机械手的作用位移可以通过这些模块返回操作者。在理想的情况下，从机械手工作稳定，它的位置变化可以等同于操作者控制住机械手位置的变化，而且环境对从机械手的作用力能复现给操作者。

图 6-13　遥控操作机器人实验系统的工作原理图

网络遥控操作机器人系统的工作过程如下：由操作者操纵主机械手运动，然后安装在主、从两端的位置传感器和力觉传感器将它们的信息通过 A/D 变换送入本地计算机，本地计算机和远程计算机可以通过网络相互传递信息，这些信息经计算机处理后，按照一定的控制算法得到的输出经过 D/A 变换和功率放大后分别驱动主、从力矩电机。其实，在从机械手与环境接触之前，主力矩电机对主机械手是无力矩作用的，从力矩电机运转并带动从机械手跟踪主机械手运动，此时系统工作在位置跟踪状态。当从机械手与环境发生力接触时，计算机会根据力传感器信号控制主力矩电机输出力的作用，从而使操纵主机械手的操作者感受到力的作用，此时系统工作在力跟踪状态，最终操作者能够在本地端控制远端完成一些操作任务。

遥控操作技术最早是为了处理核原料提出来的，其应用范围已经扩展到多个领域，例如：

① 人类不能直接到达的场合，比如深海、距离更远的外层太空等。

② 对人类有害的场合，比如有核辐射的地区。

③ 延长专业人员的服务范围，比如远程医疗、远程手术等，通过这种方式可以把专家的技术服务范围延伸到全球。遥控操作系统能够扩展人类的活动范围，代替人类完成一些危险和不能直接完成的任务。

在无线传感器网络应用领域，遥控操作的典型应用之一是远程医疗。从广义上讲，远程医疗是指使用远程通信技术和计算机多媒体技术提供医学信息和服务，包括远程诊断、远程会诊及护理、远程教育、远程医学信息服务等。从狭义上讲，它是指远程医疗活动，包括远程影像学、远程诊断及会诊、远程护理等医疗活动。随着电话通信的普及，最早的远程医疗是利用普通的电话线通过两端医生对患者的情况交流来实现的。远程医疗网络系统主要由三部分组成，即远程医疗终端、传输网络和多点控制器。远程医疗终端设备负责音频、视频信号的采集、处理、压缩编码、数据打包，并将它们按一定标准的帧结构传输，同时接收远程医疗视频终端或多点控制器传来的数据，并拆帧、解压回放到本地的显示器上。传输网络是实现音频、视频等多媒体数据在不同视频终端之间，以及它们与多点控制器之间传输的平台。多点控制器主要负责连接各个远程医疗终端，是各个终端设备的音频、视频、图片等数字信号汇接和交换的处理点，同时多点控制器还负责系统的运行与控制，并与其他的多点控制器相连接。

远程医疗系统可实现的具体业务主要包括以下三方面：

(1) 远程会诊，可实时地将患者的病史、检查得到的数据、心电图、超声波图像、X 光片、CT、MRI 胶片等医学资料传给各地的医疗专家，使专家进行异地的“面对面”实时会诊。患者可以在异地得到著名专家的会诊。远程会诊大大节约了异地求医的时间与费用。

(2) 远程医疗教学，远程手术观摩可以为异地医务人员提供直播、清晰的实施手术图像，而不妨碍手术室的工作，为新医疗技术的推广、手术技术的交流提供方便和快捷的服务。

(3) 远程医疗会议，远程医疗会议可以为异地的医务人员及专家进行学术研讨和技术协作提供直接的交流环境，这样就可以把位于不同地点的医疗教学、研究机构和医院联系起来，并加强实时地写作、交流及咨询，大大缩短医院之间以及国内外医学界之间的空间距离，使医院与国内外先进医疗技术水平保持同步，满足社会各界对高水平、高质量的现代医学的需求。同时，远程医疗会议减少了会务准备时间和安排，还可以避免旅途的劳累和时间的浪费，可以大大提高工作效率，降低会议的开支。

远程医疗过程中需要传送各种视频、音频信息，因此对带宽要求较大，即使采用专线的接入方式，其最高的传输速率相对来说依然存在不足。根据以上分析，远程医疗要得到充分发展，必须解决两个关键性问题，即电子病历和足够的带宽。

6.3.3　Web 动态服务及控制

随着物联网技术的不断发展，Web 动态服务将不断地与无线传感器网络相结合。Web 服务的发展从局部化到全球化，从 B2C 发展到 B2B，从集中式发展到分布式。Web 服务是一种新兴的分布式计算模型，是 Web 上数据和信息集成的有效机制。它们是自适应、自我描述、模块化的应用程序，可以跨越 Web 进行发表、定位和调用。

嵌入式系统不断地与网络技术相结合，出现了嵌入式 Web 技术，具有丰富的 Web 用户图形界面，这使嵌入式设备具有良好的交互性。所以，如果在嵌入式设备中集成了 Web 服务，就能实现用户与嵌入式设备高通用性且低成本的信息交流，即客户端可以通过 HTTP 浏览器在任何时间、任何地点与嵌入式设备进行信息交互。可以说，嵌入式 Web 的应用将极大地促进嵌入式设备特别是低端控制设备信息化，最终将促进传感器网络各种应用的普及。Web 服务的基本架构由三个参与者和三个基本操作构成，三个参与者分别是服务提供者、服务请求者和服务代理，而三个基本操作分别为发布、查找和绑定。Web 服务的基本架构如图 6-14 所示。

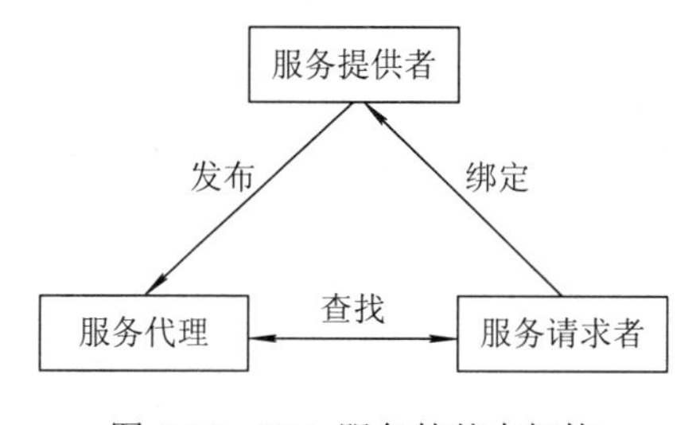

图 6-14　Web 服务的基本架构

服务提供者将其服务发布到服务代理的目录上，当服务请求者需要调用该服务时，首先利用服务代理提供的目录去搜索该服务，得到如何调用该服务的信息后根据这些信息去调用服务提供者发布的服务。当服务请求者从服务代理得到调用所需要的服务信息之后，通信是在服务请求者和服务提供者之间直接进行的，而不必经过服务代理。在 Web 服务架构的各模块之间以及模块内部，消息以 XML 格式传递。以 XML 格式表示的消息比较容易阅读和理解，并且 XML 文档具有跨平台性和松散耦合性的结构特点。从商务应用的角度来看，从查询数据库到与贸易伙伴交换信息，以 XML 格式表示的消息封装了词汇表，可以同时在行业组织内部和外部使用，同时它还有较好的弹性和可扩展性。XML 标签提供了可访问的进程入口，从而可强化商业规划，增强互操作性，为信息的自动处理提供了可能。

动态 Web 网页设计是 Web 服务的应用之一，是相对于静态 Web 而言的。利用 Web 数据库访问技术将数据在 Internet/Intranet 上发布，使用固定生成的 Web 页面来发布数据库中的数据，使 Web 页面的设计与数据相对独立。可以把数据库放在 Web 上，建立基于 Web 的数据库管理系统，这样就可以在更大范围内实现资源远程共享。实时控制动态 Web 网页设计的 Brower/Server 三层体系结构如图 6-15 所示。

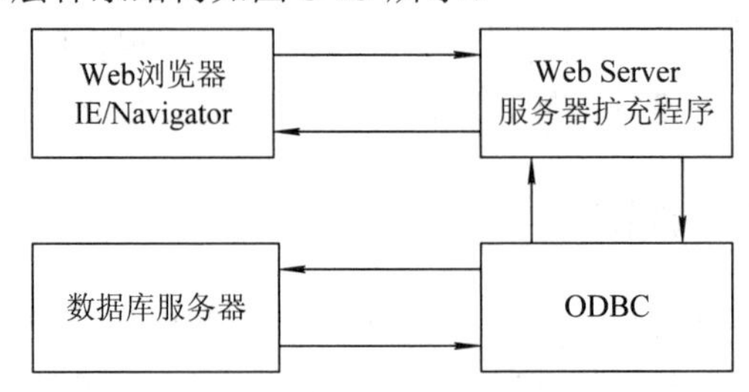

图 6-15 实时控制动态 Web 网页设计的 Brower/Server 三层体系结构

Web 数据库访问通过配置 ODBC 中的系统数据源来存取后台数据库，在实时控制的动态 Web 网页的设计中，动态性体现为数据库中的数据实时、动态地变化，有关数据源的参数则以静态形式直接写入动态 Web 的脚本程序中。动态网页与静态网页的不同之处在于 Web 服务器对用户请求页面的处理机制，这个处理机制主要包括访问数据库和解析生成 HTML 代码。

随着 ASP.NET 的发布，NET 的强大类库和空间支持使基于 ASP.NET 开发的动态网页应用越来越多，ASP.NET 已经成为基于 Windows 服务器上应用程序的标准。ASP 是一个基于组件的动态 Web 技术，普通的 Web 页面是下载到客户端执行的，而 ASP 页面是在服务器端执行的，并将处理结果通过 Web 传送到浏览器。由于 ASP 脚本是在服务器端解释执行的，依据后台数据库的访问结果将会自动地生成符合 HTML 语言的主页，然后传送给用户浏览器，使得浏览器端不必担心是否能处理脚本。

Web 服务安全的核心问题之一是访问控制问题。Web 服务的访问控制问题包括动态授权、跨域访问控制和标准化问题等。基于 Web 的实时控制技术是计算机网络技术与控制技术相结合的一种技术，它运用 TCP/IP 的传输方式，充分利用了现存的广域网和局域网基础设施，为内部局域网控制以及跨地区、跨省甚至跨国控制提供了一种有效的控制方法。

Web 远程控制系统可以充分利用无所不在的互联网，在全球范围内对设备进行监控。

开放的 TCP/IP 网络通信协议使得任何计算机都可以通过通用的网络浏览软件访问设备，而且不需要专门的计算机和专门的软件。设备的信息以网页的形式通过图表、数据、动画等各种丰富的表现方式体现，这种具有互联网络接入的嵌入式设备可以应用在很多场合。

6.4　无线传感器网络的控制策略

控制理论发展至今已有 100 多年的历史，经历了“经典控制理论”和“现代控制理论”的发展阶段。自 1971 年傅京孙教授提出智能控制概念以来，智能控制已经从二元论(人工智能和控制论)发展到四元论(人工智能、模糊集理论、运筹学和控制论)。特别是 20 世纪 80 年代以来，信息技术、计算技术的快速发展及其他相关学科的发展和相互渗透，推动了控制科学与工程研究不断深入，控制系统向智能控制系统发展已成为一种趋势。目前，控制理论已进入“大系统理论”和“智能控制理论”阶段，智能控制理论得到不断发展和完善。

6.4.1　智能控制策略

智能控制是指在无人干预的情况下能自主地驱动智能机器实现控制目标的自动控制技术，智能控制理论的研究和应用是现代控制理论在深度和广度上的拓展。在传感器网络环境下，智能控制主要通过软件系统和智能算法实现。

软件系统和智能算法是传感器网络计算环境的“心脏”和“神经”，是传感器网络系统的重要组成部分，是确保传感器网络在多应用领域安全可靠运行的神经中枢和运行中心。软件系统方面主要涉及传感器网络环境下处理感知信息的软件系统分层结构设计、体系结构组成、各子系统的相互作用、可重构方法和技术，以及软件平台需求管理、并行开发与测试管理等。算法方面主要涉及传感器网络感知复杂事件语义模型建模算法、传感器感知节点跟踪、行为建模和感知交和算法，以及资源控制、优化、调度算法等。

智能控制是多学科交叉的学科，它的发展得益于人工智能、认知科学、模糊集理论和生物控制论等多学科的发展，同时它也促进了相关学科的发展。随着人工智能技术、计算机技术的迅速发展，智能控制技术在国内外得到迅速发展，并进入工程化和实用化阶段，已成为传感器网络一项较为成熟的关键技术，主要有专家控制系统、人工神经网络控制系统和模糊控制系统。

1. 专家控制系统

专家控制系统是指将人工智能领域的专家系统理论和技术与控制理论方法和技术相结合，仿效专家智能模式，实现对较为复杂问题的控制。这种基于专家控制原理所设计的系统称为专家控制系统。根据系统结构的复杂性可将专家控制系统分为两种形式，即专家控制系统和专家控制器。专家控制器有时又称为基于知识控制器。根据基于知识控制器在整个系统中的作用，可把专家控制系统分为直接专家控制系统和间接专家控制系统两种。

在直接专家控制系统中，控制器向系统提供控制信号，并直接对受控过程产生作用。直接专家控制系统的基于知识控制器，可直接模仿人类专家或人类的认知能力，并为控制器设计两种规则，即训练规则和机器规则。训练规则由一系列产生式规则组成。机器规则是由积累和学习人类专家的控制经验得到的动态规则，用于实现机器的学习过程。

在间接专家控制系统中，智能控制器用于调整常规控制器的参数，监控受控对象的某些特征，如超调、上升时间和稳定时间等，然后拟定校正相关 PID 参数的规则，以保证控制系统处于稳定、高质量的运行状态。在物联网控制系统中经常存在具有大滞后时变特性的被控对象，如智能建筑温控系统中的中央空调，温度指令的改变带来的温度变化需要滞后一段时间才能体现。目前，已有研究与应用将专家控制系统和 PID 调节相结合，应用于中央空调系统可极大地提高中央空调系统的控制精度，且节省能源。

2. 人工神经网络控制系统

人工神经网络是一种以生物学认识为基础，以数学物理方法模拟人脑神经系统结构和功能特征，并通过大量的非线性并行处理器来模拟人脑中众多的神经元之间的突触行为的系统，它企图在一定程度上实现人脑形象思维、分布式记忆、自学习自组织的功能。人工神经网络理论的概念最早在 20 世纪 40 年代由美国心理学家 McCulloch 和数理逻辑学家 Pitts 提出。1949 年，美国心理学家 Hebb 根据心理学中条件反射的机理，提出了神经元之间连接变化的规律，50 年代 Rosenblatt 提出感知器模型，60 年代 Widrow 提出自适应线性神经网络，80 年代 Hopfiele、Rumelharth 等人的研究工作标志着人工神经网络的理论体系已具有雏形。

人工神经网络的模型结构可分为神经元结构以及连接模型两大部分。其中，神经元是构成神经网络的基本单元。基于控制的观点，神经元的模型可以描述为输入处理环节、状态处理环节、输出处理环节和学习环节等四个部分。输入处理环节相当于一个加全加法器，用来完成神经元输入信号的空间综合功能。状态处理环节就是用来处理神经元的内部状态信息，对神经元的输入信号起着时间综合作用。输出处理环节实际上是一个非线性激活函数，它使经过前两个环节进行时空综合后的信号通过一个非线性作用函数产生神经元的输出。学习环节反映了神经元的学习特征，它对应的是某种学习规则。神经元的学习与其自身的参数和所处状态有关。对于连接模型，由于人脑中神经元之间的连接有许多种，所以模拟人脑的神经网络的连接也有许多不同的结构。其中，最常用、最基本的几种网络有前向互连网络、反馈互连网络。前向互连网络是网络中各个神经元接收前一级的输入，并输出到下一级，网络中没有反馈。整个网络能够实现任意非线性映射。反馈互连网络中神经元与神经元之间通过广泛连接，传递、反馈交换信息，网络结构十分复杂。由于网络由输出端反馈到输入端，所以动态特征丰富，存在网络的全局稳定性问题。

人工神经网络发展至今，已演化为智能控制算法系列中的基本算法，尤其适合多变量非线性系统的控制问题。多变量非线性控制系统难以通过传统控制方法取得成果，依靠人类专家的操作也无法保证精度，而通过在工业物联网系统中引入人工神经网络智能算法，可有效解决此类问题。比如，绿色化学合成是当今化学化工领域的研究主流，绿色化学反应中涉及很多影响因素，现场采集数据的处理及关联规律工作量大，且大多数过程具有非线性和时变特性，有些关联规律很难用传统的数学方法处理和描述。人工神经网络具有自组织、自适应、自学习能力和能够以任意精度逼近任意非线性映射的特性，采用人工神经网络的方法是对反应规律模拟和过程预测的一种新的有效途径。

3. 模糊控制系统

模糊控制是以模糊集合、模糊语言变量以及模糊逻辑推理为基础，通过引入隶属函数的概念，描述介于属于和不属于之间过渡过程的一种计算机控制方法。它打破了布尔逻辑的 0-1 界限。为描述模糊信息、处理模糊现象提供了数学工具。模糊控制自产生以来在控制界发挥着日益重要的作用，随着计算机技术的不断发展，模糊控制在工业过程控制和现实生活中的应用越来越广泛。

根据控制规则及其产生方法的不同，模糊控制可以分为经典模糊控制、模糊 PID 控制、神经网络模糊控制、模糊滑模控制、自适应模糊控制等。典型的模糊控制系统通常由模糊控制器、输入/输出接口、执行机构、被控对象和测量装置等五个部分组成。在实际应用中，模糊控制系统主体部分由计算机或单片机构成，同时配有输入/输出接口，以实现模糊控制算法的计算机与控制系统连接。输出接口用于把计算机输出的数字信号转换为执行机构所要求的信号。输入/输出接口常常是模数转换电路和数模转换电路。执行机构是模糊控制器向被控对象施加控制作用的装置。执行机构实现的控制作用表现为使角度、位置等发生变化，通常由带有驱动装置的伺服电动机、步进电动机组成。

模糊控制的执行过程可分为以下五个步骤：

(1) 根据采用得到的系统输出值计算所选择系统的输入变量。

(2) 根据输入变量确定模糊控规则。

(3) 将输入变量的精确值变为模糊量，即模糊化处理。

(4) 根据输入模糊量及模糊控制规则，按照模糊推理合成规则推理计算输出控制模糊量，即进行模糊决策。

(5) 由上述得到控制的模糊量计算精确的输出控制量，并作用于执行机构，即解模糊化处理。

在实际系统中，上述五个步骤将构成一个实时的闭环控制系统。相对于其他智能控制算法，模糊控制对系统数学模型的要求低、适应性高，因此模糊控制在智能控制中获得了广泛应用，有利于整合现有智能控制系统，构成具有较大规模的多种异构环节并存的传感器网络控制系统。

现阶段模糊控制不仅应用在航天飞行器控制系统、核反应堆控制系统、合金钢冶炼控制系统、炼油厂催化炉控制系统等大型工业物联网控制系统中，还在日常生活中得到广泛应用，例如污水处理过程控制、群控电梯系统、现代高层建筑水位监测与水质监测系统、家用电器领域。特别是模糊控制在家电产品中的应用已经非常普遍。目前常见的已成功实现模糊控制的家用电器产品有全自动洗衣机、电饭煲、智能电冰箱、吸尘器、微波炉、空调、照相机、摄像机、自来水净化系统等。其中，模糊洗衣机、冰箱以及空调往往与智能电网相结合，构成电资源传感器网络系统中的一个部分，以实现低碳节能的目的。

6.4.2 自适应控制系统策略

自适应控制系统是通过软件技术把 Lonworks、BACnet 和多种 Internet 标准集成到通用对象模型的应用程序环境中，再将其嵌入控制器层级的，它支持标准的 Web 浏览器界面，也称为IP物联网自适应控制系统。自适应控制系统不但兼容现行的常用现场标准总线协议，而且能为非标准协议的连接提供工具软件，给已建立的系统提供软件支持，这样的集成实现了多系统不同设备的无缝连接。

自适应控制系统产品的先进性主要体现在以下三个方面：

1) 技术层面

采用当今先进且成熟的系统及技术，提供高效的监控及管理平台，为无线传感器网络的运营与发展服务，自适应控制系统具有以下优点：

(1) 基于 TCP/IP 以及开放式协议的自控管理系统架构。

(2) 先进完备的系统数据库及其应用，提供企业级的数据库交互平台。

(3) 运行可靠稳定的系统硬件设备及网络设备。

(4) 基于 IE 以及 Web 技术的便捷的操作管理软件平台。

(5) 软件系统为嵌入式的且配置灵活的现场控制器及其 I/O 模块。

(6) 可靠性耐用的现场监控元件。

2) 管理层面

在满足技术层面需求的情况下，针对具体应用的功能特点设计的系统控制、运行以及管理模式，是确保系统高效、低耗且节能运行的关键。基于企业通用数据库、IE 以及 Web 技术的中央管理监控平台可提供个性化的管理运行模式以及开放式的应用接口、工具，也能实现完备的分散控制集中管理的运行模式，以及提供整体的管理运行服务。

3) 运营层面

通过标准的数据库、网络技术融入系统的管理体系，提高用户工作运营环境的舒适度。通过先进的技术手段以及优化的控制管理模式实现实时的能耗监测、数据采集及职能的能源绩效分析。另外，还可以利用最优能源策略来实现能源使用效率的提高。

自适应控制系统可以兼容不同厂商的不同系统产品，既可以保护客户当前的投资，又可以方便地添加新设备。其最大优势是可以任意地在中央管理层面以及现场控制层面对机电设备进行集成，这样可保证集成的稳定与可靠，使得集成层面的精确控制成为可能。在各类 IP 物联网自适应控制系统中，“WinSmart”系列是较为典型的系统产品。典型的 IP 物联网自适应控制系统集成架构如图 6-16 所示。

“WinSmart”系列 IP 物联网自适应控制系统的功能特点主要有以下五方面：

(1) 利用云计算和 IT 技术以适应 Internet 的未来发展方向，提供基于 IP 技术的自控产品。

(2) 提供能够实现技术开放性的产品，提供与主流自控厂家互通、互联、互换的 IP 控制产品，使用它可以摆脱厂家的技术制约，实现较大自主性管理。

(3) 提供开放性的系统集成协议，利用 IT 技术对现有自控技术进行升级，能够无缝兼容目前主流厂家的系统和产品，实现管理平台的统一化和系统集成。

(4) 在同一控制平台下实现对其他品牌的无缝兼容和集成功能。对于采用智能化结构的控制系统，可以通过驱动模块方式进行兼容和集成。

(5) 利用“Skypiea”云计算能源管理控制平台，在实现建筑智能化管理控制的基础上，实现建筑群的整体化节能管理和控制。

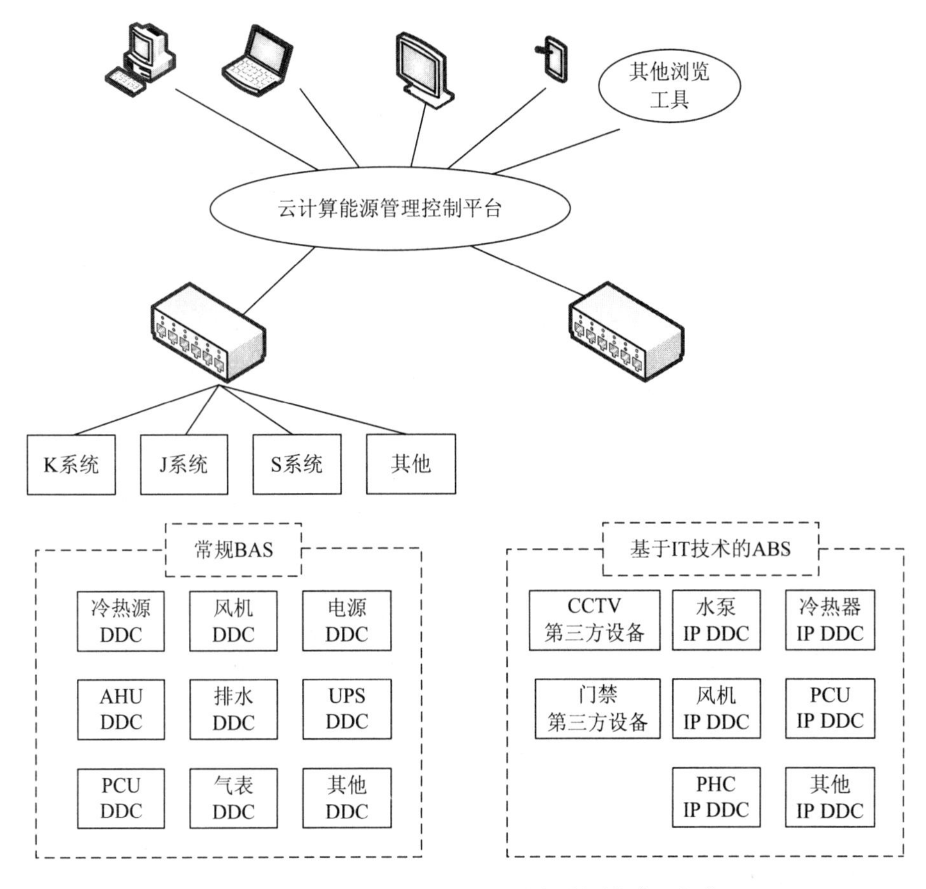

图 6-16 典型的 IP 物联网自适应控制系统集成架构

“WinSmart”系列 IP 物联网自适应控制系统在建筑群管理方面得到了较好应用。通过传感器网络将大量分散的单栋建筑连接成建筑群整体，并将建筑群内部的能耗、控制等多种信号和参数传输至“Skypiea”云计算能源管理控制平台，由平台进行数据统计、分析和处理后，反馈至 IP 物联网自适应控制系统，从而实现整体化的能源管理和智能化控制功能。同时，可通过 B/S 方式进行监督和管理，从而构建智慧建筑实现最大限度的建筑节能降耗目标。

6.4.3 能耗控制策略

与一般的计算网络不同，无线传感器网络中的节点一般采用电池供电，且长期工作在无人值守的环境下，因此有效的节点策略也是无线传感器网络管理必不可少的研究内容。目前，人们提出的节能策略主要有睡眠机制、数据融合、冲突避免与纠错、多跳短距离通信等，它们应用在计算模块和通信模块的各个环节。睡眠机制是，当节点周围没有感兴趣的事件发生，即计算与通信模块处于空闲状态时，把这些组件关掉或调到更低能耗的状态，即睡眠状态。该机制对于延长传感器节点的生存周期非常重要。但睡眠状态与工作状态的转换需要消耗一定的能量，并且会产生时延，所以状态转换策略对于睡眠机制非常重要。如果状态转换策略不合适，不仅无法节能，还会导致能耗的增加。

6.5 数据融合与优化决策

6.5.1 数据融合结构

数据融合是一种多源信息的综合技术，通过对来自不同传感器的数据进行分析和综合，可以获得被测对象及其性质的最佳一致估计。也就是，对经过集成处理的多种传感器信息进行集成，可以形成对外部环境某一特征的一种表达方式。

从广义上讲，数据融合的主要作用可归纳为以下四点：

(1) 提高信息的准确性和全面性。与单个传感器相比，多传感器的数据融合处理可以获得有关周围环境更准确、更全面的信息。

(2) 降低信息的不确定性。一组相似的传感器采集的信息存在着明显的互补性，这种互补性经过适当处理后可以对单一传感器的不确定性及其测量范围的局限性进行补偿。

(3) 提高系统的可靠性。某个或几个传感器失效时，系统仍能正常运行。

(4) 增加系统的实时性。

目前大多数传感器网络的应用都是由大量传感器节点来共同完成信息的采集过程，传感器网络的基本功能就是收集并返回传感器节点所在的监测区域的信息。由于传感器网络节点的资源十分有限，主要体现在电池能量、处理能力、存储容量以及通信带宽等几个方面。在收集信息的过程中，各个节点单独地直接传送数据到汇聚节点是不合适的，主要原因如下：

① 浪费通信带宽和能量。在覆盖度较高的传感器网络中，邻近节点报告的信息通常存在冗余性，各个节点单独传送数据会浪费通信带宽。另外，传输大量数据会使整个网络消耗过多的能量，这样会缩短网络的生存时间。

② 降低信息搜集的效率。多个节点同时传送数据会增加数据链路层的调度难度，造成频繁的冲突碰撞，降低了通信效率，因此会影响信息搜集的及时性。

为了避免上述问题的产生，传感器网络在收集数据的过程中需要使用数据融合技术。该技术将多份数据或信息进行处理，组合出更有效、更符合用户需求的数据。传感器网络中的数据融合技术主要用于处理同一类型传感器的数据，或者输出复合型异构传感器的综合处理结果。例如，在森林防火应用中，只要处理传感器节点的位置和报告的温度数值，就实现了用户的要求和目标。但是，在目标识别的应用中，由于各个节点的地理位置不同，针对同一目标所报告的图像的拍摄角度也不同，需要从三维空间的角度综合考虑问题，所以融合的难度也相对较大。

众所周知，传感器网络是以数据为中心的网络，数据采集和处理是用户部署传感器网络的最终目的。如果从数据采集和信号探测的角度来看，采用传感器数据融合技术会使其实现的数据采集功能相比传统方法具有如下优点：

(1) 增加测量维数、置信度，提高容错功能，也提高系统的可靠性和可维护性。当一个甚至几个传感器出现故障的时候，系统仍可利用其他传感器获取环境信息，以维持系统的正常运行。

(2) 提高精度。在传感器的测量中，不可避免地存在着各种噪声，而同时使用描述同一特征的多个不同信息可以减少由测量不精确所引起的不确定性，从而显著提高系统的精度。

(3) 扩展空间和事件的覆盖度，提高了空间分辨率和适应环境的能力。多种传感器可以描述环境中的多个不同特征，这些互补的特征信息，可以减小对环境模型理解的歧义，提高系统正确决策的能力。

(4) 改进探测性能，增加响应的有效性，降低对单个传感器的性能要求，提高信息处理速度。在同等数量传感器的条件下，各传感器单独处理与多传感器数据融合处理相比，由于多传感器的信息融合中使用了并行结构，采用了分布式系统并行算法，可显著提高信息处理速度。

(5) 降低信息获取的成本。信息融合提高了信息的利用效率，可以用多个较廉价的传感器获得与昂贵的单一高精度传感器同样甚至更好的效果，因此可大大降低系统的成本。

在传感器网络中，数据融合起着十分重要的作用。从总体上看，它的主要作用在于节省整个网络的能量，增强所收集数据的准确性以及提高收集数据的效率。传感器网络的数据融合的大致过程如下：首先，将被测对象的输出结果转换为电信号；其次，使电信号经过 A/D 转换形成数字量；然后，对数字化后的电信号进行预处理，滤除数据采集过程中的干扰和噪声；最后，对经过处理后的有用信号进行特征抽取，实现数据融合，或者直接对信号进行融合处理，然后输出融合的结果。

目前，数据融合的方法主要有以下八种：

(1) 综合平均法。该方法是对来自多个传感器的众多数据进行综合平均。它适用于同类传感器检测同一个检测目标的情况。这是最简单、最直观的数据融合方法。该方法将一组传感器提供的冗余的信息进行加权平均，并将结果作为融合值。

(2) 卡尔曼滤波法。卡尔曼滤波法用于融合底层的实时动态多传感器冗余数据。该方法利用测量模型的统计特性递推得到融合数据的估计，该估计在统计意义下是最优的。如果系统可以用一个线性模型描述，且系统与传感器的互查均符合高斯白噪声模型，那么卡尔曼滤波将为数据融合提供唯一统计意义上的最优估计。

(3) 贝叶斯估计法。贝叶斯估计法是融合静态环境中多传感器底层信息的常用方法。它依据概率原则对传感器信息进行组合，测量不确定性以条件概率表示。在传感器组的观测坐标一致时，可以用直接法对传感器的测量数据进行融合。在大多数情况下，传感器是从不同的坐标系统对同一环境物体进行描述的，这时传感器的测量数据要采用间接方式的贝叶斯估计法进行数据融合。

(4) D-S 证据推理法。D-S(Dempster Shafer)证据推理法是目前数据融合技术中比较常用的一种方法，是由 Dempster 首先提出的，并由 Shafer 发展的一种不精确推理理论。这种方法是贝叶斯估计法的扩展，因为贝叶斯估计法必须给出先验概率，证据推理法则能够处理由未知事件引起的不确定性。它通常用来对目标的位置、存在与否进行推断。在多传感器数据融合系统中，每个信息源都提供了一组证据和命题，并且建立了一个相应的质量分布函数。因此，每个信息源就相当于一个证据体，D-S 证据推理法的实质是在同一个鉴别框架下，将不同的证据体通过 Dempster 合并规则合并成一个新的证据体，并计算证据体的似真度，最后采用某一决策选择规则获得融合的结果。

(5) 统计决策理论。与贝叶斯估计法不同，统计决策理论中的不确定性为可加噪声，因此其不确定性的适应范围更广。不同传感器观测到的数据必须经过一个鲁棒综合测试，以检验它的一致性，再用鲁棒极值策略规则对经过一致性检验的数据进行融合处理。

(6) 模糊逻辑法。这种方法针对数据融合中所检测的目标特征具有某种模糊性的现象，利用模糊逻辑的方法对检测目标进行识别和分类。建立标准检测目标和待识别检测目标的模糊子集是此方法的基础。

(7) 产生式规则法。这是人工智能中常用的控制方法，一般要通过对具体使用的传感器的特性及环境特性的分析，才能归纳出产生式规则法中的规则。通常，系统改换或增减传感器时，其规则要重新产生。这种方法的特点是系统扩展性较差，但推理过程简单明了，易于系统解释。

(8) 神经网络方法。神经网络方法是模拟人类大脑行为而产生的一种信息处理技术，它采用大量以一定方式相互连接和相互作用的简单处理单元，即神经元来处理信息。神经网络具有较强的容错性和自组织、自学习及自适应的能力，能够实现复杂的映射。神经网络的优越性和强大的非线性处理能力，能够很好地满足多传感器数据融合技术的要求。

6.5.2 优化决策

在通常条件下，传感器网络所能提供的资源是有限的，要实现每个控制任务所占用及消耗的资源是不同的，而且每个目标的优先级也不尽相同。因此，针对不同的环境条件及目标内容实现对网络中各种资源的最优调配成为传感器网络控制中，特别是调配控制模式下的重要任务之一，这一问题可以划归为传感器网络环境下的优化决策问题。

1. 传感器网络优化决策求解方法

目前，优化方法和决策理论已经渗透到管理、经济、军事和工程技术等领域的各个方面。计算机软硬件技术的发展，为求解最优化问题和决策提供了有效手段。大数据的出现又为最优化方法和决策理论带来新的挑战。因此，掌握优化决策问题的求解方法具有十分重要的现实意义。优化决策问题的求解方法通常有以下三种，即解析法、直接搜索法和混合搜索法。

解析法需要待求解问题的目标函数和约束条件都具备显式的解析表达式，否则无法求解。其具体做法为先求出实现最优目标时的必要条件，这组条件通过一组方程或不等式表示，如拉格朗日方程等。然后，通过求取导数或变积分法求解这组方程或不等式，从而获得实现目标最优时的解。

直接搜索法不需要目标函数及约束条件，具备显式的解析表达式，但通常需要获得目标函数的梯度表达式或估计值，然后就可以在解空间中设置一个初始解，按照目标函数的梯度方向移动解，对比新解和旧解的目标函数值，经过若干次迭代直到搜索得到的解使目标函数不再发生变化为止，即为最优解。因此，依据目标函数的梯度信息往往会陷入一个局部最优点，即目标函数的某个极值点，从而导致该方法无法获得全局最优。

混合搜索法以梯度法为基础，配合某些解析计算与数值估计在解空间中迭代搜索，与直接搜索法一样有陷入局部最优的可能。但是，由于配合了解析计算，混合搜索法的搜索速度比直接搜索法的更快。

2．传感器网络控制优化的特点

(1) 多用户多任务。在某一传感器网络控制系统中，可能存在多个用户对各自的控制任务下达指令的情况，每个控制任务中的控制器将生成控制信号传递给驱动器，传感器将被控设备的状态信息反馈给用户与控制器。这些信息交互将占用大量的带宽资源，并且有些交互需要保证实时性，因此需要建立专用的最短连接路径。

(2) 控制任务间的差异性。在传感器网络控制系统中，不同的控制任务可能需要调配不同的网络资源，而且各控制任务的优先级也有差别。因此，需要对控制任务的执行进行规划以实现在保证控制精度条件下的资源消耗量最小。

(3) 反馈信息的多源性。传感器网络控制系统中涉及大量的传感器，以获得控制任务执行时环境变量及被控对象的运行状态。这些传感器可能是同质的，也可能是异质的，从而带来了大量来自不同信息源的数据。在控制优化中这些不同源的信息有着不同的量纲，对最后的控制任务也有不同的影响程度。

(4) 优化问题的复杂性。传感器网络本身是一个大规模的非线性网络，混杂着大量模拟量及数字量。同时，由于传感器网络是多个控制任务的运行平台，使得控制优化问题变得高度复杂，通常情况下无法建立优化问题的解析表达，而且约束也多为规则性表达。

3．智能仿生优化决策算法

传感器网络控制优化决策的特点决定了常用的解析法、直接搜索法以及混合搜索法对传感器网络控制优化无法获得一个有效的决策结果，甚至可能无法处理。因此，在传感器网络优化决策中需要引入处理能力更为强大的方法。

而通过模拟自然界生物运动规律的智能仿生优化决策算法，适合处理这种大规模、高度非线性以及离散连续混合的传感器网络控制优化问题。常用的智能仿生优化算法包括遗传算法、粒子群算法以及蚁群算法。

(1) 遗传算法。遗传算法是借鉴生物学中适者生存的进化规律演变而来的随机搜索方法。与传统最优化算法相比，遗传算法不要求目标函数在解空间具有连续性，不需要在解的搜索过程中计算导数或者确定特别的规则，它可直接对名为染色体的数据结构进行操作，实现并行计算，并具有更好的全局寻优能力。它以概率的方式进行寻优的思想更接近人类思维特点，能自动获取搜索空间，在寻优过程中对搜索方向进行自适应调整。该方法已经广泛应用于组合优化、自适应控制以及机器学习等领域。典型的遗传算法由编码机制、适应度函数、遗传算子等部分组成，其主要执行流程如下：

① 初始化进化代数 t，最大迭代数 T，随机生成初始种群 $P(t)$。

② 确定编码机制与适应度函数。

③ 依据适应度函数计算种群 $P(t)$中每个个体的适应度。

④ 依据适应度将遗传算子作用于种群，产生下一代种群 $P(t+1)$。

⑤ 判断 t 是否达到最大迭代数。若未达到，则令 $t=t+1$，再转到第②步，否则选择

迭代过程中最大适应度个体作为最优解输出。

(2) 粒子群算法。粒子群算法源于人类对鸟类觅食行为的研究。其基本原理如下：m个粒子组成模拟鸟群，在搜索空间中以一定的方向飞行，每个粒子在搜索时综合自己所搜索到的历史解和群体内其他粒子的历史解对自身飞行方向进行调整。该算法的基本执行流程如下：

① 随机初始化群体中每个粒子的位置和搜索方向。

② 计算每个粒子对目标函数的适应度。

③ 对于每个粒子，判断其适应度是否比自身历史最大适应度更好，若更好则更新粒子自身历史最大适应度和最优位置。

④ 对于每个粒子，判断其历史最大适应度是否高于群体最大适应度，若更高则将其最大适应度和最优位置作为当前的群体最大适应度和最优位置。

⑤ 根据当前群体最优位置与自身最优位置，更新粒子的搜索方向和位置。

⑥ 重复②～⑤计算过程直到达到停止条件，然后将群体最优位置作为最优解输出。

(3) 蚁群算法。蚁群算法是一种模拟蚂蚁社会行为的仿生优化算法，源于对蚂蚁群体能够找到巢穴到食物源之间最短路径的生物学现象的研究。典型的蚁群算法是对蚂蚁群体觅食行为的抽象，它具有如下特点：

① 每一个人工蚂蚁都会在搜索空间里它所经过的路径上留下信息素，通过信息素的多少来影响后继蚂蚁选择路径的概率，该策略使算法具备收敛性。

② 信息素具有挥发机制，该机制使得人工蚂蚁有机会跳出过往蚂蚁的经验，从而提高局部最优的跳出能力。

③ 人工蚂蚁对路径的选择具有随机性，信息素量大的路径被选择的概率更大。

④ 信息素在搜索路径上的遗留使得算法具有正反馈机制，当蚂蚁发现的解是局部最优时，大量的蚂蚁会被吸引到此路径上。同时，蚂蚁系统还存在负反馈机制，信息素的挥发以及概率式的选择机制可以平衡上述正反馈作用。

⑤ 一群具有自组织特性，在一个或者几个蚂蚁个体停止工作时，仍然能够保持整个系统的正常功能。

目前，智能仿生优化算法决策已经被广泛应用于控制与优化调度领域，如电力生产中水电站群优化调度控制问题。在水资源发电物联网控制系统中，水电站群优化调度是水资源系统优化的核心，合理的调度策略不仅能够有效利用水利资源，增加经济效益，还能够提高供电可靠性，保证电网的稳定运行。水电站优化调度是复杂的非线性优化问题，具有多阶段、多变量、多目标、多约束等特点。水电站群优化调度由于需要考虑上下游水库的水力关系和补偿，其优化过程显得更加复杂。在福建电网某流域水电站群优化调度方案中，通过应用改进粒子群优化算法，使水电站库群长期优化调度的合理性得到提高，整个发电群物联网控制系统获得了更高的性能。

此外，在军事领域，遗传算法、蚁群算法等应用也为战场兵力调度、武器活力控制等提供了自动化的最优解决方案。

由于物联网控制系统庞大繁杂，单一的优化策略及方法有可能无法保证控制精度以及任务调配的最优性，通过将多种优化方法相整合，并借助大规模分布式计算系统的计算能力，将是物联网控制系统优化决策方法发展的主要趋势。

6.6　现场控制网络通信

6.6.1　现场总线简介

现场总线起源于欧洲，早在 1984 年国际电工技术委员会(International Electrotechnical Commission)就开始着手制定现场总线的国际标准，但由于技术和利益等各方面原因一直没有制定出统一的标准。各个跨国公司根据自身的技术和利益，制定了各自的现场总线标准，形成了当今多种现场总线并存的局面。目前，现场总线的国际标准至少有 14 种，而且还有增加的可能。

国际上现场总线有数百种，经过多年激烈的市场竞争，逐渐形成了几种有影响的现场总线技术，它们大都以国际标准组织的 ISO 模型作为基本框架，并根据行业的应用需要施加某些特殊的规定形成标准，并在较大范围内取得了用户与制造商的认可。目前，使用较多的并且具有较大影响力的现场总线主要有基金会现场总线(Fundation Fieldbus, FF)、局部操作网络(LonWorks)总线、过程现场总线和 CAN(Controller Area Network)总线。

6.6.2　基金会现场总线

基金会现场总线(FF)是由现场总线基金会组织开发的，目前已被列入 IEC 61158 标准。它是为适应自动化系统，特别是过程自动化系统在功能、环境与技术上的需要而专门设计的。近年来，FF 总线为适应离散过程与间歇过程控制的需要，又添加了新的功能块。FF 总线适合于工作在生产现场环境下，能适应本质安全防爆的要求，还可以通过传输数据的总线为现场设备提供工作电源。

FF 现场总线由低速现场总线 H1 和基于以太网的高速总线技术(High Speed Ethernet, HSE)组成。其中，低速总线 H1 的传输速率为 31.25 kb/s，采用屏蔽双绞线时最大传输距离为 1900 m(可加中继器延长)，最大可串接 4 台中继器。HSE 使用标准的 IEEE 802.3 进行信号传输，采用标准的 Ethernet 接线和通信介质。HSE 中，设备和交换机之间的距离如下：使用双绞线为 100 m，使用光纤可达 2 km。

基金会现场总线的主要技术内容包括 FF 通信协议，用于完成开放互联模型中的第 2～7 层通信协议的通信栈，用于描述设备特征、参数、属性及操作接口的 DLL 设备描述语言、设备字典，用于实现测量、控制、工程量变换等应用功能的功能块，实现系统组态、调度和管理等功能的系统软件技术，以及构筑集成自动化系统、网络系统的系统集成技术。

FF 的参考模型只具备 ISO/OSI 参考模型 7 层中的物理层、数据链路层和应用层，并把应用层划分为总线访问子层和总线报文规范子层，不过它又在原有的 ISO/OSI 参考模型的第 7 层应用层之上增加了新的一层，即用户层。FF 现场总线模型结构如图 6-17 所示。

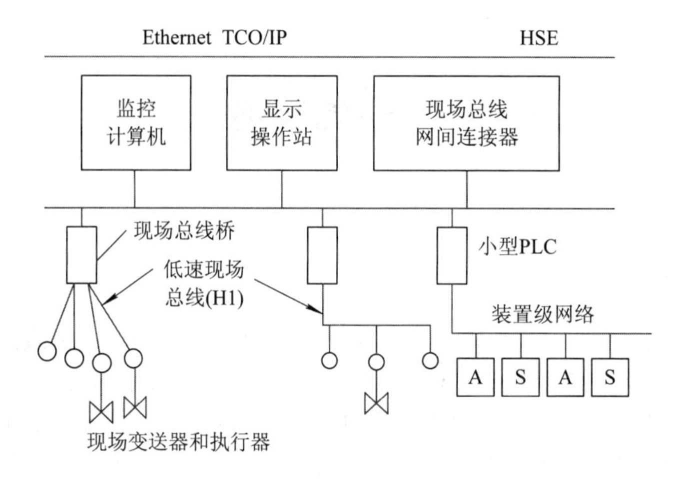

图 6-17　FF 现场总线模型结构

在 FF 现场总线模型中，物理层规定信号如何发送；数据链路层规定如何在设备间共享网络和调度通信；应用层规定如何在设备间交换数据、命令、事件信息，该层还规定请求应答中的信息格式；用户层用于组成用户所需要的应用程序，规定标准的功能块、设备描述，实现网络管理、系统管理等。

现场总线基金会除推出 FF 总线系统标准外，为促进该系统的推广发展和产品应用，还推出了一套开发平台，其中的开发工具包括协议监控和诊断工具、总线分析器、仿真软件、数据描述软件工具、评测工具和性能测试工具。毫无疑问，规范的现场总线标准和良好的开发环境，将有利于新一代现场总线控制系统的发展。

6.6.3　局部操作网络总线

局部操作网络(LonWorks)总线是由美国 Echelon 公司推出，并与摩托罗拉、东芝公司共同倡导，于 1990 年正式公布而形成的。局部操作网络总线具有 ISO/OSI 模型的全部 7 层通信协议，采用了面向对象的设计方法，通过网络变量把网络通信设计简化为参数设置，其通信速率从 300 b/s 到 1.5 Mb/s 不等，直接通信距离可达 2700 m。局部操作网络总线支持双绞线、同轴电缆、光纤、射频、红外线和电力线等多种通信介质，并开发了相应的本质安全防爆产品，被誉为通用控制网络。LonWorks 总线支持多种拓扑结构，组网形式灵活。

局部操作网络(LonWorks)总线技术的核心是具备通信和控制功能的 Neuron 芯片。该芯片实现了完整的 LonWorks 的 LonTalk 通信协议，使得节点间可以对等通信。在 LonTalk 的 7 层协议中，各层作用和所提供的服务如表 6-1 所示。局部操作网络总线的介质访问方式为 PP-CSMA，采用的是网络逻辑地址寻址方式，其优先级机制保证了通信的实时性，而安全机制采用证实方式，因此 LonWorks 总线能构建大型网络控制系统。

局部操作网络(LonWorks)总线应用范围包括工业控制、楼宇自动化系统等，在组建分布式监控网络方面具有优越的性能。因此，业内许多专家认为 LonWorks 总线是一种颇有希望的现场总线。LonWorks 的最大特色就在于它与因特网的无缝结合，第三代 LonWorks 技术已经能充分利用因特网资源，将一个现场设备控制局域网变成一个借助广域网跨域的控制网络，并提供端到端的各种增值服务。

表 6-1　LonWorks 的 LonTalk 通信协议各层作用和所提供的服务

模型分层	作　用	服　务	处理器
应用层	网络应用程序	标准网络变量类型、组态性能、文件传送、网络服务	应用处理器
表示层	数据表示	网络变量、外部帧传送	网络处理器
会话层	远程传送控制	请求/响应、确认	网络处理器
传输层	端对端传输可靠性	单路/多路应答服务、重复信息服务、复制检查	网络处理器
网络层	报文传递	单路/多路寻址、路由	网络处理器
数据链路层	介质访问与成帧	成帧、数据编码、CRC 检查、冲突回避/无仲裁、优先级	MAC 处理器
物理层	电气连接	介质、电气接口	MAV 处理器 XCVR

6.6.4　过程现场总线

过程现场总线(PROFIBUS)是德国国家标准 DIN9245 和欧洲标准 EN50170 的现场总线标准。PROFIBUS 实际上是一组协议与应用规约的集合，其核心是在数据链路层上使用统一的通信协议——基于 Token Passing 的主从轮询协议，而在物理层和应用层则使用不同的应用规约。PROFIBUS 适用于快速、时间要求严格的应用和复杂的通信任务，被广泛应用于制造业自动化、流程工业自动化，以及数字、交通、电力等自动化领域。

根据其应用特点，PROFIBUS 现场总线分为 PROFIBUS-FMS、PROFIBUS-DP 和 PROFIBUS-PA 三个兼容版本，各版本的特点如下：

(1) PROFIBUS-FMS(Fieldbus Message Specification，现场总线报文规范)。它用来解决车间级通用性通信任务，提供大量的通信服务，完成中等传输速度的循环和非循环通信任务，用于一般自动化控制。

(2) PROFIBUS-DP(Decentralized Periphery，分散型外围设备)。它是经过优化的高速、廉价的通信连接，专为自动控制系统和设备级分散 I/O 之间通信设计。它可用于分布式控制系统的高速数据传输。

(3) PROFIBUS-PA(Process Automation，过程自动化)。它专为过程自动化设计，是标准的本质安全的传输技术，可用于对安全性要求高的场合及由总线供电的站点。

参照 OSI 模型，PROFIBUS-FMS、PROFIBUS-DP 和 PROFIBUS-PA 的过程现场总线协议体系结构如图 6-18 所示。

PROFIBUS-FMS 定义了第 1 层、第 2 层、第 7 层。其应用层包括了现场总线报文规范和一个低层接口(Low Level Interface，LLI)。FMS 包括了应用层协议，并向用户提供了各种直接调用的通信服务，LLI 向 FMS 提供设备独立的对下一层(第 2 层)介质访问层的途径。

PROFIBUS-DP 使用了第 1 层、第 2 层和一个用户应用接口，而对通用意义上的第 3 层至第 7 层未加描述定义。这种精简结构的好处是数据传输的快速和高效率。用户应用接口又称直接数据链路映像程序，规定了可调用的应用功能，使第三方的应用程序可以被调用。

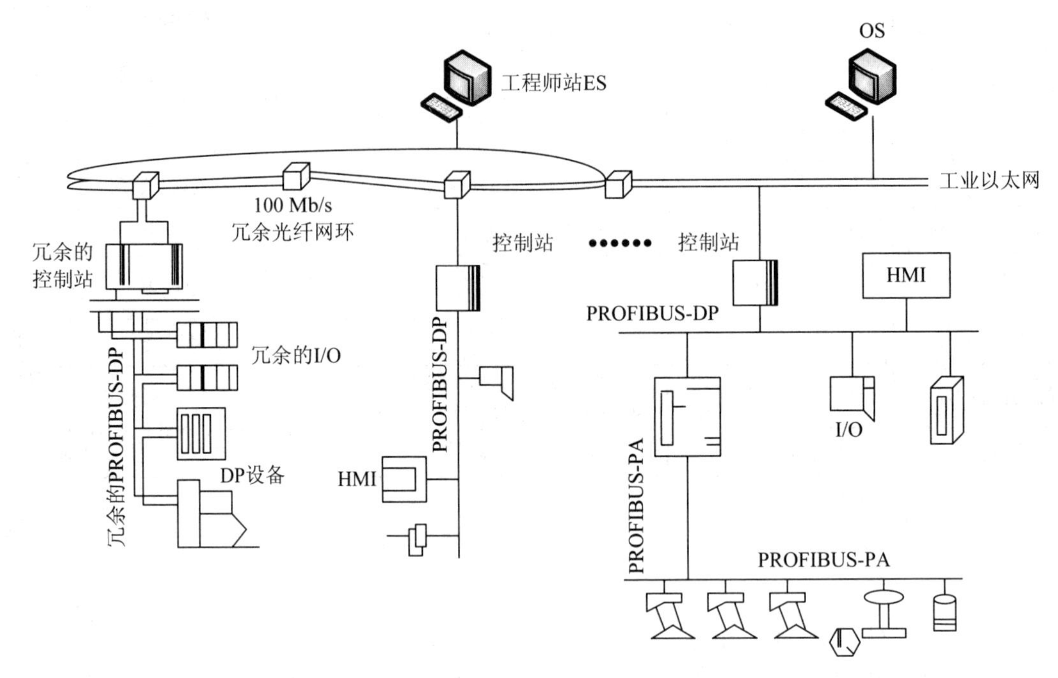

图 6-18 过程现场总线协议体系结构

PROFIBUS-FMS 与 PROFIBUS-DP 的第 1 层、第 2 层完全相同，其数据链路层也是使用基于 Token Passing 的主从轮询协议，类似 Token Bus(令牌总线 IEEE 802.4)的协议，也称作简化版本的 Token Bus，或直接写成 Token Passing 协议。PROFIBUS-FMS 和 PROFIBUS-DP 的物理层都使用异步传输模式的 RS-485 技术或光纤。因此，两种方式能同时在一根电缆上操作。

PROFIBUS-PA 的数据链路层使用扩展的基于 Token Passing 的主从轮询协议(基本上等同于 DP 所使用的)。不同于 FMS 和 DP 的是，其物理层使用 MBP(Manchesterencoded Bus Powered，曼彻斯特总线供电技术)，具有本质安全特点，能通过通信电缆向设备供电。此时的数据传输采用同步模式，传输速率为 31.2 kb/s。

由于物理层不同，PROFIBUS-PA 和 PROFIBUS-DP 网段电缆间必须通过耦合器才能关联。PROFIBUS 系统是比较完备的网络控制系统，可以完成从设备级自动控制到车间级过程控制以至最上层的工厂管理级的控制，系统分为主站和从站。主站决定总线的数据通信，从站为外围设备，没有总线控制权，仅对接收到的信息给予确认或当主站发出请求时向它发送信息。

PROFIBUS 严格的定义和完善的功能使其成为开放式系统的典范，并得到众多世界范围内有影响力的大公司的支持，使得它成为 ISA SP50 的一个重要组成部分。PROFIBUS 灵活的协议芯片的实现，在目前较其他几种现场总线而言是一个很大的优势，这使它价格低廉、易于推广。这些特点使它在短短几年内在化工、冶金、机械加工以及其他自动控制领域得到了迅速普及。

目前，世界上约有 500 多家厂商加入了 PROFIBUS 用户协会，并提供近千种 PROFIBUS 产品。著名的西门子公司可提供 100 多种 PROFIBUS 产品，并已经把它们应用在许多中国的自动控制系统中。

6.6.5　CAN 总线网络

CAN(Controller Area Network，控制器局域网)总线是德国 Bosch 公司在 1986 年为解决现代汽车中众多测量控制部件之间的数据交换问题而开发的一种数据通信总线。而今，CAN 总线不仅应用于汽车工业领域，而且已经成为工业数据通信的主流技术之一。其信号传输介质为双绞线。通信速率最高可达 1 Mb/s，直接传输距离最远可达 10 km。可挂接设备数最多可达 110 个。

CAN 总线网络采用了带优先级的 CSMA/CD 协议对总线进行仲裁，因此其总线允许多站点同时发送，这样既保证了信息处理的实时性，又使得 CAN 总线网络可以构成多主站结构或冗余结构的系统，保证了系统设计的可靠性。CAN 总线网络的信号传输采用短帧结构，每一帧的有效字节数为 8 个，因而传输时间短，受干扰的概率低。CAN 总线网络具有自动关闭的功能，当节点出现严重错误时，可以切断该节点与总线的联系，使总线上的其他节点及通信不受影响，具有较强的抗干扰能力。

CAN 总线网络的通信参考模型如表 6-2 所示，它只采用了 ISO/OSI 模型全部 7 层中的两层：物理层和数据链路层(包括逻辑链路控制子层和介质访问控制子层)。

表 6-2　CAN 总线网络的通信参考模型功能

<table>
<tr><td rowspan="12">数据链路层</td><td>逻辑链路控制子层</td></tr>
<tr><td>接收滤波</td></tr>
<tr><td>超载通知</td></tr>
<tr><td>恢复管理</td></tr>
<tr><td>介质访问控制子层</td></tr>
<tr><td>数据封装或拆装</td></tr>
<tr><td>帧编码(填充或解除填充)</td></tr>
<tr><td>介质访问管理</td></tr>
<tr><td>错误监测</td></tr>
<tr><td>出错标定</td></tr>
<tr><td>应答</td></tr>
<tr><td>串行化或反串行化转换</td></tr>
<tr><td rowspan="3">物理层</td><td>位编码或解码</td></tr>
<tr><td>位定时</td></tr>
<tr><td>同步</td></tr>
</table>

物理层规定了节点的全部电气特性，MAC 子层主要规定传输规则，即控制帧结构、执行仲裁、错误监测、出错标定和故障界定，LLC 子层的主要功能是报文滤波、超载通知和恢复管理。

思考题

1. 简述传感器网络控制系统的组成及基本结构类型。
2. 集中控制结构、分散控制结构和递阶控制结构的主要特征分别有哪些?
3. 阐述协同式网络控制原理。
4. 阐述控制系统设计原则。
5. 无线传感器网络控制终端设备的主控芯片主要有哪些?
6. 嵌入式控制器系统的体系结构及类型是什么?
7. 网络远程通信的通信方式有哪些? 阐述 GPRS 无线通信原理。
8. 智能控制的种类有哪些? 分析模糊控制的执行过程。
9. 目前数据融合的方法主要有几种?
10. 传感器网络优化决策求解方法主要有几种?
11. 常用的智能仿生优化算法有几种?

第 7 章 Chapter 7

无线传感器网络管理技术

7.1　无线传感器网络管理概述

本节重点讨论无线传感器网络管理面临的问题、网络管理系统的设计要求以及网络管理系统的分类。

7.1.1　无线传感器网络管理面临的问题

无线传感器的网络管理是指对网络的运行状态进行监测控制，使其能够有效、安全、可靠、经济地提供服务，即监督、组织和控制网络通信服务和信息处理所必需的各种活动的总称。也就是说，网络管理是控制一个复杂的计算机网络使其具有最高的效率和生产力的过程。

在无线传感器网络研究的初期，其重点集中在诸如 MAC 协议、路由协议、时间同步和定位等基本网络技术上，而它的管理技术在很长一段时间内被忽视。随着无线传感器网络研究和应用的深入，研究者越来越重视无线传感器网络管理的重要性。无线传感器网络包含的节点数量多、应用环境复杂、网络资源有限，为了保证其具有最高的效率和最可靠的工作性能，引入网络管理是非常有必要的。

对于无线传感器的网络管理来说，它和网络本身一样，也有一些特殊的需求。在设计和配置无线传感器网络管理系统之前，需要全面了解系统配置环境的特点，确定系统的理想操作特性，从而阐明网络管理框架中的关键需求或特征。相比于传统的网络管理，无线传感器网络的管理面临着前所未有的挑战。

(1) 无线传感器网络的资源极其有限，节点的能量、处理能力、内存大小、通信带宽等都比一般的网络要低，特别是传感器节点携带的能量非常有限，其存储能力和运算能力也十分有限。同时，无线通信易受干扰，网络拓扑也因链路不稳定、节点资源耗尽、物理损坏等原因而经常变化。这些特点要求无线传感器网络管理必须充分考虑资源的高效利用和高容错特性，即要求无线传感器网络管理做到高效率、低能耗。

(2) 无线传感器网络的系统架构与应用环境密切相关，而其有限的资源又使其不可能像传统网络那样制造出适应多种应用的系统。但是，为每一个应用设计专用的系统代价太大，这就要求无线传感器网络的管理模型必须能适应不同的应用，并且在不同的应用间进行移植时修改的代价最小，即具有一定的通用性。因此，如果无线传感器网络管理系统能根据应用环境，合理地分配资源和优化系统，那将大大降低无线传感器网络应用的门槛。

(3) 由于资源限制以及与应用环境的密切相关性，无线传感器网络表现为动态网络，最为明显的就是网络拓扑变化频繁，能量耗尽或者人为因素可以导致节点停止工作，同时无线信道受环境影响很大，这些都让网络拓扑不断发生变化，这些变化使得网络故障在无线传感器网络中是一种常态，这在传统网络中是不可想象的。因此，无线传感器网络管理系统应能及时收集并分析网络状态，并根据分析结果对网络资源进行相应的协调和整合，从而保证网络的性能。

(4) 异构化是无线传感器网络发展的一个新动向。所谓异构无线传感器网络，是指网络中的节点在硬件资源和能量储备上不是完全平等的，而是存在能力较强和较弱的节点。这就要求管理系统充分考虑这些节点的特点，合理分配任务，从而达到系统效率的最大化。

(5) 无线传感器网络大多按照无人看管的原则部署。而在传统网络中，网络的部署则是事先规划好的，比如每个网络元素(如路由器、交换机等)的位置，网络元素和资源的维护也由专门的工程师来完成。而无线传感器网络一旦部署，基本上依靠自我维护，这对无线传感器网络的管理提出了更高的智能要求。

以上特征说明，无线传感器网络管理系统要根据网络的变化动态调整当前运行参数的配置以优化性能；监视自身各组成部分的状态，调整工作流程来实现系统预设的目标；具备自我故障发现和恢复重建的功能，即使系统的一部分出现故障，也不影响整个网络运行的连续性。

7.1.2 无线传感器网络管理系统设计要求

按照以上所述，在无线传感器网络管理系统的设计中，应该考虑如下因素：

(1) 节省能量。即无线传感器网络管理系统必须进行轻量级操作，不能过多干扰节点的运行，以降低功耗，延长网络寿命。

(2) 健壮性和适应性。即无线传感器网络管理系统应该能够及时发觉并适应网络状态(拓扑、节点能量等)的变化，具有一定的自我配置和自我修复的功能。

(3) 伸缩性。无线传感器网络管理系统的数据模型必须具有一定的伸缩性，以适应相应的管理功能，同时还要考虑内存限制。

(4) 控制功能。为了更好地维护网络，无线传感器网络管理系统还应该对网络有一定的控制功能，例如各个节点上的传感器开关、采样频率的设置、射频的开关等。

(5) 可扩展性。根据应用场景的不同，无线传感器网络的节点个数变化很大。因此其管理系统应该具有一定的可扩展性，能应对不同规模的网络。

7.1.3 无线传感器网络管理系统的分类

无线传感器网络管理系统的具体实现可以是一个框架、协议或者算法，它们的实现细节、基本架构等各不相同。为了更好地研究无线传感器网络管理系统，很有必要对其进行分类。在对传感器网络管理系统进行分类之前，首先简单说明传感器网络管理的控制结构。按照管理信息的收集方式以及通信策略的不同，控制结构可分为集中式、分布式和层次式三种。

集中式网络管理结构指的是网络的管理依赖于少量的中心控制管理站点，这些管理站点负责收集网络中所有节点的信息，并控制整个网络。集中式管理结构的优点是实现难度较低。但是，它要求管理站点具有很强的处理能力。因此，在大规模和动态网络中，管理站点往往成为网络性能和管理的瓶颈，收集管理站点数据的开销很大，而且当管理站点出现故障或者网络出现分裂时，网络就会完全或者部分失去控制管理能力。此外，集中式管理结构中，“管理智能”只能在管理站点中，网络中的绝大部分设备在出现问题时只能等待管理站点的指示，而不能实现网络节点间通过局部直接协商达到自适应调整的功能。

层次式网络管理结构指的是在网络中设置有若干个中间控制管理站点实现管理任务，每个中间管理站点都有其管理范围，负责其管理范围内的信息收集并送交上级管理站点，同级管理站点之间不进行通信。层次式网络管理结构将“管理智能”进行了一定程度的下放。因此，它的扩展性和自适应性要优于集中式网络管理结构。

分布式网络管理结构则指网络具有多个控制管理站点，每个管理站点都只管理各自的子网(甚至仅仅是一个节点)，管理站点之间进行信息交互，以完成网络管理任务。在分布式管理结构下，每个子网甚至每个节点都有一定的“管理智能”，它的扩展性和自适应性要优于上面两种架构，但是它的实现也是最复杂的。

相对应地，按照控制管理结构进行分类，无线传感器网络管理系统的架构可分为以下三种：

(1) 集中式架构。Sink节点(汇聚节点)作为管理者，收集所有节点信息并控制整个网络。

(2) 分布式架构。即在无线传感器网络中有多个管理者，每个管理者控制一个子网，并与其他管理者直接通信，协同工作以完成管理功能。

(3) 层次式架构。它是集中式架构和分布式架构的混合，采用中间管理者来分担管理功能，但是这些站点之间不能直接通信，每个中间管理者负责管理它所在的子网并把相关信息从子网发给上层管理站点，同时把上层管理站点的网关动作传达给它的子网。

迫于资源限制，在无线传感器网络中，普通节点和管理节点之间不可能进行频繁的交互、诊断和配置工作，而有选择地收集网络状态信息，并根据这些信息适时地采取一定的针对措施，这相对来说较为经济。因此，网络监测在无线传感器网络管理中就显得非常重要，根据采用的监测方式不同，无线传感器网络管理系统可以进行如下分类：

(1) 被动式监测。即管理系统只是被动地或者在管理人员发出查询命令时才收集并记录网络状态信息，记录的数据可供网络管理人员作事后分析。

(2) 反应式监测。即管理系统收集网络状态信息以监测预先设定的相关事件是否发生，并自适应地根据监测结果对网络进行重新配置。

(3) 先应式监测。即管理系统主动地查询并分析网络状态，监测相关事件的发生，并采取相应动作，以维护网络性能。

7.2 网络拓扑结构管理系统

7.2.1 网络拓扑结构管理系统概述

在无线传感器网络中，传感器节点是体积微小的嵌入式设备，采用能量有限的电池供电，因而它的计算能力和通信能力十分有限，除了要设计高能效的 MAC 协议、路由协议以及应用层协议之外，还要设计优化的网络拓扑控制机制。对于自组网而言，网络拓扑控制对网络性能影响很大。良好的拓扑控制结构不仅能够提高路由协议和 MAC 协议的效率，也能为数据融合、时间同步和目标定位等很多方面提供基础，有利于延长整个网络的工作时间。所以，拓扑控制是无线传感器网络中的一个基本问题。

虽然无线传感器网络对节能的要求远高于自组网络，但拓扑控制的思想同样适用于无线传感器网络。有研究表明，无线收发器在接收数据包和待机状态时同样需要较多的能量。所以，在无线传感器网络中，理想的节能方案应该是尽可能地关闭冗余节点的无线收发器。因此，无线传感器网络的拓扑管理的目的是使网络内有“合适的”节点处于激活状态以保证网络的连通性，使暂时不参与数据传输的节点处于休眠状态。拓扑管理应尽可能地将数据中继任务均衡地分布在所有节点上，以达到网络整体节能的目的。此外，拓扑管理还要在部分节点失效或有新节点加入的情况下，保证网络能正常工作。

从以上分析来看，无线传感器网络的网络拓扑结构控制与优化具有以下五个方面的意义：

(1) 影响整个网络的工作时间。传感器网络节点一般采用电池供电，节省能量是网络设计必须要考虑的问题之一。拓扑控制的一个重要目标就是在保证网络连通度和覆盖度的情况下，尽量高效合理的使用网络能量，以延长整个网络的工作时间。

(2) 为路由协议提供基础。在传感器网络中，只有活动的节点才能够进行数据转发，而拓扑控制可以确定哪些节点作为转发节点，同时确定节点之间的邻居关系。

(3) 影响数据融合。传感器网络中的数据融合是指传感器节点将采集的数据发送给骨干节点，由骨干节点进行数据融合，并把融合结果发送给数据收集节点。而骨干节点的选择是拓扑控制的一项重要内容。

(4) 减少节点间通信干扰，提高网络通信效率。传感器网络中节点通常密集部署，如果每个节点都以大功率进行通信，那么会加剧节点之间的干扰，降低通信效率，并造成节点能量的浪费。另一方面，选择太小的发射功率又会影响网络连通度，所以拓扑控制中的功率控制技术是解决这一矛盾的途径之一。

(5) 弥补节点失效的影响。传感器节点可能部署在恶劣的环境中，在军事应用中甚至部署在敌方区域中，所以很容易受到破坏而失效。这就要求网络拓扑结构具有鲁棒性(指控制系统在一定的参数摄动下，如结构、大小等，维持某些性能的特性)以适应这种情况。

按照研究方向，传感器网络拓扑结构主要可以分为分簇层次型拓扑结构和功率控制的拓扑结构。分簇层次型拓扑结构主要利用分簇机制让一些节点作为簇头节点，由簇头节点形成一个处理与转发数据的骨干网，其他非骨干网节点可以暂时关闭通信模块进入休眠状态以节省能量。功率控制的拓扑结构主要是调节网络中每个节点的发射功率，在满足网络连通度的前提下，均衡节点的单跳可达邻居数目。

7.2.2　分簇层次型拓扑结构

在无线传感器网络中，无线传感器节点的无线通信模块在空闲状态和收发状态消耗的能量相当，所以只有关闭节点的通信模块，才能大幅度降低无线通信模块的能量开销。考虑利用一定的机制选取某些节点作为骨干网的节点，打开其通信模块，同时关闭非骨干节点的通信模块，由骨干节点构建一个网络来负责数据的路由转发。这样既保证原有覆盖范围内的数据通信，也在很大程度上节省了节点能量。在此拓扑结构中，网络中的节点可以分为骨干网节点和非骨干网节点。骨干网节点对周围的非骨干网节点进行管辖。这类算法将整个网络划分为相连的区域，一般又称为分簇算法。骨干网节点是簇头节点，非骨干网节点是簇内节点。由于簇头节点需要协调簇内节点的工作，负责数据的融合和转发，能量消耗相对较大，所以分簇算法通常采用周期性地选择簇头节点的做法以均衡网络中的节点能量消耗。

1. LEACH 算法

LEACH(Low Energy Adaptive Clustering Hierarchy，LEACH)算法是一种面向数据融合的自适应分簇拓扑控制算法，它的执行过程是周期性的，每轮循环分为簇的建立阶段和稳定的数据通信阶段。在簇的建立阶段，相邻节点动态地形成簇，随机产生簇头；在数据通信阶段，簇内节点把数据发送给簇头，簇头进行数据融合并把结果发送给汇聚节点。由于簇头需要完成数据融合、与汇聚节点通信等功能，所以其能量消耗很大。LEACH 算法能够保证各节点等概率地担任簇头，使得网络中的节点相对均衡地消耗能量。LEACH 算法选举簇头的过程如下：

节点产生一个 0～1 之间的随机数，如果这个数小于阈值 $T(n)$，那么该节点为簇头。在每轮循环中，若节点已经当选过簇头，则把 $T(n)$设置成 0，这样就可以保证该节点不会再次成为簇头。对于未当选过簇头的节点，则将以 $T(n)$的概率当选。随着当选过簇头的节点的数目的增多，剩余节点当选簇头的阈值 $T(n)$随之增大，节点产生小于 $T(n)$的随机数的概率也随之增大，所以节点当选簇头的概率增大。当只剩下一个节点未当选时，$T(n) = 1$，表示这个节点一定当选。$T(n)$可表示为

$$T(n)=\begin{cases}\dfrac{P}{1-P\times\left(r \bmod \dfrac{1}{P}\right)}, & n\in G \\ 0, & \text{其他}\end{cases} \tag{7-1}$$

其中，P 是所有簇头在节点中所占的百分比，r 是选举轮数，r mod(1/P)代表这一轮循环中当选过簇头的节点个数，G 是这一轮循环中未当选过簇头的节点集合。节点当选簇头以后，要传递信息告知其他节点自己是新簇头。非簇头节点根据自己与簇头之间的距离来选择加入哪个簇，并告知该簇头。当簇头接收到所有的加入信息后，就产生一个 TDMA 定时消息，

并且通知该簇中的所有节点。为了避免附近簇中的信号干扰，簇头可以决定本簇中所有节点所用的CDMA编码，这个用于当前阶段的CDMA编码连同TDMA定时一起发送。当簇内节点收到这个消息后，它们就会在各自的时间槽内发送数据。经过一段时间的数据传输，簇头节点收集簇内节点发送的数据后，运行数据融合算法来处理数据，并将结果直接发送给汇聚节点。这种情况稳定持续一段时间后，网络重新进入簇的建立阶段，进行下一轮的簇头选举。

在LEACH算法中，节点等概率地承担簇头角色，较好地体现了负载均衡的思想。但是，由于簇头位置具有较强的随机性，簇头分布不均匀，骨干网的形成无法得到保障。

2. HEED算法

HEED(Hybrid Energy-Efficient Distributed Clustering，HEED)是LEACH算法的改进算法，主要是为了解决LEACH算法中的节点规模小，簇头选举没有考虑节点的地理位置等缺点。HEED算法有效地改善了LEACH算法中簇头可能分布不均匀的问题。以簇内平均可达能量作为衡量簇内通信成本的标准，节点以不同的初始概率发送竞争消息，节点的初始化概率根据公式(7-2)确定。

$$\mathrm{CH}_{\mathrm{prob}} = \max\left(C_{\mathrm{prob}} + \frac{E_{\mathrm{resident}}}{E_{\max}},\ P_{\min}\right) \tag{7-2}$$

式中，C_{prob}和$P_{\min}$是整个网络统一的参量，影响算法的收敛速度。

簇头竞选成功后，其他节点根据在竞争阶段收集到的信息选择加入哪个簇。HEED算法在簇头选择标准以及簇头竞争机制上与LEACH算法不同，成簇的速度有一定改进。特别是考虑到成簇后簇内的通信开销，把节点剩余能量作为一个参量引入算法中，使得选择的簇头更适合担当数据转发的任务，形成的网络拓扑更趋合理，全网的能量消耗更均匀。

HEED算法综合考虑了生存时间、可扩展性和负载均衡，对节点分布和能量也没有特殊要求。虽然HEED执行并不依赖于同步，但是不同步却会严重影响分簇的质量。

3. GAF算法

GAF(Geographical Adaptive Fidelity，GAF)算法是以节点地理位置为依据的分簇算法。该算法把监测区域划分成虚拟单元格，将节点按照位置信息划入响应的单元格；在每个单元格中定期选举产生一个簇头节点，只有簇头节点保持活动，其他节点进入睡眠状态。

GAF算法的执行过程包括两个阶段：

第一阶段是虚拟单元格的划分。根据节点的位置信息和通信半径，将网络区域划分成若干虚拟单元格，并保证相邻单元格中的任意两个节点都能够直接通信。假设节点已知整个监测区域的位置信息和本身的位置信息，节点可以通过计算得知自己属于哪一个单元格。如图7-1所示，假设所有节点的通信半径为R，网络区域划分为边长为r的正方形虚拟单元格，为了保证相邻的两个单元格内任意两个节点能够直接通信，需满足如下关系：

$$r^2 + (2r)^2 \leqslant R^2 \Rightarrow r \leqslant \frac{R}{\sqrt{5}} \tag{7-3}$$

所以，从分组转发的角度看，属于同一单元格的节点可以认为是等价的，每个单元格只需要选出一个节点保持活动状态即可。

第二阶段是虚拟单元格中簇头节点的选择。节点周期性地进入睡眠和工作状态，从睡眠状态唤醒之后与本单元内其他节点交换信息，以确定自己是否需要成为簇头节点。每个节点都可以处于发现、活动以及睡眠三种状态，如图 7-1 所示。

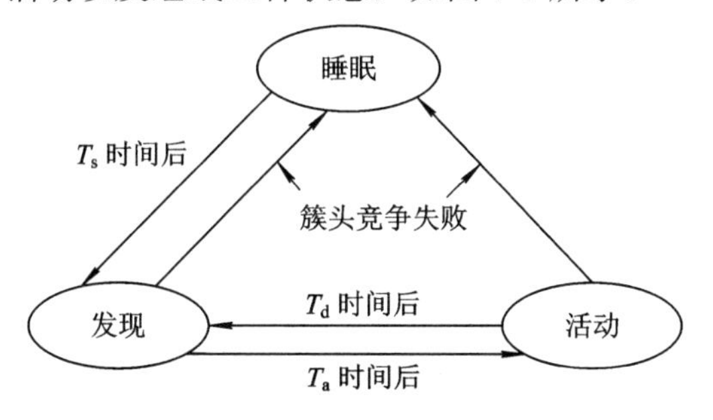

图 7-1　GAF 算法中节点状态转换图

在网络初始化时，所有节点都处于发现状态，每个节点都通过发送消息告知其他节点自己的位置、ID 等信息，经过这个阶段，节点能得知同一单元格中其他节点的信息。然后，每个节点将自身定时器设置为某个区间内的随机值 T_d。一旦定时器超时，节点发送消息声明它进入活动状态，从而成为簇头节点。节点如果在定时器超时之前收到来自同一单元格内其他节点成为簇头的声明，说明它这次竞争簇头失败，从而进入睡眠状态。成为簇头的节点设置定时器为 T_a，T_a 代表它处于活动状态的时间。在 T_a 超时之前，簇头节点定期发送广播包声明自己处于活动状态，以抑制其他处于发现状态的节点进入活动状态。当 T_a 超时后，簇头节点重新回到发现状态。处于睡眠状态的节点设置定时器为 T_s，并在 T_s 超时之后重新回到发现状态。

处于活动状态或者发现状态的节点如果发现本单元格中出现更适合成为簇头的节点，那么它会自动进入睡眠状态。GAF 算法中的虚拟单元格划分如图 7-2 所示。

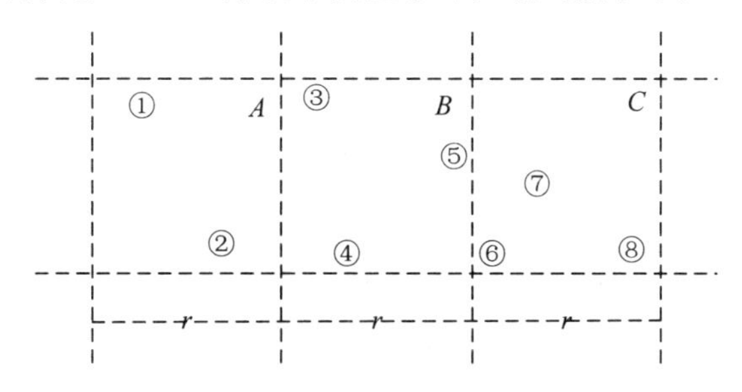

图 7-2　GAF 算法中的虚拟单元格划分

让节点处于睡眠状态是无线传感器网络拓扑算法中经常采用的方法，GAF 是较早采用这种方法的算法。由于传感器节点自身体积和资源受限，这种基于地理位置进行分簇的算法对传感器节点提出了更高的要求。另外，GAF 算法是基于平面模型的，没有考虑到在实际网络中节点之间距离的临近并不能代表节点之间可以直接通信的问题。虽然 GAF 算法存在一些不足，但是它提出的节点状态转换机制和按虚拟单元格划分簇等思想具有一定的意义。

4. TopDisc 算法

TopDisc 算法是基于最小支配集问题的经典算法，是利用颜色区分节点状态，从而解决骨干网络拓扑结构的形成问题。在该算法中，由网络中的一个节点启动发送用于发现邻居节点的查询消息，查询消息携带发送节点的状态信息。随着查询消息在网络中的传播，TopDisc 算法依次为每个节点标记颜色。最后，按照节点颜色区分出簇头节点，并通过反向寻找查询消息的传播路径在簇头节点间建立通信连接，簇头节点管辖自己簇内的节点。

TopDisc 算法提出了两种具体的节点状态标记办法，分别是三色算法和四色算法。这两种算法的相同点在于：它们都利用颜色的标记理论找到簇头节点，而且都利用与传输距离成反比的延时使得一个黑色节点(即簇头节点)覆盖更大的区域。三色算法与四色算法的区别在于寻找簇头节点的标准不一样，所形成的拓扑结构也有所不同。下面以三色算法为例进行讨论。

在三色算法中，节点可以处于三种状态，分别用白、黑、灰三种颜色表示。白色节点代表未被发现的节点，黑色节点代表成为簇头的节点，灰色节点代表 TopDisc 算法所确定的普通节点，即簇内节点。在骨干网形成之前，所有节点都被标记为白色，由一个初始节点发起 TopDisc 三色算法，算法执行完毕后所有节点都将被标记成黑色或者灰色。三色算法的具体过程如下：

(1) 初始节点将自己标记成黑色，并广播查询消息。

(2) 白色节点收到黑色节点的查询消息时变为灰色，灰色节点等待一段时间，再广播查询消息，等待时间的长度与它和黑色节点之间的距离成反比。

(3) 当白色节点收到一个灰色节点的查询消息时，先等待一段时间，等待时间的长度与这个白色节点到它发出查询消息的灰色节点的距离成反比。如果在等待时间内又收到来自黑色节点的查询消息，那么节点立即变成灰色节点，否则节点变成黑色节点。

(4) 当节点变成黑色或者灰色后，它将忽略其他节点的查询消息。

(5) 通过反向查找查询信息的传播路径形成骨干网，黑色节点成为簇头，灰色节点成为簇内节点。如图 7-3 所示，为三色算法生成的网络局部拓扑结构。

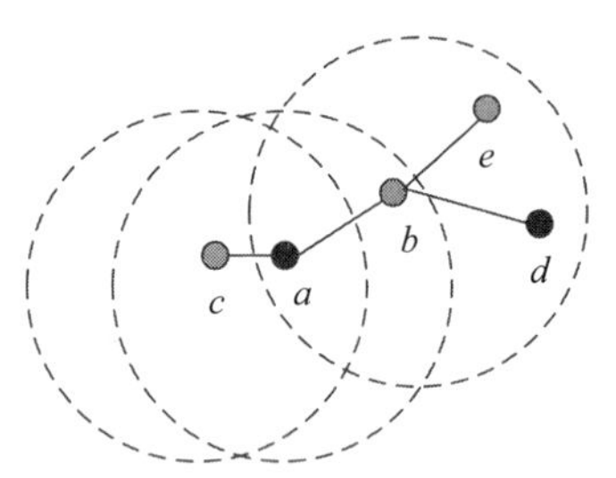

图 7-3 三色算法生成的网络局部拓扑结构

假设三色算法由节点 a 发起，它将自己标记为黑色，并发送查询消息。节点 b、c 收到节点 a 发送的查询消息，将自己标记为灰色，并等待一定的时间再次广播这个查询信息。由于节点 b 比节点 c 距离节点 a 更远，所以节点 b 先开始发送查询信息。节点 e、d 收到来自灰色节点 b 的查询信息后，等待一段时间。由于节点 d 比节点 e 距离节点 b 更远，所以节点 d 先超时，并将自己标记为黑色，节点 d 继续向外发送查询信息。这时节点 e 收到了来自节点 d 的消息，所以停止自己的等待时间，标记为灰色。算法如此进行下去直到所有节点都被标记成黑色或灰色为止。算法运行到网络边缘后，将按照查询消息的路径进行回溯，构建网络的转发链路。在此过程中，黑色节点将得知通过哪些灰色节点可以与周围的黑色节点通信。算法执行完毕后，标记为黑色的节点成为簇头节点，标记为灰色的节点成为簇内节点。从图 7-3 可以看出，两个黑色簇头节点通过一个灰色簇内节点进行通信，从而保证了簇与簇之间的连通。

TopDisc 算法是一种只需要利用局部信息就能实现完全分布式、可扩展的网络拓扑控制算法，但这种算法构建的层次型网络灵活性不强，重复执行算法的开销过大。此外，该算法也没有考虑节点的剩余能量问题。

7.2.3 功率控制的拓扑结构

无线传感器网络中节点的发射功率的控制也称为功率分配问题。节点通过设置或者动态调整节点的发射功率，在保证网络拓扑结构连通、双向连通或者多连通的基础上，使得网络中节点的能量消耗最小，从而延长整个网络的使用时间。当传感器节点布置在二维或者三维空间中时，传感器网络的功率控制是一个 NP 图的问题。因此，一般的解决方案都是寻找近似解法。

1. 基于临近图的算法

基于临近图的功率控制的基本思想如下：设所有节点都使用最大发射功率发射时形成的拓扑图是 G，按照一定的邻居判别条件求出该图的临近图 G'，每个节点以自己所邻接的最远节点来确定发射功率，这是一种解决功率分配问题的近似解法。考虑到传感器网络中两个节点形成的边是有向的，为了避免形成单向边，一般在运用基于临近图的算法形成网络拓扑之后，还需要进行节点之间的增删，以使最后得到的网络拓扑是双向连通的。

在传感器网络中，基于临近图的算法的作用是帮助节点确定自己的邻居集合，调整适当的发射功率，从而在建立起一个连通网络的同时，达到节省能量的目的。在已有的传感器网络拓扑算法中，LMST 是最典型的基于临近图的算法。其步骤如下：

(1) 信息交互阶段。节点 u 定期以最大传输功率发送 Hello 报文，从而获知其可视邻居区内的所有的节点信息。

(2) 拓扑构建阶段。节点 u 独立地以无向图最小生成树算法获得本地最小生成树，计算公式为

$$T_u = (V(T_u),\ E(T_u)) \tag{7-4}$$

(3) 传输功率确定阶段。依据已确定的本地最小生成树的结构，节点决定自身传输功率。

(4) 双向化处理阶段。由于所获得的拓扑中可能存在单向连接，为使网络具有双向连通的特性，对当前所形成的拓扑中单向连接实施添加或删除操作。

LMST 算法在拓扑生成过程中未考虑形成连接的对端能量是否充足，因此所形成的网络拓扑健壮性不高。在此算法基础上，有人提出了 DRNG 算法、DLSS 算法，这里不再一一列举。

2. 基于节点度的算法

一个节点的度是指所有距离该节点一跳的邻居节点的数目。基于节点度算法的核心思想是给定节点度的上限和下限需求，动态调整节点的发射功率，使得节点的度落在上限和下限之间。基于节点度的算法利用局部信息来调整相邻节点间的连通性，从而保证整个网络之间的连通性，同时保证节点间的链路具有一定的冗余性和可扩展性。具有代表性的基于节点度的算法主要有本地平均算法 LMA 和本地邻居平均算法 LMN。这两种算法是两种周期性动态调整节点发射功率的算法，区别在于计算节点度的策略不同。本地平均算法 LMA 的具体步骤如下：

(1) 在起始状态，赋予所有节点相同的初始传输功率 P_{Tr}，节点定期广播一个包含自身唯一标识的报文 LifeMsg。

(2) 对于接收到 LifeMsg 报文的节点，反馈给对端一个回复报文 LifeAckMsg，节点由反馈回的 LifeAckMsg 报文可统计出其周边邻居数 NodeResp。

(3) 如果 NodeResp 低于预设的度值下限 NodeMinThresh，节点将按照公式(7-5)更新 P_{Tr}；如果 NodeResp 高于预设的度值上限 NodeMaxThresh，那么就按照公式(7-6)更新 P_{Tr}。

$$P_{\mathrm{Tr}} = \min\{B_{\max} \times P_{\mathrm{Tr}},\ A_{\mathrm{inc}} \times (\mathrm{NodeMinTresh} - \mathrm{NodeResp}) \times P_{\mathrm{Tr}}\} \tag{7-5}$$

$$P_{\mathrm{Tr}} = \min\{B_{\min} \times P_{\mathrm{Tr}},\ A_{\mathrm{dec}} \times (1 - (\mathrm{NodeMinTresh} - \mathrm{NodeResp})) \times P_{\mathrm{Tr}}\} \tag{7-6}$$

式中，$B_{\max}$、$B_{\min}$、A_{irc}、A_{dec} 是四个功率调节参数，从表达式中可以看出，它们直接关系到功率调整的幅度。

本地邻居平均算法 LMN 与本地平均算法 LMA 类似，唯一的区别在于邻居数 NodeResp 的计算方法不同。在 LMN 算法中，每个节点发送 LifeAckMsg 消息时，将自己的邻居数放入消息中，发送 LifeMsg 消息的节点在收集完所有 LifeAckMsg 消息后，将所有邻居的邻居数求平均值后作为自己的邻居数。

虽然这两种算法都缺少严格的理论推导，但是通过仿真结果确定，这两种算法的收敛性和网络的连通性是可以保证的。它们通过少量的局部信息达到了一定程度的优化效果，并且这两种算法对传感器节点的要求不高，不需要严格的时钟同步。但是算法中也存在一些问题，例如需要进一步研究合理的邻居节点判断条件，对从邻居节点得到的信息是否根据信号的强弱给予不同的权重等。

7.2.4 启发式节点唤醒和睡眠机制

无线传感器网络通常是面向应用的事件驱动的网络，骨干网节点在没有检测到事件时不必一直保持在活动状态。在传感器网络的拓扑控制算法中，除了传统的功率控制和层次型拓扑控制两个方式外，还有启发式节点唤醒与睡眠机制。该机制能够使节点在没有事件发生时设置通信模块为睡眠状态，而在有事件发生时及时自动醒来并唤醒邻居节点，形成数据转发的拓扑结构。这种机制的引入，使得无线通信模块大部分时间都处于关闭状态，只有传感器模块处于工作状态。由于无线通信模块消耗的能量远大于传感器模块，所以这进一步降低了能耗。这种机制的重点在于解决节点在睡眠状态和活动状态之间的转换问题，不能独立作为一种拓扑结构控制机制，需要与其他拓扑算法结合使用。

1. STEM 算法

STEM(Sparse Topology and Energy Management，STEM)算法是较早提出的节点唤醒算法。在 STEM 算法中，节点需要采用一种简单而迅速的节点唤醒方式，以保证网络通信的畅通和较小的延时。STEM 算法包括两种不同的机制：STEM-B 和 STEM-T。

STEM-B(STEM-Beacon)算法是指，当一个节点想给另外一个节点发送数据时，它作为主动节点先发送一串 Beacon 包，目标节点在接收到 Beacon 包后，发送应答信号并自动进入数据接收状态。主动节点接收到应答信号后，进入数据发送阶段。为了避免唤醒信号和数据的冲突，STEM-B 算法使用侦听信道与数据传输信道两个分离信道。如图 7-4 所示为 STEM-B 算法示意图。

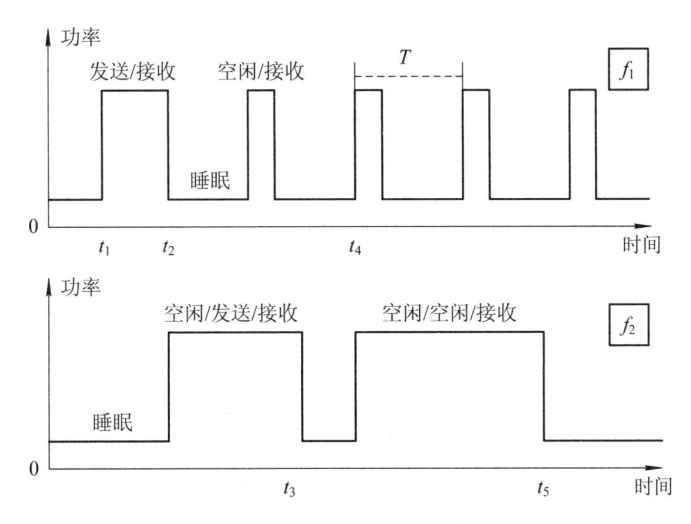

图 7-4　STEM-B 算法示意图

节点 A 使用 f_1 和 f_2 两个信道，f_1 信道为侦听信道，f_2 信道为数据传输信道。节点 A 在侦听信道保持周期性的短时间侦听，在 t_1 到 t_5 时间内，节点 A 分别与节点 B 和节点 C 通信。在 t_1 时刻，节点 A 需要与邻居节点 B 进行通信，首先在频率为 f_1 的信道上发送一串 Beacon 数据包，直到 t_2 时刻收到来自节点 B 的响应为止；节点 A 在 t_2 到 t_3 时段内通过 f_2 信道发送数据给节点 B，通信完成后暂时关闭 f_2 信道。在 t_4 时刻，节点 A 在 f_1 信道上侦听到节点 C 发送的 Beacon 包，于是在 t_4 到 t_5 时段内通过 f_2 信道接收节点 C 发送的数据；在 t_5 之后，节点 A 关闭 f_2 信道，并继续保持在 f_1 信道上的侦听。可见，如果没有数据通信，节点 A 大部分时间只保持在 f_1 信道上的周期性侦听，从而在很大程度上节省了能量消耗。

STEM-T(STEM-Tone)算法比 STEM-B 算法简单，其节点周期性地进入侦听阶段，探测是否有邻居节点要发送数据。当一个节点想要与某个邻居节点进行通信时，首先发送一连串唤醒包，发送唤醒包的时间长度必须大于侦听的时间间隔，以确保邻居节点能够收到唤醒包。然后节点直接发送数据包。所有邻居节点都能够接收到唤醒包并进入接收状态。如果在一定时间内没有收到发送给自己的数据包，就自动进入睡眠状态。可见，STEM-T 算法与 STEM-B 算法相比，省略了请求应答的过程，但是增加了节点唤醒的次数。

STEM 算法使节点在整个生命周期中多数时间内处于睡眠状态，适用于类似环境监测或者突发事件监测等应用，这类应用均由事件触发，不要求节点时刻保持在活动状态。目前，STEM 算法可以与很多分簇类型的拓扑算法结合使用，比如 GAF 算法等。但是，需要注意的是，STEM 算法中，节点的睡眠周期、部署密度以及网络的传输延迟之间有着密切的关系，要针对不同的具体应用进行适当调整。

2．ASCENT 算法

ASCENT 算法的思想与 GAF 算法的思想相类似：保留一定数量的节点作为路由节点，其余节点转入睡眠状态。而在 ASCENT 算法中，节点不仅根据附近节点的连通性来确定是否成为活动节点，还要考虑丢包率指标。在网络运行过程中，节点有三种工作状态，即测试状态、被动状态、睡眠状态。节点首先进入测试状态，在作为活动节点完成数据转发工作的同时，不断发现邻居节点并检测丢包率。根据当前的网络状态，如果节点判断它继续处于活动状态将有利于网络的数据传输，它将保持活动状态，否则进入被动状态。处于被动状态的节点只进行侦听，但是如果它发现附近网络的链路状态变差，则重新进入测试状态，否则进入睡眠状态。

图 7-5 所示是 ASCENT 算法的工作过程。当信道质量变差时，节点向邻居节点广播帮助消息，某些节点将被激活并广播邻居节点声明消息，新激活的节点使信道质量得到提高。

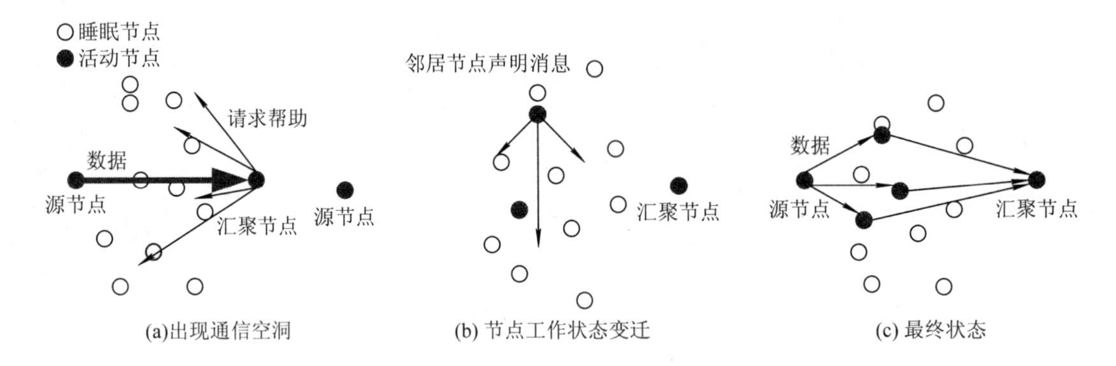

图 7-5 ASCENT 算法的工作过程

通过 ASCENT 算法节点能够根据网络情况动态地改变自身状态，从而动态地改变网络拓扑结构，并且节点只根据本地信息进行计算，不依赖于无线通信模型、节点的地理分布和路由协议。但是 ASCENT 算法也有许多有待完善的地方，例如应该针对更大规模的节点进行分布，并加入负载平衡技术等。

7.3 能量管理

7.3.1 能量管理概述

对于无线自组网、蜂窝等无线网络，首要的设计目标是要能够提供良好的通信服务质量和高效地利用无线网络带宽，其次才是节省能量。无线传感器网络存在着能量约束问题，它的一个重要设计目标就是要能够高效地利用无线传感器节点的能量，在完成应用要求的前提下，尽量延长整个网络系统的生存期。

传感器节点采用电池供电，工作环境通常比较恶劣，一次部署终生使用，所以更换能量源比较困难。如何节省电源、最大化网络生命周期和完成低功耗设计是传感器网络设计的关键。

传感器节点中能量消耗的模块有传感器模块、处理器模块和通信模块。随着集成电路工艺的进步，处理器模块和传感器模块的功耗都变得很低。无线通信模块可以处于发送、接收、空闲或者睡眠状态。空闲状态就是侦听无线信道上的信息，但是不发送或者接收数据。睡眠状态就是无线通信模块处于不工作状态。

网络协议控制了传感器网络各节点之间的通信机制，决定无线通信模块的工作过程。传感器网络协议栈的核心部分是网络层协议和数据链路层协议。网络层协议主要是路由协议，它用于选择采集信息和控制消息的传输路径，即决定由哪些节点形成转发路径。而路径上的所有节点都要消耗一定的能量来转发数据。数据链路层的关键是 MAC 协议，它控制相邻节点之间无线信道的使用方式，决定无线收发模块的工作模式，决定其处于发送、接收、空闲或者睡眠状态。因此，路由协议和 MAC 协议是影响传感器网络能量消耗的重要因素。

通常，随着通信距离的增加，能量消耗会急剧增加。通常为了降低能耗，应尽量减小单跳通信距离。简单地说，多个短距离跳的数据传输比一个长跳的数据传输能耗会低些。因此，在无线传感器网络中，要减少单跳通信距离，尽量使用多跳短距离的无线通信方式。

无线传感器网络的能量管理主要包括传感器节点的电源管理和有效的节能通信协议设计。在一个典型的传感器节点的结构中，与电源单元有关联的模块有很多，除了供电模块以外，其余模块都存在电源能量消耗。从无线传感器网络的协议体系结构来看，它的能量管理机制是覆盖从物理层到应用层的跨层协议设计的问题。

7.3.2　硬件能耗设计

无线传感器网络硬件能耗设计主要是指其节点的硬件设计以及硬件节能方法。根据节点在传感器网络中担任的角色的不同，传感器网络节点分为感知节点、汇聚节点和网关三种。感知节点完成对周围环境对象的感知并进行适当的处理，将有用的信息发送到目的节点。汇聚节点负责对传感节点上传的数据进行分析汇总，将汇总信息上传到监控终端或者网关。汇聚节点同时将终端和网关的控制信息传送到相应的传感节点，具有承上启下的功能。网关主要通过多种接入网络方式，如以太网、WiFi、移动公网等，与外界进行数据交互。

1．传感器网络硬件设计

建设一个无线传感器网络首先需要开发一个可用的感知节点。感知节点应满足特定的特殊需求：尺寸小、价格低、能耗低；可为所需的传感器提供适当的接口，并提供所需的计算和存储资源；能够提供足够的通信能力。图 7-6 所示为感知节点组成部分系统框图。图 7-6 中实线框内的感知单元、控制单元、电源管理单元和无线传输单元是一个完整感知节点的必需的组成部分。辅助单元则用于满足某些特殊需求，如 GPS 定位、本地信息存储、电动机驱动、能量提取等。

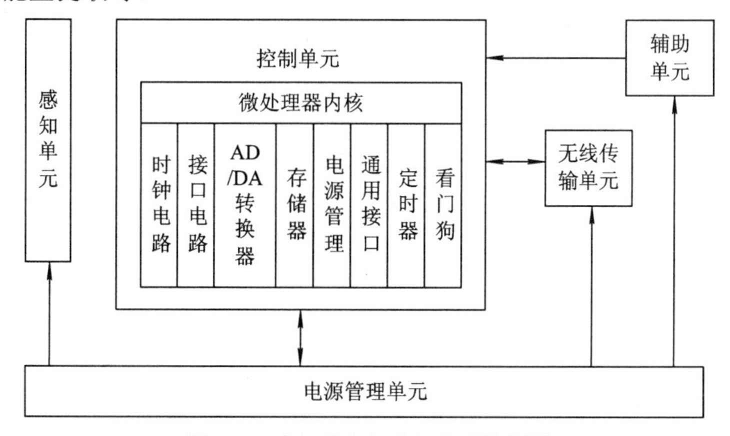

图 7-6　感知节点组成部分系统框图

(1) 感知单元。感知单元负责物理信号的提取。信号采集单元包括传感器、信号调理电路和模/数转换模块。不同的物理量需要不同的传感器，而不同的传感器测量不同的物理量时所消耗的能量也不同。按照能量消耗情况，传感器主要分为以下三类：

① 低功耗类，如温度传感器、湿度传感器、光敏传感器、加速度传感器等；

② 中等功耗类，如声传感器、磁传感器等；

③ 高能耗类，如图像传感器、视频传感器等。

因此，根据不同的应用背景，选择低功耗的传感器对于感知节点的能量管理尤为重要。传感器输出的模拟信号需要经过信号调理才能符合模/数转换要求。常见的信号调理方式有抗混叠滤波、降噪、放大、隔离、差分信号变单端信号等。信号调理的结果直接关系到信号的信噪比，影响信号的特征。模/数转换模块的功能是把模拟信号转换为控制单元可接收的数字信号。近年来，随着 MEMS 技术的发展，出现集成了信号调理电路和模/数转换电路的数字传感器。这种数字传感器只需要通过相应的数字接口即可实现与控制单元的通信，降低了节点的能耗、尺寸和设计复杂度。

(2) 控制单元。控制单元将其他单元以及外部接口连接在一起，处理有关感知、通信和自组织的指令。节点的任务调度、设备管理、功能协调、数据融合、特征提取、数据存储和能耗管理等都是在控制单元的支持下完成的。控制单元包括控制器件、非易失性存储器(通常是控制器件集成的片内 Flash)、随机存储器、内部时钟等。大部分控制器件集成了非易失性存储器、随机存储器和内部时钟等，所以控制器的选择是控制单元能耗设计的首要任务。选择存储器时，同样应该考虑功耗、成本、运行速度、数据处理能力、存储空间等因素。对于控制器的功耗，控制器件满负荷工作的功耗应尽可能低。感知节点大部分时间处于睡眠或空闲状态，控制器件的睡眠和空闲功耗要低。

目前，常用的控制器件有 MCU、DSP、ASIC、FPGA 等。在进行复杂信号处理时，为了满足小波变换、快速傅里叶变换、神经网络算法、双谱分析等复杂时频运算对计算能力和存储能力的要求，控制器件宜选择数字信号处理器或可编程逻辑器件作为算法平台。单纯从功耗方面考虑，宜选择微处理器作为网络控制的平台。而在信号处理算法不复杂的情况下，控制器件宜选用微处理器。微处理器具有功耗低、体积小、通信接口简单等优点。

对于功耗有特殊要求或节点需求数量达百万以上，控制器件宜选用专用集成电路。专用集成电路属于专用定制的控制器件，能够根据特定需求将功耗降到最低，并能减小电路板尺寸，但其后续拓展性差。

在现有的传感器网络感知节点中，大部分控制器件采用微处理器。目前，市场上主流的微处理器有 8 位、16 位、32 位微处理器，主流厂商主要有 Atmel 公司、TI、飞思卡尔半导体、英飞凌公司、美信公司等。在实际应用中，要根据不同的应用要求选择合适的控制器件。

(3) 无线传输单元。感知节点之间通过无线传输单元实现互联，组成自组织传感器网络。根据通信介质的不同，常用的无线传输单元主要有无线通信、光通信和红外通信等几种。光通信利用激光作为传输媒介，功耗低、保密性强，但是它只能沿着直线传播，且容易受到天气的影响。红外通信具有较强的方向性，不需要天线，但其传输距离短。大部分传感节点采用无线通信作为无线传输单元的通信方式。根据应用场景的不同，在实际应用中，选择低功耗、安全性强、抗干扰性好的无线窄带通信芯片对传感器网络系统来说尤为重要。

(4) 电源管理单元。在无线传感器网络的感知节点中，电源管理单元是一个关键的系统组件，其功能主要体现在以下两个方面：一是存储能量并为其他单元提供所需电压的稳压器件，二是从外部环境获取额外的能量。存储能量主要是通过电池来实现的，也可以通过燃料电池、超级电容等来实现。在实际应用中，应根据环境及需求决定使用哪种存储能量设备。表 7-1 列出了六种能量来源的功率密度。

表 7-1　六种能量来源的功率密度

能量来源	功率密度
太阳能(室外)	15 mW/cm^2(直射)，0.15 mW/cm^2(阴天)
太阳能(室内)	0.006 mW/cm^2(正常办公环境)，0.57 mW/cm^2(＜60 W 灯照明)
振动	0.01～0.1 mW/cm^2
声音	3.10～6 mW/cm^2，75 dB
被动人体辐射能量	1.8 mW/cm^2
核辐射能	80 mW/cm^2

电源管理单元可以从外部环境获得能量并将获得的能量存储，常见的能量来源有太阳能、温差、振动、压力差、气流、水流等。目前，针对传感器网络中的电源节能方法的研究主要有动态电源管理、动态电压调度两种方法。

(1) 动态电源管理(DPM)。其工作原理如下：当节点周围没有事件发生的时候，部分模块会处于空闲状态，此时应该把这些组件关掉或者调到更低能耗的状态即睡眠状态，从而达到节省能量的目的。这种事件驱动的能量管理对于延长传感器节点的生存期十分必要。需要指出的是，节点进入完全睡眠状态可能会引起事件的丢失。所以，节点进入完全休眠状态的时机和时间长度必须合理控制。

(2) 动态电压调度。对于大多数传感器节点来说，计算负载的大小是随着时间变化的，因而并不需要节点的微处理器在所有时刻都保持峰值性能。根据 CMOS 电路设计的理论，微处理器执行单条指令所消耗的能量 E_{op} 与工作电压 U 的平方成正比。动态电压调度(DVS)技术就是利用了这一特点，动态地改变微处理器的工作电压和频率，使其刚好满足当前的运行需求，从而在性能和功耗之间取得平衡的。很多微处理器都支持电压频率的动态调节。DVS 要解决的核心问题是实现微处理器计算负载与工作电压及频率之间的匹配。如果计算负载较高，而工作电压和频率较低，那么计算时间将会延长，甚至会影响到某些实时性任务的执行。但是，由于传感器网络的任务往往具有随机性，在动态电压调节过程中必须对计算负载进行预测。

2. 传感器网络硬件能耗分析

通过以上分析可以知道，传感器节点由以下四个部分组成：计算模块、通信模块、传感模块和电源模块。其中，传感模块能耗与应用特征相关，采样周期越短、采样精度越高，传感器模块能耗越大。因此，可以通过在应用允许的范围内适当延长采样周期、降低采样精度的方法来降低传感模块的能耗。事实上，传感模块的能耗要比计算模块和通信模块的能耗低得多，几乎可以忽略，因此通常只讨论计算模块和通信模块的能耗问题。

(1) 计算能耗。计算模块包括微处理器和存储器，用于数据存储和预处理。节点的处理能耗与节点的硬件设计、计算模式紧密相关。目前，对能量管理的研究都是在应用低能耗器件的基础上，在操作系统中使用能量感知方式进一步减小能耗，以延长节点工作寿命。

(2) 通信能耗。通信模块用于节点间的数据通信，它是节点中能耗最大的部件，因此通信模块节能是研究的重点。无线传感器网络的通信能耗与无线收发器以及各个协议层紧密相关。其管理体现在无线收发器的设计和网络协议设计的每一个环节。

7.3.3 状态调制机制

传感器网络的状态调制可以理解为传感器网络中的节点的运行、空闲、睡眠状态之间的转换机制。状态调制机制应用在传感器网络的各个环节，从节点中的硬件实现到传感器网络的拓扑结构、通信以及路由协议，都有状态调制机制的影子。

对于感知节点而言，与它的 5 种不同的有用睡眠状态相关的各部分能量模式如表 7-2 所示。各节点的睡眠模式对应于越来越深的睡眠状态，因而其特征被描述为渐增的延迟和渐减的能耗，需要根据感知节点的工作条件选择这些睡眠状态。例如在激活状态中关闭存储器，或者关闭其他任何部分都是没有意义的。

表 7-2　感知节点有用睡眠状态

状态	处理器	存储器	传感器，A/D	无线通信
S_0	激活	激活	开	发送，接收
S_1	空闲	睡眠	开	接收
S_2	睡眠	睡眠	开	接收
S_3	睡眠	睡眠	开	关
S_4	睡眠	睡眠	关	关

① 状态 S_0 是节点的完全激活状态，节点可传感、处理、发送和接收数据。

② 状态 S_1 中，节点处于传感和接收模式，而处理器处于待命状态。

③ 状态 S_2 与状态 S_1 类似，不同点在于处理器断电，当传感器或无线通信接收到数据时会被唤醒。

④ 状态 S_3 是仅传感的模式，其中除了传感前端外均关闭。

⑤ 状态 S_4 表示设备全关闭的状态。

能量管理是根据观测事件进行状态转换的策略，目的是使能量有效性最大。睡眠状态通过消耗的能量、进入睡眠的管理花费以及唤醒时间来区分。睡眠状态越深，则能耗越少，唤醒时间就越长。

假设感知节点在某时刻 t_0 探测到一个事件，在时刻 t_1 结束处理，下一时间在时刻 $t_2 = t_1 + t_i$ 发生。在时刻 t_1，节点从激活状态 S_0 转换到睡眠状态 S_k，如图 7-7 所示。

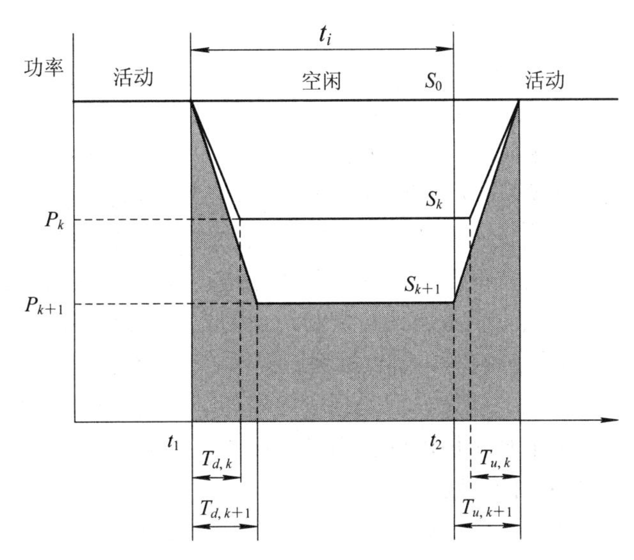

图 7-7　传感器节点睡眠状态转换策略示意

其中，各状态 S_k 的能耗为 P_k，而转换到此状态和恢复的时间分别为 $T_{d,k}$ 和 $T_{u,k}$。假设节点在睡眠状态中，对于任意 $i>j$，$P_j>P_i$，$T_{d,i}$ 且 $T_{u,i}>T_{u,j}$。睡眠模式间的能耗可采用状态间线性变化的模型。例如，当节点从状态 S_0 转换到状态 S_k 时，无线通信、存储器和控制器这些单个部件逐步断电，状态间能耗产生阶梯变化。线性变化在解析上比较容易求解，且能合理地近似此过程。

现在获得一组与状态$\{S_k\}$响应的睡眠时间阈值$\{\mathrm{T}_{\mathrm{th},k}\}$。若空闲时间 $t_i<T_{\mathrm{th},k}$，由于存在状态转换的能量管理花费，从状态 S_0 转换到睡眠状态 S_k 将造成网络能量损失。假设在转换阶段无需完成其他工作，例如当处理器醒来时，转换时间包括 PLL 锁定、时钟稳定和处理器相关指令恢复的时间。图 7-8 中，图线下方区域表示状态转换节省的能量，可以利用式(7-7)计算，即

$$E_{\mathrm{save},k}=(P_0-P_k)t_i-\left(\frac{P_0-P_k}{2}\right)T_{d,k}-\left(\frac{P_0+P_k}{2}\right)T_{u,k} \tag{7-7}$$

当且仅当 $E_{\mathrm{save},k}>0$ 时，这种转换是合理的。于是，可得到能量增益阈值为

$$T_{\mathrm{th},k}=\frac{1}{2}\left[T_{d,k}+\left(\frac{P_0+P_k}{P_0-P_k}\right)T_{u,k}\right] \tag{7-8}$$

式(7-8)意味着转换的延迟花费越大，能量增益阈值就越高。而且 P_0 与 P_k 间的区别越大，阈值越小。

7.3.4　通信能耗

传感器网络中，通信模块用于节点间的数据通信，是传感器网络的最大能量消耗源，它消耗的能量约占传感器节点的 80%。因此，通信能耗是能量管理研究的重点。无线传感器网络的通信能耗与无线收发器以及各个协议层紧密相关，其管理体现在无线收发器的设

计和网络协议设计的每一个环节。

介质访问控制(MAC)协议是链路层能量保护的关键。MAC 层协议决定信道的使用方式，在传感器节点之间分配有限的无线通信资源，用来构建传感器网络的底层基础结构，对网络性能影响较大，是保证网络高效通信的关键网络协议之一。MAC 层协议的性能用带宽要求、能量消耗、竞争强弱、对于网络连通性的支持等指标来衡量。当实时性要求高时，还要考虑时延。所以，无线传感器网络的 MAC 层协议的主要目标是在最小化开销和能量消耗的基础之上获得可预计的时延，并保证其优先级。因此，应将能耗问题和其他指标结合起来折中考虑。同时，由于负责错误检测和纠正的数据链路层影响报文的发送次数，所以会影响系统功耗，特别是影响网关节点等远距离通信。对给定的误码率(BER)，错误控制机制可以减少发送报文消耗的能量，但是相应地增加了发送者和接收者的处理能耗。总体来说，链路层技术在降低能耗中所起的作用是间接的，好的错误控制模式可以降低报文重传次数，从而节约收发两端的能耗。

在无线传感器网络中，可能造成网络能量浪费的主要原因包括以下四个方面：

(1) 碰撞。在以竞争方式共享无线信道时，多个节点之间发送数据可能发生碰撞而造成数据重传，从而消耗节点更多的能量。

(2) 偷听。串音现象发生,节点接收并不处理的数据造成无线接收模块和处理器模块消耗更多的能量。

(3) 空闲侦听。过度的空闲侦听或者没有必要的空闲侦听会造成节点能量的浪费。

(4) 协议开销。控制节点信道分配不合理、控制消息过多都会消耗较多的网络能量。

利用神经网络算法对 MAC 层协议进行设计，对传感器网络节点的不同通信信道分配不同权值。权值大小与影响传感器网络能量消耗的四个因素相关，即信道空闲侦听频率、数据发生碰撞概率、偷听现象发生频率以及协议开销大小，把这四个因素作为神经网络的输入变量，输出变量则是 MAC 协议适应度值。该算法对分层拓扑网络结构尤其适用，不同网络层次采用的神经网络算法差异将会很大，主要体现在由输入变量引起的权值分配的大小，这将增强基于无线自组织、动态拓扑多变的传感器网络 MAC 协议的适应性，并且协调网络整体能耗、网络延迟和吞吐量之间的关系，达到改善无线通信效率的目的。

7.3.5 拓扑结构能耗分析

在上一节拓扑结构管理中，将传感器网络的拓扑结构分为分簇层次型拓扑结构与功率控制型拓扑结构，并从这两个方面进行了拓扑结构的能耗分析。基于分簇层次型拓扑结构的典型算法有 LEACH 算法、HEED 算法、TopDisc 算法和 GAF 算法。本节重点研究 HEED 算法的能耗。

HEED 算法是一种基于分层的无线传感器网络协议，该算法在考虑节点剩余能量的基础上，还考虑了节点簇内的通信耗能。HEED 算法认为传感器节点以一跳的形式与基站进行通信是不可取的，应该根据节点的分布情况分区形成多个簇，然后各簇头与基站进行通信。这样不仅能够降低节点的通信耗能，还便于无线传感器网络对节点的维护和管理。HEED 算法以剩余能量和簇内的通信耗能这两个参数计算出节点成为簇头的概率。

HEED 算法主要分为三个阶段，即初始阶段、循环阶段和最终阶段。在初始阶段，首先设置节点成为簇头的初始概率 C_{prob}，初始概率 C_{prob} 会随着网络运行和节点的剩余能量而发生改变，称节点被选作簇头时的概率为最终概率 CH_{prob}。然而，最终的概率不能够低于最小阈值 P_{min}，这使得节点不会产生因为剩余能量过小而无法选取簇头的问题。在循环阶段中，在簇内循环寻找最小传输能量通信的节点作为簇头节点。每次循环过程结束之后，将节点的 CH_{prob} 乘以 2，再进入下一次循环。依此类推，直到找到簇头节点之后中止循环。在此过程中产生了两类簇头状态，即备选簇头状态(当节点 $CH_{prob}<1$ 时，节点作为备选簇头状态，若发现通信消耗更少的簇头节点，则将其改变为普通节点)和最终簇头状态(当节点 $CH_{prob}=1$ 时，节点作为最终簇头状态，并向邻居节点进行广播)。在最终阶段，每个节点决定其最终的状态，选择簇头并加入该簇。若节点为孤立节点，则申明该节点为簇头节点。

HEED 算法不仅考虑了节点剩余能量，而且还考虑了簇内的通信消耗，在一定程度上保证了节点的能耗负载平衡。然而，HEED 算法在每一轮都要消耗能量进行簇头的选择，而且簇内节点相对固定，也没有考虑中继节点的剩余能量问题。在这种分层多对一的传输过程中，还容易形成“能量洞”的问题。

TopDisc 算法是基于图论中最小支配集理论的经典算法。其基本思想如下：首先由初始节点发出拓扑发现请求，通过广播该请求信息来确定网络中的骨干节点，再结合这些骨干节点的邻居节点的信息构成网络的近似拓扑结构。但是，该算法的开销偏大，且没有考虑节点的剩余能量。GAF 算法是以节点的地理位置为依据的分簇算法，包括虚拟单元格的划分以及虚拟单元格中簇头节点的选择两个阶段，竞争失败的节点进入睡眠状态，从而可以有效地降低节点的能耗，延长整个网络的生命周期。

基于功率控制的拓扑结构算法中，临近图算法的作用是使节点确定自己的邻居集合，调整适当的发射功率，从而在建立起一个连通网络的同时，达到节省能量的目的。节点度的功率控制主要是在实现网络连通、均衡节点中直接邻居数目的同时，降低节点间的通信干扰，它并没有过多考虑能耗问题。

7.3.6　路由协议能耗分析

路由是指通过网络把信息从源(source)传递到目的地的行为。路由技术其实是由两项最基本的活动组成，即决定最优路径和传输数据包。按照不同依据，路由算法可以分为很多种，比如静态与动态、平面与分层、单路与多路等。本书重点讨论平面路由协议和分层路由协议的能耗。

1. 平面路由协议能耗分析

在平面路由协议中，以定向扩散路由协议为主要的分析对象进行分析和总结。网状网络拓扑结构是个多跳系统，其中的节点具有相同的功能，且相互之间可以直接通信。在网状拓扑结构中，网络的每个节点可以通过多条路径到达目的节点，因此它的容错功能较强。但是，为了保证网络中路径的健壮性和稳定性，需要有更多的节点参与。

在定向扩散协议下，相关节点都参与到路由信息的搜集和决策中。它们搜集信息的目的是判别某些节点之间是否可以进行数据传递。定向扩散协议建立路径所需要的能耗比较大，数据传递的能耗比较小。其原因如下：由无线发射信号的自由信道衰减模型可知，当传输距离超过一定长度时，多跳数据传输模式下节点所消耗的能量远小于单跳模式下消耗的能量。建立好路径后，节点的发射半径变小，数据传输阶段所需要的能耗就减少。

2. 分层路由协议能耗分析

经典的分层路由协议是以LEACH 协议为代表的。LEACH 协议是 MIT 学者设计的一种低功耗的无线传感器网络的路由协议。在 LEACH 协议中，簇头节点按照 TDMA(Time Division Multiple Access)的方式给簇内每个普通节点分配通信时隙，簇内除簇头节点外的所有节点都只与簇头通信。LEACH 的路由过程比较简单。簇头处理簇内数据融合、时间片的分配等。簇内各节点只与簇头通信。这种方式对节点的分工是相当明确的，因此路由建立所需要的节点相互协调的过程比较简单。该方式减少了类似平面路由过程中的节点之间相互协调的通信过程，从而减少了建立路由的能耗。

但是，簇头把数据发送到基站的能耗比较大，其原因是簇头与基站的通信距离远远超过节点与簇头之间的通信距离。由通信距离与发射能耗之间的关系可知，即使在自由信道中，节点发射的信号在传播过程中的衰减也是很大的。所以，在一次传输数据过程中，簇头的能耗一般情况下相当于簇内普通节点能耗的十倍左右。

思考题

1. 简述传感器网络管理面临的问题。
2. 简述传感器网络管理系统设计的要求。
3. 传感器网络管理系统的分类有哪些?
4. 简述传感器网络的网络拓扑结构控制与优化的意义。
5. 简述分簇层次型拓扑结构管理系统的 LEACH 算法选举簇头的实施过程。
6. 简述三色算法的具体过程。
7. 功率控制的拓扑结构管理系统的算法有哪些?
8. 传感器网络能量管理包括的内容有哪些?
9. 简述传感器网络硬件能耗设计的主要含义。
10. 传感器网络的能量来源有哪些？请进行分析。
11. 传感器网络状态调制的含义是什么？阐述感知节点有用睡眠状态的能量模式。
12. 为何介质访问控制 MAC 协议是链路层能量保护的关键?
13. 动态电源管理的工作原理是什么?
14. 分析拓扑结构能耗、路由协议能耗情况。
15. 传感器网络拓扑控制分为哪几类？典型算法各是什么？简述各算法的优缺点。
16. 简述拓扑控制 LEACH 算法的实现思想。
17. 简述传感器网络低能耗的实现途径。

第 8 章　Chapter 8

无线传感器网络安全技术

8.1　网络安全技术概述

众所周知，在日常使用的公共信息网络中存在着各种各样的安全漏洞和威胁，安全管理始终是网络管理中最困难、最薄弱的环节之一。在某些商业应用或者军事应用的无线传感器网络中，安全问题不容忽视。从网络技术的发展史可以得出这样一个结论：没有足够安全保证的网络是没有前途的。因此，传感器网络的安全问题研究是十分重要的。

网络安全技术主要包括以下内容：

(1) 机密性问题。所有敏感数据在存储和传输过程中都要保证其机密性。

(2) 完整性鉴别问题。网络节点在接收到一个数据包时，能够确认这个数据包和发出来时一模一样，没有被中间节点篡改或者通信出错。

(3) 新鲜性问题。数据本身具有时效性，网络节点能够判定最新接收到的数据包是发送者最新产生的数据包。

(4) 点到点的消息认证问题。网络节点在接收到消息时，需要确认这个消息确实是从网络中某个节点发送出来的而不是别人冒充的。

(5) 认证组播/广播问题。认证组播/广播解决的是单一节点向一组/所有节点发送统一通告的认证安全问题。

(6) 安全管理问题。安全管理包括安全引导和安全维护两个部分。安全引导是指一个网络从分散的、独立的、没有安全通道保护的个体集合，按照预定的协议机制逐步形成统一的、完整的、具有安全信道保护的、连通的安全网络的过程。安全维护主要研究通信中的密钥更新，以及网络变更引起的安全变更，其方法往往是安全引导过程的延伸。

8.1.1　网络安全问题

依据传感器网络的安全需求，可以将传感器网络安全分为实体安全和系统安全。其中，系统安全又可以分为通信安全和信息安全。实体安全是指传感器网络的节点所处的物理条件、物理环境的安全标准等方面的内容。信息安全就是要保证网络中传输信息的安全性，它是以通信安全为基础，侧重于网络中所传输的信息的真实性、完整性和保密性，是面向用户应用的安全。

1．通信安全

通信安全是面向网络基础设施的安全性，目的是保证传感器网络内数据采集、融合、传输等基本功能的正常进行。为此，通信安全应具备保证节点安全、被动抵御入侵和主动反击入侵的能力。传感器节点是构成传感器网络的基本单元，如果入侵者能轻易找到并毁坏各个节点，那么网络就没有任何安全性可言了。

节点的安全性又可以分以下两类：节点被发现问题和篡改节点内容问题。

(1) 节点被发现问题。无线传感器网络中的普通传感器节点的数量众多，少数节点被破坏不会对网络造成太大影响。但是，一定要保证簇头等特殊节点不被发现，这些节点在网络中只占极少数，一旦被破坏，整个网络就面临失效的危险。

(2) 篡改节点内容问题。节点不易被篡改。节点被发现后，入侵者可能从中读出密钥、程序等机密信息，甚至可以重写存储器将该节点变成一个“卧底”。

在实际应用中，由于受诸多因素的限制，要把传感器网络的安全系统做得非常完善是非常困难的。因此，在遭到入侵时网络的被动防御能力很重要，这就要求传感器网络具备对抗外部攻击者和对抗内部攻击者的能力。外部攻击者是指那些没有得到密钥，无法接入网络的节点。外部攻击者无法有效地注入虚假信息，但是可以进行窃听、干扰、分析通信量等活动，从而进一步攻击无线传感器网络信息。因此，对抗外部攻击者首先需要解决保密性问题；其次，要防范能扰乱网络正常运转的简单网络攻击，如重要数据包等，这些攻击会造成网络性能下降。内部攻击者是指那些获得了相关密钥，并以合法身份混入网络的攻击节点。由于传感器网络不可能阻止节点被篡改，而且密钥可能被对方破解，因此总会有入侵者在取得密钥后以合法身份接入网络。

主动反击能力是指网络安全系统能够主动地限制甚至消灭入侵者。为此，要保证网络具有入侵检测能力、隔离入侵者能力和消灭入侵者能力。检测是发动有效攻击的前提，网络首先要准确识别网络内出现的各种入侵行为并发出警报，确定入侵节点位置或者身份。隔离入侵者就是网络需要根据入侵检测信息调度网络正常通信来避开入侵者，同时丢弃任何由入侵者发出的数据包。而对于消灭入侵者，一般由用户通过人工方式进行。

2．信息安全

信息安全的称谓随着信息安全技术的发展发生了有趣的变化，从早期的计算机安全和计算机系统安全、计算机信息系统安全到现在的信息安全和信息系统安全。曾经被人们广泛采用并且现在还在使用的一些有关信息安全的称谓有网络安全、网络系统安全、网络信息安全、网络信息系统安全、信息网络安全、信息网络系统安全、网络计算机安全和计算机网络安全等，这些称谓无不反映出信息安全的一些发展痕迹。这些称谓从字面上看，有的差别不大，有的相去甚远，然而其基本含义是完全一致的，只是在信息安全发展的不同阶段，人们从不同的侧面注重考虑和认识信息安全问题的反映。所有这些称谓都是确保在计算机网络环境中的信息系统的安全运行，并且确保信息系统中所存储、传输和处理的信息的安全保护，或者简单地描述为系统安全运行和信息安全保护，也就是通常所说的确保信息的保密性、完整性和可用性(包含可控性、抗抵赖性、可辨认性和可操作性等)。

信息安全的新概念主要体现在信息安全保障、信息系统整体安全以及综合密码技术等方面。

1) 信息安全保障

信息安全保障是指传统意义上对信息的保密性及完整性的保护，是用来防止信息财产被故意地或偶然地泄露、改变、破坏或者使信息不可用的系统识别、控制及策略和过程。按照信息安全保障的要求，信息安全必须考虑以下四个方面：

(1) 信息保护(P)：对信息系统中存储、处理、传输和使用的信息进行保护，使其不因内部和外部的人为或自然的原因遭到泄露、破坏或篡改。

(2) 运行监测(D)：对运行中的信息系统，通过一定手段随时检测并监控系统的运行情况，以及时发现各种入侵和破坏。

(3) 快速反应(D)：对信息及信息系统运行中出现的各种异常情况能及时做出反应。

(4) 快速恢复(R)：当信息遭到破坏或系统不能正常运行时能及时且快速地恢复。

2) 信息系统整体安全

信息安全的目标是保护在信息系统中存储、传输和处理的信息的安全，可概括为确保信息的完整性、保密性和可用性。其中，完整性是指信息必须按照其原形保存，不能被非法破坏，也不能被偶然无意地修改。保密性是指信息必须按照拥有者的要求保持一定的秘密性。可用性是指在任何情况下信息必须是可用的，它是信息系统能够完成可靠操作的重要前提。这里的信息系统是指在计算机网络环境下运行的信息处理系统，因而计算机安全及网络安全应该是信息安全的基础和保证。归结起来，信息系统整体安全应从以下三个方面理解。

(1) 整体安全才是真正的安全，只有对计算机、网络及在其上运行的信息处理系统从组成信息系统的各个层面(包括物理、系统、网络、应用和管理层面等)的安全进行整体考虑才能实现真正的信息系统安全。

(2) 技术和管理是信息安全的两个重要方面。GB1785—1999 中的定义：计算机信息系统是由计算机及其相关的配套设备、设施(含网络)构成的，按照一定的应用目标和规格对信息进行采集、加工、存储、传输、检索等处理的人/机系统。人/机系统强调了人对信息系统安全的重要性，人的因素需要通过加强管理来发挥作用。

(3) 可信计算基(TCB)是信息系统中所有安全机制的总称。GB1785—1999 中的定义：TCB 是计算机系统内保护装置的总体，包括硬件、固件、软件和负责执行安全策略的组合体。它建立了一个基本的保护环境，并提供一个可信计算机系统所要求的附加用户服务。这一定义扩展到信息系统，信息系统的 TCB 就是通常所说的信息系统安全子系统。

3) 综合密码技术

系统安全技术与密码技术的紧密结合在信息保护中具有重要作用。密码技术只有与系统安全技术紧密结合，才能够构建出具有适当强度安全的信息系统。当前系统安全技术与密码技术相结合主要体现在以下五个方面：

(1) 以访问控制为中心的系统安全技术能构建完整的安全体系结构。

(2) 密码技术对防假冒、抵赖、信息被泄露以及篡改等方面有着不可替代的作用。

(3) 将系统安全技术与密码技术有机结合能实现优势互补。

(4) 以 PKI 为基础的 CA 系统是安全技术与密码技术结合的范例。

(5) 基于 TPM 的可信计算为计算机系统和网络系统的安全提供了强有力的支持。

8.1.2 安全防护技术的分类

针对传感器网络的安全需求，其安全防护技术包括：安全路由技术、密钥管理技术、身份认证技术、入侵检测技术、数字签名、完整性检测技术等。

1. 安全路由技术

WSN 遇到的安全威胁以路由威胁为主，具体包括选择转发、伪造路由信息、虫洞攻击、多重身份攻击、呼叫洪攻击、急行军攻击、确认欺骗攻击、同步攻击、重放攻击、拒绝服务攻击等。对不同的攻击，采取的防御方式主要有：物理攻击防护、阻止拒绝服务、对抗女巫攻击、数据融合等。WSN 的特殊架构使得对路由安全的要求较高，因此应当根据物联网不同应用的需求选择合适的安全路由协议。一般来说，可以从以下两个方面来设计安全路由协议：① 采用密钥系统建立的安全通信环境来交换路由信息；② 利用冗余路由传送数据。

就 WSN 面临的诸多威胁而言，需要设计合适的安全防护机制，以保证整个网络安全通信。SPINS 安全协议是可选的传感器网络安全框架之一，它包括 SNEP 协议及 TESLA 协议两个部分。其中：SNEP 协议用来实现通信的机密性、完整性和点对点认证；TESLA 协议则用来实现点到多点的广播认证。SPINS 安全框架协议可以有效地保证物联网路由安全，但它并没有指出实现各种安全机制的具体算法。所以，在具体应用中，应当多考虑 SPINS 协议的实现问题。

2. 密钥管理技术

密钥系统是信息与网络安全的基础，加密、认证等安全机制都需要密钥系统的支持。所谓密钥，就是一个秘密的值，是密码学的核心内容。密码学包括密码编码学和密码分析学。密码编码学就是利用加密算法和密钥对传递的信息进行编码以隐藏真实信息，而密码分析学试图破译加密算法和密钥以获得信息内容，二者既相互对立，又相互联系，构成了密码学的密码体制。

密码体制是指一个系统所采用的基本工作方式以及它的两个基本构成要素，即加密/解密算法和密钥。加密的基本思想是伪装明文以隐藏其真实内容。将明文伪装成密文的操作过程称为加密，加密时所使用的信息变换规则称为加密算法。由密文恢复出明文的操作过程称为解密，解密时所使用的信息变换规则称为解密算法。

加密密钥和解密密钥的操作通常都在一组密钥控制下进行。加密密钥和解密密钥相同的密码算法称为对称密钥密码算法，而加密密钥和解密密钥不同的密码算法称为非对称密钥密码算法。对称密钥密码系统要求保密通信双方必须事先共享一个密钥，因而也称为单钥(私钥)密码系统。这种算法又分为分流密码算法和分组密码算法两种。而非对称密钥密码系统中，每个用户拥有两种密钥，即公开密钥和秘密密钥。公开密钥对所有人公开，而秘密密钥只有用户自己知道。

一般地，无线传感器网络的通信不能依靠一个固定的基础组织或者一个中心管理员来实现，而要用分散的密钥管理技术。密钥的确立需要在参与实体和密钥计算之间建立信任关系。信任建立可以通过公开密钥或者秘密密钥技术来实现，其核心为密钥管理协议。WSN 是分布式自组织的，没有控制中心，必须充分考虑其结构特点，构建适合的密钥管理方案。

WSN 密钥管理方式可分为对称密钥加密和非对称密钥加密两种。其中，对称密钥加密是 WSN 密钥管理主流方式，其密钥长度不长，计算、通信和存储开销相对较小。

密钥管理主要有以下四种协议：简单密钥分布协议、动态密钥管理协议、密钥预分布协议、分层密钥管理协议。其中，简单密钥分布协议的安全性最差。而分层密钥管理协议中采用的 LEAP 协议，使用多种密钥机制共同维护网络安全，它为每个传感器节点建立四种类型的密钥：包到基站的单个密钥、与另一个传感器的成对密钥、与簇内多个邻节点的共享密钥、与网络中的所有节点的全局密钥。LEAP 在计算复杂度、存储空间等方面都具有显著优势，并且能很好地抵御多种攻击，这种密钥分布协议的防护措施较高效、安全。

密码技术是无线传感器网络安全的基础，也是所有网络安全实现的前提。加密是一种基本的安全机制，它把传感器节点间的通信消息转换为密文，形成加密密钥，这些密文只有知道解密密钥的人才能识别。

3. 身份认证技术

身份认证技术通过检测通信双方拥有什么或者知道什么来确定通信双方的身份是否合法。这种技术是通信双方中的一方通过密码技术验证另一方是否知道他们之间共享的秘密密钥或者其中一方自有的私有密钥。这是建立在运算简单的对称密钥密码算法和杂凑函数基础上的，适合所有无线网络通信。

由于 WSN 处于开放的环境中，节点很容易受到来自外部攻击者的破坏，甚至将伪造的虚假路由信息、错误的采集数据发布给其他节点，从而干扰正常数据的融合、转发。因此，要确保消息来源的正确性，必须对通信双方进行身份认证。身份认证技术可以使得通信双方确认对方的身份并交换会话密钥，其及时性和保密性是两个重要问题。

由于传感器节点的计算能力和存储能力有限，数字签名、数字证书等非对称密码技术都不能采用，只能选择建立安全性能适中的身份认证方案。同时，网络中信息资源的访问必须建立在有序的访问控制前提下，这要求对不同的访问者规定相应的操作权限，如是否可读、是否可写、是否允许修改等。

4. 入侵检测技术

安全路由、密钥管理等技术在一定程度上降低了节点安全的脆弱性，并且增强了网络的防御能力。但是，对于一些特殊的安全攻击行为来说，这些技术能发挥的作用是有限的。因此，WSN 引入了入侵检测来检测和处理那些影响 WSN 正常工作的安全攻击行为。WSN 的入侵检测系统具备协作处理、多方监控、分布检测等特征。

目前，针对 WSN 的入侵检测技术的研究大部分还停留在模型设计、理论分析上，但已有人提出了可用于 WSN 的入侵检测模型、神经网络的入侵检测算法等较好的入侵检测算法。由于 WSN 自身的特点，入侵检测系统的组织结构需要根据其特定的应用环境进行设计。目前已经提出的体系结构中，根据检测节点之间存在的关系不同，例如是否存在数据交换、相互协作等，可以将入侵检测系统的体系结构分为分布式入侵检测体系、对等合作入侵检测体系、层次式入侵检测体系。

5. 数字签名

数字签名是用于提供服务不可否认性的安全机制。数字签名大多基于非对称密钥密码算法，用户利用其秘密密钥对一个消息进行签名，然后将消息和签名一起传给验证方，验证方利用签名者公开的密钥来认证签名的真伪。

6．完整性检测技术

完整性检测技术用来进行消息的认证，是为了检测因恶意攻击者篡改而引起的信息错误。为了抵御恶意攻击，完整性检测技术加入了秘密信息，不知道秘密信息的攻击者将不能产生有效的消息完整性码。消息认证码是一种典型的完整性检测技术，其含义如下：

(1) 将消息通过一个带密钥的杂凑函数来产生一个消息完整性码，并将它附着在消息后一起传送给接收方。

(2) 接收方在收到消息后可以重新计算消息完整性码，并将其与接收到的消息完整性码进行比较：若相等，则接收方认为消息没有被篡改；若不相等，则接收方知道消息在传输过程中被篡改了。该技术实现简单，易于在无线传感器网络中实现。

8.1.3 WSN的网络安全设计策略

与传统的Internet网络协议栈架构相比，传感器网络协议栈架构借鉴了其层次，但参考模型有着很大的区别。由于传感器网络自身的特性，能量的节约是首要考虑的问题。为了减少各个层次之间的交互，可采用以下两种办法：一是把一些相关的层次进行合并，减少网络层次；二是在设计中，各层次之间的相互耦合性较大，有些在设计时，甚至只有物理层、链路层和应用层。因此，在安全设计过程中，需要将链路层安全和端到端安全相结合。因为传感器网络是以数据为中心的，即传感器网络是应用驱动的，将端到端和链路层安全相结合设计灵活的传感器网络安全模型显得更加重要。在认证过程中，需要采用相同的处理方式，不论是数据包还是控制包。总的来说，传感器网络完全设计策略包括加密算法的选择、密钥管理等几个方面。

1．加密算法的选择

由于传感器节点本身的计算能力、能量供给、通信能力和存储空间的限制，现有的应用于传统计算机网络的各种加密解密算法尚不能很好地直接移植到无线传感器网络的节点中。因为用于传统网络的加密解密算法需要节点具有强大的计算能力、稳定的能量供给以及足够容量存储空间的支持，这是现有的无线传感器网络节点无法满足的，所以必须寻找适合无线传感器网络的加密解密算法。本节将介绍几种适合无线传感器网络的加密解密算法。

1) RC4加密算法

RC4是Ron Rivest在1987年为RSA公司设计的一种可变密钥长度、面向字节操作的流密码，该算法以随机置换为基础。分析显示，该密码的周期大于10^{100}字节，每输出一字节的结果仅需要8～16条机器操作指令。

RC4算法非常简单，易于描述。该算法用从1到256个字节的可变长度密钥初始化一个256字节的状态向量$\boldsymbol{S}$，$\boldsymbol{S}$的元素记为$S[0]$，$S[1]$，…，$S[255]$。从始至终置换后的$\boldsymbol{S}$包含0～255所有的8比特数。对于加密和解密，字节K由$\boldsymbol{S}$中255个元素按一定方式选出一个元素而生成。每生成一个K值，$\boldsymbol{S}$中的元素个体就被重新置换一次。

(1) 初始化$\boldsymbol{S}$。

开始时，$\boldsymbol{S}$中的元素的值按升序被置为0～255，即$S[0]=0$，$S[1]=1$，…，$S[255]=255$。

同时，建立一个临时向量 ***T***。如果密钥 *K* 的长度为 256 字节，那么将 *K* 赋给 ***T***。否则，若密钥的长度为 keylen 字节，则将 *K* 的值赋给 keylen 个元素，并循环重复用 *K* 的值赋给 ***T*** 剩下的元素，直到 ***T*** 的所有元素都被赋值。这些预操作可被概括为如下代码：

```
For i=0 to 255 do
      S[i]=I;
      T[i]=K[ I mod keylen]
End
```

然后，用 ***T*** 产生的 ***S*** 的初始置换，从 *S*[0]到 *S*[255]，对每个 *S*[i]，根据由 *T*[i]确定的方案将 *S*[i]置换为 ***S*** 中的另一个字节，具体操作概括为如下代码：

```
J=0;
For   i=0 to 255 do
      j=(j+S[i]+T[i]) mod 256
      Swap(S[i],S[j]);
End
```

因为对 ***S*** 的操作仅是交换，所以唯一改变的是置换，***S*** 仍然包含所有值为 0～255 的元素。

(2) 密钥流的生成。

向量 ***S*** 一旦完成初始化，输入密钥就不再被使用。密钥流的生成是从 *S*[0]到 *S*[255]，对每个 *S*[i]，根据当前 ***S*** 的值，将 *S*[i]与 ***S*** 中的另一个字节置换。当 *S*[255]完成置换后，操作继续重复从 *S*[0]开始。用代码表示如下：

```
i, j=0;
While (true) do
          i=(i+j) mod 256;
          j=(j+S[i]) mod 256;
          Swap(S[i],S[j]);
          t= (S[i]+T[i]) mod 256;
          k=S[t];
End
```

加密中，将 *K* 的值与下一明文字节异或；解密中，将 *K* 的值与下一密文字节异或。

2) RC5、RC6 分组加密算法

(1) 三种加密算法的关系。

RC5 是对称加密算法，也是由 RSA 公司的首席科学家 Ron Rivest 于 1994 年设计，于 1995 年正式公开的一种很实用的加密算法。RC6 是作为 AES(Advanced Encryption Standard)的候选算法提交给 NIET(美国国家标准局)的一种新的分组密码，它是在 RC5 基础上设计的，能更好地满足 AES 的要求，且提高了安全性，增强了性能。与 RC4 加密算法不同的是，RC4 是流密码，而 RC5 和 RC6 是分组密码，所以后两者并不是前者的性能升级版本。由于 RC6 是在 RC5 的基础上升级改造的，所以下面仅对 RC6 加密算法进行简要介绍。

(2) RC6 加密算法。

RC6 是参数变量的分组算法，实际上是由三个参数确定的一个加密算法族。一个特定的 RC6 可以表示为 RC6(w，r，b)，三个参数 w，r 和 b 分别为字长、循环次数和密钥长度。在 AES 中，w=32，r=20。在本设计中，密钥长度 b 为 128 位(16 字节)。RC6 用 4 个 w 位的寄存器 A、B、C、D 来存放输入的明文和输出的密文。明文和密文的第一个字节存放在 A 的最低字节，经过加解密后，得到的明文和密文的最后一个字节存放在 D 的最高字节。RC6 的六种基本运算如表 8-1 所示。

表 8-1　RC6 的基本运算

表达式	意　　义
$a + b$	a 与 b 模 2^w 加法运算：$(a + b) \bmod 2^w$
$a + b$	a 与 b 模 2^w 减法运算：$(a - b) \bmod 2^w$
$a \oplus b$	a 与 b 逐位异或运算
$a \times b$	a 与 b 模 2^w 乘法运算：$(a \times b) \bmod 2^w$
a<<<b	循环左移，将 w 比特字 a 循环左移 b 的最低有效 $\log 2^w$ 比特所表示的位数
a>>>b	循环右移，将 w 比特字 a 循环右移 b 的最低有效 $\log 2^w$ 比特所表示的位数

这里假设明文由长 128 位的 4 个字 A、B、C、D 表示(相当于 4 个寄存器)，且这 4 个 w 比特字也表示最后输出的密文。明密文的首字节(即低位 8 比特)是放在 A 的最低字节，明密文的高位字节是放在 D 的最高字节。用(A、B、C、D)=(B、C、D、A)来表示右边寄存器的赋值给左边的寄存器。描述 RC6 算法原理的伪代码如下：

输入：存储在 4 个 w 位的 A、B、C、D 寄存器的明文、循环次数 r、w 比特循环密钥 $S[0, 1, \ldots, 2r + 3]$

输出：存储在 A、B、C、D 寄存器中的密文

算法流程：

```
Begin
        B=B+S[0]
        D=D+S[1]
        For i=1 to r do
            t=(B(2B+1))<<< log2^w
            u=(D(2D+1))<<< log2^w
            A=(( A ⊕ t)<<<u)+S[2i]
            C=(( C ⊕ u)<<<t)+ S[2i+1]
            (A,B,C,D)=( B,C,D,A)
        End
        A=A+S[2r+2]
        C=C+S[2r+3]
End
```

2．密钥管理

无线传感器网络的特征导致许多在传统无线网络中较为成熟的密钥管理方案不能被直

接用于传感器网络中。但密钥管理机制是无线传感器网络安全技术中一个非常重要的基础性问题，它包括用于安全加密或者认证的密钥的初始化、建立、连接共享、分配、更新、撤销等一系列协议或者管理流程。许多研究者也对无线传感器网络中的这一问题进行了较为深入的研究和探讨。无线传感器网络中的密钥管理系统的设计在很大程度上受无线传感器网络的特征的限制，因此其设计需求与有线网络和传统的资源不受限制的无线网络有所不同，主要分为安全需求和性能需求。

传感器网络中的密钥管理方案可以按照四个依据进行分类：一是按照密钥管理方案所依托的密码基础进行分类；二是按照网络的逻辑结构进行分类；三是按照网络运行后密钥是否更新进行分类；四是按照网络密钥的链接程度进行分类。这四个分类方法并不是唯一的，也并非将所有的方案都依此划清界限而彼此之间没有交集，同一种密钥管理方案完全可能在不同的分类中重复出现。

1) 按照所依托的密码基础分类

按照所依托的密码基础，可将密钥管理方案分成三种：基于对称密钥体制的密钥管理方案、基于非对称密钥体制的密钥管理方案、基于 ID 或者 HASH 算法的密钥管理方案。

(1) 基于对称密钥体制的密钥管理方案。这种密钥管理方案采用了相对轻型的对称密钥体制作为其密码基础，具有简单、计算存储量不大的特点。许多对称加密体制使用一个可信任的第三方，或密钥分发中心为系统内的任何两个成员建立共享的会话密钥。除此之外，还有一些研究者将对称密钥体制和其他的密码技术相结合，构建用于无线传感器网络的密钥管理方案。Farshid Delgosha 等人提出一种基于多元多项式的对称密钥管理方案，每个节点具有唯一的 ID 标识，并且存储了相同的 d 元多项式。网络部署以后，不需要任何第三方的参与，在规定距离之内的任意两个节点将共享 $d-1$ 个公共密钥，这些节点最终的对称私钥将由 $d-1$ 个公共密钥合成。该方案实际上基于门限共享机制，因此明显提高了安全性，尤其是具有较好的抗毁性。

(2) 基于非对称密钥体制的密钥管理方案。基于公钥体制的非对称密钥管理方案曾一度被排斥在无线传感器网络的研究范围之外，但近期也有不少研究成果表明：即便存在计算量和存储负载偏大的缺陷，非对称密钥管理方案仍然可用于解决无线传感器网络的安全问题。研究者们认为现有的许多基于对称密钥体制的密钥管理方案过多地考虑了网络的连通性，他们提出了一种基于轻量级 ECC 公钥的密钥管理方案，该方案仅为邻居节点间分配通信密钥。性能仿真表明，该方案相比于对称密钥体制显著提高了安全性，同时也比其他非对称密钥体制的管理方案更加节省能耗和存储空间。椭圆曲线密码体制作为公钥密码体制的轻量级代表，在无线传感器网络密钥管理的研究中受到了极大的重视，同时也成为其他经典公钥方案在无线传感器网络中暂且无法突破的瓶颈。

(3) 基于 ID 或者 HASH 算法的密钥管理方案。一方面为了保证轻量级，另一方面为了实现易于认证，许多研究者挣脱了对称密钥体制和公钥非对称密码体制的单一束缚，利用混合密码体制或者其他密码基础技术来实现无线传感器网络中的密钥管理体制。其中，研究得最为广泛和深入的是基于 ID(身份)或者 HASH 密钥链的方法。在基于 ID 的密钥管理方案中，每个传感器节点都被赋予唯一的 ID 值，密钥管理方案将使用各个节点的 ID 号参与公钥运算，同时产生相应的唯一私有密钥。

2) 按照网络的逻辑结构分类

按照网络的逻辑结构，可将密钥管理方案分成两种：分布式密钥管理方案和层簇式密钥管理方案。前者适用于网络中的节点完全分布式对等的无线传感器网络，而后者则适用于分层分组的无线传感器网络。

(1) 分布式密钥管理方案。这种密钥管理方案并不多见，它一般认为网络具有完全分布式的特征，节点具有相同的通信能力和计算能力，是完全对等的关系，密钥的生成、发布和更新往往由节点相互协商完成。

(2) 层簇式密钥管理方案。层簇式密钥管理方案是无线传感器网络密钥管理方案研究的主流。全网的节点被划分为若干个簇，每一簇有能量较强(体现在剩余能量上)的一个或者多个簇头节点协助基站节点共同管理整个传感器网络。一般密钥的初始化、分发和管理都由簇头节点主持，协同簇内节点共同完成。

3) 按照密钥是否更新分类

按照网络运行后密钥是否更新，可将密钥管理方案分成三种：静态密钥管理方案、动态密钥管理方案和静动态混合密钥管理方案。这三种密钥管理方案是目前研究的热点，尤其是静动态混合密钥管理方案。

(1) 静态密钥管理方案。这种密钥管理方案非常常见，节点在部署前预分配一定数量的密钥，部署后通过协商生成通信密钥，网络运行稳定后，不再考虑密钥的更新和撤回。有研究者认为随机密钥预分配是当前最有效的密钥管理机制。但是，目前的随机密钥预分配方案面临一个潜在的挑战：无法同时获取理想的网络安全连通性和网络抗毁性。该研究者还提出了一种基于散列链的随机密钥预分配方案，通过有效调节散列链长度、公共辅助节点数、散列链数量等参数，节点仅需要预分配数量较少的密钥信息，就能够以较高的概率建立对偶密钥。而且，即使存在大量的受损节点，仍能保持较强的网络抗毁性。

(2) 动态密钥管理方案。与静态密钥管理方案相比，在动态密钥管理方案中，安全通信更多地依赖于网络运行后密钥动态地分发、协商和撤销，这一过程将会周期性地进行。为了解决大规模无线传感器网络的密钥管理问题，许多研究者提出了基于 EBS 系统的两级密钥动态管理策略。该策略从网络部署开始，在整个生命周期内对节点内的密钥进行动态管理。针对无线传感器网络的特性，节点的密钥管理分为三个阶段：初始化阶段、稳定阶段和动态变更阶段。

(3) 静动态混合密钥管理方案。目前，有关静动态混合密钥管理方案并不多见，这种方案既需要在传感器网络运行之前部署一定的先验知识，表现为各个节点预配置一些密钥信息或者一些位置信息，或者用于将来生成密钥用的秘密参数；也需要在网络运行之后进行周期性的密钥更新和撤销，以确保更高的安全性。这种方案是一种混合型的密钥管理方案。

4) 按照密钥链接程度分类

按照网络密钥的链接程度，可将密钥管理方案分成两种：随机分配的密钥管理方案和确定分配的密钥管理方案。

(1) 随机分配的密钥管理方案。在随机分配的密钥管理方案中，节点的密钥通过随机概率方式获得。例如，有些反感的节点是从一个大的密钥池中随机选取一部分密钥来生成节点间的共享密钥，有的则从多个密钥空间中选取若干个密钥进行分发共享。

(2) 确定分配的密钥管理方案。在确定分配的密钥管理方案中，节点密钥是以确定的方式获得的，可能预置全局共享密钥，也可能预置全网所有的密钥。例如，可以使用地理信息来产生确定的密钥信息，或使用对称 BIBD、对称多项式等特殊的结构来进行密钥的分发。从连通概率角度来看，该方案的密钥安全链接系数总为 1。

8.1.4 网络安全框架协议分析

因为传感器网络面临诸多威胁，所以需要为传感器网络设计合适的安全防护机制来保证整个网络的安全性。SPINS 安全协议框架是可选的传感器网络安全框架之一，包括 SNEP(Secure Network Encryption Protocol)和 μTESLA(micro Timed Efficient Streaming Loss-tolerant Authentication)两部分。SNEP 用于实现通信的机密性、完整性、新鲜性和点到点的认证，μTESLA 用于实现点到多点的广播认证。

1. 安全网络加密协议(SNEP)

SNEP 协议是一个以低通信开销实现了数据机密性、数据认证、完整性保护、新鲜性保证的简单高效的安全通信协议，是为传感器网络专门设计的。SNEP 本身只描述安全实施的协议过程，并不规定实际实现的算法。该协议采用预共享主密钥(Master Key)的安全引导模型，假设每个节点与基站之间都共享一对主密钥，其他密钥都是从主密钥衍生出来的，协议的各种安全机制通过信任基站完成。

SNEP 协议实现的机密性不仅具有加密功能，还具有语义安全特性。语义安全特性是针对数据机密性而提出的一个概念，是指相同数据信息在不同的时间、上下文，经过相同的密钥和加密算法产生的密文不同。语义安全可以有效抑制已知明/密文对攻击。实现语义安全的方法有很多，如密码分组链加密模型具有先天的语义安全特性。每块数据的密文是由明文与前段密文迭代产生的；计数器模式也可以实现语义安全，因为每个数据包的密文与其加密时的计数器值相关。

SNEP 协议的消息完整性和点到点认证是通过消息认证码协议实现的。消息认证码协议的认证公式为

$$M = \mathrm{MAC}(K_{\mathrm{mac}},\ C \mid E) \tag{8-1}$$

式中，K_{mac} 是消息认证算法的密钥；$C \mid E$ 是计数器 C 和密文 E 的粘接，表明消息认证码对计数器和密文仪器进行运算。

消息认证的内容可以是明文也可以是密文，SNEP 采用的是密文认证。用密文认证方式可以加快接收节点认证数据包的速度，接收节点在收到数据包后可以对密文进行认证，若发现问题则直接丢弃。

SNEP 协议通过计数器模式支持数据通信的弱新鲜性。所谓弱新鲜性，是指一种单向的新鲜性认证。假设节点 1 给节点 2 连续发送若干个请求数据包，通过计数器值，节点 2 能够知道这些数据包是顺序从节点 1 发送出来的；同样，节点 1 也可以根据计数器值判定从节点 2 发出的若干响应数据包，并且对于任何响应包的重放攻击都能够有效抑制，即实现了弱新鲜性认证。但弱新鲜性认证存在一个问题，即节点 1 不能判断它所收到的响应包是否是针对它所发出的请求包的回应。为此，SNEP 协议使用 Nonce 机制实现强新鲜性认证方法。Nonce 是一个唯一标志当前状态且任何无关者都不能预测的数，通常使用随机数

发生器产生。SNEP 协议在其强新鲜性认证过程中，在每个安全通信的请求数据包中增加 Nonce 段，唯一标识误码请求包的身份。强新鲜性认证会增加安全通信开销和计算开销，在一般情况下没有必要采用。

2．基于时间高效容忍丢包的微型流认证(μTESLA)协议

在查询式网络中，基站要向所有节点发出查询命令。为节省网络带宽和通信时间，基站一般采取广播的方式通知节点。节点接收广播包时，必须能够对广播包的来源进行认证。广播包的认证和单播包的认证过程不同，单播包的认证只要收发节点之间共享一对认证密钥就可以完成了，而广播包则要使用一个全网公共密钥来完成认证。广播包认证是一个单向的认证过程，所以必须使用非对称机制来完成。如果通过 SNEP 协议实现广播包的认证，那么需要通过复制数据包以单播包的形式传播到所有节点，开销非常大。

最直接的方法是基站与所有节点共享一个公共的广播认证密钥，节点使用该密钥进行广播包认证。但是，该方法安全度低，因为任何一个节点被俘都会泄露整个网络的广播密钥。若使用一包一密的认证方式，则可以有效防止被俘节点泄露信息，但是需要不断更新密钥，这样就增加了通信开销。因此，需要一套完整有效的机制实现广播包的认证。

TELSA 认证广播协议是一种比较高效的认证广播协议。该协议最初是为组播流认证设计用于 Internet 上进行广播的。连续媒体流认证需要完成以下工作：

① 确保发送者是唯一的信任数据源；

② 支持成千上万的接收者；

③ 必须能够容忍丢失；

④ 效率足够高，以实现高速流媒体的实时传送。其中，前三个特点决定了该协议能够在传感器网络中应用，使认证广播过程不是使用非对称密钥算法，而是采用对称密钥算法，这大大降低了广播认证的计算强度，提高了广播认证速度。

但是，TELSA 协议是针对 Internet 上的流媒体传输设计的认证协议，直接用到传感器网络中还有很多不足之处：

① 虽然 TELSA 发送认证广播包的过程不需要签名算法完成认证，但是在进行认证广播初始化时，需要进行一次非对称签名过程，这难以在传感器网络节点中实现；

② TELSA 协议要求每个数据包中增加 24 字节的认证消息，对于无线传感器网络的通信环境，该认证过程的开销过大；

③ 单向密钥链在空间上太大，无法存放在传感器网络节点中；

④ TELSA 每包都进行一次密钥公布过程，对于广播比较频繁的应用来说这个过程的开销较大。

针对以上不足，有人提出了 μTESLA 协议，使其能够在传感器网络中有效实施。认证广播协议的安全条件是“没有攻击者可以伪造正确的广播数据包”，μTESLA 协议就是依据这个安全条件设计的。这个安全条件的合理性在于认证本身不能防止恶意节点制造错误的数据包来干扰系统的运行，只能保证正确的数据包一定是由授权节点发送来的。

μTESLA 协议的主要思想是先广播一个通过密钥 K_{mac} 认证的数据包，然后公布密钥 K_{mac}。这样就保证了在密钥 K_{mac} 公布之前，没人能够得到认证密钥的任何信息，也就是不能在广播包正确认证之前就伪造出正确的广播数据包，而这恰好满足流认证广播的安全条件。下面针对基站广播模型分析 μTESLA 协议在设计过程中解决的各种问题。

(1) 共享秘密问题。认证广播协议的密钥和数据包都通过广播方式发送给所有节点，所以必须防止恶意节点同时伪造密钥和数据包。为此，节点必须能够首先认证公布的密钥，进而用密钥认证数据包。TESLA 协议解决这个问题的方法是广播者和接收者存放相同的密钥池，每次由广播者公布使用密钥池中的某个密钥。但这样需要节点具有比较大的存储空间，不适合在传感器网络节点中使用。μTESLA 协议采用的是全网共享密钥生成算法的方法，而不是共享密钥池。

(2) 密钥生成算法的单向性问题。因为全网共享的秘密是密钥生成算法，若正常节点被俘获，将暴露这个密钥生成算法。密钥发布包是明文广播，所以恶意节点和正常节点都可以获得密钥明文。μTESLA 协议为了防止恶意节点根据已知密钥明文和密钥生成算法推测出新的认证密钥，使用单向散列函数来解决密钥生成问题。单向散列函数的特性就是其逆函数不存在或者计算复杂度非常高，这样恶意节点即使拥有了算法和已公开的密钥，仍然不能推算出下一个要公布的密钥。

(3) 密钥发布包丢失问题。无线信道的质量得不到保证，数据冲突和丢失的可能性较大。如果一个节点丢失了密钥发布包，就会导致一个时段收到的广播数据包不能被正确认证。μTESLA 协议引入密钥链机制，解决了密钥发布包丢失给认证带来的问题。该机制要求基站密钥池中存放的密钥不是相互独立的，而是通过单向密钥生成算法经过迭代运算产生出来的一串密钥。已知祖先密钥，可以用单向密钥生成函数产生所有的子孙密钥。这样即使中间丢失几个发布的密钥，仍然可以根据最新的密钥推算出丢失的密钥。

(4) 时间同步和密钥公布延迟问题。TESLA 协议在发送一个广播包的同时，公布前一包的密钥，这样能够保证一包一密，攻击者没有机会用已知密钥伪造合法的广播包，但这种方式开发难度较大，而且会导致认证延迟时间太长，在广播频繁时甚至导致信道拥塞。μTESLA 协议使用了周期性公布认证密钥的方式，一段时间内使用相同的认证密钥，从而有效解决了上述问题。周期性更新密钥要求基站和节点之间维持一个简单的同步，这样节点可以通过当前时钟判断公布的密钥是哪个时间段使用的密钥，然后用该密钥对该时间段中接收到的数据包进行认证。密钥使用时间和密钥公布时间之间的延迟是需要权衡的，太长可能导致节点需要大量的存储空间来缓存广播包，太短又可能导致通信消耗过大。

(5) 密钥认证和初始化问题。节点对每个收到的密钥首先要确认它是来自信任基站的，而不是由一个恶意节点制造的。密钥生成算法的单向特性为密钥的确认提供了很好的手段，因为密钥是单向可推导的，所以已知前面获得的合法密钥可以验证新收到的密钥是否合法。但这个过程要求初始第一个密钥必须是确认合法的，这个初始认证是通过协议初始化过程完成的，一般可以忽略该过程的安全性。

(6) 普通节点的认证广播问题。普通节点发送广播包的情况比较少，所以一般的实现方法是节点将广播信息发送给基站，然后由基站向全网广播。还有一种方法就是节点借用基站的广播密钥完成认证广播，广播密钥的公布还是由基站完成。具体过程如下：一个要发送广播包的节点首先通过点到点协议获得当前使用时段的广播密钥，再用该密钥计算需要认证的广播数据包，然后向全网广播。但是，这种方法需要考虑获得认证广播密钥过程的时间延迟，以保证节点在使用这个密钥广播时该密钥还没有过期，基站把一次包交换时间之后的有效密钥发送给节点使用，即可保证广播密钥的有效性。

8.2 无线传感器网络的安全机制

以密码技术为核心的基础信息安全平台及基础设施建设是传感器网络安全，特别是数据隐私保护的基础。安全平台同时包括安全事件应急响应中心、数据备份和灾难恢复设施、安全管理等。

安全防御技术主要是为了保证信息的安全而采用的一些方法，在网络和通信传输安全方面，它主要是针对网络环境的安全技术，如 VPN、路由等，实现网络互联过程的安全，旨在确保通信的机密性、完整性和可用性。而应用环境安全技术主要针对用户的访问控制与审计，以及应用系统在执行过程中产生的安全问题。

根据传感器网络体系结构，思考其安全机制问题。简单地说，安全机制首先是保证合法用户得到合法的安全服务，其次是防止非法用户或合法用户越权使用和破坏网络资源。

8.2.1 节点的安全机制

在传感器网络中，节点的任务是全面采集、汇集外界信息。如何处理这些感知信息将直接影响信息的有效应用。为了使同样的信息被不同的应用领域有效使用，需要将采集的信息传输到一个处理平台，实现信息共享。感知信息要通过一个或多个与外界网络连接的传感节点，这些传感器节点称为网关节点(Sink 或 Gateway)，所有与传感网内部节点的通信都需要经过网关节点与外界联系。因此，节点的安全机制关系到信息的有效性。

1. 节点的安全问题

节点可能遇到的安全问题有以下五个方面：

① 网关节点被敌手控制，安全性全部丢失；

② 普通节点被敌手控制，敌手掌握节点密钥；

③ 普通节点被敌手捕获，但由于敌手没有得到节点密钥，节点没有被控制；

④ 普通节点或网关节点受到来自网络的 DoS 攻击；

⑤ 接入到传感器网络的超大量节点的识别、认证和控制问题。

敌手捕获网关节点不等于控制该节点，一个网关节点实际被敌手控制的可能性很小，因为需要掌握该节点的密钥(与内部节点通信的密钥或与远程信息处理平台共享的密钥)才有可能，而这是很困难的。如果敌手掌握了一个网关节点与内部节点的共享密钥，那么他就可以控制网关节点，并由此获得通过该网关节点传出的所有信息。但如果敌手不知道该网关节点与远程信息处理平台的共享密钥，那么他就不能篡改发送的信息。他只能阻止部分或全部信息的发送，但这样容易被远程信息处理平台察觉。因此，构建一个能够识别敌手控制的传感器网络，便可以降低甚至避免由敌手控制传递的虚假信息所造成的损失。

比较普遍的情况是某些普通网络节点被敌手控制而受到的攻击，网络与这些普通节点交互的所有信息都被敌手获取。敌手的目的可能不仅仅是被动窃听，还可能通过所控制的网络节点传输一些错误数据。因此，安全需求应包括对恶意节点行为的判断和对这些节点的阻断，以及在阻断一些恶意节点后如何保障网络的连通性。

通过对网络的分析可知，更为常见的情况是敌手捕获一些网络节点，不需要解析它们的预置密钥或通信密钥(这种解析需要代价和时间)，只需要鉴别节点种类，比如检查节点是用于检测温度、湿度还是噪音等。有时候这种分析对敌手是很有用的。因此，安全的传感器网络应该有保护其工作类型的安全机制。

既然传感器网络最终要接入其他外在网络，包括互联网，那么节点就难免会受到来自外在网络的攻击。目前，能预期到的主要攻击除了非法访问外，应该就是拒绝服务(DoS)攻击了。因为节点的通常资源(计算和通信能力)有限，所以对抗 DoS 攻击的能力比较弱，在互联网环境里不被识别为 DoS 攻击的访问就可能使网络瘫痪。因此，节点、安全应该包括节点抗 DoS 攻击的能力。考虑到外部访问可能直接针对传感网内部的某个节点(如远程控制启动或关闭红外装置)，而内部普通节点的资源一般比网关节点更小，因此网络抗 DoS 攻击的能力应包括网关节点和普通节点两种情况。

网络接入互联网或其他类型的网络所带来的问题不仅仅是如何对抗外来攻击的问题，更重要的是如何与外部设备相互认证的问题，而认证过程又需要特别考虑传感网资源的有限性。因此，认证机制需要的计算和通信代价都必须尽可能小。此外，对外部互联网来说，其所连接的不同网络的数量可能是一个庞大的数字，如何区分这些网络及其内部节点，并有效地识别它们，是节点安全机制能够建立的前提。

2. 节点的安全机制

在了解网络的安全威胁基础上，很容易建立合理的安全架构。针对上述节点的安全问题分析，建立安全机制的内容如下：

(1) 机密性。多数网络内部不需要认证和密钥管理，如统一部署的共享一个密钥的传感器网络。

(2) 密钥协商。部分内部节点进行数据传输前，需要预先协商会话密钥。

(3) 节点认证。个别网络特别在数据共享时，需要节点认证，确保非法节点不能接入。

(4) 信誉评估。一些重要网络需要对可能被敌手控制的节点行为进行评估，以降低敌手入侵后的危害，这在某种程度上相当于入侵检测。

(5) 安全路由。几乎所有网络内部都需要不同的安全路由技术。

在网络内部需要有效的密钥管理机制，用于保障传感器网络内部通信的安全，网络内部的安全路由和连通性解决方案等都可以相对独立地使用。由于网络类型的多样性，很难统一要求有哪些安全服务，但机密性和认证性都是必要的。

机密性需要在通信时建立一个临时会话密钥，而认证性可以通过对称密码或非对称密码方案解决。使用对称密码的认证方案需要预置节点间的共享密钥，这种做法具有较高的效率，由于网络节点的资源较少，许多网络都选用此方案。而使用非对称密码技术的传感器网络一般具有较好的计算能力和通信能力，并且对安全性要求更高。在认证的基础上完成密钥协商是建立会话密钥的必要步骤，安全路由和入侵检测等也是网络应具有的性能。

由于传感器网络的安全一般不涉及其他网络的安全，因此它是相对独立的问题，有些已有的安全解决方案在物联网环境中也同样适用。但由于传感器网络环境中遭受外部攻击的机会在不断增大，因此用于独立的传统安全解决方案需要提升安全等级后才能使用。也就是说，传感器网络在安全上的要求更高，这仅仅是量的要求，没有质的变化。相应地，安全需求所涉及的密码技术包括轻量级密码算法、轻量级密码协议和可设定安全等级的密码技术等。

8.2.2 信息通信的安全机制

在无线传感器网络中，普通节点采集的信息通过汇聚节点传递给网关，再经网关接入主干网络(互联网、移动网、以太网等)传递给终端用户。由此可见，信息通信的安全问题是极其重要的。信息传递的通信渠道依赖于网络基础设施，包括互联网、移动网和一些专业网(如国家电力专用网和广播电视网)等。在信息传输过程中，可能经过一个或多个不同架构的网络进行信息交接。例如，普通电话座机与手机之间的通话就是一个典型的跨网络架构的信息传输实例。在信息传输过程中跨网络传输是很正常的，很可能在正常而普通的事件中产生信息传递安全隐患。

1．通信的安全需求

目前，网络环境遇到前所未有的安全挑战，直接关系到信息通信的安全问题。同时，由于不同架构的网络需要相互连通，在跨网络架构的安全认证等方面也会面临安全挑战。信息通信安全方面会遇到的安全问题主要有：

① 拒绝服务(DoS)攻击、分布式拒绝服务(DDoS)攻击；

② 假冒攻击和中间人攻击；

③ 跨异构网络的网络攻击。

目前的互联网或者下一代互联网将是传感器网络信息传递的核心载体，多数信息要经过互联网传输，互联网遇到的拒绝服务(DoS)攻击和分布式拒绝服务(DDoS)攻击仍然存在。因此，需要有更好的防范措施和灾难恢复机制。考虑到传感器网络所连接的终端设备性能和对网络需求的巨大差异，对网络攻击的防护能力也会有很大差别。因此，很难设计通用的安全方案，而应针对不同网络性能和网络需求有不同的防范措施。异构网络的信息交换将成为安全性的脆弱点，特别是在网络认证方面，难免存在中间人攻击和其他类型的攻击(如异步攻击和合谋攻击等)。这些攻击都需要有更高的安全防护措施。

如果仅考虑互联网、移动网以及其他一些专用网络，那么信息通信对安全的需求可以概括为以下五点：

(1) 数据机密性。需要保证数据在传输过程中不泄露其内容。

(2) 数据完整性。需要保证数据在传输过程中不被非法篡改，或遭受非法篡改的数据容易被检测出。

(3) 数据流机密性。某些应用场景需要对数据流量信息进行保密，目前只能提供有限的数据流机密性。

(4) DoS 攻击的检测与预防。DoS 攻击是网络中最常见的攻击现象，在物联网中将会更突出。物联网中需要解决的问题还包括如何对脆弱节点的 DoS 攻击进行防护。

(5) 移动网中认证与密钥协商(AKA)机制的一致性或兼容性、跨域认证和跨网络认证(基于 IMSI)。不同无线网络所使用的不同 AKA 机制对跨网认证带来不便，这一问题亟待解决。

2. 通信的安全机制

信息通信的安全机制可分为端到端机密性和节点到节点机密性两类。对于端到端机密性，需要建立端到端认证机制、端到端密钥协商机制、密钥管理机制和机密性算法选取机制等安全机制。在这些安全机制中，根据需要可以增加数据完整性服务。对于节点到节点机密性，需要节点间的认证和密钥协商协议，这类协议要重点考虑效率因素。机密性算法的选取和数据完整性服务则可以根据需求选取或省略。考虑到跨网络架构的安全需求，需要建立不同网络环境的认证衔接机制。

另外，根据信息应用的不同需求，网络传输模式可能分为单播通信、组播通信和广播通信。针对不同类型的通信模式也应该有相应的认证机制和机密性保护机制。简而言之，信息通信的安全架构主要包括以下四个方面：

(1) 节点认证、数据机密性、数据完整性、数据流机密性、DDoS 攻击的检测与预防。

(2) 移动网中 AKA 机制的一致性或兼容性、跨域认证和跨网络认证(基于 IMSI)。

(3) 相应的密码技术，包括密钥管理(密钥基础设施(PKI)和密钥协商)、端对端加密和节点对节点加密、密码算法和协议等。

(4) 组播和广播通信的认证性、机密性和完整性安全机制。

8.2.3　信息应用的安全机制

在无线传感器网络中，终端用户对信息的具体应用是信息传递的最终目的。由于具体应用业务具有个体特性，所涉及的某些安全问题也具有个体要求，其中隐私保护就是典型的一种。在信息传递各个环节中，一般情况下不涉及隐私保护的问题，但它却是一些特殊应用场景的实际需求，即信息应用的特殊安全需求网络的数据共享有多种情况，涉及不同权限的数据访问，还涉及知识产权保护、计算机取证、计算机数据销毁等安全需求和相应技术。

1. 应用的安全需求

信息应用的安全挑战和安全需求的主要内容包括以下六个方面：

① 如何根据不同访问权限对同一数据库内容进行筛选，并按照访问级别应用信息；

② 如何提供用户隐私信息保护，同时又能正确认证；

③ 如何解决信息泄露追踪问题，以挽回损失；

④ 如何进行计算机取证；

⑤ 如何销毁计算机数据；

⑥ 如何保护电子产品和软件的知识产权。

传感器网络需要根据不同应用需求对共享数据分配不同的访问权限，而且不同权限访问同一数据可能得到不同的结果。例如，道路交通监控视频数据在用于城市规划时只需要很低的分辨率即可，因为城市规划需要的是交通堵塞的大概情况；而用于交通管制时就需要很高的分辨率，以便能及时发现哪里发生了交通事故，及时掌握交通事故的基本情况，甚至用于公安侦查时可能需要更清晰的图像以便能准确识别汽车牌照等信息。

在信息应用中，无论是个人信息还是商业信息，用户隐私信息越来越多。需要提供隐私保护的应用至少包括以下四种：

(1) 移动用户既需要知道(或被合法人知道)其位置信息，又不愿意非法用户获取该信息。

(2) 用户既需要证明自己合法使用某种业务，又不想让他人知道自己在使用某种业务，如在线游戏。

(3) 用户的个人信息隐私保护，如在对病人进行急救时，需要及时获得该病人的电子病历信息，但又要保护该病历信息不被非法获取，包括病历数据管理员。事实上，电子病历数据库的管理人员可能有机会获得电子病历的内容，但隐私保护采用某种管理和技术手段使病历内容与病人身份信息在电子病历数据库中无关联。

(4) 许多业务需要匿名性，很多情况下用户信息是认证过程的必需信息，如何对这些信息提供隐私保护是一个具有挑战性的问题，但又是必须要解决的问题。例如，医疗病历的管理系统需要病人的相关信息来获取正确的病历数据，但又要避免该病历数据与病人的身份信息相关联。在实际应用过程中，主治医生知道病人的病历数据，这种情况下对隐私信息的保护具有一定困难性，但可以通过密码技术手段掌握医生泄露病人病历信息的证据。

在使用传感器网络的信息应用中，无论采取什么技术措施，都难免恶意行为的发生。如果能根据恶意行为所造成后果的严重程度给予相应的惩罚，就可以减少恶意行为的发生。在技术上，这需要搜集相关证据才能实现。因此，计算机取证就显得非常重要。当然这有一定的技术难度，主要是因为计算机平台种类太多，包括多种计算机操作系统、虚拟操作系统和移动设备操作系统等。

与计算机取证相对应的是数据销毁，其目的是销毁那些在密码算法或密码协议实施过程中所产生的临时中间变量。一旦密码算法或密码协议实施完毕，这些中间变量将不再有用。但这些中间变量如果落入攻击者手里，可能为攻击者提供重要的参数，从而增大成功攻击的可能性。因此，这些临时中间变量需要及时安全地从计算机内存和存储单元中删除。但是，计算机数据销毁技术不可避免地会被计算机犯罪提供证据销毁工具，从而增大计算机取证的难度。因此，如何处理好计算机取证和计算机数据销毁这对矛盾是一项具有挑战性的技术难题，也是传感器网络应用中需要解决的问题。

2. 应用的安全机制

传感器网络应用绝大多数是商业应用，存在大量需要保护的知识产权产品，包括电子产品和软件等。对电子产品的知识产权保护将会提高到一个新的高度，对应的技术要求也是一项新的挑战，需要建立的安全机制如下：

(1) 有效的数据库访问控制和内容筛选机制。

(2) 不同场景的隐私信息保护技术。

(3) 叛逆追踪和其他信息泄露追踪机制。

(4) 有效的计算机取证技术。

(5) 安全的计算机数据销毁技术。

(6) 安全的电子产品和软件的知识产权保护技术。

针对这些安全架构，需要发展相关的密码技术，包括访问控制、匿名签名、匿名认证、密文验证(包括同态加密)、门限密码、叛逆追踪、数字水印和指纹技术等。

8.3　信息隐私权与保护

8.3.1　隐私保护

隐私即数据所有者不愿意被披露的敏感信息，包括敏感数据以及数据所表征的特性。通常所说的隐私都是指敏感数据，如个人的薪资、病人的就诊记录和公司的财务信息等。但是，当针对不同的数据以及数据所有者时，隐私的定义也会存在差别。例如，保守的病人会视疾病信息为隐私，而开放的病人却不视之为隐私。一般地，从隐私所有者的角度而言，隐私可以分为以下两类：

(1) 个人隐私。任何可以确认特定个人或与可确认的个人相关、但个人不愿被暴露的信息，都叫做个人隐私，如身份证号和就诊记录等。

(2) 共同隐私。共同隐私不仅包含个人的隐私，还包含所有个人共同表现出但不愿被暴露的信息，如公司员工的平均薪资和薪资分布等信息。

隐私的度量和数据隐私的保护效果是通过攻击者披露隐私的多寡来侧面反映的。隐私度量可以统一用“披露风险”来描述。披露风险表示攻击者根据所发布的数据和其他背景知识可能披露隐私的概率。通常，关于隐私数据的背景知识越多，披露风险越大。

若 s 表示敏感数据，事件 S_K 表示攻击者在背景知识 K 的帮助下揭露的敏感数据 s，P_r 表示事件的发生概率，则披露风险 $r(s, K)$可表示为

$$r(s,\ K) = P_r(S_K) \tag{8-2}$$

1. 网络隐私权

网络隐私权并非一种完全新型的隐私权，而是隐私权在网络空间的延伸。目前，学界对此尚没有明确的概念，通常认为网络隐私权是指在网络环境中公民享有私人生活安宁和私人信息依法受到保护，不被他人非法侵犯、知悉、搜集、利用或公开的一种人格权。

网络隐私包含个人信息、私人生活安宁、私人活动与私人领域等重要内容，其中尤以个人信息最为重要。个人信息又称为个人识别资料，通常包括姓名、性别、年龄、电话号码、通信地址、血型、民族、文化程度、婚姻状况、病史、职业经历、财务资料和犯罪记录等内容。在网络环境中的个人信息是以个人数据的形式存在的。

网络隐私权具体包括以下内容：

(1) 知情权。任何个人都有权知道网站收集了关于自己的哪些信息，以及这些信息的用途、目的和使用等情况。

(2) 选择权。个人在知情权的基础上，对网上个人资料的使用用途拥有选择权。

(3) 控制权。个人能够通过合理的途径访问、查阅、修改和删除网络个人信息资料，同时个人资料未经本人同意不得被随意公开和处置。

(4) 安全请求权。个人有权要求网络个人信息资料的持有人采取必要、合理的技术措施保证其资料的安全；当要求被拒绝或个人信息被泄露后，有权提起司法或者行政救济。

此外，网络隐私权还应包括个人有权按照自己的意志在网上从事或不从事某种与社会

公共利益无关的活动(如网上交易、通信和下载文件等)，不受他人的干扰、干涉、逼迫或支配；任何人，包括网络服务商，不允许不适当地侵入他人的网络空间和窥视、泄露他人的私事。

2. 侵犯网络隐私权的主要现象

当前侵犯网络隐私权的主要现象包括：

(1) 大量的网站通过合法的手段(要求用户填写注册表格)或者隐蔽的技术手段搜集网络用户的个人信息，由于缺少强有力的外部监督，网站可能不当使用个人信息(如共享、出租或转售)，从而泄露用户的个人资料。

(2) 由于利益驱使，网络中产生了大批专门从事网上调查业务的公司，这些公司进行窥探业务，以非法获取和利用他人的隐私。此类公司使用具有跟踪功能的Cookie工具浏览和定时跟踪用户站上所进行的操作、自动记录用户访问的站点和内容，从而建立庞大的资料库。任何机构和个人只需支付低廉的费用，都可以获取他人详细的个人资料。

(3) 有些软件和硬件厂商开发出各种互联网跟踪工具用于收集用户的隐私，加之网站出于经济利益考虑，对于此类行为有时会听之任之，使得人们在网络上没有隐私可言。

(4) 黑客(hacker)未经授权进入他人系统收集资料或打扰他人安宁，截获或复制他人正在传递的电子信息，窃取和篡改网络用户的私人信息，甚至制造和传播计算机病毒，破坏他人的计算机系统，从而引发个人数据隐私权保护的法律问题。

(5) 某些网络的所有者或管理者甚至是政府机构都可能通过网络中心监视或窃听局域网内的其他计算机，监控网内人员的电子邮件。

(6) 公民个人缺乏隐私权的法律意识，未经授权在网络上公开或转让他人或自己与他人之间的隐私。

此外，还有垃圾邮件和广告铺天盖地、频频骚扰，对私人领域和私人生活的安宁造成侵害，占据消费者有限的邮箱空间或增加消费者的额外支出。正是由互联网络操作简便、管理松散等原因，导致个人信息被泄露，这不仅干扰了人们的生活秩序和精神的安宁，还使个人财产和生命安全受到威胁。有关资料显示，2006年美国有6.8万名用户的信用卡被盗刷；中国第一大门户网站5460的客户资料被Uelo网站盗取，9000万条个人信息被泄露。

3. 网络隐私权的相关法律保护

我国《计算机信息网络国际联网安全保护管理办法》第7条规定：“用户的通信自由和通信秘密受法律保护。任何单位和个人不得违反法律规定，利用国际联网侵犯用户的通信自由和通信秘密”。《计算机信息网络国际联网管理暂行规定实施办法》第18条规定：“不得擅自进入未经许可的计算机系统，篡改他人信息，冒用他人名义发出信息，侵犯他人隐私”。

我国现行法律已经开始重视对隐私的保护，特别是司法解释将其作为一项人格利益加以保护，无疑是立法的一大进步。而一些保护网络隐私权的法律、法规的颁布，表明网络隐私权的法律保护已开始呈现出独立化和特别化的趋势，制定旨在保护个人网络隐私权的单行法律法规指日可待。但是，我国的隐私权立法存在着极大的不足：

(1) 我国现行的法律条文中没有直接出现“隐私权”一词，也并没有具体规定隐私权的内容和侵犯隐私权行为的方式，宪法只原则性地规定了公民的人格尊严、住宅和通信秘密不受非法侵犯，为隐私权在其他法律部门中的保护提供了依据，却没有相关法律的配套，实际可操作性差。

(2) 我国法律是通过保护名誉权的方式来间接保护公民的隐私权，尽管名誉权和隐私权存在密切关系，甚至可能重合，但两者仍具有本质的差别。

8.3.2 隐私保护面临的威胁

1. 隐私保护问题

(1) 应用分类。根据服务面向对象的不同，基于位置服务(Location Based Service，LBS)可以分为面向用户和面向设备两种。两种业务的主要区别在于，在面向用户的 LBS 中，用户对服务拥有主控权；在面向设备的 LBS 中，用户或物品处于被动地位，对服务无主控权。

根据服务的推送方式的不同，LBS 应用可以分为 Push 服务和 Pull 服务两种，前者是被动接受，后者是主动请求。下面用四个例子对上述分类进行说明。当你进入某城市时，你收到的欢迎信息属于面向用户(你)的 Push 服务(欢迎信息被主动推送到你的移动设备上)；而你在该城市主动提出寻找最邻近餐馆属于面向用户(你)的 Pull 服务；假如你是某物流公司老板，当你的公司负责运输的货物偏离预计轨道时将向你发出警报信息，这属于面向设备(货物)的 Push 服务(消息被推送到物流公司老板的移动设备上)；如果你主动请求查看货物运送卡车目前所在位置，则属于面向设备(货物)的 Pull 服务。

(2) 基于位置的服务与隐私。很多调查研究显示，消费者非常关注个人隐私保护。欧洲委员会通过《隐私与电子通信法》对电子通信处理个人数据时的隐私保护问题作出了明确的法律规定。2002 年制定的自 Directive 文本规范了对位置数据的使用，其中条款 9 明确指出位置数据只有在匿名或用户同意的前提下才能被有效并必要的服务使用。这突显了位置隐私保护的重要性与必要性。此外，在运营商方面，全球最大的移动通信运营商沃达丰(Vodafone)制定了一套隐私管理业务条例，并要求所有为沃达丰客户提供服务的第三方必须遵守，这体现了运营商对隐私保护的重视。

(3) 隐私泄露。LBS 中的隐私内容涉及两个方面：位置隐私和查询隐私。位置隐私中的位置是指用户过去或现在的位置；查询隐私是指涉及敏感信息的查询内容，如查询距离我最近的艾滋病医院。任何一种隐私泄露都有可能导致用户行为模式、兴趣爱好、健康状况和政治倾向等个人隐私信息的泄露。所以，位置隐私保护要防止用户与某一精确位置匹配。类似地，查询隐私保护要防止用户与某一敏感查询匹配。

(4) 位置服务与隐私保护。回想一下，我们似乎正面临一个两难的抉择。一方面，定位技术的发展让我们可以随时随地获得 LBS；而另一方面，位置服务又将泄露我们的隐私。当然，我们可以放弃隐私，获得精确的位置，享受完美的服务；或者可以关掉定位设备，为了保护隐私而放弃任何位置服务。那么，是否存在折中的方法，即在保护隐私的前提下享受服务呢？答案是肯定的，位置隐私保护研究所做的工作就是要在隐私保护与享受服务之间寻找一个平衡点，让“鱼”与“熊掌”兼得成为可能。

2. 隐私保护技术面临的挑战

在 LBS 中，隐私保护问题面临着很多挑战，如多技术混合的隐私保护、移动轨迹的隐私保护和室内位置隐私保护等。

(1) 多技术混合的隐私保护。如前所述，加密方法安全但不高效，时空匿名高效但相对于加密方法而言却不够安全。虽然目前大部分研究工作均集中在时空匿名方法上，但是我们试图在加密与时空匿名之间做些工作，研究结合加密算法的高隐秘性和空间匿名算法高效性的混合匿名模型与算法，保证利用匿名方法获得数据的可用性，并研究基于混合匿名技术的查询处理算法。

(2) 移动轨迹的隐私保护。由于攻击者可能积累用户的历史信息分析用户的隐私，因此我们还要考虑用户的连续位置保护的问题，或者说对用户的轨迹提供保护问题。现有大部分的轨迹匿名技术多采用发布假数据或丢掉一些取样点的方法。按照前面的分析，这样的方法不够安全，可能通过挖掘历史信息辨别真伪。因此需要研究基于时空匿名的轨迹匿名模型和算法，在保证挖掘结果正确的前提下保证用户轨迹信息不泄漏。另外，现有的轨迹匿名多是离线(offline)处理方式。在基于位置的服务中存在汽车导航的应用，用户需查询从 A 地到 B 地的行军路线。研究在线轨迹匿名模型和算法是另一个值得关注的问题。

(3) 室内位置隐私保护。研究工作大都专注于室外位置隐私保护，其实在室内也存在隐私泄露的问题。在室内安装无线传感器收集用户位置，可用于安全控制和资源管理，如当室内人数小于某个值时关掉空调设备。但是收集室内人员位置信息的同时可能会泄露个人隐私。如在公司中，管理者可以监控雇员行为，并推测健康状况等。为了保护室内人员的个人隐私，需要根据室内环境特点，研究基于室内位置隐私的攻击模型、匿名模型、匿名算法和查询处理算法。

要解决以上问题，可以将现有技术，如数据发布中的隐私保护技术、移动数据的查询处理技术和不确定数据的建模、查询处理技术相结合，这也许会带来一些意想不到的惊喜。

8.3.3 隐私权的保护策略

1. 隐私保护系统结构

隐私保护系统基本实体包括移动用户和位置服务提供商，它具有四种结构：独立结构、中心服务器结构、主从分布式结构和移动点对点结构。

(1) 独立结构。独立结构是仅有客户端(或者移动用户)与位置服务器的客户端 / 服务器(Client/Server，C/S)结构，由移动用户自己完成匿名处理和查询处理的工作。该结构简单，易配置，但是增加了客户端负担，并且缺少全局信息，隐私的隐秘性弱。

(2) 中心服务器结构。与独立结构相比，中心服务器结构在移动用户和服务提供商之间加入了第三方可信匿名服务器，由它完成匿名处理和查询处理工作。该结构具有全局信息，所以隐私保护效果比上一种好。但是由于所有信息都汇聚在匿名服务器，故该匿名服务器可能成为系统处理瓶颈，且容易遭到攻击。

(3) 主从分布式结构。为了克服中心服务器的缺点，研究人员提出了主从分布式结构。移动用户通过一个固定的通信基础设施(如基站)进行通信。基站也是可信的第三方，区别在于基站只负责可信用户的认证及将所有认证用户的位置索引发给提出匿名需求的用户。位置匿名和查询处理由用户或者匿名组推举的头节点完成。该结构的缺点是网络通信代价高。

(4) 移动点对点结构。移动点对点结构与分布式结构工作流程类似，唯一不同的是它没有固定的负责用户认证的通信设施，而是利用多跳路由寻找满足隐私需求的匿名用户，所以它拥有与分布式结构相同的优缺点。

2. 隐私保护技术

隐私保护技术需要在保护数据的同时，不影响数据应用。根据采用技术的不同，出现了数据失真、数据加密和限制发布等隐私保护技术。

1) 隐私保护技术分类

没有任何一种隐私保护技术适用于所有应用，一般地，将隐私保护技术分为三类：

(1) 基于数据失真的技术：使敏感数据失真，但同时保持某些数据或数据属性不变。例如，采用添加噪声和交换等技术对原始数据进行扰动处理，但要求保证处理后的数据仍然可以保持某些统计方面的性质，以便进行数据挖掘等操作。

(2) 基于数据加密的技术：采用加密技术在数据挖掘过程中隐藏敏感数据。该技术多用于分布式应用环境中，如安全多方计算。

(3) 基于限制发布的技术：根据具体情况有条件地发布数据，如不发布数据的某些域值、数据泛化等。

另外，对于许多新方法，由于其融合了多种技术，很难将其简单地归为以上某一类，但它们在利用某类技术的优势的同时，将不可避免地引入其他的缺陷。基于数据失真的技术，效率比较高，但却存在一定程度的信息丢失；基于数据加密的技术则相反，它能保证最终数据的准确性和安全性，但计算开销比较大；而基于限制发布的技术能保证所发布的数据一定真实，但发布的数据会有一定的信息丢失。

2) 隐私保护技术的性能评估

隐私保护技术需要在保护隐私的同时兼顾其应用的价值以及计算开销。通常从以下三方面对隐私保护技术进行度量：

(1) 隐私保护度。隐私保护度通常通过发布数据的披露风险来反映，披露风险越小，隐私保护度越高。

(2) 数据缺损。数据缺损是对发布数据质量的度量，反映其通过隐私保护技术处理后数据的信息丢失情况。数据缺损越高，信息丢失越多，数据利用率越低。具体的度量内容包括信息缺损、重构数据与原始数据的相似度等。

(3) 算法性能。利用时间复杂度对算法性能进行度量。例如，采用抑制实现最小化的 k 匿名问题已经证明是 NP-hard 问题；时间复杂度为 $O(k)$的近似 k 匿名算法显然优于复杂度 $O(k\ \log k)$的近似算法。均摊代价是一种类似于时间复杂度的度量，它表示算法在一段时间内平均每次操作所花费的时间代价。

除此之外，在分布式环境中，通信开销也常常关系到算法性能，常作为衡量分布式算法性能的一个重要指标。

3. 传感器网络的隐私保护技术

在传感器网络发展过程中，大量的数据涉及个体隐私问题(如个人出行路线、消费习惯、个体位置信息、健康状况和企业产品信息等)，保护隐私成为传感器网络得到广泛应用的必备的条件之一。如果无法保护隐私，传感器网络物联网可能面临由于侵害公民隐私权而无法大规模商用化的局面，因此隐私保护是必须考虑的一个问题。

传感器网络的业务应用常依赖地点作为判定决策的参变量，手机用户通过手机查询单程数据库，寻找离自己最近的事件地点，例如火车站、加油站等，这项业务依赖当时用户所处的地点。但是，使用手机查询的客户却不希望泄露自己的地理位置，从而保护自己不受到跟踪。这个问题可以叙述为使用用户的地点信息，但是不把地点信息透漏给服务的提供者或者第三方。

这类隐私保护问题可以采用计算几何方法解决，在移动通信的场景下，对地点以及2G、3G移动系统的身份隐私问题，可以使用安全多方计算解决空间控制和地点隐私的方案。隐私保护协议描述为三路身份认证，在新的漫游地区内使用基于加密的身份标识方案。同样，在近距离通信环境中，RFID芯片和RFID阅读器之间通信时，由于RFID芯片使用者的距离和RFID阅读器太近，以至于阅读器的地点无法隐藏，而保护使用者的地点的唯一方法便是使用安全多方计算的临时密码组合保护并隐藏RFID的标识。

从技术角度看，当前隐私保护技术主要有两种方式：

(1) 采用匿名技术。它主要包括基于代理服务器、路由和洋葱路由的匿名技术。

(2) 采用署名技术。它主要是指P3P技术，即隐私偏好平台。然而P3P仅仅是增加了隐私政策的透明性，使用户可以清楚地知道自身的何种信息被收集、用于何种目的以及存储多长时间等，其本身并不能保证使用它的各个Web站点是否履行其隐私政策。

除了上述两种方式外，隐私保护技术还有两个主要的发展方向：

(1) 对等计算(Peer to Peer，P2P)，即通过直接交换共享计算机资源和服务。

(2) 语义Web，即通过规范定义和组织信息内容，使之具有语义信息，能被计算机理解，从而实现与人的沟通。

除此之外，研究人员还提出了基于安全多方计算的隐私保护、私有信息检索(PIR)、VPN、TLS、域名安全扩展(DNSSEC)和位置隐私保护等方式。

8.4 数据计算安全性

8.4.1 数据计算的关键技术

传感器网络的最终目标是信息内容的数据得到广泛应用，其具体应用形式主要为数据计算和数据挖掘。其中，数据计算实际上是传感器网络和云计算的结合体，二者可以发挥“物端”和“云端”的各自特点和优势，“物端”的便携性往往制约了端设备的存储和计算能力，“云端”可以弥补这一不足，提供柔性按需存储和计算能力。例如，在大型的行业应用中需要大量的后端数据支持和管理。在M2M应用中接入网络的终端规模巨大，因此需要云计算提供强大的后端存储和计算支持。

1. 云计算

云计算是网格计算、分布式计算、并行计算、效用计算、网络存储、虚拟化、负载均衡等传统计算机和网络技术融合的产物。云计算是一种按使用计费(Pay-Per-Use)模型，对可安装且可靠的计算资源共享池提供按需的网络访问服务，如网络、服务器、存储、应用、服务等。这些资源能够快速地供给和发布，仅需最少的用户管理和服务供应商间交互。云是一个容易使用且可访问的虚拟资源池，比如硬件、开发平台和服务，这些资源可进行动态重安装以适应变化的负载，并且可允许资源的优化利用，这个资源池通常付费试用，其质量通常是通过基础设施供应商与客户间的服务层共同来保障的。因此云计算的五个关键特征是按需自服务、普适网络访问、资源池、快速弹性、按使用计费。数据存储安全和计算虚拟化安全是云计算亟须解决的安全问题。

2．云存储

针对云计算存储数据的访问控制，一个典型的需求就是由于数据是加密的，访问控制针对的对象是加密后的数据。通常的访问控制模型是基于角色的访问控制，即按照特定的访问策略建立若干角色，通过检查访问者的角色，控制访问者对数据的访问。但是该模型通常用于没有加密的数据，或者访问控制的控制端是可信的情况。若对于加密的数据采取这种访问控制，则需要使用将来欲访问该数据的用户的公钥去加密数据。这样的访问控制策略简单，但是涉及大量的客户端上传的数据，不够安全。

为此，是否可以在数据加密的时候，将访问控制策略融入密文中，满足访问控制策略的用户在将来可以正确地解密出密文时要求。实现这一想法可以依赖密文策略的基于属性加密。基于属性的加密体制是 Sahai 与 Waters 在 2005 年提出的，将身份看做是一系列属性的集合，提出了基于模糊身份的加密，将生物学特性直接作为身份信息应用于基于身份的加密方案中。基于模糊身份的目的是因为有些情况下，只要大致具有该身份(属性)的人便可以加密数据，如医疗急救情形下的病患。2006 年 Goyal 等人在基于模糊身份加密方案的基础上，提出了密钥策略基于属性的加密方案 KP-ABE(Key Policy Attribute-Based Encryption)。2007 年 Bethcncourt 等人提出了密文策略的基于属性的加密方案 CP-ABE(Cipertext-Policy ABE)，将用户的身份表示为一个属性集合，而加密数据则与访问控制结构(访问控制策略)相关联，一个用户能否解密密文，取决于密文所关联的属性集合与用户身份对应的访问控制结构是否匹配。

密文策略的基于属性的加密方案 CP-ABE 的模型包括四个基本算法：Setup(•)、Encrypt(•)、KeyGen(•)及 Decrypt(•)，简单描述如下：

(1) 参数生成算法 Setup：生成公开参数 PK 以及主密钥 MK。

(2) 加密算法 CT=Encrypt(PK，*M*，*A*)：输入参数包括 PK、被加密的数据 *M* 以及访问控制策略 *A*。输出为密文 CT，CT 只能由那些具有满足访问控制策略 *A* 的用户才能解密。可见，在加密时已经将访问控制策略“嵌入”到密文中。

(3) 密钥生成算法 SK=KeyGen(MK，*S*)：算法输入主密钥 MK 以及描述密钥的属性集 *S*，输出解密密钥 SK。可见，解密密钥与是否满足访问控制策略的属性相关。

(4) 解密算法 *M*=Decrypt(PK，CT，SK)：输入公共参数 PK，密文 CT 以及密钥 SK，当且仅当 *S* 满足访问控制策略 *A*，由属性集 *S* 产生的私钥 SK 才能解密 CT，此时，算法返回明文消息 *M*。

云存储的访问控制中也可以利用代理重加密机制。代理重加密就是指通过半可信的代理服务器，即相信它会按照规定的操作流程完成既定的工作，但是又不能让它知道明文，将本来是甲的公钥加密的密文，重新加密成用乙的公钥加密的密文。当然甲事先在该代理服务器上设置甲自己的重加密密钥 $K_{甲\text{-}乙}$，代理服务器正是利用该重加密密钥将以甲的公钥加密的密文重加密成以乙的公钥加密的密文。在这一过程中，明文、甲与乙的私钥都不会暴露给代理服务器。

利用代理重加密机制，甲可以通过代理服务器重新分发密文给需要共享的用户，且保证明文保密性。它同时也可以利用云服务器计算能力强的特点，将加密的工作转移到服务器端完成。

3. 计算机虚拟化的安全

虚拟化系统的安全挑战主要有两个方面。一方面，来自计算机系统体系结构的改变。虚拟化计算已从完全的物理隔离方式发展到共享式虚拟化，实现计算系统虚拟化需要在计算性能、系统安全、实现效率等因素之间进行权衡。于是，虚拟机监视器和相关具有部分控制功能的虚拟机成为漏洞攻击的首选对象。另外，现有虚拟化系统通常采用自主访问控制方式，难以在保障虚拟机隔离的基础上实现必要的有限共享。另一方面，计算机系统的运行形态发生了变化。虚拟计算允许用户通过操纵文件的方式来创建、复制、存储、读写、共享、移植以及回溯一个机器的运行状态，这些极大地增强了使用的灵活性，却破坏了原有基于线性时间变化系统设定的安全策略、安全协议等的安全性和有效性，这也包括软件生命周期和数据生命周期所引起的系统安全。

传统计算机的生命周期可以看作一条直线，当前计算机的状态是直线上的一个点。当软件运行、配置改变、安装软件、安全补丁程序时，计算机的状态单调地向前进行。但在一个虚拟计算环境中，计算机的状态更像是一棵树：在任意一点都可能产生多个分支，即任意时刻在这棵树上的任意一点都有可能有一个虚拟机在运行。分支是由于虚拟计算环境的可撤销特性与检查点特性所产生的，这使得虚拟机能够回溯到以前的状态或者从某个点重新执行。这种执行模式与一般系统中的补丁管理和维护功能相违背，因为在一般系统中假设系统状态是单调向前进行的。

在虚拟机系统中，通常将一些操作系统中的安全及管理函数移到虚拟层里。虚拟层里的核心是高可信的虚拟机监控器，虚拟机监控器通过执行安全策略来保证系统的安全，这首先要求它本身是可信的，本身的完整性可通过专门的安全硬件来进行验证。

虚拟机监控器执行的安全策略对于虚拟系统安全十分重要，例如限制敏感虚拟机的复制；控制虚拟机与底层设备的交互；阻止特定虚拟机被安置在可移动媒体上；限制虚拟机可以驻留的物理主机，在特定时间段限制对含有敏感数据的虚拟机的访问。此外，用户和机器的身份可以用来证明所有权、责任以及机器的历史。追踪诸如机器数据以及它们的使用模式可以帮助评估潜在威胁的影响。而在虚拟层采用加密方式，可以用来处理由虚拟机交换、检测点、回溯等引起的数据生命周期的问题。

通过虚拟机监控器，多个虚拟机可以共享相同的物理 CPU、内存和 I/O 设备等。因为它们或者是通过空间共享的方式，或者是通过复用的方式使用相同的物理设备，所以需要有相应的安全机制保障相互间的有效隔离。虚拟机监控器采用类似虚拟内存保护(虚拟地址访问独立进程地址空间)的方式，为每个虚拟机提供一个虚拟的机器地址空间，然后由虚拟机监控器将虚拟机的机器地址空间映射到实际的机器地址空间中。虚拟机中的操作系统所见的机器地址是由虚拟机监控器提供的虚拟机器地址。虚拟机监控器运行于最高级别，其次是操作系统。虚拟机监控器具备执行特权指令的能力，并控制虚拟CPU向物理CPU映射的安全隔离，CPU硬件的运行级别功能可以有效控制CPU虚拟化的安全性。

在程序级虚拟使用环境的安全保障方面，典型的代表就是Java安全虚拟机，它提供了包括安全管理器和Java类文件认证器等多种安全机制，安全管理器提供在应用程序和特定系统上的安全措施，Java认证器在.class文件运行前完成该文件的安全检查，确保Java字节码符合Java虚拟机规范。针对操作系统虚拟化的安全问题，基于Windows操作系统的Microsoft虚拟机能阻止恶意用户对Java Applet访问COM对象、调用JDBC等安全漏洞的攻击。

8.4.2 数据计算安全问题

1. 安全问题与模型

云计算的安全问题包括信任问题、网络与系统安全问题、隐私保护问题等三个主要方面。① 信任问题包括云服务的信任评价、信任管理等问题。② 网络安全问题包括云计算数据传输的通信安全问题，系统安全问题包括云计算平台的可靠性问题、数据存储安全问题等。其中，数据存储安全是云计算应用服务能否被用户所接受和信赖的前提，其内容包括数据是否需要加密存储，如何加密，是在客户端还是服务器端加密，如何在不信任存储服务器的情况下保证数据存储的保密性和完整性，如何检查存储在云存储空间的数据完整性。③ 数据的隐私保护也十分关键，关系到客户是否愿意采用这一计算模式，数据的隐私保护要保证用户的行为、兴趣取向等无法被推测。

云安全联盟CSA(Cloud Security Alliance)提出一个根据云计算的架构建立的云安全参考模型，如图8-1所示。由于参与者大多来自企业界，其视角比较侧重应用。该模型根据云计算的体系结构，从产品开发的视角，涵盖了网络安全和系统安全等，建立相应的安全机制，对现有网络安全机制根据云计算的新体系结构作相应的调整。

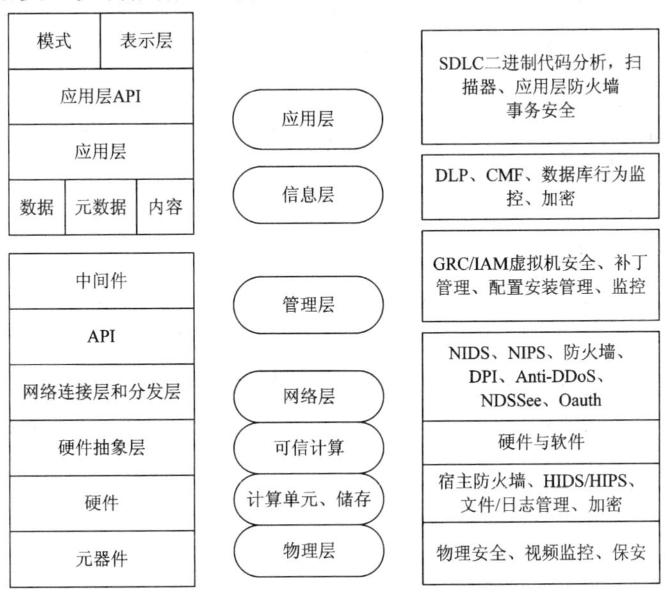

图8-1 CSA的云安全参考模型

我国著名信息安全专家冯登国教授提出了云计算安全的三个挑战：

① 建立以数据安全和隐私保护为主要目标的云安全技术框架；

② 建立以安全目标验证、安全服务等级测评为核心的云计算安全标准及其测评体系；

③ 建立可控的云计算安全监管体系。

2. 安全目标与分类

云用户的安全目标主要有两个：

① 数据安全与隐私保护服务，防止云服务商恶意泄漏或出卖用户隐私信息，或者对用户数据进行搜集和分析，挖掘用户隐私数据；

② 安全管理，在不泄漏其他用户隐私且不涉及云服务商商业机密的前提下，允许用户获取所需安全配置信息以及运行状态信息，并在某种程度上允许用户部署实施专用安全管理软件。

云安全服务可以分为可信云基础设施服务、云安全基础服务以及云安全应用服务三类。

(1) 可信云基础设施服务。可信云基础设施服务为上层云应用提供安全的数据存储、计算等信息资源服务。它包括两个方面：

① 云平台应分析传统计算平台面临的安全问题，采取全面严密的安全措施。例如，在物理层考虑厂房安全，在存储层考虑完整性和文件/日志管理、数据加密、备份、灾难恢复等，在网络层考虑拒绝服务攻击、DNS 安全、网络可达性、数据传输机密性等，系统层则应涵盖虚拟机安全、补丁管理、系统用户身份管理等安全问题，数据层则包括数据库安全、数据的隐私性与访问控制、数据备份与清洁等，而应用层应考虑程序完整性检验与漏洞管理等。

② 云平台应向用户证明自己具备某种程度的数据隐私保护能力。例如，存储服务中证明用户数据以加密形式保存，计算服务中证明用户代码运行在受保护的内存中等。

(2) 云安全基础服务。云安全基础服务属于云基础软件服务层，为各类云应用提供共性信息安全服务，它是支撑云应用满足用户安全目标的重要手段。其中比较典型的几类云安全服务包括云用户身份管理服务、云访问控制服务、云审计服务、云密码服务。

(3) 云安全应用服务。云安全应用服务与用户的需求紧密结合，种类繁多。典型的例子如 DDoS 攻击防护云服务、Botnet 检测与监控云服务、云网页过滤与杀毒应用、内容安全云服务、安全事件监控与预警云服务、云垃圾邮件过滤及防治等。

总的来说，云计算的安全研究问题应该主要是那些跟云计算的特征密切相关的新产生的安全问题，它包括十个方面的具体问题：

① 数据存储安全问题，即数据的完整性和保密性。由于数据存储在“云”端，且通常“云”端是不被信任的，因此需要保证托管的数据的完整性和保密性。

② 访问控制问题，包括服务访问控制策略的描述、访问控制的授权机制。

③ 可信虚拟计算问题，包括安全的虚拟化计算、安全的虚拟进程移植、进程间安全隔离等。

④ 信任管理问题，包括服务提供者之间的信任建立与管理、服务者与用户间的信任建立与管理。

⑤ 存储可靠性问题，即将数据托管或者外包到“云”端存储，因此要注意数据分布式

虚拟存储的健壮性和可靠性、存储服务的可用性、灾难恢复。

⑥ 鉴别与认证问题，包括用户标识管理、用户身份的认证。

⑦ 密钥管理问题，即数据加密的密钥管理。

⑧ 加密解密服务问题，即在何处进行数据的加密和解密，能否通过服务提供安全。

⑨ 云服务的安全问题，尤其 Web 服务的安全评估、安全扫描和检测。

⑩ 其他问题，如云计算的电子取证、云计算风险评估和管理、云供应商的规则遵守(Compliance)审计等。

8.5 业务认证与加密技术

8.5.1 业务认证机制

1. 认证与身份证明

网络系统安全要考虑两个方面：一方面是用密码保护传送的信息使其不被破译；另一方面是防止对手对系统进行主动攻击，如伪造或篡改信息等。认证则是防止对手主动攻击的重要技术，它对于开放的网络中的各种信息系统的安全性有重要作用。认证的主要目的有两点：

① 验证信息的发送者是否为真，此为实体认证，包括信源和信宿等的认证和识别；

② 验证信息的完整性，此为消息认证，验证数据在传送或存储过程中是否被篡改、重放或延迟等。

(1) 保密和认证。保密和认证是信息系统安全的两个方面，它们是两个不同属性的问题，认证不能自动提供保密性，而保密也不能自然地提供认证功能。一个纯认证系统的模型如图 8-2 所示。

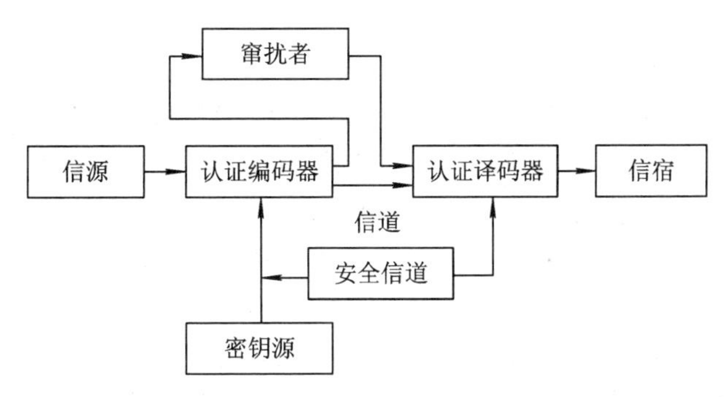

图 8-2 纯认证系统模型

(2) 消息认证。消息认证是一种过程，它使得通信的接收方能够验证所收到的报文(发送者、报文内容、发送时间和序列等)在传输的过程中是否被假冒、伪造和篡改，以及是否感染上病毒等，即要保证信息的完整性和有效性。消息认证的目的在于让接收报文的目的站鉴别报文的真伪。消息认证的内容应包括：

① 证实报文的源和宿；

② 报文内容是否曾受到偶然地或有意地篡改；

③ 报文的序号和时间栏。认证只在通信的双方之间进行，而不允许第三者进行上述认证，不一定是实时的。

(3) 认证函数。认证函数有三类：

① 信息加密函数，即用完整信息的密文作为对信息的认证；

② 信息认证码，即对信源消息的一个编码函数；

③ HASH 函数，即一个公开的函数，它将任意长的信息映射成一个固定长度的信息。

2. 身份认证系统

身份认证又称为识别、实体认证或身份证实等，它与消息认证的区别在于：身份认证一般都是实时的，而消息认证本身不提供时间性；身份认证通常证实身份本身，而消息认证除了认证消息的合法性和完整性外，还要知道消息的含义。在一个充满竞争的现实社会中，身份欺诈是不可避免的，因此常常需要证明个人的身份。传统的身份认证一般是通过检验“物”的有效性来确认持该物者的身份，“物”可以为徽章、工作证、信用卡、身份证和护照等，卡上含有个人照片，并有权威机构的签章。

随着信息化和网络化业务的发展，依靠人工的识别工作已逐步由机器通过数字化方式来实现。在信息化社会中，随着信息业务的扩大，要求验证的对象集合也迅速加大，大大增加了身份认证的复杂性和实现的困难性。通常，身份认证是通过三种基本方式或其组合方式来完成的：① 用户所知道的某个秘密信息，如用户口令；② 用户所持有的某个秘密信息(硬件)，即用户必须持有合法的随身携带的物理介质，如磁卡、智能卡或用户所申请领取的公钥证书；③ 用户所具有的某些生物特征，如指纹、声音、DNA 图案和视网膜扫描等。

(1) 口令认证。口令认证是最简单、最普遍的身份识别技术，如各类系统的登录等。口令具有共享秘密的属性，口令有时由用户选择，有时由系统分配。通常情况下，用户先输入某种标志信息，比如用户名或 ID 号，然后系统询问用户口令，若口令与用户文件中的相匹配，用户即可进入访问。口令分多种，如一次性口令和基于时间的口令等。

口令认定的缺点是：① 安全性仅仅基于用户口令的保密性，而用户口令一般较短且容易猜测，因此口令认证不能抵御口令猜测攻击。② 大多数系统的口令是由明文传送到验证服务器的，容易被截获。③ 口令维护的成本较高。为保证安全性，口令应当经常更换。另外，为避免对口令的字典攻击，口令应当保证一定的长度，并且尽量采用随机的字符，这会导致难于记忆。④ 口令容易在输入的时候被攻击者偷窥，而且用户无法及时发现。

(2) 数字证书。数字证书是一种检验用户身份的电子文件，也是企业现在可以使用的一种工具。这种证书可以授权购买，能提供更强的访问控制，并具有很高的安全性和可靠性。非对称体制身份识别的关键是将用户身份与密钥绑定。

CA(Certificate Authority)证书授权中心是数字证书发行的唯一机构，通过为用户发放数字证书，证明用户公钥与用户身份的对应关系。证明过程如下：① 验证者向用户提供一个随机数。② 用户以其私钥(CSK)对随机数进行签名，将签名和自己的证书提交给验证方。③ 验证者验证证书的有效性，从证书中获得用户公钥(PK)，以 PK 验证用户签名的随机数。

(3) 智能卡认证。即网络通过用户所持有的东西来识别用户的身份的方法，一般是用智能卡或其他特殊形式的物质，这类物质包含的信息可以通过连接到计算机上的读取器读出来。访问不但需要口令，也需要使用智能卡。

智能卡技术已成为用户接入和用户身份认证等安全要求的首选技术。用户可从持有认证执照的可信发行者手里取得智能卡安全设备，也可从其他公共密钥密码安全方案发行者里获得，这样智能卡的读取器必将成为用户接入和认证安全解决方案的一个关键部分。

(4) 主体特征认证。即根据用户的主体特征进行身份识别的技术。目前已有的认证设备包括视网膜扫描仪、声音验证设备和手型识别器等，主体特征认证安全性高。例如，系统中存储了用户的指纹，用户接入网络时，就必须在连接到网络的电子指纹机上提供其指纹，防止了用户以假的指纹或其他电子信息欺骗系统，因为只有指纹相符才允许用户访问系统。

视网膜扫描仪是通过视网膜血管分布识别，原理与指纹识别相同，声波纹识别也是商业系统采用的一种识别方式。

8.5.2　加密机制

为了提供数据机密性、认证、数据完整性等安全服务，安全系统的设计一般会用到对称密码、公钥密码、消息认证等加密机制，WSN 的安全系统设计也不例外。在 WSN 中，节点能量有限、存储空间有限、计算能力弱的特点，使得密码算法、实现方式的选择除了要考虑足够的安全强度之外，还要考虑运行时间、功耗、存储空间占有量等因素。

1. 公钥密码加密

公钥密码的应用场合包括广播消息认证、引导建立安全框架、特定应用场合的身份认证需求，可用于数据加密、身份认证等。例如，在公钥机制下采用 Diffie-Hellman 密钥交换方法，建立节点之间的通信密钥十分方便和安全。目前，广泛应用的公钥密码有 RSA 密码和 ECC 密码。

一般认为，在 WSN 中不适合使用公钥密码，因为 WSN 密码节点的计算能力和存储能力有限，公钥密码的实现一方面需要占用很大程序、数据存储空间；另一方面它的运算量极大，会占用大量微处理器资源，降低系统的实时性，消耗大量的能量。但是还有很多学者对 WSN 中的公钥机制进行了研究，从能耗、运行时间、带来的便利等角度分析了在 WSN 中使用公钥密码的可行性。

1) RSA 密码加密

在互联网中，RSA 可用于提供身份认证、公钥交换等；在嵌入式系统中，RSA 可用于智能卡身份认证。一般而言，互联网机器都有足够的运算能力去实现 RSA 密码算法，智能卡中则普遍使用安全协处理器来加速公钥密码的实现。在 WSN 中，节点所用的微处理器芯片最好带有安全协处理器，但出于节点廉价的考虑，在很多情况下不会使用安全协处理器。那么在 WSN 节点，软件实现 RSA 密码算法是否可行呢？下面从能量消耗、运算时间以及程序、存储空间的占用量来分析 RSA 在 WSN 中的实现。表 8-2 是从能耗的角度给出的 Mica2 平台上各种功耗特征数据，从而证明在 WSN 中使用 RSA 是可行的。

表 8-2 Mica2 平台的工作特性

(3 V 工作电压，4 MHz 工作频率，915 MHz 无线收发频率，5 dBm 发送功率)

域	值
无线收发速率	12.4 kb/s
发送功耗	59.2 μJ/B
接收功耗	28.6 μJ/B
ATmega128L 工作模式	13.8 mW
ATmega128L 睡眠模式	0.0075 mW
ATmega128L 性能/功能	289MIPS/W

从表 8-2 的数据可以得到如下关系：在 Mica2 平台上，发送 1 bit 数据的能耗约等于执行 2090 条指令的能耗。由这个关系可以得到一个结论：相比于射频模块的通信功耗，微处理器的运算功耗是微不足道的。然而，这个结论仅仅在微处理器只做一些简单的控制的时候是正确的。当处理器涉及大量的数据处理运算如密码算法、数值运算等的时候，结论就可能不正确了。实际上如果射频部分和微处理器运行相同的时间，假设为一秒，那么射频模块发送 12.4 × 1000 bit 的数据，根据上面的等价关系，相当于执行了 12.4 × 1000 × 2090 条指令，而微处理器一秒执行 4 × 1024 × 1024 条指令。两者相比较起来，射频部分的功耗仅仅是微处理器功耗的 6 倍左右。从这一点出发，软件实现 RSA 不仅仅是计算时间很长的问题，而且对能量的消耗也十分巨大。

一般地，RSA 算法依赖于大数的运算，主流的 RSA 算法都建立在 512 位到 1024 位大数运算之上，以 1024 位为例，需要 1024 次循环模乘运算。模乘运算算法有加法型算法、估商型算法、蒙哥马利算法。其中，蒙哥马利算法由于其高效率、低空间等优点被广泛采用。

有人将蒙哥马利模乘算法的各种实现方法归为五大类：SOS、CIOS、FIOS、FIPS、CHIS，对各种方法进行了详细的分析比较，并提出了 CIOS 方法，这种方法需要 $2s^2 + s$ 次乘法运算，$4s^2 + 4s + 2$ 次加法运算，占用的 RAM 空间为 $s + 3$。假定在 Mica2 上实现蒙哥马利模乘运算，占用的 RAM 空间为 $s + 3$。ATmega128L 字长为 8，则 $s = 1024/8 = 128$。由于 ATmega128L 不提供乘法运算，假设 8 位长的乘法运算需要 8 次加法运算和若干控制运算，那么，根据上面的分析，执行一次 RSA 签名的运算所需要的运算次数约为 $1024 \times 1.5 \times (2 \times 8 + 4) \times 128 \times 128 = 15 \times 2^{25}$，那么对于主频 4 MHz 的微处理器，完成运算需要的时间约为 120 s，这相当于发送了约 240 kb 的数据，这是一个很大的能量开销。因此，在 10 MHz、M16C 微处理器实现 RSA-1024 签名需要 10 s，实现 RSA 签名需要约 23 s 的时间，实现 RSA 验证需要约 900 ms。通过合适的算法和精心设计的程序，RSA 在 ATmega128L 8 MHz 主频的平台下，RSA-1024 签名需要约 10.99 s，验证需要 430 ms。在 Mica2 平台上，实现 RSA-1024 签名需要约 14.5 s 的时间。

如果在 4 MHz 的平台下，以 RSA 密码算法的运算时间为 25 s 来计算，运算消耗的能量相当于发送约 31kb 的数据所消耗的能量。WSN 中的一个数据包的长度一般为几十字节，例如 YinySec 定义的数据包，将同步前缀、数据、校验码等加起来，长为 20～40B，那么进行一次 RSA 运算相当于发送 97～194 个数据包。如果再算上侦听的消耗以及冲突重传的消耗，一次 RSA 运算的能耗相当于几十次节点通信的能耗，而在实际应用中，一次协商的密钥可用来成千上万次地加密数据包。

2) ECC 密码加密

椭圆曲线加密 ECC(Elliptic Curve Crypto)是另一种公钥密码的算法，相比于 RSA，具有以下优点：

(1) 计算量小，处理速度快，在私钥的处理速度上 ECC 比 RSA 要小得多。

(2) 存储空间占用小，ECC-160 与 RSA-1024 虽具有相同的安全强度，但是 ECC 占用的存储空间小得多。RSA 的密钥太长，如果一个节点存储周围邻居节点的公钥，将会占用很大的存储空间。另外，为了给邻居节点发送公钥，但由于密钥很长，一般会分为几个包发送，这样能量消耗会很大。

(3) 密钥生成方便。ECC 的密钥生成可以随机选择一个数，而 RSA 需要生成素数。

一般地，在 10 MHz M16C 微处理器上，ECC 的密钥长度为 160 位，$p = (65112\times2^{144}) - 1$ 时，实现 ECDSA 算法需要 4 KB 的程序空间，运算签名需要 150 ms 的时间，验证签名需要 630 ms 的时间。在 12 MHz 8051 微处理器上，采用优化的扩展坐标系，选择域 $GF((2^8 - 17)^{17})$时，实现算法需要 13 KB 的程序空间、183 B 的内部 RAM 和 340 B 的外部 RAM。采用二进制方式的点乘运算需要 8.37 s，用基于固定点的点乘运算只需 1.83 s。由于 WSN 低带宽、节点的计算能力弱等特点，使得 ECC 更具有应用前景。

与对称密码相比，公钥密码的运算量虽然较大，且会占用大量的处理器资源和能量，但其带来的好处却是显而易见的，使用公钥机制能够方便地建立安全框架，提供身份认证等。采用公钥协商密钥，在流量较小的 WSN 应用中，一次商定的通信密钥可以使用很久，不需要频繁地使用公钥密码来商定通信密钥，公钥加密所耗的能量相对于总体的能量而言是很小的一部分。因此，对于某些把安全放在第一位的场合，或者对能量约束较低的场合，使用软件优化实现公钥密码是可行的。

2. 对称密码加密

在 WSN 中，对称密码用来加密数据，保证机密数据不被泄露。鉴于 WSN 的特性，对称密码的选择不仅要考虑密码算法的安全性，还要考虑加解密时间，以及采用不同操作模式对通信开销所带来的影响。另外，密钥长度、分组长度带来的通信量的影响也不容忽视。表 8-3 列出了几种对称密码的分组长度、密钥长度和加解密轮数。

表 8-3　各种分组密码的分组长度、密钥长度和加解密轮数

类型 / 参数	Skipjack	RC5	RC6	Rijndael	Twofish	MISTY	KASUMI	Camellia
分组长度/B	8	8	16	16	16	8	8	16
密钥长度/B	10	16	16	16	16	16	16	16
加解密轮数	32	18	20	10	16	8	8	18

一般地，加密通常都是块加密，如果要加密超过块大小的数据，就需要涉及填充和链加密模式。块加密有以下四种方式：

(1) 电子密码本(Electronic Code Book，ECB)：每块明文都独立于其他块加密。虽然加密效率高，可以并行执行多个数据块的加密，但相同明文块加密总会产生相同的密文块，这为某些类型的密码分析攻击打开了方便之门，不适合保护敏感数据。

(2) 密码块链接(Cipher Block Chaining，CBC)：文本块是连续加密的。在加密当前明文块之前，用前一次块加密的结果修改当前明文块。此方法改进了加密的一些特征，如相同的明文块不会产生相同的密文块。但是，由于其加密过程是连续的，不支持加密的并行化。

(3) 密码反馈(Cipher Feedback，CFB)：先加密前一个块，然后将得到的结果与明文相结合产生当前块，从而有效地改变用于加密当前块的密钥。这里密钥的值是不断变化的，这个过程与流加密类似。但是，其性能则远不如流加密。

(4) 输出反馈(Output Feedback，OFB)：使用一个种子来开始加密过程。加密种子后，将加密结果与明文块结合产生密文。之后被加密的种子再度被加密，再重复此过程，直到遍及全部明文为止。

表 8-4 列出了在采用不同的工作模式 CBC、CFB、OFB、CTR 时，密文错误、同步错误对通信产生的影响。

表 8-4　分组密码采用不同模式对密文错误和同步错误的影响

操作模式 \ 影响内容	密文错误	同步错误
密码块链接(CBC)	一个比特的错误影响整个当前的分组和相应的比特	丢失的分组需要重传才能解密下一个分组
密码反馈(CFB)	一个比特的错误影响当前分组的相应的比特和后续的整个分组	丢失的分组需要重传才能解密下一个分组
输出反馈(OFB)	一个比特的错误影响当前分组的相应的比特	丢失的分组不需要重传也能解密下一个分组
计数器(CTR)	一个比特的错误影响当前分组的相应的比特	丢失的分组不需要重传也能解密下一个分组

下面以 Rijndael、RC5、RC4 密码算法为例，分析它们的特点和实现方法。

(1) Rijndael 密码算法。Rijndael 密码算法是带有可变块长和可变密钥长度的迭代块密码，块长和密钥长度可以是 128、192 或 256 位。Rijndael 中的某些操作是在字节级上定义的，字节表示有限字段 GF(2)中的元素，一个字节中有 8 位。其他操作都根据四字节字定义，加法照例对应于字节级的简单逐位异或。

在多项式表示中，GF(2)的乘法对应于多项式乘法模除阶数为 8 的不可约分二进制多项式。如果一个多项式除了 1 和它本身之外没有其他约数，那么称它为不可约分的。对于 Rijndael 算法，这个多项式叫做 $m(x)$，而 $m(x) = (x^8 + x^4 + x^3 + x + 1)$或者用十六进制表示为‘11B’，其结果是一个阶数低于 8 的二进制多项式。

在 WSN 中，通信双方商议密钥之后，可采用 Rijndael 算法使用通信密钥加解密数据。密钥可以随机生成，或者根据当时的传感器采集到的数据值计算得到，也可以直接使用伪随机数。在 MSP430F149 上实现 Rijndael 算法，所需代码空间为 4～9 KB，所需数据空间为 60～100 B，加解密运算功耗为(1.62/2.49)μJ/B。Rijndael 算法在设计之初就将实现软件的高效性、灵活性作为一个目标。Rijndael 算法能在 8 位处理器上非常有效地实现，轮密钥加是按位异或操作，行移位是字节移位操作，字节代换是在字节级别上进行操作的，而且只要求一个 256 B 的查找表，列混淆变换在域 GF(2^8)作乘法运算，所有的操作都是基于字节的。列混淆仅要求乘以｛02｝和｛03｝，这中间涉及简单的移位、条件异或和异或。128 位密码的 Rijndael 算法能提供足够的安全性，其每个分组为 16 B，不足的部分填充零。WSN 的加密数据部分的长度不是确定的，那么数据包需要填充至 16 B 的整数倍，但这会增加加解密运算和通信的能量开销。对于长度超过 16B 的数据包，可以采用密文挪用技术避免填充。

(2) RC5 密码算法。RC5 是面向字的算法，一个分组为 2 个字，每个字的长度可以设定为 16、32、64 位等。RC5 通过改变迭代次数来实现不同级别的安全性能，迭代次数允许值为 0～255，迭代次数越多，安全性越高。RC5 的密钥长度可变，密钥长度允许值为 0～255 B。RC5 算法分为密钥扩展、加解密运算两部分，主要用到了加法，按位异或，循环左移运算等微处理器上最常见的基本运算，易于 WSN 节点的实现。

RC5 的使用可以采用 RC5 分组密码模式、RC5-CBC 模式、RC5-CBC-Pad 模式、RC5-CTS 模式等，加密协议采用 CTR 模式，RC5 密码算法实现占用的代码空间为 392/508/802BC，分别对应于代码最小化策略、运行最快策略、原始协议处理策略，占用的数据空间为 80 B。由于 RC5 算法具有简单高效，可定制不同级别的安全性能，对存储空间的要求比较低等特点，因此比较适合 WSN 的应用。

(3) RC4 密码算法。RC4 是一个可变密钥长、面向字节操作的流密码算法。相对于分组密码，流密码的加解密速度更快，实现算法简单。RC4 每次加解密一个字节的数据，加解密的速度可达 DES 加密速度的 10 倍左右，算法实现只需数行代码。分组密码的优点是可以重复使用密钥，而流密码必须保证一包一密。使用流密码能节省加解密时间、节省能量。

RC4 算法的原理很简单，包括初始化算法和伪随机子密码生成算法两部分。由于 RC4 使用了伪随机数产生器来参与生成密钥，因此发送和接收必须保持伪随机数的一致性。当无线信道发生丢包时，即接收方的 ACK 数据包没有被发送方收到的时候，就会导致收发双方的伪随机数不一致，RC4 和 RC5 都存在这个问题。

由于 RC4 通过密钥和明文的异或运算实现加密，因此一旦子密钥序列出现了重复，密文就有可能被破解。例如，如果攻击者得到一份密文和相应的明文，他就可以将两者异或恢复出密钥流；或者，如果攻击者有两个用同一个密钥流加密的密文，就可以让两者异或求得两个明文互相异或而成的消息，从而能够相对容易地破译出明文，接着他就可以用明文跟密文异或得出密钥流。因此，密钥流发生器的内部机制对系统的安全性非常重要。加密序列的周期要长，因为伪随机数发生器实质上使用的是产生确定的比特流的函数，该比特流最终将重复出现。重复的周期越长，密码的分析难度就越大。为了防止穷举攻击，密钥应该足够长，从目前软硬件技术的发展来看，至少应该保证密钥长度不小于 128 位。

3．消息认证算法加密

消息认证算法主要用来验证所收到的消息是否来自真正的发送方，并且未被修改。消息认证算法一般都使用单向散列函数，最常用的单向散列函数有消息认证码 MAC，以及 MD5、SHA-1 等 HASH 函数。一般地，存在有效的算法寻找 MD5、SHA-1 的碰撞序列，所以这两种 HASH 算法不被推荐使用。SHA-1 虽然理论上被破解过，但是在实际应用中破解它依然十分困难。SHA-1 以 512 位为单位的分组作为输入，输出 128 位的消息摘要，WSN 的数据大多是突发性短数据，不是大块的数据。试想一下，一个数据包中传感器采集的数据只有十几个字节，而执行 SHA-1 算法需要将数据扩展到 512 位，并且产生 128 位的摘要。因此从能耗、存储空间的消耗等角度考虑，SHA-1 不适用于大多数 WSN 应用。

为了验证消息的顺序性和新鲜性，一般采用在数据包中加入计数器的方法。为了验证消息的完整性，一般采用消息认证算法。在 WSN 中，从降低能耗的角度出发，消息认证算法生成的消息认证码在保证足够安全性的前提下应该尽量短。消息认证码太长会浪费能量，太短又不能提供足够的安全性，那么多长的消息认证码是合适的呢？

根据 WSN 的特点，在 Internet 中，通信双方传送的数据量可能会很大，达到 M、G 的级别，可供分析的数据包增多，这给破解带来了很大的难度。在 WSN 中，网络流量表现出突发性、少量性，因此可供攻击者分析的数据包很少。当网络节点采用电池供电等有限能量方式的时候，一个节点能发送、接收的数据包是有限的。对于 32 位长的 MAC，攻击者如果通过穷举攻击方法产生两个消息认证码，相同的消息需要发送约 2^{16} 个数据包才能保证约 50%的成功率。在 WSN 中，节点会周期性睡眠以节省能量，假设接收者的工作周期为 2 s，那么接收者接收这么多数据包需要约 36 h，而接收节点在这么长的时间内可能已经更换认证密钥了。接收节点接收完攻击者发送的 2^{16} 个数据包时，可能电量已经消耗殆尽了，节点死亡，攻击也就没有意义了。攻击者频繁给接收者发送不能通过消息认证的数据包，也会被视为 DoS 攻击或者通过入侵检测被发现。

4．硬件加密

前面所述的用软件实现各种密码算法，特别是公钥密码，其占用了节点较多的资源，而且节点一旦被俘获，很容易泄露密钥、数据等机密信息。在微处理器中嵌入安全协处理器，一方面可以加速实现密码算法，另一方面可以给密钥等机密信息提供保障，且能为 WSN 节点提供很强的安全支持。很多芯片供应商提供硬件加密芯片，如 Atmel 公司推出的 AT90SC 系列安全微处理器，具有真随机数据发生器，唯一的芯片 ID，存储器编密码，存储保护单元，主动防护功能，防止 SPA、DPA、短时脉冲干扰和旁路攻击，以及电压、频率、温度和光线保护功能等。除具有高速、高安全性 DES/3DES 引擎外，AdvX 高性能加密加速器和内嵌固件(位于附加 32KB 专用 ROM 内)也支持标准有限域算术功能，包括 RSA、DSA、DH、ECC、AES。Chipcom 公司推出的射频芯片 CC2420 提供了硬件加密功能。

RSA、ECC、AES 等密码的硬件加密方法已经得到充分研究，这里简要介绍 RSA 的硬件实现和 AES 的硬件实现。安全芯片内含安全协处理器板块，主要由接口模块和加解密处理模块构成，加解密处理模块由控制译码器、运算译码器、运算执行器、控制堆栈、运算堆栈、随机存储器、程序存储器、多体存储控制器组成。运算执行器中含有 AES 正向、逆向字节变换器，HASH 压缩函数运算器，高效乘法器，ALU 运算器，有限域运算器等，支持了多种密码算法。层层循环控制是加解密算法的一个特点，由于指令集通过比较跳转指令来实现循环，导致程序执行的很多时间都放在了循环控制上，这就降低了算法执行效率。

安全协处理器采用控制译码器和运算译码器并行译码的方法来提高效率。一条指令分为运算指令和控制指令两部分，分别送到控制译码器和运算译码器译码。控制译码器控制程序流程，运算译码器以及运算执行器等进行加解密基本运算。这样，一方面控制指令和运算指令并行执行，循环控制不占用额外指令周期；另一方面，对于密码算法的循环，控制部件能够很容易判断程序是否结束，这就能够准确地控制程序流程，而且循环判断能一下就得出结果，不像一般微处理器那样可能需要作分支预测或者运行空指令等待比较结果，这样也大大提高了算法执行效率，能够比较高效地实现如 RSA、AES 等密码算法。

8.6 物理设备安全问题

在传感器网络中，各种物理设备是基础，其安全性是至关重要的。本节将介绍物理安全的基本概念、威胁和防范策略。

8.6.1 物理安全概况

1. 物理安全的基本概念及分类

1) 概念

物理安全是为保证信息系统的安全可靠运行，降低或阻止人为或自然因素从物理层面对信息系统保密性、完整性、可用性带来的安全威胁，从系统的角度采取的适当安全措施。

物理安全也称为实体安全，是系统安全的前提。硬件设备的安全性能直接决定了信息系统的保密性、完整性、可用性，信息系统所处物理环境的优劣直接影响了信息系统的可靠性，系统自身的物理安全问题也会对信息系统的保密性、完整性、可用性带来安全威胁。

物理安全是以一定的方式运行在一些物理设备之上的，是保障物理设备安全的第一道防线。物理安全会导致系统存在风险。例如，环境事故造成的整个系统毁灭；电源故障造成的设备断电以致操作系统引导失败或数据库信息丢失；设备被盗、被毁造成数据丢失或信息泄露；电磁辐射可能造成数据信息被窃取或偷阅；报警系统的设计不足或失灵可能造成的事故等。

设备安全技术主要是指保障构成信息网络的各种设备、网络线路、供电连接、各种媒体数据本身以及其存储介质等安全的技术，主要包括设备的防盗、防电磁泄漏、防电磁干扰等，是对可用性的要求。而所有的物理设备都是运行在一定的物理环境之中的。

物理环境安全是物理安全的最基本保障，是整个安全系统不可缺少和不可忽视的组成部分。环境安全技术主要是指保障信息网络所处环境安全的技术，主要技术规范是对场地和机房的约束，强调对于地震、水灾、火灾等自然灾害的预防措施，包括场地安全、防火、防水、防静电、防雷击、电磁防护和线路安全等。

2) 分类

(1) 狭义物理安全。传统意义的物理安全包括设备安全、环境安全/设施安全以及介质安全。设备安全的技术要素包括设备的标志和标记、防止电磁信息泄露、抗电磁干扰、电源保护以及设备振动、碰撞、冲击适应性等方面。环境安全的技术要素包括机房场地选择、机房屏蔽、防火、防水、防雷、防鼠、防盗、防毁、供配电系统、空调系统、综合布线、区域防护等方面。介质安全的技术要素包括介质自身安全以及介质数据的安全。以上是狭义物理安全观，也是物理安全的最基本内容。

(2) 广义物理安全。广义的物理安全还应包括由软件、硬件、操作人员组成的整体信息系统的物理安全，即系统物理安全。信息系统安全体现在信息系统的保密性、完整性、可用性三方面，从物理层面出发，系统物理安全技术应确保信息系统的保密性、可用性、完整性，如通过边界保护、配置管理、设备管理等等级保护措施保护信息系统的保密性，通过容错、故障恢复、系统灾难备份等措施确保信息系统的可用性，通过设备访问控制、边界保护、设备及网络资源管理等措施确保信息系统的完整性。

2．基本定义

(1) 信息系统物理安全：为了保证信息系统安全可靠运行，确保信息系统在对信息进行采集、处理、传输、存储过程中不致受到人为或自然因素的危害，致使信息丢失、泄露或破坏，而对计算机设备、设施(包括机房建筑、供电、空调)、环境、人员、系统等采取适当的安全措施。

(2) 设备物理安全：为保证信息系统安全可靠运行，降低或阻止人为或自然因素对硬件设备安全可靠运行带来的安全风险，对硬件设备及部件所采取的适当安全措施。

(3) 环境物理安全：为保证信息系统的安全可靠运行所提供的安全运行环境，使信息系统得到物理上的严密保护，从而降低或避免各种安全风险。

(4) 介质物理安全：为保证信息系统的安全可靠运行所提供的安全存储的介质，使信息系统的数据得到物理上的保护，从而降低或避免数据存储的安全风险。

8.6.2 物理设备的安全问题

1．传感器网络设备安全的特点

(1) 资源受限，通信环境恶劣。WSN 单个节点能量有限，存储空间和计算能力差，直接导致了许多成熟、有效的安全协议和算法无法顺利应用。另外，节点之间采用无线通信方式，信道不稳定，信号不仅容易被窃听，而且容易被干扰或篡改。

(2) 部署区域的安全无法保证，节点易失效。传感器节点一般部署在无人值守的恶劣环境或敌对环境中，其工作空间本身就存在不安全因素，节点很容易受到破坏或被俘，一般无法对节点进行维护，因此节点很容易失效。

(3) 网络无基础框架。在 WSN 中，各节点以自组织的方式形成网络，以单跳或多跳的方式进行通信，由节点间相互配合实现路由功能。由于它没有专门的传输设备，使得传统的端到端的安全机制无法直接应用。

(4) 部署前地理位置具有不确定性。在 WSN 中，节点通常随机部署在目标区域，任何节点之间是否存在直接连接在部署前是未知的。

2．传感器网络设备的条件限制

无线传感器网络的安全要求是基于传感器节点和网络自身条件的限制提出的，其中传感器节点的限制是无线传感器网络所特有的，包括电池能量、充电能力、睡眠模式、内存储器、传输范围、干预保护及时间同步。

网络限制与普通的 Ad Hoc 网络一样，包括有限的结构预配置、数据传输速率和信息包大小、通道误差率、间歇连通性、反应时间和孤立的子网络。这些限制对于网络的安全路由协议设计、保密性和认证性算法设计、密钥设计、操作平台和操作系统设计以及网络基站设计等都有极大的挑战。

3. 传感器网络设备的安全威胁

由于无线传感器网络自身条件的限制，再加上网络大多运行在危险区域内，尤其是在军事应用方面，使得网络很容易受到各种安全威胁。其主要安全威胁有：

(1) 窃听：一个攻击者能够窃听网络节点传送的部分或全部信息。

(2) 哄骗：节点能够伪装其真实身份。

(3) 模仿：一个节点能够表现出另一节点的身份。

(4) 危及传感器节点安全：若一个传感器及其密钥被捕获，存储在该传感器中的信息会被敌手读出。

(5) 注入：攻击者把破坏性数据加入到网络传输的信息中或加入到广播流中。

(6) 重放：敌手会使节点误认为加入了一个新的会议，再对旧的信息进行重新发送，重放通常与窃听和模仿混合使用。

(7) 拒绝服务(DoS)：通过耗尽传感器节点资源来使节点丧失运行能力。

除了上面这些攻击种类外，无线传感器网络还有其独有的安全威胁种类：

(1) HELLO 扩散法：这是一种拒绝服务(DoS)攻击，它利用了无线传感器网络路由协议的缺陷，允许攻击者使用强信号和强处理能量让节点误认为网络有一个新的基站。

(2) 陷阱区：攻击者能够让周围的节点改变数据传输路线而经过一个被捕获的节点或是一个陷阱。

在传感器网络中，RFID 标签由于标识物体的静态属性，而传感技术则用于标识物体的动态属性，构成物体感知的前提。从网络层次结构看，现有的传感器网络组网设备面临的安全问题如表 8-5 所示。

表 8-5 传感器网络组网设备面临的安全问题

层 次	受到的攻击
物理层	物理破坏、信道阻塞
链路层	制造冲突攻击、反馈伪造攻击、耗尽攻击、链路层阻塞等
网络层	路由攻击、虫洞攻击、女巫攻击、陷洞攻击、泛洪攻击
应用层	去同步、拒绝服务流等

4. 物理设备的安全需求

WSN 的安全需求主要有七个方面：

(1) 机密性。机密性要求对 WSN 节点间传输的信息进行加密，让任何人在截获节点间的物理通信信号后，不能直接获得其所携带的消息内容。

(2) 完整性。WSN 的无线通信环境为恶意节点实施破坏提供了方便，完整性要求节点收到的数据在传输过程中未被人捕获、删除或篡改，即保证接收到的消息与发送的消息是一致的。

(3) 健壮性。WSN 一般被部署在恶劣环境、无人区域或敌方阵地中，外部环境条件具有不确定性。另外，随着旧节点的失效或新节点的加入，网络的拓扑结构不断发生变化。因此，WSN 必须具有很强的适应性，使得单个节点或者少量节点的变化不会威胁整个网络的安全。

(4) 真实性。WSN 的真实性主要体现在两个方面：点到点的消息认证和广播认证。点到点的消息认证使得某一节点在收到另一节点发送来的消息时，能够确认这个消息确实是从该节点发送过来的，而不是别人冒充的；广播认证主要解决单个节点向一组节点发送统一通告时的认证安全问题。

(5) 新鲜性。在 WSN 中，由于网络多路径传输延时的不确定性和恶意节点的重放攻击，使得接收方可能收到延后的相同数据包。新鲜性要求接收方收到的数据包都是最新的、非重放的，即体现消息的时效性。

(6) 可用性。可用性要求 WSN 能够按预先设定的工作方式向合法的用户提供信息访问服务。然而，攻击者可以通过信号干扰、伪造或者复制等方式使 WSN 处于部分或全部瘫痪状态，从而破坏系统的可用性。

(7) 访问控制。WSN 不能通过设置防火墙进行访问过滤，并且由于硬件受限，也不能采用非对称加密体制的数字签名和公钥证书机制。因此，WSN 必须建立一套符合自身特点，综合考虑性能、效率和安全性的访问控制机制。

传感器网络安全目标可以从可用性、机密性、完整性、不可否认性和数据新鲜度等指标点来考核其安全性，其意义和涉及的技术如表 8-6 所示。

表 8-6 传感器网络安全目标、意义与主要技术

目　标	意　义	主要技术
可用性	确保网络即使在受到攻击(如 DoS 攻击)时也能够完成基本的任务	冗余、入侵检测、容错、网络自愈和重构
机密性	保证机密信息不会暴露给未授权的实体	信息加密和解密
完整性	保证信息不会被篡改	MAC、散列、签名
不可否认性	信息源发起者不能够否认自己发送的信息	签名、身份认证、访问控制
数据新鲜度	保证用户在指定时间内得到所需要的信息	网络管理、入侵检测、访问控制

8.6.3 其他物理安全问题

1. 物理安全威胁与防范

物理设备运行在某一个物理环境中，如果环境不好，对物理设备有威胁，自然会影响其运行效果。物理环境安全是物理安全的最基本保障，是整个安全系统不可缺少和忽视的组成部分。环境安全技术主要是保障物联网系统安全的相关技术，其技术规范是物联网系统运行的场地和机房等环境内外的约束，其环境分为自然环境和人为干扰。自然环境威胁包括地震、水灾、雷击和火灾等，人为干扰威胁包括盗窃、人为损坏、静电和电磁泄漏等。

1) 自然环境威胁

(1) 地震。地震灾害具有突发性和不可预测性，并产生严重次生灾害，对机器设备会产生很大影响。破坏性地震发生之前，人们对地震有没有防御，防御工作做得好与否将会大大影响到经济损失的大小和人员伤亡的多少。防御工作做得好，就可以有效地减轻地震带来的灾害损失。

(2) 水灾。水灾指洪水、暴雨、建筑物积水和漏雨等对设备造成的灾害。水灾不仅威胁人们的生命安全，也会造成设备的巨大财产损失，对传感器网络系统运行产生不良影响。对付水灾，可采取工程和非工程措施，以减少或避免其危害和损失。

(3) 雷击。雷电是一种伴有闪电和雷鸣的放电现象，会对人和建筑物造成危害，而电磁脉冲主要影响电子设备，这种影响主要是受感应作用所致。雷击防范的主要措施是根据电器、微电子设备的不同功能及不同受保护程序和所属保护层确定防护要点，作分类保护；根据雷电和操作瞬间过电压危害的可能通道，从电源线到数据通信线路都应作多层保护。

(4) 火灾。火灾是指在时间和空间上失去控制的燃烧所造成的灾害，也是最经常、最普遍地威胁公众安全和社会发展的主要灾害之一。机房发生火灾一般是由于电器原因、人为事故或外部火灾蔓延引起的。电器设备和线路因为短路、过载、接触不良、绝缘层破坏或静电等原因引起电打火而导致火灾。人为事故是指由于操作人员操作不慎，如吸烟、乱扔烟头等，使存在易燃物质(如纸片、磁带和胶片等)的机房起火，当然也不排除人为故意放火。外部火灾蔓延是因外部房间或其他建筑物起火而蔓延到机房而引起的火灾。火灾防范的关键是提高人们的安全意识。

2) 人为干扰威胁

(1) 盗窃。盗窃指以非法占有为目的，秘密窃取他人占有的数额较大的公私财物或者多次窃取公私财物的行为。传感器网络的很多设备和部件都价值不菲，这也是偷窃者的目标。偷窃所造成的损失可能远远超过其本身的价值。因此，必须采取严格的防范措施，以确保设备不会丢失。

(2) 人为损坏。人为损坏包括故意的和无意的设备损坏。无意的设备损坏多半是由操作不当造成的，而故意损坏则是有预谋地破坏。防范方法是对于重要的设备，加强外部的物理保护，如专用间、围栏和保护外壳等。

(3) 静电。静电是由物体间的相互摩擦、接触而产生的。传感器网络设备也会产生很强的静电。静电产生后，由于未能释放而保留在物体内，会有很高的电位(能量不大)，从而产生静电放电火花，造成火灾。它还可能使大规模集成电器损坏，这种损坏可能是不知不觉造成的。

(4) 电磁泄漏。电子设备在工作时要产生电磁发射，电磁发射包括辐射发射和传导发射。这两种电磁发射可被高灵敏度的接收设备接收并进行分析、还原，造成计算机的信息泄露。屏蔽是防止电磁泄漏的有效措施。屏蔽主要有电屏蔽、磁屏蔽和电磁屏蔽三种类型。

设备安全技术指保障构成信息网络的各种设备、网络线路、供电连接、各种媒体数据本身以及其存储介质等安全的技术，主要包括设备的防盗、防电磁泄漏、防电磁干扰等，这些也是对可用性的要求。

2. 设备安全问题与防范

1) 设备安全问题

这里的设备是指传感器网络系统中的物理设备或一个子系统，不是指小的元器件。它是指由集成电路、晶体管、电子管等电子元器件组成，应用电子技术(包括软件)发挥作用的设备等。

传感器网络设备的安全问题主要是设备被盗、设备被干扰、设备不能工作、人为损坏、设备过时等问题。

(1) 设备被盗。很多电子设备价值不菲，这会导致一些不法分子有盗窃的动机。

(2) 设备被干扰，外界对设备的干扰很多。

(3) 设备不能工作。任何设备都有坏的时候，设备不能工作也很正常。

(4) 人为损坏。这种情况有两种可能：一是有意破坏，起因是有人蓄意破坏设备，致使设备不能工作；二是工作人员因为操作失误，无意识地导致设备的损坏。

(5) 设备过时。电子设备升级很快，尽管设备依然可以使用，但是因为设备已经过时，便无法胜任新的工作。

2) 设备安全策略

前面已经介绍了防盗和设备抗干扰问题，设备不能工作、人为损坏、设备过时等问题可采用以下方法：

(1) 设备改造。它是对由于新技术出现，在经济上不宜继续使用的设备进行局部的更新，即对设备的第二种无形磨损的局部补偿。

(2) 设备更换。它是设备更新的重要形式，分为原型更新和技术更新。原型更新即简单更新，用结构相同的新设备更换因为严重有形磨损而在技术上不宜继续使用的旧设备，这种更换主要解决设备的损坏问题，不具有技术进步的性质。技术更新是用技术上更先进的设备去更换技术陈旧的设备，这种更换不仅能恢复原有设备的性能，而且使设备具有更先进的技术水平，具有技术进步的性质。

(3) 备份机制。备份机制即两台设备一起工作，也称为双工，指两台或多台服务器均为活动，同时运行相同的应用，保证整体的性能，也实现了负载均衡和互为备份。双机双工模式是目前群集的一种形式。

(4) 监控报警。监控报警是安全报警与设备监控的有效融合。监控报警系统包括安全报警和设备监控两个部分。当设备出现问题时，监控报警系统可以迅速发现问题，并及时通知责任人进行故障处理。

3. 通信线路安全

1) 线路安全威胁

线路物理安全是指为保证信息系统的安全可靠运行，降低或阻止人为或自然因素对通信线路的安全可靠运行带来的安全风险，对线路所采取的适当安全措施。线路的物理安全是按不同的方法分类的。例如，可以分为自然安全威胁和人为安全威胁，也可以分为线路端和线路间的安全威胁，还可以分为被破坏程度的安全威胁。线路的物理安全风险主要有地震、水灾、火灾等自然环境事故带来的威胁；线路被盗、被毁、电磁干扰、线路信息被截获、电源故障等人为操作失误或错误带来的威胁。

2) 线路安全的对策

通信线路的物理安全是网络系统安全的前提。通信线路属于弱电，耐压值很低。因此，在其设计和施工中必须优先考虑保护线路和端口设备不受水灾、火灾、强电流、雷击的侵害；必须建设防雷系统，且防雷系统不仅考虑建筑物防雷，还必须考虑计算机及其他弱电耐压设备的防雷。在布线时要考虑可能的火灾隐患，线路要铺设到一般人触摸不到的高度，而且要加装外保护盒或线槽，避免线路信息被窃听。要与照明电线、动力电线、暖气管道及冷热空气管道保持一定距离，避免被伤害或被电磁干扰。要充分考虑线路的绝缘，线路的接地与焊接的安全。线路端的接口部分要加强外部保护，避免信息泄露，或线路被损坏。

8.7　移动互联网安全漏洞与防范技术

8.7.1　移动互联网的基本概况

移动互联网将移动通信和互联网二者结合起来成为一体，它是指互联网的技术、平台、商业模式和应用与移动通信技术结合并实践的活动的总称。4G 时代的开启以及移动终端设备的实现为移动互联网的发展注入巨大的能量，移动互联网的发展经过了 1G、2G、3G、4G 等四个时代，各阶段的通信特征如表 8-7 所示。

表 8-7　各阶段的通信特征比较

<table>
<tr><th>特征
通信类型</th><th>标　准</th><th>技术</th><th>短信</th><th>语音</th><th>数据</th><th>数据传输</th></tr>
<tr><td>1G</td><td>AMPS, TACS</td><td>模拟</td><td>无</td><td colspan="2">电路</td><td>无</td></tr>
<tr><td>2G</td><td>GSM, CDMA, GPRS, EDGE</td><td rowspan="3">数字</td><td rowspan="3">有</td><td colspan="2">电路</td><td>9.6～384 kb/s</td></tr>
<tr><td>3G</td><td>WCDMA, CDMA2000，
TDSCDMA, HSPA</td><td>电路</td><td>分组</td><td>下行
2～42 Mb/s</td></tr>
<tr><td>4G</td><td>LTE, WIMAX</td><td colspan="2">分组</td><td>下行峰值 100 Mb/s</td></tr>
</table>

第一代(1G)移动互联网系统采用了蜂窝组网和频率复用等关键技术，有效地解决了当时常规移动互联网系统所面临的频谱利用率低、容量小及业务服务差等问题。但是，因为 1G 系统是模拟系统，所以存在同频干扰和互调干扰、系统保密性差及提供的业务种类比较单一的问题，1G 系统的代表是美国的移动电话业务系统(AMPS)。

第二代(2G)移动互联网系统的提出是为了解决第一代移动互联网系统根本上的技术缺陷，所以在第二代中采用了数字调制技术，让系统从一个模拟系统转向了数字系统，这样的转变使系统既能够支持语音业务，也可以支持低速数据业务。而 2G 系统主要采用 TDMA 或 CDMA 模式，具有频谱利用率高、保密性和语音质量好的特点，不过，随着用户数目的增多，它在系统容量、频谱利用率等方面的局限性也体现出来。2G 系统的代表有 GSM 和 CDMA 等。

第三代(3G)移动互联网系统的前身是 FPLMTS，也就是国际电信联盟(ITU)提出的未来公共陆地移动互联网系统的概念。3G 移动互联网系统的目的就是实现在任何时间、任何地点，能向任何人发送任何信息。3G 业务的主要特征是可提供移动带宽多媒体业务，并保证自可靠的服务质量。3G 业务包含了 2G 可提供的所有业务类型和移动多媒体业务。

第四代(4G)移动互联网系统可称为宽带接入和分布网络，包括宽带无线固定接入、宽带无线局域网、移动宽带系统和交互式广播网络。第四代移动互联网可以在不同的固定无线平台和跨越不同的频带的网络中提供无线服务，可以在任何地方使用宽带接入互联网，能够提供定位定时、数据采集、远程控制等综合功能。此外，第四代移动互联网系统是集成多功能的宽带移动互联网系统，是宽带接入 IP 系统。表 8-8 为 4G 移动互联网系统主要性能指标。

移动互联网继承了移动随时随地随身和互联网分享、开放、互动的优势，是整合二者优势的"升级版本"，即运营商提供无线接入，互联网企业提供各种成熟的应用，提供话音、传真、数据、图像、多媒体等高品质电信服务。近几年，微信、QQ 聊天等社交软件和移动电子商务用户市场增长迅速，移动数据业务同样具有巨大的市场潜力。因此，传感器网络通过移动互联网可以为用户提供数据业务，两者互为促进，共同发展。

表 8-8　4G 移动互联网系统主要性能指标

性能指标	说　　明
速率	20 MHz 频道带宽能够提供下行 100 Mb/s、上行 50 Mb/s 的峰值速率
容量	改善小区边缘用户的性能，提高小区容量
时延	降低系统延迟，用户平面内部单向传输时延低于 5 ms，控制平面从睡眠状态到激活状态的迁移时间低于 50 ms，从驻留状态到激活状态的迁移时间低于 100 ms
覆盖	支持 100 km 半径的小区覆盖
高速接入	能够为 350 km/h 高速移动用户提供大于 100 kb/s 的接入服务
带宽	支持成对或非成对频谱，并可灵活配置 1.2～20 MHz 多种带宽

8.7.2　移动互联网面临的安全威胁

移动互联网系统面临的安全威胁有多种，其分类方法也是多种多样：按照攻击的位置，可以分为对无线链路的威胁、对服务网络的威胁以及对移动终端的威胁；按照攻击的类型，可以分为拦截侦听、伪装、资源篡改、流量分析、拒绝服务、非授权访问服务、DoS 和中断；根据攻击方法，可以分为消息损害、数据损害以及服务逻辑损害。

1. 攻击位置分类说明

移动互联网是一个无线网络，不可避免地要遭受所有无线网络所受的攻击，而无线网络所受的攻击一方面是本身在有线中就存在的安全攻击，另一方面是因为以空气作为传输介质而导致的安全攻击，这是一个开放的媒介，能够很容易地被接入。

移动互联网的构建，应该是在物理基础设施之上构造重叠网络。在重叠网络上涉及服务提供商的利益，而在重叠网络上面临的威胁就是通过多种形式获取重叠网络的信息，并以合法的身份加入重叠网络，然后大规模地使用重叠网络资源而不用花费一分钱。

对移动终端的威胁莫过于盗取移动终端的系统密钥，以及银行账号和密码等，攻击者可通过一些网络工具监听和分析通信量来获得这些信息。

2．攻击类型分类说明

(1) 拦截侦听：入侵者被动地拦截信息，但是不对信息进行修改和删除，所造成的结果不会影响到信息的接收发送，但会造成信息的泄露，如果是保密级别的消息，就会造成很大的损失。

(2) 伪装：入侵者将信息伪装成网络单元用户数据、信令数据及控制数据，伪终端欺骗网络获取服务。

(3) 资源篡改：它是指修改、插入、删除用户数据或信令数据，以破坏数据的完整性。

(4) 流量分析：入侵者主动或者被动地监测流量，并对其内容进行分析，获取其中的重要信息。

(5) 拒绝服务：在物理上或者协议上干扰用户数据、信令数据以及控制数据在无线链路上的正确传输，实现拒绝服务的目的。

(6) 非授权访问服务：入侵者对非授权服务的访问。

(7) DoS：常见的攻击方法，即在网络无论是存储还是计算能力都很有限的情况下，使网络超过其工作负荷导致系统瘫痪。

(8) 中断：通过破坏网络资源达到中断的目的。

3．攻击方法分类说明

(1) 消息损害：通过对信令的损害达到攻击目的。

(2) 数据损害：通过损害存储在系统中的数据达到攻击目的。

(3) 服务逻辑损害：通过损害运行在网络上的服务逻辑，即改变以往的服务方式，方便入侵者进行攻击。

8.7.3　移动系统的安全措施

自移动通信技术问世以来就已产生安全性问题，第一代移动通信的模拟蜂窝移动通信系统几乎没有采取安全措施，移动台把其电子序列号(CESN)和网络分配的移动台识别号(MIN)以明文方式传送至网络，若二者相符，即可实现用户的接入，结果造成大量的克隆手机，使用户和运营商深受其害。为此，从数字信号移动通信系统出现开始，安全问题已成为移动通信技术的重要内容。

1．2G 移动通信系统的安全措施

2G 主要有基于时分多址(TDMA)的 GSM 系统及基于码分多址(CDMA)的 CDMAone 系统，这两类系统安全机制都是基于私钥密码机制，采用共享秘密数据(私钥)的安全协议，实现对接入用户的认证和数据信息的保密，但在身份认证及加密算法等方面存在着许多安全隐患。

GSM 安全机制的实施包括用户识别单元(SIM)、GSM 手机或者 MS、GSM 网络等三个部分。GSM 系统的认证和加密是基于三元组(RAND、SRES、KC)实现，在 GSM 系统的 AUC 鉴权中心中完成。每个客户在 GSM 网中注册登记时，就被分配一个客户电话号码(MSISDN)和客户身份识别码(IMSI)。IMSI 通过 SIM 写卡机来写入客户的 SIM 卡中，同时在写卡机中又产生了一个对应此 IMSI 的唯一客户鉴权键 KI，被分别存储在客户的 SIM 卡和 AUC 中，这是永久性的信息。在 AUC 中还有伪随机码发生器，用于产生一个不可预测的伪随机数RAND。在AUC中，RAND和KI经过A3算法(鉴权算法)产生一个响应数SRES，同时经过A8算法(加密算法)产生一个KC。因而由RAND、KC、SERS一起组成了该客户的一个三参数组，传送给HLR并存储在该客户的客户资料库中。一般情况下，AUC一次产生5组三参数传送给HLR自动存储。HLR可存储10组三参数，当MSC/VLR向HLR请求传送三参数组时，HLR又一次性地向MSC/VLR传送5组三参数。MSC/VLR一组一组地使用，当用到剩两组时，就会再向HLR请求传送三参数组。

但GSM网络在身份认证及加密算法等方面存在着许多安全隐患：① 由于其使用的COMP128-1算法的安全缺陷，用户SIM卡和鉴权中心(AUC)间共享的安全密钥可在很短的时间内被破译，从而导致对可物理接触到的SIM卡进行克隆；② GSM网络没有考虑数据完整性保护的问题，从而难以发现数据在传输过程中是否被篡改。

2. 3G移动通信系统的安全措施

3G移动通信系统的安全结构中包括双向鉴权、通用移动通信系统陆地无线接入网(UTRAN)加密和信令数据的完整性保护在内的网络接入安全机制，机制形式主要有三种：使用临时身份识别(TMSI)、使用永久身份识别(IMSI)、认证和密钥协商(AKA)。AKA机制用于完成移动台和网络的相互认证，并建立新的加密密钥和完整性密钥。在3G鉴权中，鉴权五元组代替了GSM的三元组。3G鉴权向量的五个参数分别是RAND、期望响应(SRES)、加密密钥(KC)、完整性密钥(KI)、鉴权令牌(AUTN)。与GSM相比，增加了KI和AUTN两个参数，其中完整性密钥提供了接入链路信令数据的完整性保护，鉴权令牌增强了用户对网络侧合法性的鉴权。

3G网络的数据加密机制采用F8算法对用户终端(ME)与无线网络控制器(RNC)之间的信息进行加密，数据完整性机制采用F9算法对信令消息的完整性、时效性进行认证。另外，R4增加了基于IP的信令的保护，RS增加了IMS的安全机制，R6增加了通用鉴权架构CAA和MBMS安全机制。

总的来说，3G系统使用双向身份认证，增加了密钥长度，使用高强度的加密算法和完整性算法，增加了信令完整性保护机制，并提出了保护核心网络通信节点的机制。但是，面对新的业务、全开放式的IP网络和不断升级的攻击技术，移动网络仍面临较大的安全威胁。

3. 4G移动通信系统的安全措施

1) 4G移动通信系统的基本概况

第四代(4G)移动通信系统是多种无线技术的综合系统，集合了WLAN于一体的3G增强型技术，以OFDM技术为核心技术，它是多载波传输的一种。与3G通信系统相比，4G系统不管是上行速度还是下行速度都有了显著提高。OFDM技术将频带划分为一个个正交的子带，再把信号调制到这些子带上，以使这些信号在时间上也是正交的。在接收端采用相反的技术，能显著提高频带利用率和系统的抗干扰能力。

4G移动通信系统的技术优势主要表现在：① 数据传输速率快。1G仅提供语音服务；2G移动通信系统的传输速率也只有9.6 kb/s，最高可达32 kb/s；3G移动通信系统的数据传输速率可达到2 Mb/s，4G移动通信系统可以每秒峰值高达100 Mb的速度传输无线信息。② 非数据信息的双向传递。4G移动通信系统不仅可以实现随时随地通信，还可以双向下载传递资料、图画、影像，提供传输速度150 Mb/s的高质量的影像服务，并且4G首次实现三维图像的高质量传输。③ 无线服务。在不同的固定无线平台和跨越不同频带的网络中，4G 可以提供无线服务，并在任何地方宽带接入互联网，还提供信息通信以外的定位定时、数据采集、远程控制等综合功能。④ 宽带接入。4G 系统有多功能集成的宽带移动系统，它是宽带接入 IP 系统。⑤ 开放性。4G 网络是基于 IP 的开放平台，不同的网络运营商和服务供应商通过开放式接口共享核心基础设施，而且最终用户终端可以使用开放的硬件和软件的平台，但 4G 的开放性带来更多的安全方面的挑战。

2) 4G 移动网络面对的安全风险

4G 移动网络的安全风险主要源于 4G 的开放性：① 大量外部接入点夹带着同行运营商、第三方应用软件提供商、公共网络，也就是通过许多不同的技术访问一个设备，如果各种安全技术不能充分地交互，则存在潜在安全漏洞。② 多个服务提供商核心网络基础设施共享，这意味着单一供应商的泄漏可能导致整个网络基础设施的崩溃。③ 如果第三方能伪装成合法的用户，那么会发生服务盗窃和欺诈行为。

新的终端用户设备同样也会成为恶性攻击、病毒、蠕虫和垃圾文件、垃圾邮件等的来源。特别是伴随着互联网电话产生的垃圾邮件(SPIT)和新型的 VOIP 垃圾邮件就像今天的垃圾电子邮件一样，会成为一个严重的问题。

3) 4G 移动网络的安全措施

目前，4G 网络标准主要有 WiMax、HSPA+、LTE、LTE-Advanced 和 WirelessMAN-Advanced 等五个标准版本，此处以 LTE 网络架构分析 4G 网络安全防范措施，其安全架构如图 8-3 所示。LTE 网络安全架构定义了五个安全功能组：① 网络接入安全：为用户提供安全接入服务，可防止无线接入链路上的攻击；② 网络域安全节点：能够安全地交换 AN 与 SN 间、AN 间的信令数据、用户数据，并防止对有线网络的攻击；③ 用户域安全：能安全接入到移动台；④ 应用域安全：可以在用户域和运营商域安全地交换信息；⑤ 安全服务的可视性和可配置性：通知用户安全功能是否在运行，服务的使用和提供是否应取决于安全功能。

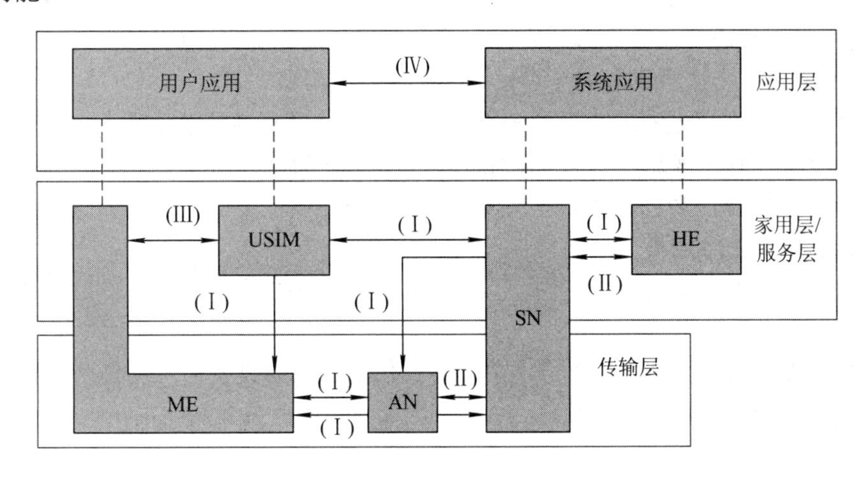

图 8-3 LTE 网络安全架构

在 LTE 网络中所有的安全操作通过认证和密钥协商(AKA)实现用户安全，即安全密钥生成和相互认证。LTE 的 AKA 鉴权过程采用 Milenage 算法，继承了 UMTS 中五元组鉴权机制的优点，实现了 UE 和网络侧的双向鉴权。在大多数情况下，终端在开机进行注册时发起初始连接请求，但在许多时候可以发起 AKA 过程。初始连接请求消息包括用户识别码。一旦接收到用户连接请求，MME 通过 Gr 或 S6 接口向 HSS 请求认证消息。HSS 应答一组认证矢量集，每一个集合包括 RAND、SRES、AUTN、KC 和 KI 等五个参数。MME 列表中的一个矢量，在 USIM 中启动 AKA 过程，向终端发送一个认证请求，包括 RAND、AUTN 和 KSIASME 参数。RAND 是随机质询文本，是输入参数中的一个，用于产生认证矢量的四个其他元素；AUTN 是 USIM 进行网络认证时使用的认证令牌。USIM 使用 RAND 和它存储的私有密钥 K，通过网络提供的认证令牌 AUTN 来认证网络。于是，USIM 产生一个 RES 值，然后进一步判断 MME 是否有 XRES 期望的应答，若相互匹配，则 AKA 过程结束。网络可以通过这种方法认证 USIM。

安全性的提升和改进没有终点，随着标准和技术的发展，新的威胁和挑战也会增加。为了适应标准的变化，LTE 网络安全架构应提供必要的功能和性能以应对未来的移动网络。因此，随着网络架构的演进，必须对网络作出全面的威胁分析，并制定适当的对策。

思考题

1. 传感器网络中的网络安全技术的主要内容包括哪些？传感器网络安全分类有哪些？节点的安全性分类又有哪些？

2. 按照信息安全保障的要求，信息安全必须考虑哪些方面？信息安全的目标是什么？系统安全技术与密码技术相结合主要体现在哪些方面？

3. 针对传感器网络的安全需求，安全防护技术主要有哪几种？一般从哪些方面来设计安全路由协议？

4. 阐述密码体制的含义。密钥管理协议主要有哪几种？

5. 阐述 WSN 网络安全设计策略。

6. 传感器网络的节点可能遇到的安全问题有哪些？建立安全机制的内容有哪些？

7. 信息应用的安全挑战和安全需求的主要内容有哪些？

8. 隐私所有者的角度来看，隐私分类有哪些？网络隐私具体包括哪些内容？隐私保护系统的结构有哪几种？阐述隐私保护面临的威胁和保护策略。

9. 云计算的安全问题包括的内容有哪些？云用户的安全目标有哪些？云安全服务分类有哪些？画出云安全参考模型。

10. 身份认证的主要目的有哪些？消息认证目的和内容有哪些？画出纯认证系统的模型。

11. 物理安全的定义是什么？分类有哪些？传感器网络设备的主要安全威胁有哪些？

12. 阐述移动系统的安全措施。

第 9 章　Chapter 9

无线传感器网络其他关键技术

9.1　时间同步机制

9.1.1　时间同步面临的问题

在无线传感器网络中，单个节点的能力非常有限，整个系统所有功能的实现需要网络内所有节点相互配合共同完成，时间同步在无线传感器网络中起着非常重要的作用。在分布式系统中，时间可分为“逻辑时间”和“物理时间”。“逻辑时间”的概念是建立在 Lamport 提出的超前关系上，体现了系统内时间发生的逻辑顺序。而“物理时间”是用来描述在分布式系统中所传递的一定意义上的人类时间。对于直接观测物理世界现象的无线传感器网络系统来说，物理时间更为重要，因为现象发生的时间本身就是一个非常重要的信息。此外，节点间的协同信号处理、节点间通信的调度算法等都对系统提出了不同精度的物理时间同步要求。

如果将时钟偏移定义为某个时间段内两个时钟之间因为漂移而产生的时间差，那么分布式系统物理时钟服务就定义了一个系统中所允许的时钟偏移的最大值。只要两个时钟之间的差值小于所定义的最大时钟偏移量，就可以认为这两个时钟保持了同步。

在无线传感器网络中完成节点间的时间同步面临以下几个问题：

(1) GPS 可以将本地时钟与世界时钟同步，但体积、成本、能耗等方面的限制使得无线传感器网络中的绝大部分节点不具备 GPS 功能。

(2) 节点间通过无线多跳的方式进行数据交换，在低速低带宽的条件下，同步信号传输过程中的延迟具有很大不确定性。

(3) 底层协议的节能操作使得节点在大部分时间都处于“睡眠状态”，不能在系统运行期间持续地保持时间同步。

(4) 由于环境、能量等因素的影响，节点易损坏，无线传感器网络拓扑结构频繁变化，不可能对时间基准的获取路径进行静态配置。

(5) 在网络规模较大的情况下，实现全局时钟同步很难保证全局同步，精度具有确定的上限限制。

9.1.2 时钟模型

为了分析不同的时间同步方法，有必要在阐述时间同步问题之前为其建立一个模型，用以描述无线传感器网络时间同步过程中涉及的各种问题。一般地，理想的时钟以固定的时间间隔计数来测量时间。

假设：

(1) t 时刻时钟代表的时间为 $h(t)$，它是一个真实时间的函数。

(2) 时钟频率为 f，它是 $h(t)$的一阶导数，即 $f(t) = \mathrm{d}h(t)/\mathrm{d}t$。

如果有一块秒表，使用者从秒表读出的时间为 $h(t)$，它是一个连续函数。显然，只要秒表还在运转，读出的时间就会不断增加。因此，$h(t)$是单调增函数。因为秒表的读数每秒增加 1，所以秒表的频率 f 为 1。对于一般的时钟来说，$h(t)$是单调增函数，必然有 $f(t)>0$。理想的时钟频率应该始终为常数 1，但实际上真实的时钟频率总会受到电压、温度等因素的影响而随时间变化。根据时钟频率漂移的不同假设，可以用不同的模型来描述时钟的特性。

(1) 常速率模型：当需要的时钟精度与时钟频率的波动相比较小的时候，可以假设时钟频率是常数。

(2) 有界漂移模型：假设时钟频率相对于理想时钟频率的偏移是有界的。由于理想的时钟频率为 1，可以定义时钟漂移为

$$\rho(t) = f(t) - 1 = \frac{\mathrm{d}h(t)}{\mathrm{d}t} - 1 \tag{9-1}$$

且

$$-\rho_{\max} \leqslant \rho(t) \leqslant \rho_{\max} \tag{9-2}$$

一个合理的假设是对所有的 t 都有$\rho(t)>-1$。也就是说，如果时钟正常工作，它既不可能停止($\rho(t) = -1$)也不可能倒退($\rho(t)<-1$)。因此，如果在节点 N_i 上相继发生事件 a 和 b，且 $t_a<t_b$，那么节点 N_i 就可以根据上面的式子计算出时间间隔 $\Delta[a, b] = t_b - t_a$ 的上界和下界，即

$$\Delta_i^l[a,b] = \frac{h^i(t_b) - h^i(t_a)}{1 + \rho_{\max}}, \quad \Delta_i^l[a,b] = \frac{h^i(t_b) - h^i(t_a)}{1 - \rho_{\max}} \tag{9-3}$$

但是，这个模型中$\rho(t)$是可以在上界和下界之间跳变的，而这会影响模型稳定性。

(3) 有界漂移率模型：时钟漂移率的一阶导数定义为

$$v(t) = \frac{\mathrm{d}\rho(t)}{\mathrm{d}t} \tag{9-4}$$

且假设

$$-v_{\max} \leqslant v(t) \leqslant v_{\max} \tag{9-5}$$

这种假设限制了$\rho(t)$在上界和下界之间跳变。如果时钟的漂移仅仅受到温度、电压等渐变环境因素的影响，这样的假设显然是合理的。

传感器网络时间同步算法是由单跳同步策略和多跳同步策略组成，其设计参数包括单

跳和多跳的同步精度、再次同步的时间间隔以及同步开销等。在接收者和接收者之间，同步算法主要可以分为以下三类：

① 交互同步算法。

② 双向同步算法。

③ 单向同步算法。

9.1.3　接收者和接收者交互时间同步机制

在接收者和接收者之间采用的交互时间同步机制，就是第三方节点广播若干次同步信令，广播域内各节点利用本地时钟记录信令的到达时刻，然后各接收节点之间交互时间记录，进而两两校准时钟。其代表性算法有 RBS(Reference Broadcast Synchronization)算法。

RBS 算法产生于 2002 年，它利用了无线信道的广播特性。在无线信道中，一个参考节点周期性地向其邻居节点发出参考广播报文，每个邻居节点记录并缓存报文的到达时刻。任意两个节点需要同步时，它们交换保存在缓冲区中的时间信息，两个节点接收时间的差值相当于两个接收节点之间的时间差。通过采用最小方差线性拟合的方法估算出两者之间的初始相位差和频率差，从而得到两者之间的时间转换函数。其中一个接收节点会根据这个时间差，调整它的本地时间。该算法的关键不是同步发送者与接收者，而是通过一个广播消息使接收者之间彼此达到时间同步。因为接收节点之间距离不远，传播时延差可以忽略不计，第三方信息基本同时到达广播域内的所有接收站，这消除了发送时延以及访问时延的影响。采用链路层打时间戳的技术可以进一步消除接收处理时延的影响，最终的同步精度可以达到微秒级。

RBS 机制可以用来构造局部时间，对于需要时间同步但不需要绝对时间的传感器网络应用非常有用。RBS 算法是利用不同广播域相交区域内，节点起时间转换作用实现多跳时钟同步的。对于两个接收节点，RBS 机制需要发送 3 个消息和接收 4 个消息。对于单个广播域内的 n 个节点和 m 个广播消息，RBS 机制的复杂度是 $O(mn)$。

在实际传感器网络中，发送节点往往也需要同步，因此需要另一个节点同样成为发送节点来发送广播消息。用于多跳网络的 RBS 机制需要依赖有效的分簇方法，保证簇之间具有共同节点以便簇间进行时间同步，但在多跳网络中的误差随跳数增加而增加。

RBS 算法的主要优点：

① 通过广播信道来同步接收节点之间的局部时钟，消除了关键路径中的许多不确定性延时，提高了同步精度。

② RBS 允许节点建立本地时间表，这对于仅需要局部时间同步的无线传感器网络应用较为高效。

RBS 算法的主要缺点：

① RBS 协议不适用于点对点网络，且无法应用于需要与世界时钟同步的场景。

② 对于拥有 n 个节点的单跳网络，RBS 算法需要 $O(n^2)$次的消息交换，这对于大规模网络来说计算代价较高。

③ 由于信息交换量大，实现整网同步的收敛时间较长。

9.1.4 发送者和接收者的双向时间同步机制

发送者和接收者双向同步机制首先由待同步节点向基准节点发送同步请求包，然后基准节点回馈包含当前时间的同步包，最后待同步节点估算时延，并校准时钟。这类同步机制的代表性算法有 TPSN(Timesync Protocol for Sensor Network)算法，LTS(Lightweight Tree-based Synchronization)算法，Tiny-sync 与 Mini-sync 算法。

1. TPSN 算法

TPSN 算法采用在发送者与接收者之间双向交换消息的方法，达到两节点间的时间同步，并将其扩展到全网域的时间同步。TPSN 算法采用链路层打时间戳技术，减少了发送方产生的不确定因素的影响，并通过构造分层网络实现多跳同步，其同步过程如图 9-1 所示。

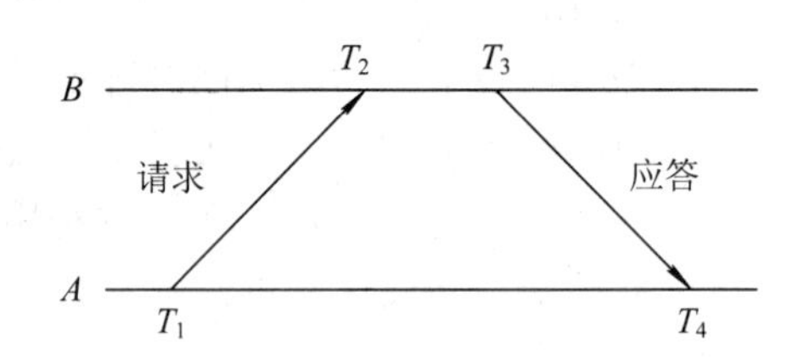

图 9-1 TPSN 算法的同步过程

在 TPSN 算法中，待同步客户机 A 向同步服务器 B 发送同步请求并记录此时的本地时间 T_1，B 收到该包后记录本地时间 T_2，经过一段时间后发送同步回应包，附带此时此刻的 T_3 以及 T_2，A 收到后记录本地时间 T_4。通过同步信令的交互，估计往返时延 d 和时间偏差 σ，可实现 1～50 ms 精度计算机校时。

在相同的硬件条件下，TPSN 算法的同步精度能达到 RBS 算法精度的两倍。该算法的关键是在发送方底层打时间戳，消除了大多数不确定性影响因素，使得同步结果更为准确。因此，在传感器网络中，双向同步机制比经典同步机制更为有效。

TSPN 算法的主要优点：

① TSPN 算法的双向同步精度不会随着传感器网络规模的扩大而明显恶化。

② 达到全网范围的时间同步所花费的代价比 NTP 协议花费的代价要小。

TPSN 算法的主要缺点：

① TPSN 算法没有对时钟的频差进行估计，这使得它需要频繁同步，开销较大。

② 因为该协议需要分级的基础结构，所以它不适用于感知节点移动速度较快的应用场景。

③ TPSN 算法不支持多跳的信息交互。

2. LTS 算法

LTS 时间同步算法的基本思想是通过牺牲一定精度来减少能量开销，它基于以下考虑：一般场景下，传感器网络对时间精度的要求并不是很高(几分之一秒以内)，而对能量消耗却限制严格。因此，在传感器网络中，应用一个轻量级的同步机制就能够满足应用的需求。

LTS 算法主要用于全局时间同步，算法首先构造一个低深度生成树 T，参考节点为树 T 的根，它肩负着在有需要时发起“再同步”的责任，然后沿着树 T 的边进行成对同步，参考节点通过与它的所有直接子节点继续成对同步来初始化整个同步过程。

通过假设时钟漂移被限定和需要的精确度已给出，参考节点计算单个同步操作有效的时间周期，假如需要可以进行“再同步”。参考节点的子节点又与它们自己的子节点进行成对同步，整个过程直到 T 的叶子节点被同步时终止。生成树的深度影响着整个网络达成同步所需的时间以及树叶节点的精确度误差，因此根节点可以根据反馈得到的生成树的数来调整“再同步”的精度。因为 LTS 算法只沿生成树的边进行成对同步，所以成对同步次数是生成树边数的线性函数，这与简单地将成对同步扩展到多跳同步的方法相比(要求 n^2 次成对同步)，极大地减少了成对同步的系统开销，但也在一定程度上降低了同步的精确度。

LTS 算法的主要优点是牺牲精度换取简单的复杂度，因此算法能耗较少，延长了整个网络的生存周期。

LTS 算法的主要缺点：

① 它主要应用于全局时间同步，当部分节点需要频繁同步时，效率较低。

② LTS 算法精度较低，难以满足所有场景要求。

3. Tiny-sync 与 Mini-sync 算法

一般方法中，计算节点间时钟的频偏和相偏通常采用收集大量数据采集点信息，然后通过拟合的方法处理，这样就需要较大的通信量、存储空间和计算量，为此出现了 Tiny-sync 与 Mini-sync 算法。它们是针对传感器网络提出的两个轻量级的同步算法。

Tiny-sync 的基本原理如下：假设每个时钟能够与固定频率的振荡器近似，采用传统的双向消息交换来估计节点时钟间的相对漂移和相对偏移，并建立偏移和漂移的上下限。在每次获得新的数据点时，首先与以前的数据点比较，若新的数据点计算出的误差大于以前数据点计算的误差，则抛弃新的数据点，采用旧的数据点；反之采用新的数据点，抛弃旧的数据点。

Tiny-sync 算法建立的根本原则是并非所有的数据点都是有用的，因此 Tiny-sync 算法仅需存储三四个数据点的信息，就可以实现一定精度的时间同步，有效降低存储需求和计算量。Tiny-sync 同步算法利用了所有的数据信息，只是通过实时处理使得保留的数据总是很少，但是在某些情况下可能丢失即将用到的且更为有用的数据采集点。

Mini-sync 算法是为了克服 Tiny-sync 算法丢失有用数据点的缺点而提出的，通过建立更有效的约束条件来确保仅丢掉将来不会用到的数据点，并且每次获取新的数据点后都更新约束条件，但这样也增加了 Mini-sync 算法的复杂度。

Tiny-sync 和 Mini-sync 算法的主要优点：

① Tiny-sync 和 Mini-sync 为轻量级算法，通过交换少量的信息就能够提供具有确定误差上界的频偏和相偏估计，能量利用率较高。

② 它们所占用的网络通信带宽、存储容量和处理能力等资源较少，能较好地满足无线传感器网络的需求。

9.1.5 发送者和接收者的单向时间同步机制

在单向时间同步机制模型中，首先选择某节点充当时间基准点，发送包含当前时钟读数的同步信令，其他节点接收到该同步信令后，估算时延等参数并调整自己的时钟，以与基准点达成同步。周围节点在和基准点同步后作为新的基准点，一环环向外同步，直至覆盖整个网络。这种同步机制的代表性算法有基于时延测量的 DMTS(Delay Measurement Time Synchronization)算法和基于泛洪的 FTSP(Flooding Time Synchronization Protocol)算法，而这均基于 Mica Mote 硬件平台。

1. DMTS 算法

无线传感器网络的一个突出特点是其自组织性及动态特性，自组织性意味着网络拓扑可能随着时间的推移而发生变化。DMTS 算法实现策略是牺牲部分时钟同步精度换取较低的计算复杂度和能耗，其重点在于可测量性以及自适应性。这就意味着 DMTS 算法对网络拓扑的变化不敏感，具有可适应性。

DMTS 算法的具体同步过程如下：首先选择一个基准节点用以广播自己本地时钟，基准节点先发送前导码和同步码，而后才发送数据。链路层在发送前导码和同步码时，给同步信令包打上时间戳 T。接收节点收到前导码和同步码后，记录此时自己的本地时间 T_1。在开始处理接收到的数据包时，记录此时的本地时间 T_2。若电磁波的传播时延忽略不计，则全部的时延为发送前导码和同步码时延加上 T_2 和 T_1 的差，设前导码和同步码共有 n 位，发送一位所需时间为 τ，则接收节点的时钟应调整为

$$T_r = T + n\tau + (T_2 - T_1) \tag{9-6}$$

根据式(9-6)，周围的接收节点即可同步到基准节点。DMTS 算法的最低精度是无线电设备的同步精度，最高的精度是本地时钟的精度。因为 DMTS 算法在单跳范围内只需要一次消息传送就可以实现所有节点的时间同步，所以 DMTS 是能量有效的算法。又因为在整个过程中没有复杂的执行过程，因此 DMTS 也是一个轻量级的算法。

DMTS 的多跳同步也是可以实现的，主要依靠分级实现多跳同步，信令包中附带节点的级别。基准节点的级别定为 0 级，其周围节点与基准节点同步后，级别定为 1 级，1 级节点再作为基准节点，向外发射同步信令包，以此类推，2 级，3 级，…，n 级直到覆盖全网。为了减少误差和避免回环，节点只向级别比自己低的节点同步。只要节点知道自己还有子级别的节点，就会广播含有自己同步时钟的信令包。另外，这种机制之所以能保证周围节点通过最短路径或最少跳数同步到基准节点，是因为每一个节点总是选择最靠近于基准节点的节点作为父节点。

DMTS 算法的主要优点为计算复杂度较低、能量利用率较高；但其主要缺点也比较明显，它只能应用于低分辨率、低外部时钟交换频率的场景，是用精度换取低计算复杂度的算法。

2. FTSP 算法

FTSP 算法的目标是通过多跳同步实现全网范围内的时间同步，并综合考虑了能量效率、可扩展性、健壮性、适应动态拓扑和及时性等多种因素，精度可达微秒级。FTSP 算法通过一个在发送端和接收端都打上时间戳的简单无线电信息，实现让尽可能多的接收节点与发送节点时间同步的目的。FTSP 算法假设每个节点均有唯一的身份识别码(ID)，可以在无线信道中发送广播信息。作为发送端的节点周期性发送多个广播信息，其广播域内邻近节点利用时间同步数据构造最佳回归直线，估算时钟漂移和偏移，并建立线性回归表。FTSP 算法的多跳同步也采用层次树形结构逐级同步，使所有节点都同步到根节点。层次网络的根节点由动态选举产生，保证其他所有节点都与根节点保持时间同步。此外，FTSP 算法将分组交换的传输延迟进一步细化分解，仔细分析各种延迟的产生原因并尽力减小不确定性延迟的影响，提高同步精度。

FTSP 算法的主要优点：

① 通过对收发过程的分析，把时延细分为发送中断处理时延、编码时延、传播时延、解码时延、字节对齐时延、接收中断处理时延，进一步降低时延的不确定度。

② 采用节点选举机制，针对节点失效、新节点加入、拓扑变化等情况进行优化，这使得它具有较高的鲁棒性，精度达到了微秒级。

FTSP 算法的主要缺点：

① 通过对多个样本数据进行线性回归处理来估计漂移量，对应算法的空间复杂度相对较大。

② 需要对传输过程中的时延进行仔细地分析，并建立合适的分布模型，这就需要对传感器节点的硬件有深入了解，因此 FTSP 协议对硬件的依赖性比较强。

9.1.6　时间同步机制的误差来源及性能指标

从前文的描述中可以知道，无线传感器网络中时间同步过程主要面临以下两个问题：一是由于传感器节点使用的时钟受自身特点以及温度、电压等外部环境因素的影响，其准确性会随时间不断恶化，甚至发生跳变，导致不同节点的时钟之间出现偏差，从而失去共同的时间基准；二是为了补偿节点间的时间偏差，节点之间需要交换彼此的时间信息，而消息时延的随机性又增加了时间信息交换过程中的不确定性。

传感器节点时钟漂移和时间消息交换过程中时延的不确定性对时间同步的影响可以分开研究。在某些情况下时钟漂移的影响更明显。例如，在很多传感器网络中节点间的通信并不频繁，节点本地时钟漂移造成的累积偏差会随着时间的增加越来越大，而节点间的通信时延却可以认为是基本不变的。假设消息传递的时延的不确定性为 1 μs，而时钟漂移为 10×10^{-6}；50 s 以后时钟造成的误差就和时延不确定性相等；1 h 以后时钟误差已经是时延不确定性的 72 倍。因此，在这种情况下忽略时延的不确定性是完全可以接受的。

所有网络的时间同步机制均依靠节点间的某种消息交换。传输时间或物理信道接入时间等网络的动态不确定性会使很多系统中的同步任务具有挑战性。当网络中的节点产生时间戳并发送给另一个节点时，携带时间戳的包在到达它的目的接收者和解码之前将面临着各种延迟。这些延迟破坏了节点间本地时钟的比较，进而破坏了节点间的时间同步。

一般把网络时间同步的误差来源分解成以下四个部分：

① 发送时间。发送者创建消息的时间，包括操作系统的能耗和传输消息到网络接口的时间。

② 接入时间。每个包发送之前在MAC层面临着很多延迟，如等待空闲信道或者TDMA中的时隙，它主要来自于 MAC 层的调度。

③ 传输时间。发送者和接收者的网络接口之间传输信息所消耗的时间。

④ 接收时间。接收者的网络接口接收消息并传送给主机所消耗的时间。

目前已经有多种适用于无线传感器网络环境的时间同步协议，这些协议可以有效地实现传感器节点点对点的时间同步或传感器节点的全局时间同步。传感器节点点对点的时间同步是指邻居节点间获得高精度的相互时间同步。而传感器节点的全局时间同步是指整个无线传感器网络中所有节点共享一个全局时钟。

无线传感器网络时间同步算法的性能一般包括同步精确度、可扩展性、稳定性、效率、健壮性、同步期限、同步有效范围、成本和体积等指标。

(1) 同步精确度。同步精确度是指同步误差的大小，即一组传感器节点之间的最大时间差量，或相对外部标准时间的最大时间差量。精确度的需求依赖于时间同步的目的和应用。对于某些应用，只需要知道时间和消息的先后顺序就可以了，而有的应用则要求同步精度到微秒。

(2) 可扩展性。无线传感器网络需要部署大量的传感器节点，时间同步机制应该能够适应这种网络部署范围或节点密度的变化。

(3) 稳定性。无线传感器网络因环境因素以及节点自身的变化导致网络拓扑结构的动态变化，时间同步机制能够在网络拓扑结构的动态变化中保持同步的连续性和精度的稳定性。

(4) 效率。它是指达到时间同步精度所经历的时间和消耗的能量。需要交换的同步消息越多，经历的时间越长，网络消耗的能量就越大，同步的效率则相对越低。

(5) 健壮性。无线传感器网络可能在复杂监测区域内长时间无人管理，一旦某些节点损毁或失效，在整个无线传感器网络中，时间同步机制应该继续保持有效且功能健全。

(6) 同步期限。节点需要一直保持时间同步的时间长度。无线传感器网络需要在各种时间长度内保持时间同步，包括瞬间同步以及伴随网络存在的永久同步。

(7) 同步有效范围。时间同步机制可以给网络内所有的节点提供时间，也可以给局部区域内的部分节点提供时间。对于面积较大的无线传感器网络，由于可扩展性的原因，能量和带宽的利用是昂贵的，全面的时间同步有很大难度。另外，大量节点在同一时间需要收集来自遥远节点的用于全面同步的数据，这对于大规模的无线传感器网络是难以实现的，而且直接影响同步的精确度。

(8) 成本和体积。时间同步可能需要特定的硬件，在无线传感器网络中需要考虑部件的成本和体积，采用低成本、微型化的时间同步硬件是传感器网络系统构成的重要要求。

9.1.7 时间同步机制的主要应用

时间同步时无线传感器网络的基本中间件对其他中间件以及各种应用都起着基础性作用，一些常见的应用如下：

(1) 低功耗 MAC 协议。主动发送分组与被动侦听无线信道消耗的能量是相当的，因此尽可能地关闭无线通信模块是无线传感器网络 MAC 层协议设计的一个基本原则。为了节省能量，节点只有在交换无线信息时短暂苏醒，在快速完成通信后再次进入睡眠状态。如果 MAC 协议采用最直接的时分多路复用方法，那么达到上述目标可以利用占空比进行调节。但参与通信的双方首先要实现时间同步，而且同步精度越高，防护频带越小，对应消耗的能量也越少。所以低功耗 MAC 协议的技术基础是高精度的时间同步。

(2) 测距定位。如果无线传感器网络中的节点保持时间同步，那么很容易确定时间节点间的信号传输时间。由于信号在介质中的传播速度是一定的，距离很容易根据信息传输时间得到。因此，时间同步直接决定了测距的精度。

(3) 协作传输的要求。一般情况下，由于无线传感器网络节点的传输功率的局限性，节点无法和远方基站直接通信。因此，通过网络内多个节点同时发送相同的信息，利用电磁波的能量叠加效应，远方基站将会在瞬间感应到一个功率很强的信号，以此实现直接向远处节点传输信息的目的。同时，实现协作传输的基本前提是精确的时间同步，而且需要新型的调制解调的方式。

(4) 多传感器数据压缩与融合。当传感器节点的分布相对集中时，多个传感器节点将会接收到同一事件。如果基站节点直接对发给它的所有事件进行处理，将浪费很多的网络带宽。另外，因为计算开销远低于通信开销，所以正确识别一组邻近节点所侦测到的相同事件，然后对重复的信息进行整理压缩后再传输将会节省大量的电能。为了能够正确判断重复信息，可以为每个事件标记一个时间戳，通过该时间戳就可以识别重复事件。精确的时间同步能更有效地识别重复事件。

不同的应用场合对无线传感器网络时间同步会有不同的指标要求，包括同步持续期、同步范围、同步精度和节能效率等。对于目标/事件检测类应用，由于只有目标或事件发生点附近的节点需要进行协同检测，同步只需要在小范围进行，同步的有效期也不需要很长。

但是对于目标跟踪类的应用，由于目标运动轨迹附近的节点都需要同步，同步的范围较大，同步的有效期可能较长，一些目标的定位所需要信号处理技术也对时间同步精度提出较高要求。因此，针对不同的应用需求，无线传感器网络应采用多种时间同步机制。

对于大规模无线传感器网络来说，时间同步要解决三个方面问题：

① 尽量减少“关键路径”中引起时间不确定性的环节。

② 在跨多个广播域范围内进行同步时，需要解决时间基准的传递问题。

③ 如何减少时间同步的通信开销是一个要综合考虑的问题。

9.2 无线传感器网络定位技术

9.2.1 无线传感器网络节点定位的基本原理

无线传感器网络节点定位的目的是获取各传感器节点在平面或空间中的绝对或相对位置信息，因为在传感器网络的许多应用中，用户关心的一个重要问题就是在什么位置或区域发生了什么事件。例如，在目标跟踪、入侵检测、环境安全检测等应用中，感知数据的位置信息是至关重要的。若无法获得传感器节点自身的位置，感知的数据就没有意义。传感器节点为用户提供其所在环境的上下文相关信息，其中 80%的信息与位置信息有关，甚至在有些应用中只需发回单纯的位置信息即可。因此，传感器网络节点感知、采集的数据必须绑定其位置信息，从而实现对感知、采集的数据的有效应用。

节点定位机制是指依靠有限的位置已知的节点，确定布设区中其他节点的位置，在传感器节点间建立起空间关系的机制。与传统计算机网络相比，无线传感器网络在计算机软硬件所组成的计算世界与实际物理世界之间建立了更为紧密的联系，高密度的传感器节点通过近距离观测物理现象极大地提高了信息的“保真度”。

在大多数情况下，只有结合位置信息，传感器获取的数据才有实际意义。以温度测量为例，如果不考虑原始数据产生的位置，只能将所有节点测得的数据进行平均，得出某个时刻检测区的平均温度；若结合节点的位置信息，则可以绘制出温度等高线，在空间上分析网络布设区内的温度分布情况。对于目标定位与跟踪这一典型应用，现有的研究都将节点位置已知作为一个前提条件。另外，许多对无线传感器网络协议的研究也都利用了节点的位置信息。在网络层，因为无线传感器网络节点无全局标志，可以设计基于节点位置信息的路由算法。在应用层，根据节点位置，无线传感器网络系统可以智能地选择一些特定的节点完成任务，从而降低整个系统的能耗，提高系统的存活时间。

针对不同的无线传感器网络应用，节点定位难度不尽相同。对于军事应用，节点布设有可能采取空投的方式，这会导致节点位置随机性非常高，系统可用的外部支持也很少。而在另外一些场合，节点布设可能相对容易，系统也可能有较多的外部支持。为了实现普适计算，国外研究了很多传感器定位系统。这样的系统一般由大量传感器以有线方式联网构成，系统的目标是确定某个区域内物体的位置。这些系统依赖于大量基础设施的支持，采用集中计算方式，不考虑节能要求。在机器人领域，也有很多关于机器人定位的研究，但这些算法一般不考虑计算复杂度及能量限制的问题。由于无线传感器网络节点成本低、能量有限、随机密集布设等特点，上述定位方法均不适用于无线传感器网络。

全球定位系统已经在许多领域得到了应用，但为每个节点配备 GPS 接收装置是不现实的。其原因主要有两点：一是 GPS 接收装置费用较高，二是 GPS 对于使用环境有一定限制，如在水下、建筑物内等地方不能直接使用。与全球定位系统原理一致，即在三位空间中，若某一节点获得了到另外四个或四个以上的参考节点的距离，便可以确定该节点的位置信息。同理，在二维空间中，若某一节点获得了到另外三个以上(包括三个)参考节点的距离，便可以确定该节点的位置坐标。目前，经常采用的计算节点坐标的方法有三边测量法、多边测量法(极大似然估计法)、Min-max 法及三角测量法等。图 9-2 所示为三边测量法及其变换形式多边测量法的原理示意图。

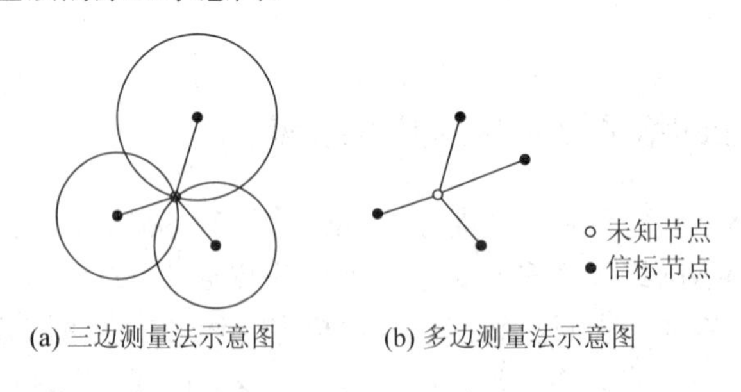

图 9-2　三边测量法及其变换形式多边测量法的原理示意图

由图 9-2 可知，三边测量法的基本原理是利用以三个信标节点为圆心，以三个信标节点分别到该未知节点的距离为半径的三个圆在平面中的交点来推算出未知节点的位置坐标。但是，在实际定位过程中，由于节点间测距存在误差，图中的三个圆可能无法交于一点，所以常常使用最小二乘法来估算未知节点的坐标。

假设某一未知节点 u 测得了到 n 个信标节点的距离($n \geqslant 3$)，其中第 i 个信标节点的位置坐标为(x_i，y_i)，且到节点 u 的距离为 d_i，则可以得到如下方程组

$$\begin{cases}(x_1 - x)^2 + (y_1 - y)^2 = d_1^2 \\ (x_2 - x)^2 + (y_2 - y)^2 = d_2^2 \\ \quad\cdots \\ (x_i - x)^2 + (y_i - y)^2 = d_i^2 \\ \quad\cdots \\ (x_n - x)^2 + (y_n - y)^2 = d_n^2\end{cases} \tag{9-7}$$

式中(x, y)为节点 u 的坐标。为了使得问题线性化，分别用前$(n-1)$个方程减去最后一个方程，上述二元二次方程组转换为 $\boldsymbol{AX} = \boldsymbol{b}$ 形式，其中

$$\boldsymbol{A} = \begin{bmatrix} 2(x_1 - x_n) & 2(y_1 - y_n) \\ 2(x_2 - x_n) & 2(y_2 - y_n) \\ \vdots & \vdots \\ 2(x_{n-1} - x_n) & 2(y_{n-1} - y_n) \end{bmatrix} \qquad \boldsymbol{b} = \begin{bmatrix} x_1^2 - x_n^2 + y_1^2 - y_n^2 + d_n^2 - d_1^2 \\ x_2^2 - x_n^2 + y_2^2 - y_n^2 + d_n^2 - d_2^2 \\ \vdots \\ x_{n-1}^2 - x_n^2 + y_{n-1}^2 - y_n^2 + d_n^2 - d_{n-1}^2 \end{bmatrix} \tag{9-8}$$

方程组 $\boldsymbol{AX} = \boldsymbol{b}$ 可用最小二乘法解得

$$\hat{\boldsymbol{X}} = (\boldsymbol{A}^{\mathrm{T}}\boldsymbol{A})^{-1}\boldsymbol{A}^{\mathrm{T}}\boldsymbol{b} \tag{9-9}$$

从而，解得位置的估计值 $\hat{\boldsymbol{X}}$ 。

9.2.2　无线传感器网络节点定位算法

测量节点间的物理距离是很多定位系统及定位算法的基础，但物理测距需要采用复杂的硬件设备与信号处理算法。目前也有许多研究不采用物理测距技术实现节点定位的算法。以是否需要节点具有物理测距能力为标准，可将现有的传感器网络节点定位机制分为两大类，即基于测距的节点定位机制和无需测距的节点定位机制。

1．基于测距的节点定位机制

基于测距的定位方法通过给节点配备额外测量设备，测量节点间点到点的距离或角度信息，然后利用三边测量法、三角测量法或极大似然估计法计算出未知节点的位置信息。基于测距的定位技术常用的测距方法有 RSSI(Received Signal Strength Indicator)、TOA(Time Of Arrival)、TDOA(Time Difference On Arrival)及 AOA(Angle Of Arrival)等。

1) RSSI 定位算法

RSSI 定位技术是将无线信号的传输损耗转换成距离，通过检测传输损耗而推算出节点间距离。常用的传播路径损耗模型有自由空间传播模型、对数距离路径损耗模型、哈它模型以及对数-常态分布模型等。现有传感器节点的通信控制芯片通常已提供测量信号强度的方法，可以在接收数据的同时完成 RSSI 的测量，无需配置额外硬件。RSSI 测距的主要误差来自射频信号的多径衰落、反射以及不规则传播特性，其测距准确度依赖于信号的强度、传播模型和信号衰落模型。RSSI 通常被视为一种粗糙的测距技术，有±50%的测距误差。

2) TOA 定位算法

TOA 定位算法将发送器发出信号的时间与接收器收到信号的时间之间的差值，乘以无线电波在介质中的传播速度，从而得到两者间的距离。与 RSSI 技术相比，TOA 具有对环

境依赖小、测距精度高等优点，但它需要节点间精确的时间同步，因此无法应用于松散耦合型定位。GPS 是使用 TOA 技术的典型定位系统。因受节点性能的限制，实际使用 TOA 技术的传感器网络定位系统较少。但随着 UWB 技术的成熟与发展，TOA 测距在传感器网络定位领域具有了广阔的应用前景。

3) TDOA 定位算法

TDOA 定位算法通过记录信号的到达时间差来测量距离，被广泛应用于传感器网络定位系统。一般采用在发送节点和接收节点上安装超声波和 RF 两种收发器来实现，该算法利用声波和电磁波在空气中传播速度的差异来测距，它将两种信号的到达时间差乘以声速得到节点间距离。TDOA 测距不是采用到达的绝对时间来测距的，因此降低了对时间同步的要求，但仍然需要较精确的计时功能。TDOA 的测距精度可达到厘米级，但受超声波的短距离传播和非视距传播效应等问题的限制。

4) AOA 定位算法

AOA 定位算法是接收机通过天线阵列测出电磁波的入射角度，形成一根从接收机到发射机的方向线，即测位线，由两个信标节点得到的两条测位线的交点就是未知节点的位置。因此，AOA 定位法只需要两个基站就可以定位，而两条直线只有一个交点，不会出现轨迹有多个交点的现象，即定位的模糊性。但为了测量电磁波的入射角度，接收机的天线需要改进，必须配备方向性强的天线阵列。

AOA 定位算法的原理如图 9-3 所示。假定未知节点分别测得与信标节点 N_1 和 N_2 所构成的角度 θ_1 和 θ_2，且 N_1、N_2 分别位于(x_1，y_1)和(x_2，y_2)，则

$$\tan(\theta_i)=\frac{x_0-x_i}{y_0-y_i} \tag{9-10}$$

其中，$i=1$，2。通过求解该非线性方程，可得到未知节点的位置(x_0，y_0)。

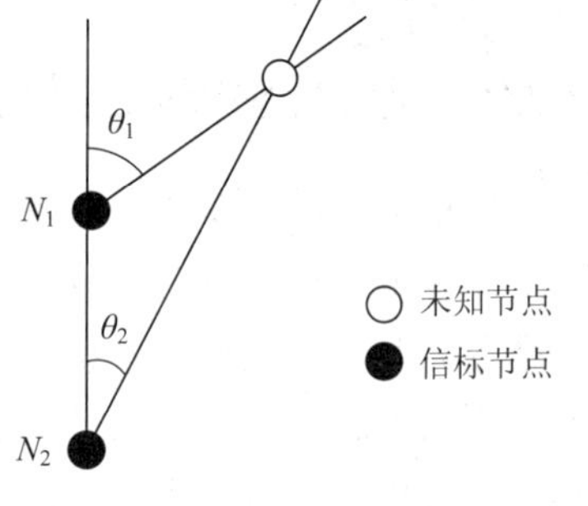

图 9-3 AOA 定位算法的原理

从图 9-3 可知，AOA 定位算法首先获取发送节点的无线电波信号的角度信息，然后通过交汇法估计终端的位置。但是，AOA 算法受外界环境影响较大，而且需要额外硬件，也会受到硬件尺寸和功耗的限制。AOA 算法用于传感器节点时需要根据实际情况而定。

2. 无需测距的节点定位机制

无需测距的节点定位机制就是无需配备额外的设备来获取节点间点到点的距离或角度，仅根据网络的连通性和信标节点的位置信息实现相对精确的定位功能。无需测距的定位技术典型的方法有质心法、DV-Hop 定位算法、APIT(Approximate PIT Test)算法、凸规则定位法和 MDS-MAP 定位算法等。

1) 质心法

质心法是一种仅基于网络连通性的室外定位算法，其主要优点是方法简单，具有很好的可扩展性，但是定位精度较差，且定位精度依赖于信标的数量和分布情况。通过收到的位置广播信息，未知节点将连接度超过 90%的信标节点加为连通信标节点集合，并将自身位置确定为我所有，而后与连通的信标节点组成多边形的质心。

设未知节点有 k 个连通信标节点，且其中第 i 节点的坐标为(x_i，y_i)，则未知节点的物

理位置估计值 $(\hat{x}, \hat{y})$ 可采用式(9-11)计算：

$$(\hat{x},\ \hat{y})=\left(\frac{x_1+\cdots+x_k}{k},\ \frac{y_1+\cdots+y_k}{k}\right) \tag{9-11}$$

由于该算法仅用到邻居信标节点的信息，计算和通信的复杂度随着信标节点的密度增大呈线性增加，不会随系统大小的变化而变化，因此该算法具有广泛的可扩展性。

2) DV-Hop 定位算法

DV-Hop 定位算法是一种典型的基于多跳信标节点信息的定位策略，包括三个阶段：第一阶段，采用典型的距离矢量交换方法，使所有未知节点获得到信标节点的跳数；第二阶段，在获得其他信标节点的位置和相隔跳数后，信标节点采用式(9-12)估算网络平均每跳的距离：

$$\text{HopSize}_i=\frac{\sum\limits_{i\neq j}\sqrt{(x_i-x_j)^2+(y_i-y_j)^2}}{\sum\limits_{i\neq j}h_{ij}} \tag{9-12}$$

其中，$(x_i,\ y_i)$、$(x_j,\ y_j)$分别是信标节点 i 和 j 的坐标，h_{ij} 是 i 和 j 之间的跳数。然后，将平均每跳的距离作为一个校正值广播至网络中，未知节点仅记录接收到的第一个平均单跳距离，并转发给其邻节点。未知节点接收到校正值之后，根据记录的跳数计算到每个信标节点的距离，并在第三阶段执行多边测量定位过程。

DV-Hop 定位算法确保了大多数节点从最近的信标节点接收到平均单跳距离值，其优势为不依赖于测距精度，方法简单。其缺点是仅在各向同性的密集网络中，校正值才能合理地估算平均每跳距离。这种假设不尽合理，因此具有较大的应用局限性。

3) APIT 定位算法

APIT 是一种基于区域估算的定位策略，其主要思想是未知节点从所有邻居信标节点中任选三个构成一个三角形，并判断自身是否处于该三角形中，然后对不同信标节点组合进行重复测试，直到测试完成所有组合或者精度满足要求为止。最后，计算所有包括未知节点的三角形交集的质心，从而确定未知节点的大致位置。APIT 的定位算法原理如图 9-4 所示，其中每个三角形的顶点均为信标节点。

APIT 把定位问题转化为判断未知节点处于信标三角形区域内部或外部的问题。各个信标节点将探测区域分成很多小三角形区域，获得越多的三角形就能获得越精确的定位，测试未知节点是否处于目标三角形内的理论基础是三角形的点测试法 PIT，如图 9-5 所示。

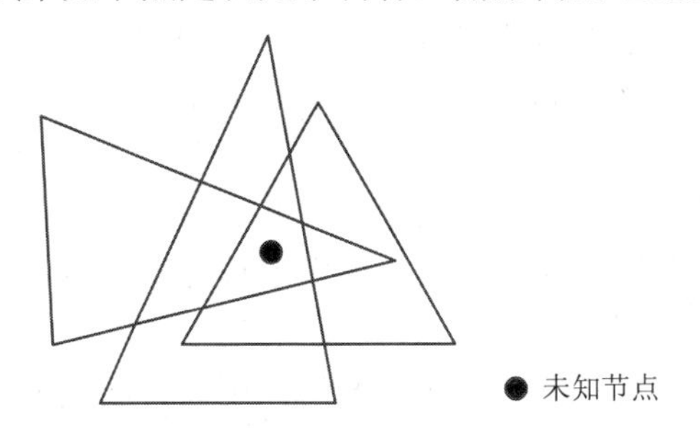

图 9-4　APIT 的定位算法原理

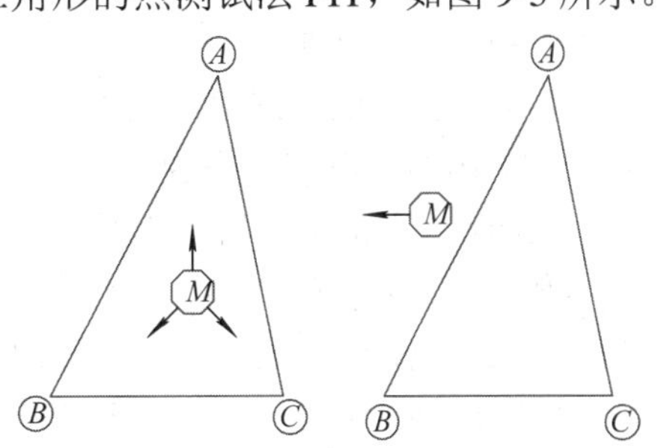

图 9-5　PIT 三角形的点测试法

假如存在一个方向，沿着这个方向 *M* 点会同时远离或者同时接近 *A*、*B*、*C* 三个点，那么 *M* 位于 Δ*ABC* 外；否则 *M* 位于 Δ*ABC* 内。在静态网络中，*M* 是固定的，无法执行 PIT 测试，为此定义了 APIT 测试：加入节点 *M* 的邻居节点中没有同时远离或同时接近 3 个信标节点 *A*、*B*、*C* 的节点，则 *M* 就在 Δ*ABC* 之内；否则 *M* 就在 Δ*ABC* 外。APIT 测试的基本思想就是利用 *M* 节点的邻节点与信标节点之间交换信息来效仿 PIT 测试中的节点移动。由于 APIT 要求信标节点的密集度高，只适合信标节点密集的传感器网络。

4) 凸规则定位算法

凸规则定位算法将节点间的通信连接视为节点位置的几何约束，把整个网络模型化为一个凸集，从而将节点定位问题转化为凸约束优化问题，然后使用半定规划和线性规划方法得到一个全局优化的解决方案，从而确定节点位置。同时，该算法也给出了一种计算未知节点有可能存在的矩形区域的方法，如图 9-6 所示。

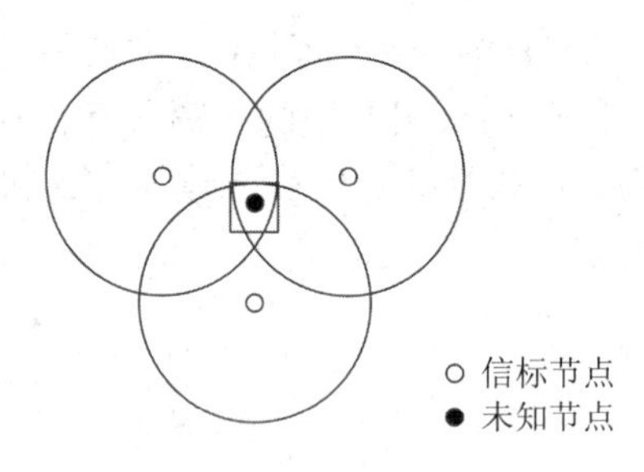

图 9-6　凸规则定位算法原理

根据位置节点与信标节点之间的通信连接和节点无线射程，可以计算出未知节点可能存在的区域(图 9-6 中的交汇部分)，并得到相应矩形区域，然后以矩形的质心作为未知节点的位置。凸规划是一种集中式定位算法，在信标节点比例为 10%的条件下，定位精度接近 100%。为了提高效率，信标节点必须部署在网络边缘，否则节点的位置估算会向网络中心偏移。

5) MDS-MAP 定位算法

MDS-MAP 定位算法是以 MDS 算法为基础的传感器网络节点定位算法，属于集中式算法，可在基于测距和无需测距两种情况下运行，并且可以根据情况实现相对定位和绝对定位。MDS-MAP 定位算法采用了一种源自心理测量和精神物理学的多维定标数据分析技术，常用于探索数据分析或信息可视化。MDS-MAP 算法由以下三个步骤组成：

(1) 从全局角度生成网络拓扑连通图，并为图中每条边赋予距离值，当节点具有测距能力时，该值就是测距结果；当节点仅拥有连通性信息时，所有边赋值为 1；然后使用最短路径算法，如 Dijkstra 或 Floyd 算法，生成节点间距矩阵。

(2) 对节点间距应用 MDS 技术，生成整个网络的二维或三维相对坐标系统。

(3) 当拥有足够的信标节点时(二维最少 3 个，三维最少 4 个)，将相对坐标系统转化为绝对坐标系统。

当网络的节点密度减小时，定位误差增大，并且无法定位的节点数量增加。当网络连通度达到 12.2 时，几乎全部节点都可实现定位。在拥有 200 个节点(其中 4 个信标节点)，平均连通度为 12.1 的网络中，在无需测距条件下，定位误差约为 30%；而在测距条件下，定位误差为 16%(测距误差为 5%)。

基于测距的定位方法精度相对较高，但对节点的硬件要求也很高，并且通常需要多次测量，循环定位求精度，从而增加了大量的计算开销和通信开销，所以这种方法虽然定位精度较高，但不适合低成本、低功耗的无线传感器网络。虽然无需测距的定位精度一般不如基于测距的定位精度，但无需配备额外的设备，在精度允许的情况下，更适合低成本、低功耗的无线传感器网络，这也是无线传感器网络节点定位技术发展与研究的趋势。

9.2.3　定位算法的应用案例

在传感器网络节点定位系统的应用领域，如环境监测、交通管理、现代物流、目标跟踪等应用中，节点的地理位置信息是非常重要的，直接影响整个网络系统的有效性。在无线传感器网络中不但有很多特定应用都依赖于传感器节点或者目标物体的地理位置信息，而且很多网络运行和管理也需要节点位置信息的辅助，如基于地理信息的路由、资源的有效配置、对外部目标的定位和跟踪、计算网络覆盖范围、控制网络的负载均衡等。近年来，在许多领域有传感器网络节点定位的应用案例。

1) 森林防火应急监控

目前，很多森林防火应急监控都是利用无线传感器网络来实现的。将传感器网络节点部署在监控区域，通过传感器网络回传至控制中心的数据一旦发现有异常情况，便可以通过该节点的相关地理位置信息判断是哪块区域发生了异常，以便工作人员采取相应的措施，开展火灾救防任务。

2) 动物活动追踪

野外动物学家为了能够更加了解动物的生活习性，有时需要跟踪某些动物的活动路径，比如一些鸟类的迁徙路径。通过将传感器节点固定或者植入该动物身体的某个部位，并通过该节点周期性地把相关信息回传到基站或者控制中心，便可以得到其活动的路径信息。

3) 贵重文物的实时监控

在一些重要的文物保护单位，一些特别珍贵的文物就利用传感器网络节点来实时监控，利用节点的位置信息来判断该文物是否在原来的位置，一旦节点位置信息有变动就有被盗的嫌疑。在网络节点回传的信息中还有可能包括该文物所处环境的湿度、温度、光照度指标等，这些信息可以方便工作人员判断环境是否对该文物有较大的影响。

4) 矿井定位系统

矿井的安全问题一直都是矿工人身安全的最大威胁，在矿井下部署无线传感器网络节点来监控其周围的环境，比如一氧化碳的浓度，一旦发现某个网络节点回传的数据有异常，监控系统便可以从该节点的位置信息来通知相关矿工，以便采取后续救援措施。

5) 目标跟踪的应用

节点定位技术的应用在目标跟踪的过程中为系统提供了重要的目标位置信息参照，比如目标节点在无线 AP(Access Point)间切换的时候，目标的位置信息对其在各 AP 中的无缝接入有着重要作用。

6) 智能交通系统的应用

节点定位技术是提供车辆所处位置信息的基础，也是智能交通系统的信息基础，获取车辆位置信息可以为道路车辆提供信息反馈、精确导航、目标跟踪等服务。

7) 水下无线传感器网络应用

随着无线传感器网络在陆地上应用的成熟，目前其应用也拓展到了水下世界，但无论是陆地还是水下，其应用大多数都离不开节点的地理位置信息。随着水下无线传感器网络技术的成熟，传感器网络技术逐渐转向民用，如用于海洋环境和海洋生物检测，海底科学试验等。由于水下无线传感器网络的巨大应用价值，它已经引起了世界许多国家军事部门的极大关注，因为其发展甚至影响到海军军事战略的变革。

目前，基于无线传感器网络节点定位技术的应用领域已经非常广阔，比如定位技术在物流系统、紧急救援、军事中的应用等，还有很多应用就不一一举例了，细心的读者一定可以发现它的很多应用，甚至发现一些潜在的新应用领域。

9.3 数据融合技术

9.3.1 数据融合概述

无线传感器网络大规模密集部署的特点导致大部分数据是冗余的，而且传感器节点的绝大部分能量消耗在无线通信模块，传输信息时要比执行计算时更消耗电能，传输 1 bit 信息 100 m 的距离需要的能量大约相当于执行 3000 条计算指令消耗的能量。因此，为了尽量延长资源受限的无线传感器网络的生命周期，可在传感器网络中采用数据融合(Data Aggregation)技术，即可以采取用计算量的增加换取通信量的降低的方法，在传送过程中对数据包进行处理，减少无效数据。

1. 数据融合技术的作用

传感器网络数据融合的主要思想是删除冗余、无效和可信度较差的数据，同时将来自不同节点的信息结合起来进行融合处理，达到减少网络数据传输量的目的。这与传统的多传感器数据融合技术有所不同，传统的多传感器数据融合是对不同的知识源和传感器采集的数据进行融合，以更好地描述观测对象的信息。而传感器网络数据融合主要是指单种传感器为了减少网络内的数据传输量，达到减少能源消耗、延长网络生命周期的目的。

一般地，传感器网络中的传感器节点是密集分布的，这些节点所发送的数据很多具有语义相关性。如果能将网络中具有语义相关性的数据合并成一条更有效的数据，就能降低在网络中数据的传输量，从而达到节约功耗的目的。另外，传感器节点由于受到干扰，可能会采集到一些错误数据。如果在中间节点采用数据融合技术将错误的信息删除掉，必将会减少能量的浪费，延长网络寿命。总之，数据融合技术在传感器网络中起着十分重要的作用，主要表现在以下三个方面。

1) 节省能量

传感器网络中部署着大量的传感器节点，单个传感器节点的检测范围和可靠性有限。在部署网络时需要使传感器节点达到一定的密度，以增强整个网络的鲁棒性和检测信息的准确性，有时甚至需要使多个节点的检测范围互相交叠，这就导致相邻节点报告的信息存在一定程度的冗余。在冗余程度很高的情况下，把这些节点报告的数据全部发送给汇聚节点，与仅发送一份数据相比，除了使网络消耗更多的能量外，汇聚节点并未获得更多的信息。

数据融合就是针对上述情况对数据进行网内处理的，即中间节点在转发数据之前，首先对数据进行融合，去掉冗余信息，在满足应用需求的前提下将需要传输的数据量最小化。网内处理利用的是节点的计算资源和存储资源，它的能量消耗与传输数据相比要少很多。

因此，在一定程度上尽量进行网内处理，减少数据传输量，可以有效地节省能量。在理想的融合情形下，中间节点可以把 n 个长度相等的输入数据分组合并成 1 个等长的输出分组，这样只需要消耗不进行融合所消耗能量的 $1/n$ 即可完成数据传输；最差的情况下融合操作并未减少数据量，但通过减少分组个数，可以减少信道的协商或竞争过程造成的能量开销。

2) 提高所获得信息的精度

无线传感器网络要部署在各种各样的环境中，因此传感器节点获得的信息存在着很高的不可靠性。导致信息不可靠的因素主要来自以下三个方面：

① 受到成本及体积的限制，节点配置的传感器精度一般较低。

② 无线通信的机制使得传送的数据更容易因为受到干扰而遭破坏。

③ 恶劣的工作环境除了影响数据传输外，还会破坏节点的功能部件，令工作异常，报告错误的数据。

因此，仅收集少数几个分散性的传感器节点的数据很难得到正确的信息，需要通过对监测同一对象的多个传感器所采集的数据进行融合来有效地提高所获得信息的精度。另外，由于邻近的传感器节点监测同一区域，获得的信息之间差异很小，如果个别节点报告了错误的或误差比较大的信息，很容易在本地处理中通过简单的比较算法排除。

3) 提高数据收集效率

采用数据融合技术可以在一定程度上提高网络收集数据的整体效率，减少需要传输的数据量，减轻网络的传输拥塞，降低数据的传输延迟。即使有效数据量并未减少，但通过对多个数据分组合并，可以减少数据分组个数以及传输中的冲突碰撞现象，提高无线信道的利用率。

无线传感器网络需要传输的数据与传统无线网络传输的数据不同。对无线传感器网络而言，终端用户并不需要网络节点发送所有采集到的传感数据，这是因为相邻节点的传感数据具有高度相关性，造成了大量的数据冗余。图 9-7 所示是无线传感器网络数据融合处理示意图。

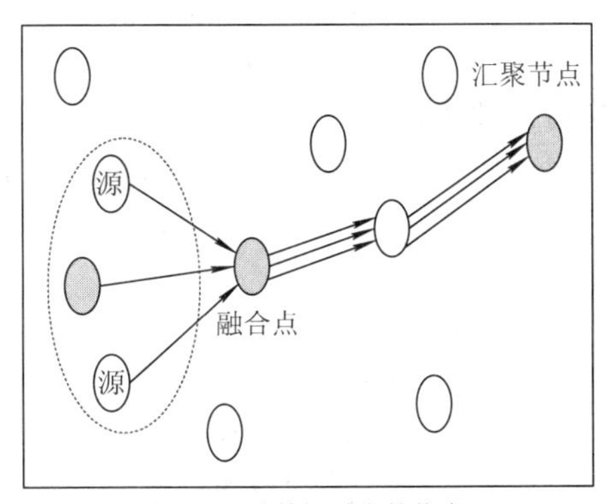

(a) 没经过数据融合的信息

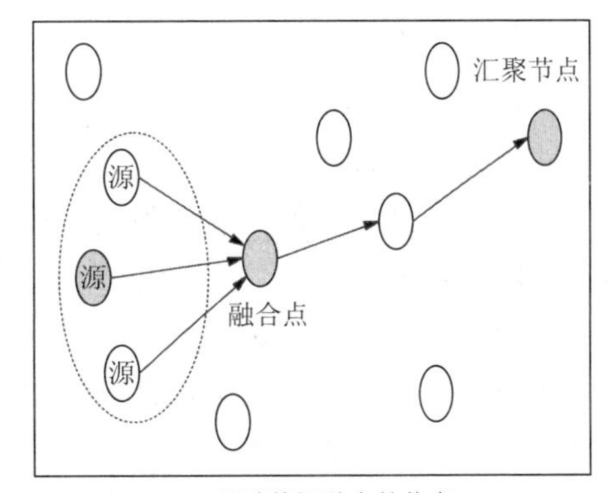

(b) 经过数据融合的信息

图 9-7　无线传感器网络数据融合处理示意图

2. 数据融合方法和分类

现有传感器网络的数据融合技术存在多种不同的分类方式，可以根据融合前后的数据信息含量、融合级别和网内数据融合技术所依赖的网络拓扑路由划分。

1) 按照数据信息含量分类

传感器网络数据融合从数据信息含量上分为无损融合和有损融合两种方法。在无损融合中，所有有效的信息将会被保留，在各个结果之间相关性非常大的情况下，会存在许多冗余数据。数据融合的基本原则就是减少这些冗余信息。与无损融合不同，有损融合是以减少信息的详细内容或降低信息质量的方法来减少更多的数据传输量，从而达到节省能源的目的。如图 9-8 和图 9-9 所示，图中所有的信息都被保留了下来。

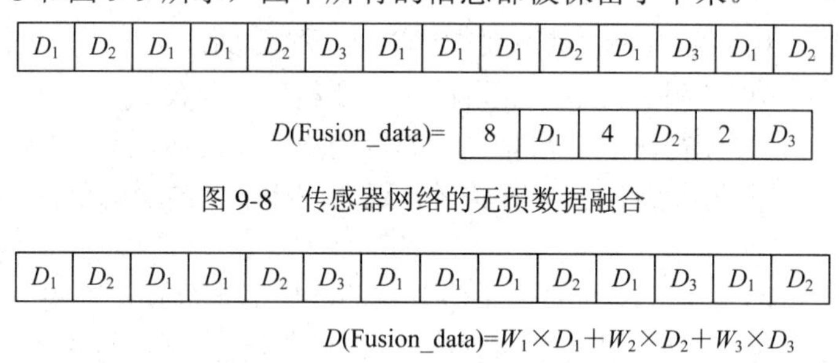

D_1	D_2	D_1	D_1	D_2	D_3	D_1	D_1	D_1	D_2	D_1	D_3	D_1	D_2

D(Fusion_data)=

8	D_1	4	D_2	2	D_3

图 9-8　传感器网络的无损数据融合

D_1	D_2	D_1	D_1	D_2	D_3	D_1	D_1	D_1	D_2	D_1	D_3	D_1	D_2

$$D(\text{Fusion_data})=W_1\times D_1+W_2\times D_2+W_3\times D_3$$

图 9-9　传感器网络的有损数据融合

2) 按照融合级别分类

根据信息的抽象程度，信息融合主要在三个层次上展开：数据级融合、特征级融合和决策级融合。

数据级融合是最低层次的融合，它是对传感器获得的原始数据在不经处理或者经过很少处理的基础上进行的融合，能提供其他层次上所不具有的细节信息，主要针对目标检测、滤波、定位和跟踪等底层数据融合。但是融合数据的稳定性和实时性差，有很大的局限性。

特征级融合属于中间层次的融合，是对从原始信息中提取的特征信息进行的融合，能够增加某些重要特征的准确性，也可以产生新的组合特征，具有较大的灵活性。

决策级融合是一种高层次的融合，它直接对完全不同类型的传感器或来自不同环境区域的感知信息形成的局部决策进行最后分析，以得出最终的决策。决策级融合抽象层次高，适用范围最广。

总之，数据级融合信息准确性最高，但对资源的要求比较严格。决策级融合处理速度最快，但是要以一定的信息损失为代价。特征级融合既保留了足够的重要信息，又实现了客观的信息压缩，是介于数据级融和决策级融合之间的一种中间级处理。

3) 按照网络拓扑路由分类

与网络拓扑路由相关的数据融合方法跟网络结构密切相关，这也是由传感器网络所特有的性质决定的。根据传感器网络拓扑路由，数据融合方式分为分簇型数据融合、反向树型数据融合以及簇树混合型数据融合。

图 9-10　分簇型数据融合方式

图 9-10 给出了分簇型数据融合方式。这种方式可应用于分级的簇型网络中，它将整个网络自组织成若干个簇区域，每个区域选举出自

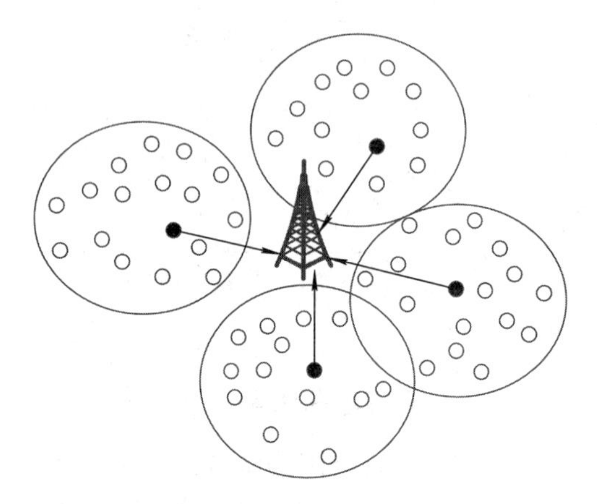

己的簇头，感知节点感测到数据后将数据直接发送到它所在簇的簇头节点，簇头节点对簇内数据进行融合处理后，直接转发给汇聚节点。

与这种数据融合方式相关的路由协议主要有：低功耗自适应分簇路由算法(Low Energy Adaptive Clustering Hierarchy，LEACH)及其改进算法 HEED 等，以及基于安全模式的能量有效数据融合协议(Energy-efficient and Secure Patternbased Data Aggregation for Wireless Sensor Networks，ESPDA)等。

反向树型传感器网络网内融合如图 9-11 所示，它建立在树型网络拓扑结构基础之上，感知节点感测到数据后，经过反向多播融合树，通过多跳的方式转发给汇聚节点，树上各中间节点都对接收到的数据进行融合处理。

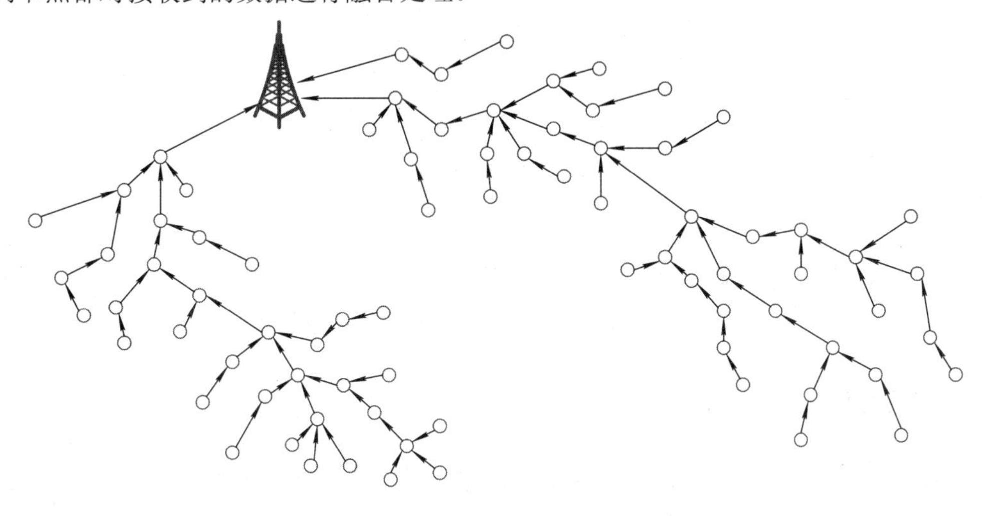

图 9-11　反向树型传感器网络网内融合

关于反向数据融合树的构造，有以下三种实用的方案：

① 近源汇聚(Center at Nearest Source ，CNS)：距离汇聚节点最近的源节点充当数据的融合节点，所有其他的数据源都将数据发送给这个节点，最后由这个节点将融合后的数据发送给汇聚节点。此种方案中融合节点一旦确定，便形成了融合树模型。

② 最短路径树(Shortest Paths Tree，SPT)：每个数据源都各自沿着到达汇聚节点的最短路径传送数据，这些最短路径会产生交叠，从而形成融合树。交叠部分的每个中间节点都进行数据融合。此种方案中，当所有源节点确定各自的最短传输路径时，便确定了融合树的形态。

③ 贪心树(Greedy Incremental Tree，GIT)：此种方案中融合树是逐步建立的，先确定树的主干，再逐步添加枝叶。最初，贪心增长树只有汇聚节点与距离它最近的源节点之间的一条最短路径，然后每一步都从剩下的源节点中选出距离贪心增长树最近的节点连接到树上，直到所有的源节点都连接到树上为止。

与这种数据融合方式相关的路由协议主要有：信息协商的传感器协议(Sensor Protocol for Information via Negotiation，SPIN)，高效的能量感知的分布启发式融合树(Efficient Energy-aware Distributed Heuristic to Generate the Aggregation Tree，EADAT)、平衡融合树路由(Balanced Aggregation Tree routing，BATR)等。

簇树混合型网内数据融合技术面向复杂、高效的簇树混合型网络，如图 9-12 所示。无线传感器网络首先自组织大量的簇，在簇头节点之间形成反向多播融合树。数据源节点感测到数据后将数据直接发送至它所在簇的簇头节点，在簇头节点进行融合处理后，再经过反向多播融合树的融合处理转发给汇聚节点。

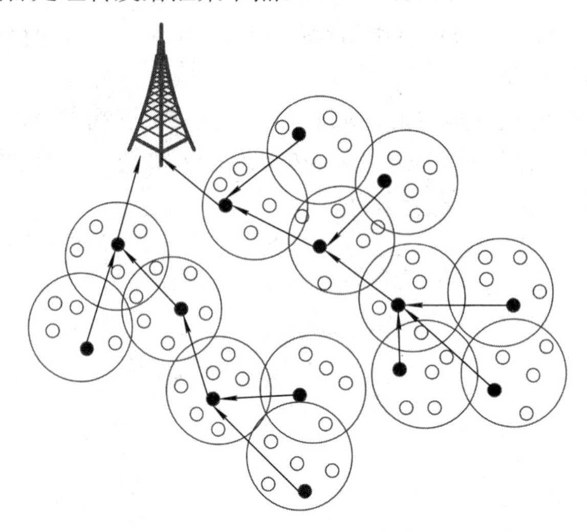

图 9-12 簇树混合型传感器网络网内数据融合

9.3.2 主要数据融合方法分析

本节将针对前文所述的反向树型数据融合方法，分簇型数据融合方法中的静态分簇方法和动态分簇方法分别进行详细分析。

1. 反向树型数据融合方法分析

在传感器网络中，汇聚节点是通过反向多播树的形式从分散的传感器节点逐步将监测数据汇集起来的。如果传输数据的路径形成一棵反向多播树，树上的每个中间节点都对收到的数据进行融合处理，那么数据便得到了及时地、且最大限度地融合。

以数据为中心的路由、一个给定节点的无线传感器网络、以最少传输次数为中心的路由，都可以转化为最小斯坦纳树(Steiner Tree)，构造这样的路由涉及前文中提到的三种使用的次优方法。这三种方法都比较适合应用于反映网络，因为这样的网络环境具备源节点数目少、位置相对集中以及数据相似性大的特点，可以在进行远距离传输前尽早地进行数据融合处理，以达到有效减少数据的传输量的目的。在数据的可融合程度一定的情况下，它们之间的节能效果关系为 GIT>SPT>CNS。

传感器网络应用层面的数据融合算法已成为研究重点，微小聚合算法(Tiny Aggregation，TAG)是其中最典型的一种算法。它的数据融合思想在无线传感器网络数据库系统 TinyDB 中得到了很好的实现和应用。TinyDB 是传感器网络操作系统 TinyOS 的一个查询处理子系统。TinyDB 是一个居于高层的抽象数据库系统，它将传感器网络看作是一个分布式的数据库，以数据为中心进行编程，为用户提供简单的 Tiny-SQL 查询接口。

TAG 是一个简单的查询内部的数据融合模型，TAG 系统的整个查询处理分为查询分发阶段和数据收集阶段两个阶段。在查询分发阶段，使用一个直接连接到工作站或者基站的传感器节点作为汇聚节点。汇聚节点将 Tiny-SQL 语句表示的查询请求分发到整个网络中，并在分发查询请求的过程中建立起一棵用于传输数据的生成树。在数据收集阶段，每个节点将自己采集到的数据与从子节点中收集到的数据融合起来，并将融合后的结果通过生成树发送给汇聚节点。

TAG 系统的数据融合模式在不考虑节点失效或连接失效的情况下，可以获得很好的能量利用率和查询处理效率。但是，只要生成树中的一个节点连接失效，整个子树产生的数据都将丢失，特别是当失效发生在离汇聚节点很近的地方时，对数据的准确性、实时性以及系统的正常运行会造成更大的影响。TAG 的这一缺点使得它在难以预测、运行条件恶劣的传感器网络中，有时不能表现出良好的性能，所以 TAG 自身也对节点或连接的失效进行了修补。很多方法可用来增强它的抗失效能力，如缓存数据法、分散父节点法等。

缓存数据法主要是在每个节点上都将上一个时刻的数据缓存，当发生失效导致不能得到新的数据时，使用缓存的数据来代替，这个方法的缺点是不能保证数据的实时性。

分散父节点法改变了在 TAG 中使用生成树作为基本拓扑结构的方法，使得每个节点同时拥有很多个父节点。当一个父节点失效时，可以使用其他父节点来传输数据，这个方法的代价是使数据传输的拓扑结构的建立变得更复杂。

在基于树的融合方法中，所有的监测传感器节点都将它们的监测数据沿着已经建立的路由路径发送到汇聚节点。当两个或者多个路由路径在一个叫做融合节点的节点汇合后，进行数据融合操作。在融合节点处需要等待固定的时间(称为融合延迟)，再来融合来自多个源节点的数据包。即使一些传感器节点同时监测到同一个目标，由于数据包可能通过不同的路由路径传输并且有不同的网络延迟，来自传感器的数据包可能不会同时到达融合节点。在转发到汇聚节点的过程中，如果融合延迟时间越长，那么数据包就有更大的可能被融合到一个融合节点中去，但是这也会导致从源节点到汇聚节点之间的端到端的网络延迟的增加。

需要注意的是，同一个事件引起的多个源节点的数据包在向汇聚节点传输的过程中可能经过完全不相交的路径，因此根本不会产生数据融合。图 9-13 描述了三种可能的数据融合场景。采用不用的路由拓扑和目标的位置会影响数据融合的性能。

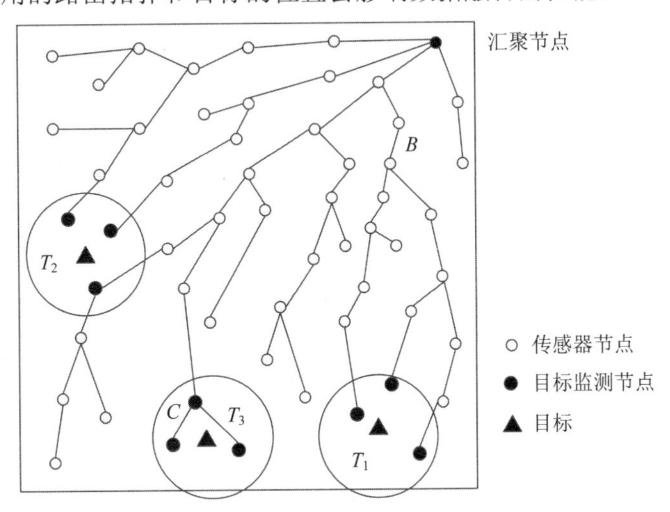

图 9-13　树型融合方法的各种数据融合过程

图 9-13 表明，在第一种情况下，事件 T_1 产生的数据包在节点 B 处汇合，但是节点 B 距离目标监测区域很远。在第二种情况下，事件 T_2 产生的数据包在不同路径转发过程中没有经过融合。在第三种情况下，事件 T_3 产生的数据包在距离目标节点比较近的 C 节点处进行了数据融合。

2．静态分簇型数据融合方法

前文所述的 LEACH 和 TEEN 都是基于层次的路由，它们的核心思想是采用分簇的方法使得数据融合的地位突显出来，它包括周期性的循环过程。LEACH 的操作分成“轮”来进行，每一轮具有两个运行阶段，包括簇建立阶段和数据通信阶段。为了减少协议的开销，数据通信阶段的持续时间要长于簇建立阶段。

在簇建立阶段，相邻节点动态地自动形成簇，随机产生簇头。随机性可确保簇头与汇聚节点之间数据传输的高能耗成本均匀地分摊到所有的传感器节点。簇头的具体产生机制如下：一个传感器节点生成 0～1 的随机数，如果大于阈值 T，就选择这个节点为簇头。T 的计算方法为

$$T = \frac{p}{1 - p\left[r \bmod \left(\frac{1}{p}\right)\right]} \tag{9-13}$$

式中，p 为节点中成为簇头的百分数；r 为当前的轮数。

一旦簇头节点被选定，它们便主动向所有节点广播这个消息。根据接收信号的强度，节点选择它所要加入的簇，并告知相应的簇头节点。

在数据通信阶段，节点把数据发送给簇头，簇头进行数据融合并把结果发送给汇聚节点。由于簇头承担了很多耗能的工作，如数据融合、与汇聚节点通信等。各节点需要等概率地轮流担任簇头，以达到网络能量消耗的平衡。LEACH 协议的特点是分簇和数据融合，分簇有利于网络的扩展性，数据融合可以节约功耗。LEACH 协议对于节点分布较密的情况有较高的效率，因为节点密度大会导致在小范围内冗余数据较多，LEACH 协议可以有效地消除数据的冗余性。然而，LEACH 算法仅仅强调了数据融合的重要性，并没有给出具体的融合方法。TEEN 是 LEACH 的一种改进算法，可应用于事件驱动的传感器网络。TEEN 与定向扩散路由一样通过缓存机制抑制不需要转发的数据，但是它利用阈值的设置使抑制操作更加灵活，对于前一次监测结果差值较小的数据也进行了抑制。

静态分簇型数据融合方法的关键思想是把网络主动分为一些小的簇，每个簇都有一个簇头和多个传感器成员节点组成，簇头负责数据融合，其他节点负责监测和事件报告。当成员节点监测到一个事件，它们就把事件数据包传送给各自的簇头，然后由簇头进行数据融合操作，这取决于融合因子 α，最终把融合后的 ρ 个数据包传送给汇聚节点。因为簇头是提前创建的，并不受位置或事件规律的影响，因此把这样的融合称为静态融合方案。

理想情况下，监测到同一事件的所有传感器网络节点均属于同一个簇，这种情况下数据包的传输量将会最小。然而，很可能出现监测到同一目标的传感器节点属于不同的簇。图 9-14 所示为采用 Voronoi 图的静态分簇型数据融合方案，一个目标被簇 2、5、6 中的成员节点监测到。在这种情况下，多个簇头将会发送同一事件的信息，这在一定程度上降低

了数据融合带来的优点。

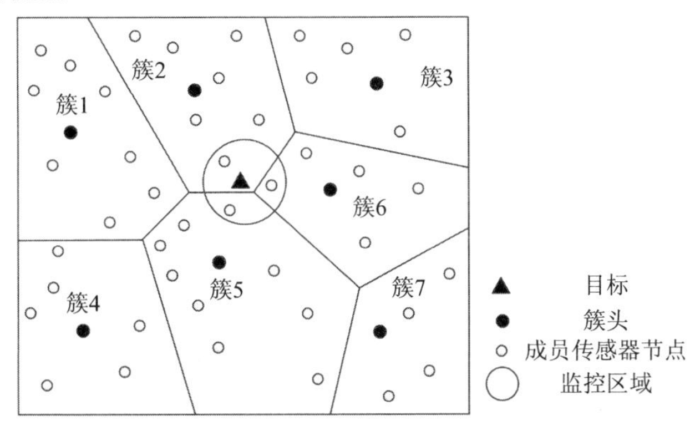

图 9-14　采用 Voronoi 图的静态分簇型数据融合方案

这里设计了一个算法来执行静态分簇型数据融合方案，算法由网络建立阶段和运行阶段组成。在建立阶段，网络中的一小部分节点被推选为簇头节点来负责数据融合，在运行阶段节点涉及感应、事件监测、事件报告和数据融合。由于簇头比其他成员节点更容易耗尽能量，因此循环进行建立阶段和运行阶段，每次使不同的节点被推举为簇头。这将使系统中节点的能量平衡，从而延长传感器网络系统的寿命。静态分簇算法的运行如图 9-15 所示。

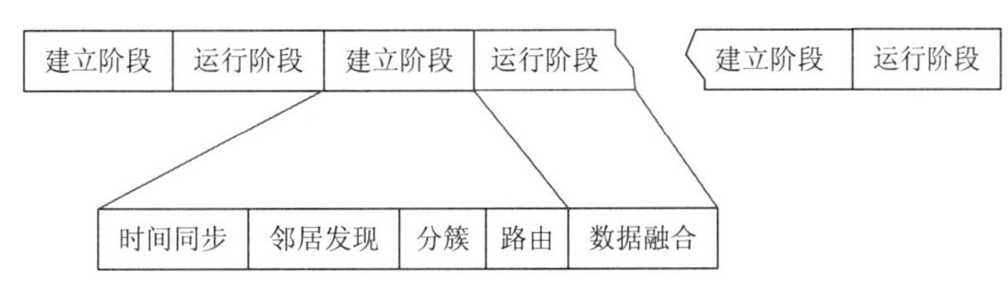

图 9-15　静态分簇算法的运行

1) 建立阶段

静态分簇融合算法的网络建立阶段包括时间同步、邻居发现、分簇等操作。

(1) 时间同步阶段：系统中的节点需要维持时间同步，这样才能分簇和按顺序重新分簇。采用简单的时间同步方案，只需要本地时间同步。

(2) 邻居发现阶段：在此阶段，节点周期性广播邻居发现信标。收到信标信息的节点根据其内容产生与邻居节点的链路质量估计。这个信息在后来的分簇阶段很重要，成员节点用来决定簇头。

(3) 分簇阶段：在本阶段，网络中的一小部分节点被选为簇头。邻近簇头的非簇头节点加入簇，成为一个簇的成员节点。

其中，分簇阶段算法按照如下循环进行：

① 选择簇头候选者。在每一轮，覆盖到的节点在前一轮或者成为簇头或者成为成员节点。在第 i 轮的开始，网络中未覆盖到的节点成为簇头候选者的概率是 $k^i p_0$。其中 p_0 是第 0 轮节点成为簇头的初始概率，并且 p_0 的值必须足够小，这样在圆形的无线电范围内，即簇区域内只有一个节点能够成为簇头候选者。参数 k 和 p_0 决定整个网络完成分簇需要的轮数，也决定网络中成为簇头的节点的数目。

② 簇头广播。如果一个节点变成簇头候选者，就启动一个定时器。定时器的长短与节点的剩余能量成反比，如果节点的剩余能量越多，定时器就会越早终止。当定时器终止，节点成为簇头，并广播一个簇头广告信息(CHA)。该信息包含节点的 ID 和节点的剩余能量。采用定时器可以使具有更多剩余能量的节点被推选为簇头。一旦一个节点在第 i 轮成为簇头，它将在随后的三轮中继续转发 CHA 信息，从而增加在有损的环境中邻居节点接收到 CHA 信息的可能性。

③ 簇头广告信息接收。当一个未被覆盖过的节点接收到其他节点的 CHA 信息后，它成为一个成员节点。当一个簇头候选者收到另一个节点的 CHA 信息后，它把自己的剩余能量与 CHA 信息中的剩余能量的值相比较，如果发送者的剩余能量比自己的剩余能量多，该节点成为一个成员节点并终止定时器。如果在一轮的最后，节点既不是簇头也不是成员节点，它就开始新的一轮并重复以上操作。

④ 簇头抉择。经过有限轮后，所有的节点都被会被覆盖到。从簇头 CH1，CH2，…，CHn 收到多个簇头广告信息的成员节点决定只能成为 n 个簇中的一个簇的成员节点。这个决定基于在邻居发现阶段它获得的 n 个簇头的链路质量估计。

2) 运行阶段

静态分簇融合算法的网络运行阶段就是一个数据融合的过程：

① 当节点监测到目标时，报告监测信息给它的簇头。

② 簇头沿着路由路径传输融合后的数据包到汇聚节点。

3. 动态分簇型数据融合方法

在动态分簇型数据融合方法中，簇信息是由目标监测触发的，同时簇围着目标而创建。多个感应节点相互协作推举出一个簇头，该簇头把融合后的数据包发送到汇聚节点。动态分簇融合包括两个重要特征：

① 当事件发生时，只有空间上很近的节点能加入到簇的构造中，网络中的其他节点不需要进行耗能的簇建立和保持操作。

② 当一个节点无线发射的范围大于它的监测范围的 2 倍时，监测到事件的传感器节点都在相互的无线电范围内，因此可以达成一致，选一个簇头来进行数据融合。这就是动态分簇融合跟静态分簇融合的区别，静态分簇融合中多个簇可能传送同一事件的信息。

在动态选择融合节点来进行数据融合的机制中，目标导向的动态融合算法(Target Oriented Dynamic Aggregation Algorithm)是一个典型算法。当传感器节点监测到目标时，节点就开始交换监测信息，其中具有更高剩余能量的监测节点，或收到更多监测报告的节点有更大的可能性成为簇头。目标导向的动态融合算法的具体过程如下：

(1) 报告监测信息。当传感器节点监测到目标时，它广播一个监测报告(Sensing Report)信息给它的邻居。这个信息包含节点的 ID、剩余能量和关于目标的信息。

(2) 簇头候选者竞选。如果一个监测节点从邻居节点收到 SR 信息，且该监测节点的剩余能量大于监测节点的平均剩余能量，节点就成为簇头候选者，并开启用来发送 CHA 消息的 CHA 定时器。定时器的终止时间有以下两个值：

① 一个与接收到的 SR 信息的数目成反比的值。

② 一个比第 1 个值更小的随机值。

第 2 个值用来打断收到相同数目 SR 信息节点的联系。从而，收到更多 SR 信息的节点和有更多剩余能量的节点趋于成为簇头候选者。收到更多 SR 信息的节点就能够产生更充沛的和多维的目标信息。

(3) 簇头广告。当一个簇头候选者的 CHA 定时器终止时，它就成为簇头并广播一个 CHA 信息给它的邻居节点。该信息包含节点的 ID 和 CHA 定时器延迟的值。

(4) 簇头广告信息接收。当簇头候选者收到一个 CHA 信息后，它把自己的 CHA 定时器的延迟的值与收到的信息里 CHA 定时器延迟的值进行比较，如果发送者的值比它自己的值小，这个节点就取消它的 CHA 定时器。

(5) 多簇头的解决。由于无线链路的不可靠和信息碰撞，对于同一个事件很可能有多个簇头被选举出来。为了降低这种情况发生的可能性，被推选的簇头启动一个多簇头解决定时器，用来延迟发往汇聚节点的融合数据包。如果簇头在这个多簇头解决延迟定时器终止之前接收到另一个 CHA 信息，它就发送一个终止信息给发送者。

(6) 数据包传输。当多簇头解决定时器终止了，簇头进行数据融合操作，并把融合后的数据发送到汇聚节点。

9.4　无线传感器网络目标跟踪技术

9.4.1　目标跟踪概述

1. 目标跟踪的必要性

无线传感器网络一个非常重要的应用就是目标跟踪，用无线传感器网络探测、识别并追踪进入监视区域的移动目标，实现对区域环境进行实时测控。获取移动目标的位置和速度信息是实现追踪的前提和基础，涉及的传感器主要有雷达波传感器、声波传感器、磁传感器等。

以雷达波传感器和声波传感器为例来说明目标追踪问题。两者均可以定位移动目标，区别在于利用声波传感器测量时，要求被测物体必须距离传感器节点很近，而利用雷达波传感器测量却无此限制。单个传感器节点是无法确定被测物体的位置的，只能确定目标到其自身的距离。利用雷达波传感器测量物体时，至少需要三个传感器节点采集信号，由这三个信号构成三角形计算物体的位置。利用声波传感器测量时，至少需要四个传感器节点采集信号，并采用其中一个节点作为基准，计算出其他三个节点到目标的距离，然后再根据三角形算法计算出移动目标的位置。

那么，应如何测量速度呢？雷达波传感器是通过测量反射波的相位差来获取移动目标的速度的，不过这样所测得的速度只是移动目标的速度在雷达波传播方向上的分量。根据运动学原理，至少需要两个传感器节点才能确定移动目标的速度。而声波传感器是无法直接测量速度信号的，只有通过差分计算才能获取速度。

从获取移动目标的位置和速度的过程来看，多个传感器节点必须协同工作才能完成任务。为了提高追踪精度，传感器节点必须尽量减小测量数据的时间差，保持协同信息的同步。不考虑资源约束，理想的追踪方法就是让所有传感器节点以最快的采样频率参与目标追踪，但实际上这是不可能的。此外，由于目标不断移动，且速度和方向都不确定，所以要求系统具有极强的实时性，这增加了无线传感器网络分配资源的难度。随着时间的推移，传感器节点会出现不稳定的情况，有的甚至损坏，所以要求系统具有极强的鲁棒性。

2. 目标跟踪过程分析

一般地，目标的跟踪过程可以分为探测目标、目标分类、目标定位、建立目标运动方程与预测结果等五个阶段。

1) 探测目标

探测阶段的目的是发现目标，此阶段需要大量的信号处理计算。为了进行信号处理，需要划定时间窗，在时间窗内连续采样信号进行处理。一般情况下，由于环境噪声及测量噪声的影响，要设立探测阈值，只有能量大于阈值的信号才能表示探测到目标。由于噪声是不断变化的，探测阈值要随着噪声的变化而不断调整，其调整的准则是保证恒定的误报率。所谓误报，是指环境中没有任何目标，而系统却出现“探测到目标”的情况。

2) 目标分类

目标分类就是区分不同种类目标的过程。不同种类物体会对环境产生不同的影响，即产生不同的目标现象，所以区分不同种类物体的关键在于如何抽取目标现象的特征。例如，利用磁信号将平民与士兵(携带武器)及车辆区分开。利用概率论的方法来区分不同种类的物体，建立影响场，其基本原理是体积越大的物体影响范围也越大，这样就可以利用测得目标的传感器节点的数目来区分不同种类的目标。

分类过程不是必须的，对同一类目标进行追踪时，可以没有目标分类环节。这里的同一类是指环境中物体虽有不同，但是从传感器节点的角度来看，它们都是类似的，那么这些物体即可被视为是同一类的。在用雷达波传感器追踪目标时，就没有必要区分士兵和市民。

3) 目标定位

目标定位的方法有很多种，主要有贝叶斯估计法和卡尔曼滤波法。在利用声波传感器测量时，有最小二乘法、极大似然估计法等定位方法，也可以利用线性回归方法来计算目标的位置和速度。

4) 建立目标运动方程

建立目标运动方程就是进行数据关联的过程，它关系到目标移动的速度精度。假设物体的运动符合惯性定律，并且目标的速度有上限及下限，那么在极短的时间里，目标的移动范围是有限的。假设当前时刻为 t，那么根据前面的假设及某个移动目标到 $t-1$ 时刻为止的历史数据，就可以计算出这个目标在 t 时刻将要出现的大概位置，记此范围为 U。若网络在 t 时刻探测到某个目标出现在区域 U 内，则认为检测到的是同一目标，否则认为是不同的，这个过程称为数据关联。

5) 预测结果

预测阶段就是预测目标下几个时刻的位置和速度，据此进行任务/资源分配。有两类不同的处理方法：

① 逻辑处理法：从逻辑上进行任务分配，被分配任务的多个智能体在空间上没有必然的联系，但是都在目标将要出现的轨迹附近。

② 区域分配法：从空间上进行分配，这种分配方法相对简单，即让目标将要出现的区域内的所有传感器节点监视目标。如何确定这个区域的大小是要处理的关键问题。一般情况下，区域的大小是传感器节点的处理速度、部署密度及目标移动速度的函数。

从以上分析中不难看出，用无线传感器网络追踪目标时，系统存在复杂的协同问题。那么，如何解决无线传感器网络中的协同问题呢？分布式人工智能的多智能体系统思想是解决协同问题的有效手段。

9.4.2　无线传感器网络协作跟踪方法

无线传感器网络的协作跟踪是指选择合适的节点，通过交换彼此间的跟踪信息进行数据融合，实现对目标的跟踪。协作跟踪能有效提高网络的跟踪性能(如跟踪精度、节点间的数据通信量等)，从而节省网络的能量和通信带宽。对移动目标的侦测、分类、跟踪通常需要传感器节点进行协作。让哪些节点进行跟踪，需要获得哪些侦测数据以及节点间必须交换哪些信息是协作跟踪的关键问题之一。

协作跟踪需要综合考虑节点获得跟踪信息的有效性和精确度，并以节点完成跟踪任务需要的能量代价来决定哪些传感器节点应参与跟踪节点间的协作方式。为此引入信息驱动协作跟踪的概念，其具体过程是传感器节点利用自己监测到的信息和接收到的其他节点的监测信息综合判断目标可能的运动轨迹，并且唤醒合适的传感器节点在下一刻参与跟踪运动，以增加跟踪的准确性。由于使用合适的预测机制，信息驱动的协作跟踪能够有效地减少节点间的通信量，从而节省节点有限的能量资源和通信资源。

1．信息驱动协作跟踪方法

传感器节点交换局部信息选择合适的节点监测目标，并在网络中传递监测消息，是信息驱动协作跟踪要解决的问题。目标运动轨迹没有规律，还可能做更为复杂的运动，通过预先选定一些传感器节点进行目标跟踪会产生一些问题，既不能保证有效地跟踪，又使得某些不在目标运动轨迹附近的节点也参与了跟踪。

图 9-16 给出了一个信息驱动协作跟踪的实例示意图，网络中包括角度传感器和距离传感器两类传感器节点。图中的虚线边界圆形区域为传感器节点的侦测范围，粗箭头表示目标穿过无线传感器网络的轨迹，用户查询目标跟踪信息可以通过汇聚节点(图中 Q 节点)来实现，同时目标位置需要无线传感器网络分时段地进行报告。无线传感器网络中的跟踪节点在任何时刻都处于活动状态，负责存放当前目标跟踪的状态信息。随着目标的移动，当前跟踪节点负责唤醒其他节点，并将现有的跟踪信息传递给下一个跟踪节点。目标进入传感器侦测区域时，离目标最近的节点 a 获得目标位置的初始估计值，并计算出下一时刻的节点 b。节点 b 使用相同的标准选择下一个跟踪节点 c，这个过程不断重复直到目标离开传感器网络侦测区域，节点就将目标的位置信息定时地返回给汇聚节点。

跟踪节点的调度问题是信息驱动协作跟踪的核心问题，影响节点调度问题的因素主要有估计值的精度和能量消耗代价。选择合适的节点对于整个网络起着重要的作用，否则无线传感器网络可能丢失跟踪目标或者产生冗余信息，使得通信代价增大。

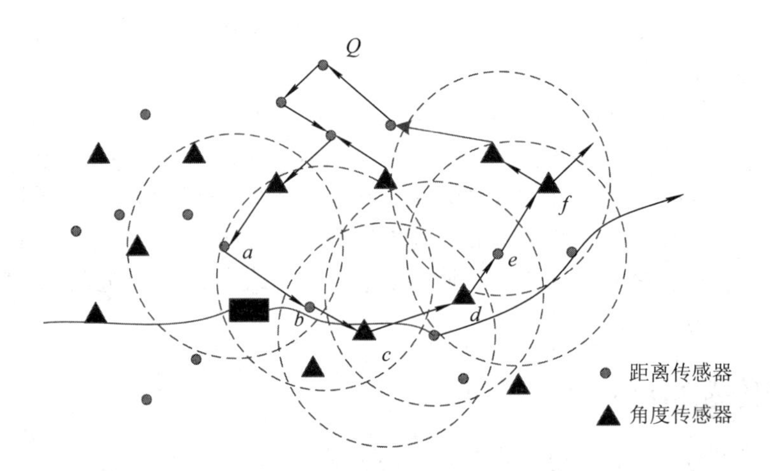

图 9-16　一个信息驱动协作跟踪的实例示意图

1) 侦测精度评估

为了提高当前目标位置估计结果的精确性，需要综合附近传感器节点的数据，寻找一个最优化的节点子集，解决传感器信息的不准确和数据信息冗余等问题。评价节点数据的有效性可以通过计算传感器节点到当前目标的有效估测范围的均值来实现。假设目标的位置估计值服从正态分布，其不确定性可由椭圆表示，图 9-17 所示为基于估计值不确定的节点选择示意图。

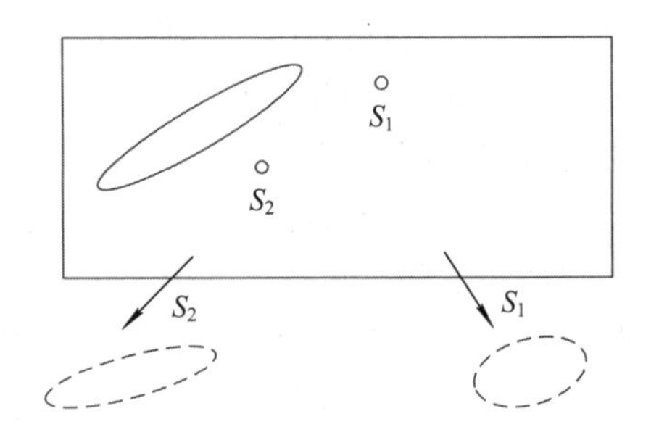

图 9-17　基于估计值不确定的节点选择示意图

图 9-17 中 S_1、S_2 分别是参与跟踪的候选节点，实线椭圆表示当前目标位置的估计，虚线椭圆分别表示下一个时刻结合节点 S_1 和节点 S_2 的位置估计值。在正态分布的不确定性表示中，椭圆的长轴越长说明不确定性越高，反之不确定性越低。由此可知，下一时刻选择节点 S_1 参与跟踪目标能得到更精确的估计值。

2) 能量消耗代价评估

选择下一时刻的跟踪节点需要考虑节点的通信代价、节点获取目标位置信息的消耗代价、节点自身侦测结果，以及接收侦测结果的能量消耗，即通信能量消耗、感应能量消耗和计算能量消耗，其中通信能量消耗是主要部分。一般来说，对于传感特征相同的节点，相互距离越近代价越小。基于信息驱动的目标跟踪方法能够在保证跟踪精度的同时，尽量减少节点间不必要通信带来的能量消耗。由于节点能够智能地决定后续跟踪节点，信息驱动的跟踪方法可以大幅减少参加跟踪活动的节点数量，从而降低整个网络的能量消耗。

2. 传送树跟踪算法

传送树是一种动态树型结构，由移动目标附近的节点组成，随着目标的移动动态地添加或者删除一些节点。传送树算法是节点在本地收集数据并与局部节点交换信息的分布式目标跟踪算法，主要是协作参与跟踪的节点，保证对目标进行高效的跟踪，减少节点间的通信开销。基于传送树的目标跟踪过程如图 9-18 所示。

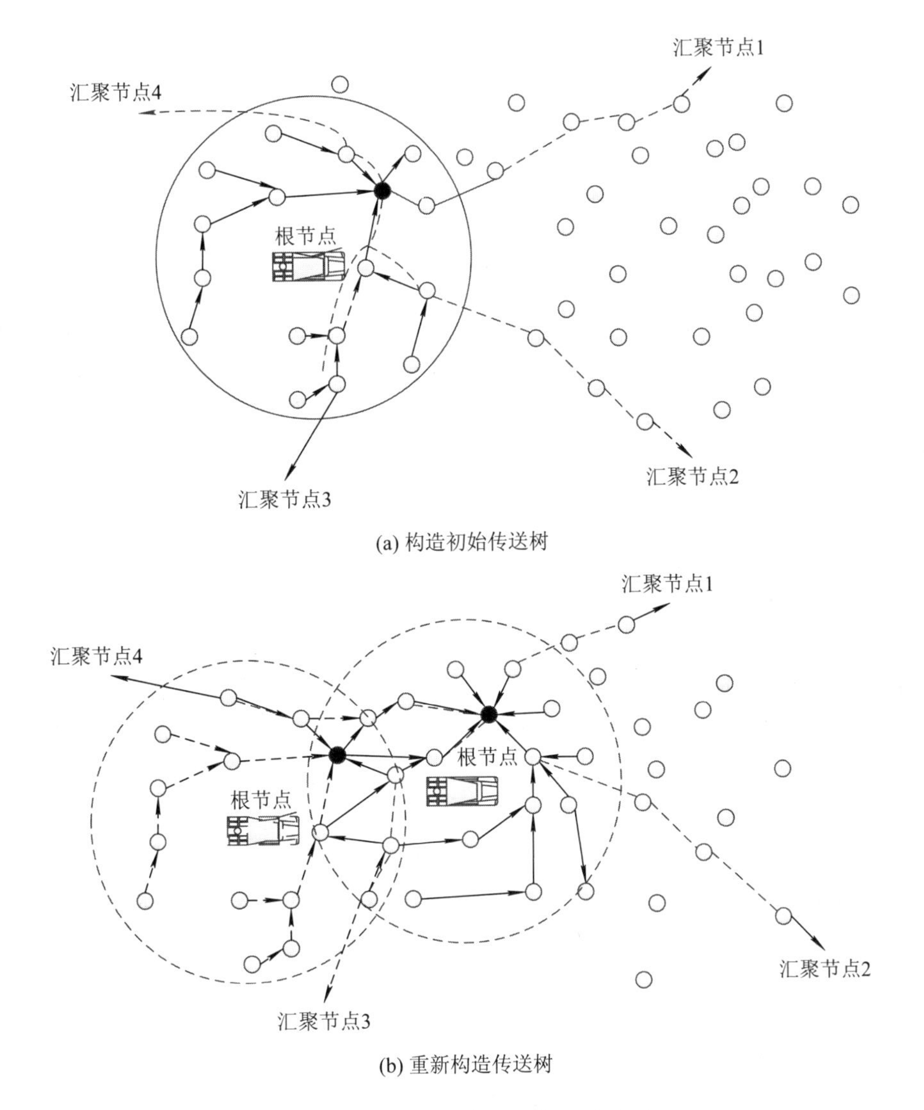

图 9-18　基于传送树的目标跟踪过程

在图 9-18(a)中，目标进入监测区域，在所有探测到目标的传感器节点中选择一个根节点，并构造初始传送树进行侦测。传送树上的每个节点周期性地发送侦测消息到根节点，随后根节点收集节点侦测信息的报告进行数据融合，并把处理结果发送到汇聚节点。在目标的移动过程中，传送树根据节点与目标的距离决定是否要增删节点，当目标与根节点的距离超过一定阈值时，需要重新选择根节点构造传送树，如图 9-18(b)所示。传送树跟踪算法主要包括传送树的构建、调整和重构三部分。

1) 传送树的构建

当目标第一次进入无线传感器网络的侦测区域时，簇头节点探测到目标，并且唤醒周围其他节点。被唤醒的节点间互相交换与目标的距离，选举当前距离目标最近的节点作为传送树的根节点。如果存在几个节点到目标的距离相同，就选择节点号小的作为根节点。

根节点的选举过程可分为四个阶段。第一阶段，每个工作节点广播选举信息给所有的邻节点，这些信息包括本节点到目标的距离以及节点号。在根节点候选者中，距离目标最近的节点竞选为根节点，其他邻节点放弃竞选并把根节点作为自己的父节点。第二阶段，每个根节点候选者向整个网络广播胜利者信息。第三阶段，某个候选者收到一个胜利者信息时将作出判断，如果候选者到目标的距离大于胜利者到目标的距离，就放弃竞选根节点并且选择转发胜利者消息的节点作为父节点。第四阶段，距离目标最近的节点作为传送树的根节点，检测到目标的候选节点连接至传送树。

2) 传送树的调整

随着目标的移动，有些节点不再能够侦测到目标，而处于目标移动方向上的部分节点需要加入传送树。当目标超出某节点的检测范围时，该节点就向父节点发出通告，父节点把它从传送树上删除。确定节点加入传送树的方法主要有保守和预测两种机制。

3) 传送树的重构

为了保证对目标的跟踪，当目标到根节点的距离超过一定阈值时，需要对传送树进行重构。

3. 分簇跟踪算法

无线传感器网络中的节点数目可能达到成百上千，为了方便节点管理和数据传输，无线传感器网络通常采用分簇结构。分簇算法通常将无线传感器网络节点按照某种规则划分成许多组，每个组成为一个簇，由一个簇头和若干簇内成员组成。分簇算法把无线传感器网络分成两层结构，簇头比簇内成员高一层次；簇内成员通过单跳或者多跳的方式把数据发送给簇头，再由簇头直接或者通过中间结点与汇聚节点进行通信。

分簇算法分为静态分簇算法和动态分簇算法。静态分簇在网络组建之初形成，簇的结构在短时间内不会发生改变，或者慢慢发生改变。典型的静态分簇方法包括 LEACH、TEEN、HEED 等。动态分簇是基于事件驱动机制，只有在有事件触发的情况下节点才组成分簇，当事件完成时簇就会消失。

基于目标跟踪的动态分簇过程大致可分为以下四步：

① 竞争簇头，确定簇成员。

② 簇成员检测事件，然后联络簇头。

③ 簇头融合簇成员的检测信息，估计目标状态，并发送给汇聚节点。

④ 动态簇将要消失时，形成新的动态簇。

两种分簇算法各有利弊，静态分簇算法比较简单，但适应能力、生存能力差，容易产生边界问题。相对于静态分簇算法，动态分簇算法适应能力和生存能力都比较强，但组建和维护过程比较复杂，簇头容易被多次调用而死亡。

9.4.3 典型目标跟踪算法比较分析

1. 集中式算法与分布式算法

集中式算法是指所有节点将采集到的信息通过多跳路由的方式传送到汇聚节点等信息处理中心，实现目标跟踪的计算，例如 BB 算法等。分布式算法是节点间通过本地运算进行信息交换与协调，获得目标轨迹信息的算法，例如 DSTC 算法等。

1) 以节点为中心的目标跟踪算法

假设节点不仅具有独立的识别表示，而且每个节点在统一的坐标系下其位置是已知的，这样就可以通过汇报事件的节点来识别事件发生的区域，而目标跟踪算法首先按照某种特定的规则将 WSN 的监测范围划分为许多地理区域，每个区域发生的事件以区域标志来识别。在每个区域内，节点管理信息处理与上报问题。

2) 以位置为中心的目标跟踪算法

以位置为中心的目标跟踪算法主要利用地理区域管理节点，通过了解节点所在的区域以及区域内的管理节点，把节点的探测信息汇聚到管理节点，实现数据融合以及区域内的跟踪算法。对于随机部署的分布式 WSN，这种算法的不足是节点很难在同一坐标系下合理地划分检测空间，并且随着检测范围的扩大，问题将变得更加复杂。

表 9-1 给出了主要目标跟踪算法的性能比较。不同的算法是针对不同的应用目标提出的，算法的优劣是相对而言的。比如，针对精度问题时应采用 BB 算法，针对能耗和性能优化时应采用 ATT 算法，针对系统实时性和扩展性时应采用 DSTC 和 CTS 算法。

表 9-1　主要目标跟踪算法的性能比较

算法	精度	可扩展性	复杂度	能耗	实时性	容错能力	类型描述
DSTC	较高	好	低	低	高	强	分布式
BB	<1m	差	一般	高	差	较差	集中式
DSTC+BB	较高	好	一般	较低	较高	强	分布式
CTS	低	好	低	低	高	较强	分布式
ATT	较高	差	低	较低	一般	强	分布式

2．粒子滤波算法

粒子滤波算法是一种广泛采用的目标跟踪算法，高效地解决了观测系统中的非线性问题。但是，将粒子滤波算法应用于传感器网络目标跟踪时，需要考虑传感器网络的特性，如能量有限、带宽有限等。粒子滤波算法主要分为集中式和分布式两种形式，

在集中粒子滤波算法(CPF)中，各传感器节点将测量到的信息通过多跳的方式发送到信息融合中心，由融合中心运行粒子滤波算法对目标进行定位和跟踪，如图 9-19 所示。这种集中式处理方式使粒子滤波实现比较简单，与通常意义下的粒子滤波算法区别不大。考虑到融合中心的能量消耗、计算复杂度几乎不受限制的特点，当 WSN 的定位跟踪算法复杂度较高、计算存储较大时，应该优选当前运行模式。这种模式不必由融合中心周期性地查询 WSN 中节点预估得到的目标位置信息，减少查询的通信能量消耗。CPF 的缺点主要在于每次定位时相关传感器节点的所有测量值均需要发送到融合中心，从而增加节点数据传输通信的能耗，缩短网络使用寿命。此外，它还存在传输数据延时、网络拥塞、各节点资源消耗不平衡等问题。当监控区域较大，节点数量多、分布广且目标远离信息融合中心时，该算法并不太适合。

针对 CPF 算法的不足，分布式粒子滤波算法(DPF)给出了相应的解决方案。沿着目标移动的轨迹，分布于轨迹周围的部分节点被激活，选定节点成为头节点。在每个跟踪定位时刻，粒子滤波器依次运行于不同的激活头节点。当前时刻的头节点将粒子滤波器预估结

果传递到下一时刻选中的头节点，下一时刻的头节点再次运行粒子滤波器，如图 9-20 所示。

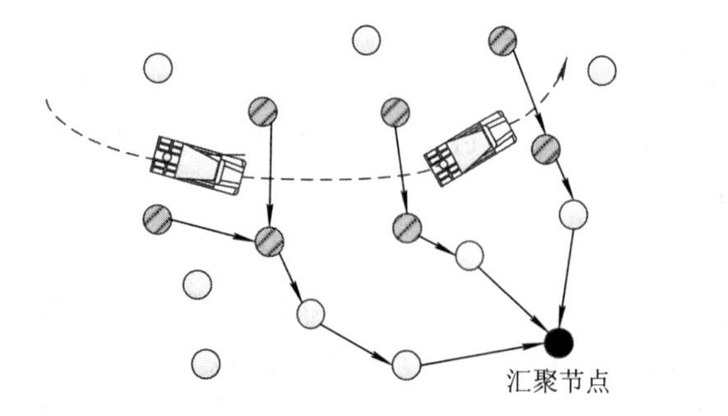

图 9-19　粒子滤波算法在融合中心的运行过程

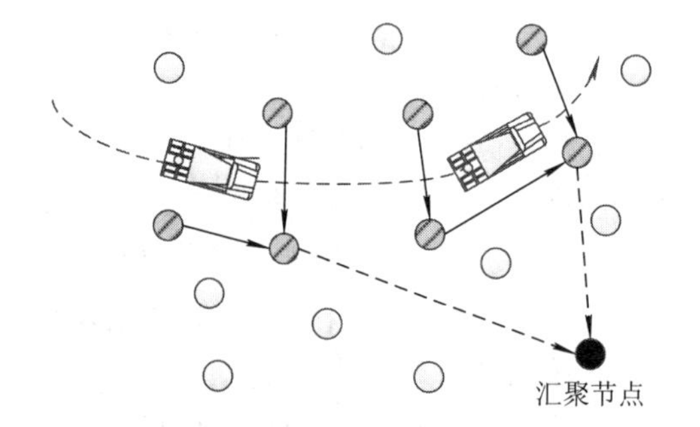

图 9-20　粒子滤波算法在头节点的运行过程

上述过程不断重复，直到目标在监控区域消失。这种模式的节点能量消耗分布于沿着目标轨迹的各个选定的头节点，避免了能量消耗于网络中的单个节点上，防止单个融合节点能量消耗完毕或其他原因导致定位跟踪失败的情况的产生。但是，这种模式需要在头节点之间传输预估结果，头节点间数据通信将消耗大量能量，当头节点间传递的变量维数较大时，通信消耗的能量更多。另外，由于目标的预估信息只是分布于单个激活头节点中，同时由于头节点是变化的，当融合中心需要查询预估结果时，存在查询路径以及策略等问题，尤其是在查询周期比较频繁的时候。另外，头节点周期性地汇报预估的目标位置或者应答融合中心的查询，同样需要将结果通过多跳方式传递到融合中心，消耗节点的通信能量。而集中式处理方式则不存在这个问题，其每次预估结果均在融合中心，因此减少了查询、汇报等造成的通信能量消耗。表 9-2 给出了两种滤波算法的性能比较。

表 9-2　两种滤波算法的性能比较

算法	精度	可扩展	复杂度	能耗	实时性	容错能力	类型描述
CPF	高	差	高	高	差	强	集中式
DPF	高	一般	高	一般	差	强	分布式

9.4.4　无线传感器网络主要跟踪技术

1. 基于双元检测的点目标跟踪

由于传感器节点体积小、价格低，功能较弱，有时只能通过双元检测原理对目标进行跟踪。在双元检测中，根据目标与检测节点之间的距离，用 0-1 事件判断节点是否出现。

(1) 双元检测。在双元检测中，传感器中只有两种侦测状态：一是目标处在传感器侦测距离之内，二是目标处在传感器侦测距离之外。图 9-21 所示为双元传感器模型原理示意图。其中，实心点表示传感器节点。假设节点的侦测半径是 R，目标距传感器节点的距离为 d_T。如果 $d_T < R-e$，那么目标就会被检测到。如果 $d_T > R-e$，

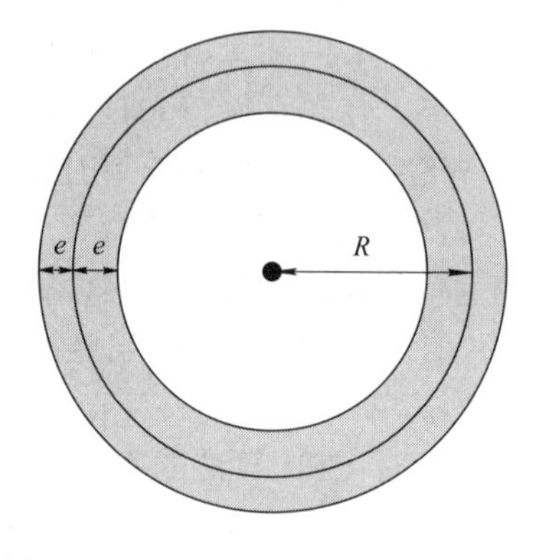

图 9-21　双元传感器模型原理示意图

那么目标不会被检测到。如果 $R-e<d_T<R+e$，那么目标会有一定的概率被检测到。通常情况下，$e=0.1R$。

(2) 基于双元检测的协作跟踪。双元检测传感器节点只能判断目标是否在侦测范围内，无法检测到目标的距离，确定目标的位置信息需要多个节点进行协作。当目标进入节点可以侦测到的区域后，它会被多个节点同时检测到。通过确定这些节点侦测范围的重叠区域，就能相对精确地确定目标位置。一般情况下，节点密度越大，跟踪精度越高。基于双元检测的协作跟踪的基本过程如下：

① 节点侦测到目标进入侦测区域，唤醒自身的通信模块并向邻居节点广播检测到目标的消息。消息中包括节点的 ID 以及自身位置信息，同时该节点开始记录目标出现的持续时间。

② 若节点检测到目标出现，同时接收到两个或两个以上节点发送的通告消息，则节点计算目标位置，计算时采用目标在节点侦测范围内的持续时间为权重。

③ 当目标离开侦测区域时，节点向汇聚节点发送自己的位置信息以及目标在自己侦测区域内的持续时间信息。汇聚节点根据已有的历史数据和当前获得的最新数据进行线性拟合，计算移动目标的运动轨迹。

如图 9-22 所示，假设移动目标匀速运动，双元检测传感器可以确定目标在自己检测范围内的持续时间。目标在检测区域内持续时间越长，它离节点就越近，检测的数据就越精确，即图中 d 越长，检测数据越精确。因此，节点根据检测到目标时间长短确定检测数据的权重。基于双元检测的协作跟踪可以采用大量密集部署、简单低廉的传感器节点，既降低了成本又保证了跟踪精度。然后，基于双元检测的协作跟踪需要节点间的时间同步，并要求节点知道自身的位置信息。

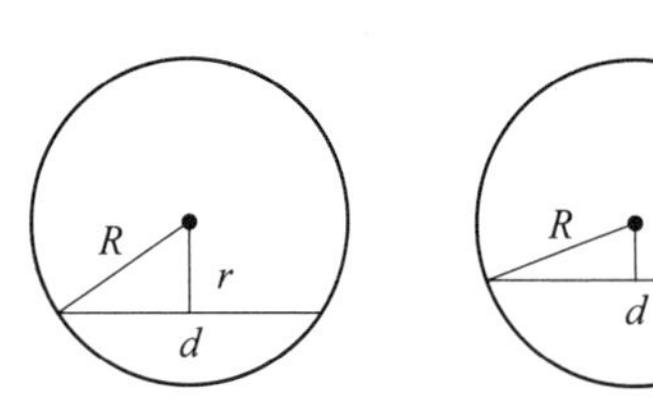

R—节点侦测半径
r—节点位置到弦长距离
d—目标通过节点侦测范围的弦长

图 9-22 节点根据检测到目标时间长短确定检测数据的计算权重关系

2. 基于对偶变换的面目标跟踪

在无线传感器网络跟踪应用中，很多情况下需要跟踪面积较大的目标。例如，森林火灾中火灾边缘的推进轨迹和台风的行进路线等。在这种情况下，仅仅通过局部节点的协作无法侦测到完整的目标移动轨迹，需要引入对偶空间转换的方法解决上述问题。

1) 对偶空间转换

考虑初始二维空间中的直线 $y=\alpha x+\beta$，其中 α 表示斜率，β 表示截距。定义这条直线的两个参数在初始空间的对偶空间中用点 $(-\alpha,\beta)$ 表示。初始空间中的点 (a, b) 定义了对偶空间中的一条直线 $\phi=a\theta+b$。两者是一一映射关系，如图 9-23 所示。

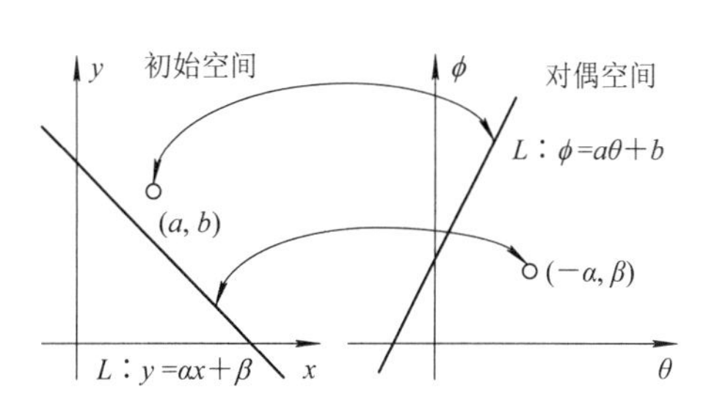

图 9-23 初始空间与对偶空间的映射关系

若将面积较大的目标看成一个半平面，则

它的边界就是一条直线。对偶空间转换就是将每个传感器节点映射为对偶空间的一条直线，将目标的边界映射为对偶空间中的一个点。这样，在初始空间中无规律分布的传感器节点在对偶空间中便成为许多相交的直线，并将对偶空间划分为众多子区域，而跟踪目标的边界映射到对偶空间是一个点，并处在某个子区域中，如图 9-24 所示。这个子区域对应的几条相交直线就是离目标最近的传感器节点，再通过到初始空间的逆变换确定此时需要的跟踪节点。

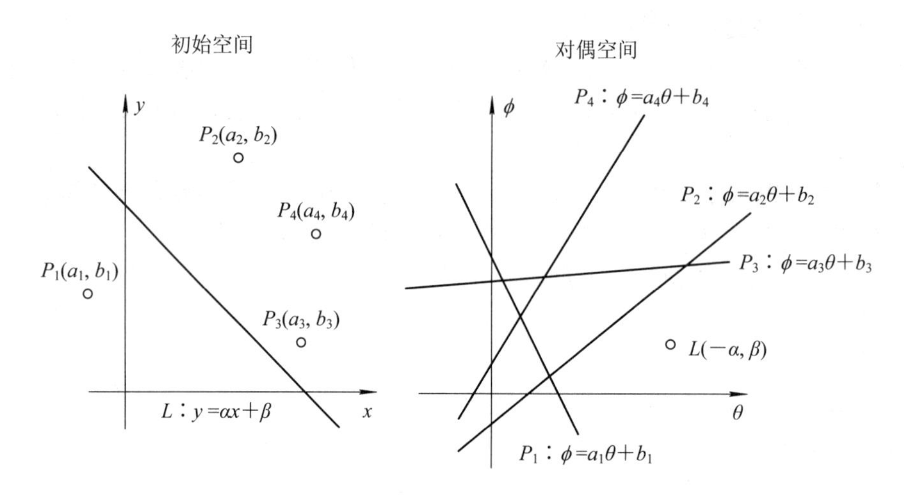

图 9-24　每个传感器节点映射为对偶空间一条直线的对偶空间转换过程

通过对偶跟踪的方法，跟踪问题转换为在对偶空间中寻找包括边界映射点的子区域。当目标移动时，映射点会进入其他子区域，这时需要唤醒新区域中的节点进行跟踪，而使原有区域中不再属于新区域的节点转入休眠状态。

2) 对偶空间跟踪法

当传感器节点 P_1 知道自己处于跟踪目标半平面内，如图 9-25 所示。

假设节点 P_1 坐标为$(x_1，y_1)$，目标边缘 L 的方程为 $y = ax + b$。由于点 P_1 处于直线 L 上方，故

$$y > ax_1 + b \tag{9-14}$$

当节点 P_1 和直线 L 都映射到对偶空间后，P_1 对应直线 $y = x_1x + y_1$，L 对应坐标点$(-a，b)$，使得

$$b < -x_1a + y_1 \tag{9-15}$$

即在对偶空间中，点 P_1 处在直线 L 下方。每个节点都进行这样的计算，从而可以得到一组线性不等式，通过这组线性不等式可以计算出目标映射点在对偶空间中的子区域。

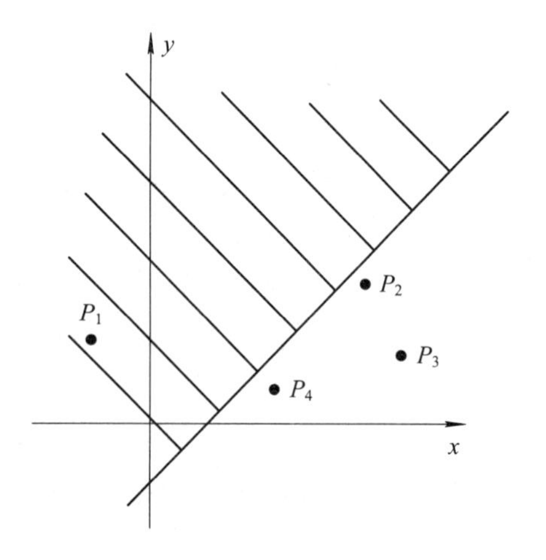

图 9-25　节点与目标边缘的关系

对偶空间跟踪转换算法是集中式算法，需要一个计算中心计算当前的跟踪节点，并向这些节点发出指令。只有包含映射点的传感器节点才需要被激活。通过将侦测目标转换为寻找目标边界的行进轨迹，可以有效简化目标跟踪的

难度。利用对偶空间转换将边界变换为点，传感器节点转换为直线，能够有效地确定跟踪节点。但是，这种方法需要一个中心节点来进行计算调度，增大了网络传输负载，实时性难以保证。

思考题

1. 在传感器网络中完成节点间的时间同步面临的主要问题有哪些？
2. 在传感器网络中，时钟模型有哪几种？时间同步算法的分类有哪几种？
3. 在接收者和接收者之间采用的交互同步算法是什么含义？分析其代表性 RBS 算法的基本原理和优缺点。
4. 在接收者和接收者之间采用的双向同步算法是什么含义？分析其代表性 TPSN 和 LTS 算法的基本原理和优缺点。
5. 在接收者和接收者之间采用的单向时间算法是什么含义？分析其代表性 DMTS 和 FTSP 算法的基本原理和优缺点。
6. 分析时间同步机制的误差来源及性能指标。
7. 传感器网络节点定位的目的是什么？阐述其基本原理。
8. 现有的传感器网络节点定位机制分几类？分析其典型算法。
9. 在传感器网络中，数据融合技术的作用是什么？数据融合技术是如何分类的？
10. 阐述静态分簇融合和目标导向的动态融合算法运行过程。
11. 阐述在传感器网络中的目标跟踪必要性。
12. 目标的追踪过程分成几个阶段？

第 10 章 Chapter 10

无线传感器网络的应用

10.1 无线传感器网络应用基本概况

在传感器出现之前，人们只能借助自身感觉器官直接从外界感知信息，这便有很大的局限性。传感器技术的出现及应用，恰恰解决了这个问题，扩展了人们感知外围环境的途径。随着传感器技术的发展，人们已不满足于原有单个独立的传感器，需要传感器网络采集来自不同区域、不同类型的信息并进行整合汇总，实现对获取信息的全方位掌握与综合判断。

同时，传感器技术和节点间的无线通信能力为传感器网络赋予了广阔的应用前景，最早的传感器网络应用出现在军事防御和反恐领域，它还在军事、环境、健康、家庭和其他商业领域中有应用。当然在空间探索和灾难拯救等特殊的领域，传感器网络也有其得天独厚的技术优势。如在美军的 C4ISRT 系统中，传感器网络可以使得敌我识别、情报获取、战场定位和探测，判定化学、生物、放射、核子等物质和攻击更快更准更安全，并且与独立的卫星和地面雷达系统相比有灵活多变的优势。

除了安全问题，目前的自然环境状况逐渐恶化，也已引起人们广泛的关注，加强对环境监测防止进一步恶化，具有重大的意义。但是，通过传统方式采集原始数据是一件困难的工作，而微型传感器网络为随机的野外数据调查提供了便利，比如跟踪候鸟和昆虫的迁移，研究环境变化对农作物的影响，监测海洋、大气和土壤的成分等，精细农业中，监测农作物中的害虫，土壤的酸碱度和施肥状况等。

传感器网络为未来的远程医疗提供了更加方便、更加快捷的技术实现手段。在住院病人身上安装特殊用途的传感器节点，如心率和血压监测设备，医生就可以随时了解被监护病人的病情以及时处理；还可以利用传感器网络长时间地收集人的生理数据，这些数据在研制新药品的过程中是非常有用的，而安装在被监测对象身上的微型传感器也不会给人的正常生活带来太多的不便。此外，在药物管理等诸多方面它也有新颖而独特的应用。

除此之外，无线传感器网络在空间探索、信息家电和智能家居上都有着广泛应用。无线传感器网络将会是人的感官与思维的极大延伸，而根据摩尔定律，无线传感器网络的节点将会更加趋于集成化、微型化和智能化，这会使我们的经济与社会发展得到更大的驱动力。

无线传感器网络的应用优势表现在以下几点：

(1) 分布节点中多角度和多方位信息的综合有效地解决了应用中信号干扰的问题，这一直是卫星和雷达这类独立系统难以克服的技术问题之一。

(2) 无线传感器网络低成本、高冗余的设计原则为整个系统提供了较强的容错能力，确保应用中信息采集的有效性。

(3) 传感器节点与探测目标的近距离接触大大消除了环境噪声对系统性能的影响，使得应用中信息采集的准确性大大提高。

(4) 节点中多种传感器的混合应用有利于提高探测的性能指标。

(5) 通信模式多样性，无线传感器网络节点的组成结构可以随不同的应用场合而异构互联、多节点联合，形成覆盖面积较大的实时探测区域，也可以扩展应用范围。

(6) 借助于个别具有移动能力的节点对网络拓扑结构的调整能力，可以有效地消除探测区域内的阴影和盲点。

(7) 应用技术的开放性，应用层是用户根据具体应用的需要定义的，可适应不同的需求。同时会随着无线通信技术和微电子技术的不断进步，相互协调形成一个智能的传感网络。

总之，无线传感器网络有着十分广泛的应用前景，它不仅在工业、农业、军事、环境、医疗等传统领域又具有巨大的应用价值，在未来还将在许多新兴领域体现其优越性，如家用、保健、交通等领域。可以预见，未来无线传感器网络将无处不在，完全融入我们的生活。比如，微型传感器网络最终可能将家用电器、个人电脑和其他日常用品与互联网相连，实现远距离跟踪，家庭采用无线传感器网络负责安全调控、节电等，其应用可能涉及人类日常生活和社会生产活动的所有领域。对这些网络的进一步研究，将满足未来高技术民用和军事发展的需要，不仅具有重要的社会和经济意义，也具有十分重要的战略意义。

10.2　军事领域的应用

无线传感器网络具有可快速部署、可自组织、隐蔽性强和高容错性的特点，因此非常适合在军事上应用。利用无线传感器网络能够实现对敌军兵力和装备的监控、战场的实时监视、目标的定位、战场评估，核攻击、生物化学攻击的监测和搜索等功能。目前，国际许多机构的课题都是以战场需求为背景展开的。例如，美军开展的 C4KISR 计划、Smart Sensor Web、灵巧传感器网络通信、无人值守的地面传感器群、传感器组网系统、网状传感器系统 CEC 等。

在军事领域应用方面，该项技术的远景目标是利用飞机或火炮等发射装置，将大量廉价传感器节点按照一定的密度布放在待测区域内，对周边的各种参数，如温度、湿度、声音、磁场、红外线等各种信息进行采集。然后，由传感器自身构建的网络，通过网关、互联网、卫星等信道，传回信息中心。该技术可用于敌我军情监控，在友军人员、装备及军火上加装传感器节点以供识别，随时掌控自己的情况。通过在敌方阵地部署各种传感器，做到知己知彼，先发制人。另外，该项技术可用于智慧型武器的引导器，与雷达、卫星等相互配合，利用自身接近环境的特点，可避免盲区，使武器的使用效果大幅度提升。

10.2.1 智能尘埃网络系统

所谓智能尘埃，又称为智能微尘，是一个具有电脑功能的超微型传感器，由微处理器、双向无线电接收装置和能够组成一个无线网络的软件等组成。将这些智能微尘散放在某一个场地中，它们就能够相互定位，构成双向无线网络系统，它们可以自我组织、自我维持、协同工作，收集数据并向基站传递信息。如果一个微尘功能失常，其他微尘会对其进行修复。未来的智能微尘甚至可以悬浮在空中几个小时，搜集、处理、发射信息，而且能够仅依靠微型电池工作多年。军事上，也可以把大量智能微尘装在宣传品、子弹或炮弹中，在目标地点撒落下去，形成严密的监视网络，敌国的军事力量和人员、物资的流动等情报就会被侦查一清二楚。

由于硅片技术和生产工艺的迅猛发展，集成有传感智能尘埃器、计算电路、双向无线通信模块和供电模块的微尘器件的体积已经缩小到了沙粒般大小，但该器件却包含了从信息收集、信息处理到信息发送所必需的全部部件。图 10-1 为智能尘埃的组成示意图，图 10-2 为智能尘埃的样机图。

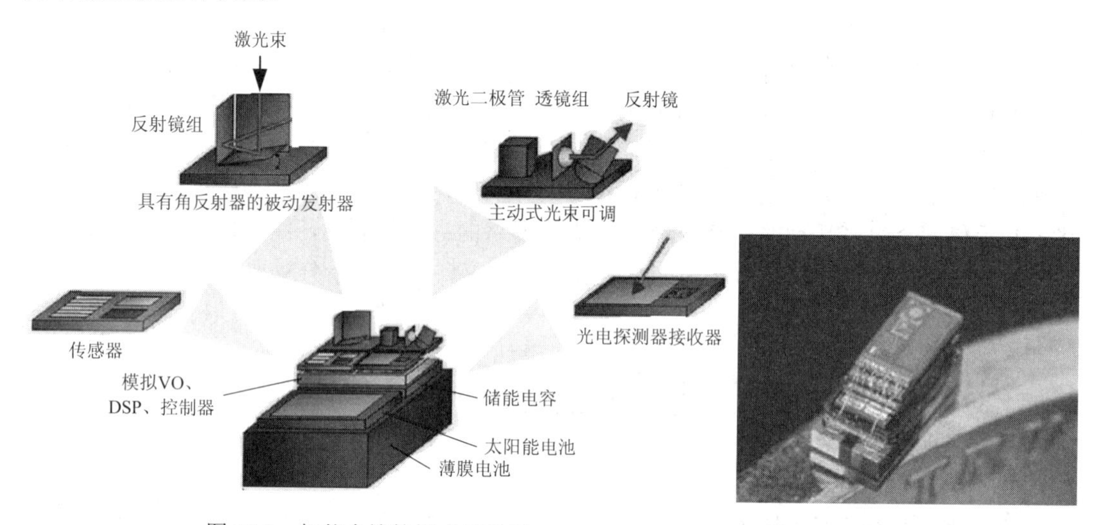

图 10-1 智能尘埃的组成示意图

图 10-2 智能尘埃的样机图

智能尘埃除了在军事上应用外，在交通、医疗健康、防灾、无人监控等领域也有广泛应用。如智能尘埃系统在拥挤的闹市区可用作交通流量监测器，在家庭则可监测各种家电的用电情况以避开高峰期等。智能尘埃将来可以植入人体内，通过这种无线装置，可以定期检测人体内的葡萄糖水平、脉搏或含氧饱和度，并将信息反馈给本人或医生，用它来监控病人或老年人的生活。智能尘埃还可能会用于发生火灾时，通过从直升机飞播来了解火灾情况，调查森林、城市、乡村等受到地震、洪水及大火等灾害情况，为救灾提供科学数据。

智能尘埃在大面积、长距离的无人监控应用领域表现尤为突出。以西气东输中输油管道的建设为例，由于这些管道在很多地方都要穿越大片荒无人烟的无人区，管道监控一直都是难题，传统的人力巡查几乎是不可能的，而现有的监控产品，往往复杂且昂贵。将智能微尘的成熟产品布置在管道上可以实时地监控管道的情况，一旦有破损或恶意破坏都能在控制中心实时了解到。如果智能微尘的技术成熟了，仅一个西气东输这样的工程就可能节省上亿元的智能微尘资金。电力监控方面同样如此。据了解，由于电能一旦送出就无法保存，因此电力管理部门一般都会层层要求其下级部门每月上报地区用电量，但地区用电量的随时波动性使这一数据根本无法准确测量，国内有些地方供电局就常常因数据误差太大而遭上级部门的罚款。但是，用智能微尘来监控每个用电点的用电情况，这种问题就将迎刃而解。

10.2.2　灵巧传感器网络

灵巧传感器网络(Smart Sensor Web，SSW)是 2000 年由美国国防部提出的，与现在的无线传感器网络 WSN 是一脉相承的，只不过简化了一些内容。SSW 计划就是要在战场上布设大量的传感器以收集和中继信息，然后把这些信息传送到各数据融合中心，从而将大量的信息集成为一幅战场全景图，当参战人员需要时分发给他们，从而提高普通参战人员的战场态势感知能力。SSW 计划也面临许多困难，包括网络带宽的限制、能量限制、互操作性、信息集成、用户界面和地形数据库。美国国防部其他四项重点科研领域包括：化学和生物武器防御，对加固和地下深层目标的攻击，态势感知战备，确保信息获取。

2005 年，美国军方成功测试了由美国 Crossbow 产品组建的枪声定位系统，如图 10-3 所示。其中，图(a)是狙击手定位系统，图(b)是检测区域俯瞰模型图。节点被安置在建筑物周围，能够按照一定的程序有效地组建成网络进行突发事件(如枪声、爆炸源等)的检测，为救护、反恐提供有力手段。

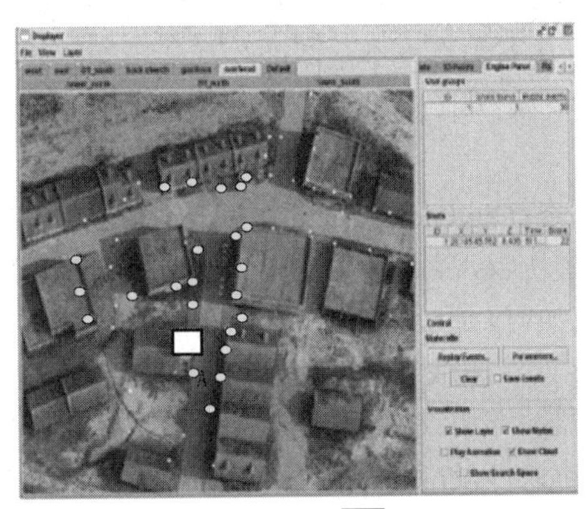

A 为狙击手的位置，○ 为节点位置)

图 10-3　枪声定位系统

美国科学应用国际公司采用灵巧传感器网络，构建了一个电子周边防御系统，为美国军方提供军事防御和情报信息。在这个系统中，采用多枚微型磁力计传感器节点来探测某人是否携带枪支，以及是否有车辆驶来；同时，利用声传感器，该系统还可以监视车辆或者移动人群。

10.2.3　WSN 在协同作战中的应用

现代战争与传统战争相比，最大的特点是武器系统电子化、作战指挥信息化。各种武器，如导弹、炮弹、炸弹和鱼雷等，均有电子设备为其进行制导，使武器系统的命中精度大大提高。各种新型指挥控制系统和军用数据链的使用也使得作战指挥的实时性、准确性和灵活性大大加强。为了提高作战效能，克服传统作战指挥模式的不足，人们通过统一调度所有参战单元的资源来进行协同作战。协同作战的关键是所有作战平台都能获得一致的目标数据，在此基础上进行威胁评估和武器分配，这就要求参战成员通过传感器网络获取大量作战信息，达到协同配合。图 10-4 为协同作战的模拟图。

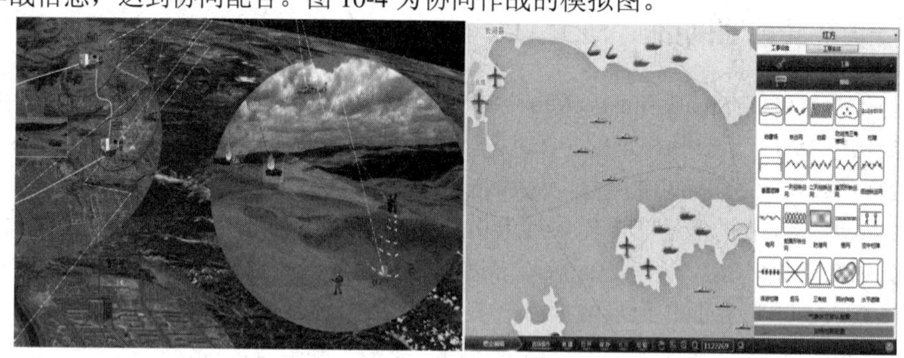

图 10-4　协同作战的模拟图

最早的协同作战计划是美国海军 1989 年确立的 CEC 开发计划，主要包括战术互联网(Tactical Internet，TI)、MIL-STD-188-220B 协议、短波自组织通信网络、联合战术无线电系统和轻型机载多用途系统(LAMPS)等内容。

战术互联网是构建军队未来数字化部队的重要组成部分，主要用于加强各参战单元对作战数据的共享，并提供近似实时的态势感知，从而提高整个部队的作战能力和生存能力。战术分组无线网络 TPRN 是 TI 的主要基础网络，网络中节点自组织形成网络，相互之间通过无线多跳中继转发器进行分组数据通信。

MIL-STD-188-220B 协议是数字信息传输设备(Digital Me8sage Transfer Device，DMTD)子系统的通用标准协议，涉及网络层以下的各层协议，可在其上使用通用的 TCP/IP 协议。采用战术互联网无线电台(cNR)作为传输媒体交换时，通过该协议完成主机系统和电台系统之间的接口。可以说，基于 MIL-STD-188-220B 的军事战术移动网是一种 WSN，网络拓扑变化频繁，网络中的每一个节点同时充当路由器。该协议定义了在广播无线通信子网和点到点的连接中，单个或多个段信息传输的分层协议涉及应用层的网络管理、网络层的内部子网层、数据链路层和物理层，使得分层结构内部的 DMTD 之间、DMTD 和 C4I 系统之间互通。内部子网协议用于在相同的无线通信网中的一个源节点与可能的多个目的节点之间路由内部子网的数据分组，同时它提供拓扑和连接信息的交换，即 WSN 路由协议。

短波自组织通信网络工作于 2～30 MHz、地波传播、跳频通信，为海军提供 50～1000 km 的超视距通信手段，其特点是利用节点间分散的连接来组织网络，使其能够适应短波网拓扑结构的不断变化。网络内部节点组成一节点群，每个节点属于一个节点群，每个群有一个充当本群控制器的群首节点，本群中所有节点均在群首节点的通信范围之内，群首节点通过网关连接起来为群内其他节点提供与整个网络通信的能力。同时，短波自组织通信网络不仅仅是信息传输的网络化，由于自组织网络能够自组织、自恢复，因此它还具有抗干扰、抗链路损失、抗节点摧毁的特性。

图 10-5 为一种基于 WSN 建立数据链的主从弹式协同编队制导作战模型，每枚导弹装配两种共享硬件平台 WSN 节点，一种负责导弹内状态参量的监测(如温度、湿度、气压等)，实时反映导弹的状态，称此类节点为状态监测节点(State Monitor Node，SMN)；另一种节点负责导弹内 SMN 监测信息的汇聚融合及协同作战导弹间的信息实时交互，称此类节点为协同节点。为了进一步区分，称领弹上的协同节点为协同管理节点(Cooperation Management Node，CMN)，称从弹上的协同节点为协同执行节点(Cooperation Execution Node，CEN)。CMN 同时负责 WSN 网络的建立和维护，领弹上配有卫星或雷达系统可以进行攻击目标搜索或与地面控制站进行通信。

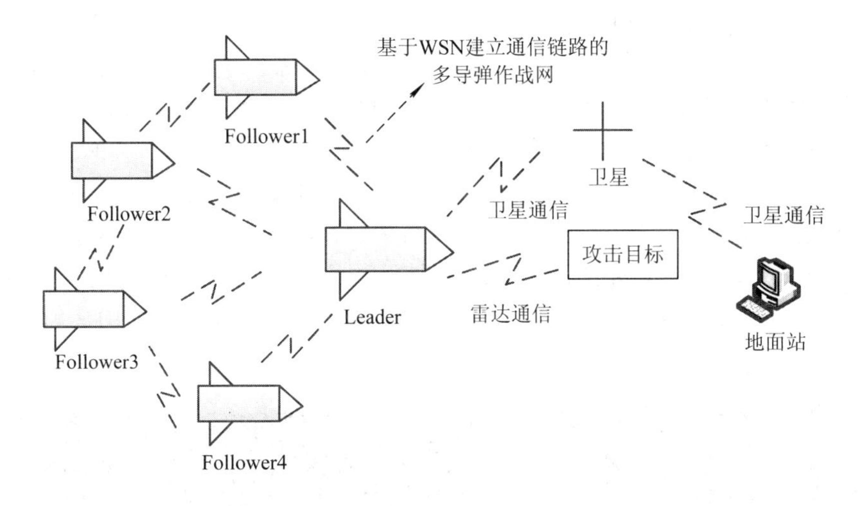

图 10-5　一种基于 WSN 建立数据链的主从弹式协同编队制导作战模型

采用不同网络应用 ID 和混合拓扑结构可以更好地保障数据传输的稳定性，如图 10-6 所示。单枚导弹上的 SMN 与 CEN 按星型拓扑结构自组织成网络，SMN 只能与自身的 CEN

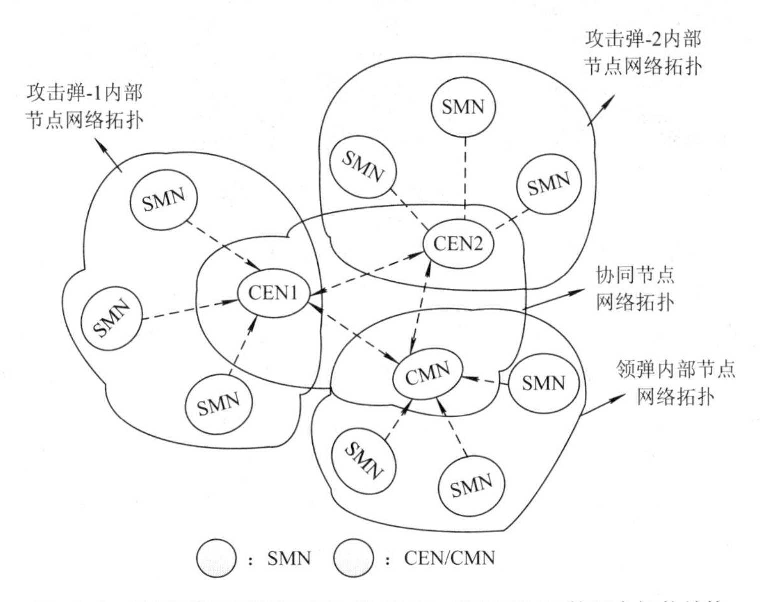

图 10-6　采用不同网络应用 ID 和 SMN、CEN/CMN 的混合拓扑结构

进行通信，通过网络应用 ID 来识别彼此间的通信，不同的协同节点使用不同的网络 ID；协同作战中导弹间的协同节点按网状拓扑结构进行组网，所有的协同节点之间可以相互通信。CMN 可实时与 CEN 进行信息交互，获取攻击弹的状态、位置、姿态等信息，并根据相应的协同算法算出各攻击弹(从弹)下一步的执行动作命令，并通过网络的无线传输协议发送给攻击弹，攻击弹根据协同指令执行相关控制，从而实现协同打击目标。

10.2.4 WSN 在军事目标定位和跟踪中的应用

WSN 技术的出现直接推动了以网络技术为核心的新军事革命，成为 C4ISRT (Command，Control，Communication，Computing，Intelligence，Surveillance，Reconnaissance and Targeting)系统不可或缺的一部分，C4ISRT 的目标是利用先进的技术为未来的现代化战争设计一个集命令、控制、通信、计算、智能、监视、侦察和定位于一体的战场指挥系统。因为 WSN 是由密集型、低成本、随机分布的节点组成的，自组织性和容错能力使其不会因为某些节点在恶意攻击中损坏而导致整个系统的崩溃，这是传统的网络技术所无法比拟的。WSN 非常适合应用于恶劣的战场环境中军事目标的定位和跟踪，为火控和制导系统提供准确的目标定位信息，毁伤评估损失，布置下一步的重点任务等。图 10-7 为目标定位与跟踪演示图。

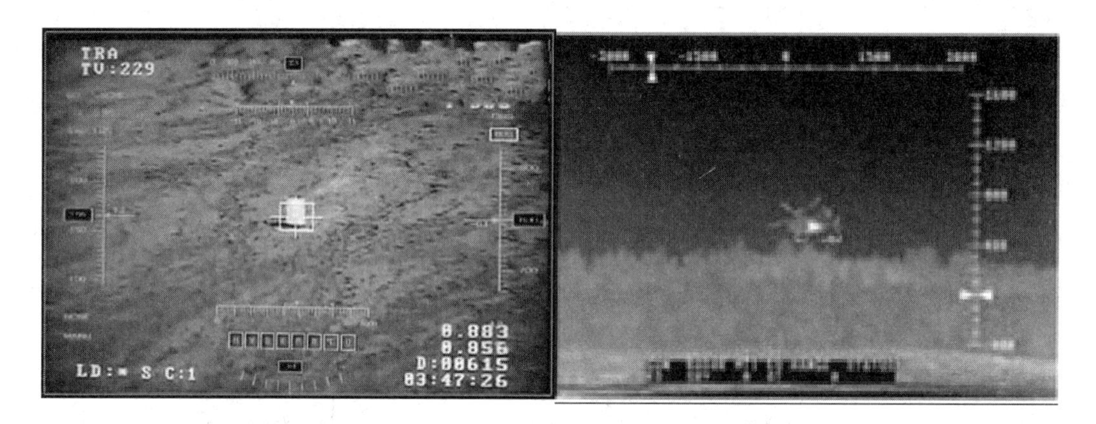

图 10-7　目标定位与跟踪演示图

一般地，在 WSN 应用中，通常节点的位置不能预先精确设定，节点间的相邻关系也不清楚，或者在 WSN 的使用过程中，部分节点由于能量耗尽或环境因素造成故障或失效，或者补充新的节点以增加监测精度，这就需要节点对目标具有动态的定位和跟踪能力。目标定位为火力控制和制导系统提供精确的目标信息，从而实现对预定目标的精确打击，基于测距技术的定位方法可以通过测量节点间点到点的距离或角度信息来确定节点的位置，代表性的定位算法：采用三边测量的定位法、采用三角测量的定位法、采用最大似然估计的定位法等。获得目标的位置信息后，WSN 会向距离目标较近的传感器节点广播消息，使之启动并加入目标跟踪过程。目前，目标跟踪技术主要有基于二进制、基于树状结构、基于粒子滤波和基于预测机制等四种。

10.3 气象生态环保领域的应用

随着社会、经济的快速发展和人口的不断增加，人类面临的生态环境问题日益突出，主要表现在耕地减少且质量下降、水土流失严重、荒漠化加重、水域生态失衡、森林覆盖率降低、湿地破坏、草地退化、城市污染、海洋生物资源退化、酸雨增加、沙尘暴和地质灾害频发、生物多样性下降等。在全球变暖背景下，气候灾害和极端气候事件(洪涝、干旱、热浪、沙尘暴、暴风雪等)频繁发生，对生态安全、粮食安全、水安全、碳安全等造成了重大影响，直接威胁到人类的生存与可持续发展，这已经引起了各国政府和科学家的高度关注。

人们已经认识到陆地生态系统对气候有着重要的反馈作用，且自然和对土地覆盖的人为干扰将改变气候,即气候影响生态系统类型、覆盖度、功能和过程，生态系统同时也影响微气候、气候过程、区域气候和全球气候。一个地区生态气候格局的形成与地形、土壤、纬度、海拔等无机条件也有关系，但是作用最大的却是植物群落对环境的反作用，森林等植被一旦消失，区域的生态气候便发生巨大变化。为此，通过监测气象生态信息，为有效管理气象生态环境，制定治理政策提供科学数据，也可以在生态环境、生物种群、气象和地理、洪水、火灾等多个方面检测，如：

- 可通过 WSN 跟踪珍稀鸟类、动物和昆虫的栖息、觅食习惯等进行濒危种群的研究等。
- 可在河流沿线分区域布设传感器节点，随时监测水位及相关水资源被污染的信息。
- 在山区中泥石流、滑坡等自然灾害容易发生的地方布设传感器节点，可提前发出预警，以便能做好准备，采取相应措施，防止进一步的恶性事故的发生。
- 可在重点保护林区铺设大量传感器节点随时监控内部火险情况，一旦发现火情，可立刻发出警报，并给出具体方位及当前火势大小。
- 传感器节点布放在地震、水灾、强热带风暴灾害地区、边远或偏僻野外地区，用于紧急和临时场合应急通信。

10.3.1 气象环境监测

在气象监测领域，传感器可获取大气气象要素，包括空气的温度、湿度、大气压力、风速、风向、光照等，气象监测存在着高空气象探测和地面气象监测两个方面。

高空气象探测是指基于国家气象观测站每天进行 24 次放飞的气象探测仪定时观测气象要素参数。气象探测仪与地面雷达的无线通信频率为 1672～1678 MHz 的 L 波段。通过对大气层中距地面至少 30 km 高的垂直分布的高空气象的观测，可以监测大气的垂直稳定度和天气系统的内部结构，并提供天气预报上有关研判天气系统。同时，高空观测结果为保障航空、航天的顺利进行提供了宝贵数据，为空气污染扩散提供了必要的参考依据。

地面气象监测是高空气象探测的数据补充，同时又为区域内提供更准确的微环境气象参数，地面气象站除了可以观测气象基本参数外，还可以观测其他更多的参数，如阳光总辐射、降雨量、地温(包括地表温度、浅层地温、深层地温)、土壤湿度、土壤水势、土壤热通量、蒸发、二氧化碳、日照时数、太阳直接辐射、紫外辐射、地球辐射、净全辐射、环境气体等数据指标；也可以根据用户科研需要进行灵活配置，同时还可以与 GPS 定位系统、QSE101 天气报文编码器、GPRS、GSM 通信和 Modem 等设备连接。它具有性能稳定，检测精度高，无人值守等特点，可满足专业气象观测的业务要求，适用于大中专院校、科研机构或组网于气象、机场、环境监测、交通运输、军事、农林、水文、极地考察等诸多领域。

图 10-8 为气象无线传感器网络系统结构示意图，图 10-9 为气象感知终端照片。气象无线传感器网络系统按功能可以划分为三个层次，最底层为气象数据采集层，由气象观测节点组成；中间层为气象数据汇聚中心，由多功能网关和存储设备组成；最上层为气象数据处理平台，主要由数据融合软件、数据处理软件和数据发布软件组成。

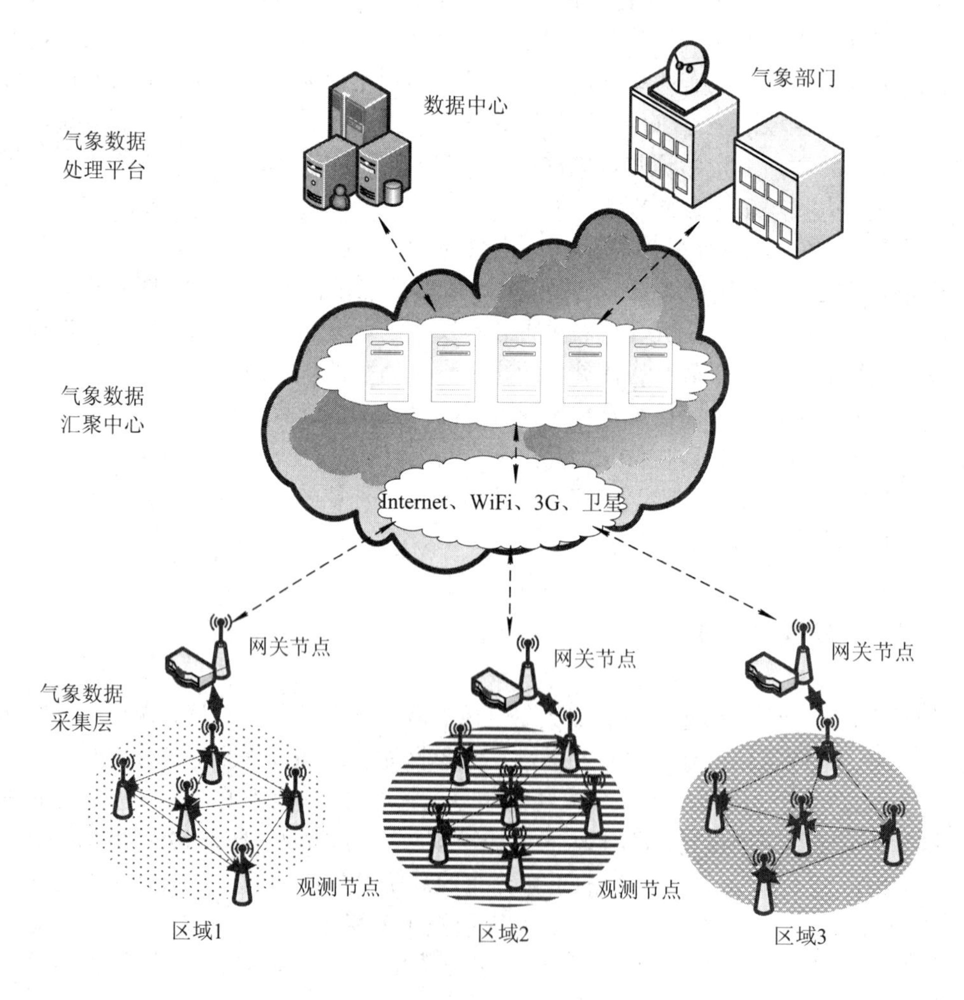

图 10-8 气象无线传感器网络系统结构示意图

图 10-9　气象感知终端照片

10.3.2　生态环境监测

生态是指生物(原核生物、原生生物、动物、真菌、植物五大类)之间，生物与周围环境之间的相互联系、相互作用。生态环境是指影响人类生存与发展的水资源、土地资源、生物资源以及气候资源的数量与质量的总称，它是关系到社会和经济持续发展的复合生态系统。生态环境问题是指人类为其自身生存和发展，在利用和改造自然的过程中，对自然环境造成破坏和污染所产生的危害人类生存的各种负反馈效应。

生态环境与自然环境在含义上十分相近，有时人们将它们混用，但严格来说，生态环境并不等同于自然环境。自然环境的外延比较广，各种天然因素的总体都可以说是自然环境，但只有具有一定生态关系构成的系统整体才能称为生态环境。仅有非生物因素组成的整体，虽然可以称为自然环境，但并不能叫做生态环境。

近年来，由于水土流失、土地沙漠化、洪水泛滥等各种由生态系统破坏所导致的问题日益严重，促使人们开始重新审视生态环境监测问题。生态环境监测是指利用物理、化学、生化、生态学等技术手段，对生态环境中的各个要素、生物与环境之间的相互关系、生态系统结构和功能进行监控和测试。科学家们不断地应用先进的科技手段开展生态监测，为建立环境综合治理系统获取数据。

1. 大鸭岛生态环境监测系统

图 10-10 为大鸭岛生态环境监测系统框图，英特尔、加州大学伯克利分校以及巴港大西洋大学的科学家在 2002 年把无线传感器网络技术应用于监视大鸭岛海鸟的栖息情况。

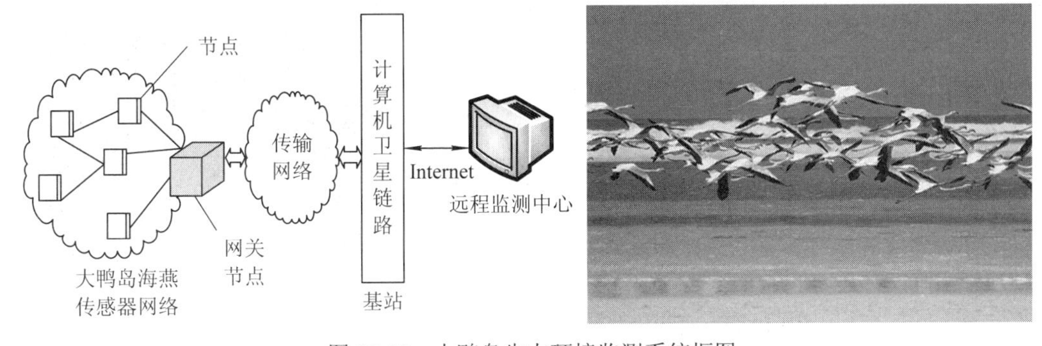

图 10-10　大鸭岛生态环境监测系统框图

该系统的监测对象为缅因州海岸大鸭岛上的海燕。由于环境恶劣，海燕又十分机警，研究人员无法采用普通方法对它们进行跟踪观察。为此他们使用了包括光、湿度、气压计、红外传感器、摄像头在内的近 10 种传感器类型、数百个节点，系统通过自组织无线网络，将数据传输到 300 米外的基站计算机内，再经卫星传输至加州的服务器。全球的研究人员都可以通过互联网查看该地区各个节点的数据，从而掌握第一手环境资料。该系统为生态环境研究者提供了一个有效便利的平台。

2. 金丝猴监测系统

金丝猴是我国国家一级保护动物，大多分布于中国西南部和中部的温带地区。然而，近些年由于人为因素干扰与破坏，金丝猴的生存面临越来越严重的威胁与挑战。因此，如何对金丝猴进行科学监测，研究其行为规律，进而实现对其有效保护迫在眉睫。当前，人工观测和记录的方式通常用于金丝猴的行为和生活环境信息监测，其数据可靠性可想而知。此外，数据的记录、汇总和上传同样会面临诸多困难，比如大量野外数据表格的填写、录入和上传，经常会遇到表格毁损和丢失的情况，造成长时间数据上传的不同步，影响最终分析的效率。

同时，人工方式往往仅能获取少量的短期数据，由于长期、实时观测数据的匮乏，无法反映出金丝猴的生存环境和活动习性，从而导致其生态习性、生理特点、活动规律、栖息地环境的研究工作难以顺利开展。此外，金丝猴的生存环境是原始的生态系统，在定位跟踪目标方面有一定的困难性和危险性，难以准确识别众多金丝猴个体，往往可能出现跟踪丢失的情况，导致收集的数据存在遗漏。在人工调查数据模式中，时空是割裂的，难以对所获取的数据进行时间、空间、现象的综合完整分析。因此，传统的人工方式不仅会降低监测保护工作的效率，还会为后期的数据分析带来巨大困扰，降低其科学价值。

无线传感器网络在野外大范围野生动物监控保护中极具优势。图 10-11 为基于无线传感器网络的金丝猴监测系统平台。该平台可以通过长期、实时感知金丝猴的环境数据，分析其最佳生存状态，并进行有效的个体识别与定位跟踪。

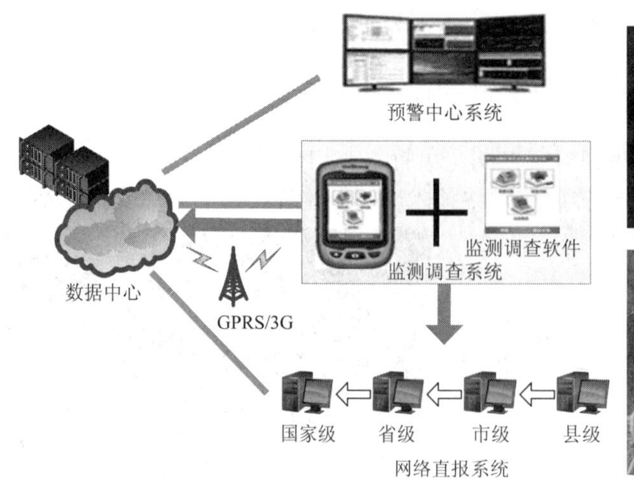

图 10-11　基于无线传感器网络的金丝猴监测系统平台

通过在金丝猴的生存环境中部署大量的传感器节点，研究者可以在不干扰野生动物正常生活的情况下，利用 WSN 技术，长期、实时、协作地感知监控区域环境信息以及野生动物行为活动信息，研究其生活环境信息和行为活动规律，为建立濒危种群人工饲养环境积累重要数据。

3．植物监测系统

植物生长状况能够反映出自然生态和大气污染情况，但多数情况下，植物在远离人类生活的野外，对其调查若采取人工方式则费时费力。若通过传感器网络进行监测，则可以又快又准确地实现植物生态数据的收集、分析。植物监测系统包括监测端和客户端，两者通过无线通信网络发送或接收监测数据。其中，监测端包括：太阳能供电系统，用于收集太阳能为监测端提供电力供应；传感器系统，与太阳能供电系统相连接，用于测量植物的生理生态指标和环境指标；数据采集传输系统，分别与太阳能供电系统、传感器系统相连接，通过传感器系统采集数据并通过无线通信网络将监测数据发送到客户端。

在植物自身特性方面，可以远程监测根系生长动态，包括根系根长、表面积、投影面积、体积、平均根直径和根尖数目等参数，以及监测根系时空生长变化，根系生理生态、根系抗逆性研究和土壤颗粒变化等。在植物生长环境方面，该系统能够对包括植物光合作用、茎流、茎杆、果实生长、叶片温度、光辐射、空气温湿度、土壤水分和温度在内的植物生理指标与影响植物生理的环境指标进行长期、连续监测。图 10-12 为基于无线传感器网络的植物监测系统及终端节点照片。

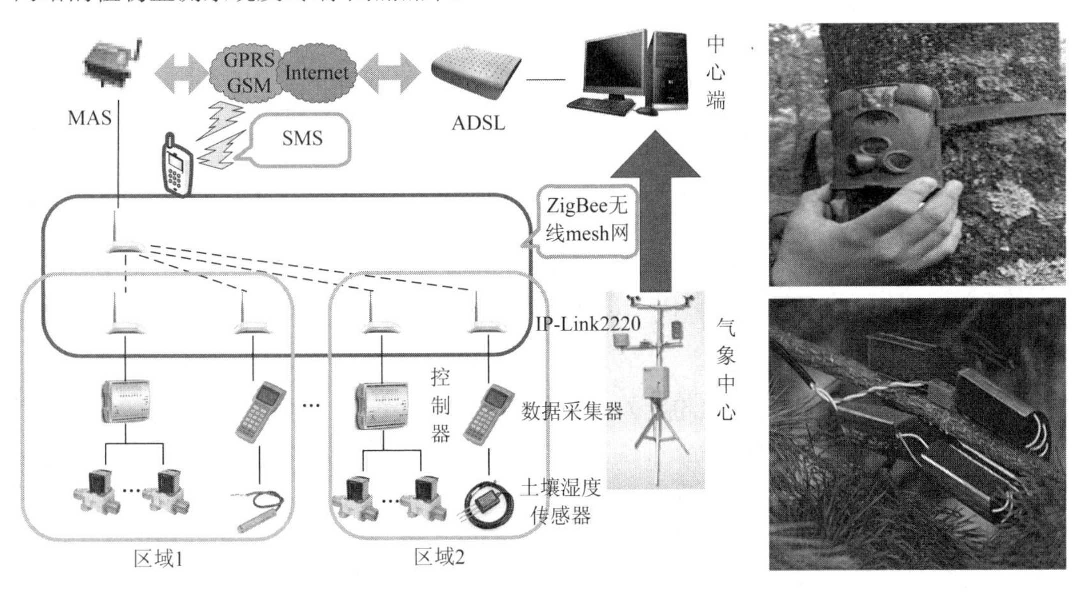

图 10-12　基于无线传感器网络的植物监测系统及终端节点照片

10.3.3　海洋与空间生态监测

进入 21 世纪后，深入开发利用海洋和空间的资源已成为各国的广泛共识。海洋和空间的资源探测的共同特点就是范围广、距离远、时期长。借助于利用航天器或潜水器布撒的传感器节点可以实现对外太空星球、海洋的监测和探索，且这是一种经济可行的最佳方案。

1. 海洋探测

海洋物理研究、数据采集、交通导航、资源勘探、污染监控、灾难预防，以及对水下军事目标的监测、定位、跟踪与分类等，都迫切需要高度智能化、自主性强、分布式、全天候的信息采集、传输、处理及融合技术。印度洋海啸之后，全球领导人在印尼雅加达举行峰会，议程的首要事务就是计划在印度洋构建传感器网络，以便对未来的海底地震作出预警。

针对这些要求，基于多传感器的水下分布式信息采集、网络通信、信息处理技术受到国家广泛关注，并随着近些年通信技术、DSP 技术、MEMS 传感器技术等相关领域的迅猛发展，海洋水下无线传感器网络成为我国国民经济及军事国防领域一项亟待研究开发的重要课题。图 10-13 为海洋水下无线传感器网络技术示意图。

图 10-13　海洋水下无线传感器网络技术示意图

文献资料表明，海洋水下无线传感器网络的组成结构可分为以下三类：

(1) 基于水面浮标的(射频+水声通信)可任意升降的三维立体水下传感器网络系统。其优点：布放比较容易，可利用太阳能、GPS 以及水面上的无线通信，避免了水下通信的困难。其缺点：阻碍航道，易被发现破坏，且容易随波逐流，位置不能固定。

(2) 由固定在海底基站的节点构成的，可任意升降的三维立体网络系统。通过光缆或声通信与水面网关、节点连接，将数据传输至基站。其优点：不会影响航行，其缺点：维护不容易。

(3) 基于水面浮标节点(射频+水声通信)、水中自主航行器(水声通信)和水底固定节点(水声通信)的三维立体系统。其优点：覆盖全面，配置灵活，功能强大。其缺点：系统复杂，成本高。 与地面无线传感器网络相比，水下传感器网络仍然存在着诸多问题，如有效带宽非常有限、水下信道非常恶劣等，在这个领域仍还有许多的困难需要解决。

2. 空间探测

遥远而又神秘的外星球一直带给人类无限遐想，承载着人类对未来的希望。大多数的宇宙探测计划，不外乎是使用诸如机遇号或勇气号之类的探测器来探索外部星球，其问题是需要落地测量，危险性较大、周期长。一些科学家提出了一个新颖的探测方案，即利用变形智能灰尘来探索诸如人类十分感兴趣的火星等外星球。在人类探索外星球时，不是让探测器着陆，而是向被探测的星球表面撒下成千上万的可变换形状的无线传感器，也就是所谓的智能灰尘。这种智能灰尘不仅可以为自己定位，还可以变换成两种形状，一种是光滑的，另外一种是粗糙的。智能灰尘处于光滑形状时，可以随风飘扬，而处于粗糙形状时，则可以直接落到所探索星球的表面。

英国格拉斯哥大学的研究人员约翰·巴克为了验证这个设想，利用蒙特卡罗仿真设计了计算机模型，通过随机数字再现了火星尘暴，然后再将 3 万个编制了一定程序的虚拟的无线传感器撒向模拟火星表面。结果发现，大多数智能灰尘可按预定的规则运动，70%的智能灰尘可成功探索大约 20 km 范围的情况。美国加利福尼亚大学的智能灰尘专家克里斯也正在探索这种方案，并认为利用智能灰尘来探索外星的可能性很大。该校的另外一位智能灰尘专家米歇尔则认为，利用智能灰尘来探索外星的优点：对传感器的稳定性能要求不高，因为当一个传感器出现故障时，其他传感器可以顶替上来；但存在缺点：传感器越小，则高保真及敏感性会受到影响。图 10-14 为美国宇航局空间探索计划中的无线传感器网络应用模式示意图，NASA 的 JPL 实验室研制的 SensorWebs 就是为将来的火星探测、选定着陆场地等需求进行技术准备的，现在该项目已在佛罗里达宇航中心的环境监测项目中进行测试和完善。

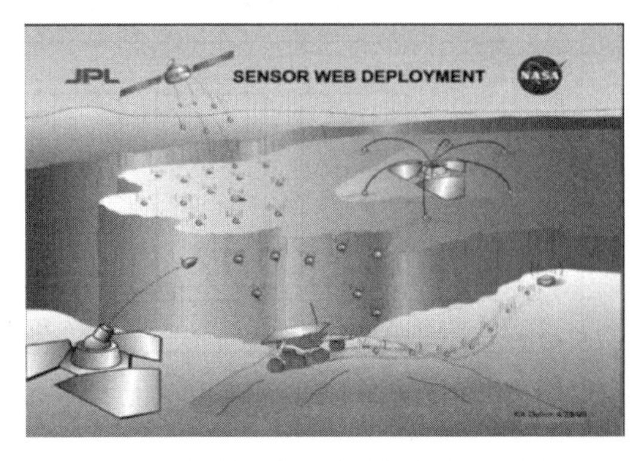

图 10-14　美国宇航局空间探索计划中的无线传感器网络应用模式示意图

10.4　工业领域的应用

目前，工业作为传感器网络的重要应用领域，正处于智能转型的关键阶段，也是我国制造业提质增效、由大变强的关键期。实现“数字化、网络化、智能化”制造是制造业发展的新趋势，也是新一轮科技革命和产业变革的核心所在。现代工业通过将传感器网络嵌入装配到电网、铁路、桥梁、隧道、公路、建筑、供水系统、油气管道等各种工业设施中，实现与工业过程的有机融合，从而大幅提高生产制造效率，改善产品质量，并降低产品成本和资源消耗，将传统工业提升到智能工业。

10.4.1　智能制造传感器网络

所谓智能制造(Intelligent Manufacturing，IM)，是一种由智能机器和人类专家共同组成的人机一体化智能系统，在制造过程中能进行智能活动，诸如分析、推理、判断、构思和决策等。通过人与智能机器的合作共事，扩大、延伸和部分取代人类专家在制造过程中的脑力劳动。它把制造自动化的概念更新，并扩展到柔性化、智能化和高度集成化上，而传感器网络为其提供制造装备的各种信息。

智能制造方面涉及的关键技术主要有新型传感技术、模块化系统技术、嵌入式控制系统设计技术、先进控制与优化技术、系统协同技术、故障诊断与健康维护技术、高可靠实时通信网络技术、功能安全技术、特种工艺与精密制造技术、智能识别技术等，传感器网络的核心技术都涵盖其中。智能制造的核心之一是工业过程的智能监测。将传感器网络技术应用到智能监测中，将有助于工业生产过程工艺的优化，同时可以提高生产线过程检测、实时参数采集、生产设备监控、材料消耗监测的能力和水平，使得生产过程的智能监控、智能控制、智能诊断、智能决策、智能维护水平不断提高。图 10-15 为智能制造基本系统框架。图 10-16 为融合 WSN 的智能制造车间内部逻辑框图。

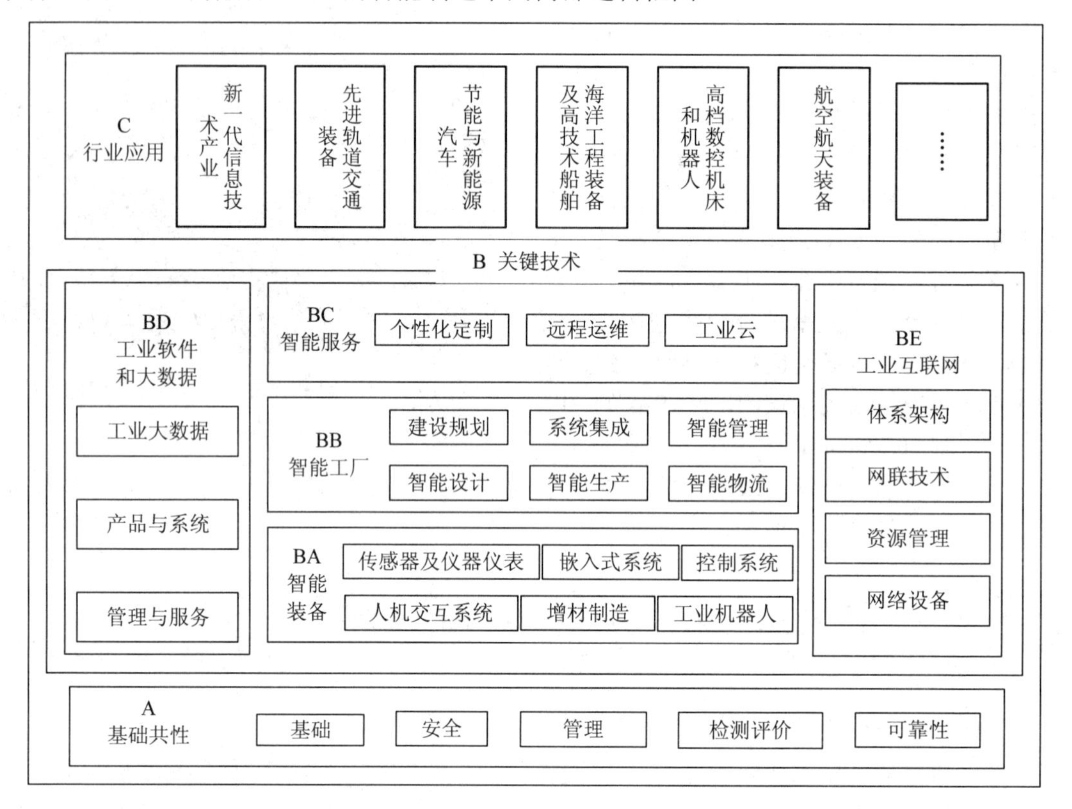

图 10-15　智能制造基本系统框架

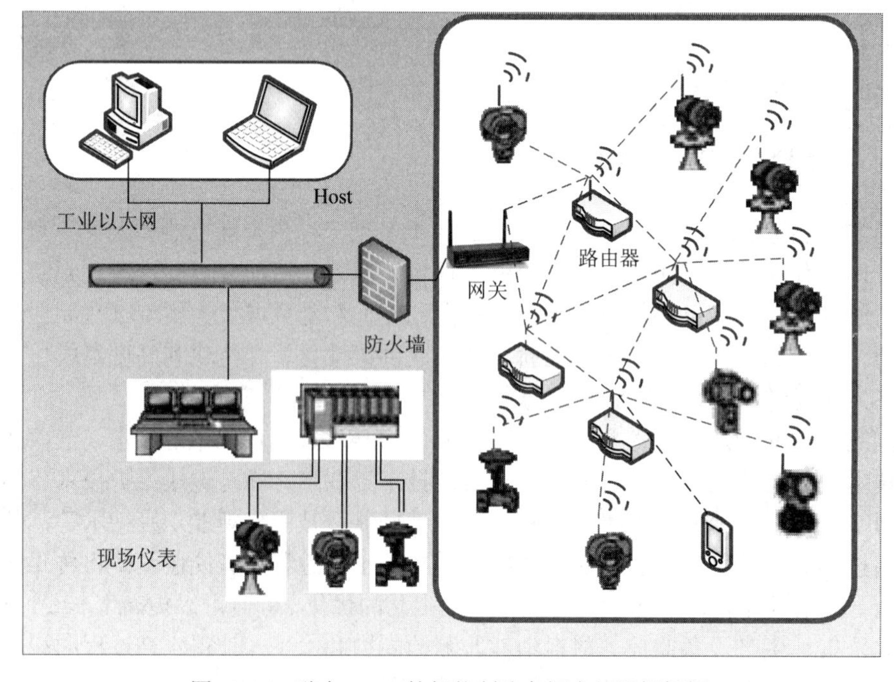

图 10-16　融合 WSN 的智能制造车间内部逻辑框图

传感器网络在智能制造上的优势主要体现在以下五个方面：

(1) 传感器网络具有较高的灵活性。传感器网络适用于有移动需求但不方便布线的情况，如起重机、移动装瓶设备、交通行业、自动引导车辆系统和单轨输送机等。

(2) 传感器网络具有较高的可靠性。它可以避免运动带来的损伤，如长拖链所带来的导线弯折、旋转运动导致电缆线的扭曲折断等，还可以排除有线网络中由连接器引起的故障因素。

(3) 传感器网络具有较高的安全性。随着技术的发展和新的威胁不断出现，安全维护的升级能力是必不可少的，新的加密策略和隐蔽的数据传送安全级别更高。另外，在一些危险的极端环境，如不方便布线的爆破场合，它可以保障人员安全。

(4) 传感器网络可以大幅度减少人员工作量。受桥梁、河流、山川等地势影响，在线缆无法任意搭建的地方，可以减小人力成本和工程周期。故障出现时，传感器网络检修点较为集中，可以消除以往沿线巡查的繁琐事务。

(5) 传感器网络成本低廉。在安装、维护、故障诊断和升级配线费用方面具有明显的成本优势。

10.4.2　矿业领域传感器网络

传感器网络可用于危险工作环境，在煤矿、石油钻井、核电厂和组装线上工作的员工将可以得到随时监控。这些传感器网络可以告诉我们工作现场有哪些员工、他们在做什么，以及他们的安全保障等重要信息。在相关的工厂每个排放口安装相应的无线节点，完成对工厂废水、废气污染源的监测，样本的采集、分析和流量测定。在煤矿、石化、冶金行业中，对工作人员安全，易燃、易爆、有毒物质的监测的成本一直居高不下，无线传感器网络在把部分操作人员从高危环境中解脱出来的同时，提高险情的反应精度和速度。图 10-17 为煤矿安全检测与定位无线传感器网络系统，该系统可以实现煤矿瓦斯报警和矿工定位。

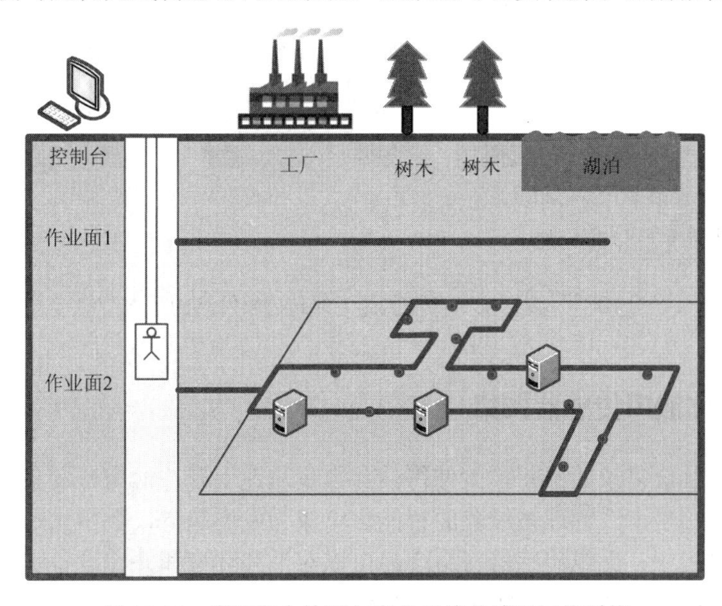

图 10-17　煤矿安全检测与定位无线传感器网络系统

煤矿安全检测与定位无线传感器网络系统的一个节点上包括了温湿度传感器、瓦斯传感器、粉尘传感器等。传感器网络经防爆处理和技术优化后，可用于危险工作环境，这样在煤矿工作的工作人员及其周围环境将可以得到随时监控。我国大型煤矿有六百多家，中型煤矿有两千多家，中小型煤矿有一万余家。煤炭行业对先进的井下安全生产保障系统的需求巨大。陕西彬长矿区的孙斌建、高工认为，无线传感器网络对运动目标的跟踪功能、对周边环境的多传感器融合监测功能，使其在井下安全生产的诸多环节有着很大的发展空间。

图 10-18 是煤矿安全环境监测无线传感器网络的基本结构，在各个工作地点放置一定数量的传感器节点，通过接收矿工随身携带的节点所发射的具有唯一识别码的无线信号进行人员定位。同时各个传感器节点还可以进行温度、湿度、光、声音、风速等参数的实时检测，并将结果传输至基站，进而传至管理中心。

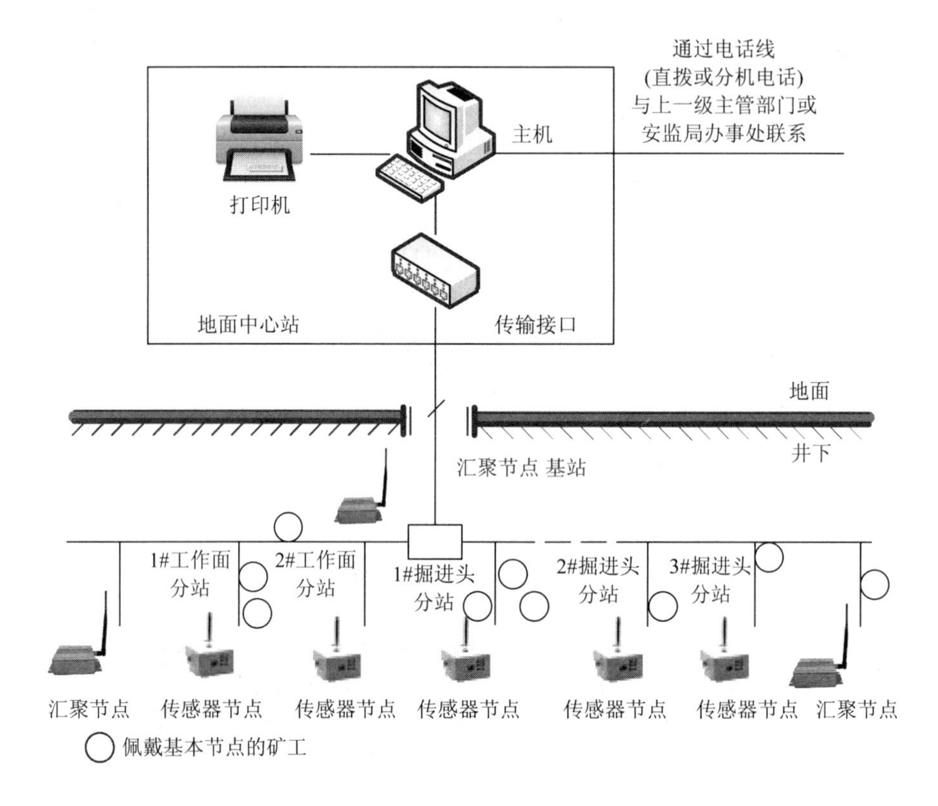

图 10-18 煤矿安全环境监测无线传感器网络的基本结构

10.4.3 数字化油田传感器网络

经济发展与社会需求的不断扩大使得油井数量迅速上升，油田开发整体范围也呈扩大趋势。因此，油田生产、管理与经营的智能化将成为发展趋势，数字化油田应运而生。在油田的数字化过程中，无线传感器网络产品可以对油井环境和井口设备实现实时监控，将工作现场的设备状态、环境参数等重要信息传到控制中心，在必要时刻及时发出警报并安排调度。随着无线传感器网络产品在油田的深入推广，数字化油田的数量也将逐渐增加，无线传感器网络产品的市场需求将呈现高速增长的态势。

图10-19为大庆油田公司数字化油田应用模型。

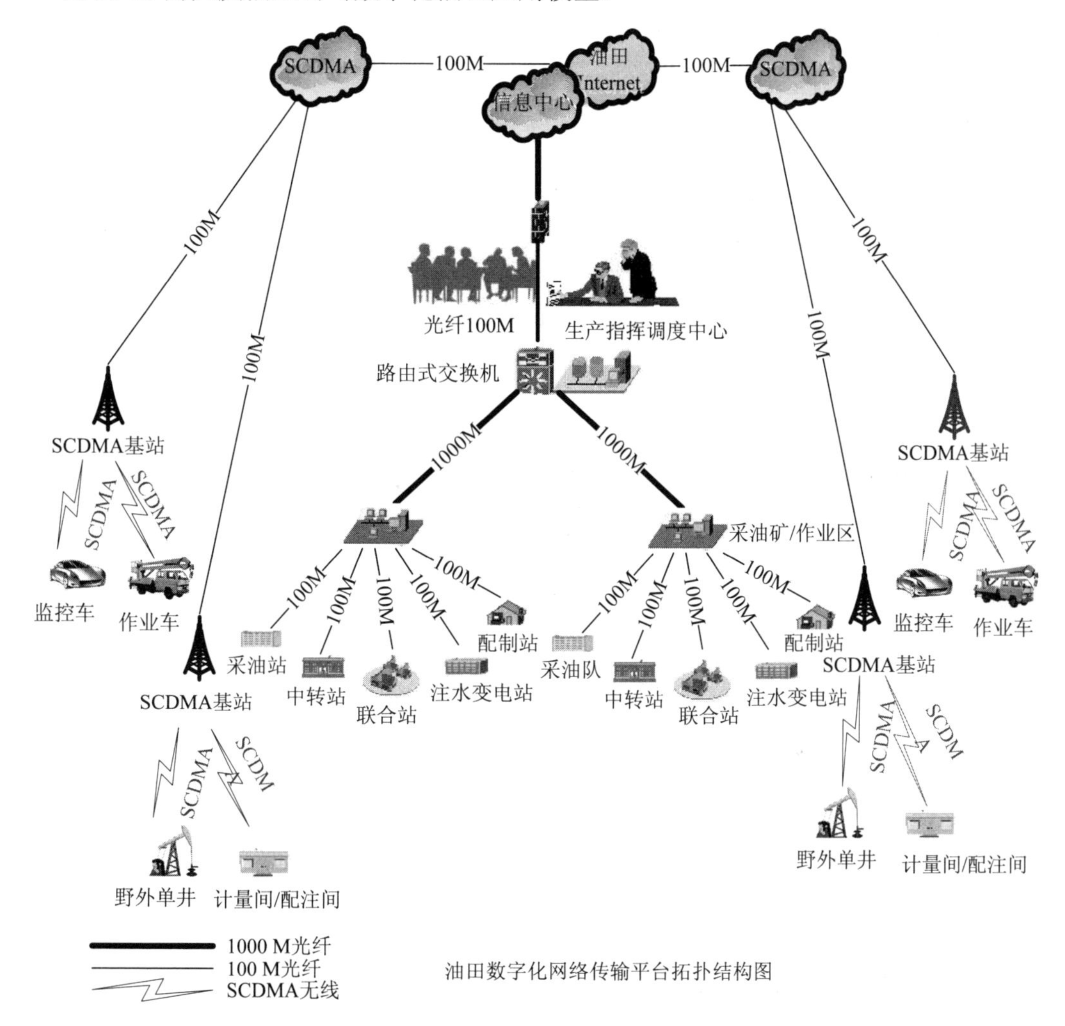

图10-19 大庆油田公司数字化油田应用模型

数字化油田应用模型包括以下三部分：

(1) 井口控制器采用主控Super32-L308模块，无线通信网关SZ932，并配备无线功图传感器SZ901，有线角位移传感器S917。井口控制箱内供电380 V AC，该电压取自现场电机控制柜，经由变压器及开关电源变压后再转换为24 V DC供给各个设备，井场数据监控由信威模块以无线的方式向基站上传数据。

监测数据主要有电机电力参数(三相电压、电流、电网频率、有功功率、无功功率、功率因数、有功电能、无功电能)、抽油机运行状态、抽油机远程启停控制及功图的采集。

(2) 计量间使用Super-E50系列，分别是主控模块HC501，电量模块E306，模拟量输入模块HC101，现场供电220 V AC，E306采集电力参数数据，与其他仪表数据在E50系统内集成，通过局域网络上传数据。监测数据主要有计量间电力参数，掺水环压力、掺水环流量、掺水环温度、集油间掺水汇管温度、集油间掺水汇管压力、集油间回油汇管压力、注水井管汇压力、配注间来水压力、柱塞泵进水压力、柱塞泵电流。

(3) 中控室上位机操作系统采用 Windows 2008 Server，数据库采用 MySQL 2008 版本，与上位机软件平台组成。中控室实现井口的数据实时采集，数据存储。当井口发现抽油机异常停止，会有报警信息。通过功图对比分析，可以准确地判断出抽油机故障和进行实时数据监控，节省了大量的人力，方便管理。

大庆数字化油田建设蕴含了高新技术的结晶，也让我们看到了技术与生产之间的完美结合。通过建立数字化油田，工作人员能够掌握油田所有实时生产信息，实现了井场和计量间数据的共享、自动采集，极大地减少了现场人工操作。与此同时，也节省了大量收集整理资料时间，提供了全方位的生产经营信息，实现了油田的可视化管理。

10.5 智能电网领域的应用

电力是人类社会赖以生存和发展的能源物质基础，是全世界共同关心的问题，也是我国社会经济发展的重要问题。片面追求全球经济的发展，带来的是能源资源的枯竭与自然环境的破坏。能源危机愈演愈烈，这对电力计量管理提出了更高的要求和挑战。

电力计量是进行能源节约，能源精细化管理的关键。《能量计量监督管理办法》第四条：“各级质量技术监督部门应当鼓励和支持能源计量新技术的开发、研究和应用，推广经济、适用、可靠性高、带有自动数据采集和传输功能、具有智能和物联网功能的能源计量器具，促进用能单位完善能量计量管理和检测体系，引导用能单位提高能源计量管理水平”。这就要求我们采用智能的高科技技术和传感器网络技术手段进行能源计量的管理和规划使用。要求能源足够“智能”，对能源进行精细化管理和计量，是当代能源计量信息化管理与能源节约的有效途径和必然的解决方式。

10.5.1 智能抄表传感器网络

随着人们生活水平的不断提高，老百姓对生活环境提出了更高的要求。在政府政策的鼓励下，家居智能化得到了高速发展，智能化产业链中的智能抄表系统也得到了蓬勃发展。传统的手工抄表方式费时、费力，准确性和及时性得不到保障，这已经不适应社会的发展需求。因此，新的智能无线抄表方案应运而生。无线抄表系统组网示意图如图 10-20 所示。

目前，小区智能抄表基本有两种数据传输方式：有线数据传输和无线数据传输。如果用有线来传递数据，技术简单、成熟，易于实现；但施工布线工作量大，网线易受人为破坏，线路损坏后，故障点不易查找。如果使用无线系统，施工很简单，系统好维护，故障好查找，因此无线抄表将成为抄表方式的发展主流。

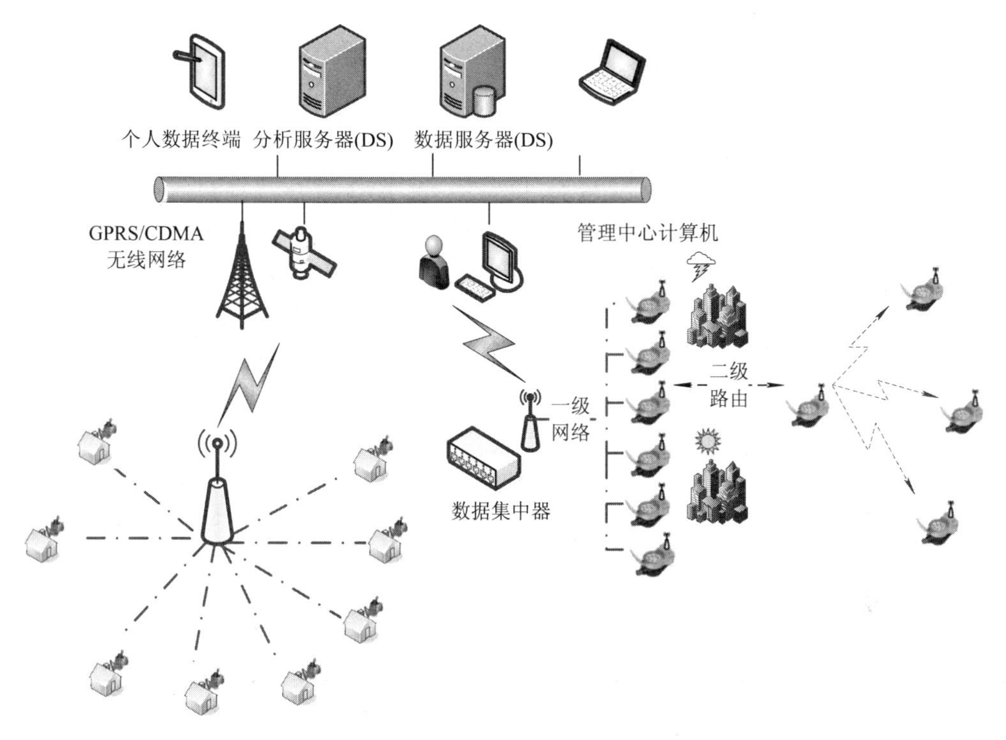

图 10-20　无线抄表系统组网示意图

10.5.2　智能变电站传感器网络

在智能电网中，智能变电站是其中最重要的组成部分和关键环节。随着智能电网和智能变电站等相关技术的发展，以及变电站设备智能化程度的提高，设备的自描述、自诊断能力不断增强，变电站设备状态在线监测系统将更能体现这一优势。变电站设备的状态信息收集是进行设备状态评价、风险评估、检修策略制定及检修维护等的基础，而现有变电站对各种智能设备的监测一般采用有线网络方案，但该方案存在布线难、成本高、维护困难等弊端。因此，低成本、低功耗的无线传感器网络已成为变电站设备状态在线监测的最佳解决方案。

无线传感器网络的部署首先要根据对象的需求来设计系统的基本构架,根据国家电网公司最新发布的技术导则，智能变电站跟数字化变电站一样，其体系结构也分成过程层、间隔层、站控层等三层，如图 10-21 所示。

相对于传统的变电站设备状态系统监测，利用无线传感器网络的优势在于：

① 无线传感器网络中的节点高度集成了数据采集、数据处理和通信等功能，大大简化了设备装置；

② 由于采用无线通信模式，不需要复杂的通信线路的布线，从而使得利用无线传感器网络的方式具有更高的性价比；

③ 无线传感器网络的自组织性和大规模性，使得无线传感器更加适合于分布式处理；

④ 利用无线传感器网络可以迅速搭建一个基于不同方案的应用平台，针对不同的应用场景，可以配置不同的传感器节点，感知不同的数据信息；

⑤ 无线传感器网络具有自组织性、动态性，因此可以实现保护平台的迅速构建且不需要添加更多的设施。

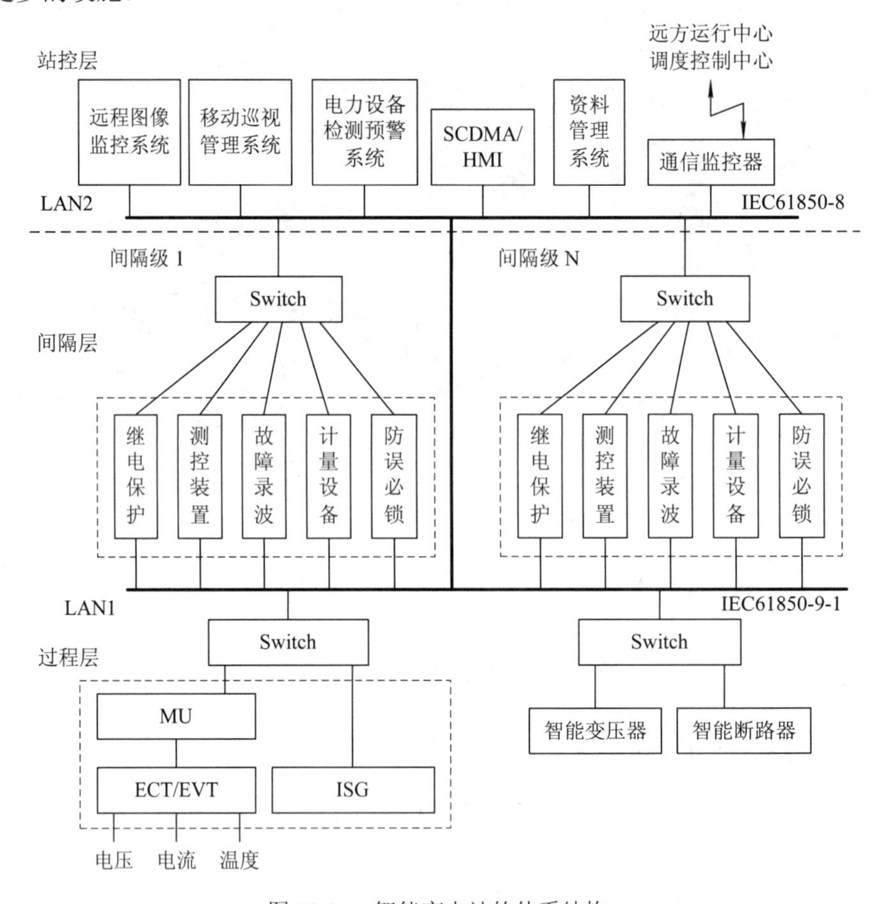

图 10-21 智能变电站的体系结构

1) 过程层

过程层包括智能开关、智能断路器、智能变压器、非常规互感器的一次智能设备组件以及独立的智能电子装置，其主要功能可以分为三类：① 电力运行实时的电气量检测，主要是电流、电压、相位以及谐波分量的检测；② 运行设备的状态参数检测，需检测的设备主要有变压器、断路器、隔离开关、母线、电容器、电抗器以及直流电源系统等；③ 操作控制命令的执行，包括变压器分接头调节控制，电容、电抗器投切控制，断路器、隔离开关合分控制以及直流电源充放电控制等。

2) 间隔层

间隔层设备一般指继电保护装置、系统测控装置、监测功能组 IED 等二次设备，能够实现使用一个间隔的数据并且作用于该间隔的一次智能设备的功能，即与各种远方输入/输出、传感器和控制器通信。其主要功能包括：汇总本间隔过程层实时数据信息；实施对智能一次设备的保护控制功能、对本间隔操作闭锁功能以及操作同期和其他控制功能；对数据采集、统计运算及控制命令的发出具有优先级别控制；执行数据的承上启下通信传输功能，同时高速完成与过程层及站控层的网路通信功能。

3) 站控层

站控层包括自动化站级监视控制系统、站域控制、通信系统、对时系统以及各种功能的应用系统等，它能实现面向全站设备的监视、控制、告警及信息交互功能，完成数据采集和监视控制(SCADA)、操作闭锁以及同步相量采集、电能量采集、保护信息管理、传输数据信息到电网调度中心并接收远程控制命令、各种应用系统对变电站内数据信息的分析和控制优化等功能。

基于无线传感器网络的智能变电站设备状态在线监测系统由无线传感器节点、无线网关和监测中心服务器三部分组成，采用簇状网络拓扑结构和层次路由协议。基于无线传感器网络的智能变电站设备状态在线监测系统如图 10-22 所示。系统的具体部署是将监测变电站过程层一次智能设备的所有传感器节点按设备类型及传感器数量分为若干个簇，每个簇相当于是一个较为固定的无线网络，范围由网络覆盖面积的实际情况决定。簇采用 ZigBee 无线通信技术，最高带宽为 250 kb/s，在小范围的网络中既能满足温度、弧垂等标量数据传输的需要，又可以兼顾图像等大量数据传输的需求。为了保证变电站设备状态信息的可靠传输，在部署簇头节点时，需要考虑采用冗余设置，假如簇头节点 1 出现故障，它所负责的传感器节点数据图像可以分别通过临近的冗余簇头节点 2、3 来进行融合传送，这样就构成了新的簇，有效提高了无线传感器网络的可靠性。

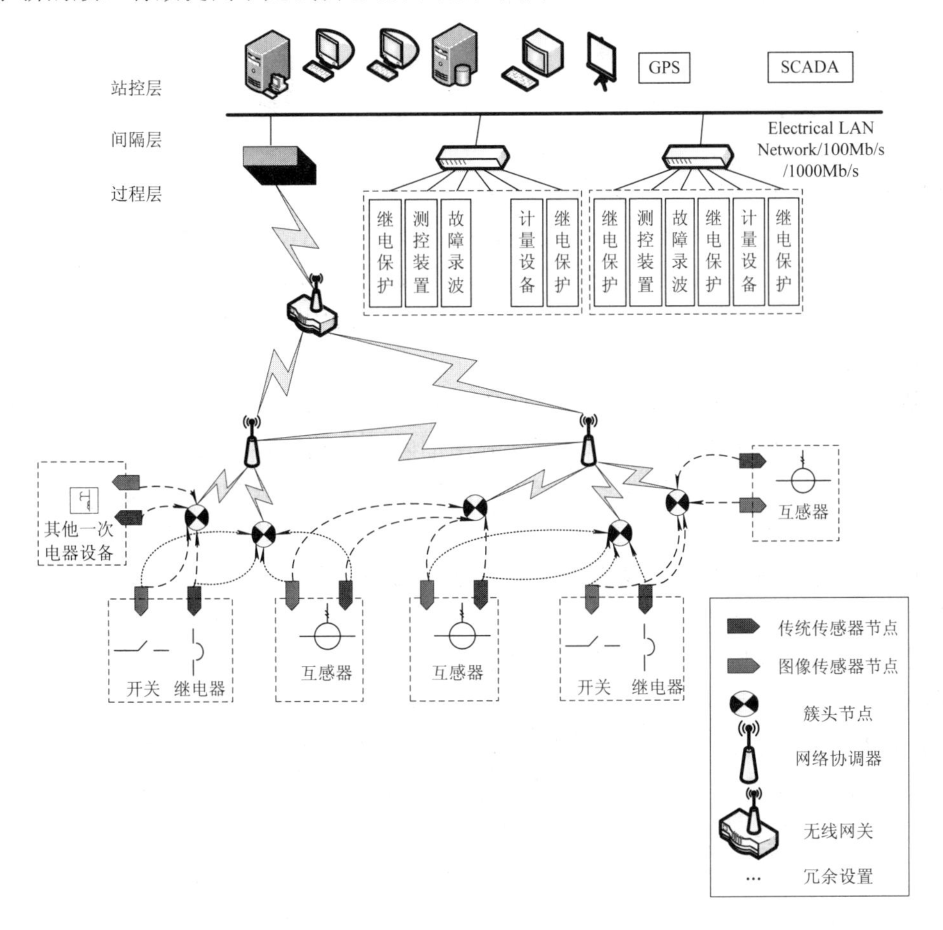

图 10-22 基于无线传感器网络的智能变电站设备状态在线监测系统

根据在监测系统中功能的不同，传感器节点分为无线传感器节点(传统传感器节点和图像传感器节点)、簇头节点以及带有 GPRS 调制解调器的网络协调器三种类型。其中，传统传感器节点和图像传感器节点根据过程层智能设备所需监测的信息量及类型来布置传感器节点的数量和位置，布置好的传感器节点将采集到的数据图像传至本簇的簇头节点。簇头节点主要完成数据融合和转发数据包，也可以将其下簇的无线传感器节点采集的数据图像融合处理并发送到就近的网络协调器，同时还可以将网络协调器发送给它的数据包向它所辖的簇广播。簇头节点位于所划分的簇的较为中心的位置，使得每个节点和它的传输距离大致相同，各个节点的功耗分布较为均匀，从而避免某些节点由于传输距离较远而造成能量过多消耗。带 GPRS 调制解调器的网络协调器主要负责协调建立网络，其他功能还包括传送网络信标、管理网络节点及存储网络节点信息，并提供关联节点之间的路由信息。此外，网络协调器还要存储一些基本信息，如节点设备数据、数据转发表及设备关联等。

10.6 农林领域的应用

10.6.1 智慧农业传感器网络

智慧农业是农业生产的高级阶段，集信息领域先进的互联网、移动互联网、云计算和物联网技术为一体，依托部署在农业生产现场的传感器网络，能够通过各种传感器节点(环境温湿度、土壤水分、二氧化碳、图像等)和无线通信网络实现农业生产环境的智能感知、智能预警、智能决策、智能分析、专家在线指导，为农业生产提供精准化种植、可视化管理、智能化决策。

我国是农业大国，而非农业强国。几十年来，农作物高产量主要依靠农药化肥的大量投入，大部分化肥和水资源没有被有效利用而随地弃置，导致大量养分损失并造成环境污染。我国农业生产仍然以传统生产模式为主，传统耕种只能凭经验施肥灌溉，不仅浪费大量的人力物力，也对环境保护与水土保持构成严重威胁，对农业可持续发展带来严峻挑战。因此，利用实时、动态的农业传感器网络信息采集系统，实现快速、多维、多尺度的农作物信息实时监测，并在信息与种植专家知识系统基础上实现农田的智能灌溉、智能施肥与智能喷药等自动控制，突破农作物信息获取困难与智能化程度低等技术发展瓶颈。

图 10-23 为典型农业生态环境监测系统结构图，该系统通常由环境监测节点、基站、通信系统、互联网以及监控软硬件系统构成。根据需要人们可以在待测区域安放不同功能的传感器并组成网络，长期大面积地监测微小的气候变化，包括温度、湿度、风力、大气、降雨量，收集有关土地的湿度、氮浓缩量和土壤 pH 值等信息，从而进行科学预测，帮助农民抗灾、减灾，科学种植，获得较高的农作物产量。

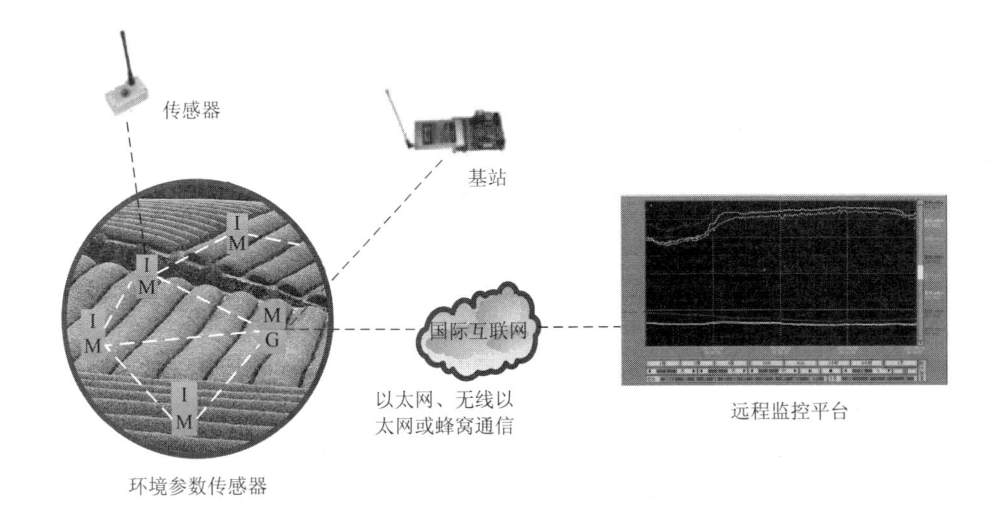

图 10-23　典型农业生态环境监测系统结构图

2002 年，英特尔公司率先在俄勒冈建立的世界上第一个葡萄园无线环境监测系统，如图 10-24 所示。传感器节点被分布在葡萄园的每个角落，每隔一分钟检测一次土壤温度、湿度或该区域有害物的数量，以确保葡萄可以健康生长。研究人员发现，葡萄园气候的细微变化极大地影响葡萄酒的质量。通过长年的数据记录以及相关分析，研究人员便能精确地掌握葡萄酒的质地与葡萄生长过程中的日照、温度、湿度的确切关系。

图 10-25 为多温室间无线传感器网络通信的示意图。该项目是北京市科委计划项目“蔬菜生产智能网络传感器体系研究与应用”，把农用无线传感器网络示范应用于温室蔬菜生产中，在温室环境里单个温室即可成为无线传感器网络的一个测量控制区，采用不同的传感器节点构成无线网络来测量土壤湿度、土壤成分、pH 值、温度、空气湿度和气压、光照强度、CO_2 浓度等，从而获得农作物生长的最佳条件，为温室精准调控提供科学依据。最终使温室中传感器和执行机构标准化、数字化、网络化，并达到增加作物产量、提高经济效益的目的。

图 10-24　葡萄园无线环境监测系统示意图

图 10-25　多温室间无线传感器网络通信的示意图

10.6.2　智慧林业传感器网络

林业是指保护生态环境、保持生态平衡，培育和保护森林以取得木材和其他林产品，利用林木的自然特性发挥防护作用的生产部门，它是国民经济的重要组成部分之一。林业通过先进的科学技术和管理手段，从事培育、保护、利用森林资源，充分发挥森林的多种效益，且能保证持续经营森林资源，促进人口、经济、社会、环境和资源协调发展。但目前森林资源面临着人为乱伐、火灾等危害，过去依靠人工瞭望监测的方式存在着效率低、漏检率高、成本高等问题。随着信息技术的不断发展，传统林业开始向“智慧林业”迈进。现代信息技术的逐步应用，使林业资源的实时、动态监测和管理得以实现，使得相关部门更透彻地感知生态环境状况、遏制生态危机，更深入地监测预警事件、支撑生态行动、预防生态灾害。

智慧林业是指充分利用云计算、物联网、大数据、移动互联网等新一代信息技术，通过感知化、物联化、智能化的手段，形成林业立体感知、管理协同高效、生态价值突显、服务内外一体的林业发展新模式。智慧林业的核心是利用现代信息技术建立一种智慧化发展的长效机制，实现林业高效高质发展。智慧林业是智慧地球的重要组成部分，是未来林业创新发展的必由之路，是统领未来林业工作、拓展林业技术应用、提升应用管理水平、增强林业发展质量、促进林业可持续发展的重要支撑和保障。图 10-26 为典型的基于 WSN 的森林火灾监测系统示意图。

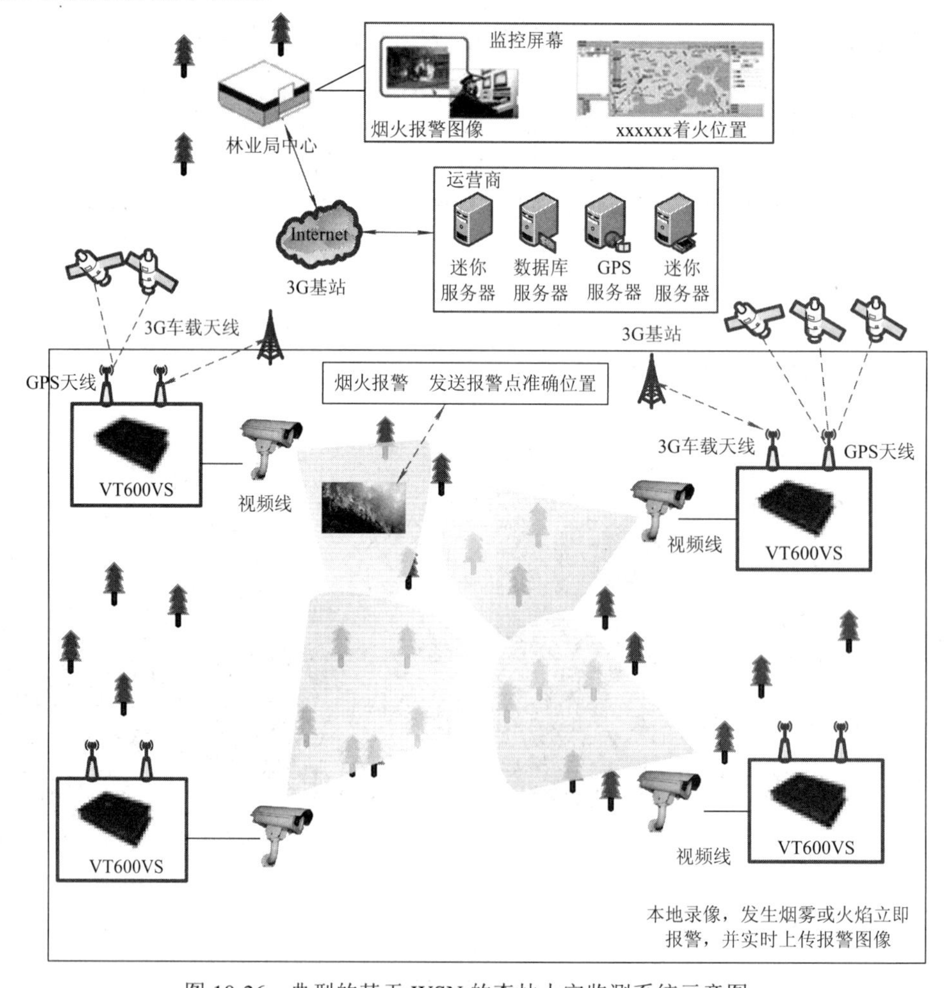

图 10-26　典型的基于 WSN 的森林火灾监测系统示意图

林火监测系统的功能是及时发现火情，准确探测起火点，确定火势的大小、动向，监视林火发生发展的全过程。与传统的森林火灾监控手段相比，使用无线传感器网络进行森林火灾环境监控有以下三个显著的优势：一是传感器节点的体积很小且整个网络只需要部署一次，因此部署传感器网络对监控环境的人为影响很小；二是传感器网络节点数量大，分布密度高，每个节点可以检测到局部环境的详细信息并汇总到基站；三是无线传感器节点本身具有一定的计算能力和存储能力，可以根据物理环境的变化进行较为复杂的监控，传感器节点还具有无线通信能力，可以在节点间进行协通信监控。通过增大电池容量，提高电池使用效率，以及采用低功耗的无线通信模块和无线通信协议可以使无线传感器网络的生命期延长很长一段时间，这保证了无线传感器网络的实用性。

10.7 智能交通领域的应用

21 世纪将是公路交通智能化的世纪，人们将采用智能交通系统(Intelligent Transportation System，ITS)来管理交通。它是一种先进的一体化交通综合管理系统，是交通的物联化体现。在该系统中，车辆依靠智能在道路上自由行驶，公路依靠智能将交通流量调整至最佳状态，借助于这个系统，管理人员将会对道路状况和车辆的运行状态掌握得一清二楚。

智能交通系统是将先进的信息技术、数据通信传输技术、电子传感技术、控制技术及计算机技术等有效地集成运用于整个地面交通管理系统而建立的一种在大范围内全方位发挥作用的实时、准确、高效的综合交通运输管理系统。图 10-27 为智能交通系统的典型架构。

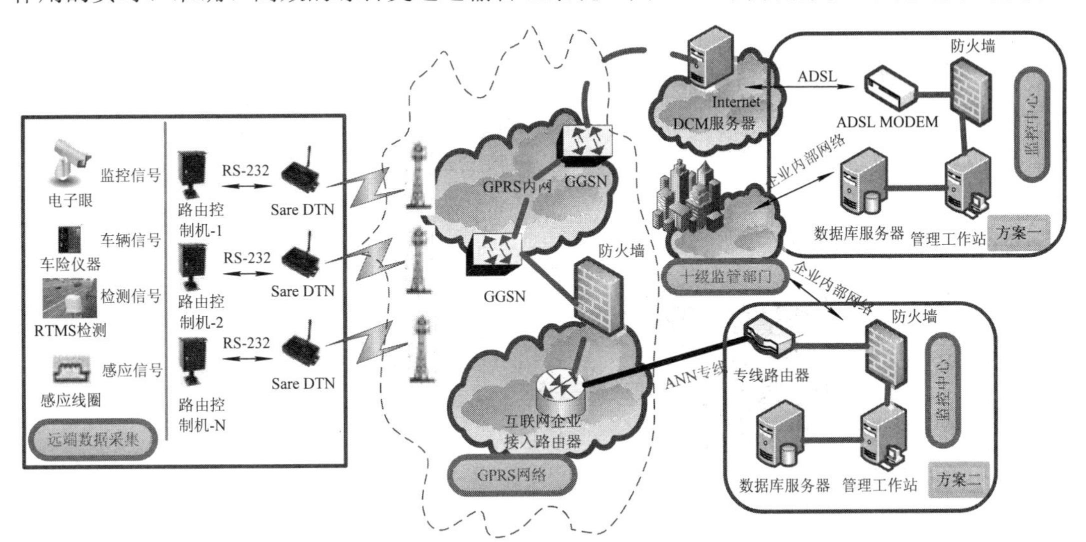

图 10-27 智能交通系统的典型架构

该系统运用大量传感器网络，配合 GPS 系统、区域网络系统等资源，使所有车辆都能保持在高效、低耗的最佳运行状态，且能实现前后自动保持车距，推荐最佳路线，并就潜在的故障发出警告。利用该项技术来改善传统设备，如图像监视系统，在能见度低、路面结冰等情况下无法对高速路段进行有效监控的问题。另外，对一些天气突变性强的地区，该项技术能极大地帮助降低汽车追尾等恶性交通事故发生的概率。

10.8 智能家居领域的应用

智能家居(Smart Home/Home Automation)是以住宅为平台，利用综合布线技术、网络通信技术、安全防范技术、自动控制技术、音视频技术将家居生活有关的设施集成，构建高效的住宅设施与家庭日程事务的管理系统，提升家居安全性、便利性、舒适性、艺术性，并实现环保节能的居住环境。

智能家居通过物联网技术将家中的各种设备(如音视频设备、照明系统、窗帘控制、空调控制、安防系统、数字影院系统、影音服务器、影柜系统、网络家电等)连接到一起，提供家电控制、照明控制、电话远程控制、室内外遥控、防盗报警、环境监测、暖通控制、红外转发以及可编程定时控制等多种功能和手段。与普通家居相比，智能家居不仅具有传统的居住功能，还兼有建筑、网络通信、信息家电、设备自动化功能，能提供全方位的信息交互功能，为各种能源费用节约资金。

智能家居系统的设计目标是将住宅内的各种家居设备联系起来，使它们能够自动运行、相互协作，为居住者提供尽可能多的便利。图 10-28 为典型智能家居系统的原理框图。

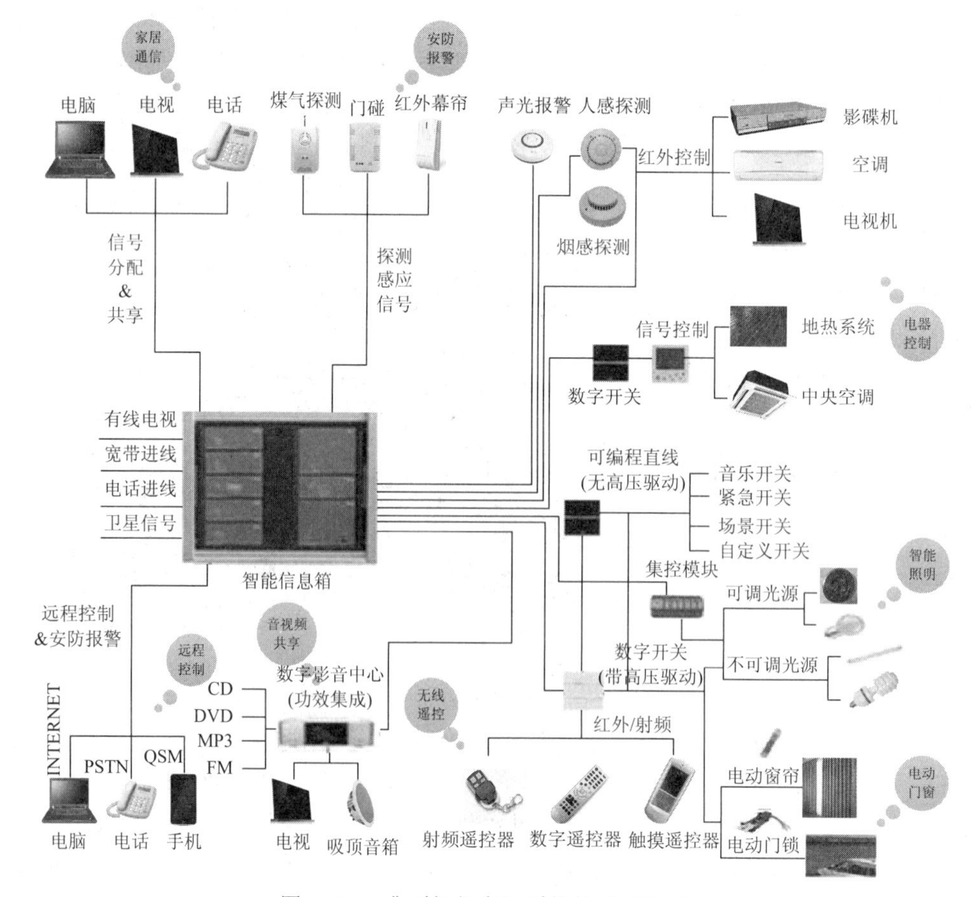

图 10-28 典型智能家居系统的原理框图

10.9　其他领域的应用

1．医疗领域

无线传感器网络在检测人体生理数据、医院药品管理以及远程医疗等方面可以发挥重要的作用。在病人身上安置体温采集、呼吸、血压等测量传感器，医生可以远程了解病人的情况。利用传感器网络长时间地收集的人体生理数据在研制新药品的过程中非常有用。英特尔公司目前正在研制家庭护理的无线传感器网络系统，该系统是美国“应对老龄化社会技术项目”的一个环节。根据演示，该系统在鞋、家具以及家用电器等物体中嵌入传感器，帮助老年人、残障人士独立地进行家庭生活，并在必要时由医务人员、社会工作者提供帮助。

图 10-29 为基于无线传感器网络技术的人体行为监测系统，该系统用于人体行为模式监测，如坐、站、躺、行走、跌倒、爬行等。该系统使用多个传感器节点，安装在人体几个特征部位，实时地对人体因行动而产生的三维加速度信息进行提取、融合、分类，进而由监控界面显示受监测人的行为模式。这个系统稍加产品化便可成为一些老人及行动不便的病人的安全助手。同时，该系统也可以应用到一些残障人士的康复中心，能对病人的各类肢体恢复进展进行精确测量，从而为设计复健方案提供宝贵的参考依据。

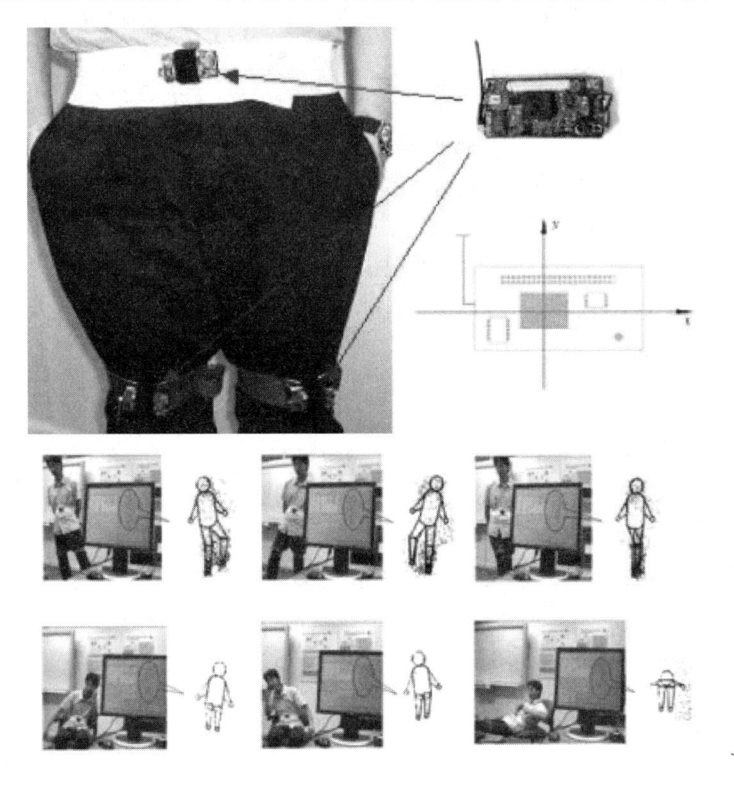

图 10-29　基于无线传感器网络技术的人体行为监测系统

2. 建筑领域

我国正处在基础设施建设的高峰期，各类大型工程的安全施工及监控是建筑设计单位长期关注的问题。采用无线传感器网络，可以让大楼、桥梁和其他建筑物能够自身感觉并意识到它们的状况，使得安装了传感器网络的智能建筑自动告诉管理部门它们的状态信息，从而可以让管理部门按照优先级开展定期的维修工作。

图 10-30 为基于无线传感器网络的桥梁结构监测系统示意图。该系统利用适当的传感器，如压电传感器、加速度传感器、超声传感器、湿度传感器等，可以有效地构建一个三维立体的防护检测网络，可用于监测桥梁、高架桥、高速公路等道路环境。对于许多老旧的桥梁，桥墩长期受到水流的冲刷，传感器能够放置在桥墩底部、用以感测桥墩结构；也可以放置在桥梁两侧或底部，搜集桥梁的温度、湿度、震动幅度、桥墩被侵蚀程度等信息，减少断桥所造成生命财产的损失。

图 10-30　基于无线传感器网络的桥梁结构监测系统示意图

总之，无线传感器网络发展非常迅速，在世界许多国家的军事、工业和学术领域引起广泛关注，已成为国际上无线网络研究的热点之一。从国内外的研究现状来看，大部分无线传感器网络的研究仍处于理论研究和小规模应用阶段，距离广泛应用尚存在一定距离。不论在理论研究还是商用领域，无线传感器网络的研究、开发均存在巨大的空间，具有巨大的研究价值和广阔的应用前景。

思考题

1. 试分析无线传感器网络在其他领域或行业有何实际应用？
2. 试分析无线传感器网络在上述领域中应用的其他实际案例。